金属切削刀具选用与刃磨

第二版
Second Edition

浦艳敏　李晓红　闫 兵　编著

化学工业出版社
·北京·

图书在版编目（CIP）数据

金属切削刀具选用与刃磨/浦艳敏，李晓红，闫兵编著．—2版．—北京：化学工业出版社，2016.9（2023.6重印）

ISBN 978-7-122-27670-4

Ⅰ.①金…　Ⅱ.①浦…②李…③闫…　Ⅲ.①刀具（金属切削）-刃磨　Ⅳ.①TG71

中国版本图书馆CIP数据核字（2016）第166689号

责任编辑：王　烨　　　　装帧设计：韩　飞

责任校对：王素芹

出版发行：化学工业出版社（北京市东城区青年湖南街13号　邮政编码100011）

印　　装：北京盛通数码印刷有限公司

787mm×1092mm　1/16　印张21½　字数574千字　2023年6月北京第2版第9次印刷

购书咨询：010-64518888　　　　售后服务：010-64518899

网　　址：http：//www.cip.com.cn

凡购买本书，如有缺损质量问题，本社销售中心负责调换。

定　　价：69.00元

前言

金属切削加工是机械制造业中应用最为广泛的加工方法，随着现代制造业的发展，机械加工企业对一线高技能复合型人才的需求越来越多，不仅要有很强的加工技能，而且要求熟知各种金属切削刀具的选用，以及能非常精确地对相应刀具进行刃磨。为了进一步提高金属切削加工相关人员的技能水平，作者在总结多年从事机械加工教学经验的基础上，编写了《金属切削刀具选用与刃磨》一书。

本书第一版自2012年出版以来受到了广大读者的广泛好评。随着机械加工技术的发展，结合生产实际决定对本书进行修改。修改的原则是在保持本书原始框架的基础上，把一些冗长难解的理论知识尽量简化，增加一些现代切削刀具的选用与刃磨的使用技能，如机夹可调位刀片的刃磨等。

全书共10章。主要讲述了金属切削基础、刀具材料的选用、车刀的选用与刃磨、铣刀的选用与刃磨、孔削刀具的选用与刃磨、拉刀的选用与刃磨、螺纹刀具的选用与刃磨、磨削工具的选用与刃磨、齿轮加工刀具的选用与刃磨及数控刀具的使用。其中绝大部分内容都是经过长期的实践经验总结而来。本书在编写中力求结合生产实际，突出实用性，兼顾系统性，本书对广大机械加工生产一线的技术人员和技术工人选用加工刀具和刀具刃磨具有广泛的实际意义和参考价值，也可供相关专业的工程技术人员和工科院校师生参考。

本书由辽宁石油化工大学浦艳敏、李晓红、闫兵编著。其中，浦艳敏、闫兵编写1~4章，李晓红、闫兵编写5~10章。牛海山、姜芳、郭庆梁、衣娟、冷冬、汪洋、孙玲、胡金玲、董壮生、刘勇刚、王红宇、赵丹杨、赵伟、宋然、王军、孙喜东、叶丽霞、张丽红、张娇、高霞、郭丽莉、张景丽等同志为本书的编写提供了帮助，在此一并表示衷心的感谢。

由于水平有限，加之时间仓促，书中难免有不妥之处，敬请读者批评指正。

编著者

金属切削刀具选用与刃磨

JINSHU QIEXIAO
DAOJU XUANYONG YU RENMO

目录

第1章 金属切削基础 1

1.1 金属切削过程 …… 1

1.1.1 切削过程 …… 1

1.1.2 切屑类型 …… 2

1.1.3 切屑的流向 …… 3

1.1.4 断屑 …… 3

1.2 切削力与切削热 …… 7

1.2.1 切削力的来源 …… 7

1.2.2 切削力及其影响因素 …… 8

1.2.3 切削热与切削温度 …… 11

1.2.4 刀具磨损和使用寿命 …… 13

1.3 提高金属切削效率的途径 …… 21

1.3.1 改善工件材料的切削加工性 …… 21

1.3.2 刀具几何参数的合理选择 …… 24

1.3.3 切削用量的合理选择 …… 32

1.3.4 切削液的合理选择 …… 36

第2章 刀具材料 41

2.1 刀具材料概述 …… 41

2.1.1 刀具材料性能 …… 41

2.1.2 刀具材料类型 …… 43

2.1.3 刀体材料 …… 45

2.2 工具钢刀具材料 …… 45

2.2.1 碳素工具钢 …… 45
2.2.2 合金工具钢 …… 47
2.2.3 高速钢 …… 49
2.3 硬质合金钢刀具材料 …… 56
2.3.1 硬质合金 …… 56
2.3.2 钨钴类硬质合金 …… 59
2.3.3 钨钛钴（WC-TiC-Co）类硬质合金 …… 63
2.3.4 含碳化钽（碳化铌）的硬质合金 …… 65
2.3.5 碳化钛（TiC）基硬质合金 …… 66
2.4 金刚石刀具材料 …… 67
2.4.1 金刚石刀具材料的种类 …… 67
2.4.2 金刚石的性能特点及其应用 …… 68
2.5 立方氮化硼刀具材料 …… 68
2.5.1 立方氮化硼刀具材料的种类 …… 68
2.5.2 立方氮化硼刀具材料的性能、特点 …… 68
2.6 陶瓷刀具材料 …… 69
2.6.1 陶瓷刀具材料的种类及应用 …… 69
2.6.2 陶瓷刀具材料的性能、特点 …… 70
2.7 涂层刀具材料 …… 70
2.7.1 涂层刀具 …… 70
2.7.2 涂层工艺 …… 71
2.7.3 涂层种类 …… 72
2.7.4 刀具涂层的选择 …… 73
2.7.5 涂层高速钢刀具 …… 73
2.7.6 涂层硬质合金刀具 …… 74
2.7.7 刀具的重磨与再涂层 …… 75

第3章 车削工具 76

3.1 车刀概述 …… 76
3.2 车刀组成及其几何参数 …… 78
3.2.1 车刀切削部分组成 …… 78
3.2.2 车刀几何参数 …… 79
3.3 焊接车刀 …… 82
3.3.1 硬质合金刀片的选择 …… 83
3.3.2 焊接式车刀刀槽的选择 …… 83

3.3.3　车刀刀柄截面形状和尺寸的选择 …… 84
3.4　机夹车刀 …… 84
3.5　可转位车刀 …… 86
3.5.1　可转位车刀的组成及特点 …… 86
3.5.2　可转位车刀表示方法 …… 86
3.5.3　可转位车刀几何角度的选择 …… 89
3.5.4　可转位车刀类型与夹紧结构的选择 …… 90
3.5.5　可转位车刀的选用 …… 92
3.5.6　可转位车刀的合理使用 …… 95
3.6　成形车刀 …… 95
3.6.1　成形刀的种类 …… 95
3.6.2　成形刀的选择原则 …… 97
3.7　车刀的刃磨 …… 97
3.7.1　车刀刃磨的原因和类型 …… 97
3.7.2　刃磨车刀时砂轮的选择原则 …… 98
3.7.3　刃磨车刀的姿势和方法 …… 98
3.7.4　高速钢车刀刃磨的一般步骤和方法 …… 98
3.7.5　硬质合金车刀刃磨的一般步骤和方法 …… 99
3.7.6　机夹可调位刀片的刃磨 …… 101
3.7.7　注意事项 …… 107
3.7.8　刃磨后车刀的检测 …… 108
第4章　孔削刀具 …… 110
4.1　概述 …… 110
4.1.1　钻削原理 …… 110
4.1.2　孔加工刀具分类 …… 111
4.2　麻花钻 …… 114
4.2.1　麻花钻的结构 …… 115
4.2.2　麻花钻的结构参数 …… 116
4.2.3　麻花钻的几何角度 …… 117
4.2.4　麻花钻的刃磨角度 …… 120
4.2.5　钻削用量与切削层参数 …… 120
4.2.6　钻削用量选择 …… 121
4.2.7　钻头磨损 …… 122
4.2.8　硬质合金麻花钻 …… 123

4.2.9 可转位浅孔钻 …… 123
4.2.10 麻花钻的刃磨 …… 123
4.3 群钻 …… 125
4.3.1 群钻概述 …… 125
4.3.2 群钻的刃磨步骤 …… 127
4.3.3 灵活掌握刃磨方法 …… 131
4.3.4 刃磨后的检查 …… 133
4.4 深孔钻 …… 135
4.4.1 深孔加工的特点 …… 135
4.4.2 深孔钻的分类及其结构特点 …… 136
4.5 扩孔钻 …… 139
4.5.1 扩孔钻的种类 …… 139
4.5.2 标准扩孔钻 …… 139
4.5.3 用钻头改磨的扩孔钻 …… 140
4.5.4 高速钢扩孔钻的刃磨方法 …… 141
4.6 锪钻 …… 144
4.6.1 标准锪钻 …… 145
4.6.2 平面锪钻的刃磨 …… 145
4.7 铰刀 …… 148
4.7.1 铰刀的种类 …… 148
4.7.2 铰削的特点 …… 149
4.7.3 铰刀的结构参数和几何参数 …… 149
4.7.4 铰刀的合理使用 …… 154
4.7.5 铰刀的刃磨 …… 155
4.8 镗刀 …… 159
4.8.1 单刃镗刀 …… 159
4.8.2 双刃镗刀 …… 160
4.8.3 多刃镗刀 …… 162
4.8.4 镗刀的刃磨 …… 162
第5章 铣削刀具 165
5.1 概述 …… 165
5.1.1 铣刀的种类 …… 165
5.1.2 铣刀的选用 …… 168
5.2 铣刀的主要几何参数 …… 169

5.2.1 铣刀各部分名称 …… 169
5.2.2 铣刀的主要几何角度 …… 169
5.2.3 铣削方式 …… 172
5.3 铣削用量 …… 178
5.3.1 铣削用量的组成 …… 178
5.3.2 铣削用量的选择 …… 181
5.4 可转位面铣刀 …… 184
5.5 铣刀的安装 …… 186
5.5.1 带孔铣刀的装卸 …… 186
5.5.2 套式端铣刀的安装 …… 186
5.5.3 带柄铣刀的装卸 …… 189
5.5.4 铣刀安装后的检查 …… 190
5.6 铣刀的刃磨 …… 191
5.6.1 普通端铣刀的刃磨 …… 191
5.6.2 硬质合金装配式端铣刀盘刃磨 …… 194
5.6.3 硬质合金立铣刀刃磨 …… 196

第6章 拉削刀具 198

6.1 拉刀概述 …… 198
6.1.1 拉削刀具的性能 …… 198
6.1.2 拉削加工的特点 …… 200
6.2 拉刀的合理使用与刃磨 …… 202
6.2.1 拉刀的合理使用 …… 202
6.2.2 拉刀的磨损及其检查 …… 209
6.2.3 圆形拉刀的刃磨工艺和方法 …… 212
6.2.4 平面拉刀的刃磨工艺和方法 …… 215
6.2.5 拉刀刃磨后的检查 …… 216

第7章 螺纹刀具 219

7.1 螺纹刀具的种类及用途 …… 219
7.1.1 切削加工法加工螺纹刀具 …… 219
7.1.2 滚压加工螺纹工具 …… 220
7.2 螺纹车刀 …… 221
7.2.1 平体螺纹车刀 …… 221
7.2.2 棱体螺纹车刀 …… 228

7.2.3 圆体螺纹车刀 …… 231
7.2.4 普通螺纹车刀的刃磨及安装 …… 234
7.2.5 梯形螺纹车刀 …… 237
7.2.6 车削螺纹中经常出现的问题及其解决办法 …… 238
7.3 丝锥与圆板牙 …… 239
7.3.1 丝锥 …… 239
7.3.2 圆板牙 …… 246
7.4 其他螺纹刀具 …… 251
7.4.1 螺纹梳刀 …… 251
7.4.2 螺纹切头 …… 252
7.4.3 螺纹铣刀 …… 253
7.4.4 螺纹滚压工具 …… 254

第 8 章 磨削工具 256

8.1 概述 …… 256
8.1.1 磨削技术概况 …… 256
8.1.2 磨料及其选择 …… 257
8.1.3 磨削运动 …… 263
8.1.4 磨削要素 …… 264
8.1.5 磨削温度 …… 267
8.1.6 磨削表面质量 …… 268
8.1.7 质量与砂轮修整 …… 269
8.2 刀具刃磨与重磨 …… 273
8.2.1 刃磨磨床 …… 273
8.2.2 砂轮的选用及修正 …… 273
8.2.3 刃磨方法 …… 274

第 9 章 齿轮加工刀具 287

9.1 概述 …… 287
9.1.1 齿轮刀具种类 …… 287
9.1.2 齿轮刀具的选用 …… 291
9.2 齿轮滚刀的刃磨 …… 292
9.2.1 盘形齿轮铣刀的刃磨 …… 293
9.2.2 滚刀前面的刃磨 …… 295
9.2.3 插齿刀前面的刃磨 …… 300

第 10 章　数控刀具的使用　311

10.1　数控刀具补偿原理 …… 311

10.1.1　刀具半径补偿 …… 311

10.1.2　刀具长度补偿 …… 317

10.1.3　夹具偏置补偿（坐标系偏置） …… 318

10.1.4　夹角补偿 …… 318

10.2　数控车削刀具 …… 318

10.3　数控车床刀具补偿的应用 …… 321

10.3.1　刀具位置补偿 …… 321

10.3.2　刀尖圆弧半径补偿 …… 321

10.3.3　刀具半径补偿指令 …… 322

10.3.4　刀具半径补偿值、刀尖方位号 …… 322

10.3.5　刀具半径补偿指令的使用要求 …… 323

10.4　数控铣床刀具 …… 323

10.4.1　刀具的种类与选择 …… 323

10.4.2　夹具的选择 …… 325

10.5　数控铣床刀具补偿的应用 …… 326

10.5.1　数控铣床刀具半径补偿的目的 …… 326

10.5.2　刀具半径补偿 G40、G41、G42 …… 327

10.5.3　刀具长度偏置指令 G43、G44、G49（模态） …… 329

10.5.4　刀具偏置的应用技巧 …… 332

参考文献　334

第1章 金属切削基础

1.1 金属切削过程

1.1.1 切削过程

切屑是金属切削过程中切削层经过刀具的作用而形成的，金属切削过程的一切物理变化和化学变化都是因为形成切屑而引起的。所以了解金属切屑的形成过程，对理解切削规律及其本质是非常重要的。下面以塑性金属材料为例，来说明金属切削过程变形区的划分和切屑的形成过程。

在金属切削过程中，切削层金属受刀具前面挤压要产生一系列变形，通常将其划分为三个变形区，如图1-1所示。

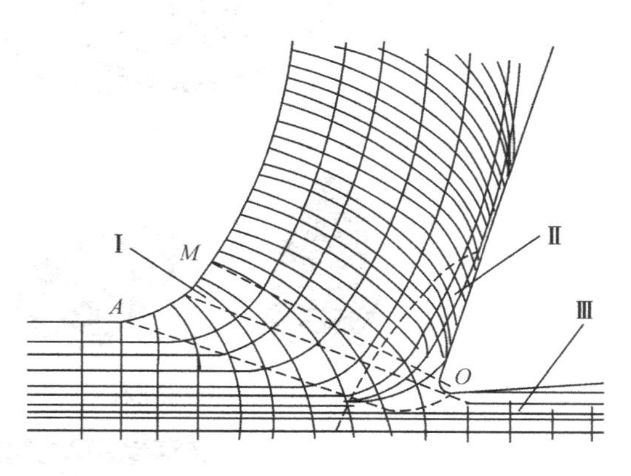

图1-1 金属切削过程三个变形区的示意图

① 第一变形区 图1-1中Ⅰ（*AOM*）为第一变形区。在第一变形区内，当刀具和工件开始接触时，工件材料内部产生切应力和弹性变形，随着切削刃和前面对工件材料的挤压作用加强，工件材料内部的切应力和弹性变形逐渐增大，当切应力达到工件材料的屈服强度时，工件材料将沿着与走刀方向成45°的剪切面滑移，即产生塑性变形。当切应力超过工件材料的屈服强度极限时，切削层金属便与工件材料基体分离，从而形成切屑沿前面流出。由此可以看出，第一变形区变形的主要特征是沿滑移面的剪切变形，以及随之产生的加工硬化。

实验证明，在一般切削速度下，第一变形区的宽度仅为0.02～0.2mm，切削速度越高，其宽度越小，故它可被看成一个平面，即剪切面*OM*。这种单一的剪切面切削模型虽不能完全反映塑性变形的本质，但简单实用，因而在切削理论研究和实践中应用较广。

② 第二变形区 图1-1中Ⅱ为第二变形区。切屑底层（与前面接触层）在沿前面流动过程中受到前面的进一步挤压与摩擦，使靠近前面处的切削层金属纤维化，即产生了第二次变形，其变形方向基本上与前面平行。

③ 第三变形区 图1-1中Ⅲ为第三变形区。刀具后面与已加工表面间的挤压和摩擦，

产生以加工硬化和残余应力为特征的滑移变形，使已加工表面产生变形，造成纤维化和加工硬化，构成了第三变形区。此变形区位于后面与已加工表面之间。

完整的金属切削过程包括上述三个变形区，它们汇集在切削刃附近。该处的应力比较集中而且复杂，切削层就在该处与工件材料分离，一部分变成切屑，另外很小一部分留在已加工表面上。这三个变形区互有影响，密切相关。

1.1.2 切屑类型

在切削过程中，切屑的失控将会严重影响操作者的安全及机床的正常工作，并导致刀具损坏和划伤已加工表面，尤其在自动化生产中应确保切屑控制和切屑处理的无人化。

从保证加工过程的平稳、加工精度和加工表面质量考虑，带状切屑是较好的切屑。在实际生产中带状切屑也有不同的形式，如图 1-2 所示。从便于切屑处理和运输的角度考虑，连绵不断的长条状切屑不便处理，且容易缠绕在工件或刀具上，影响切削过程的进行，甚至伤人。因此，在数控机床上 C 形切屑是形状较好的切屑。但其高频率折断会影响切削过程的平稳性。所以在精车时螺卷状切屑较好，其形成过程平稳，清理方便。在重型车床上用大切深、大进给量车钢件时，通常使切屑卷曲成发条状，在工件加工表面上顶断，并靠自重坠落。在自动线上，宝塔状屑不会缠绕，清理也方便，因此，宝塔状是较好的屑形。车削铸铁、脆黄铜等脆性材料时，切屑崩碎、飞溅，易伤人，并磨损机床滑动面，应设法使切屑连成螺卷状。

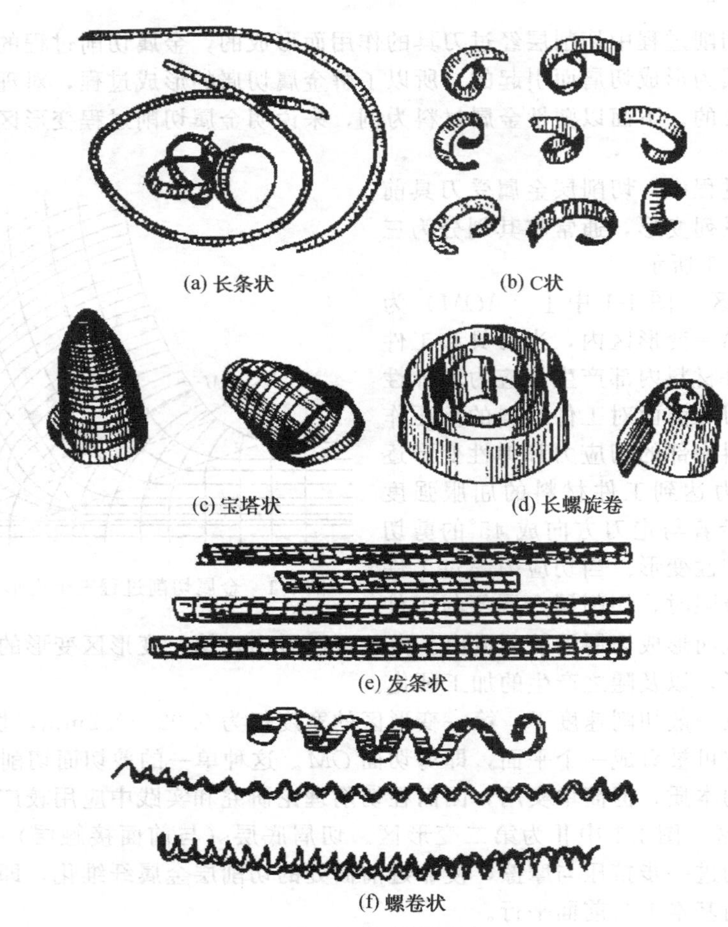

图 1-2 切屑的形状

1.1.3 切屑的流向

如图1-3所示，在直角自由切削时，切屑沿正交平面方向流出。在直角非自由切削时，由于刀尖圆弧半径和切削刃的影响，切屑流出方向与主剖面形成一个出屑角 η。

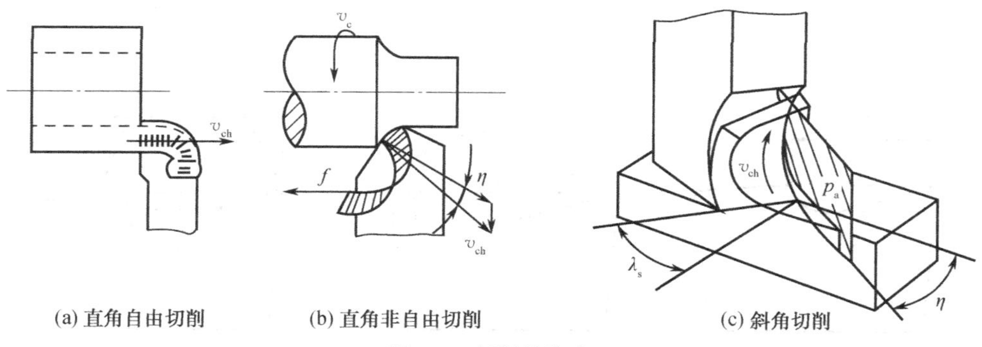

图1-3 切屑的流向

η 与刀具主偏角 κ_r 和副切削刃工作长度有关；斜角切削时，切屑的流向受刃倾角 λ_s 影响，出屑角 η 约等于刃倾角 λ_s。图1-4是 λ_s 对切屑流向影响示意图。

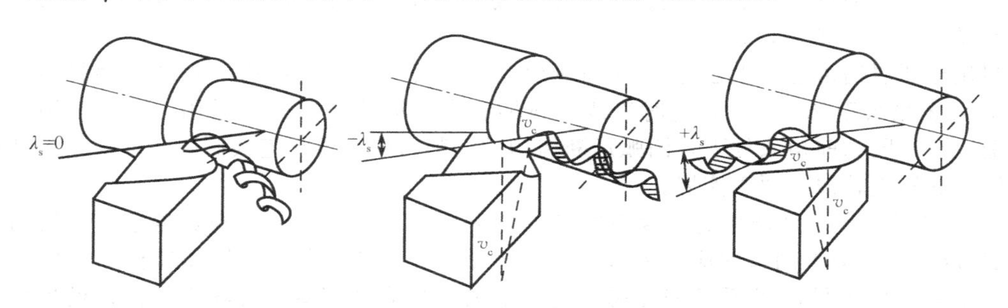

图1-4 λ_s 对切屑流向的影响

1.1.4 断屑

在金属切削过程中，切屑的控制是个重要的问题，否则，长而灼热的切屑会缠绕在工件或刀具上，不仅会刮伤已加工表面，引起刀具崩刃，更严重的是影响操作者安全。因此，必须设法使切屑碎成小段或卷成一定形状的螺卷有规则地向外排出。

(1) 断屑过程

切屑在形成过程中，切屑逐步扩张，当切屑端部碰到刀具断屑槽台阶时，切屑发生卷曲变形，继续扩张与后刀面或工件碰上时，切屑折断。因此，切屑的折断过程是卷—碰—断。对于螺卷形切屑，它可由自身质量和旋转折断。图1-5为切屑折断过程。

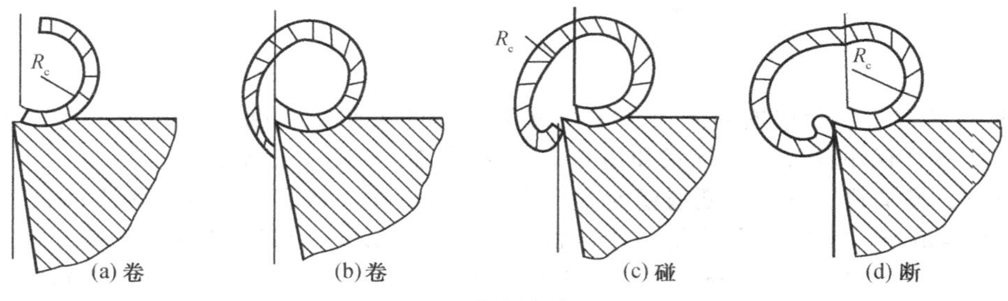

图1-5 切屑折断过程

(2) 影响断屑因素

影响断屑的因素有断屑槽的形状、断屑槽的宽度、断屑槽斜角及切削用量。

① 断屑槽形状　常用的断屑槽有直线圆弧形、直线形和圆弧形三种，如图 1-6 所示。

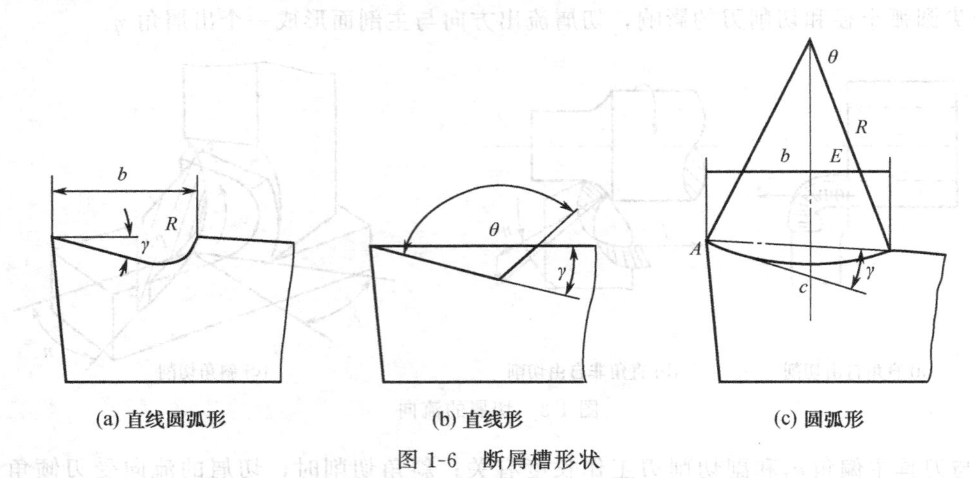

图 1-6　断屑槽形状

直线圆弧形和直线形断屑槽适用于切削碳素钢、合金结构钢、工具钢等用的车刀，一般前角 γ_0 在 10°～15°范围内选用。

圆弧形断屑槽由槽底半径为 R 的圆弧形成。当切削紫铜、不锈钢等高塑性材料时，车刀前角 γ_0 要增大至 25°～30°，此时直线圆弧形和直线形断屑槽就不适用，应当改用圆弧形断屑槽。在相同的前角条件下，圆弧形断屑槽的切削刃强度要比直线圆弧形断屑槽的切削刃强度好，其槽也较浅，便于流屑。

② 断屑槽宽度　断屑槽的宽度对断屑的影响很大。一般来讲，槽宽越小，切屑的卷曲半径 R_c 越小，切屑上的弯曲应力越大，越易折断，如图 1-7 所示。但断屑槽的宽度必须与进给量 f 和背吃刀量 a_p 联系起来考虑。进给量大，槽应当宽些；背吃刀量大，槽也应适当加宽，否则切屑不易在槽中卷曲，往往不流经槽底而形成不断的带状切屑。

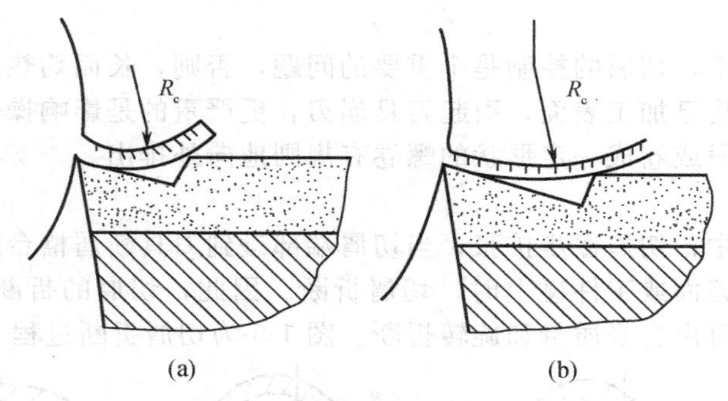

图 1-7　槽宽对 R_c 屑的影响

③ 断屑槽斜角　断屑槽的侧边与主切削刃之间的夹角称为断屑槽斜角，用 τ 表示。常用的断屑槽斜角有外斜式、平行式和内斜式三种形式，如图 1-8 所示。

a. 外斜式断屑槽　外斜式断屑槽前宽后窄，前深后浅，在靠近工件外圆表面 A 处的切削速度最大而槽最窄，切屑最先卷曲，且卷曲半径小、变形大，切屑容易翻到车刀后刀面上碰断，而形成 C 形断屑。切削中碳钢时，一般取断屑槽斜角 τ=8°～10°；切削合金钢时，为增大切屑变形，可取 τ=10°～15°。用中等背吃刀量切削时，外斜式断屑槽断屑效果较好。当背吃

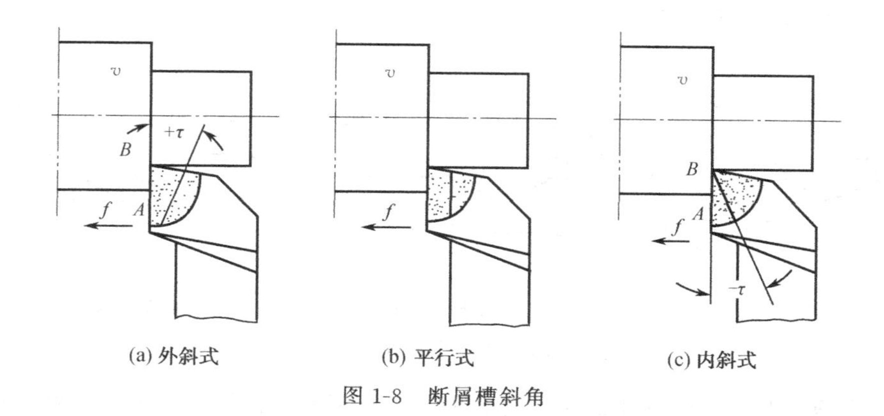

(a) 外斜式　　(b) 平行式　　(c) 内斜式

图 1-8 断屑槽斜角

刀量较大时，由于靠近工件外圆表面 A 处断屑槽较窄，切屑易堵塞，甚至可能损坏切削刃，因此一般采用平行式断屑槽。切削合金钢时，为增大切屑的变形，一般采用外斜式断屑槽。

b. 平行式断屑槽　平行式断屑槽的切屑变形不如外斜式大，切屑大多是碰在工件待加工表面上折断。切削中碳钢时，平行式的断屑效果与外斜式基本相同，但进给量略微加大些，以增大切屑的附加卷曲变形。

c. 内斜式断屑槽　内斜式断屑槽前窄后宽。切削时，在工件外圆表面 A 处最宽，而在刀尖 B 处最窄，所以切屑常常是在 B 处卷曲成小卷，在 A 处卷曲成大卷。当刃倾角 λ_s 取 $-5^\circ \sim -3^\circ$ 时，切屑容易形成卷得较紧的长螺卷形，到一定长度后靠自身质量和旋转摔断。内斜式断屑槽的 λ_s 一般取 $-10^\circ \sim -8^\circ$，但内斜式断屑槽形成长紧螺卷形切屑的切削用量范围较小，主要适用于半精车和精车。

④ 切削用量　切削用量中对断屑影响最大的是进给量，其次是背吃刀量和切削速度。加大进给量是达到断屑的有效措施之一。

当背吃刀量很小时，切屑在流出过程中很可能碰不到断屑槽台阶，因此不易断屑，如图 1-9(a) 所示；当背吃刀量较小时，切屑虽有可能碰到断屑槽台阶，但因出屑角较大，翻转后的切屑仍不易碰到障碍物，因此也不易断屑，如图 1-9(b) 所示；当背吃刀量较大时，因出屑角小，切屑翻转后碰到车刀后刀面或工件而较易折断，如图 1-9(c) 所示。

一般情况下，切削速度对断屑影响不大。

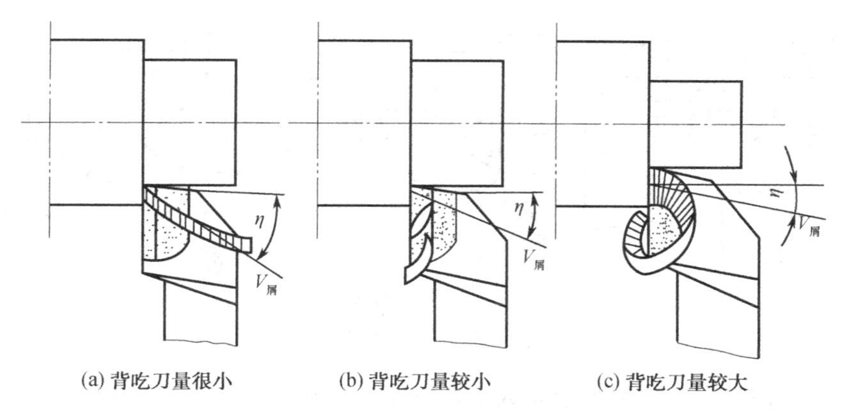

(a) 背吃刀量很小　　(b) 背吃刀量较小　　(c) 背吃刀量较大

图 1-9 背吃刀量对出屑角的影响

(3) 断屑措施

① 磨制断屑槽　在焊接了硬质合金的车刀前面上可磨制如图 1-10 所示的折线形、直线

圆弧形和全圆弧形三种断屑槽。

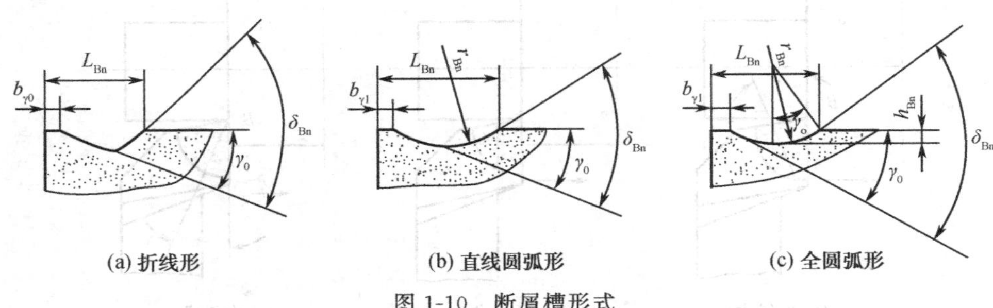

图 1-10　断屑槽形式

折线形和圆弧形适用于加工碳钢、合金钢、工具钢和不锈钢；全圆弧形的槽底前角 γ_0 大，适用于加工塑性高的金属材料和重型刀具。

在使用断屑槽时，影响断屑效果的主要参数是槽宽 L_{Bn} 和槽深 h_{Bn}（r_{Bn}）。槽宽 L_{Bn} 的大小应确保一定厚度的切屑在流出时碰到断屑台，并在断屑台楔角 δ_{Bn}（反楔角）作用下使切屑卷曲半径 R_c 减小。槽宽 L_{Bn} 按表 1-1 根据进给量 f 与背吃刀量 a_p 选取。

表 1-1　断屑槽宽度 L_{Bn}　　单位：mm

进给量 f/(mm/r)	背吃刀量 a_p/mm	断屑宽度	
		低碳钢、中碳钢	合金钢、工具钢
0.2～0.5	1～3	3.2～3.5	2.8～3.0
0.3～0.5	2～5	3.5～4.0	3.0～3.2
0.3～0.6	3～6	4.5～5.0	3.2～3.5

当背吃刀量 $a_p = 2 \sim 6$mm 时，选取槽的圆弧半径 $r_{Bn} = (0.4 \sim 0.7)\ L_{Bn}$。

断屑槽在前面上的位置有三种形式，如图 1-11 所示，分别为外斜式、平行式和内斜式。外斜式断屑范围广，平行式次之。内斜式适用于背吃刀量 a_p 小的半精加工和精加工。断屑槽斜角 ρ_{Bn} 一般取 5°～15°。

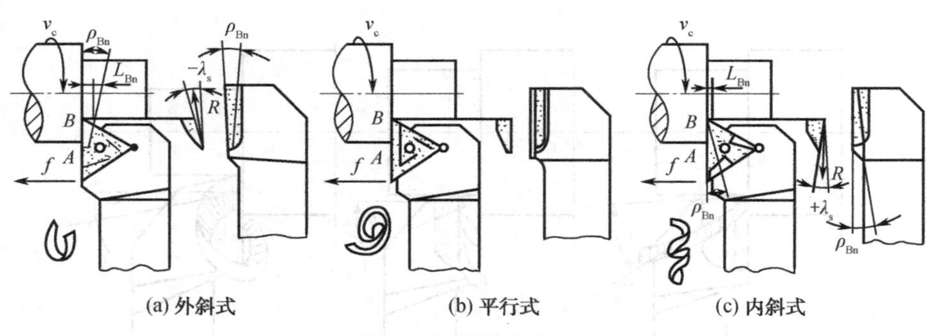

图 1-11　断屑槽位置

② 改变切削用量　在切削用量参数中，对断屑影响最大的是进给量 f，其次是背吃刀量 a_p，影响最小的为切削速度 v_c。进给量增大，使切削厚度 h_D 增大，受碰撞后切屑易折断。被吃刀量增大时对断屑影响不明显，只有当同时增加进给量时，才能有效地断屑。

③ 改变刀具角度　主偏角 κ_r 是影响断屑的主要因素。主偏角 κ_r 增大，切屑厚度 h_D 增

大，易断屑。所以生产中均选取有较大的主偏角，即$\kappa_r=60°\sim90°$的车刀，以达到断屑良好的目的。

刃倾角λ_s使切屑流向改变后，使切屑碰到加工表面上或刀具后面上造成断屑。如图1-12所示，$+\lambda_s$使切屑流出碰撞待加工表面形成“C”、“6”形切屑；$-\lambda_s$使切屑流出碰撞后面形成“C”形或自行甩断形成短螺旋切屑。

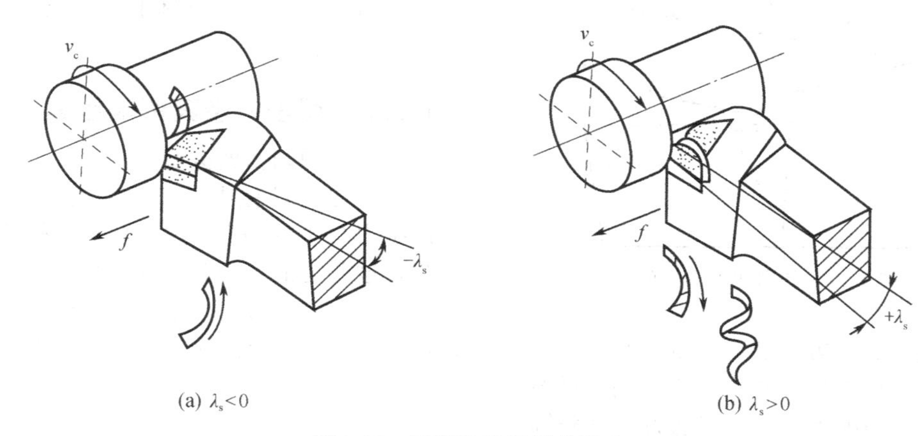

(a) $\lambda_s<0$　　(b) $\lambda_s>0$

图1-12　刃倾角对断屑的影响

④ 间断进给断屑　在加工塑性高的材料或在自动生产线上加工时，采用振动切削装置可实现间断切削，该装置可使切削厚度h_D变化，获得不等截面切屑，造成狭小截面外应力集中、强度减小，达到断屑的目的。一般振幅为（0.7～1.2）f，频率小于40Hz，刀具振动方向应平行于进给方向。采取振动装置断屑可靠，但结构复杂。

⑤ 采用程序断屑　如果使用的车床是数控车床，还可采用程序断屑，即隔一定时间间隔，给纵向进给程序写入几个停止脉冲，就可达到断屑的目的。

⑥ 附加断屑装置　为了保证切屑流出时可靠断屑，可在刀具上增设附加断屑装置。如在刀具前面上固定附加断屑挡块，使切屑流出时碰撞挡块而折断。图1-13为有附加断屑装置的车刀，附加挡块利用螺钉固定在刀具前面上。挡块的工作面可焊接耐磨材料，如硬质合金等，其工作面可调节成外斜式、内斜式或平行式。挡块对切削刃的位置应根据加工条件调整后再固定，以确保达到稳定断屑。

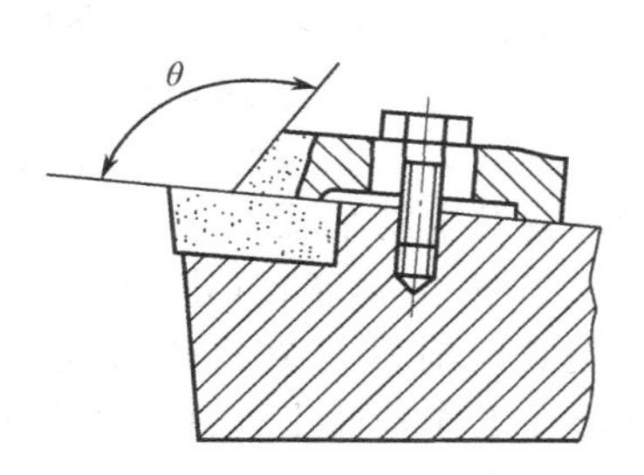

图1-13　附加断屑装置

使用附加断屑挡块的主要缺点是占用较大空间，切屑易阻塞排屑空间等。

1.2 切削力与切削热

切削力是工件材料抵抗刀具切削所产生的阻力。它是影响工艺系统强度、刚度和加工工件质量的重要因素。切削力是设计机床、刀具和夹具，计算切削动力消耗的主要依据。在目前自动化生产、精密加工中，常利用切削力来检测和监控加工表面质量、加工精度和刀具磨损的程度。

1.2.1 切削力的来源

切削时作用在刀具上的力由两部分组成：一是来源于三个变形区内产生的弹性变形抗力

和塑性变形抗力；二是来源于切屑、工件与刀具间的摩擦力。

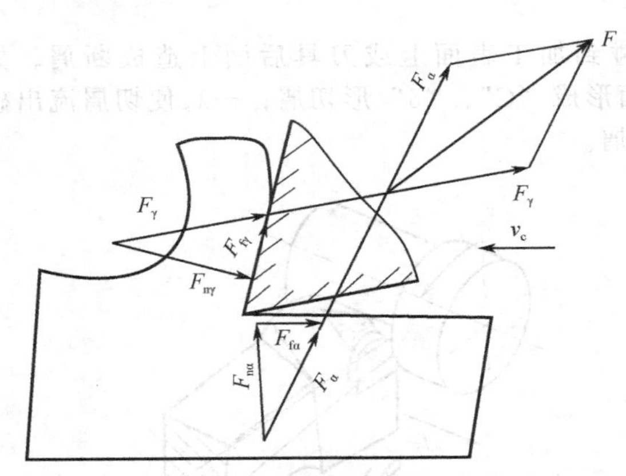

图 1-14　作用在刀具上的切削力

如图 1-14 所示，它们分别是垂直作用在前面及后面上的弹性和塑性变形抗力的反作用力 $F_{n\gamma}$和 $F_{n\alpha}$、作用在前面及后面上的摩擦力 $F_{f\gamma}$和 $F_{f\alpha}$，这些力的合力 F 称为总切削力，作用于刀具上。其反力 F'作用于工件上。

1.2.2　切削力及其影响因素

(1) 切削力的分解

在切削过程中，刀具要克服材料的变形抗力与工件及切屑的摩擦力才能进行切削，这些力的合力就是实际的切削力。

在实际加工中，总的切削力受工艺系统的影响，它的方向和大小都不易测定，为了适应设计和工艺分析的需要，一般不直接研究总切削力，而是研究它在一定方向上的分力。

以外圆切削为例，总切削力可以分解为以下三个互相垂直的分力，如图 1-15 所示。

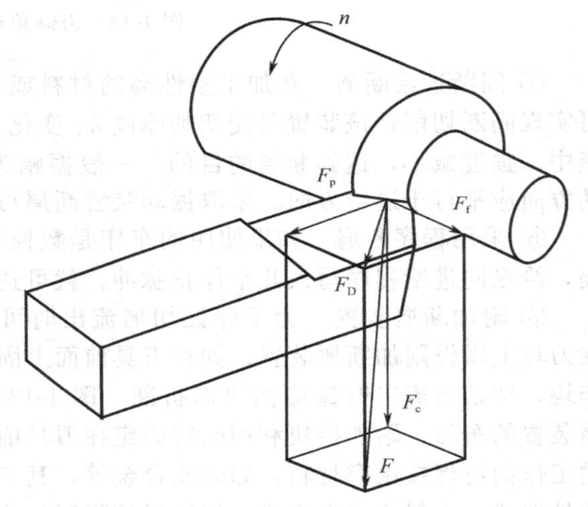

图 1-15　切削力的分解

① 切削力 F_c（主切削力）　切削力 F_c是总切削力 F 在主运动方向上的分力，它垂直于工作基面，和切削速度方向相同，故又称切向力。其大小约占总切削力的 80%～90%，消耗的机床功率也最多，约占车削总功率的 90%以上，是计算机床动力、主传动系统零件强度和刚度的主要依据。作用在刀具上的切削力过大时，可能使刀具崩刃；其反作用力作用在工件上过大时就发生闷车现象。

② 进给力 F_f（进给抗力）　进给力 F_f是总切削力 F 在进给方向上的分力。它投影在工作基面上，并与工件轴线相平行，故又称为轴向力。进给力 F_f消耗的机床功率较少，一般为总功率的 1%～5%。另外进给力 F_f是计算机床进给率、设计机床进给机构和验算进给机构强度等所必需的数据。

③ 背向力 F_p（切深抗力）　背向力 F_p是总切削力 F 在垂直于进给运动方向上的分力，并与工件轴线垂直，故又称为径向力。因为切削时这个方向上运动速度为零，所以 F_p不做功。但其反作用力作用在工件上，容易使工件弯曲变形，特别是对于刚性较弱的工件尤为明显，所以，应当设法减少或消除 F_p的影响。如车细长轴时，常用主偏角 $\kappa_r=90°$的偏刀，可减小 F_p。

(2) 影响切削力的因素

总切削力的来源有两个方面，一是克服被加工材料对弹性变形和塑性变形的抗力；二是克服切屑对刀具前面的摩擦阻力和工件表面对刀具后面的摩擦阻力。因此，凡是影响切削变形抗力和摩擦阻力的因素，都会影响总切削力。凡影响切削过程变形和摩擦面积的因素均会影响切削力，这些因素主要包括切削用量、工件材料和刀具几何参数三个方面。

① 工件材料对切削力有显著的影响　工件材料的硬度或强度愈高，材料的剪切屈服强度也

愈高，发生切削变形的抗力也愈大，故切削力也愈大。例如，高碳钢的切削力大于中碳钢。

在切削强度和硬度相近的材料时，塑性和韧性越大的材料，切削力也越大。这是因为材料的塑性越大，切削时的塑性变形和加工硬化程度也就越显著，切屑与刀具间的摩擦也就越大，所以切削力也就越大。例如与 45 钢相比，加工 60 钢的切削力 F_c增大了 4%，加工 35 钢的切削力 F_c减小了 13%。

工件材料的塑性和韧性越高，切削变形越大，切屑与刀具间摩擦增加，因而切削力较大。例如不锈钢 1Cr18Ni9Ti 的延伸率是 45 钢的 4 倍，所以切削时变形大，切屑不易折断，加工硬化严重，产生的切削力 F_c较加工 45 钢增大 25%。

切削铸铁的变形小、摩擦小，则产生的切削力小。例如，灰口铸铁 HT200 与 45 钢的硬度较接近，但在切削灰口铸铁时切削力 F_c减小 40%。

② 切削用量对切削力的影响

a. 背吃刀量 a_p和进给量 f 对切削力的影响　背吃刀量 a_p和进给量 f 都会使切削层公称横截面积 A_D增大，从而使变形抗力和摩擦力增大，故切削力增大。但背吃刀量 a_p和进给量 f 对切削力的影响并不相同。a_p增大 1 倍，切削力 F_c也增大 1 倍；而 f 增大 1 倍，切削力 F_c只能增大 68%～80%。由此可见，从减小切削力和节省动力消耗的观点出发，在切除相同余量的条件下，增大 f 比增大 a_p更为有利。

b. 切削速度对切削力的影响　切削塑性金属时，切削速度 v_c对切削力 F_c的影响如图 1-16 所示。切削速度是通过切削厚度压缩比 Λ_k来影响切削力的，也就是说，若切削速度 v_c增大，使切削厚度压缩比 Λ_k增大，变形抗力增大，故切削力增大；反之，若 v_c增大，使切削厚度压缩比 Λ_k减小，变形抗力减小，故切削力增大削力也就随之减小。在 v_c为 20～60m/min 之间，生成了积屑瘤，使实际工作前角有所增大，这是一个波峰过程，此过程使切削力产生了一个下凹的波谷。当切削速度 v_c高于 55m/min ，基本上不再生成积屑瘤了，刀具实际工作前角不再变化，此段实验曲线才真正反映了切削速度与切削力之间的关系——切削力随着切削速度的增加而减小，这是由于切削厚度压缩比 Λ_k随着切削速度增加而减小的缘故。

切削脆性金属时，切削速度对切削力没有明显影响。

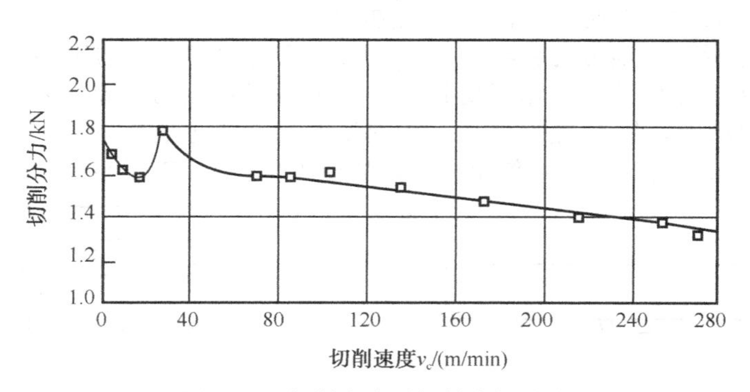

图 1-16　切削速度对切削力的影响

③ 刀具几何参数对切削力的影响　刀具几何参数对切削力的影响包括以下几方面因素。

a. 前角对切削力的影响　前角 γ_0对各向切削分力的影响都较大，如图 1-17 所示，但影响程度不一样。前角 γ_0增大，总切削力和各向切削分力都有所减小，这是因为前角 γ_0增大，切屑厚度压缩比 Λ_k减小，即变形抗力减小所至。由实验可知，用主偏角 $\kappa_r=75°$的外圆车刀切削 45 钢和灰口铸铁 HT200 时，γ_0每增加 1°，F_c约减小 1%，F_p减小 1.5%～2%，F_f减小 4%～5%。

b. 主偏角对切削力的影响　主偏角 κ_r改变使切削面积的形状和切削分力的作用方向变化，因而使切削力随之变化。

主偏角 κ_r 对切削力的影响规律如图 1-18 所示，主偏角 κ_r 在 30°～60°范围内变化时，主偏角 κ_r 增大，切削厚度 h_D 增大，切屑变形减小，使主切削力 F_c 减小。主偏角 κ_r 在 60°～90°范围内变化时，刀尖处圆弧和副前角 γ_0' 影响突出，切削力 F_c 增大。而当主偏角 κ_r 增大时，F_p 减小，F_f 增大。

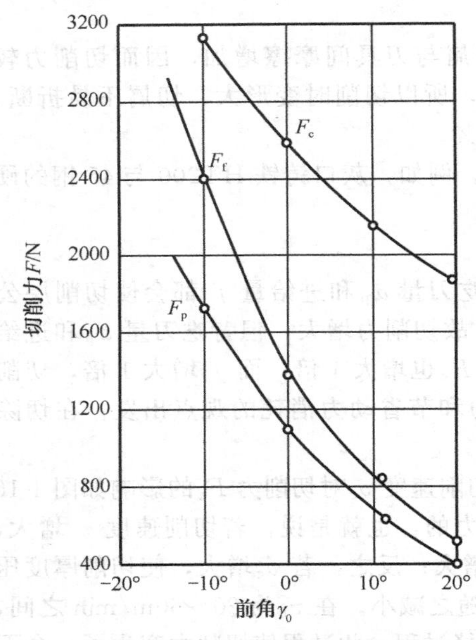

图 1-17　前角对切削力的影响

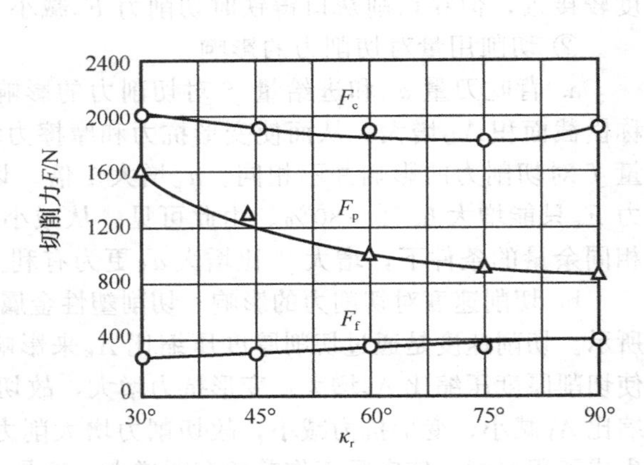

图 1-18　主偏角对切削力的影响

c. 刃倾角对切削力的影响　刃倾角 λ_s 对切削力 F_c 影响很小，但对进给力 F_f、背向力 F_p 影响较为显著。如图 1-19 所示，当 λ_s 逐渐由正值变为负值时，F_p 将增大，而 F_f 将减小。由此可见，从切削力观点分析，切削时不宜选用过大的负刃倾角，尤其在工艺系统刚性较差的情况下，往往因 λ_s 增大而使 F_p 增大，产生振动。

d. 刀尖圆弧半径对切削力的影响　刀尖圆弧半径 r_g 对切削力的影响如图 1-20 所示，刀尖圆弧半径 r_g 增大，刀尖圆弧工作刃增长，由于圆弧刃各点切屑流向不同，加剧了切屑变形，使得变形抗力增大，故 F_c 略有增大；而圆弧刃上愈接近刀尖的刃段，其主偏角 κ_r 愈小，因此，r_g 增大会使切削刃的平均主偏角减小，故使 F_p 增大，F_f 减小。

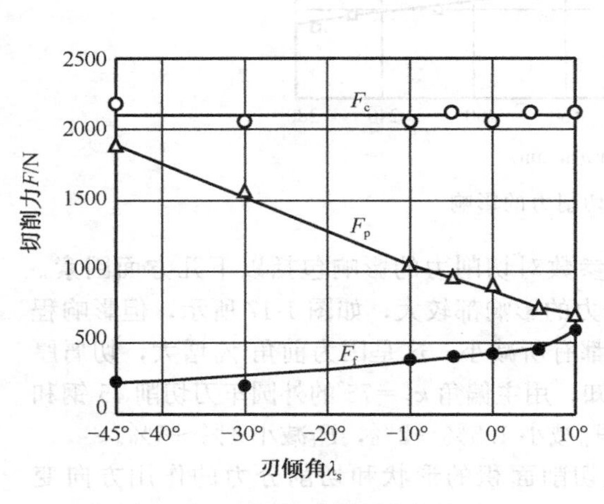

图 1-19　刃倾角对切削力的影响

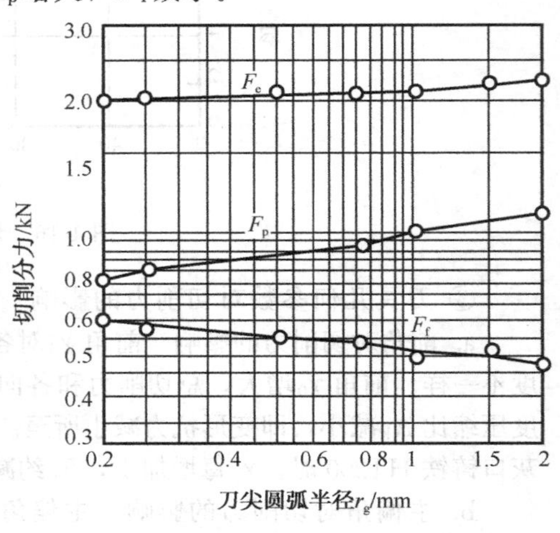

图 1-20　刀尖圆弧半径对切削力的影响

④ 因素

a. 刀具磨损 后面磨损增大，使刀具与加工表面间摩擦加剧，故切削力 F_c、F_p增大。

b. 切削液 切削时浇注切削液，可使刀具、工件与切屑接触面间摩擦减小，因此，能较显著地减小切削力。例如选用效果良好切削液，比干切削时的切削力小 10%～20%。

c. 刀具材料 各种刀具材料对切削力的影响是由刀具材料与工件材料之间亲和力和摩擦因数等因素决定的。如果刀具材料与工件材料之间摩擦因数小，则切削力小，例如，选用 YT30 切削钢较用 YT15 的切削力小，用陶瓷刀具切削比用硬质合金刀具产生的切削力降低 10%左右。

在计算切削力时，考虑到各个参数对切削力不同的影响，需对切削力数值进行相应的修正，其修正系数值是通过切削实验确定的。工件材料、主偏角 κ_r、刃倾角 λ_s、前角 γ_0 和刀尖圆弧半径 r_g改变时对切削力影响的修正系数计算时可查表得到。

1.2.3 切削热与切削温度

(1) 切削热的产生与传出

① 切削热的产生 金属切削过程中，金属弹性形变的能量以应变能形式储存在变形体中，这部分能量没有消耗，且所占的比例很小（约占 1%～2%），可以忽略不计。金属塑性变形的能量全部转变为热能而散逸。在金属切削过程中工件上的三个塑性变形区，每个塑性变形区都是一个热源。因此，切削时共有三个热源，如图 1-21 所示。

这三个热源产生热量的比例与工件材料、切削条件等有关。加工塑性材料（钢料），在切削厚度较大、主后面磨损不大时，第三变形区产生的热量比例很小，第一变形区产生的热量比例最大。图 1-22 为三个变形区产生热量的比例关系。由图可知，第一变形区和第三变形区产生的热量随切削厚度的增大而增加。当切削厚度大于 0.4 mm 时，第一变形区产生的热量约占 60%～80%。而当切削厚度很小时，由于严重的挤压作用，第三变形区所产生的热量则占相当大的比重。

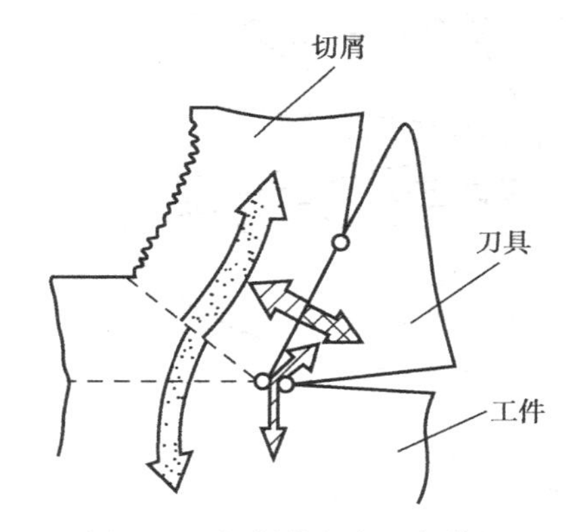

图 1-21 切削热的来源与传导

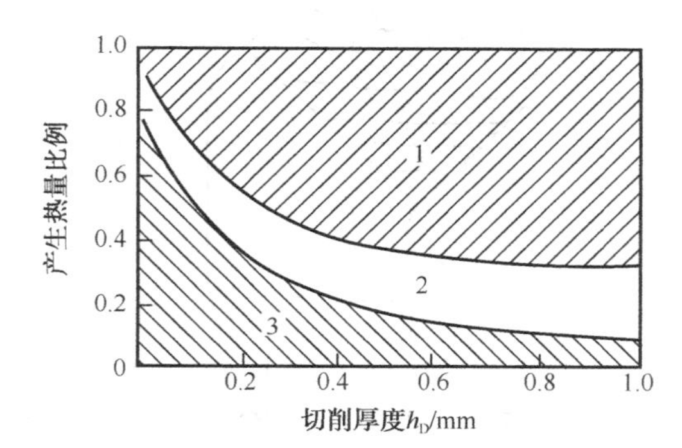

图 1-22 三个变形区产生热量的比例

1—第一变形区；2—第二变形区；3—第三变形区

当加工灰铸铁等脆性材料时，因形成崩碎切屑，刀具与切屑接触长度很小，故第二变形区产生的热量比重下降，而第三变形区产生热量的比重相应增加。

② 切削热的传出 切削过程中所产生的热量主要靠切屑、工件和刀具传出，被周围介质带走的量很少（干切削时约占 1%）。

传入切屑、工件和刀具的热量比例除了与三个变形区产生的热量比例有关外，还与工件材料的热导率、切屑与前面的接触长度以及切削条件等有关。车削与钻削时，切削热传入切屑、刀具、工件和周围介质的百分比，如表 1-2 所示。

表 1-2　切屑、工件、刀具中切削热的分布

切削热传入对象	切屑	工件	刀具	周围介质
车削	50%～86%	3%～9%	10%～40%	1%
钻削	28%	52.5%	14.5%	5%

由表 1-2 可知，钻削时切削热传入工件的比例比车削时大得多。这是由于钻削属于半封闭式加工，切屑与工件和刀具的接触时间长，将自身所带的热量传给工件和刀具所致。

在切削过程中产生的另一个重要物理现象是切削热。切削热会引起切削温度升高，使工件和机床产生热变形，降低零件的加工精度和表面质量。切削温度是影响刀具寿命的主要因素。因此，研究切削热和切削温度具有重要的实用意义。

(2) 切削温度及温度分布

切削温度是指刀具前面与切屑接触区域的平均温度。切削温度的确定以及切削温度在切屑—工件—刀具中的分布可利用热传导和温度场的理论计算确定，但常用的是通过实验的方法来测定。

在一定条件下，通过测量可以得到切屑、工件、刀具上温度的分布情况，如图 1-23 所示。刀具前面的温度高于刀具后面的温度。刀具前面上的最高温度不在切削刃上，而是在离切削刃的一定距离处。这是因为切削塑性材料时，刀屑接触长度较长，切屑沿刀具前面流出，摩擦热逐渐增大的缘故。而切削脆性材料时，因为切屑很短，切屑与刀具前面相接触所产生的摩擦热都集中在切削刃附近。所以，刀具前面上的最高温度集中在切削刃附近。

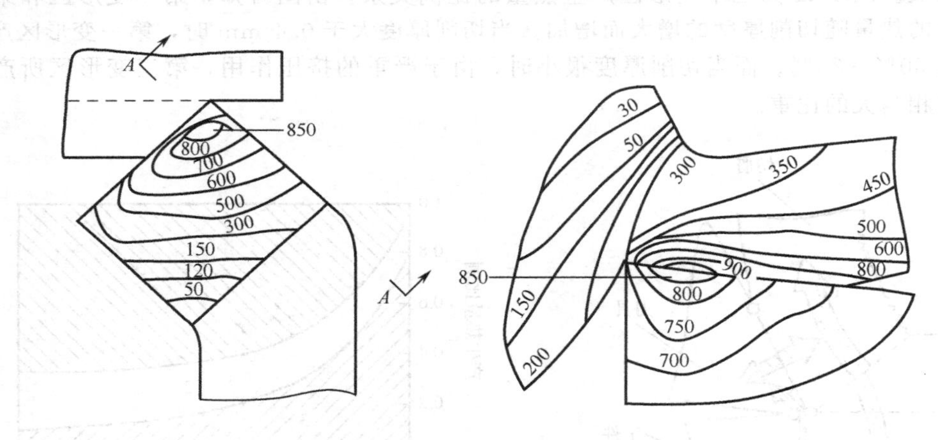

图 1-23　切屑、工件、刀具上温度的分布

工件材料：GCr15；刀具材料：YT14；切削用量：$v_c=80\text{m/min}$，$a_p=4\text{mm}$，$f=0.5\text{mm}$

(3) 影响切削温度的因素

在生产中，切削热对切削过程的影响是通过切削温度来起作用的。切削温度的高低取决于产生热量多少和传散热量的快慢两方面因素。如果生热少、散热快，则切削温度低，或者上述之一占主导作用，也会降低切削温度。在切削时影响产生热量和传散热量的因素有切削用量、工件材料的力学与物理性能、刀具几何参数和切削液等。

① 切削用量　切削用量对切削温度的影响规律可以从实验曲线图 1-24 中看出，并通过实验数据处理后求得的实验公式如下。

高速钢刀具　$\theta=(140\sim170)\ a_p^{0.08\sim0.1} f^{0.2\sim0.3} v_c^{0.35\sim0.45}$　(1-1)

硬质合金刀具　$\theta=320a_p^{0.5} f^{0.15} v_c^{0.26\sim0.41}$　(1-2)

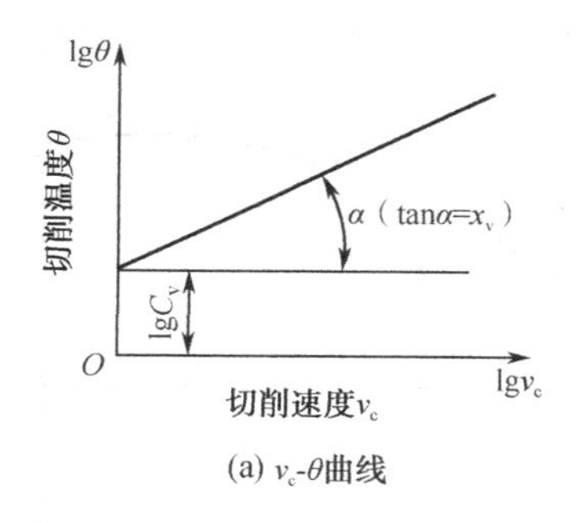

(a) v_c-θ曲线

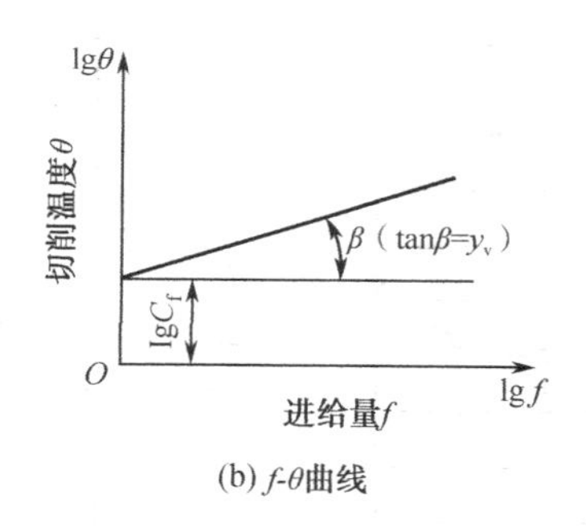

(b) f-θ曲线

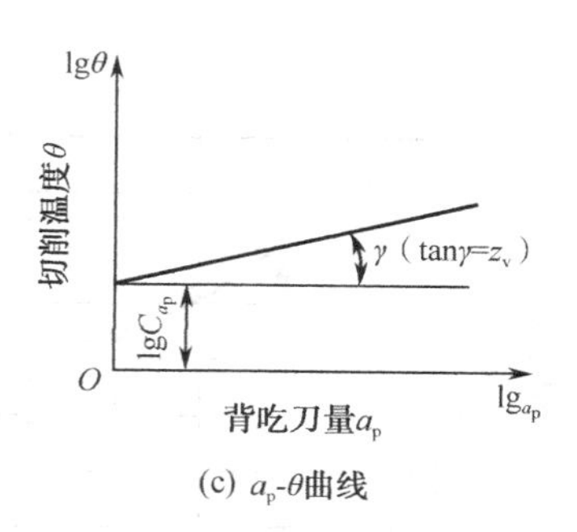

(c) a_p-θ曲线

图 1-24 切削用量对切削温度的影响

加工条件：刀具材料 W18Cr4V，工件材料 45 钢，刀具角度 $\gamma_0=15°$，$\kappa_r=45°$，$a_p=8°$

实验表明，v_c、a_p和 f 增加时，由于切削变形力和摩擦力增大，故切削温度升高。其中切削速度 v_c的影响最大，v_c增加一倍，切削温度约增加 32%；进给量 f 的影响其次，f 增加一倍，切削温度约增加 18%；背吃刀量 a_p的影响最小，a_p增加一倍，切削温度约增加 7%。形成上述影响规律的原因是，v_c增加使摩擦生热增多；f 增加因切削变形增加较少，故热量增加不多，此外，使刀-屑接触面积增大，改善了散热条件；a_p增加使切削宽度 b_D，显著增大了热量的传散面积。

切削用量对切削温度的影响规律在切削加工中具有重要的实用意义。例如，分别增加 v_c、a_p和 f 均能使切削效率按比例提高，但为了减少刀具磨损、保持高的刀具寿命，减小对工件加工精度的影响，可先设法增大背吃刀量 a_p，其次增大进给量 f；但是，在刀具材料与机床性能允许的条件下，要尽量提高切削速度 v_c，以便进行高效率、高质量切削。

② 工件材料 工件材料的硬度、强度和热导率都将影响切削温度的大小。

加工低碳钢时，材料的强度和硬度低，热导率大，故产生的切削温度低；高碳钢的强度和硬度高，热导率小，故产生的切削温度高，例如，加工合金钢产生的切削温度较加工 45 钢的高 30%；不锈钢的热导率较 45 钢的小 3 倍，故切削时产生的切削温度比 45 钢的高 40%；加工脆性金属材料产生的变形和摩擦均较小，故切削时产生的切削温度较 45 钢的低 25%。

③ 刀具几何参数 在刀具几何参数中，影响切削温度最为明显的因素是前角 γ_0和主偏角 κ_r，其次是刀尖圆弧半径 r_g。

如图 1-25(a) 所示，前角 γ_0增大，切削变形和摩擦产生的热量均较少，故切削温度下降。但前角 γ_0过大，散热变差，使切削温度升高，因此在一定条件下，均有一个产生最低温度的最佳前角 γ_0值，如图中加工条件下的最佳前角约为 15°。

如图 1-25(b) 所示，主偏角 κ_r较小，使切削变形和摩擦增加，使切削热增加，但 κ_r减小后，因刀头体积增大，切削宽度 b_D增大，故散热条件改善。由于散热起主要作用，故切削温度下降。

增大刀尖圆弧半径 r_g，选用负的刃倾角和磨制负倒棱均能增大散热面积，降低切削温度。

④ 切削液 浇注切削液是降低切削温度的重要措施。水溶液、乳化液、煤油等都有很好的冷却效果，在生产中被广泛使用。

1.2.4 刀具磨损和使用寿命

切削加工时，刀具一方面切下切屑，另一方面本身也要发生损坏。刀具损坏到一定程度，就要换刀（或换新切削刃），否则无法进行正常切削。刀具损坏的形式有磨损和破

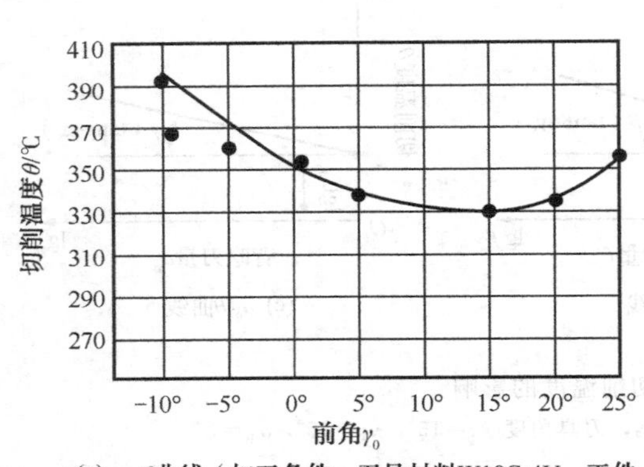

(a) γ_0−θ曲线（加工条件：刀具材料W18Cr4V，工件材料45钢，κ_r=75，α_0=6°～8°，v_c=20m/min，a_p=1.5mm，f=0.2mm/r）

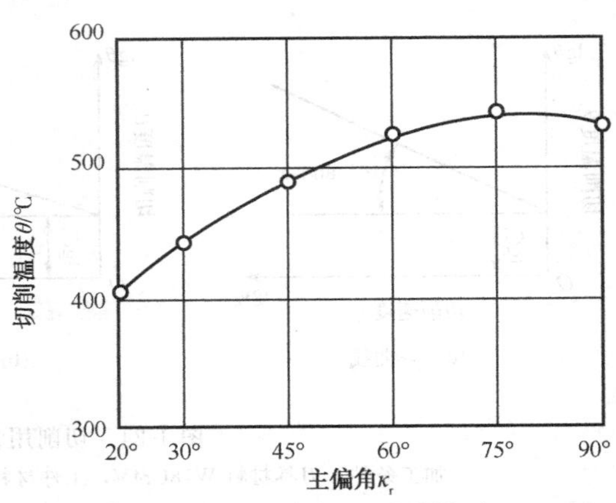

(b) κ_r−θ曲线（加工条件：工件材料45钢，a_p=2mm，f=2mm/r）

图 1-25　前角 γ_0 和主偏角 κ_r 对切削温度 θ 的影响

损两类。

刀具磨损后，可明显地发现切削力增大，切削温度上升，切屑颜色改变，工艺系统产生振动，加工表面粗糙度增大，加工精度降低。因此，刀具磨损和耐用度直接关系到切削加工的效率、质量和成本。

当使用一把新磨好的刀具进行切削时，随着切削的持续进行，刀具便逐渐磨损，经过一段时间，由于磨损加剧，切削能力显著降低，以致不再符合切削要求，这一现象称为刀具钝化。除磨损外，刀具钝化的方式还有卷刃和在不正常情况下发生的崩刀。钝化的刀具不宜继续使用，需要及时刃磨。在正常切削时，刀具钝化的主要原因是磨损。

刀具磨损决定于刀具材料、工件材料的物理力学性能和切削条件。不同刀具材料的磨损和破损有不同的特点。掌握刀具磨损和破损的特点及其产生的原因和规律，可以正确选择刀具材料和切削条件，保证加工质量并提高生产效率。

(1) 刀具磨损的形式

① 前面磨损　在不使用切削液的条件下切削塑性金属时，如果切削厚度很大（h_D>0.5mm），切削速度又比较高，则刀具前面与切屑底部的压强很大，实际接触面积大，润滑条件差，所以切屑底部与前面的摩擦强烈，在刀具前面上形成月牙洼磨损，如图 1-26(a) 所示。月牙洼磨损发生于前面上温度最高的区域，并随切削过程的进行而不断加大，直至其扩展到切削刃边缘，使切削刃损坏。前面的磨损以月牙洼的最大深度 KT 表示。在切削加工中，发生单纯前面磨损的情形很少。

② 后面磨损　由于刀具的切削刃并不是绝对锋利的，而是有一定的钝圆半径，因此后面与刚刚切削的新鲜表面接触压力大，摩擦大。在切削脆性金属或以较小的切削厚度（h_D<0.1mm）切削塑性材料时，刀具后面与工件表面摩擦作用强烈，主要发生后面磨损，如图 1-26(b)所示。后面的磨损带宽度用 VB 表示。后面过量的磨损将导致刀具失效。

后刀面与工件表面实际上接触面积很小，所以接触压力很大，存在着弹性和塑性变形，因此，磨损就发生在这个接触面上。在切铸铁和以较小的切削厚度切削塑性材料时，主要也是发生这种磨损。后刀面磨损带宽度往往是不均匀的，可划分为三个区域，如图 1-27 所示。

a. C 区刀尖磨损　强度较低，散热条件又差，磨损比较严重，其最大值为 VC。

b. N 区边界磨损　切削钢料时主切削刃靠近工件待加工表面处的后刀面（刃区）上，

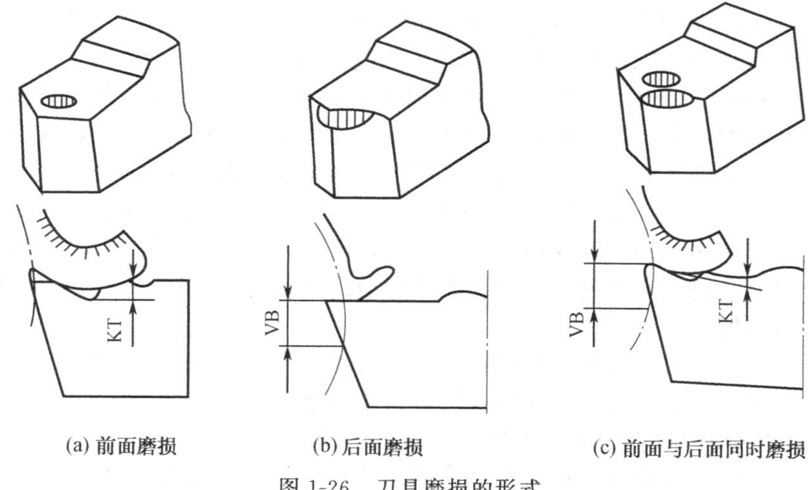

图 1-26 刀具磨损的形式

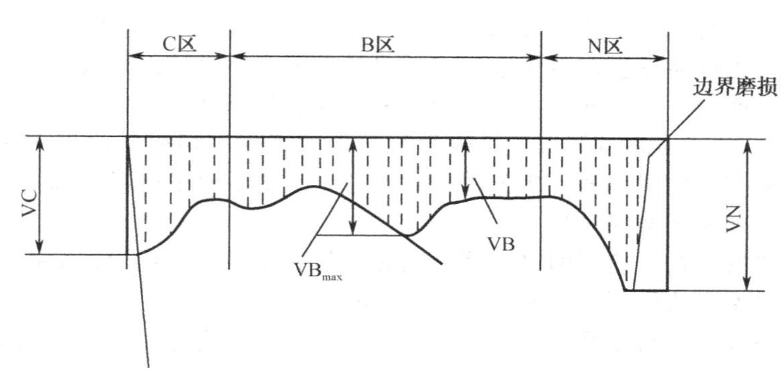

图 1-27 后刀面的磨损情况

会磨成较深的沟，以 VN 表示。这主要是工件在边界处的加工硬化层和刀具在边界处较大的应力梯度和温度梯度所造成的。

③ 前后面同时磨损 在以较高的切削速度和较大的切削厚度切削塑性金属时，将发生前面和后面的同时磨损。这是常见的刀具磨损形式，如图 1-26(c) 所示。刀具磨损后，切削力加大、切削温度上升的同时，刀具的磨损亦会加剧。

在切削过程中，有时还会出现崩刃、卷刃或刀片整个碎裂等现象，其原因如下。

a. 刀具材料的强度、硬度太低。

b. 刀具的几何角度不合理，切削力太大。

c. 切削用量过大，切削温度太高，或切削力太大。

d. 由于刃磨和加工中产生较大的热应力，刀具出现裂纹。

e. 刀刃受到突然冲击，造成崩刃或热裂。出现这种形式的磨损时，应找出原因，及时进行处理。

(2) 刀具磨损原因

切削过程中刀具磨损与一般机械零件的磨损有显著的不同，它表现在以下几个方面。

① 刀具与切屑、刀具与工件接触面经常是活性很高的新鲜表面，不存在氧化膜等的污染。

② 刀具的前面和后面与工件表面的接触压力非常大，有时甚至超过被切材料的屈

服强度。

③ 刀具与切屑、刀具与工件接触面的温度很高。硬质合金刀具加工钢料时其接触面的温度可达 800～1000℃；高速钢刀具加工钢料时其接触面的温度可达 300～600℃。

在上述特殊条件下，刀具正常磨损的原因主要是由机械、热和化学三种作用的综合结果，即由工件材料中硬质点的刻划作用产生的硬质点磨损、由压力和强烈摩擦产生的黏结磨损、由高温下产生的扩散磨损、由氧化作用等产生的化学磨损等几方面的综合作用。

① 硬质点磨损　切削时，切屑、工件材料中含有的一些硬度极高的微小的硬质点（如碳化物、氮化物和氧化物等）以及积屑瘤碎片等，可在刀具表面刻划出沟纹，这就是硬质点磨损，或称为磨料磨损。高速钢刀具的硬质点磨损比较显著；硬质合金刀具的硬度高，发生硬质点磨损的概率较小。

硬质点磨损在各种切削速度下都存在，但它是低速刀具（如拉刀、板牙等）磨损的主要原因。因为此时切削温度较低，其他形式的磨损还不显著。

② 黏结磨损　切削时，切屑、工件与刀具前面和后面之间，存在着很大的压力和强烈的摩擦，因此，形成新鲜表面接触而发生冷焊黏结。由于摩擦面之间的相对运动，冷焊结破裂被一方带走，从而造成冷焊磨损。一般来说，工件材料或切屑的硬度低，冷焊结的破裂往往发生在工件或切屑这一方。但由于交变应力、疲劳、热应力以及刀具表层结构缺陷等原因，冷焊结的破裂也可能发生在刀具这一方，刀具表面上的微粒逐渐被切屑或工件粘走，从而造成刀具的黏结磨损。黏结磨损一般在中等偏低的切削速度下比较严重。

③ 扩散磨损　在切削高温下，刀具表面与切出的工件、切屑新鲜表面接触，刀具与切屑、刀具和工件双方的化学元素互相扩散到对方去，改变了原来材料的成分与结构，削弱了刀具材料的性能，加速了磨损过程。

扩散磨损主要发生在高速切削时，因为此时切削温度很高，化学元素扩散速度较高。同时随切削速度（温度）的提高，扩散磨损程度加剧。

扩散磨损的快慢程度与刀具材料的化学成分关系很大，这是由于不同元素的扩散速度不同所致。如硬质合金中，Ti 元素的扩散速度远低于 Co、W，而 TiC 又不易分解，故 YT 类合金的抗扩散磨损能力优于 YG 类合金。由于硬质合金中添加 Ta、Nb 元素后形成固熔体，更不易扩散，故 YW 类合金和涂层合金更具有良好的抗扩散磨损性能。

④ 化学磨损　在一定温度下，刀具材料与某些周围介质（如空气中的氧，切削液中的极压添加剂硫、氯等）起化学作用，在刀具表面形成一层硬度较低的化合物，被切屑或工件擦掉而形成磨损，这种磨损称为化学磨损。例如空气中的氧在切削温度达 700～800℃时，会使硬质合金产生一层脆弱的表面氧化膜。特别是钴相软化，容易使碳化物颗粒被黏结带走，形成氧化磨损。氧化磨损与氧化膜的黏附强度有关，在 600℃以上时，YT 类硬质合金产生的氧化膜较薄且牢固，而 YG 类硬质合金的氧化膜厚且不牢，所以 YT 类硬质合金比 YG 类硬质合金耐磨性高。

一般情况下空气不易进入刀具与切屑的接触区，所以化学磨损中的氧化而引起的磨损最容易在主切削刃和副切削刃的工作边界处形成，从而产生较深的磨损沟纹。

⑤ 热裂磨损　刀具在切削过程中受到周期性的冲击时，引起交变应力较大的变化，加之刀具骤冷骤热，则产生相当大的热应力。在这种热应力的多次反复作用下，刀具表层达到热疲劳强度极限时，即出现裂纹。这种在周期性交变热应力作用下，因疲劳而产生的磨损，称为热裂磨损。例如，用硬质合金铣刀进行高速铣削时，刀齿上出现裂纹，就是热裂磨损现象。

当刀具材料脆性大，切削温度较高时，特别容易发生热裂磨损。

⑥ 相变磨损　相变磨损是工具钢刀具在较高速度切削时产生塑性变形的主要原因。切

削温度升高后，刀具材料金相组织转变，引起硬度降低，使前面塌陷和刀刃卷曲产生塑性破坏。硬质合金刀具在高温、高压状态下切削也会因产生塑性变形而失去切削性能。

除上述几种主要的磨损原因外，还有热电磨损，即在切削区高温作用下，刀具材料与工件材料形成热电偶，产生热电势，这种热电势有促进扩散的作用，因而加速了刀具的磨损。

总之，在不同的工件材料、刀具材料和切削条件下，磨损原因和磨损强度是不同的。图 1-28为硬质合金刀具加工钢料时，在不同的切削速度（切削温度）下各类磨损所占的比重。由图 1-28 可知，对于一定的刀具和工件材料，切削速度（切削温度）对刀具磨损具有决定性的影响。

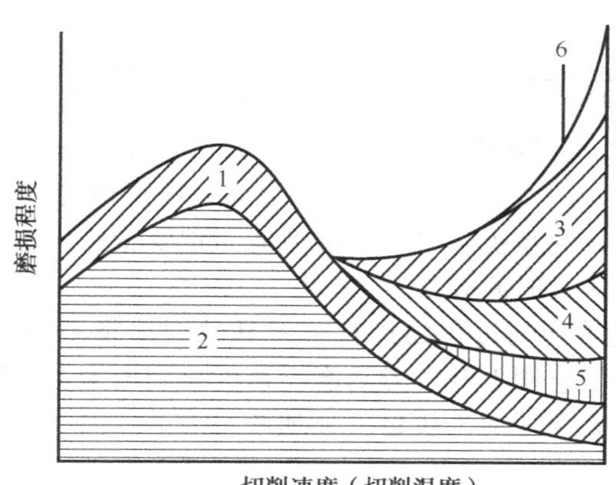

图 1-28　切削速度对刀具磨损强度的影响

1—硬质点磨损；2—黏结磨损；3—扩散磨损；4—化学磨损；5—热裂磨损；6—相变磨损

防止刀具过早磨损和避免刀具破损的措施如下。

① 控制切削速度对磨损的影响，选定合适的切削速度区域。高速钢刀具在低速和中速区域产生的磨粒磨损、积屑瘤是导致刀具磨损的主要原因，超过中速则会产生相变磨损；硬质合金刀具在中速时主要为黏结磨损，超过中速则会产生扩散磨损、氧化磨损，在高速时产生塑性破坏；陶瓷刀具会产生磨粒磨损、黏结磨损，在很高速度时产生氧化磨损，以及由于热冲击和机械摩擦作用产生微粒崩刃。

② 合理选择刀具材料，充分发挥刀具材料性能特点，其中包括硬度、强度、化学稳定性、热导性、热膨胀性、表面惰性等。例如，涂层刀具材料具有高硬度，化学稳定性好，故在切削时对防止氧化磨损、月牙洼磨损、黏结磨损有良好效果。切削冷硬铸铁时，选用 Al_2O_3 基体陶瓷不易产生机械磨损。高速间断切削铸铁选用高温韧性好、强度高的 Si_3N_4 基体陶瓷不易出现破损。

③ 提高刀具刃磨质量和充分浇注切削液，使切削温度大幅度下降，对防止积屑瘤损坏刀具、黏结磨损、热裂破坏和抗磨粒磨损均有明显的效果。

④ 提高刀具强度，如选用较小前角，适当选取负刃倾角，磨出倒棱，减小进给量，增加刀片和刀具刚度和提高加工系统的刚性，均能防止刀具疲劳裂纹、崩碎、剥落、热裂等产生。

(3) 磨损过程与磨钝标准

① 磨损过程　随着切削时间的延长，刀具的磨损量在不断地增加。但在不同的时间阶段，刀具的磨损速度及实际的磨损量是不同的。图 1-29 反映了刀具的磨损和切削时间的关系，可以将刀具的磨损过程分为三个阶段。

a. 初期磨损阶段　在刀具开始使用的较短时间内，后面上即产生一个磨损为 0.05～

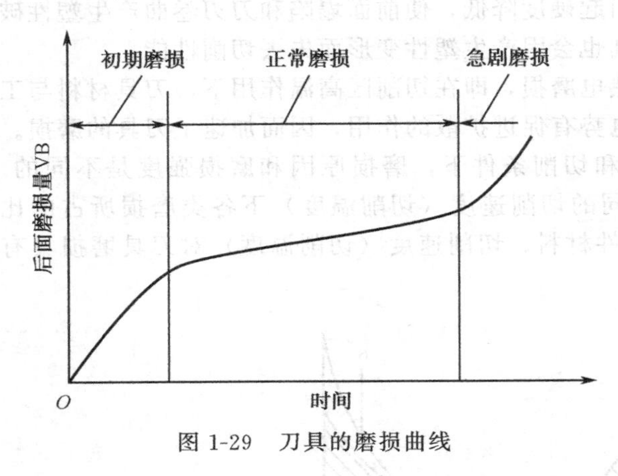

图 1-29　刀具的磨损曲线

0.1mm的窄小棱带。这一阶段称为初期磨损阶段。在这一阶段，磨损速度大，但时间较短，磨损量也不大。初期磨损速度大的原因在于新刃磨的刀具后面上存在微观凹凸不平、氧化或脱碳等缺陷，而且此阶段后面与工件接触面积小，接触压力大，单位面积上的摩擦力大。

b. 正常磨损阶段　经过初期磨损阶段后，刀具表面粗糙度降低，接触压强减小，刀具的磨损速度明显降低，磨损量随时间均匀缓慢地增长，这一阶段称为正常磨损阶段。正常磨损阶段的磨损曲线表现为一段近似的直线。直线的斜率反映出刀具正常切削时的磨损速度，它是衡量刀具切削性能的重要指标。正常磨损阶段是刀具发挥正常切削作用的主要阶段，这段时间较长。

c. 急剧磨损阶段　随着切削过程的进行，刀具的磨损量不断增加，当磨损量达到一定数值后，切削力、切削温度急剧上升，刀具磨损速度急剧增大，以致刀具失去切削能力。该阶段称为急剧磨损阶段。为保证加工质量，合理使用刀具，应在急剧磨损阶段到来之前及时更换或刃磨刀具。

② 磨钝标准　由刀具磨损过程的分析可知，刀具的磨损量达到一定程度后就要进行换刀或刃磨。这个磨损限度称为磨钝标准。一般刀具都存在后面磨损，而且后面的磨损测量比较方便，所以多以后面的磨损棱带的平均宽度 VB 作为指标来制定磨钝标准。

在规定磨钝标准的具体数值时，有两种不同的出发点。一是尽可能充分地利用刀具的正常磨损阶段，以接近急剧磨损阶段的磨损量作为磨钝标准，这样可以充分利用刀具材料，减少换刀次数，获得高生产率和低成本，这样规定的磨钝标准称为经济磨钝标准。二是根据工件加工精度和表面质量的要求制定磨钝标准，这种标准可以保证工件要求的精度和表面质量，称为工艺磨钝标准，适用于精加工。磨钝标准一般需要通过实验确定。表 1-3 为生产实践中常用的硬质合金车刀磨钝标准。

表 1-3　硬质合金车刀磨钝标准

加工条件	后刀面的磨钝标准 VB/mm
精车	0.1～0.3
合金钢粗车，粗车刚性较差的工件	0.4～0.5
碳素钢粗车	0.6～0.8
铸铁件粗车	0.8～1.2
钢及铸铁大件低速粗车	1.0～1.5

(4) 刀具耐用度

① 刀具耐用度计算　刃磨后的刀具，自开始切削直到磨损量达磨钝标准为止的切削工作时间，称为刀具耐用度，以 T 表示。这是确定换刀时间的重要依据。

刀具寿命与刀具耐用度有着不同的含义。刀具寿命表示一把新刀用到报废之前总的切削时间，其中包括多次重磨。因此，刀具寿命等于刀具耐用度乘以重磨次数。刀具耐用度也可用达到磨钝标准前的切削路程（单位为 km 表示）或加工的零件数 N 表示。

由实验可得刀具的耐用度 T(min) 为：

$$T=\frac{C_T}{v_c^{\frac{1}{m}} f^{\frac{1}{n}} a_p^{\frac{1}{p}}} \tag{1-3}$$

式中 m，n，p——切削速度、进给量和背吃刀量的指数；

C_T——与工件材料、刀具材料和其他条件有关的常数。

当用硬质合金车刀切削 $\sigma_b=0.736$GPa 的碳素钢时，实验公式为：

$$T=\frac{C_T}{v_c^5 f^{2.25} a_p^{0.75}}$$

由刀具耐用度公式可看出：v_c对刀具耐用度影响最大，f 次之，a_p最小。所以，在实际生产中，应先选择大的 a_p，最后选刀具耐用度下的 v_c。这样既能保持刀具耐用度，发挥刀具切削性能，又能提高切削效率。

刀具耐用度的合理数值应根据生产率和加工成本制定，一般有两种方法。

a. 最高生产率耐用度 T_p　所确定的 T_p能使产品的加工达到最高生产率，即加工一个零件花的时间最少。

b. 最低生产成本耐用度 T_c　保证加工每一个工件的成本最低，又称经济耐用度。生产中常根据最低成本来确定刀具耐用度，可由下式计算：

$$T=\frac{1-m}{m}\left(t_c+\frac{C_t}{M}\right)=T_c \tag{1-4}$$

式中 M——该工序单位时间内所分担的全厂开支；

C_t——刀具成本（换刀的消耗、工人的工资）；

t_c——一次换刀所需的时间。

与 T_c对应的经济切削速度 v_{cc}可由下式求出；

$$v_{cc}=\frac{A}{T_c^m} \tag{1-5}$$

式中 A——常数；

m——切削速度指数。

② 刀具耐用度的合理选择　刀具磨损到达磨钝标准后即需换刀。尤其在自动线、多刀切削及大批量生产中，一般都要求定时换刀。刀具耐用度同生产效率和加工成本之间存在着较复杂的关系。若把刀具耐用度选得过高，则切削用量势必被限制在很低的水平，虽然此时刀具的消耗及费用较少，但过低的加工效率也会使经济效果变得很差；若把刀具耐用度选得过低，虽可采用较高的切削用量使金属切除率有所提高，但由于刀具磨损加快而使换刀、刃磨的工时和费用显著增加，同样达不到高效率、低成本的要求。根据生产实际情况的需要，凡能满足以下三个要求，可称为合理耐用度。

第一，使该工序的加工生产率最高，即零件的加工时间最短。

第二，使该工序的生产成本最低，即所消耗的生产费用最低。

第三，使该工序所获利润最高。

一般刀具耐用度的制定可遵循以下原则。

a. 根据刀具的复杂程度、制造和磨刀成本的高低来选择。铣刀、齿轮刀具、拉刀等结构复杂，制造、刃磨成本高，换刀时间也长，因而它们的刀具耐用度应选得高些，如硬质合金端铣刀 $T=120\sim180$min，齿轮刀具 $T=200\sim300$min；反之，普通机床上使用的车刀、钻头等简单刀具，因刃磨简便及成本低，所以它们的耐用度可取得低些，如硬质合金车刀的 $T=60$min，高速钢钻头的 $T=80\sim120$min。可转位车刀因具有不需刃磨以及换刀时间短的特点，为充分发挥其切削性能，应将 T 取得低些，一般取 $T=15\sim30$min。

b. 多刀机床上的车刀、组合机床上的钻头、丝锥、铣刀以及数控加工中心上的刀具，它们的刀具耐用度应选得高些。

c. 精加工大型工件时为避免切削同一表面时中途换刀，耐用度应规定得至少能完成一次走刀所需的时间。

d. 当车间内某一工序的生产率限制了整个车间的生产率提高时，该工序的刀具耐用度要选得低些；当某工序单位时间内所分担的全厂开支 M 较大时，该工序的刀具耐用度也应选得低些。

(5) 刀具的破损

刀具的破损往往发生于刀具材料脆性较大或工件材料硬度高的加工中。据统计，硬质合金刀具的失效有50%是破损所造成的。刀具破损的形式有脆性破损和塑性破损两类。

① 脆性破损　刀具破损前切削部分没有明显的变形，称为脆性破损，脆性破损常发生在硬质合金、陶瓷等硬度高、脆性大的刀具上。脆性破损又可分为以下几种形式。

a. 崩刃　当工艺系统的刚性较差、断续切削、毛坯余量不均匀或工件材料中有硬质点、气孔、砂眼等缺陷时，切削过程中有冲击力的作用。此时切削刃由于强度不足可能会产生一些小的锯齿缺口，称为崩刃。崩刃多发生于切削过程的早期。

b. 碎裂　刀具切削部分呈块状损坏称为碎裂。硬质合金刀具和陶瓷刀具断续切削时会在刀尖处发生这种形式的早期破损。如果碎裂范围小，刃磨后刀具还可继续使用；如果碎裂范围大，则刀具无法再重磨使用。大块碎裂往往由很大的冲击力的作用或刀具材料的疲劳造成。刀具材料本身内在质量不好也可能导致大块碎裂。

c. 剥落　剥落是指刀具表面材料呈片状的脱落。刀具在焊接、刃磨后，表层材料上存在着残余应力或显微裂纹，当刀具受到冲击作用后，表层材料发生剥落。剥落可发生在前后刀面上，有时和切削刃一同剥落。脆性大的刀具材料较易发生剥落。积屑瘤脱离切削区域时也可能造成刀具材料的剥落。

d. 热裂　在较长时间的断续切削后，由于热冲击，刀具上会产生热裂纹。在机械冲击的作用下，裂纹扩展，导致刀具材料碎裂或断裂。硬质合金刀具切削时，切削液不充分也容易导致刀具热裂。

② 塑性破损　在高温高压的作用下，刀具会因切削部分塑性流动而迅速失效，这称为塑性破损。刀具的塑性破损直接同刀具材料和工件材料的硬度比有关。硬度比越大，越不容易发生塑性破损。硬质合金刀具的高温硬度高，一般不容易发生塑性破损，而高速钢的耐热性较差，就容易发生这种现象。

在实际加工过程中，合理选择刀具材料和切削部分几何参数，选择适当的切削用量，可以减少刀具的破损。采用负的刃倾角、刃磨负倒棱等，可以提高刀具抗冲击的能力。使用高速钢刀具时，不宜采用过高的切削速度。

另外，提高加工工艺系统的刚性以防止切削振动，提高刀具焊接、刃磨的质量，合理使用切削液等都有利于防止刀具的破损。

(6) 刀具失效在线监测方法

在通用机床加工中，一般根据切削过程中的一些现象，如粗加工时观察切屑的颜色和形状的变化、是否出现不正常的振动和声音等来判断刀具是否已经失效。精加工时可观察加工表面的粗糙度变化及测量加工零件的形状与尺寸等来判断。

在数控机床加工中，进行刀具失效的在线监测，可及时发出警报、自动停机并自动换刀，避免刀具的早期磨损或破损导致工件报废，防止损坏机床，减少废品的产生。

刀具失效的在线监测方法很多，有直接检测和间接检测以及连续检测和非连续检测。在刀具切削过程中进行连续检测，能及时发现刀具损坏，但不少刀具很难实现在线连续监测，而在刀具非工作时间容易检测，因此需要根据具体情况选择合适的刀具失效的在线监测方法、表 1-4 给出了当前刀具磨损破损检测方法、检测的特征量和所使用的传感器及应用场合。刀具磨损失败的在线监测是一项正在研究发展中的技术。

表 1-4 刀具磨损破损检测方法

检测方法		信号	特征量或处理方法	使用传感器	应用场合
直接检测	测切削刃形状、位置	光	将摄像机输出的图像数字化，然后进行计算等	工业电视、光传感器等	在线非实时监视多种刀具
间接测量	测切削力	力	切削力变化量或切削分力比率	测力仪	车、钻、镗削
	测电动机功耗	功率、电流	主电动机或进给电动机	功率计、电流计	车、钻、镗削等
	测刀杆振动	加速度	切削过程中的振动振幅变化	加速度计	车、铣削等
	测声发射	声发射信号	刀具破损时发射信号特征分析	声发射传感器	车、铣、钻、拉、镗、攻螺纹
	测切削温度	温度	切削温度的突发增量	热电偶	车削
	测工件质量	尺寸变化、表面粗糙度变化	加工表面粗糙度变化、工件尺寸变化	测微仪、光、气、液压传感器等	各种切削工艺

1.3 提高金属切削效率的途径

由于各种材料的物理力学性能不同，因而它们的加工性能也不同。当加工硬度与强度较高的材料时，切削力大，切削温度高，刀具磨损快；当加工塑性高的材料时，切削变形大，断屑性能差，易产生积屑瘤，加工表面光洁度低。因此，提高材料的加工性能，可帮助提高工件的加工质量。

刀具几何参数的选择是研究和改进刀具的三项基本内容之一，选择是否合理，将直接影响到刀具的耐用度、加工质量、生产效率和加工成本。为了充分发挥刀具的切削性能，除应正确选择刀具材料及其结构外，还应合理地选择刀具的几何参数。

切削用量的合理选择，直接关系到生产效率、加工成本、加工精度和表面质量，因而是金属切削研究的主要内容之一。

1.3.1 改善工件材料的切削加工性

（1）切削加工性的相对性

工件材料的切削加工性是指工件材料被切削的难易程度。工件材料的切削加工性都是相对于某种工件材料而言，而且随着加工性质、加工方式和具体加工条件的不同而不同。比如，纯铁容易进行粗加工，但精加工时表面粗糙度则很难达到要求；钛合金的车削加工不算困难，但对其小螺孔攻螺纹时扭矩太大，常使丝锥折断，显然攻螺纹较困难；不锈钢在普通机床上加工问题不大，但在自动化生产时则不断屑会使生产中断等。显然，上述情况下的切削加工性是不同的，相应的衡量指标也各不相同。

(2) 切削加工性的衡量指标

衡量切削加工性的指标因加工情况不同而不尽相同，一般可归纳为以下几种。

① 以刀具耐用度衡量切削加工性　在相同的切削条件下，刀具耐用度高，切削加工性好。

② 以切削速度衡量切削加工性　在刀具耐用度相同的前提下，切削某种工件材料允许的切削速度越快，其切削加工性越好；反之，切削某种工件材料允许的切削速度越慢，切削加工性越差。

③ 以切削力和切削温度衡量切削加工性　在相同切削条件下，切削力大、切削温度高、消耗功率多，加工性差；反之，加工性好。在粗加工或机床刚性、动力不足时，可用切削力或切削功率作为切削加工性指标。

④ 以加工表面质量衡量切削加工性　在相同的切削条件下，比较加工后的表面质量好坏（常用表面粗糙度，此外，还常用加工硬化和残余应力等）来衡量加工性能，加工后表面质量好，加工性好；反之，加工性差。精加工时，常以此作为切削加工性指标。

⑤ 以断屑性能衡量切削加工性　凡切屑容易控制或易断屑的材料，其加工性好；反之，加工性差。在自动机床、组合机床及自动生产线上，或者对断屑性能要求很高的工序（如深孔钻削、盲孔钻削等）中，常采用此指标衡量切削加工性。

(3) 影响工件材料切削加工性的因素

工件材料的物理力学性能、化学成分和金相组织是影响其加工性的主要因素。

① 材料的物理力学性能　在工件材料的物理力学性能中，对其加工性影响较大的有强度、硬度、塑性和热导率。

a. 硬度　工件材料硬度包括常温硬度、高温硬度。

一般情况下，同类工件材料中硬度高的切削加工性差。这是因为当工件材料硬度高时，金属与刀具前面的接触长度减小，刀具前面上的应力增大，摩擦热量集中在较小的刀具与切屑接触面上，切削温度增高，刀具磨损加剧。如冷硬铸铁的硬度（50 HRC以上）较普通灰口铸铁的硬度（21HRC）高，所以前者比后者难加工。

若工件材料的高温硬度越高，则由于切削温度而造成的切削过程中刀具与工件的硬度差越小，切削加工性越差，如高温合金的切削加工性差。

此外，材料中的硬质点越多、加工硬化越严重，则切削加工性越差。但是，也不能简单地说工件材料的硬度越低越好加工，例如，纯铁、纯锡的材料硬度虽然很低，但塑性很高，因此，其切削加工性并不好。

b. 强度　工件材料强度包括常温强度和高温强度。

工件材料常温强度越高，切削力越大，切削温度越高，刀具磨损越大，切削加工性越差。

工件材料高温强度越高，切削加工性越差。如在室温时20CrMo合金钢的抗拉强度σ_b比45钢（650MPa）稍低，但在600℃时，20CrMo合金钢的σ_b反而比45钢（180MPa）高，可达400MPa，因此，其切削加工性较45钢差。

c. 塑性与韧性　工件材料强度相同时，塑性越大，则其塑性变形越大，消耗的塑性变形功越大。因此，切削此类工件材料时切削力较大，切削温度也较高，且易与刀具发生黏结，使刀具的磨损增大，使已加工表面粗糙度增大。故工件材料塑性越大，其切削加工性越差。一般来说，由于纯金属的塑性高于合金，因而其加工性较差。

但工件材料的塑性过小，使得刀具与切屑的接触长度短，切削力和切削热均集中在刀具刃口附近，也将促使刀具磨损加剧。由此可知，工件材料塑性过大或过小（或脆性）都会使切削加工性能下降。

工件材料的韧性越大，切削消耗的功越多，切削力越大，且韧性对断屑的影响较大，故工件材料的韧性越大，切削加工性越差。

d. 热导率 热导率通过对切削温度的影响而影响材料的加工性。加工热导率大的材料时，由切屑带走和工件传散出的热量多，有利于降低切削温度，使刀具磨损速度减小，故加工性好。

② 材料的化学成分 材料的化学成分主要通过其对材料物理力学性能的影响而影响切削加工性。钢中的各种元素对加工性的影响如图 1-30所示，钢中碳的质量分数在 0.4%左右的中碳钢加工性最好。另外，钢中的各种合金元素 Gr、Ni、V、Mo、W、Mn 等虽能提高钢的强度和硬度，但却使钢的切削加工性降低。钢中 Si 和 Al 的质量分数大于 0.3%时，易形成 Al_2O_3 和 SiO_2 等硬质点，加剧刀具磨损，使切削加工性变差。钢中添加少量的 S、P、Pb、Ca 等能改善其加工性。

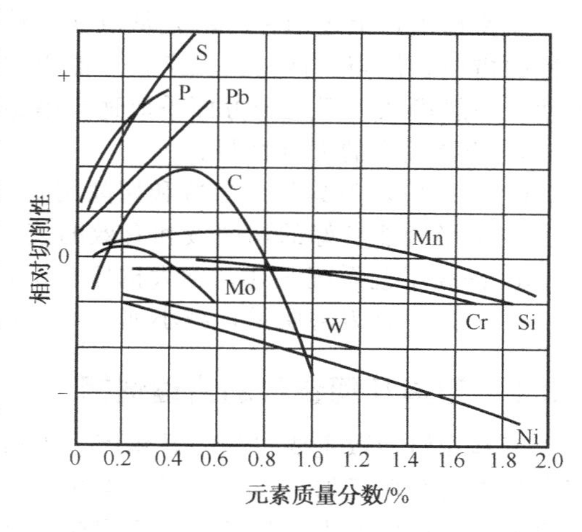

图 1-30 各种元素对钢加工性的影响

+表示加工性改善；—表示加工性变差

铸铁中化学元素对切削加工性的影响，主要取决于这些元素对碳的石墨化作用。铸铁中的碳元素以两种形式存在；与铁化合成 Fe_3C 或成为游离石墨，石墨很软，而且具有润滑作用，铸铁中的石墨愈多，愈容易切削，因此，铸铁中如含有 Si、Al、Ni、Cu、Ti 等促进石墨化的因素，能改善其加工性；如含有 Cr、Mn、V、Mo、Co、S、P 等阻碍石墨化的元素，则会使铸铁的切削加工性变差。当碳以 Fe_3C 的形式存在时，因 Fe_3C 硬度高，会加快刀具的磨损。

③ 材料的金相组织 钢铁材料中不同的金相组织，具有不同的力学性能，因此工件材料的金相组织及其含量不同，其加工性也不同。

低碳钢中含高塑性、高韧性、低硬度的铁素体组织多，切削时与刀具发生黏结现象严重，且容易产生积屑瘤，影响已加工表面质量，故切削加工性不好。

中碳钢的金相组织是珠光体+铁素体，材料具有中等强度、硬度和中等塑性、韧性，切削时刀具不易磨损，也容易获得高的表面质量，故加工性较好。

淬火钢的金相组织主要是马氏体，材料的强度、硬度都很高，马氏体在钢中呈针状分布，切削时使刀具受到剧烈磨损。

灰铸铁含有较多的片状石墨，硬度很低，切削时石墨还能起到润滑作用，使切削力减小，而冷硬铸铁表层材料的金相组织多为渗碳体，具有很高的硬度，很难切削。

(4) 改善材料切削加工性的途径

化学成分和金相组织对工件材料切削加工性的影响很大，故应从这两方面着手改善其切削加工性。

① 调整化学成分 在满足零件使用性能要求的条件下，调整工件材料的化学成分，可使其切削加工性得以改善。目前，生产上使用的易切钢就是在钢中加入适量的易切削元素 S、P、Pb、Ca 等制成的。这些元素在钢中可起到一定的润滑作用并增加材料的热脆性。因此可使切屑变形和切削力减少，防止积屑瘤的生成，有利于表面质量的提高，切屑也容易折断。

② 对工件材料进行适当的热处理 通过热处理工艺方法改变钢铁材料中的金相组织，

是改善材料加工性的另一重要途径。高碳钢中含渗碳体组织多，强度、硬度高，切削时刀具磨损快，球化退火处理可使片状渗碳体组织转变为球状，降低了材料的硬度，从而可改善其加工性。低碳钢中的铁素体含量大，材料的塑性、韧性大，切削时易产生黏结磨损，同时切削过程中易产生积屑瘤，已加工表面质量差，正火处理可减少其塑性，提高硬度，使加工性得到改善。

需要指出，上述两种方法是从改变工件材料本身的化学成分和金相组织方面改善切削加工性的措施，但当工件材料已定，不能更改时，则只能改变切削条件使之适应该种材料的加工性。一般可从以下几个方面采取适当措施。

a. 选择适当的刀具材料；

b. 合理确定刀具几何参数和切削用量；

c. 采用性能良好的切削液和有效的使用方法；

d. 提高工艺系统刚性，增大机床功率；

e. 提高刀具刃磨质量，减小前、后面粗糙度等。

1.3.2 刀具几何参数的合理选择

刀具几何参数主要包括刀具角度、刀刃与刃口形状、前面与后面形式等。刀具的合理几何参数是指在保证加工质量和刀具寿命的前提下能达到提高生产效率、降低生产成本的刀具几何参数。在生产中切削条件的不同使刀具几何参数的效果也不相同，因此，根据选择原则和方法所确定的几何参数，必须经过生产实践认可或做进一步改进。

(1) 前角和前刀面选择

① 前角γ_0的选择　前角是刀具的重要几何角度之一，其数值的大小、正负对切削变形、切削力、切削功率和切削温度均有很大影响，同时也决定着切削刃的锋利程度和坚固强度，也影响着刀具耐用度和生产效率。前角的作用具体体现在以下几个方面。

第一，影响切削变形。增大前角，可减小切削变形，从而减小切削力、切削热和切削功率。

第二，影响切削刃强度及散热情况。增大前角，会使楔角减小，使切削刃强度降低、散热体积减小。过分加大前角，可能导致切削刃处出现弯曲应力，造成崩刃。

第三，影响切屑形态和断屑效果。减小前角，可以增大切屑的变形，使切屑易于脆化断裂。

第四，影响加工表面质量。

可见，前角的大小及正负不能随意而定，通常存在一个使刀具耐用度为最大的前角，称为合理前角γ_{opt}。

增大前角，切削刃锋利，切削变形小，切削力小，切削轻快，切削温度低，刀具磨损小和加工表面质量高。但前角过大，刀具切削部分和切削刃的刚度和强度变差，切削温度高，刀具易磨损或破损，刀具寿命低。因此前角有一个最佳数值。选择前角的原则是，在达到刀具寿命要求的条件下，应选取较大前角。具体考虑以下几个方面因素。

a. 工件材料　切削钢等塑性材料时，切屑变形大，切削力集中在离切削刃较远处，因此，可选取较大的前角，以减小切屑变形。切削铸铁等脆性材料时，得到崩碎切屑，切削刃处受力较大，因此，应选取较小前角，以增加切削刃强度。例如，加工中硬钢时，$\gamma_0=10°\sim20°$；加工软钢时，$\gamma_0=20°\sim30°$；加工铝合金时，$\gamma_0=30°\sim35°$。切削强度、硬度高的材料时，为使刀具有足够的强度和散热面积，应选取较小前角，甚至是负前角。例如，用硬质合金车刀加工强度很高的钢或硬度很高的淬硬钢，有时需要采用负前角（$\gamma_0=-20°\sim-5°$）。材料的强度或硬度越高，负前角的绝对值越大。但负前角会增大切削力，易引起机床的振动，因此，只有在采用正前角要发生崩刃，而工艺系统刚性很好时，才采用负前角。

b. 刀具材料　强度和韧性高的刀具材料，切削刃承受载荷和冲击的能力大，因此，可选取较大的前角。例如，在相同的切削条件下，高速钢刀具可采用较大前角，而硬质合金刀具则只能采用较小的前角。

c. 加工性质　粗加工时以切除工件余量为主，量锻件、铸件毛坯表面有硬皮，形状往往不规则，刀具受力大，为保证刀具的强度和冲击韧性，刀具的前角应选择小一些；精加工时余量明显减小，切削以提高工件表面质量为主，刀具的前角应选择大一些。因此，前角的数值应根据工件材料的性质、刀具材料和加工性质要求来确定。

硬质合金车刀合理前角参考值见表 1-5。

表 1-5　硬质合金车刀合理前角参考值

工件材料	合理前角 γ_{opt}	
	粗车	精车
低碳钢	20°～25°	25°～30°
中碳钢	10°～15°	15°～20°
合金钢	10°～15°	15°～20°
淬火钢	－15°～－5°	
不锈钢（奥氏体）	15°～20°	20°～25°
灰铸铁	10°～15°	5°～10°
钢及铜合金	10°～15°	5°～10°
铝及铝合金	30°～35°	35°～40°

注：1. 粗加工用的硬质合金车刀，通常都磨有负倒棱及刃倾角。
2. 高速钢车刀的前角，一般可比表中数值大些。

② 前面形式的选择　前面形式与前角的选择是互相联系的。常用的前面形式有正前角平面形、正前角平面带倒棱形、负前角单面形、负前角双面形和正前角曲面带倒棱形五种，如图 1-31 所示。

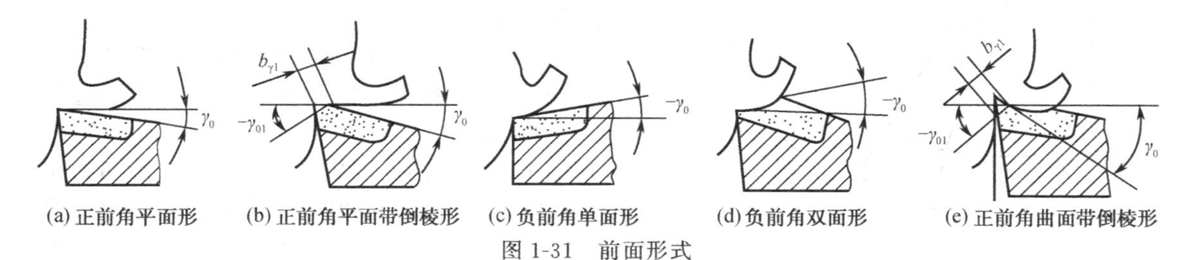

(a) 正前角平面形　(b) 正前角平面带倒棱形　(c) 负前角单面形　(d) 负前角双面形　(e) 正前角曲面带倒棱形

图 1-31　前面形式

a. 正前角平面形　正前角平面形是一种最基本形式，如图 1-31(a) 所示。它具有制造简单，能获得较锋利的切削刃的优点，但切削刃强度较差，且不易断屑。一般精加工刀具、切削脆性材料用刀具、成形刀具及铣刀等多采用这种前面形式。

b. 正前角平面带倒棱形　正前角平面带倒棱形如图 1-31(b) 所示。这种前面形式是沿主切削刃磨出很窄的棱边（称倒棱）而形成的。这样就提高了刃口强度和散热能力，改善了受力情况，从而提高了刀具耐用度。倒棱对于硬质合金和陶瓷等低强度、低冲击韧度的刀具材料，以及粗加工刀具等，保护切削刃的效果是很显著的。有了倒棱，就可在不削弱切削刃强度的情况下取较大的前角。切削时切屑仍沿前面流出，即倒棱并未改变原来的前角。倒棱与磨出负前角的前面是有原则区别的，关键是倒棱的宽度必须选择适当，不能过大，否则就变成负前角切削了（原来选定的正前角已不起作用）。

对于切削塑性材料的硬质合金刀具，一般取倒棱宽度 $b_{\gamma1}=(0.5\sim1.0)f$，倒棱前角 $\gamma_{01}=-10°\sim-5°$；当粗加工铸、锻钢件或断续切削，且机床功率和工艺系统刚性足够时，可取倒棱宽度 $b_{\gamma1}=(1.5\sim2)f$，倒棱前角 $\gamma_{01}=-15°\sim-10°$。

c. 负前角单面形　负前角单面形如图 1-31(c) 所示。在用硬质合金刀具切削高强度、高硬度材料，以及切削淬火钢时，为保证切削刃强度，可采用负前角的前面。当磨损主要发生在主后刀面上，且不需重磨前面时，则采用这种前面形式。

d. 负前角双面形　负前角双面形如图 1-31(d) 所示。当磨损同时发生在前面和主后刀面上，为了减少前面的刃磨面积，增加刀具的重磨次数，充分利用刀片材料，则采用这种前面形式。这时负前角的前面应有足够的宽度，以保证其切削作用。

e. 正前角曲面带倒棱形　正前角曲面带倒棱形如图 1-31(e) 所示。这种前面形式是在正前角平面带倒棱形的基础上，为了增大前角，改善切削条件，以达到卷屑和断屑的目的，因此，在前面上磨出一定的曲面（卷屑槽）而形成的。在粗加工或半精加工塑性材料时，这种前面形式比正前角平面带倒棱形更经常采用。

(2) 后角、副后角及主后刀面的选择

① 后角的选择　后角的主要作用是减小后面与加工表面间的摩擦。后角的作用包括以下几点。

第一，增大后角，可减小加工表面上的弹性恢复层与后面的接触长度，从而减小后面的摩擦与磨损。

第二，增大后角，可使楔角减小，使刃口钝圆半径减小，使刃口越锋利。

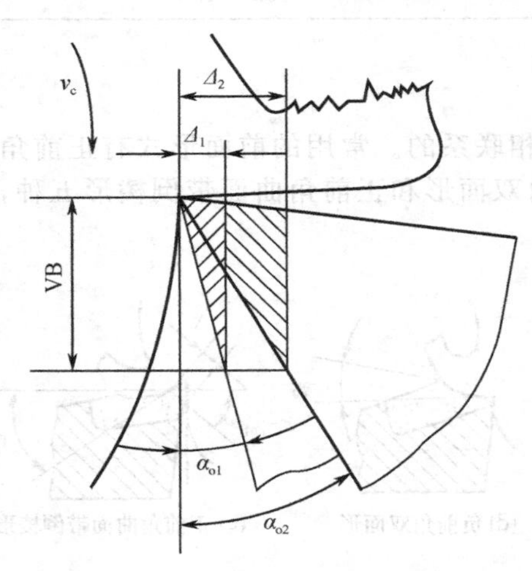

图 1-32　后角大小对加工精度的影响

第三，当后面磨损量 VB 相同时，若后角大的刀具达到磨钝标准，则刀具上磨去的金属体积较大，从而加大刀具径向磨损量 Δ，将影响工件尺寸精度，如图 1-32 所示。但当后角太大时，楔角减小显著，将会降低切削刃的强度和散热能力，使刀具耐用度下降。后角同前角一样，也存在一个使刀具耐用度为最大的后角，称为合理后角 α_{opt}。

合理后角的大小主要取决于加工性质（粗加工或精加工），还与一些具体切削条件有关。后角的选择原则包括以下几点。

a. 精加工时，切削厚度较小，宜取较大后角；粗加工时，切削厚度较大，宜取较小后角。这是因为当切削厚度很小时，刀具的磨损主要发生在后面上，为了减小后面磨损和增加切削刃锋利程度，宜取较大的后角；当切削厚度较大时，前面的负荷大，前面的月牙洼磨损比后面的月牙洼磨损显著，这时宜取较小后角，以增强切削刃及改善散热条件。

b. 加工塑性好、韧性大的工件材料时容易产生加工硬化，为了减少后面磨损，应选用较大后角。当工件材料的强度或硬度较高时，为了保证刀具刃口强度，宜选用较小的后角。

c. 当工艺系统刚性差，易出现振动时，应选用较小后角，以增大后面与加工表面的接触面积，增强刀具的阻尼作用。

d. 对尺寸精度要求较高的刀具（如圆孔拉刀、铰刀），宜取较小后角。因为一方面当刀具径向磨损量 Δ 为定值，且后角较小时，所允许磨掉的金属体积可大些，即可以规定较大的后面磨损量 VB，此外，刀具耐用度也可以大一些；另一方面由于刀具重磨后的尺寸变小，选取较小后角可以增加重磨次数，延长刀具的使用寿命。

硬质合金车刀合理后角参考值见表 1-6。

表 1-6 硬质合金车刀合理后角参考值

工件材料	合理后角 α_{opt}	
	粗车	精车
低碳钢	8°～10°	10°～12°
中碳钢	5°～7°	6°～8°
合金钢	5°～7°	6°～8°
淬火钢	8°～10°	
不锈钢（奥氏体）	6°～8°	8°～10°
灰铸铁	4°～6°	6°～8°
钢及铜合金	6°～8°	6°～8°
铝及铝合金	8°～10°	10°～12°

② 副后角的选择　副后角 α'_0 的作用是减少副后面与加工表面的摩擦。一般情况下，车刀的 $\alpha'_0=\alpha_0$。但切断刀和切槽刀的副后角，由于受结构强度的限制和刃磨后尺寸变化的影响，只能取得很小，一般取 $\alpha'_0=1°\sim2°$。

③ 消振棱与刃带　在实际生产中，有时在后面上磨出倒棱面 $b_\alpha=0.1\sim0.3$mm。负后角 $\alpha_{01}=-5°\sim-10°$ 目的是为了在切削加工时产生支撑作用，增加系统刚性，并起消振阻尼作用。这种磨了负后角 α_{01} 的窄刃面称为消振棱。它不但增强了切削刃，改善了散热条件，而且能起到熨平压光的作用，从而提高了加工质量，如图 1-33 所示。对有些特定尺寸的刀具，如铰刀、拉刀、钻头等，在后面上一般要磨出宽度较小、后角为 0°的刃带，一方面在切削加工时能起到支撑定位作用；另一方面在重磨前、后面时，能保持刀具直径尺寸不变。一般，刃带后角 $\alpha_{01}=0$，刃带宽度 $b_\alpha=0.1\sim0.2$mm。

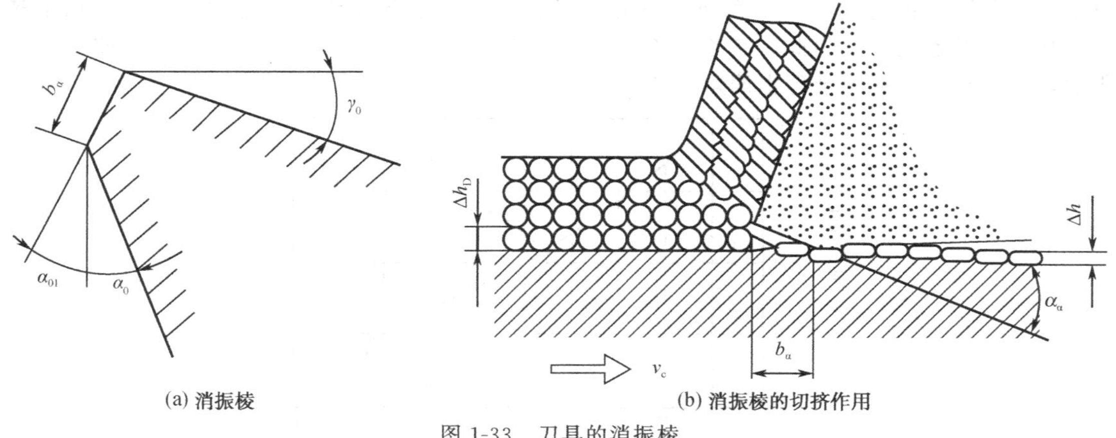

(a) 消振棱　　(b) 消振棱的切挤作用

图 1-33　刀具的消振棱

④ 主后刀面的选择　常用的主后刀面形式有平面形、曲面形和双面形三种。

a. 平面形　平面形是一种基本形式，如图 1-34(a) 所示。这种主后刀面形式常用于高速钢单刃刀具，如各种车刀、刨刀等。

b. 曲面形　曲面形如图 1-34(b) 所示。这种主后刀面形式是在后角相同的条件下，刃口强度较平面形好，但刃磨较复杂，一般用于对切削部分有特定要求的刀具，如麻花钻、成形铣刀等。

c. 双面形　双面形如图 1-34(c) 所示。为了既保证刃口强度，又减少主后刀面的摩擦及刃磨量，常在后面上磨出双重后角。如在拉刀、铰刀的后面刃磨出后角为 0°，且又称为刃带的窄棱边，它在切削加工中起支承、导向、消振等作用。根据刀具种类不同倒棱宽度 $b_{\gamma1}=0.02\sim0.3$ mm。此外，还可在主后刀面上磨出一个有负后角，称为消振棱的倒棱。消振棱增加了刀具的挤压阻尼作用，有助于消除切削过程中的低频振动，同时它还增强了切削刃强度，改善了散热条件，从而提高了刀具耐用度。消振棱可用于切断刀、高速螺纹车刀等。

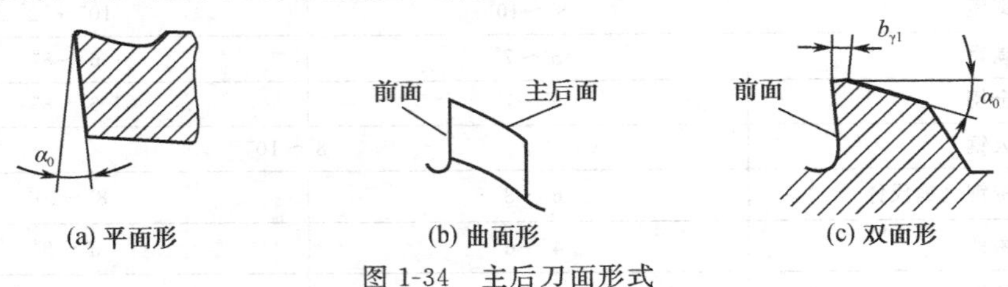

图 1-34　主后刀面形式

(3) 主偏角及副偏角的选择

① 主偏角和副偏角的作用

a. 影响切削加工残留面积高度　理论计算与实践切削经验表明，增大主偏角和副偏角，会增大切削加工中残留面积高度，使加工表面粗糙度增大。

b. 影响切削层尺寸、刀尖强度及断屑效果　在背吃刀量和进给量一定时，减小主偏角将使切削厚度减小、切削宽度增大，从而使切削刃单位长度上的负荷减轻；同时，主偏角或副偏角减小使刀尖角增大，刀尖强度增加，从而使散热条件得到改善，提高了刀具耐用度；反之，增大主偏角或副偏角使切屑变得窄而厚，切削负荷增大，切削变形增大，但有利于断屑。

c. 影响各切削分力比值　若减小主偏角，则背向力增大，进给力减小。同理，减小副偏角，背向力也增大。当工艺系统的刚性不足时，过大的背向力可能导致工艺系统弹性变形，影响加工精度。

② 主偏角的选择　从提高刀具耐用度出发，宜取小些的主偏角；选取小主偏角还可以减小加工残留面积高度，减小表面粗糙度。但主偏角太小会导致背向力增大，降低加工精度，甚至会引起振动。因此，它也存在一个使刀具耐用度为最大的合理主偏角，如图 1-35 所示，硬质合金刀具的合理主偏角为 60°。

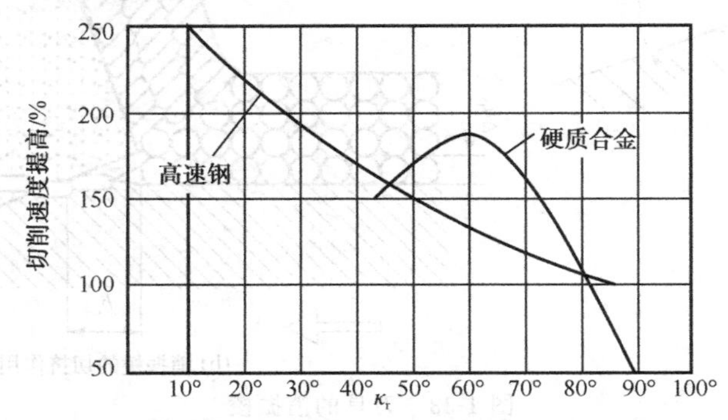

图 1-35　主偏角对刀具耐用度（切削速度提高）的影响

合理主偏角应主要根据工艺系统刚度来选择，同时兼顾工件材料的性质和工件表面形状等要求。主偏角的选择原则包括以下几点。

a. 粗加工时，主偏角应选大一些，以减振、防崩刃。精加工时，主偏角可选小一些，以减小表面粗糙度。

b. 加工很硬的材料（如冷硬铸铁、淬硬铜），宜取较小的主偏角，以减轻单位长度切削刃上的负荷，改善刀尖散热条件，提高刀具耐用度。

c. 工艺系统刚性好，应取较小的主偏角，反之主偏角应取大一些。例如车削细长轴时常去 $\kappa_r \geqslant 90°$，以较小背向力。

d. 考虑工件形状和具体条件。例如，当车阶梯轴时，必须取 $\kappa_r=90°$；当要用同一把车刀加工外圆、端面和倒角时，必须取 $\kappa_r=45°$；当需要从中间切入或仿形加工用的车刀时，可取 $\kappa_r=45°\sim60°$。

硬质合金车刀合理主偏角参考值见表 1-7。

表 1-7 硬质合金车刀合理主偏角和副偏角参考值

加工情况		偏角数值	
		主偏角 κ_r	副偏角 κ_r'
粗车（无中间切入）	工艺系统刚性好	45°、60°、75°	5°～10°
	工艺系统刚性差	65°、70°、90°	10°～15°
车削细长轴、薄壁件		90°、93°	6°～10°
精车（无中间切入）	工艺系统刚性好	45°	0°～5°
	工艺系统刚性差	60°、75°	0°～5°
车削冷硬铸铁、淬火钢		10°～30°	4°～10°
从工件中间切入		45°～60°	30°～45°
切断刀、切槽刀		60°～90°	1°～2°

③ 副偏角的选择 副切削刃的主要作用是最终形成已加工表面，因此，副偏角的选择应首先考虑已加工表面的质量要求，还要考虑刀尖强度、散热和振动等。

与主偏角一样，副偏角也存在一个使刀具耐用度为最大的合理副偏角。其基本选择原则如下。

a. 在工艺系统刚性好、不产生振动的条件下，宜取较小的副偏角（如车刀、端铣刀可取 $\kappa_r'=5°\sim10°$），最大不超过 15°，以减少已加工表面粗糙度。

b. 精加工时副偏角应比粗加工时副偏角选得小些；必要时，可磨出一段 $\kappa_r'=0°$ 的修光刃 b_ε'。图 1-36 所示的是用来进行大走刀光整加工的车刀和端铣刀。

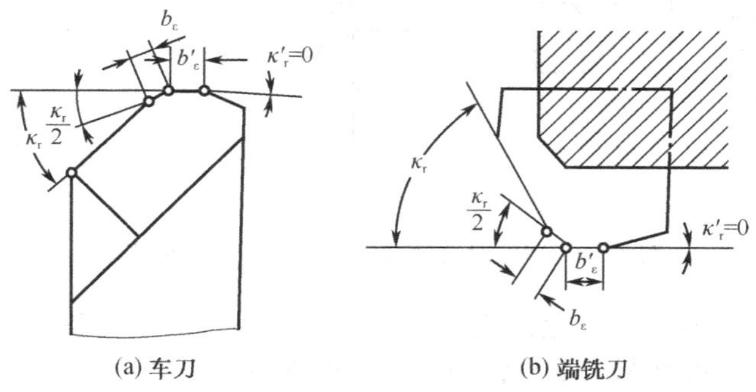

(a) 车刀 (b) 端铣刀

图 1-36 带修光刃的刀具

c. 加工高强度、高硬度材料或断续切削时，为提高刀尖强度，宜取较小的副偏角（$\kappa_r'=4°\sim6°$）。

d. 切断（槽）刀、锯片铣刀、钻头、铰刀等由于受结构强度或加工尺寸精度的限制，只能取很小的副偏角。如图 1-37 所示的切断刀，可取 $\kappa_r'=1°\sim2°$。

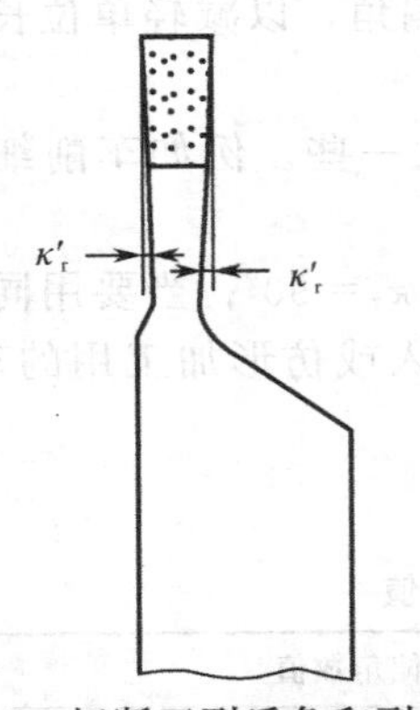

图 1-37 切断刀副后角和副偏角

硬质合金车刀合理副偏角参考值见表 1-7。

(4) 刃倾角的选择

① 刃倾角的作用

a. 影响切屑的流出方向 刃倾角 λ_s 的大小和正负，直接影响流屑角 ϕ_λ，即直接影响切屑的卷曲和流出方向，如图 1-38 所示。当刃倾角 $\lambda_s=0°$ 时，切屑垂直于切削刃流出；当 $\lambda_s<0°$ 时，切屑流向已加工表面，易划伤已加工表面；当 $\lambda_s>0°$ 时，切屑流向待加工表面。故精加工时，常取正刃倾角。

b. 影响刀尖强度及断续切削时切削刃上受冲击的位置 图 1-39 为 $\kappa_r=90°$ 时刨刀的加工情况。当 $\lambda_s=0°$ 时，由于切削刃全长同时接触工件，因而对工件的冲击较大；当 $\lambda_s<0°$ 时，远离刀尖切削刃的其余部分首先接触工件，从而保护了刀尖，由于其切削过程比较平稳，因而大大降低了冲击和崩刃现象；当 $\lambda_s>0°$ 时，刀尖首先接触工件，容易发生崩尖的发生。

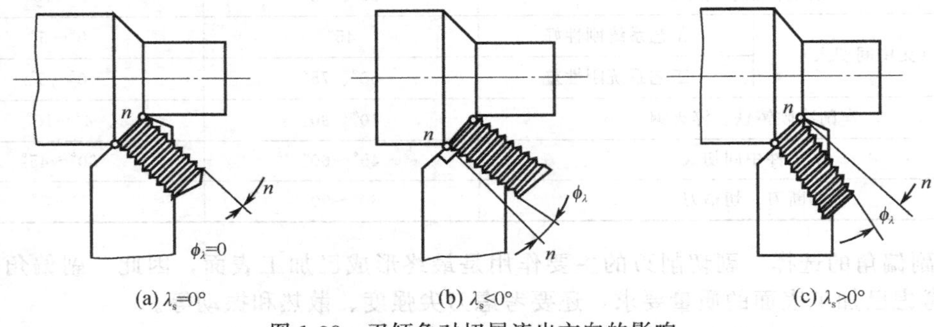

图 1-38 刃倾角对切屑流出方向的影响

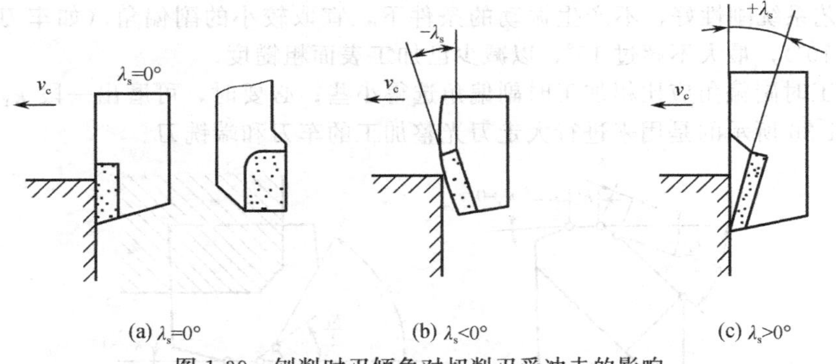

图 1-39 刨削时刃倾角对切削刃受冲击的影响

c. 影响切削刃锋利程度 经生产实践证实，当刃倾角的绝对值增大时，刀具的实际前角增大。这样可使刀具的切削刃变得锋利，切下很薄的切削层。

d. 影响工件的加工质量 刃倾角减小，使背向力增大，进给力减小。特别当刃倾角为负值时，被加工的工件容易产生弯曲变形（车削外圆）和振动，使工件质量下降。

② 刃倾角的选择及其参考值 切削实践表明，刃倾角并非越大越好，也存在合理的数值。其选择原则如下。

a. 主要根据加工性质来选取。如加工一般钢料或铸铁，为了避免切屑划伤已加工表面，

精车时常取 $\lambda_s=0°\sim5°$；粗车时常取 $\lambda_s=-5°\sim0°$，以提高刃口强度；有冲击载荷时为了保护刀尖，常取 $\lambda_s=-15°\sim-5°$。

b. 当工艺系统刚性不足时，不宜采用负刃倾角。

c. 对于脆性大的刀具材料，为了保证其切削刃强度，不宜选用正刃倾角。如金刚石和 CBN 车刀，常取 $\lambda_s=-5°\sim0°$。

d. 当加工高硬度材料时，宜取 $\lambda_s<0°$。如车制淬硬钢，常取 $\lambda_s=-12°\sim-5°$。

(5) 刀尖修磨形式

主切削刃和副切削刃连接处称为过渡刃或刀尖。刀尖处强度、散热条件均较差，主偏角和副偏角较大时尤为严重，生产中需采取强化刀尖措施。在主切削刃和副切削刃之间，磨制过渡刃或修光刃，可增加刀尖强度，以增大散热面积，从而能提高刀具强度和耐用度。此外，磨出较小偏角的过渡刃，或用圆弧过渡刃，采用偏角为 $\kappa_{r\varepsilon}'=0°$的修光刃，均能减小表面粗糙度。

在主、副切削刃交接处的刀尖处可修磨成如图 1-40 所示的 3 种形式：修圆刀尖、倒角刀尖和倒角带修光刃。

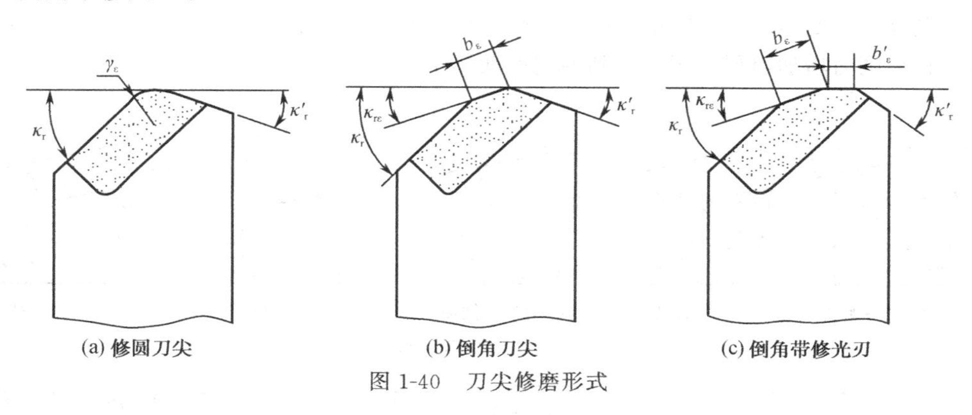

(a) 修圆刀尖　(b) 倒角刀尖　(c) 倒角带修光刃

图 1-40　刀尖修磨形式

① 修圆刀尖　图 1-40(a) 为圆弧过渡刃。圆弧过渡刃的半径 r_ε增大，使圆弧过渡刃上的各点的主偏角减小，刀具磨损减缓，加工表面粗糙度值减小。但是，背向力增大，容易产生振动。所以，圆弧过渡刃的半径 r_ε不宜太大，否则可能会引起振动。图 1-41(a) 为刀尖圆弧半径与刀具寿命的关系；图 1-41(b) 为刀尖圆弧半径与刀具磨损的关系。

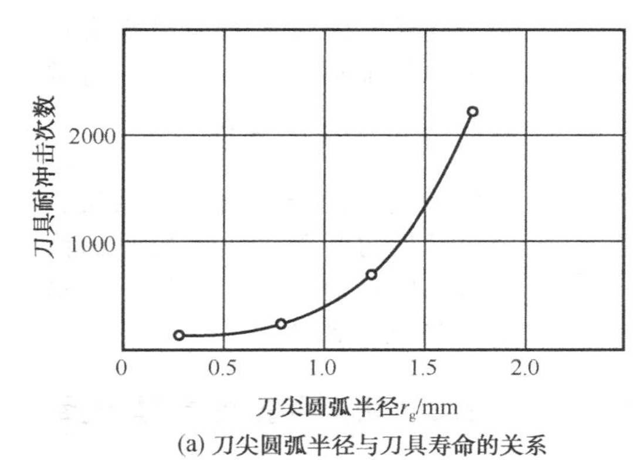

(a) 刀尖圆弧半径与刀具寿命的关系　(b) 刀尖圆弧半径与刀具磨损的关系

加工条件：工件材料 Cr-Mo 钢、280HBS；刀具材料 P10（YT15）、$f=0.53$mm/r、$a_p=2$mm、$v_c=100$m/min

加工条件：工件材料 Ni-Cr-Mo 钢、220HBS；刀具材料 P10（YT15）、$f=0.212$mm/r、$a_p=2$mm、$v_c=140$m/min

图 1-41　刀尖圆弧半径对刀具寿命与刀具磨损的关系

圆弧过渡刃的半径可根据刀具材料、加工工艺系统刚性或表面粗糙度的要求进行选择。一般高速钢刀具的 $r_{\varepsilon}=0.2\sim5$ mm，硬质合金刀具的 $r_{\varepsilon}=0.2\sim2$ mm。

② 倒角刀尖　图 1-40(b) 为直线过渡刃。直线过渡刃的偏角一般取 $\kappa_{r\varepsilon}=\frac{\kappa_r}{2}$，刀尖宽度 $b_{\varepsilon}=0.5\sim2$ mm。直线过渡刃主要用于粗加工、有间断冲击的切削和用于车刀、铣刀上的强力切削。

③ 倒角带修光刃　如图 1-40(c) 所示，当直线过渡刃平行于进给方向时即为修光刃。此时修光刃偏角 $\kappa_{r\varepsilon}=0$，修光刃宽度一般取 $b_{\varepsilon}'=(1.2\sim1.3)f$。这样，在切削进给时，可获得较好的加工表面粗糙度。但是，b_{ε}'过分大时，背向力增大，会引起振动。倒角修光刃主要适用在工艺系统刚性足够的车刀、刨刀和面铣刀的较大进给量半精加工中。

(6) 刃口修磨形式

刃口修磨形式有如图 1-42 所示的 5 种。高速钢刀具精加工磨出锋利刃口，在合理的刀具角度和切削用量条件下，能获得很高的加工表面质量。硬质合金刀具在加工韧性高的材料时，为减少刀刃粘屑，应磨制锋利刃口；刃口负倒棱和刃口平棱均可提高刃口强度、抗冲击能力和改善散热条件。如图 1-42(e) 所示，在后刀面上磨出 $b_{\alpha1}\alpha_{o1}$[$(0.1\sim0.3)\times(-20°\sim-5°)$] 负后角倒棱，在切削时增加阻尼作用，起到抑制振动作用。

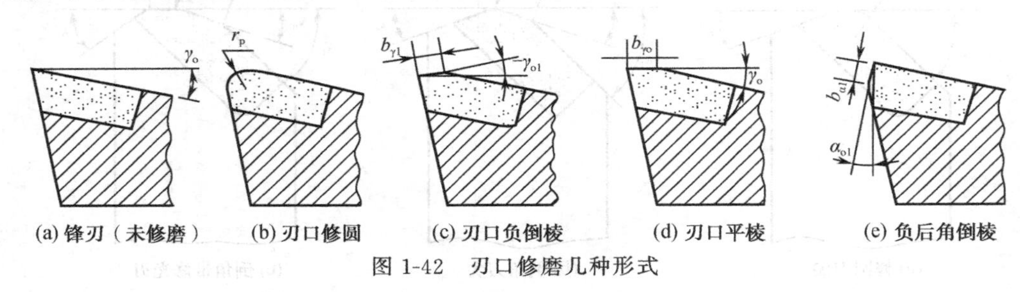

图 1-42　刃口修磨几种形式

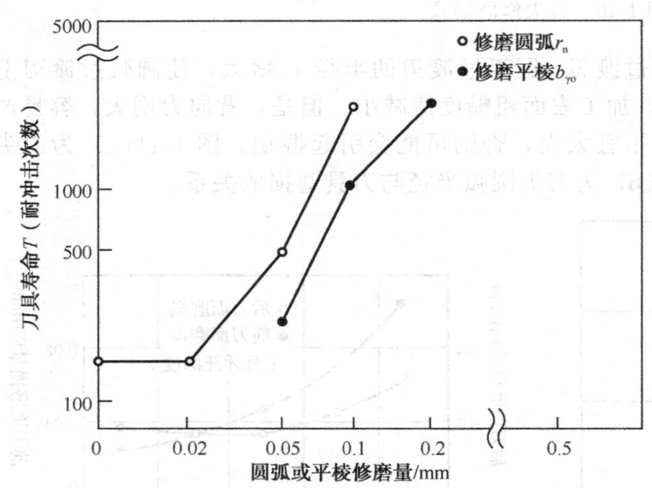

图 1-43　刃口修磨对刀具寿命的影响曲线

加工条件：工件材料 Ni-Cr-Mo 钢、280HBS；刀具材料 P10 (YT15)、$f=0.33$mm/r、$a_p=1.5$mm、$v_c=200$m/min

图 1-43 为刃口修磨对刀具寿命的影响曲线，由于刃口修圆和平棱都提高了刃口的强度，因此，如图 1-43所示，修磨量越大，刀具允许冲击次数越多，亦即刀具的疲劳寿命越长。但过大的刃口修磨量使切削力增加而易产生振动。通常修磨倒棱和平棱的宽度为 $b_{\tau}=\frac{1}{2}f$。国内外生产的硬质合金、涂层、陶瓷可转位刀片都做出了较小的修圆刃口，供粗加工和对难加工材料切削、断续切削用。

1.3.3　切削用量的合理选择

当确定了刀具几何参数后，还需选定切削用量参数背吃刀量 a_p、进给量 f 和切削速度 v_c才能进行切削加工。切削用量的高低影响切削加工的生产效率、加工成本和加工质量，特别在批量生产、自动机、自动线和数控机床加工中都是在选定合理的切削用量条件下进行生产的。目前许多工厂通过切削用量手册、实践总结或工艺试验来选择切削用量。

为了提高生产效率，就应该增大切削用量三要素，但同时还要考虑刀具合理耐用度的限制。切削用量三要素对刀具耐用度的影响程度不同，影响最大的是 v_c，其次是 f，影响最小的是 a_p。所以选择切削用量的基本原则是：首先选取尽可能大的切削深度；其次根据机床动力和刚性限制条件或已加工表面粗糙度的要求，选取尽可能大的进给量，最后利用切削用量手册选取或者用公式计算确定切削速度。

一般切削加工分为粗加工（表面粗糙度 Ra 为 10～80μm，精度为 11～12 级）、半精加工（表面粗糙度 Ra 为 1.25～10μm，精度为 8～10 级）、精加工（表面粗糙度 Ra 为 0.32～1.25μm，精度为 6～7 级）三种。

(1) 切削用量的选择原则

① 粗加工切削用量的选择原则　粗加工以切除工件余量为主，而对加工工件质量要求不高。根据金属切除率 Q 计算公式：

$$Q=a_p f v_c \times 10^3 \tag{1-6}$$

可知，切削用量三要素 a_p、f、v_c均与金属切除率保持线性关系，增大任意要素的值，都能提高金属切除率，但是，随着金属切除率的增大，刀具磨损加快。因而切削用量的增大受到刀具耐用度的限制。切削速度 v_c对刀具耐用度的影响最大，进给量次之，背吃刀量 α_p影响最小。

粗加工切削用量选择原则是：在机床功率和工艺系统刚性足够的前提下，首先采用大地背吃刀量 a_p，其次采用较大的进给量 f，最后根据刀具耐用度合理选择切削速度 v_c。

② 精加工（半精加工）切削用量的选择原则　精加工时工件余量较少，而加工工件尺寸精度、表面粗糙度要求较高。a_p和 f 太大或太小，都会使已加工表面粗糙度增大，不利于加工工件质量的提高。而当 v_c增大到一定值以后，就不会产生积屑瘤和鳞刺，有利于提高加工工件的质量。

所以，精加工切削用量的选择原则是：在保证加工工件质量和刀具耐用度的前提下，采用较小的背吃刀量和进给量，尽可能采用大的切削速度。

数控机床加工的切削用量选择原则与普通机床加工的相同，但在具体选择时，还要考虑刀具、数控机床加工的特点等因素。

数控机床现在正向高速度、高精度、高刚度、大功率方向发展。如中等规格的加工中心，其主轴转速已达到 5000～10000r/min，一些高速轻载机床甚至达到 20000～30000 r/min。而与之配套使用的刀具，新材料、新技术的不断涌现和运用（如涂层硬质合金刀具、超硬刀具、陶瓷刀具、可转位刀具等）使刀具的切削性能、刀具的寿命都有很大的提高。这样，在数控机床上无论进行粗加工还是精加工，都能大大提高切削用量，提高工件质量，缩短加工时间，提高生产率。

(2) 选择切削用量的步骤

在通常情况下，切削用量均根据切削用量手册所提供的数值，以及给定的刀具材料、类型、几何参数及耐用度按下面的方法与步骤进行选取。

对于粗加工切削用量的选择，一般以提高生产效率为主，兼顾加工成本。

① 背吃刀量根据加工余量确定。粗加工时，尽量一次走刀切除全部余量。当余量过大、工艺系统刚性不足时可分两次切除余量。

第一次走刀　$$a_{p1}=(2/3\sim3/4)A \tag{1-7}$$

第二次走刀　$$a_{p2}=(1/3\sim1/4)A \tag{1-8}$$

式中　A——单边切削余量，mm。

半精加工时背吃刀量可取 0.5～2mm，精加工时背吃刀量可取 0.1～0.4mm。

② 当背吃刀量确定后，进给量的大小直接影响切削力的大小。

粗加工时选取进给量 f 的原则是：应在不超过刀具的刀片和刀杆的强度，不大于机床进给机构的强度，不顶弯工件和不产生振动等条件下，选取一个最大进给量的值。表 1-8 所示的是硬质合金及高速钢车刀粗车外圆和端面时的进给量。

半精加工、精加工时，主要按工件表面粗糙度的要求，根据工件材料、刀尖圆弧半径、切削速度按表 1-9 选择进给量。

表 1-8　硬质合金及高速钢车刀粗车外圆和端面时的进给量

加工材料	车刀刀杆尺寸 $B \times H$/mm×mm	工件直径 /mm	背吃刀量 a_p/mm				
			≤3	>3～5	>5～8	>8～12	12 以上
			进给量 f/(mm/r)				
碳素结构钢和合金结构钢	16×25	20	0.3～0.4	—			
		40	0.4～0.5	0.3～0.4			
		60	0.5～0.7	0.4～0.6	0.3～0.5		
		100	0.6～0.9	0.5～0.7	0.5～0.6	0.4～0.5	
		400	0.8～1.2	0.7～1.0	0.6～0.8	0.5～0.6	
	20×30；25×25	20	0.3～0.4	—		—	
		40	0.4～0.5	0.3～0.4		—	
		60	0.6～0.7	0.5～0.7	0.4～0.6		
		100	0.8～1.0	0.7～0.9	0.5～0.7	0.4～0.7	
铸铁及合金钢	16×25	40	1.2～1.4	1.0～1.2	0.8～1.0	0.6～0.9	0.4～0.6
		60	0.6～0.8	0.5～0.8	0.4～0.6	—	
		100	0.8～1.2	0.7～1.0	0.6～0.8	0.5～0.7	
		400	1.0～1.4	1.0～1.2	0.8～1.0	0.6～0.8	
	20×30；25×25	40	0.4～0.5	—	— 0.4～0.7	—	
		60	0.6～0.9	0.8～1.2	0.7～1.0	0.5～0.8	
		100 600	0.9～1.3 1.2～1.8	1.2～1.6	1.0～1.3	0.9～1.1	0.7～0.9

注：1. 加工断续表面及有冲击的加工时，表内的进给量应该乘系数 $\kappa=0.75 \sim 0.85$。

2. 加工耐热钢及合金时，不采用大于 1.0mm/r 的进给量。

3. 加工淬硬钢时表内进给量应该乘系数 $\kappa=0.8$（当材料硬度为 44～56HRC 时）或 $\kappa=0.5$（当材料硬度为 57～62HRC 时）。

4. 校验机床功率 P_E。首先由公式计算切削功率，实际加工中要求切削功率应小于机床功率，即

$$P_c \leqslant P_E \eta_m \tag{1-9}$$

式中　η_m——传动效率，通常 $\eta_m=0.75 \sim 0.85$。

表 1-9 表面粗糙度选择进给量的参考值

工件材料	表面粗糙度/μm	切削速度范围/(m/min)	刀尖圆弧半径/mm		
			0.5	1.0	2.0
			进给量 f/(mm/r)		
铸铁、青铜、铝合金	Ra10～5	不限	0.25～0.40	0.40～0.50	0.50～0.60
	Ra5～2.5		0.15～0.20	0.25～0.40	0.40～0.60
	Ra2.5～1.25		0.10～0.15	0.15～0.20	0.20～0.35
	Ra10～5	<50	0.30～0.50	0.45～0.60	0.55～0.70
		>50	0.40～0.55	0.55～0.65	0.65～0.70
	Ra5～2.5	<50	0.18～0.25	0.25～0.30	0.30～0.40
		>50	0.25～0.30	0.30～0.35	0.35～0.50
	Ra2.5～1.25	<50	0.10	0.11～0.15	0.15～0.22
		50～100	0.11～0.16	0.16～0.25	0.25～0.35
		>100	0.16～0.20	0.20～0.25	0.25～0.65

c. 当背吃刀量和进给量选定后，按给定的刀具耐用度公式求出切削速度：

$$v_c = \frac{C_v}{T^m a_p^{x_v} f^{y_v}} k_v \quad (1\text{-}10)$$

式中 v_c—— 切削速度，m/min；

T——刀具耐用度，min；

m——刀具耐用度指数；

C_v——切削速度系数；

x_v，y_v——切削速度系数；

k_v——切削速度修正系数。

上述 C_v、x_v、y_v、m 的值可分别由表 1-10 查得。

切削速度选定后，首先根据公式计算机床转速，然后根据机床说明书选相近的较低挡的机床转速 n，最后根据选择的机床转速 n，算出实际切削速度 v_c。

表 1-10 外圆车削时切削速度公式中的系数和指数

工件材料	刀具材料	进给量 f/(mm/r)	系数和指数			
			C_v	x_v	y_v	m
碳素结构钢(0.65GPa)	YT15(不用切削液)	≤0.30	291	0.15	0.20	0.20
		>0.30～0.70	242		0.35	
		>0.70	235		0.45	
	W18Cr4V W6Mo5Cr4V2(用切削液)	≤0.25	67.2	0.25	0.33	0.125
		>0.25	43		0.66	
灰铸铁(190HBS)	YG6(不用切削液)	≤0.40	189.8	0.15	0.20	0.20
		>0.40	158		0.40	

(3) 半精车、精车切削用量选择

① 背吃刀量　原则上一次切除余量。考虑到硬质合金刃口不够锋利及刃口钝圆半径 r_n

的挤压和摩擦作用，背吃刀量不宜过小，一般应大于0.05mm。

② 进给量　半精车和精车的切削力较小，选择进给量只受到加工表面粗糙度的限制。在已知切削速度（假设）和刀尖圆弧半径的条件下，根据加工要求的表面粗糙度，进给量可查表来确定。

查表时，先预定一个切削速度 v_c。精加工的切削速度较高，故预定的切削速度应偏高些。通常切削速度高时的进给量比切削速度低时的进给量大些。

③ 切削速度　半精车和精车的切削力对工艺系统强度和刚度的影响较小，消耗功率较少，故切削速度主要受刀具耐用度限制。切削速度可利用公式计算或查表得到。

(4) 提高切削用量的途径

提高切削用量的途径很多，可归纳为以下几个方面。

① 采用切削性能更好的新型刀具材料。采用耐热性和耐磨性高的刀具材料是提高切削用量的主要途径，如采用超硬高速钢、含有添加剂的新型硬质合金、涂层硬质合金和涂层高速钢、新型陶瓷及超硬材料等。

② 改善工件材料的加工性。如在钢中添加硫、铅等元素，对钢材进行不同热处理以改善其力学性能和金相显微组织等，可以改善工件材料的加工性，提高切削用量。

③ 改进刀具结构和选用合理刀具几何参数。如采用可转位刀片的车刀比焊接式硬质合金车刀可提高切削速度15%～30%左右。采用良好的断屑装置也是提高切削效率的有效手段。

④ 提高刀具的制造和刃磨质量。如采用金刚石砂轮代替碳化硅砂轮刃磨硬质合金刀具，刃磨后不会出现裂纹和烧伤，刀具耐用度可提高50%～100%。

⑤ 采用新型的、性能优良的切削液和高效率的冷却方法。如采用含有极压添加剂的切削液和喷雾冷却方法，在加工一些难切削材料时，可使刀具耐用度提高很多倍，同时也可以提高切削用量。

1.3.4　切削液的合理选择

在切削时，用来降低切削温度并减少刀具与工件之间摩擦的液体称为切削液，又称为冷却润滑液。

在切削过程中，由于刀具与工件表面的切削层及已加工表面产生强烈的挤压和摩擦，以致产生大量的切削热，从而使切削区的温度急剧升高，切削条件变坏，甚至使刀具丧失切削能力。切削加工（特别是高速切削或切削难加工材料）时使用切削液可以改善切削条件，从而能高效率地获得高质量的工件。与切削液有相似功效的还有某些气体和固体，如压缩空气、二硫化铝和石墨等。

切削液进入切削区，可以改善切削条件，提高工件加工质量和切削效率。切削液主要有冷却、润滑、清洗和防锈等作用。

(1) 切削液添加剂

为改善切削液的各种性能，常在其中加入添加剂。常用的添加剂有以下几种。

① 油性添加剂　油性添加剂含有极性分子，能在金属表面形成牢固的吸附膜，在较低的切削速度下起到较好的润滑作用。常用的油性添加剂有动物油、植物油、脂肪酸、胶类、醇类和脂类等。

② 极压添加剂　常用的极压添加剂是含硫、磷、氯、碘等元素的有机化合物。这些有机化合物在高温下可与金属表面起化学反应，形成化学润滑膜。因此，极压添加剂比物理吸附膜耐高温。

用硫可直接配制成硫化切削油，或在矿物油中加入含硫的添加剂，如硫化动植物油、硫化烯烃等配制成含硫的极压切削油。这种含硫的极压切削油使用时与金属表面化合，形成的硫化铁膜在高温下不易破坏（切钢时在1000℃左右仍能保持其润滑性能），但其摩擦因数较大。

含氯的极压添加剂有氯化石蜡（含氯量为40%～50%）、氯化脂肪酸等。它们与金属表面作用生成氯化亚铁、氯化铁、氧化铁薄膜。这些化合物有石墨那样的层状结构，剪切强度和摩擦因数小，但在300～400℃时易破坏，遇水易分解成氢氧化铁和盐酸，失去润滑作用，同时对金属有腐蚀作用，必须与防锈添加剂一起使用。

含磷的极压添加剂与金属表面作用生成磷酸铁膜，它的摩擦因数较小。

为了得到性能良好的切削液，根据具体要求，往往在一种切削液中加入上述几种极压添加剂。

③ 表面活性剂　乳化剂是一种表面活性剂。它是使矿物油和水乳化，形成稳定乳化液的添加剂。表面活性剂是一种有机化合物，它的分子由极性基团和非极性基团两部分组成。前者亲水，可溶于水；后者亲油，可溶于油。油与水本来是互不相溶的，加入表面活性剂后，它能定向地排列并吸附在油水两极界面上，极性端向水，非极性端向油，把油和水连接起来，降低油与水的界面张力，使油以微小的颗粒稳定地分散在水中，形成稳定的水包油乳化液，如图1-44(a)所示。反之则形成油包水乳化液，如图1-44(b)所示。金属切削时应用的是水包油乳化液。

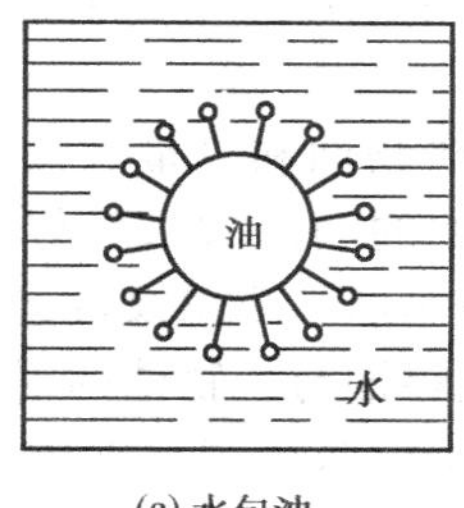

(a) 水包油

(b) 油包水

图1-44　乳化液的工作形式

表面活性剂在乳化液中，除了起乳化作用外，还能吸附在金属表面上形成润滑膜而起到润滑作用。

表面活性剂种类很多，配制乳化液时，应用最广泛的是阴离子型和非离子型。前者如石油磺酸钠、油酸钠皂等，其乳化性能好，并有一定的清洗和润滑性能。后者如聚氯乙烯、脂肪、醇、醚等，其不怕硬水，也不受pH值的限制。良好的乳化液往往使用几种表面活性剂，有时还加入适量的乳化稳定剂。

④ 防锈添加剂　防锈添加剂是一种极性很强的化合物，与金属表面有很强的附着力，吸附在金属表面上形成保护膜，或与金属表面化合形成钝化膜，起到防锈作用。常用的防锈添加剂有碳酸钠、三乙醇胺、石油磺酸钡等。

(2) 切削液种类

切削液有很多种类，应根据工件材料、加工方法、刀具材料等有针对性地选用。机床加工中常用的切削液主要有水溶性切削液和切削油两种。

① 水溶性切削液　根据其组成不同，水溶性切削液又分为合成切削液、乳化液、化学合成液和量离子型切削液等。

a. 合成切削液　合成切削液又称为水溶液，它的主要成分是水，由水和防锈剂（亚硝酸钠、碳酸钠等）按一定的比例配制而成。合成切削液的冷却性能和清洗性能好，但润滑性能较差，被广泛用于磨削或粗加工中。

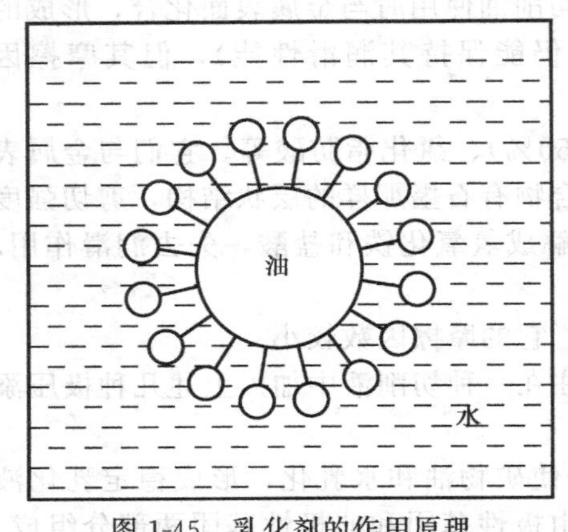

图 1-45 乳化剂的作用原理

b. 乳化液 乳化液是在水中加入乳化油搅拌而成的乳白色液体。乳化油由矿物油与表面油性乳化剂配置而成。乳化剂的分子由极性基因和非极性基因两部分组成，极性基因是亲水的，而非极性基因是亲油的。把油在水中搅拌成微粒后，加入乳化剂，其分子的极性端朝水，非极性端朝油，从而使水和油联系起来，形成水包油的乳化液，如图 1-45 所示。乳化液具有良好的冷却作用，加入一定比例的油性剂和防锈剂，则可成为既能润滑又能防锈的乳化液。乳化液的冷却和润滑性能可以在一定的范围内调节。若乳化油所占的比例大些，其润滑性能会有所提高，冷却性能会相应降低。乳化液按所用的乳化油不同，可分为普通型、防锈型和极压型。低浓度乳化液主要起冷却作用，高浓度乳化液主要起润滑作用。乳化液适用于精加工和复杂工序加工。

c. 化学合成液 化学合成液是较新型的高性能切削液，具有良好的冷却、润滑、清洗和防锈性能。常用于高速磨削，可提高生产率、砂轮耐用度和磨削表面质量。

d. 量离子型切削液 切削时，量离子型切削液摩擦产生的静电荷，可与母液在水溶液中离解成的各种强度的离子迅速反应而消失，从而降低切削温度。量离子型切削液常用于磨削或粗加工中。

② 切削油 切削油又称为非水溶性切削液，它是由矿物油和少量添加剂组成的。其主要成分是矿物油，少数采用动物油和植物油。因为切削油的润滑效果较好，而冷却效果较差，所以一般用于中、低速等切削的精加工工序。如普通车削、攻螺纹可选用煤油；在加工有色金属和铸铁时，为了保证加工表面质量，常用煤油或煤油与矿物油的混合油；螺纹加工时采用蓖麻油或豆油等。矿物油的油性差，不能形成牢固的吸附膜，润滑能力差。在低速时，可加入油性剂，在高速或重切削时加入硫、磷、氯等极压添加剂，能显著地提高润滑效果和冷却作用。

(3) 切削液的合理选择

切削液的种类很多，性能各异，应根据工件材料、刀具材料、加工方法和加工要求合理选择。在实际生产中一般根据加工条件和加工性质选用合理的切削液。合理使用切削液能有效地减小切削力、降低切削温度，从而延长刀具寿命，防止工件热变形和改善已加工表面质量。此外，选用高性能切削液也是改善某些难加工材料切削性能的一个重要措施。

① 粗加工时切削液的选用 粗加工时切削用量较大，产生大量的切削热，容易导致高速钢刀具迅速磨损。这时宜选用以冷却性能为主的切削液（如 3%～5%的乳化液），以降低切削温度。

硬质合金刀具的耐热性好，一般不用作切削液。在重型切削或切削特殊材料时，为防止高温下刀具发生黏结和扩散磨损，可选用低浓度的乳化液或水溶液，但必须连续、充分地浇注，不可断断续续，以免因冷热不均匀产生很大热应力，使刀具因热裂而损坏。

在低速切削时，刀具以硬质点磨损为主，宜选用以润滑性能为主的切削油；在较高速度下切削时，刀具主要是热磨损，要求切削液有良好的冷却性能，宜选用水溶液和乳化液。

② 精加工时切削液的选用 精加工以减小工件表面粗糙度值和提高机床加工响应为目的，因此，应选用润滑性能好的切削液。

加工一般钢件时，切削液应具有良好的渗透性、润滑性和一定的冷却性。高速钢刀具在中、低速下（包括铰削、拉削、螺纹加工、插齿、滚齿加工等），应选用极压切削油或 10%～

12%极压乳化液。硬质合金刀具精加工时采用的切削液与粗加工时采用的基本相同，但应适当提高其润滑性能。

加工铜、铝及其合金和铸铁时，可选用10%～12%的乳化液。但应注意，因硫对铜有腐蚀作用，因此，切削铜及其合金时不能选用含硫的切削液。

③ 切削难加工材料时切削液的选用　切削高强度钢、高温合金等材料时，由于材料中所含的硬质点多、热导率小，加工均处于高温高压的边界润滑状态，因此，宜选用润滑和冷却性均好的极压切削油或极压乳化液。

④ 磨削加工中切削液的选用　磨削的速度高、温度高，热应力会使零件变形，甚至产生表面裂纹，且磨削产生的细碎屑会划伤已加工表面。所以宜选用冷却、清洗性能好的水溶液或普通乳化液。但磨削难加工材料时，宜选用润滑性能好的极压乳化液和极压切削油。

⑤ 封闭或半封闭容屑加工时切削液的选用　钻削、攻螺纹、铰孔和拉削等加工的排屑方式为封闭或半封闭状态，刀具导向与校正部分与已加工表面摩擦严重，宜选用乳化液、极压乳化液和极压切削油，以降低切削温度和切削力。

常用切削液的种类与用途见表1-11。

表1-11　常用切削液的种类与用途

序号	名称	组成	主要用途
1	水溶液	以硝酸钠、碳酸钠等溶于水的溶液，用100～200倍的水稀释而成	磨削
2	乳化液	矿物油很少，主要为表面活性剂的乳化油，用40～80倍的水稀释而成，冷却和清洗性能好	车削、钻孔
		以矿物油为主，少量表面活性剂的乳化油，用10～20倍的水稀释而成，冷却和润滑性能好	车削、攻螺纹
		在乳化液中加入极压添加剂	高速车削、钻削
3	切削油	矿物油（10号或20号机械油）单独使用	滚齿、插齿
		矿物油加植物油或动物油形成混合物，润滑性能好	精密螺纹车削
		矿物油或混合油中加入极压添加剂形成极压油	高速滚齿、插齿、车螺纹
4	其他	液态CO_2	主要用于冷却
		用二硫化钼＋硬脂酸＋石蜡做成蜡笔，涂于刀具表面	攻螺纹

(4) 切削液使用方法

常见的切削液使用方法有浇注法、高压冷却法和喷雾冷却法。

① 浇注法　浇注法是应用最多的方法。使用时应注意保证流量充足，浇注位置尽量接近切削区。此外，还应根据刀具的形状和切削刃的数目，相应地改变浇注口的形式和数目，如图1-46所示。

② 高压冷却法　高压冷却法是将切削液以高压力（1～10MPa）、大流量（0.8～2.5L/s）喷向切削区。该方法常用于深孔加工，其冷却、润滑和清洗、排屑效果均较好，但切削液飞溅严重，需加防护罩。

③ 喷雾冷却法　喷雾冷却法是利用压缩空气使切削液雾化，并高速喷向切削区，当微小的液滴碰到灼热的刀具、切屑时，便很快气化，带走大量的热量，从而能有效地降低切削温度。

喷雾冷却法可利用压力为0.3～0.6MPa的压缩空气使切削液雾化并高速喷向切削区。其装置原理图如图1-47所示。雾化成微小液滴的切削液在高温下迅速气化，吸收大量热量，以迅速降低切削温度。该方法适于切削难加工材料，但需要专门装置，且噪声较大。

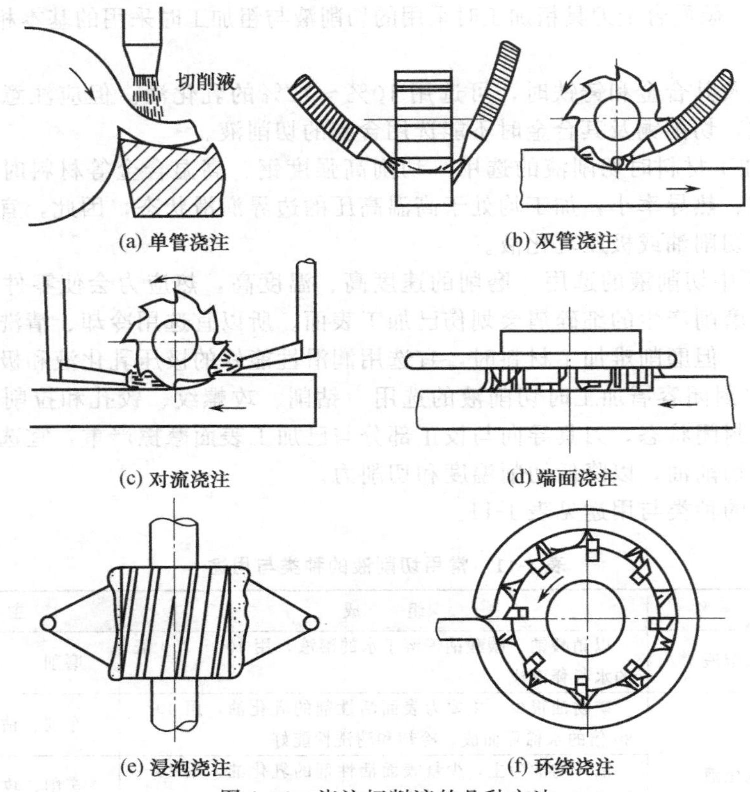

(a) 单管浇注　(b) 双管浇注

(c) 对流浇注　(d) 端面浇注

(e) 浸泡浇注　(f) 环绕浇注

图 1-46　浇注切削液的几种方法

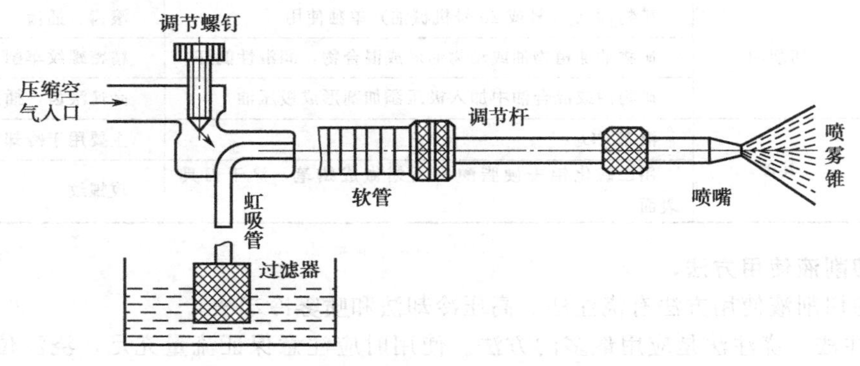

图 1-47　喷雾冷却装置原理图

（5）切削液使用注意事项

为了使切削液发挥应有的作用，在使用时必须注意以下几点。

① 乳化油必须用水稀释后才能使用，一般应加入 15～20 倍的水。

② 切削液必须浇在切屑形成区和刀头上。

③ 注意切削液的流量。流量太少，冷却作用不大；断续使用，会使硬质合金刀片碎裂。

④ 粗加工脆性材料（如铸铁、铜和铜合金等）时，不需加切削液。因为它们的切屑呈颗粒状，容易跟切削液混在一起而阻塞溜板及其他部分的运动。为了减小表面粗糙度，铸铁精加工时可选用黏度较小的煤油或 7%～10%的乳化液。铜及其合金的强度和硬度较低，为了提高工件表面质量和防止热胀现象，在精加工时可选用不含硫的切削液。

第2章 刀具材料

刀具材料一般是指刀具切削部分的材料。它的性能是影响加工表面质量、切削效率、刀具寿命的重要因素。研究应用新刀具材料不但能有效地提高生产效率、加工质量和经济效益，而且往往是解决加工某些难加工材料的工艺关键。

切削加工最早使用的刀具材料是碳素工具钢，以后又发展了合金工具钢、高速钢、硬质合金，人造金刚石、立方氮化硼等各种刀具材料。就用量来看，目前95%以上的机用刀具都是由高速钢和硬质合金制造的。

2.1 刀具材料概述

2.1.1 刀具材料性能

在切削过程中，刀具切削部分不仅要承受很大的切削力以及冲击和振动，而且要承受切屑变形和切削摩擦所产生的高温，所以刀具的工作条件与一般机械零件相比，具有显著的高速、高压、高温的特点。要使刀具能在这样的条件下工作而不致很快地变钝或损坏，保持其切削能力，就必须使刀具材料具有如下的性能。

(1) 硬度与耐磨性

一般刀具材料在室温下应具有60HRC以上的硬度。材料硬度越高耐磨性越好，但抗冲击韧性相对就降低。所以要求刀具材料在保证有足够的强度与韧性条件下，尽可能有高的硬度与耐磨性。

耐磨性是刀具应具备的主要条件之一，它决定着刀具的耐用度。刀具材料的耐磨性不仅取决于它的硬度，而且与其化学成分和显微组织有关。一般说来，材料的硬度越高，耐磨性也越好。但并不完全如此，例如，各种工具钢的硬度基本相同，可是其耐磨性却相差很大。合金工具钢中的合金碳化物分布在马氏体基体上，比单一的马氏体组织具有较高的耐磨性。高速钢中含有10%～20%的合金碳化物，其耐磨性比低合金工具钢要高。

常用的硬质合金中含有更大量的（85%～95%）合金碳化物，其耐磨性比高速钢还要高15～20倍。因此，硬质合金具有更高的抗机械磨损的能力。

刀具材料的耐磨性不仅和碳化物的数量有关，还与碳化物的种类、大小及分布状况有关。碳化物硬质点的硬度愈高，颗粒愈小，分布愈均匀，则耐磨性也愈高。

(2) 强度与韧性

刀具在工作时要承受很大的压力，同时还要承受冲击与振动，为了避免刀具崩刃或折断，刀具材料必须具有足够的强度和韧性，一般用抗弯强度和冲击韧度来衡量刀具材料的强度和韧性。

(3) 高耐热性（热稳定性）

耐热性是衡量刀具材料切削性能的主要标志。刀具大都是在高温下工作的，因此，要求刀具材料应具有在高温下尚能保持高硬度的能力。

工具钢耐热性的高低与回火稳定性有关。碳素工具钢的耐热性最低，能维持切削性能的最高温度（常称红硬性或热硬性）仅为200～250℃。合金工具钢与高速钢中加入了能提高回火稳定性的合金元素，因而可大大提高耐热性，能维持切削性能的最高温度分别提高到300～400℃及550～600℃。

硬质合金的主要成分是难熔金属化合物，因此其耐热性更高，在800～1000℃的高温下尚能进行切削。

刀具材料的耐热性愈高，允许的切削速度也愈高。

刀具材料不仅应具有较高的常温硬度和强度，而且应具有一定的高温硬度和高温强度。在高温条件下，各种刀具材料的硬度和强度都要下降，如图2-1、图2-2所示。

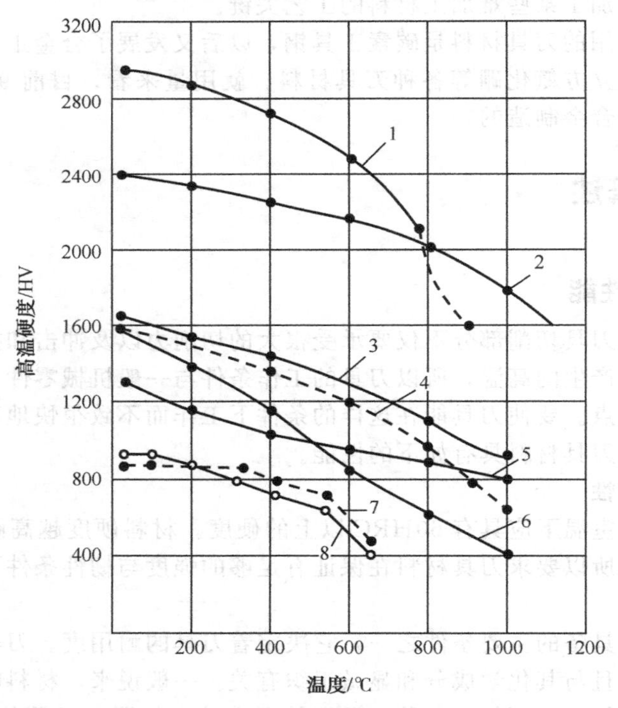

图2-1 各种刀具材料的硬度与温度的关系

1—热压氧化铝陶瓷；2—热压氧化铝-碳化物陶瓷；3—P10（YT5）硬质合金；4—K10（YG6）硬质合金；5—铸铁合金；6—P30（YT5）硬质合金；7—W12Cr4V5Co5粉末冶金高速钢；8—W12Cr4V5Co5熔炼高速钢

从图2-2中可以看出，高速钢在高于550～600℃以上时，其硬度和抗弯强度都将显著下降。铸铁合金在700～850℃时，硬度尚无显著变化。几种硬质合金（P10、K10、M30）均要在800～1000℃以上时，硬度和强度才会显著降低。至于陶瓷刀具，则大都要在1200℃以上的温度时，其硬度与强度才会显著下降。

刀具材料的高温硬度和高温强度愈高，则刀具的切削能力愈强。

此外刀具材料还应具有在高温下抗氧化的能力，以及良好的抗黏结和扩散的能力，即良好的化学稳定性。

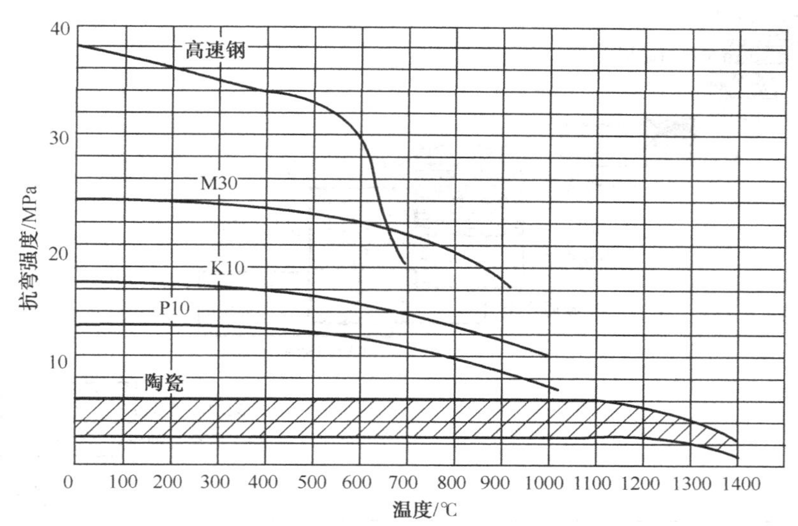

图 2-2 各种刀具材料的强度与温度的关系

(4) 工艺性与经济性

刀具材料除应具备以上一些基本性能之外，还必须具备一定的工艺性能，其中包括制造刀具时进行切削加工、磨削加工、焊接、热处理等性能。工具钢的工艺性能较好，不仅能进行切削加工和热处理，而且磨削加工和焊接性能均较好。硬质合金由于硬度高、脆性较大、热胀系数较低（约为高速钢的一半），焊接和磨削时容易产生裂纹。陶瓷刀具工艺性能更差，焊接和磨削时更需特别注意。有些刀具材料（如高钒高速钢、含碳化钛较高的钨钛钴类硬质合金），其切削性能虽很好，但常常因为工艺性能太差而限制了其广泛采用。

在发展和选用刀具材料时还必须将经济性作为重要指标之一。这是关系到刀具成本、加工成本的重要因素。刀具材料的经济性可以用分摊到每一个零件加工上的成本来衡量。如有的刀具材料（如超硬材料刀具）虽然一把刀的成本很贵，但因其使用寿命很长，实际分摊到每个零件上的成本却较低。

选择刀具材料时，很难找到各方面的性能都是最佳的，因为材料硬度与韧性之间，综合性能与价格之间都是相互制约的。只能根据工艺需要，以保证主要需求性能为前提，尽可能选用价格低的材料。例如粗加工锻件毛坯，刀具材料应保证有较高强度与韧性，而加工高硬度材料需有较高的硬度与耐磨性，高生产率的自动线用刀具需保证有较高的刀具寿命等。

2.1.2 刀具材料类型

目前使用的刀具材料分为四大类：工具钢（包括碳素工具钢、合金工具钢、高速钢）、硬质合金钢、陶瓷和超硬刀具材料。一般机加工使用最多的是高速钢与硬质合金。各类刀具材料硬度与韧性如图 2-3 所示。一般硬度越高者可允许的切削速度越高，而韧性越高者可承受的切削力越大。

工具钢耐热性差，但抗弯强度高，价格便宜，焊接与刃磨性能好，故广泛用于中、低速切削的成形刀具，不宜高速切削。硬质合金耐热性好，切削效率高，但刀片强度、韧性不及工具钢，焊接刃磨工艺性也比工具钢差，多用于制作车刀、铣刀及各种高效切削刀具。

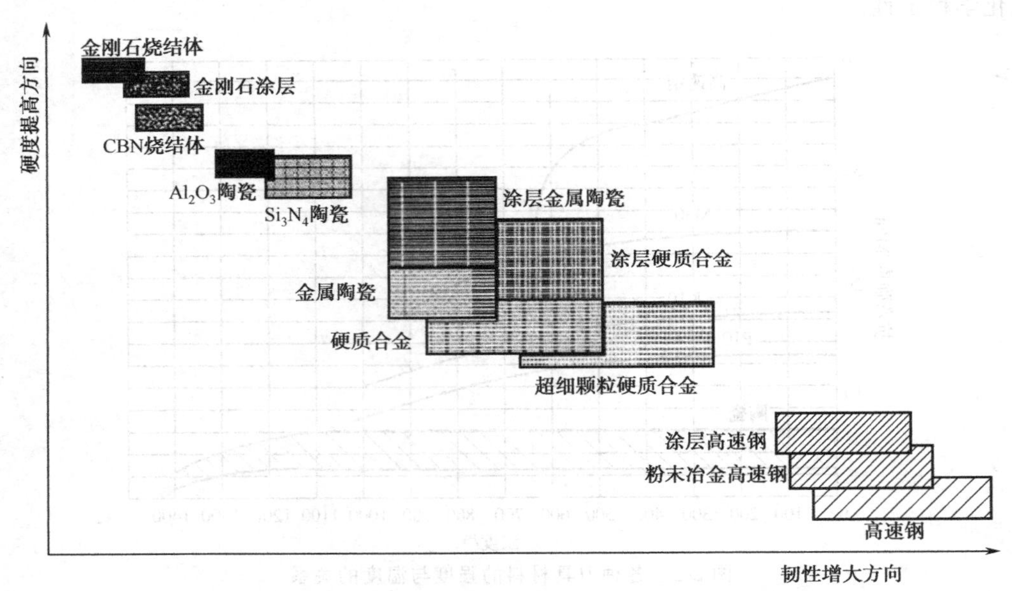

图 2-3　各类刀具材料硬度与韧性

各类刀具材料的主要物理力学性能如表 2-1 所示。

表 2-1　各类刀具材料的物理力学性能

<table>
<tr><th colspan="2">材料种类</th><th>相对密度</th><th>硬度 HRC
(HRA)
[HV]</th><th>抗弯强度
σ_{bb}/GPa</th><th>冲击韧度
a_k/(MJ/m²)</th><th>热导率
κ/[W/(m·K)]</th><th>耐热性
/℃</th><th>切削速度
大致比值</th></tr>
<tr><td rowspan="3">工具钢</td><td>碳素工具钢</td><td>7.6～7.8</td><td>60～65
(81.2～84)</td><td>2.16</td><td>—</td><td>约 41.87</td><td>200～250</td><td>0.32～0.4</td></tr>
<tr><td>合金工具钢</td><td>7.7～7.9</td><td>60～65
(81.2～84)</td><td>2.35</td><td>—</td><td>约 41.87</td><td>300～400</td><td>0.48～0.6</td></tr>
<tr><td>高速钢</td><td>8.0～8.8</td><td>63～70
(83～86.6)</td><td>1.96～4.41</td><td>0.098～0.588</td><td>16.75～25.1</td><td>600～700</td><td>1.0～1.2</td></tr>
<tr><td rowspan="5">硬质合金</td><td>钨钴类</td><td>14.3～15.3</td><td>(89～91.5)</td><td>1.08～2.16</td><td>0.019～0.059</td><td>75.4～87.9</td><td>800</td><td>3.2～4.8</td></tr>
<tr><td>钨钛钴类</td><td>9.35～13.2</td><td>(89～91.5)</td><td>0.882～1.37</td><td>0.0029～0.0068</td><td>20.9～62.8</td><td>900</td><td>4～4.8</td></tr>
<tr><td>钨钛钽钴类</td><td rowspan="2">—</td><td rowspan="2">(—92)</td><td rowspan="2">—1.47</td><td rowspan="2">—</td><td rowspan="2">—</td><td rowspan="2">1000～1100</td><td rowspan="2">6～10</td></tr>
<tr><td>钨钛铌钴类</td></tr>
<tr><td>碳化钛类</td><td>5.56～6.3</td><td>(92～93.3)</td><td>0.78～1.08</td><td>—</td><td>—</td><td>1100</td><td>6～10</td></tr>
</table>

续表

材料种类		相对密度	硬度 HRC (HRA) [HV]	抗弯强度 σ_{bb}/GPa	冲击韧度 a_k/(MJ/m^2)	热导率 κ/[W/(m·K)]	耐热性 /℃	切削速度大致比值
陶瓷	氧化铝陶瓷	3.6～4.7	(91～95)	0.44～0.686	0.0049～0.0117	4.19～20.93	1200	8～12
	氧化铝-碳化物混合陶瓷			0.71～0.88			1100	6～10
	碳化硅陶瓷	3.26	(5000)	0.735～0.83	—	37.68	1300	—
超硬材料	立方氮化硼	3.44～3.49	(8000～9000)	约 0.294	—	75.55	1400～1500	—
	人造金刚石	3.47～3.56	(10000)	0.21～0.48	—	146.54	700～800	24.9

2.1.3 刀体材料

刀体一般均用普通碳钢或合金钢制作，如焊接车刀、镗刀、钻头、铰刀的刀柄。尺寸较小的刀具或切削负荷较大的刀具宜选用合金工具钢或整体高速钢制作，如螺纹刀具、成形铣刀、拉刀等。

机夹、可转位硬质合金刀具，镶硬质合金钻头，可转位铣刀等的刀体可用合金工具钢制作，如 9GrSi 或 GCr15 等。

对于一些尺寸较小、刚度较差的精密孔加工刀具，如小直径镗刀、铰刀，为保证刀体有足够的刚度，宜选用整体硬质合金制作，以提高刀具寿命和加工精度。

2.2 工具钢刀具材料

2.2.1 碳素工具钢

碳素工具钢是指含碳量为 0.65%～1.35%的优质高碳钢，其牌号、化学成分及热处理规范如表 2-2～表 2-4 所示。碳素工具钢常用的牌号有 T 8A、T10 A 及 T12A，用得最多的是 T12A。

表 2-2 碳素工具钢的化学成分（GB 1298—2008）

序号	钢号	化学成分（质量分数）/%		
		C	Mn	Si
1	T7	0.65～0.74	≤0.40	≤0.35
2	T8	0.75～0.84		
3	T8 Mn	0.80～0.90	0.40～0.60	

续表

序号	钢号	化学成分（质量分数）/%		
		C	Mn	Si
4	T9	0.85～0.94	≤0.40	≤0.35
5	T10	0.95～1.04		
6	T11	1.05～1.14		
7	T12	1.15～1.24		
8	T13	1.25～1.35		

注：高级优质钢在牌号后加“A”。

表 2-3　碳素钢中硫、磷含量及残余铜、铬、镍含量

钢类	P	S	Cu	Cr	Ni	W	Mo	V
	质量分数/%　不大于							
优质钢	0.035	0.03	0.25	0.25	0.20	0.30	0.20	0.02
高级优质钢	0.030	0.020	0.25	0.25	0.20	0.30	0.20	0.02

表 2-4　常用碳素工具钢的热处理及用途举例

钢号	热处理					用途
	淬火			回火		
	温度/℃	介质	硬度/HRC	温度/℃	硬度不低于/HRC	
T7 T7A	800～820	水	61～63	180～200	60～62	用于制造木工工具
T8 T8A	780～800	水	61～63	180～200	60～62	用于制造形状简单的切削软金属的刀具及木工工具
T9 T9A	780～800	水	62～64	180～200	60～62	用于制造形状简单的切削软金属的刀具及木工工具
T10 T10A	770～790	水油	62～64	180～200	60～62	用于制造丝锥、铰刀、车刀、板牙等
T12 T12A	760～780	水油	62～64	180～200	60～62	用于制造车刀、铣刀、丝锥等

碳素工具钢的特点如下。

① 优点　碳素工具钢经过适当的热处理后，能达到 HRC60～65 的硬度和较好的耐磨性；由于退火状态下的硬度很低，故可加工性很好；刀刃能够磨得很锋利；价格很低廉。

② 缺点

a. 耐热性差，刀刃受热至 200～250℃时，其硬度和耐磨性就迅速下降。因此，碳素工具钢只适宜于制造手动工具（锉刀、刮刀、丝锥、板牙、铰刀等）、切削易加工材料的工具（如木工工具）以及在低速状态下工作的刀具。用碳素工具钢制造的刀具加工碳素结构钢时，切削速度一般低于 8m/min。

b. 碳素工具钢的可淬性很差，淬火时需采用强的冷却剂（如水或盐水）急速冷却。但这样做会引起刀具变形，出现裂纹，甚至断裂，故这种钢不宜于做形状复杂的刀具。

c. 碳素工具钢的淬透性差。当工具的直径或厚度大于 15mm 时，往往会由于淬硬层太薄而不能使用。

碳素工具钢对过热十分敏感，导致晶粒长大，因而增加了刀刃的脆性和易崩刃。

由于碳素工具钢具有这些缺点，因而常常为合金工具钢所代替。

2.2.2 合金工具钢

合金工具钢是指为了改善工具钢的性能而特意加入一些合金元素的钢。常用的合金元素有钨（W）、钼（Mo）、铬（Cr）、钒（V）、硅（Si）、锰（Mn）、钛（Ti）、铝（Al）等。合金工具钢中合金元素的含量总和一般不超过 3%～5%，含碳量在 0.75%～1.50%之间。

钢中加入合金元素以后，可显著提高工具钢各方面的性能。

合金元素（特别是强碳化物形成元素）可与碳形成合金碳化物，特别是 Ti、V、W、Mo 等。所形成的碳化物具有高熔点和高硬度性质，它们以细小颗粒均匀分布在马氏体基体上，对提高钢的硬度和耐磨性非常有利。

合金元素（除 Mn 外）几乎都能细化晶粒，使合金钢具有较高的力学性能，特别是能显著地提高钢的低温韧性，同时减少淬火时的变形和开裂。

所有溶于奥氏体的合金元素（除钴外）都能提高钢的淬透性，如 Si、Mn、Cr、Mo、W、V、Ti 等。它们溶于奥氏体内，可提高奥氏体的稳定性，保证了在较缓慢冷却时奥氏体也不中途分解而直接转变为马氏体。

合金元素能提高钢的回火稳定性并产生二次硬化，影响比较显著的有 V、W、Ti、Cr、Mo、Si 等。因此，要达到同一回火硬度时，合金钢的回火温度可以比碳钢高，回火时间可以比碳钢长，回火后的内应力可以比碳钢小，这就有利于提高回火钢的韧性。合金元素不仅使合金工具钢比碳素工具钢具有高的综合力学性能，而且在较高温度下能保持较高的强度和硬度。

由于合金工具钢有较高的耐热性（300～400℃），因此能允许以比碳素工具钢高的切削速度工作。

由于合金工具钢的淬透性较好，热处理变形较小，耐磨性较好，因此可用于截面积较大、要求热处理变形较小、对耐磨性及韧性有一定要求的低速刀具。

常用合金工具钢的性能及用途如表 2-5 所示。

表 2-5 常用合金工具钢的性能及用途

钢号	热处理					用途
	淬火			回火		
	温度/℃	介质	硬度/HRC	温度/℃	硬度不低于/HRC	
9SiCr	850～870	油 硝盐	62～65	140～160 160～180	62～65 61～63	用于制造丝锥、铰刀、钻头、板牙、齿轮铣刀、滚丝模、搓丝板
CrWMn	820～840	油	61～63	140～160 170～200	62～65 60～62	用于制造长铰刀、长丝锥、拉刀、专用铣刀和板牙
	830～850	硝盐	62～64			
Cr2	830～850	油	62～65	130～150 150～170	62～65 60～62	用于制造车刀、刨刀、插刀、铰刀
	840～860	硝盐	61～63			

续表

钢号	热处理					用途
	淬火			回火		
	温度/℃	介质	硬度/HRC	温度/℃	硬度不低于/HRC	
CrW5	820～860	水 油	64～66	150～170 200～250	61～65 60～64	用于制造低速切削硬金属用刀具，如铣刀、刨刀、车刀
Cr6WV	950～970	油	62～64	150～170 190～210	62～63 58～60	用于制造滚丝模、搓丝板
	990～1010	硝盐	62～64	第一次 500 第二次 190～210	57～58	
W	800～820	水	62～64	160～180	59～61	麻花钻、丝锥、铰刀
Cr12MoV	1000～1040	油 硝盐	62～63	150～170 200～275	61～63 57～59	螺纹滚丝模、搓丝板
	1115～1130		45～50	−78℃冷处理后， 520℃一次回火	60～61	
CrMn	840～860	水 油	63～66	130～140 160～180	62～65 60～62	拉刀、长丝锥
9Mn2V	780～820	油 硝盐	≥62	150～200	60～62	丝锥、板牙、铰刀
GCr6	800～825	油 硝盐	62～65	160～180	≥61	手用丝锥、手用锯条
	790～810	水	63～65			
GCr9	820～850	油 硝盐	62～65	160～180	≥61	手用丝锥、手用锯条
GCr15	830～850	油	62～65	160～180	≥61	手用丝锥、手用铰刀、圆板牙、机用锯条
	840～860	硝盐	61～63			

（1）9SiCr 钢

9SiCr 钢中含有铬（Cr）及硅（Si）。铬能大大提高钢的淬透性，使直径 40～60mm 以下的工具在油中冷却均可淬透，同时能采用分级或等温淬火以减少工具的变形。铬能显著地细化碳化物的晶粒，并使之均匀分布，可减少热处理时的变形，改善钢的性能，刀具工作时也不易崩刃。硅能强化 α-Fe，提高强度及硬度。硅也能提高回火稳定性，在 250～300℃回火时，硬度仍能保持在 60HRC 以上。

9SiCr 钢在工厂中得到了广泛的使用，特别是用于制造各种薄刃刀具，如板牙、丝锥、铰刀等。

9SiCr 钢中由于含有 1.2%～1.6%的硅，因而增加了钢的脱碳敏感性，热加工时需多加注意。9SiCr 钢退火状态下的硬度较高，故可加工性较差。

9SiCr 钢合适的淬火温度为 860～870℃。当加热到 880℃以上时，一方面奥氏体晶粒会显著长大，淬火后马氏体针粗大，使钢的强度、韧性、塑性变坏；另一方面又会增加残余奥氏体，不但降低了钢的强度、硬度及耐磨性，而且由于奥氏体的逐渐转变，工具在使用过程中其尺寸将会发生变化，这对精密刀具来说是不允许的。当加热温度过低（<850℃）时，由于合金碳化物不能充分熔入奥氏体，合金元素未能充分发挥其作用，因而会降低钢的淬透性及各项力学性能。

加热后在170～180℃左右的硝盐中进行等温淬火，这比油淬可得到更好的韧性及满意的硬度（60HRC以上），并可减小变形。

9SiCr钢在淬火后应做低温回火（180～200℃），以消除内应力，提高力学性能，减少工具变形。

（2）CrWMn钢

CrWMn钢中由于同时含有铬及锰，因而具有更好的淬透性，体积改变也比较小；淬火时，刀具的尺寸可以稳定地保持不变，故CrWMn钢适于制造拉刀、长柄钻头、长柄丝锥等刀具。

CrWMn钢中因含有钨，因而形成更多量的合金碳化物，具有更高的硬度和耐磨性。钨还有助于细化晶粒，可改善钢的韧性。

但是，CrWMn钢在锻轧后的冷却过程中形成网状碳化物的可能性很大，易降低刀具韧性，导致刀具崩刃，因此热处理工艺要严格控制。

（3）CrW 5钢

含钨4.5%～5.5%的CrW 5钢，由于含钨量较高，大大提高了钢的硬度和耐磨性，因而适于制造低速切削硬度高的金属的刀具。

（4）Cr6WV钢

含钨1.10%～1.50%的Cr6WV钢，其变形小、淬透性好、冲击韧性高、耐磨，是一个具有良好综合性能的钢种，适于制造螺纹滚丝模。

（5）GCr9、GCr15滚珠轴承钢

近年来还用滚珠轴承钢GCr9、GCr15制造刀具。如用GCr9钢做的$M8\times1.25$丝锥，其耐用度较T12A碳素工具钢做的丝锥高约1倍以上。由于GCr9钢的退火硬度不高（179～207HB），故螺纹可采用冷滚压成形。GCr15及GCr9可用于制造各种手用铰刀、圆板牙和手用丝锥。由于这种钢比较容易获得，质量也有严格保证，故常用以代替合金工具钢Cr2、9SiCr。

2.2.3 高速钢

高速钢是以钨、铬、钼、钒、钴为主要合金元素的合金工具钢，俗称锋钢、白钢。这种钢经热处理后，一些合金元素可以形成硬度较高的碳化物，如WC、FeC、CrC等。因此，高速钢与碳素工具钢和合金工具钢相比具有较高的耐热性。它的常温硬度为63～69HRC，当切削温度为500～650℃时，仍能保持其切削性能。高速钢具有很高的强度，抗弯强度为一般硬质合金的2～3倍，韧性也高，比硬质合金高几十倍。高速钢的工艺性能也很好，制造简单，热处理变形小，能磨出锋利的刃口。

（1）高速钢的分类

① 高速钢按工艺方法的不同，可分为熔炼高速钢和粉末冶金高速铜。前者是在电炉或真空炉中冶炼而成，是现在常用的一种工艺方法；后者是将高速钢粉末采用粉末冶金方法制成的。

② 按用途不同，高速钢可分为通用型高速钢和高性能高速钢。

③ 按基本化学成分不同，高速钢可分为钨系（只含钨，不含钼）及钼系（同时含有钨及钼）高速钢。每类钢中都可有不同的含碳量、含钒量和含钴量（有的不含钴）。

(2) 高速钢的性能

① 高的耐磨性 高速钢中的合金元素钨、钼、铬、钒均强烈地与碳化合形成合金碳化物，这些碳化物（特别是碳化钒）都具有很高的硬度，使高速钢具有优良的耐磨性。

钨是提高高速钢回火稳定性和耐热性的一个主要元素。在马氏体中，钨原子和碳原子的结合力很大，提高了马氏体在受热时的分解稳定性，使钢在高达550～600℃时仍能保持高的硬度。此外，高速钢淬火后在560℃回火时，碳化物析出并做均匀弥散分布，钢中残余奥氏体在回火后冷却时转变为马氏体，将产生二次硬化作用。这些都能进一步提高钢的耐磨性和切削性能。

钨和钒的碳化物在高温加热时有力地起到阻止晶粒长大的作用。

钼的作用大体与钨相似。

铬在高速钢中的主要作用是提高淬透性，也可以提高回火稳定性。各类高速钢的含铬量大体都在4%左右。

钒也是提高高速钢耐热性的主要元素之一。钒与碳原子的结合力比钨还大，以稳定的VC形式存在，在马氏体中提高了高温分解稳定性。VC晶粒细小，分布均匀，硬度很高(83～85HRC)，使钢具有优良的耐磨性。钒能改善钢的回火稳定性，并产生二次硬化作用。

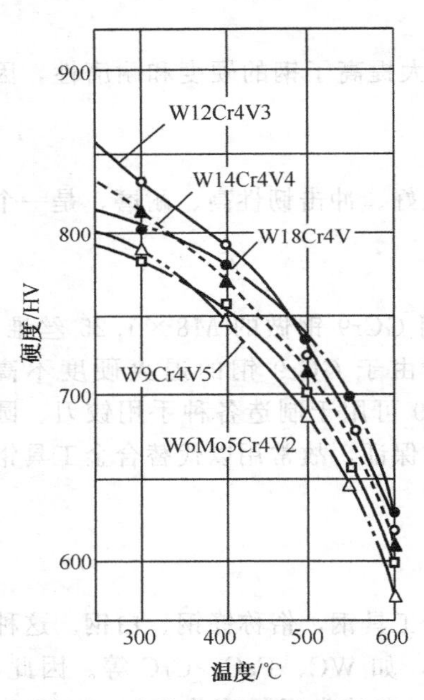

图 2-4 各种高速钢的高温硬度

高速钢具有高的强度、足够的硬度和耐磨性，有一定的热硬性和高温硬度，如图2-4所示，因此是一种极为重要的刀具材料。

② 较高的抗弯强度、冲击韧性 高速钢的硬度、耐磨性及耐热性虽均不及硬质合金，但由于其抗弯强度、冲击韧性均比硬质合金高，而且切削加工和磨削加工都比较容易，因此到目前为止，在复杂刀具制造中，高速钢仍占主要地位；在有色金属等低硬度、低强度工件材料的加工中，高速钢刀具还在被广泛采用；加工高温合金的铣刀和拉刀，主要还用高速钢制造。

近年来，由于高速钢的不断改进和新型高速钢的不断出现，在许多切削加工中，高速钢和硬质合金钢相互补充其不足之处，已成为常用的两种刀具材料。

(3) 通用型高速钢

① 钨系高速钢 最典型的一种牌号是W18Cr4V，它含钨(W) 18%、铬(Cr) 4%、钒(V) 1%，具有较好的综合性能，在我国应用最为广泛。W18Cr4V在热处理后的硬度为63～65HRC，抗弯强度约为320kg/mm²，比硬质合金能够承受较大的冲击。600℃时的高温硬度约为48.5HRC，比合金工具钢的耐热性高很多。

W18Cr4V钢是用于制造各种复杂刀具，如拉刀、螺纹铣刀、各种齿轮刀具的主要材料，也广泛用于制造麻花钻、铣刀和机用丝锥等刀具。这种高速钢的磨加工性很好，比硬质合金刀具容易磨得锋利平直，所以常用于制造精加工用刀具，如螺纹车刀、宽刃精刨刀、精车刀、成形车刀等。在国外，由于缺钨，因此这种高速钢价格较贵，很多已被钼高速钢W6Mo5Cr4V2所代替。

近年来，我国生产了一种新型钨系高速钢W14Cr4VMnRe这种钢中由于加入了锰(Mn) 0.35%～0.55%和铼(Re) 0.07%，因而改善了钢的热塑性。这种钢的抗弯强度可达400kg/mm²，高于W18Cr4V；韧性大体与W18Cr4V相当，低于W6Mo5Cr4V2。这种钢的常温硬度与W18Cr4V、W6Mo5Cr4V2相同，高温硬度较高，其切削性能与上述两种高速钢基本一样。这种钢的锻造和轧制都比较容易。由于其热塑性较好，可做成轧制或扭制钻头，用以代替 W6Mo5Cr4V2。这种钢的磨加工性也很好，并可用于承受冲击力较大的刀具。

② 钼系高速钢　钼钢最初是为解决钨的缺乏而研制的。钼钢的主要优点如下。

a. 较高的塑性。钼钢中由于减少了合金元素，也就减少了碳化物数量及碳化物不均匀性，故这种钢具有较高的塑性。

b. 良好的力学性能　钼钢具有良好的力学性能（钼可改善钢的强度和韧性），抗弯强度高于钨高速钢，由于钢中的碳化物呈细小均匀分布，故冲击韧性有显著提高（图 2-5）。

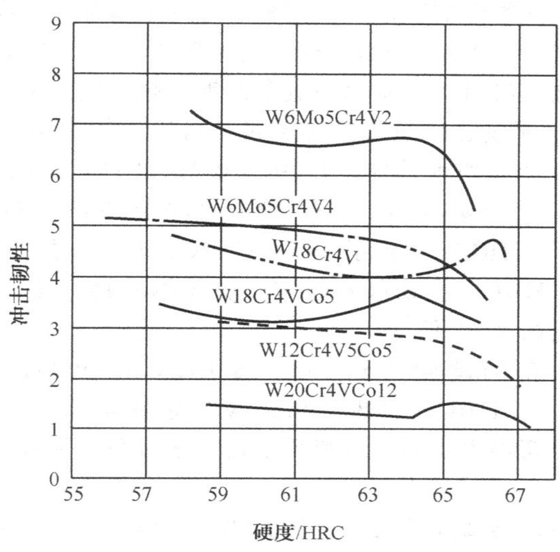

图 2-5　不同高速钢的冲击韧性与硬度

c. 改善磨削加工性能。加入 3%～5%的钼，可改善钢的磨加工性，减少了磨削时烧伤的危险性；允许增加钒含量而不使磨加工性显著变坏。

d. 较好的切削性能。钼钢的切削性能好，不仅不低于、有时还高于钨高速钢。

钼钢的主要缺点是脱碳敏感性大，淬火温度范围较窄，最好在合适的盐浴炉或有还原气氛的炉内加热。

钼钢中最广泛采用的牌号是 W6Mo5Cr4V2，它含钨 6%、钼 5%、铬 4%、钒 2%，是相当于 W18Cr4V 的通用型高速钢，具有良好的综合性能。它的抗弯强度比 W18Cr4V 钢高 28%～34%，冲击韧性约可提高 70%。

W6Mo5Cr4V2 钢中由于含钒量较 W18Cr4V 多，故有更高的耐磨性。在用不同的切削速度和走刀量钻削钢料时，钻头的耐用度可提高 7%～21%；在大走刀量车削时，W6Mo5Cr4V2 车刀的耐用度为 W18Cr4V 车刀的 1.5～3 倍。

W6Mo5Cr4V2 钢由于强度和韧性较高，可做承受冲击力较大的刀具（加插齿刀、锥齿轮刨刀）、使用强度较低的刀具（如丝锥、钻头）及用于制造在机床-刀具-工件系统刚性不足的机床上进行加工的刀具。

这种钢的碳化物细小均匀，可用于制造精度较高的刀具。这类钢的热塑性特别好，在 950～1150℃范围内仍有良好的塑性（图 2-6），故特别

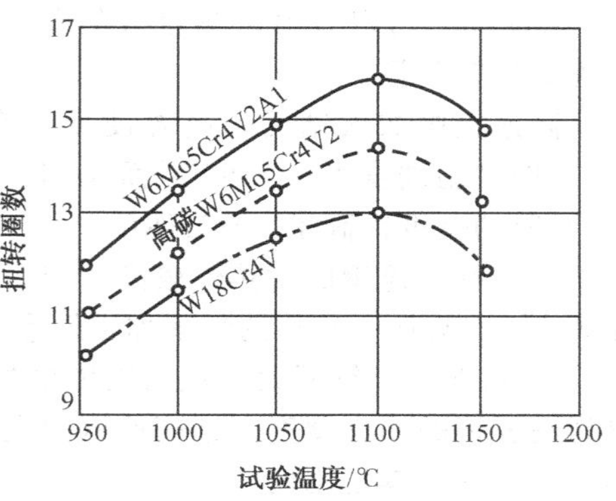

图 2-6　不同高速钢的热塑性比较

适于在轧制或扭制钻头及滚刀等工艺中使用。

W6Mo5Cr4V2 钢的磨加工性稍低于 W18Cr4V。

通用型高速钢具有一定的硬度和耐磨性，具有较高的强度和韧性，具有较好的塑性和磨加工性，因此广泛用于制造各种复杂刀具，成为切削硬度在 300～320HB 以下的大部分结构钢和铸铁的基本钢种。

(4) 高性能高速钢

高性能高速钢是指在一般通用型高速钢中加入一些合金元素（最常加入的是钴和钒），以提高高速钢的耐热性和耐磨性的新钢种。这种高速钢可填补一般高速铜和硬质合金之间在切削速度上的空白（v=50～100m/min）。这类高速钢主要用于加工不锈钢、耐热钢、高温合金、超高强度钢等难加工材料，具有比一般高速钢更高的生产率和刀具耐用度。

① 高碳型高速钢　按平衡含碳量来增加碳量，可以增加钢中的碳化物含量，提高高速钢的硬度、耐磨性、耐热性和切削性能。通用牌号 W18Cr4V 钢的含碳量是 0.7%～0.8%（为了获得较好的塑性），而高碳 W18Cr4V（牌号 95W18Cr4V）的含碳量增加到 0.9%～1.05%，使其硬度提高了 2HRC，达到了 67～68HRC；600℃时的高温硬度由 W18Cr4V 的 48.5HRC 提高到 51～52HRC。在切削不锈钢、奥氏体材料、钛合金时都取得了很好的效果，耐磨性比一般高速钢高 2～3 倍。

高碳 W6Mo5Cr4V2 钢的硬度达到 67～68HRC，比 W6Mo5Cr4V2 提高了 2HRC，600℃时的高温硬度提高了 5HRC，耐热性和耐磨性也都得到了提高。高碳 W6Mo5Cr4V2 在经过磨削及研磨后，可获得很小的刀刃圆弧半径，这对切下很薄切屑的拉刀和铰刀有很大意义。

但提高钢中含碳量后，会增加淬火残余奥氏体，因而要增加回火次数。增加含碳量会降低高速钢的强度和冲击韧性，使这种钢不能承受大的冲击。含碳量过高不仅会恶化碳化物均匀性，使晶粒粗化，降低钢的热塑性及力学性能，而且会增加热处理和锻造时过热的危险性，因而需要严格控制加热温度。

② 钴高速钢　在高速钢中添加钴后形成钴高速钢，它具有如下特点。

a. 可提高高速钢的热硬性、高温硬度和抗氧化能力。在含钨 18% 的高速钢中加钴后对热硬性的影响，如表 2-6 所示。

表 2-6　高速钢中含钴量对热硬性的影响

含钴量/%	0	5	10	15	20
热硬性/℃	620	650	675	685	700

由表 2-6 可以看出，增加钢中的含钴量，可提高钢的热硬性。当含钴量在 10% 以下时，这种效果较明显。

高速钢中加入钴后，高温硬度也有显著提高。例如，W6Mo5Cr4V2Co8（M36）钢在 600℃的高温硬度为 54HRC，而 W6Mo5Cr4V2 钢则为 47～48HRC，即加入钴 8% 以后，使 600℃时的硬度提高了 6～7HRC。

由于钴高速钢的耐热性较高，因而可提高切削速度。在钢中每加入钴 1%，切削速度可提高 1%。被加工材料的切削加工性愈差，加钴的效果愈显著，如图 2-7 所示。

b. 钴促进了钢回火时从马氏体中析出钨或钼的碳化物，增加了弥散硬化效果，因而能提高高速钢的回火硬度。钴高速钢的硬度比不含钴的高速钢可提高 1～2HRC，从而可提高其耐磨性和刀具耐用度。

c. 钴的热导率较高。加入钴能改善高速钢的导热性（可提高 20%～25%），因而能提高

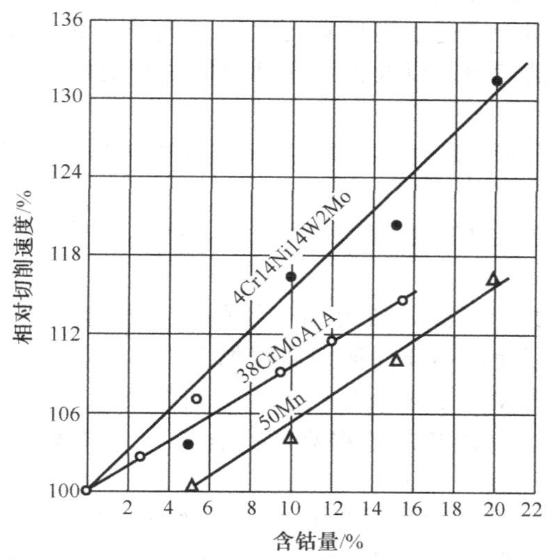

图 2-7 高速钢中含钴量对切削进度的影响

钢的切削性能。

d. 钢中加入钴后，可降低刀具与工件间的摩擦因数及改善其磨加工性。例如，W18Cr4VCo5、W6Mo5Cr4V2Co5 与 W18Cr4V、W6Mo5Cr4V2 比较，磨削温度和磨削力都较低，砂轮耐用度则较高。

e. 然而，在高速钢中加钴后，会增加碳化物的不均匀性，淬火和退火加热时脱碳倾向较大。此外，钴高速钢的强度和冲击韧性较低，价格也贵得多。高速钢中含钴量一般在5%～10%，只有少数达到17%～20%。含钴量愈多，上述缺点也愈严重。

因此，只有在采用其他刀具材料效果较差时，如加工高温合金、钛合金、奥氏体耐热钢及其他难加工合金时，才采用钴高速钢。而且，由于钴高速钢的脆性较大，故只在做成简单刀具（如切刀、钻头等）时效果才显著。对形状复杂的薄刃刀具（如螺纹铣刀、铰刀等），则并不一定比一般高速钢好。在有些情况下，如断续切削或在旧机床上使用时，其耐用度比一般高速钢还低。

③ 高钒高速钢 含钒量在3%以上的高速钢称为高钒高速钢。在一般高速钢中进一步增加钒含量（达3%～5%）后，高速钢具有如下特性。

a. 钒与钢中的碳（加入1%钒同时要加入0.2%碳）形成大量碳化钒（VC）。VC硬度（2800HV）比WC（2400HV）高，因此赋予高速钢以更高的硬度（达65～67HRC），特别是耐磨性有显著提高。

b. 高钒高速钢的耐热性比一般高速钢要高。600℃时的高温硬度约为51.7HRC，比W18Cr4V及W6Mo5Cr4V2的高温硬度都高。W6Mo5Cr4V3钢的热硬性（637℃）及W12Cr4V4Mo钢的热硬性（642℃）也高于W1Cr4V钢（620℃）。

c. 高钒高速钢的强度及冲击韧性均低于一般高速钢。

高钒高速钢与钴高速钢相比，当含钒量及含钴量均为5%时，两者的高温硬度相近（前者略低），但高钒高速钢的耐磨性及韧性都比钴高速钢好。钴是稀缺昂贵金属，钒是我国富有元素，故近年来我国发展了很多种高钒高速钢，如B201、B202、B211等，含钒量都达到5%。

牌号W12Cr4V4Mo（EV4）高钒高速钢在做成各种刀具加工各种钢料（特别是难加工钢料）时，刀具耐用度可比一般高速钢提高2～4倍，最高的可达8倍。用这种高速钢加工不锈钢、耐热合金、高强度钢时效果非常好，可代替部分钴高速钢制造那些要求耐磨性和耐热性高的刀具。这种高速钢特别适于制造对合金钢及高强度钢加工用的车刀、钻头、铣刀、拉刀、模数较大的滚刀和插齿刀，以及低速切削或断续切削耐热钢和高温合金用的车刀、钻头、铣刀、拉刀等刀具。

W6Mo5Cr4V3（M3）高钒高速钢可用于制造耐磨性高、耐热性好的复杂刀具，如拉刀、铣刀等。

用W9Cr4V5钢做的拉刀加工耐热钢及其合金、钛合金时，刀具耐用度为W18Cr4V的2倍（钴高速钢为3倍）。

由于高钒高速钢的耐磨性很高，故可用于切削对刀具磨损极大的材料，如纤维、硬橡皮、塑料等。对于那些切削速度不高的薄切屑精加工刀具，如拉刀、丝锥、铰刀等，高钒高速钢有特别高的耐用度（为W9Cr4V2的4倍），并可提高加工精度。

d. 钢中增加钒的含量，必须相应地提高碳的含量。而碳含量的提高，则会降低钢的力学性能和工艺性能。

e. 高钒高速钢的主要缺点是磨加工性很差。一方面是因为VC的硬度比作为砂轮原料的刚玉硬度还高，增加了刃磨困难；另一方面，高钒高速钢的热导率很低，磨削时发热量很大，极易产生烧伤，因而会降低刀具的切削性能。例如，用W12Cr4V4Mo做的插齿刀与W18Cr4V钢比较，在达到相同粗糙度时，前者的磨削工时要比后者高25%左右。

④ 高钒含钴高速钢　如在高钒高速钢中再加入适量钴，则可综合钒钢耐磨性高和钴钢耐热性高的优点，刀具的切削性能还能得到进一步提高。例如，W12Cr4V5Co5（T15）高速钢的硬度为66～68HRC，比W18Cr4V高2～3HRC。600℃时的高温硬度为52HRC，比W18Cr4V高3.5HRC。用这种钢做的车刀车削钴基耐热合金HS-25（其成分为C 0.1%、Cr20%、Ni10%、W15%、Mn1.5%、Si0.5%、Fe1.5%，其余为Co）时，刀具耐用度比W18Cr4V高20%；在端铣45HRC不锈钢和钻削耐热合金A-286（Cr14Ni25Mo）时，在各种切削速度下，W12Cr4V5Co5（T15）的耐用度都超过一般高速钢2倍以上。

这种高速钢主要用于切削难加工钢及合金。其缺点也主要是材料强度及韧性低，磨加工性差，成本较高。

⑤ 超硬高速钢　硬度值达到67～70HRC的高速钢，称为超硬高速钢。一般所说的超硬高速钢，是指高碳的（按化学平衡计算提高了含碳量）钴高速钢（一般含钴5%～12%、钒1%～5%）。这种钢主要是为加工高温合金、钛合金、奥氏体不锈钢、超高强度钢等难加工材料而发展起来的，在硬质合金不能发挥其最好性能的工序、因为工件截面太薄而易产生振动，以及硬质合金因强度低而容易损坏的情况下，代替硬质合金使用。

(5) 粉末冶金高速钢

粉末冶金高速钢制造工艺于20世纪60年代后期在瑞典开发成功。它是通过高压惰性气体或高压水雾化高速钢水而得到细小的高速钢粉末，然后压制或热压成形，再经烧结而成的高速钢。该工艺可在高速钢中加入较多合金元素而不会损害材料的强韧性或易磨性。

粉末冶金高速钢与熔炼高速钢相比有很多优点。

① 由于可获得细小均匀的结晶组织（碳化物晶粒2～5μm），从而完全避免了碳化物的偏析，提高了钢的硬度与强度，与通用型高速钢相比，粉末冶金高速钢硬度更高（550～600℃仍可保持高硬度60HRC以上），抗弯强度达到2.73～3.43GPa。

② 由于物理力学性能各向同性，可减少热处理变形与应力，因此可用于制造精密刀具。

③ 由于钢中的碳化物细小均匀，使磨削加工性得到显著改善，含钒量多者，改善程度就更显著。这一独特的优点，使得粉末冶金高速钢能用于制造新型的、增加合金元素的、加

入大量碳化物的超硬高速钢，而不降低其刃磨工艺性。这是熔炼高速钢无法比拟的。

④ 粉末冶金高速钢提高了材料的利用率。粉末冶金高速钢目前应用尚少的原因是成本较高。因此主要使用范围是制造形成复杂刀具，如精密螺纹车刀、拉刀、切齿刀具等，以及加工高强度钢、镍基合金、钛合金等难加工材料用的刨刀、钻头、铣刀等刀具。

(6) 高速钢的选用

选用高速钢牌号时，应该全面地考虑到工件材料的性能、工件形状、刀具类型、加工方式和工艺系统刚性等特点，根据这些特点，全面考虑刀具材料的耐热性、耐磨性、韧性和磨加工性等一些互相矛盾的因素。例如，高钒高速钢 W6Mo5Cr4V5SiNbAl、W12Cr4V4Mo、W10Mo4Cr4V3A1、W9Cr4V5 等制作的各种刀具，其耐磨性都很好。但因磨削困难，刃口易烧伤退火，故不宜做型面复杂的刀具，如小模数插齿刀、螺纹刀具等。一些含钴的高速钢，如 W2Mo9Cr4VCo8、W9Mo3Cr4V3Co10、W12Mo3Cr4V3Co5Si 等有良好的高温硬度，在平稳的工作条件下，刀具耐用度有显著提高，特别适于对高温合金及钛合金加工。但由于这类高速钢的韧性较差，在工艺系统刚性不好或用于冲击性的切削刀具时（如靠模车刀、铣刀、插齿刀等），则经常发生崩刃、崩齿甚至打刀现象。因此，应根据不同条件选用不同的高速钢。选用的一般原则如下。

① 当机床-刀具-工件系统刚性好时

a. 切削轻合金及结构钢时，可用钨系或钼高速钢，如 W18Cr4V、W6Mo5Cr4V2、W6Mo5Cr4V3 等。

b. 切削高强度合金钢、不锈耐热钢及低性能高温合金时，要求刀具有较高的耐磨性。

简单型面可选用高钒高速钢，如 W6Mo5Cr4V4、W6Mo5CrV5SiNbAl、W10Mo4Cr4V3Al、W12Cr4V4Mo、W9Cr4V5 等。

复杂型面可选用 W6Mo5Cr4V2A1、W2Mo9Cr4VCo8 等可磨性较好的钢，防止磨削烧伤。

c. 切削高温合金、铸造高温合金、钛合金以及高硬度超高强度钢时，要求刀具有较高的耐热性。

简单型面可选用高钒含钴高速钢，如 W9Mo3Cr4V3Co10、W7Mo4Cr4V2Co5、W6Mo5Cr4V5SiNbA1、W10Mo4Cr4V3Co4Nb、W12Mo3Cr4V3Co5Si 等。

复杂型面可选用 W2Mo9Cr4VCo8、W7Mo4Cr4V 2Co5、W6Mo5Cr4V2Al 或 W6Mo5Cr4V5Co3 Si NbAl、W9Mo3Cr4V3Co10、W12Mo3Cr4V3Co5Si 等。

② 当机床-刀具-工件系统刚性不好时

a. 各种零件材料断续切削加工时，要求刀具材料有较高的韧性。

简单型面及型面大的复杂刀具，可选用高钒高速钢，如 W6Mo5Cr4V5SiNbAl，W6Mo5C r4V4、W12Cr4V4Mo、W9Cr4V5 及 W10Mo4Cr4V3A1 等。

复杂型面可选用钼系高速钢，如 W6Mo5Cr4V2、W6Mo5Cr4V2Al 等。

b. 高温合金、铸造高温合金、钛合金及高硬度超高强度钢断续切削时，除要求刀具材料有较高的耐热性外，还要求有一定的韧性，这时可采用 W6Mo5Cr4V2Al 或 W6Mo5Cr4V2Co8、W7Mo4Cr4V2Co5、W2Mo9Cr4VCo8 以及 W12Mo3Cr4V3Co5Si、W9Mo3Cr4V3Co10、W10Mo4Cr4V3Co4Nb、W6Mo5Cr4V5Co3SiNbAl 等，并应采用低温淬火、增加回火次数或贝氏体淬火和高温补充回火来改善韧性（低温淬火提高韧性较为有效）。

③ 在冲击切削条件下加工高强度钢、耐热钢及高温合金、铸造高温合金的刀具（如斜面上钻孔、悬伸铣削、靠模车、铣削加工），均不宜采用钴高速钢，特别是断续、悬伸，包括切削刚性小的薄壁零件时更不适用，这时只能用钼高速钢 W6Mo5Cr4V2A1、

W6Mo5Cr4V3、W6Mo5CrV4、W6Mo5Cr4V5SiNbAl 及高钒高速钢 W12Cr4V4Mo、W9Cr4V5 等。

2.3 硬质合金钢刀具材料

硬质合金由 Schroter 于 1926 年首先发明。它是由 WC、TiC、TaC、NbC、VC 等难熔金属碳化物以及作为黏结剂的铁族金属用粉末冶金方法制备而成的。经过几十年的不断发展，硬质合金的硬度已达 89～93HRA。

硬质合金具有硬度高、耐磨、强度和韧性较好、耐热、耐腐蚀等一系列优良性能，特别是它的高硬度和耐磨性，即使在 500℃下也基本保持不变，在 1000℃时仍有很高的硬度。硬质合金广泛用作刀具材料，用于切削铸铁、有色金属、塑料、化学纤维、石墨、玻璃、石材和普通钢材，也可以用来切削耐热钢、不锈钢、高锰钢、工具钢等难加工的材料。现在新型硬质合金刀具的切削速度等于碳素钢切削速度的数百倍。由于硬质合金具有良好的综合性能，因而在刀具行业得到了广泛应用。

2.3.1 硬质合金

(1) 分类

硬质合金有钨钴类硬质合金、钨钴钛类硬质合金和新型硬质合金。

① 钨钴类硬质合金　钨钴类硬质合金代号为 YG，是由碳化钨（WC）和结合剂（Co）组成的。此类硬质合金强度高，能承受较大的冲击力，其韧性、导热性能较好，硬度和耐磨性较差，主要用于加工黑色金属及有色金属和非金属材料。Co 的质量分数越大，韧性越好，适合粗加工；Co 的质量分数小，则用于精加工。常用的牌号有 YG3、YG3X、YG6、YG6X、YG8 等，数字表示 Co 的质量分数。

② 钨钴钛类硬质合金　钨钴钛类硬质合金的代号为 YT，这类硬质合金除包括碳化钨（WC）和结合剂（Co）外，还加入了 5%～30%的碳化钛（TiC）。此类硬质合金硬度、耐磨性、耐热性都明显提高，但韧性、抗冲击振动性差，主要用于加工钢料。TiC 的质量分数越大，Co 的质量分数越小，耐磨性越好，适合精加工；TiC 的质量分数越小，Co 的质量分数越大，承受冲击性能越好，适合粗加工。常用的牌号有 YT5、YT14、YT15、YT30 等。

③ 新型硬质合金　新型硬质合金是在上述两类硬质合金的基础上，添加某些碳化物而使其性能得以提高的。如在 YG 类中添加碳化钽（TaC）、碳化铌（NbC），可细化晶粒，提高硬度和耐磨性，还可提高合金的高温硬度、高温强度和抗氧化能力，而韧性不变，如 YG6A、YG8N、YG8P3 等；而在 YT 类中添加合金，可提高抗弯强度、冲击韧性、耐热性、耐磨性及高温强度、抗氧化能力等，这类材料既可用于加工钢料，又可加工铸铁和有色金属，被称为通用合金或万能硬质合金，代号为 YW，如 YW1、YW2、YW3。

(2) 性能

① 硬度　由于硬质合金碳化物 WC、TiC 等的硬度很高，因而其整体也就具有高硬度，一般在 89～93HRA 内。硬质合金的硬度值随碳化物的性质、数量和粒度而变化，随黏结剂含量的增多而降低。在黏结剂含量相同时，WC-TiC-Co 硬质合金的硬度高于 WC-Co 硬质合金。

此外，硬质合金的硬度又随着温度的升高而降低。在 700～800℃时，一部分硬质合金保持着相当于高速钢在常温时的硬度。硬质合金的高温硬度仍取决于碳化物在高温下的硬度，故 WC-TiC-Co 硬质合金的高温硬度比 WC-Co 硬质合金高些。添加 TaC(NbC) 能提高硬质合金的高温硬度。

② 强度 硬质合金的抗弯强度只相当于高速钢强度的 1/3～1/2。

硬质合金中的钴含量愈多，合金的强度愈高。含有 TiC 的合金比不含 TiC 合金的强度低，TiC 含量愈多，合金的强度也愈低。

在 WC-TiC-Co 类硬质合金中添加 TaC 可提高其抗弯强度。添加 4%～6%TaC 可使强度增加 12%～18%。在硬质合金中添加 TaC 会显著提高刀刃强度，增加 TaC 含量会加强刀刃抗碎裂和抗破损能力。这类合金中 TaC 含量增加时，疲劳强度也增加。

硬质合金的抗压强度比高速钢高 30%～50%。

③ 韧性 硬质合金的韧性比高速钢低得多。

含 TiC 合金的韧性比不含 TiC 合金的韧性还要低，TiC 含量增加，韧性也降低。

在 WC-TiC-Co 合金中，添加适量 TaC，在保证原来合金耐热性和耐磨性的同时，能使合金的韧性提高 10%。将 WC-TiC-TaC-Co 合金在周期性冲击压负载下进行的试验表明，含 7.5%TaC 的合金比不含 TaC 的冲高强度要大 24 倍多，显示出较高的动态屈服强度。

由于硬质合金的韧性比高速钢低，因而不宜在有强烈冲击和振动的情况下使用。特别是在低速切削时，黏结和崩刃现象更为严重。有统计表明，硬质合金刀片由于崩刃和断裂（特别是在重型刀具中）而引起的损耗占 70%～90%。

④ 热物理性能 硬质合金的导热性高于高速钢，热导率为高速钢的 2～3 倍。

由于 TiC 的热导率低于 WC 的热导率，故 WC-TiC-Co 合金的导热性低于 WC-Co 合金的导热性。合金中含 TiC 愈多，导热性也愈差。

合金的导热性愈低，则耐热冲击性能也愈差。

硬质合金的比热容是高速钢的 2/5～1/2，加 TiC 合金的比热容比不加 TiC 合金的比热容大，TiC 含量增加，比热容也增大。

硬质合金的热胀系数取决于钴的含量，钴含量增多，则热胀系数也增大。WC-TiC-Co 合金的热胀系数大于 WC-Co 合金。后者的热胀系数为高速钢的 1/3～1/2。

含 TiC 合金由于导热性差，热胀系数大，故其耐热冲击性能低于不含 TiC 的硬质合金。

⑤ 耐热性 硬质合金的耐热性比高速钢高得多，如图 2-8 所示，在 800～1000℃ 时尚能进行切削。在高温下有良好的抗塑性变形能力。

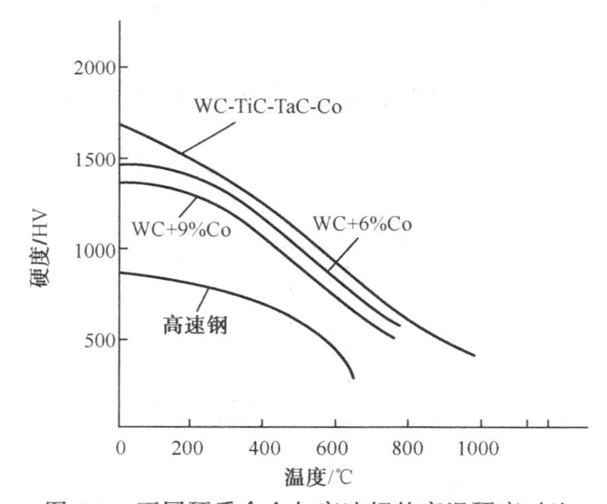

图 2-8 不同硬质合金与高速钢的高温硬度对比

在硬质合金中添加 TiC 可提高其高温硬度。TiC 的软化温度高于 WC，因此 WC-TiC-Co 合金的硬度随着温度上升而下降的幅度较 WC-Co 合金慢。含 TiC 愈多，含钴量愈少，则下降幅度也愈小。

由于 TaC 的软化温度比 TiC 的更高，因此，在硬质合金中加入 TaC 或 NbC 可以提高合金的高温硬度。例如，在 WC-TiC-Co 合金中加入 TaC 后，高温硬度可提高 50～100HV，添加 NbC 的效果则没有添加 TaC 的效果那么显著。在硬质合金中加入 TaC 也可提高合金的高温强度。例如，在 WC-Co 合金中加入少量 TaC 后，在 800℃时的强度最大可提高 150～300MPa；如加入 NbC，则可提高 100～250MPa。由此可知，加入 TaC 可提高硬质合金的高温抗塑性变形能力，而刀具的破损常常是由于刀刃塑性变形量增加产生热裂纹开始的，因此刀刃抗塑性变形能力的提高可减少刀具的破损。

⑥ 抗黏结性　硬质合金的黏结温度高于高速钢，因而有较好的抗黏结磨损能力。

硬质合金中钴与钢的黏结温度大大低于 WC 与钢的黏结温度，因此，合金中钴含量增加时，黏结温度下降。TiC 的黏结温度高于 WC，因此，WC-TiC-Co 的黏结温度高于 WC-Co 合金（超过100℃）。用含 TiC 的合金刀具切削时，在高温下形成的 TiO_2 可减轻黏结。

TaC 和 NbC 与钢的黏结温度比 TiC 的黏结温度还要高，因此添加 TaC 和 NbC 的合金有更好的抗黏结能力。

在硬质合金成分中，不同碳化物与工件材料的亲和力是不同的。TiC 和 TaC 与不同材料的反应指数总和比 WC 低得多，有的试验证明，TiC 与工件材料的亲和力要比 WC 与工件材料的亲和力小几倍到几十倍。因此，在硬质合金中加入 TiC 与 TaC 可大大减少黏结磨损，这对加工钢材时减少刀具的月牙洼磨损是特别重要的。

⑦ 化学稳定性低　硬质合金刀具的耐磨性与在工作温度下合金的物理及化学稳定性有密切的关系。

硬质合金的氧化温度高于高速钢的氧化温度。硬质合金刀具的抗氧化磨损能力取决于合金在高温下的氧化程度。

TiC 的氧化温度大大高于 WC 的氧化温度，因此，在高温下，WC-TiC-Co 合金的氧化量低于 WC-Co 合金，而且 TiC 的含量愈多，抗氧化能力也愈强。

硬质合金中钴的含量增加时，氧化也会增加。

TaC 的氧化温度也高于 WC，因此合金中加入 TaC 和 NbC 会提高其抗氧化能力。

硬质合金刀具的抗扩散磨损能力取决于合金在高温下的扩散程度。

WC 在 947℃以上温度开始在 Fe 中明显扩散，而 TiC 的明显扩散温度为 1047℃，因此 WC-TiC-Co 合金与钢产生显著扩散作用的温度（900～950℃）也高于 WC-Co 合金的温度（850～900℃）。

硬质合金中的 WC 是分解为 W 和 C 后扩散到钢中去的，而 TiC 则比 WV 难于分解，故 Ti 的扩散率远低于 W。

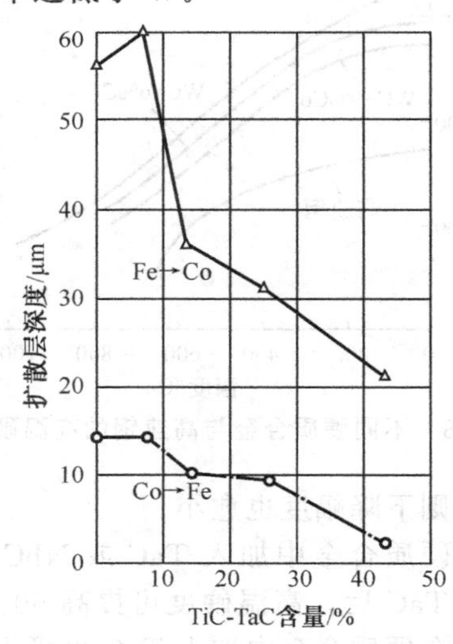

图 2-9　硬质合金中 TiC-TaC 含量对扩散磨损的影响
工件材料 CK53（近似 50 钢）；硬质合金 K30、P30、P20、P10、P01；加热温度 1000℃；时间 40h

TiC 在 Fe 中的溶解度大大低于 WC。TiC、（Ti·W）C、TaC 在 1250℃时的溶解度仅为 0.5%，为 WC 溶解度的 1/14，在合金中（Ti·W）C 成了扩散的抑制剂。在 WC-TiC-Co 合金中加入 Ta 和 Nb 后形成的固溶体［（W·Ti、Ta、Nb)C］则更不易扩散，而且 TaC 的扩散温度比 TiC 还高，因此其抗扩散能力更强，如图 2-9 所示。

由上述可知，在高速加工钢材时，为了减少刀具的扩散磨损，在硬质合金中添加 TiC 和 TaC 是极为重要的。

硬质合金的以上特性赋予硬质合金刀具比高速钢刀具高得多的耐用度（提高几倍至几十倍），可以几倍地提高切削速度和切削加工生产率，因而在刀具材料中的比重也日益增加。

2.3.2 钨钴类硬质合金

(1) 性能

① 硬度 YG类硬质合金中因含有大量WC硬质相，故其硬度比高速钢高很多。当硬质合金中的含钴量愈多（含碳化钨愈少）时，其硬度就愈低，如图2-10所示。例如，YG3的硬度为91HRA，YG6为89.5HRA，而YG8则为89HRA。

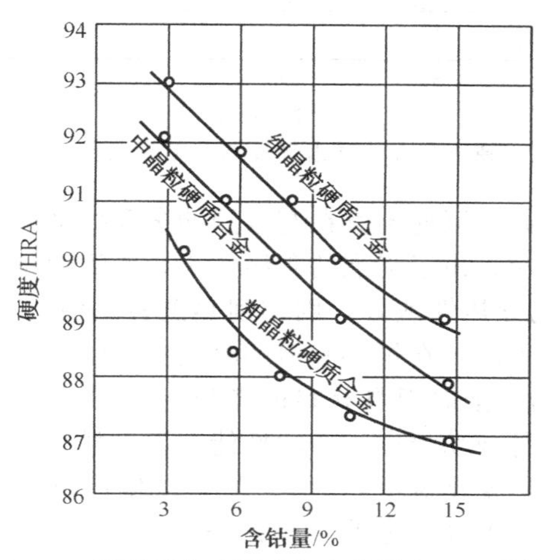

图2-10 WC-Co类硬质合金硬度与含钴量和WC晶粒度的关系

② 强度 硬质合金的抗弯强度比高速钢低很多，如YG8，其抗弯强度只有150kg/mm^2，仅为W18Cr4V高速钢的一半。钴在硬质合金中起黏结剂的作用。钴含量愈高，硬质合金的抗弯强度就愈高，如图2-11所示。YG3的抗弯强度为120kg/mm^2，YG6的抗弯强度则为kg/mm^2。

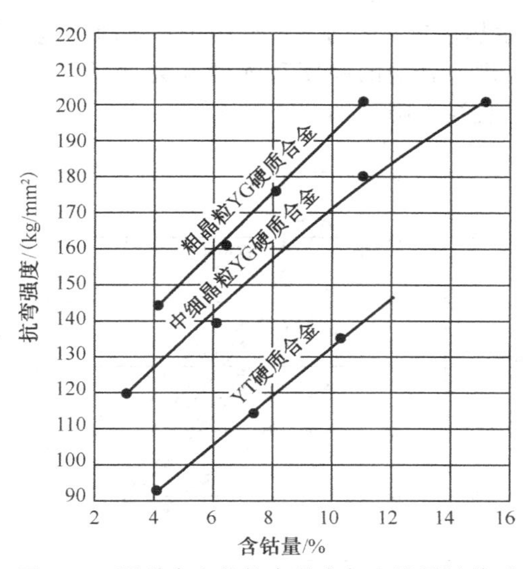

图2-11 硬质合金的抗弯强度与含钴量的关系

③ 冲击韧性 硬质合金的冲击韧性比高速钢低得多。随含钴量的增加，冲击韧性略有提高，如图2-12所示。但YG8的冲击韧性也仅有0.3～0.4kg/cm^2。

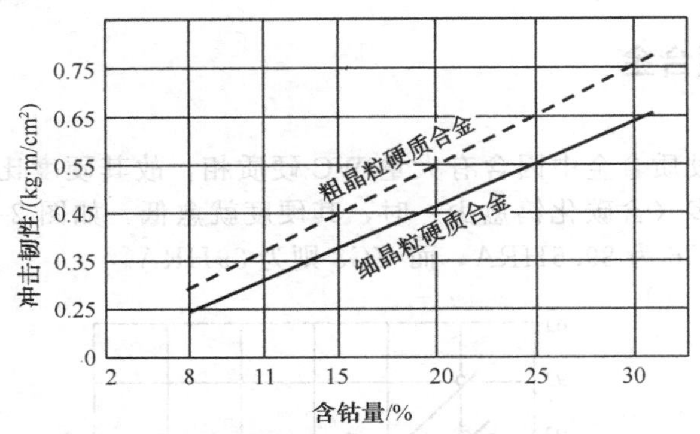

图 2-12 硬质合金的冲击韧性与含钴量及晶粒度的关系

由于硬质合金的韧性较差，因此不宜在有强烈冲击和振动的情况下使用，否则刀刃很容易崩缺。特别是在低速加工时，由于强烈的黏结作用，崩刃现象更为严重。

④ 导热性　硬质合金的导热性愈好，则切削热愈容易由刀具传出，有利于降低切削温度。由于硬质合金的热导率不高，在焊接和刃磨时应注意防止过热而产生裂纹。

⑤ 黏结性　黏结性是指切削时刀具材料的微粒与切屑黏结并被切屑带走，以及在高温下刀具材料的某些成分向工件或切屑中扩散的性能。刀具材料的抗黏结能力愈好，则刀具的耐磨性和耐用度也愈高。钴的黏结温度约为550℃，碳化钨的黏结温度约为1000℃。硬质合金中的含钴量愈高，则其黏结温度就愈低，如表 2-7 所示。

表 2-7　硬质合金的黏结温度与含钴量的关系

含钴量/%	0	1	5	20
黏结温度/℃	1000	775	685	625

YG 类硬质合金发生黏结的开始温度为 600～700℃，发生扩散的开始温度为 900℃。发生黏结和扩散的温度愈高，表示材料的抗黏结能力愈好。

⑥ 耐热性　硬质合金耐热性较高，在 800～1000℃时尚能进行切削。和其他刀具材料一样，随着切削温度的升高，硬质合金的硬度和强度都会下降。在 800℃以下时，YG 类硬质合金的硬度随温度升高而呈直线下降，如图 2-13 所示。

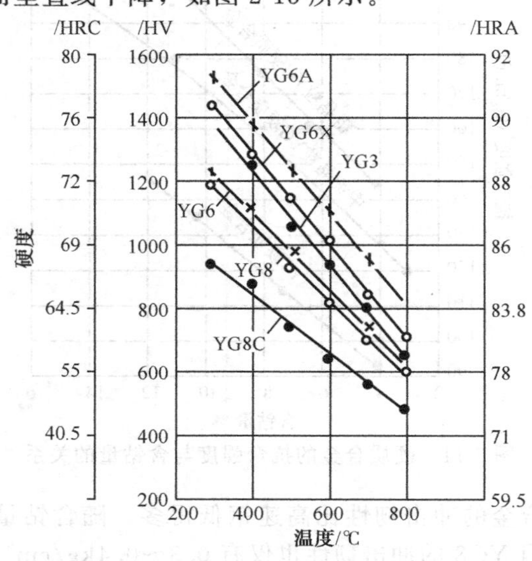

图 2-13　WC-Co 类硬质合金的硬度与温度的关系

在 800℃时，硬质合金的硬度约相当于常温硬度的 1/2；在 1000℃时，其硬度约为常温硬度的 1/4。

不同牌号的硬质合金在不同温度下硬度下降的程度也是不同的。YG 类硬质合金中含钴量愈多，在高温下硬度下降得也愈多。例如，YG2 在 800℃时的硬度为常温硬度的 51%，而 YG8 在 800℃时的硬度仅为常温硬度的 41%。当温度升高到 1200℃时，各类硬质合金的硬度渐趋一致，大约在 150～200HV 范围内。

硬质合金的抗弯强度也随温度的升高而下降，如图 2-14 所示。

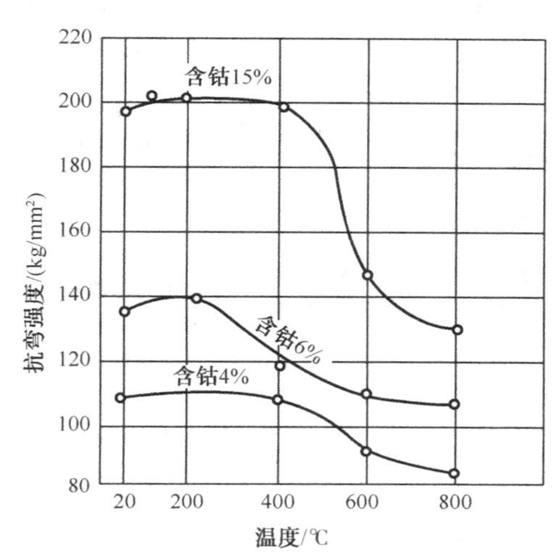

图 2-14 WC-Co 类硬质合金抗弯强度与温度的关系

在 400℃以下，YG 类硬质合金的抗弯强度实际上与常温时相同。对含钴量较低的硬质合金，在 800℃范围内，其抗弯强度随温度的变化较小。对含钴量较高的硬质合金，当温度超过 400℃以后，其抗弯强度会显著下降。

在低于 700℃的条件下，硬质合金在空气中加热时的氧化程度不严重，但在 800℃时却被急剧氧化，使其表面生成一层疏松的氧化物。温度愈高，氧化愈严重；合金中含钴量愈高，高温下氧化也愈严重。

由于不同牌号硬质合金的耐热性不同，因此允许的切削速度也不相同。在其他条件相同时，对于切削速度 YG6 可比 YG8 提高 8%～12%，YG3 则可比 YG8 提高20%～30%。

(2) 用途

YG 类硬质合金主要用于加工铸铁、有色金属和非金属材料。加工这类材料时，切屑呈崩碎块粒，对刀具冲击很大，切削力和切削热都集中在刀尖附近。YG 类硬质合金有较高的抗弯强度和韧性（与钨钛钴类比较），可减少切削时的崩刃。同时，YG 类硬质合金的导热性也较好，有利于从刀尖散走切削热，降低刀尖温度，避免刀尖过热软化。YG 类硬质合金的耐热性虽较差，但因切削铸铁时的切削温度比加工钢时低得多，故 YG 类硬质合金还能适应。此外，由于 YG 类硬质合金的磨加工性较好，可以磨出锐利的刃口，因此适于加工有色金属和纤维层压材料。

YG 类硬质合金中含钴量较多时，其抗弯强度及冲击韧性也较好，特别是提高了疲劳强度，因此适于在受冲击和振动的条件下作粗加工用；含钴量较少时，其耐磨性及耐热性较高，适于作连续切削的精加工用。

YG 类硬质合金有中晶粒、粗晶粒和细晶粒之分，它们的性能各有不同。在含钴量相同时，细晶粒硬质合金比粗晶粒硬质合金的硬度和耐磨性高一些，但强度和韧性则低一些。例如，YG6X和YG6的化学成分相同，但YG6X的硬度为91HRA，比YG6的硬度（89.5HRA）高1.5HRA，但抗弯强度则由YG6的145kg/mm^2减少为140kg/mm^2。此外，YG6X的高温硬度也高于YG6。

表2-8为不同牌号硬质合金的使用范围。

表2-8 不同牌号硬质合金的使用范围

牌号	性能	使用范围
YG3X	是YG类合金中耐磨性最好的一种，但冲击韧性较差	适于铸铁、有色金属及其合金的精镗、精车等，也可用于合金钢、淬火钢及钨、钼材料的精加工
YG6X	属细晶粒合金，其耐磨性较YG6高，而使用强度接近于YG6	适于冷硬铸铁、合金铸铁、耐热钢的加工，也适于普通铸铁的精加工，并可用于制造仪器仪表工业用的小型刀具和小模数磨刀
YG6	耐磨性较高但低于YG6X、YGX，韧性高于YG6X、YGX，可使用较YG8高的切削速度	适于铸铁、有色金属及其合金与非金属材料连续切削时的粗车，间断切削时的半精车、精车，小断面精车，粗车螺纹，旋风车螺纹，连续断面的半精铣与精铣，孔的粗扩与精扩
YG8	使用强度较高，抗冲击和抗振动性能较YG6好，耐磨性和允许的切削速度较低	适于铸铁、有色金属及其合金与非金属材料加工中，不平整断面和间断切削时的粗车、粗刨、粗铣，一般孔和深孔的钻孔、扩孔
YG10H	属超细晶粒合金，耐磨性较好，抗冲击和抗振动性能高	适于低速粗车，铣削耐热合金及钛合金，作切断刀及丝锥等
YT5	在YT类合金中，强度最高，抗冲击和抗振动性能最好，不易崩刃，但耐磨性较差	适于碳钢及合金钢，包括钢锻件、冲压件及铸件的表皮加工，以及不平整断面和间断切削时的粗车、粗刨、半精刨、粗铣、钻孔等
YT14	使用强度高，抗冲击性能和抗振动性能好，但较YT5稍差，耐磨性及允许的切削速度较YT5高	适于碳钢及合金钢连续切削时的粗车，不平整断面和间断切削时的半精车和精车，连续面的粗铣，铸孔的扩钻等
YT15	耐磨性优于YT14，但抗冲击韧性较YT14差	适于碳钢及合金钢加工中，连续切削时的半精车及精车，间断切削时的小断面精车，旋风车螺纹，连续面的半精铣及精铣，孔的精扩及粗扩
YT30	耐磨性及允许的切削速度较YT15高，但使用强度及冲击韧性较差，焊接及刃磨时极易产生裂纹	适于碳钢及合金钢的精加工，如小断面精车、精镗、精扩等
YG6A	属细晶粒合金，耐磨性和使用强度与YG6X相似	适于硬铸铁、球墨铸铁、有色金属及其合金的半精加工，也可用于高锰钢、淬火钢及合金钢的半精加工和精加工
YG8A	属中颗粒合金，其抗弯强度与YG8相同，而硬度和YG6相同，高温切削时热硬性较好	适于硬铸铁、球墨铸铁、白口铁及有色金属的粗加工，也可用于不锈钢的粗加工和半精加工

续表

牌号	性能	使用范围
YW1	热硬性较好，能承受一定的冲击负荷，通用性较好	适于耐热钢、高锰钢、不锈钢等难加工钢材的精加工，也适于一般钢材和普通铸铁及有色金属的精加工
YW2	耐磨性稍次于YW1合金，但使用强度较高，能承受较大的冲击负荷	适于耐热钢、高锰钢、不锈钢等难加工钢材的半精加工，也适于一般钢材和普通铸铁及有色金属的半精加工
YN05	耐磨性接近于陶瓷，热硬性极好，高温抗氧化性优良，抗冲击和抗振动性能差	适于钢、铸钢和合金铸铁的高速精加工，及机床—工件—刀具系统刚性特别好的细长件的精加工
YN10	耐磨性及热硬性较高，抗冲击和抗振动性能差，焊接及刃磨性能均较YT30为好	适于碳钢、合金钢、工具钢及淬硬钢的连续面精加工。对于较长件和表面粗糙度要求小的工件，加工效果尤佳

2.3.3 钨钛钴（WC-TiC-Co）类硬质合金

钨钛钴类硬质合金（代号YT）除含WC和Co外，还含有TiC 5%～30%，常用的牌号有YT5、YT14、YT15、YT30等。牌号中的Y表示硬质合金，T表示TiC，T后面的数字表示TiC含量。

(1) 性能

① 硬度　YT类硬质合金的硬度之所以高于YG类，是因为TiC的硬度（3200HV）比WC的硬度（2400HV）高的缘故。硬质合金中含TiC愈多，则硬度愈高，耐磨性就愈好，抗月牙洼磨损能力也愈强。例如，YT5的硬度为89HRA，YT15为91HRA，YT30则为92.5HRA。

② 强度　当含钴量相同时，YT类硬质合金的抗弯强度比YG类低，而且碳化钛含量愈高，强度就愈低。例如，含钴量均为6%的YT15和YG6比较，前者的抗弯强度为115kg/mm^2，比YG6低30 kg/mm^2。YT30的抗弯强度仅为90kg/mm^2，比YT15还低25kg/mm^2。

③ 冲击韧性　YT类硬质合金的冲击韧性比YG类还要低。随着TiC含量的增加，冲击韧性则降低。例如，YT14的冲击韧性为0.07kg·m/cm^2，YT30则为0.03kg·m/cm^2。由于YT类硬质合金的冲击韧性更差，因此更不能承受大的冲击和振动。

④ 导热性　TiC的热导率比WC的热导率更低，故YT类硬质合金的导热性比YG类的更差。例如，YT15的热导率还不及YG6的一半，而且硬质合金中含TiC愈多，其导热性也愈差。

⑤ 黏结性　TiC可提高硬质合金的黏结温度（表2-9），阻止硬质合金元素的扩散。YT类硬质合金发生黏结的开始温度为700～900℃，发生扩散的开始温度为1000℃左右，其抗黏结能力比YG类要好。

表2-9 不同碳化物的黏结温度

碳化物种类	WC	TiC	TaC	NbC
黏结温度/℃	1000	1125	1200	1250

⑥ 耐热性　YT类硬质合金的耐热性高于YG类。TiC含量愈高，硬质合金的耐热性也

愈好。YT 30 的高温硬度高于 YT15，更高于 YT5。随着温度的升高，YT 类硬质合金的硬度也会下降，如图 2-15 所示。在 800℃时的硬度相当于常温时的 35%～45%。TiC 含量愈高，则硬度下降的幅度就愈小。

YT 类硬质合金的抗弯强度虽然也随温度的升高而下降，但其变化较小。如 YT30 即使在 1000℃的高温下仍具有常温时的强度值。

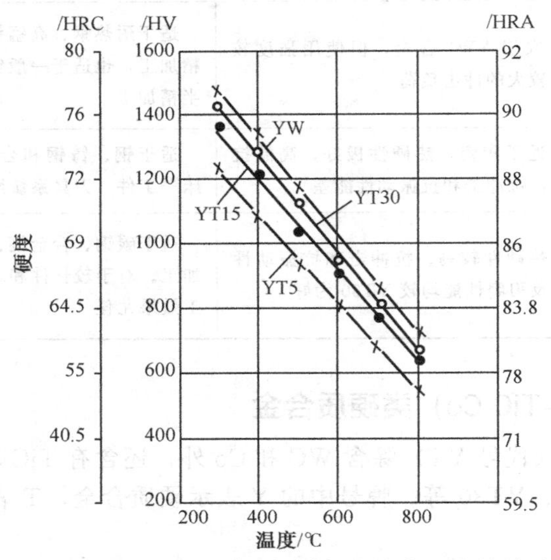

图 2-15　WC-TiC-Co 类硬质合金硬度与温度的关系

YT 类硬质合金的抗氧化能力也高于 YG 类。在高温下，YT 类硬质合金的氧化损失比 YG 类小很多，而且含 TiC 愈多，其抗氧化能力也愈强。

由于不同牌号硬质合金的耐热性不同，允许的切削速度也不相同。在其他条件相同时，YT30 的切削速度可比 YT15 提高 40%～50%，而 YT5 的切削速度则为 YT15 的 60%～70%。

(2) 钨钛钴类硬质合金的选用

YT 类硬质合金适于加工塑性材料（如钢）。加工钢料时，由于塑性变形很大，摩擦很剧烈，因此切削温度很高。而 YT 类硬质合金具有较高的硬度，特别是具有高的耐热性，抗黏结能力和抗氧化能力均较好，故刀具磨损小，耐用度高。

YT 类硬质合金中含钴量较高含碳化钛较少时，抗弯强度较高，比较能承受冲击，适于作粗加工用；含钴量较少含碳化钛较多时，耐磨性及耐热性较好，适于作精加工用。但含碳化钛愈高时，其磨加工性和焊接性能也愈差，刃磨和焊接时容易产生裂纹，如 YT30。

各种牌号钨钛钴类硬质合金的用途见表 2-8。

YT、YG 这两类硬质合金的强度和硬度之间常常是互相矛盾的：强度高的硬质合金，其硬度就较低；硬度高的硬质合金，则强度就较低。硬质合金牌号的选择，实际上就是按不同的加工条件（工件材料、毛坯形状、加工类型、工艺系统刚性、切削用量等），从中抓其主要矛盾进行取舍。例如，加工铸铁，一般用钨钴类硬质合金；加工钢料，一般用钨钛钴类硬质合金。如用钨钴类硬质合金加工钢料，则因其耐热性较差，切钢时产生的高温会迅速在刀具前刀面上产生月牙洼，加速刀具的磨损和崩刃。相反，如果用钨钛钴类硬质合金加工铸铁的话，则因其强度较低，性脆不耐冲击，就容易产生崩刃。

然而，在加工含钛的不锈钢（如 1Cr18Ni9Ti）和钛合金时，就不宜采用钨钛钴类硬质合金。因为这类硬质合金中的钛元素和加工材料中的钛元素之间的亲和力会产生严重的黏刀现象。这时切削温度高，摩擦因数大（图 2-16），因而会加剧刀具磨损。如选用钨钴类硬质合金加工，则切削温度较低，刀具磨损较小，加工表面光洁度就高。

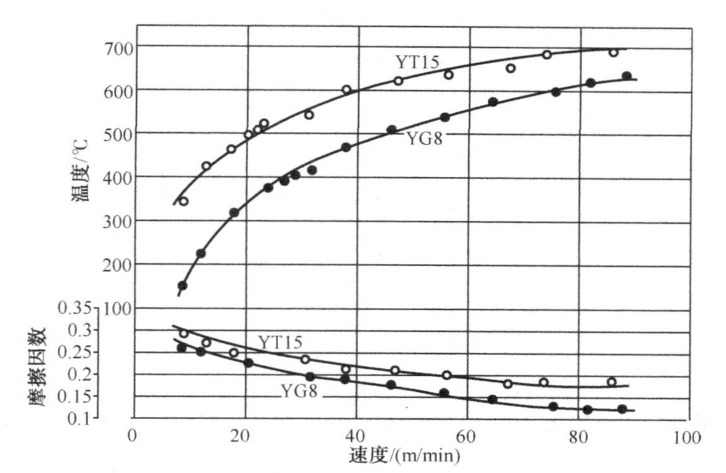

图 2-16 不同硬质合金与钛合金摩擦时在不同摩擦速度的摩擦因数与温度的变化

又如，加工淬火钢、高强度钢、不锈钢或耐热钢时，这时由于切削力很大，切屑与前刀面接触长度很短，切削力集中在刀刃附近，容易产生崩刃现象，因而不宜采用强度低、脆性大的钨钛钴类硬质合金，而宜选用韧性较好的钨钴类硬质合金。同时，这类加工材料的导热性较差，热量集中在刀尖处，而钨钴类硬质合金的导热性较好，就有利于热量传出和降低切削温度。

2.3.4 含碳化钽（碳化铌）的硬质合金

在硬质合金成分（WC、TiC、Co）中加入新的难熔金属碳化物，是提高其物理力学性能和切削性能的最有效方法之一。已经采用了添加钽、铌、钼、钒、钍、铬等单元和多元碳化物制成的刀具材料，其中效果比较显著的是加入碳化钽（TaC）和碳化铌（NbC）。

(1) TaC（NbC）对硬质合金性能的影响

① 加入 TaC 可提高硬质合金的耐热性、高温硬度和高温强度，提高其抗氧化能力。在 WC-Co 类便质合金中加入少量 TaC 后，可提高其 800℃时的高温硬度和高温强度，强度最大提高量约为 $15\sim30\text{kg/mm}^2$，如加入 NbC，则 800℃时的抗弯强度最大约提高 $10\sim25\text{kg/mm}^2$。在 WC-TiC-Co 类硬质合金中加入 TaC 后，高温硬度可提高 50～100HV；添加 NbC 虽也能提高这类硬质合金的高温硬度，但没有添加 TaC 的效果显著。此外，TaC 及 NbC 还能提高这类硬质合金与钢的黏结温度，减缓硬质合金成分向钢中的扩散。

② 在 WC-Co 类硬质合金中添加 TaC 或 NbC 后，可显著提高其常温硬度和耐磨性。加入 TaC 可提高 40～100HV，加入 NbC 可提高 70～150HV。在 WC-TiC-Co 类硬质合金中添加 TaC，可提高其抗月牙洼磨损和抗后刀面磨损能力。TaC 或 NbC 对这类硬质合金的常温硬度无显著影响。

③ 在 WC-TiC-Co 类硬质合金中添加 TaC，可提高其抗弯强度（添加 4%～6%TaC 可使强度增加 12%～18%）和冲击韧性。当硬质合金中的 TiC 与 TaC 总含量不变时，其抗弯强度和冲击韧性随 TaC 的增加而增加，如图 2-17 所示。但在 WC-Co 类硬质合金中添加 TaC 或 NbC 后，其抗弯强度和冲击韧性则稍有降低。

TaC 还能显著提高 WC-TiC-Co 类硬质合金的疲劳强度，而且随 TaC 含量的增高，其疲劳强度也增高。

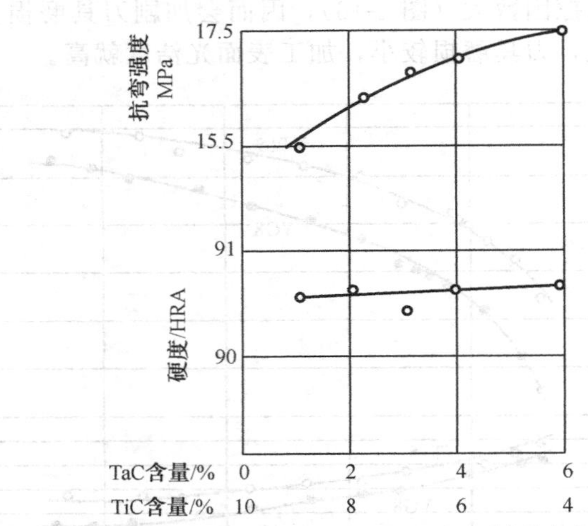

图 2-17 碳化钛、碳化钽相对含量对 WC-TiC-TaC-8%Co 硬质合金抗弯强度和硬度的影响

④ TaC 和 NbC 可细化晶粒，其中 NbC 细化晶粒的效果更为显著，这有助于提高硬质合金的耐磨性和抗月牙洼磨损能力。TaC 还有助于降低摩擦因数，从而降低切削温度。

⑤ 在硬质合金中添加较多的 TaC（12%～15%）后，可增加其在周期性温度变化时抵抗裂纹产生的能力（抗热震性能）和抵抗塑性变形的能力，因而可用于铣削加工而不易产生崩刃。

⑥ 这类硬质合金的可焊接性较好，刃磨时也不易产生裂纹，提高了使用性能。

（2）钨钽（铌）钴［WC-TaC（NbC）-Co］类硬质合金

在 WC-Co 类硬质合金中添加适当的 TaC（NbC），可提高其常温硬度和耐磨性，也可提高其高温硬度、高温强度和抗氧化能力，并能细化晶粒。随着硬质合金含钴量的增加，这些优点也更为显著。含有 1%～3%TaC（NbC）的硬质合金，可顺利地加工各种铸铁（包括特硬铸铁和合金铸铁）。含有 3%～10%TaC（NbC）的低钴硬质合金，可作为通用牌号使用。

（3）钨钛钽（铌）钴［WC-TiC-TaC（NbC）-Co］类硬质合金

在 WC-TiC-Co 类硬质合金中加入适当的 TaC，可提高其抗弯强度、疲劳强度和冲击韧性，提高耐热性、高温硬度、高温强度和抗氧化能力，并能提高耐磨性。WC-TiC-TaC（NbC）-Co 类硬质合金既可加工铸铁和有色金属，又可切削长切屑材料（如钢），因此常常称为通用硬质合金（代号 YW）。这类硬质合金可以加工各种高合金钢、耐热合金和各种合金铸铁、特硬铸铁等难加工材料。如果适当提高含钴量，这类硬质合金便具有更高的强度和韧性，可用于对各种难加工材料的粗加工和断续切削。例如，可用于对大型钢铸件、钢锻件的剥皮加工；对奥氏体钢、耐热合金的车、刨和铣削加工；用于大前角、大切削断面、中速和低速加工；也用于自动机、半自动机及多刀车床的粗车；以及用于制作刀刃强度要求较高的钻头、齿轮滚刀等刀具。

2.3.5 碳化钛（TiC）基硬质合金

YG、YT、YW 类合金的主要成分都是 WC，故统称为 WC 基硬质合金。TiC 基硬质合金是以 TiC 为主要成分（有些加入其他碳化物和氮化物）的 TiC-Ni-Mo 合金。由于 TiC 的硬度比 WC 高，故 TiC 基合金的硬度很高（达 90～94HRA）。这种合金有很高的耐磨性和抗月牙洼磨损能力，有较高的耐热性和抗氧化能力，化学稳定性好，与工件材料的亲和力小，摩擦因数小，抗黏结能力较强，因此具有良好的切削性能。可以加工钢，也可加工铸铁。国内生产的牌号有 YN01、YN05、YN10 等。但这类合金的抗弯强度和冲击韧性比 WC

基低，因此主要用于精加工和半精加工，不适用于重切削及断续切削。

(1) 优点

① 硬度非常高。TiC基硬质合金的硬度是现有硬质合金中最高的（90～95HRA），达到了陶瓷的水平。这显然与TiC的硬度比WC的硬度高得多有关。

② 有很高的耐磨性和抗月牙洼磨损能力，原因如下。

a. TiC的黏结温度高于WC，黏结和扩散作用小。

b. 切削热会引起WC形成多孔的WO_3，而使TiC形成致密的TiO_2，故耐磨性能高。

c. 当刀尖温度达800℃以上时，WC与被加工材料起反应，形成脆弱的复合碳化物$(WFe)_6C$，而TiC却是稳定的，不会形成类似物质。

由于TiC基硬质合金的耐磨性好，故刀具耐用度可比WC基硬质合金高3～4倍。

③ 有较高的抗氧化能力。TiC的氧化温度为1100～1200℃，而WC则为500～800℃。WC的氧化物WO_3在800℃时即升华，保护作用小；而TiC能形成稳定强固的氧化膜，可阻止氧化的进一步发展。TiC基硬质合金的氧化程度只有P10（YT15）硬质合金的10%。

④ 有较高的耐热性，在1100～1300℃高温下尚能进行切削。TiC的熔点比WC的熔点高，TiC基硬质合金的高温硬度、高温强度与高温耐磨性都较好，切削速度可比WC基硬质合金高。

⑤ 化学稳定性好，与工件材料的亲和力小。

(2) 缺点

① 抗塑性变形性能差。在对硬质材料进行高速切削或大走刀切削时，由于切削刃的塑性变形会导致刀刃的损坏。这个缺点主要是由于TiC基硬质合金的弹性模量比WC基硬质合金低所造成的。因此，对高碳合金钢、耐热合金、硬度高于300HB的硬质材料以及特重切削加工，就不宜采用TiC基硬质合金。

② 导热性低。TiC基硬质合金的导热性低于WC基硬质合金，这可能是因为TiC的热导率比WC的热导率低所引起的。由于这种材料的导热性差，切削热不易散走，切削时产生很高的温度，因而不仅会促使刀刃产生塑性变形，而且在高温下的硬度也会显著下降。

③ 抗磨料磨损性能差。这一弱点限制了TiC基硬质合金在低速切削中应用。

④ 抗崩刃性差。TiC基硬质合金的强度（包括高温强度）低于WC基硬质合金，在断续切削范围内，通常的TiC基硬质合金要稍逊于WC基硬质合金。

2.4 金刚石刀具材料

2.4.1 金刚石刀具材料的种类

金刚石刀具的材料分为三种：天然单晶金刚石刀具、人造聚晶金刚石刀具及金刚石烧结体。

(1) 天然单晶金刚石刀具

天然单晶金刚石刀具主要用于非铁材料及非金属的精密加工。单晶金刚石结晶界面有一定的方向，不同的晶面上硬度与耐磨性有较大的差异，刃磨时需选定某一平面，否则影响刃磨与使用质量。天然金刚石由于价格昂贵等原因，用得较少。

(2) 人造聚晶金刚石刀具

人造金刚石是通过合金催化剂的作用，在高温高压下由石墨转化而成。我国20世纪60年代就成功制得了第一颗人造金刚石。人造聚晶金刚石是将人造金刚石微晶在高温高压下再烧结而成，可制成所需形状尺寸，镶嵌在刀杆上使用。由于抗冲击强度提高，可选用较大切削用量。聚晶金刚石结晶界面无固定方向，可自由刃磨。

(3) 金刚石烧结体

金刚石烧结体是在硬质合金基体上烧结一层约0.5mm厚的聚晶金刚石。金刚石烧结体强度较好，允许切削断面较大，也能间断切削，可多次重磨使用。

2.4.2 金刚石的性能特点及其应用

① 有极高的硬度和耐磨性，其显微硬度达10000HV，是目前已知的最硬物质。因此，它可以用于加工硬质合金、陶瓷、高硅铝合金及耐磨塑料等高硬度、高耐磨材料、刀具耐用度比硬质合金可提高几倍到几十倍。

② 有很好的导热性，较低的热胀系数。因此，切削加工时不会产生很大的热变形，有利于精密加工。

③ 刃面粗糙度较小，刃口非常锋利，可达$Ra0.01\sim0.006\mu m$。因此，能胜任薄层切削，用于超精密加工。聚晶金刚石主要用于制造刃磨硬质合金刀具的磨轮、切割大理石等石材制品用的锯片与磨轮。

④ 金刚石的热稳定性较低，切削温度超过700～800℃时，它就会完全失去其硬度。

⑤ 金刚石的摩擦因数低，切削时不易产生积屑瘤，因此加工表面质量很高。加工有色金属时表面粗糙度可达$Ra0.04\sim0.012\mu m$，加工精度可达IT5（孔为IT6，旧标准1级）以上。

⑥ 金刚石刀具不适于加工钢铁材料，因为金刚石（碳C）和铁有很强的化学亲和力，在高温下铁原子容易与碳原子作用而使其转化为石墨结构，刀具极易损坏。如铝硅合金的精加工、超精加工；高硬度的非金属材料，如压缩木材、陶瓷、刚玉、玻璃等的精加工；以及难加工的复合材料的加工。金刚石耐热温度只有700～800℃，其工作温度不能过高。且金刚石易与碳亲和，故不宜加工含碳的黑色金属。

目前金刚石主要用于磨具及磨料，用作刀具时多用于高速下对有色金属及非金属材料进行精细车削及镗孔。加工铝合金及铜合金时，切削速度可达800～3800m/min。

2.5 立方氮化硼刀具材料

2.5.1 立方氮化硼刀具材料的种类

立方氮化硼是由软的立方氮化硼在高温高压下加入催化剂转变而成的。它是20世纪70年代才发展起来的一种新型刀具材料。

立方氮化硼刀具有两种：整体聚晶立方氮化硼刀具和立方氮化硼复合刀片。立方氮化硼复合刀片是在硬质合金基体上烧结一层厚度约为0.5mm的立方氮化硼而成。

2.5.2 立方氮化硼刀具材料的性能、特点

① 有很高的硬度与耐磨性，达到3500～4500HV，仅次于金刚石。

② 有很高的热稳定性，1300℃时不发生氧化，与大多数金属、铁系材料都不发生化学反应。因此能高速切削高硬度的钢铁材料及耐热合金，刀具的黏结与扩散磨损较小。

③ 有较好的导热性，与钢铁的摩擦因数较小。

④ 抗弯强度与断裂韧性介于陶瓷与硬质合金之间。

⑤ 立方氮化硼的化学惰性很大，它和金刚石不同，非铁族金属的切削温度到1200～1300℃时也不易起化学作用，因此立方氮化硼刀具可用于加工淬硬钢和冷硬铸铁。

由于立方氮化硼材料的一系列优点，使它能对淬硬钢、冷硬铸铁进行粗加工与半精加工。同时还能高速切削高温合金、热喷涂材料等难加工材料。

立方氮化硼也可与硬质合金烧结成一体，这种立方氮化硼烧结体的抗弯强度可达1.47GPa，能经多次重磨使用。

立方氮化硼刀具可以采用与硬质合金刀具加工普通钢及铸铁相同的切削速度，来对淬硬钢、冷硬铸铁、高温合金等进行半精加工和精加工。加工精度可达IT5（孔为IT6），表面粗糙度可小至Ra1.25～0.2μm，可代替磨削加工。在精加工有色金属时，表面粗糙度可接近Ra0.08～0.05μm。立方氮化硼刀具还可用于加工某些热喷涂（焊）其他特殊材料。

2.6 陶瓷刀具材料

20世纪50年代使用的是纯氧化铝陶瓷，由于抗弯强度低于45MPa，使用范围很有限；60年代使用了热压工艺，可使抗弯强度提高到50～60MPa；70年代开始使用氧化铝添加碳化钛混合陶瓷；80年代开始使用氮化硅基陶瓷，抗弯强度可达到70～85MPa，至此陶瓷刀的应用有了较大的发展。近几年来陶瓷刀具在开发与性能改进方面取得了很大成就，抗弯强度已可达到90～100MPa。因此，新型陶瓷刀具是很有前途的一种刀具材料。

与硬质合金相比，陶瓷刀具材料具有更高的硬度、红硬性和耐磨性。因此，加工钢材时，陶瓷刀具的耐用度为硬质合金刀具耐用度的10～20倍，其红硬性比硬质合金高2～6倍，且在化学稳定性和抗氧化能力等方面均优于硬质合金。陶瓷刀具材料的缺点是脆性大、横向断裂强度低、承受冲击载荷能力差，这也是近几十年来人们不断对其进行改进的重点。

2.6.1 陶瓷刀具材料的种类及应用

陶瓷刀具材料可分为氧化铝基陶瓷刀具材料、氮化硅基陶瓷刀具材料和氮化硅-氧化铝复合陶瓷刀具材料。

(1) 氧化铝基陶瓷

这类陶瓷是将一定量的碳化物（一般多用TiC）添加到Al_2O_3中，并采用热压工艺制成，称混合陶瓷或组合陶瓷。TiC的质量分数达30%左右时即可有效地提高陶瓷的密度、强度与韧性，改善耐磨性及抗热振性，使刀片不易产生热裂纹，不易破损。

混合陶瓷适合在中等切削速度下切削难加工材料，如冷硬铸铁、淬硬钢等。在切削60～62HRC的淬火工具钢时，可选用的切削用量为：$a_p=0.5$mm，$f=0.08$mm/r，$v_c=$150～170m/min。

氧化铝-碳化物系陶瓷中添加Ni、Co、W等作为黏结金属，可提高氧化铝与碳化物的结合强度。可用于加工高强度的调质钢、镍基或钴基合金及非金属材料，由于抗热振性能提高，也可用于断续切削条件下的铣削或刨削。

(2) 氮化硅基陶瓷

氮化硅基陶瓷是将硅粉经氮化、球磨后添加助烧剂置于模腔内热压烧结而成。其主要性能特点如下。

① 硬度高，达到1800～1900HV，耐磨性好。

② 耐热性、抗氧化性好，达1200～1300℃。

③ 氮化硅与碳和金属元素化学反应较小，摩擦因数也较低。实践证明用于切削钢、铜、铝均不粘屑，不易产生积屑瘤，从而提高了加工表面质量。

氮化硅基陶瓷的最大特点是能进行高速切削，车削灰铸铁、球墨铸铁、可锻铸铁等材料效果更为明显。切削速度可提高到500～600m/min。只要机床条件许可，还可进一步提高速度。由于抗热冲击性能优于其他陶瓷刀具，在切削与刃磨时都不易发生崩刃现象。

氮化硅陶瓷适宜于精车、半精车、精铣或半精铣，可用于精车铝合金，达到以车代磨。还可用于切削51～54HRC镍基合金、高锰钢等难加工材料。

(3) 氮化硅-氧化铝复合陶瓷刀具材料

氮化硅-氧化铝复合陶瓷刀具材料又称为赛阿龙（Sialon）陶瓷刀具材料，其化学成分为77%Si_3N_4和13%Al_2O_3，硬度可达1800HV，抗弯强度可达1.20GPa。氮化硅-氧化铝复合陶瓷刀具最适合切削高温合金和铸铁。

2.6.2 陶瓷刀具材料的性能、特点

① 硬度和耐磨性很高。陶瓷的硬度达91～95HRA，高于硬质合金。在使用良好时，有很高的耐用度。

② 耐热性很高。在1200℃以上还能进行切削。在760℃的硬度为87HRA，在1200℃时还能维持在80HRA。切削速度可比硬质合金提高2～5倍。

③ 化学稳定性很高。陶瓷与金属的亲和力小，抗黏结和抗扩散的能力较好。

④ 摩擦因数较低，切屑与刀具不易产生黏结，加工表面粗糙度较小，不易产生积屑瘤。

⑤ 强度与韧性低。强度只有硬质合金的1/2。因此陶瓷刀具切削时需要选择合适的几何参数与切削用量，避免承受冲击载荷，以防崩刃与破损。

⑥ 热导率低，仅为硬质合金的1/5～1/2，热胀系数比硬质合金高10%～30%，这就使陶瓷刀抗热冲击性能较差。陶瓷刀切削时不宜有较大的温度波动，一般不加切削液。

陶瓷刀具一般适用于在高速下精细加工硬材料，如v_c=200m/min条件下车削淬火钢。但近年来发展的新型陶瓷刀也能半精、粗加工多种难加工材料，有的还可用于铣、刨等断续切削。

2.7 涂层刀具材料

2.7.1 涂层刀具

涂层刀具是在韧性较好的硬质合金基体上或高速钢刀具基体上，涂一层几微米（5～12μm）厚的高硬度、高耐磨性的金属化合物（TiC、TiN、Al_2O_3等）构成。涂层硬质合金刀具的耐用度比不涂层的至少提高1～3倍，涂层高速钢刀具的耐用度比不涂层的至少提高2～10倍。国内涂层硬质合金刀片牌号有CN、CA、YB等（图2-18）。

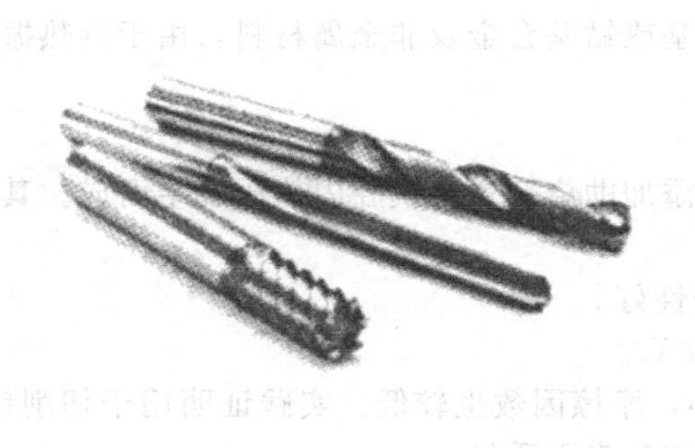

(a)

(b)

图2-18 物理气相沉积涂层刀具

切削刀具表面涂层技术是近几十年应市场需求发展起来的材料表面改性技术。采用涂层技术可有效提高切削刀具使用寿命，使刀具获得优良的综合力学性能，从而大幅度提高机械加工效率。因此，涂层技术与材料、切削加工工艺一起并称为切削刀具制造领域的三大关键技术。自从20世纪60年代以来，经过近半个世纪的发展，刀具表面涂层技术已经成为提升刀具性能的主要方法。主要通过提高刀具表面硬度、热稳定性，降低摩擦因数等方法来提升切削速度，提高进给速度，从而提高切削效率，并大幅提升刀具寿命。

2.7.2 涂层工艺

刀具涂层技术通常可分为化学气相沉积（CVD）和物理气相沉积（PVD）两大类。

(1) 化学气相沉积（CVD）

CVD技术被广泛应用于硬质合金可转位刀具的表面处理。CVD可实现单成分单层及多成分多层复合涂层的沉积，涂层与基体结合强度较高，薄膜厚度较厚，可达7～9μm，具有很好的耐磨性。但CVD工艺温度高，易造成刀具材料抗弯强度下降；涂层内部呈拉应力状态，易导致刀具使用时产生微裂纹；同时，CVD工艺排放的废气、废液会造成较大环境污染。为解决CVD工艺温度高的问题，低温化学气相沉积（PCVD）、中温化学气相沉积（MT-CVD）技术相继开发并投入使用。目前，CVD（包括MT-CVD）技术主要用于硬质合金可转位刀片的表面涂层，涂层刀具适用于中型、重型切削的高速粗加工及半精加工。

(2) 物理气相沉积（PVD）

PVD技术主要应用于整体硬质合金刀具和高速钢刀具的表面处理，如图2-19所示。与CVD工艺相比，PVD工艺温度低（最低可低至80℃），在600℃以下时对刀具材料的抗弯强度基本无影响；薄膜内部应力状态为压应力，更适用于对硬质合金精密复杂刀具的涂层；PVD工艺对环境无不利影响。PVD涂层技术已普遍应用于硬质合金钻头、铣刀、铰刀、丝锥、异形刀具、焊接刀具等的涂层处理。

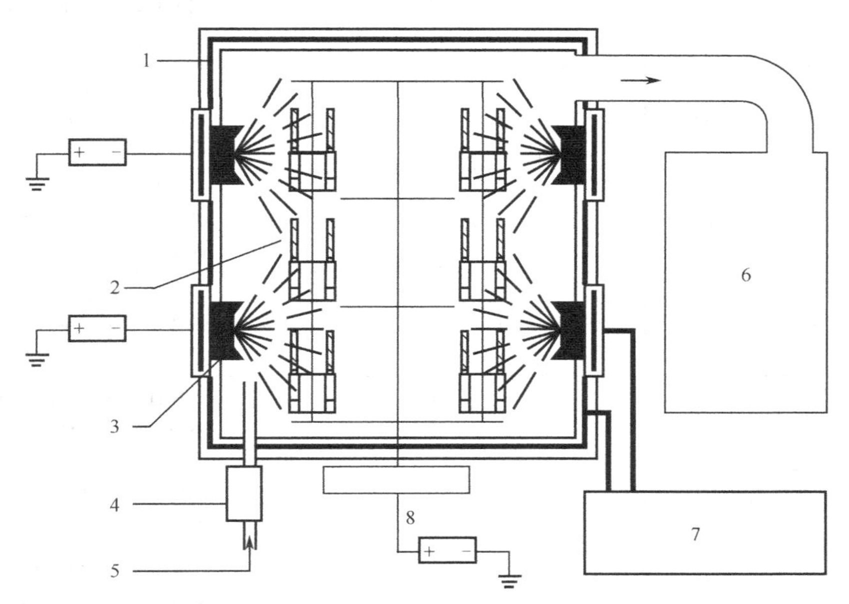

图2-19 PVD图层原理

1—真空加热冷却系统；2—阳极托盘及刀具；3—阴极靶材；4—气体流量表；5—惰性气体；6—真空泵；7—水系统；8—机械驱动系统

PVD在工艺上主要有真空阴极弧物理蒸发和真空磁控离子溅射两种方式。

① 真空阴极弧物理蒸发（ARC） 真空阴极弧物理蒸发过程包括将高电流、低电压的电弧激发于靶材之上，并产生持续的金属离子。被离子化的金属离子以60～100eV平均能量蒸发出来形成高度激发的离子束，在含有惰性气体或反应气体的真空环境下沉积在被镀工件表面。真空阴极弧物理蒸发靶材的离化率在90%左右，所以与真空磁控离子溅射相比，沉积薄膜具有更高的硬度和更好的结合力。但由于金属离化过程非常激烈，会产生较多的有害杂质颗粒，涂层表面较为粗糙。

② 真空磁控离子溅射（SPUTTERING） 在真空磁控离子溅射过程中，氩离子被加速打在加有负电压的阴极（靶材）上。离子与阴极的碰撞使得靶材被溅射出带有平均能量4～6eV的金属离子。这些金属离子沉积在放于靶前方的被镀工件上，形成涂层薄膜。由于金属离子能量较低，涂层的结合力与硬度也相应较真空阴极弧物理蒸发方式差一些，但出于其表面质量优异，被广泛应用于有表面功能性和装饰性的涂层领域中。

2.7.3 涂层种类

由于单一涂层材料难以满足提高刀具综合力学性能的要求，因此涂层成分将趋于多元化、复合化；为满足不同的切削加工要求，涂层成分将更为复杂、更具针对性；在复合涂层中，各单一成分涂层的厚度将越来越薄，并逐步趋于纳米化；涂层工艺温度将越来越低，刀具涂层工艺将向更合理的方向发展。常用的涂层种类如表2-10所示。

表2-10 常用的涂层种类

PVD涂层种类	涂层特点	涂层硬度/HV	涂层厚度/μm	摩擦因数	耐热温度/℃	涂层颜色	应用范围
TiN	单层	2300	2～3	0.6	600	金黄	应用最为普遍，具有高硬度、高耐磨性及耐氧化性；适合大多数切削刀具，也适合多数成形模具及抗磨损工件
TiCN	单层	2800	2～3	0.3	500	棕灰	具有较低的内应力、较高的韧性以及良好的润滑性能，适合要求较低的摩擦因数而高硬度的加工环境
TiAlN	单层	3100	2～3	0.3	750	紫蓝	化学稳定性好，具有高热硬性、极好的抗氧化和耐磨性，适合干切削场合
CGrN	单层	1800	2～3	0.2	700	银灰	有着显著的强润滑性能和耐高温特性，最适合铜类金属的切削刀具，以及耐磨、耐腐蚀零件的涂层
DLC	单层	2500	1～2	0.1～0.2	300	黑灰	优良的耐磨、耐腐蚀性能，摩擦因数极低，与基体结合力强。用于刀具时，通常以TiAlN为基体配合使用，用以加工有色金属、石墨等材料
超A（AHNO）	多层	3100	2～3	0.3	800	蓝紫	AHNO独特涂层配方，属于多层复合高铝涂层，具有高硬度、高耐磨性、较低的摩擦因数等优点。在高温下稳定性强，特别适合高速切削场合

2.7.4 刀具涂层的选择

每一种涂层在切削加工中都既有优势又有缺点，如果选用了不恰当的涂层，有可能导致刀具寿命低于未涂层刀具，有时甚至会引出比未涂层更多的问题。

目前已有许多种刀具涂层可供选择，包括PVD涂层、CVD涂层以及交替涂覆PVD和CVD的复合涂层等，从刀具制造商或涂层供应商那里可以很容易地获得这些涂层。下面将介绍一些刀具涂层共有的属性以及一些常用的PVD、CVD涂层选择方案。在确定选用何种涂层对于切削加工最为有益时，涂层的每一种特性都起着十分重要的作用。

① 硬度　涂层带来的高表面硬度是提高刀具寿命的最佳方式之一。一般而言，材料或表面的硬度越高，刀具的寿命越长。氮碳化钛（TiCN）涂层比氮化钛（TiN）涂层具有更高的硬度。由于增加了含碳量，使TiCN涂层的硬度提高了33%，其硬度变化范围为3000～4000HV（取决于制造商）。表面硬度高达9000HV的CVD金刚石涂层在刀具上的应用已较为成熟，与PVD涂层刀具相比，CVD金刚石涂层刀具的寿命提高了10～20倍。金刚石涂层的高硬度和切削速度可比未涂层刀具提高2～3倍的能力，使其成为非铁族材料切削加工的不错选择。

② 耐磨性　耐磨性是指涂层抵抗磨损的能力。虽然某些工件材料本身硬度可能并不太高，但在生产过程中添加的元素和采用的工艺可能会引起刀具切削刃崩裂或磨钝。

③ 表面润滑性　高摩擦因数会增加切削热，导致涂层寿命缩短甚至失效。而降低摩擦因数可以大大延长刀具寿命。细腻光滑或纹理规则的涂层表面有助于降低切削热，因为光滑的表面可使切屑迅速滑离前刀面而减少热量的产生。与未涂层刀具相比，表面润滑性更好的涂层刀具还能以更高的切削速度进行加工，从而进一步避免与工件材料发生高温熔焊。

④ 氧化温度　氧化温度是指涂层开始分解时的温度值。氧化温度值越高，对在高温条件下的切削加工越有利。虽然TiAlN涂层的常温硬度也许低于TiCN涂层，但它在高温加工中要比TiCN有效得多。TiAlN涂层在高温下仍能保持其硬度的原因在于它可在刀具与切屑之间形成一层氧化铝，氧化铝层可将热量从刀具传入工件或切屑。与高速钢刀具相比，硬质合金刀具的切削速度通常更高，这就使TiAlN成为硬质合金刀具的首选涂层，硬质合金钻头和立铣刀通常采用这种PVD TiAlN涂层。

⑤ 抗黏结性　涂层的抗黏结性可防止或减轻刀具与被加工材料发生化学反应，避免工件材料沉积在刀具上。在加工非铁族金属（如铝、黄铜等）时，刀具上经常会产生积屑瘤，从而造成刀具崩刃或工件尺寸超差。一旦被加工材料开始黏附在刀具上，黏附就会不断扩大。例如，用成形丝锥加工铝质工件时，加工完每个孔后丝锥上黏附的铝都会增加，以致最后使得丝锥直径变得过大，造成工件尺寸超差而报废。具有良好抗黏结性的涂层甚至在冷却液性能不良或浓度不足的加工场合也能起到很好的作用。

2.7.5 涂层高速钢刀具

高速钢刀具的表面涂层是采用物理气相沉积（PVD）方法，在适当的高真空度与温度环境下进行气化的钛离子与氮反应，在阳极刀具表面上生成TiN。其厚度由气相沉积的时间决定，一般为2～8μm，对刀具的尺寸精度影响不大。

新的镀膜设备使用纳米真空复合离子镀膜工艺，控制在500℃环境下进行。一般刀具涂覆TiN硬膜，厚度约2μm。涂层表面结合牢固，呈金黄色，硬度可高达2200HV，有较高的热稳定性，与钢的摩擦因数较低。

涂层高速钢刀具的切削力、切削温度约下降25%，切削速度、进给量、刀具寿命显著提高，即使刀具重磨后其性能仍优于普通高速钢，适合在钻头、丝锥、成形铣刀、切齿刀具上广泛应用。

除 TiN 涂层外，新的涂层工艺镀膜功能较多，典型的有：TiN、TiC、TiCN、TiAlN、AlTiN、TiAlCN、DLC（diamond-like coating，金刚石类涂层）、CBC（carbon—based coating，硬质合金类涂层）。

(1) TiAlN 高性能涂层

紫罗兰～黑色，耐热温度达 800℃，可适用高速加工。在基体为 65HRC 的高速钢上涂 2.5～3.5μm 厚，刀具寿命比 TiN 明显提高约 1～2 倍，但涂层费用较高。

(2) A1TiN 高铝涂层

耐热温度达 800℃，有高硬度、高耐热性，适合对硬材料加工。

(3) TiCN 复合涂层

蓝～灰色，耐热温度达 400℃，有高韧性，可用于丝锥、成形刀具。

(4) TiAlCN 复合涂层

耐热温度达 500℃，有高韧性、高硬度、高耐热性、低摩擦性能，适合制造铣刀、钻头、丝锥。可加工 60HRC 的高硬度材料。

(5) DLC 涂层

耐热温度 400℃，适用于加工硬木材的成形刀具。

2.7.6 涂层硬质合金刀具

涂层硬质合金刀具早在 20 世纪 60 年代已出现。采用化学气相沉积（CVD）工艺，在硬质合金表面涂覆一层或多层（5～13μm）难熔金属碳化物。涂层合金有较好的综合性能，基体强度韧性较好，表面耐磨、耐高温。但涂层硬质合金刃口锋利程度与抗崩刃性不及普通硬质合金。目前硬质合金涂层刀片广泛用于普通钢材的精加工、半精加工及粗加工。涂层材料主要有 TiC、TiN、TiCN、Al_2O_3及其复合材料。它们的性能如表 2-11 所示。

表 2-11 几种涂层材料的性能

项目	硬质合金	涂层材料		
		TiC	TiN	Al_2O_3
高温时与工件材料的反应	大	中等	轻微	不反应
在空气中抗氧化能力/℃	<1000	1100～1200	1000～1400	好
硬度/HV	约 1500	约 3200	约 2000	约 2700
热导率/[W/(m·K)]	83.7～125.6	31.82	20.1	33.91
线胀系数/10^6K^{-1}	4.5～6.5	8.3	9.8	8.0

硬质合金刀片 CVD 涂层工艺，目前较普遍的涂层结构是：TiN—Al_2O_3—TiCN—基体。

TiC 涂层具有很高的硬度与耐磨性，抗氧化性也好，切削时能产生氧化钛薄膜，降低摩擦因数，减少刀具磨损。一般切削速度可提高 40%左右。TiC 与钢的黏结温度高，表面晶粒较细，切削时很少产生积屑瘤，适合于精车。TiC 涂层的缺点是线胀系数与基体差别较大，与基体间形成脆弱的脱碳层，降低了刀具的抗弯强度。因此，在重切削、加工硬材料或带夹杂物的工件时，涂层易崩裂。

TiN 涂层在高温时能形成氧化膜，与铁基材料的摩擦因数较小，抗黏结性能好，能有效地降低切削温度。TiN 涂层刀片抗月牙洼及后刀面磨损能力比 TiC 涂层刀片强。适合切削钢与易粘刀的材料，加工表面粗糙度较小，刀具寿命较高。此外 TiN 涂层抗热振性能也较好。缺点是与基体结合强度不及 TiC 涂层，而且涂层厚时易剥落。

TiC-TiN 复合涂层：第一层涂 TiC，与基体黏结牢固不易脱落。第二层涂 TiN，减少表面层与工件的摩擦。

TiC-Al_2O_3复合涂层：第一层涂 TiC，与基体黏结牢固不易脱落。第二层涂 Al_2O_3，使表面层具有良好的化学稳定性与抗氧化性能。这种复合涂层像陶瓷刀那样高速切削，寿命比 TiC、TiN 涂层刀片高，同时又能避免陶瓷刀的脆性、易崩刃的缺点。

目前单涂层刀片已很少应用，大多采用 TiC-TiN 复合涂层或 TiC-$A1_2O_3$-TiN 三复合涂层。

涂层硬质合金是一种复合材料，基体是强度、韧性较好的合金，而表层是高硬度、高耐磨、耐高温、低摩擦因数的材料。这种新型材料有效地提高了合金的综合性能，因此发展很快。广泛适用于较高精度的可转位刀片、车刀、铣刀、钻头、铰刀等。

2.7.7 刀具的重磨与再涂层

硬质合金和高速钢刀具的重磨和再涂层是目前常见的工艺。尽管刀具重磨或再涂层的价格仅为新刀具制造成本的一小部分，但却能延长刀具寿命。重磨工艺是特殊刀具或价格昂贵刀具的典型处理方法。可进行重磨或再涂层的刀具包括钻头、铣刀、滚刀以及成形刀具等。

涂层刀具磨损后必须进行重磨。涂层刀具重磨时，须将刀具上的磨损部分全部磨掉。对于只需重磨前刀面的刀具（如拉刀、齿轮滚刀和插齿刀等）或只需重磨后刀面的刀具（如钻头和铰刀等），若在其毗邻切削刃的另一个刀面（如钻头的螺旋出屑槽）上的涂层未受损伤，刀具耐磨性即可提高。重新刃磨后的涂层刀具，其刀具寿命可达原来新涂层刀具寿命的50%左右或更长，仍比未涂层刀具的寿命要高。

刃磨涂层硬质合金刀具所用砂轮可采用金刚石砂轮。但刃磨涂层高速钢刀具时，用立方氮化硼（CBN）砂轮磨削有较好效果。刀具的磨损处应全部磨去，涂层不能剥落，又不能使刀具退火。

使用涂层刀具的一个重要问题是重磨后刀具切削性能恢复的问题，即刀具每次刃磨（开口）后可否进行重复涂层（重涂）的问题。对于重磨的成形刀具，只有进行重涂，才能保证刀具的总寿命提高 3～5 倍以上。凡重涂刀具首先必须按工艺要求将几何参数磨好，其磨光部分不允许存在各种质量缺陷，如磨损、毛刺等。重涂时可采用局部屏蔽技术只对刃磨面进行涂层。对于不采用屏蔽技术的重涂，在重涂 4～6 次后，刀具的非刃磨面的涂层厚度就会过大，从而影响刀具的精度和产生局部剥落现象，此时要对刀具进行脱膜处理后再重涂。重涂后的刀具切削性能一般不低于第一次新涂层刀具，刀具可重涂多次，直到报废为止。

由上可知，重涂对提高刀具耐磨性和生产率有很大的潜力。但重磨后是否要重涂，还要看该刀具在技术上可否重涂和在经济上是否合算而定。

第3章 车削工具

3.1 车刀概述

车刀是完成车削加工所必需的工具，它直接参与从工件上切除余量的车削加工过程。车刀的性能取决于刀具的材料、结构和几何参数，车刀性能的优劣对车削加工的质量和生产率有决定性的影响，尤其是随着车床性能的提高和高速主轴的应用；车刀的性能直接影响机床性能的发挥。

(1) 车刀按用途分类

车刀按用途可分为外圆车刀、端面车刀、切断刀、车孔刀、螺纹车刀、成形车刀等(图 3-1)。

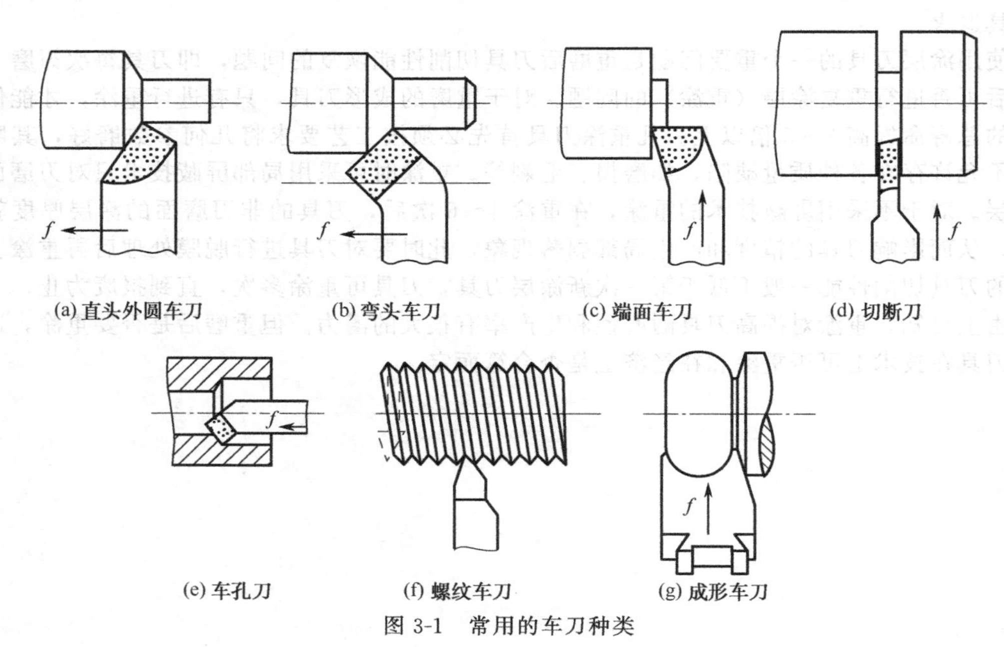

图 3-1 常用的车刀种类

① 外圆车刀 外圆车刀又称为尖刀，主要用于车削外圆、平面和倒角。外圆车刀一般有以下三种形状。

a. 直头车刀 直头车刀的主偏角与副偏角基本对称，一般在45°左右，前角可在5°～30°之间选用，后角一般为6°～12°。

b. 45°弯头车刀 45°弯头车刀主要用于车削不带台阶的光轴，它可以车外圆、端面和倒角，使用比较方便，刀头和刀尖部分强度高。

c. 75°强力车刀 75°强力车刀的主偏角为75°，适用于粗车加工余量大、表面粗糙、有硬皮或形状不规则的零件。它能承受较大的冲击力，刀头强度高，耐用度高。

② 端面车刀 端面车刀的主偏角为90°，用来车削工件的端面和台阶，有时也用来车外圆，特别是用来车削细长工件的外圆，可以避免把工件顶弯。端面车刀分为左偏刀和右偏刀两种，常用的是右偏刀，它的切削刃向左。

③ 切断刀和切槽刀 切断刀的刀头较长，其切削刃也狭长，这是为了减少工件材料消耗，并保证切断时能切到中心，因此，切断刀的刀头长度必须大于工件的半径。

切槽刀与切断刀基本相似，只不过其形状应与槽间形状一致。

④ 扩孔刀 扩孔刀又称为镗孔刀，用来加工内孔，它可以分为通孔刀和不通孔刀两种。通孔刀的主偏角小于90°，一般在45°～75°之间，副偏角20°～45°，后角应比外圆车刀稍大，一般为10°～20°；不通孔刀的主偏角应大于90°，刀尖在刀柄的最前端，为了使内孔底面车平，刀尖与刀柄外端距离应小于内孔的半径。

⑤ 螺纹车刀 螺纹按牙形可分为三角形螺纹、方形螺纹和梯形螺纹等，相应地，加工这些螺纹就要使用三角形螺纹车刀、方形螺纹车刀和梯形螺纹车刀等。螺纹的种类很多，其中以三角形螺纹应用最广。采用三角形螺纹车刀车削公制螺纹时，其刀尖角必须为60°，前角取0°。

(2) 车刀按结构形式分类

按车刀结构，可分为整体车刀、焊接车刀、机夹车刀、可转位车刀和成形车刀等，如图3-2所示。它们的特点与应用场合见表3-1。

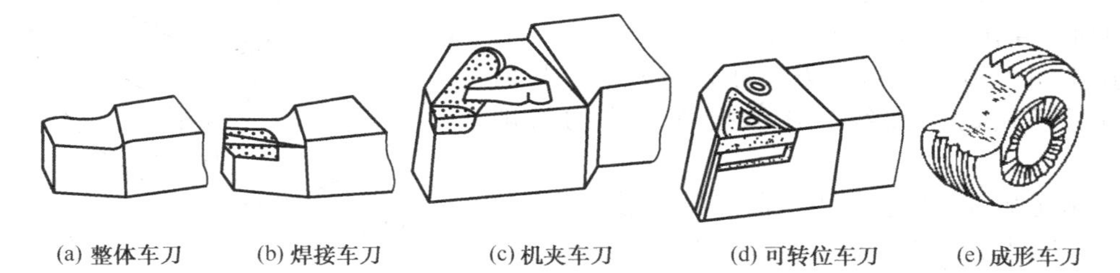

(a) 整体车刀　(b) 焊接车刀　(c) 机夹车刀　(d) 可转位车刀　(e) 成形车刀

图3-2 车刀的结构形式

表3-1 不同结构车刀的特点与应用场合

名称	简图	特点	应用场合
整体车刀	图3-2 (a)	用整体高速钢制造，易磨成锋利切削刃，刀具刚性好	小型车刀和加工非铁金属车刀
焊接车刀	图3-2 (b)	可根据需要刃磨几何形状，结构紧凑，制造方便	各类车刀，特别是小刀具
机夹车刀	图3-2 (c)	避免焊接内应力而引起刀具寿命下降，刀杆利用率高，刀片可刃磨获得所需参数，使用灵活方便	大型车刀、螺纹车刀、切断车刀

续表

名　称	简　图	特　点	应用场合
可转位车刀	图 3-2（d）	避免焊接的缺点，刀片转位更换迅速，可使用涂层刀片，生产率高，断屑稳定	用于普通车床，特别是自动线、数控车床用的各类车刀
成形车刀	图 3-2（e）	非标准刀具，能一次切出成形表面，操作简单，生产效率高，制造较难	用于普通车床、自动车床

3.2 车刀组成及其几何参数

车刀由刀柄和切削部分组成，刀柄是指车刀上的夹持部分，切削部分是车刀直接参与切削的工作部分。车刀的切削部分是车刀上最重要的部分，下面以外圆车刀为例介绍车刀切削部分的结构。

3.2.1 车刀切削部分组成

如图 3-3 所示，外圆车刀切削部分由前刀面、后刀面、副后刀面、主切削刃、副切削刃和刀尖几部分组成，通常称为一点二线三面。

① 前刀面　切削时，前刀面直接作用于被切削层金属，是切屑流过且控制切屑沿其排出的刀面。

② 后刀面　后刀面是指切削时与工件待加工表面相互作用并相对的刀面，通常称为后刀面。

③ 副后刀面　副后刀面是指切削时与工件的已加工表面相互作用并相对的刀面。

④ 主切削刃　主切削刃又称为主刀刃，是前刀面与后刀面的相交线，它承担着主要的切削工作。

⑤ 副切削刃　副切削刃是前刀面与副后刀面的相交线，它配合主切削刃完成切削工作，担任少量切削工作。

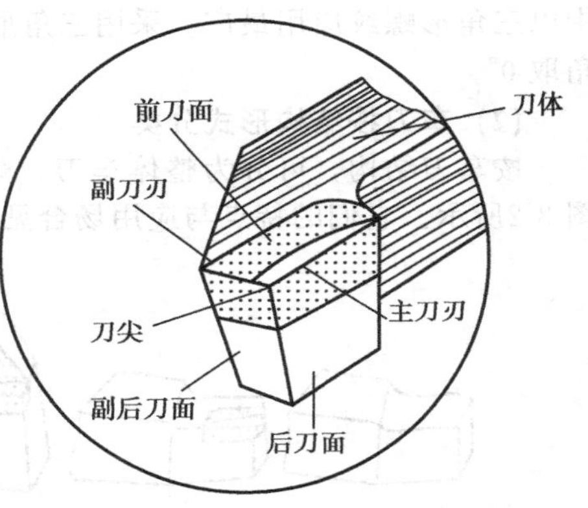

图 3-3　车刀切削部分的结构要素

⑥ 刀尖　刀尖是主、副切削刃（或刃段）之间转折的尖角部分，车刀上实际的刀尖结构如图 3-4 所示。

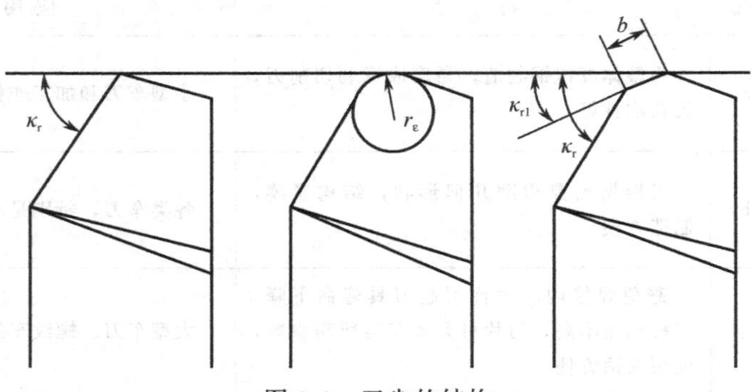

图 3-4　刀尖的结构

3.2.2 车刀几何参数

为定量地表示刀具切削部分的几何形状，必须把刀具放在一个确定的参考系中用一组给定的几何参数确切地表达刀具表面和切削刃在空间的位置。

(1) 刀具角度测量平面

为了确定车刀的几何角度，需要假想以下三个辅助平面作为基准。

① 基面　基面 P_r 是通过切削刃选定点 A 垂直于该点切削速度方向的平面。如图 3-5 所示的 $FGHI$ 平面即为 A 点的基面。

② 切削平面　切削平面 P_s 是通过切削刃选定点 A 与切削刃相切并垂直于基面的平面。在图 3-5 中，$BCDE$ 平面即为 A 点所在的切削平面。

显然，切削平面与基面始终是相互垂直的。对于车削来说，基面一般是通过工件轴线的。

③ 正交平面　正交平面 P_0 是通过切削刃选定点 A 并同时垂直于基面和切削平面的平面。如图 3-6 所示的 P_0—P_0 剖面为正交平面，P'_0—P'_0 为副切削刃上的正交平面。

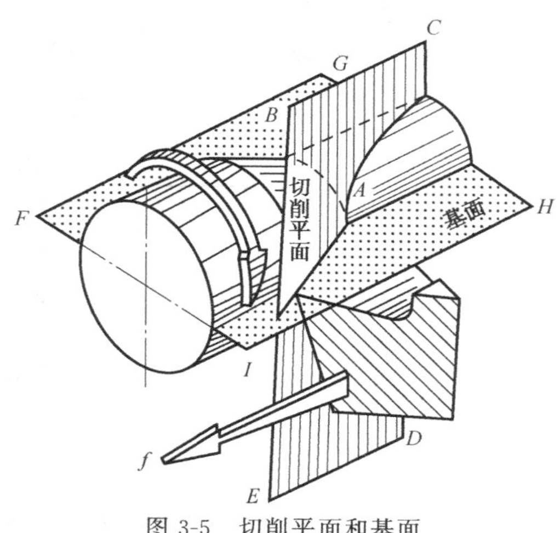

图 3-5　切削平面和基面

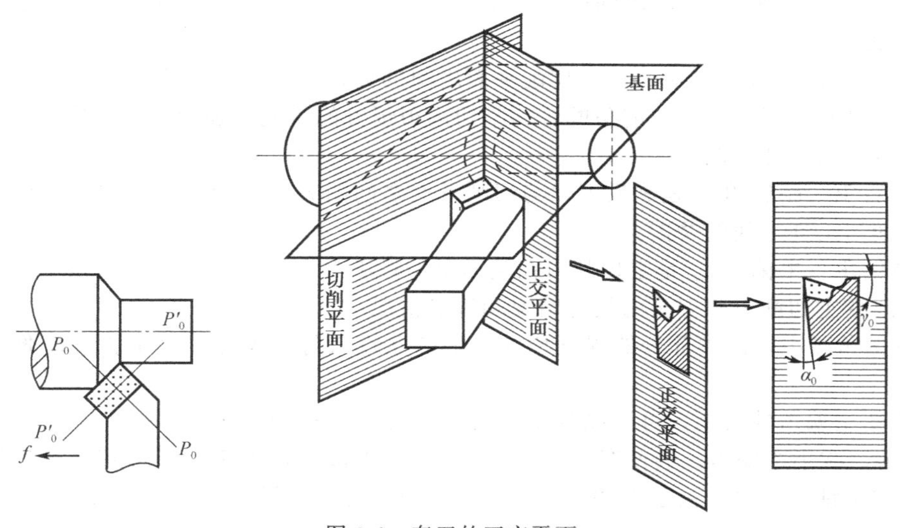

图 3-6　车刀的正交平面

(2) 几何角度的名称和作用

车刀的几何角度有两种：一种是标注角度，是设计、刃磨和测量刀具时使用的角度，称为静止角度；另一种是刀具安装在机床上进行切削时所显示的角度，称为工作角度。通常所说的角度，是指标注角度。车刀六个基本几何角度如图 3-7 所示。

在正交平面内测量的角度有前角 γ_0、后角 α_0 和副后角 α'_0，在基面内测量的角度有主偏角 κ_r、副偏角 κ'_r，在切削平面内测量的角度有刃倾角 λ_s。

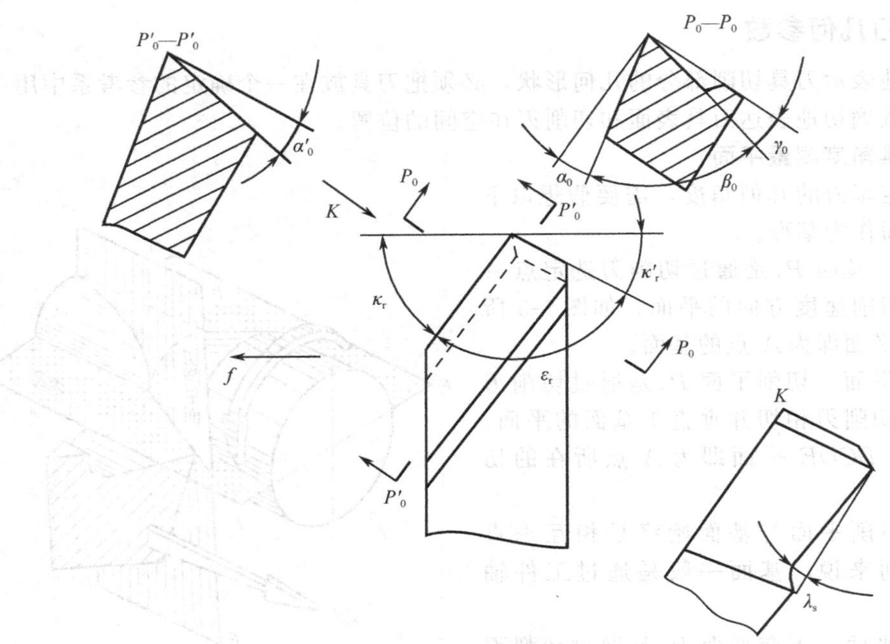

图 3-7 车刀的六个基本几何角度

① 前角 前角 γ_0 是前刀面与基面之间的夹角。前角影响刃口的锋利和强度，影响切削变形和切削力。增大前角能使切削刃口锋利，减小前刀面与切削层之间的挤压与摩擦，因而减少切削变形和切削热，使切削省力，并使切屑容易排出，但是，刀具的耐用度降低。

② 后角 后角 α_0 是主后刀面与切削平面之间的夹角。后角的主要作用是减小车刀主后刀面与工件之间的摩擦，并与前角配合调整切削刃部分的锐利与强固程度。后角过大或过小都会使刀具的耐用度降低。

③ 副后角 副后角 α'_0 是副后刀面与切削平面之间的夹角。副后角的主要作用是减小车刀副后刀面与工件之间的摩擦。

④ 主偏角 主偏角 κ_r 是主切削刃在基面上的投影与进给方向之间的夹角。主偏角的主要作用是改变主切削刃和刀头的受力情况和散热情况。

a. 主偏角减小，刀尖部分的强度增加，散热条件较好；反之，刀尖强度降低，散热条件变差。

b. 改变主偏角的大小，可以改变切削合力的方向、径向力 F_y 和轴向力 F_x 的大小。如图 3-8 所示，减小主偏角，会使车刀的径向力 F_y 显著增加，加工中工件容易产生变形和振动。所以加工细长轴时，由于工件刚度差，为了减少弯曲变形和振动，主偏角一般选择大一些（75°～93°）。

c. 主偏角影响断屑效果。主偏角减小，切削厚度较小，切削宽度增大，切屑不易折断。反之，切削厚度增加，切削宽度减小，切屑较易折断。

d. 主偏角对切削厚度和宽度的影响如图 3-9 所示。增大主偏角 κ_r，切削厚度增大，切削宽度减小。相反，减小主偏角 κ_r 时，切削刃单位长度上的负荷减轻，由于主切削刃工作长度增加，刀尖角增大，切削厚度减小，切削宽度增大。

⑤ 副偏角 副偏角 κ'_r 是副切削刃在基面上的投影与进给反方向之间的夹角。副偏角的主要作用是减小副切削刃与工件已加工表面之间的摩擦。副偏角对表面粗糙度的影响如

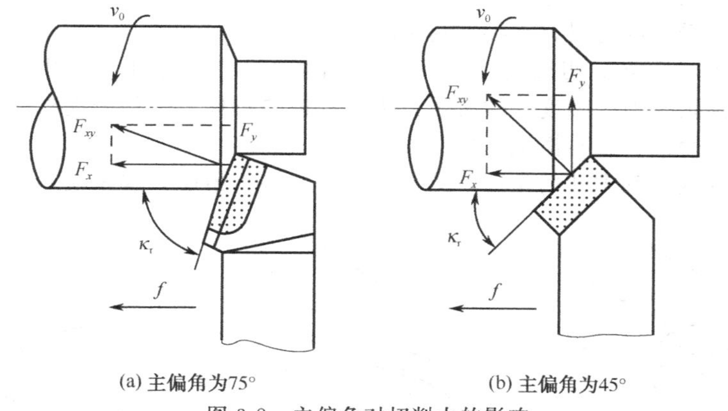

图 3-8 主偏角对切削力的影响

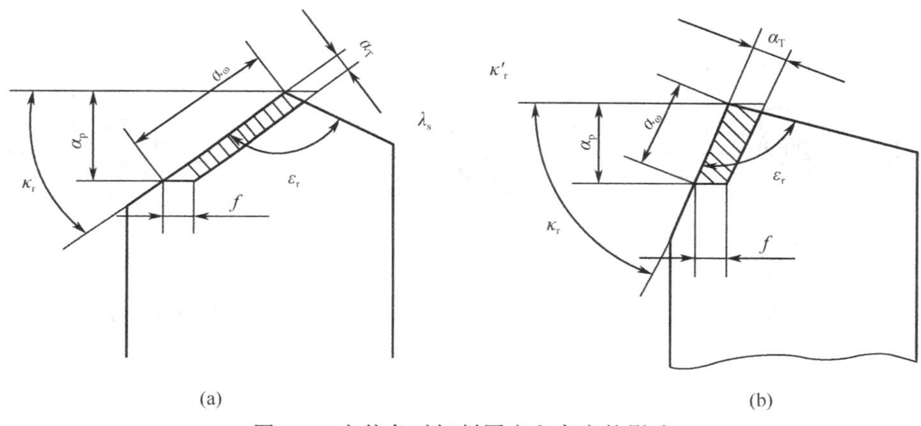

图 3-9 主偏角对切削厚度和宽度的影响

图 3-10所示，在进给量相同的情况下，副偏角越大，表面粗糙度值越大；副偏角越小，表面粗糙度值越小。

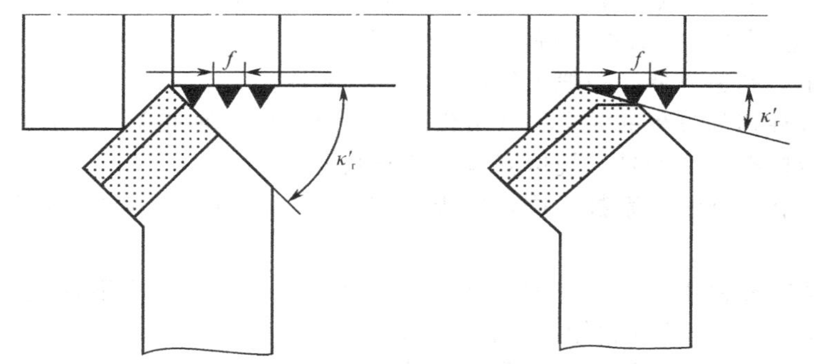

图 3-10 副偏角对表面粗糙度的影响

⑥ 刃倾角　刃倾角 λ_s是主切削刃与基面之间的夹角。刃倾角的主要作用是控制切屑的排除方向，刃倾角有 0°、正值和负值三种。

a. 刃倾角等于 0°如图 3-11(a) 所示。切削时，切屑垂直于主切削刃方向排出。

b. 当刀尖是主切削刃的最高点时，刃倾角是正值，如图 3-11(b) 所示。切削时，切屑排向工件待加工表面，不易擦毛已加工表面。切削刃锋利，切削平稳，加工表面质量较高。但刀尖强度较差，受到冲击时，刀尖容易损坏。

c. 如图 3-11(c) 所示，刃倾角是负值。切削时，远离刀尖的切削刃先接触工件，避免了刀尖受冲击，加强了刀尖强度，改善了刀尖处的散热条件，有利于提高刀具耐用度。但切屑排向工件已加工表面，容易擦毛已加工表面。

以上是车刀的六个基本几何角度，此外还有一些派生角度，这里就不做介绍了。

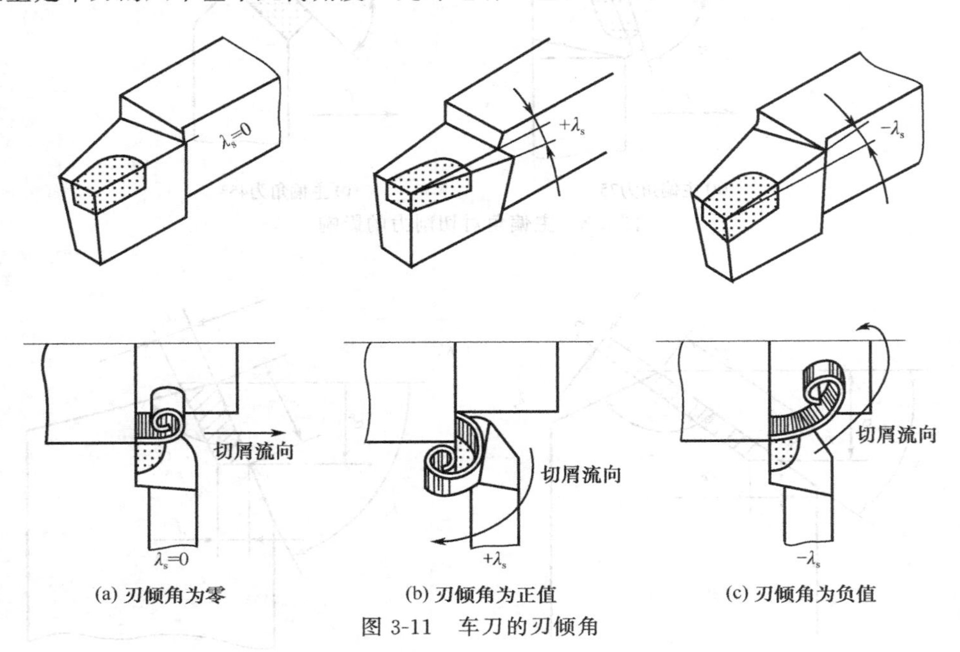

图 3-11　车刀的刃倾角

3.3 焊接车刀

硬质合金焊接车刀是将硬质合金刀片钎焊在刀杆槽内的车刀。它是将一定形状的硬质合金刀片，用黄铜、紫铜或其他焊料钎焊在普通结构钢刀杆而制成的，是车刀中应用较广泛的一种刀。硬质合金焊接车刀有如下特点。

① 结构简单，制造方便，一般工厂都可以自行制造。

② 可根据各种切削过程的要求刃磨出相适合的形状和切削角度，使用灵活。

③ 硬质合金标准刀片型号、规格齐全，货源充足。

④ 由于刀片和刀杆线胀系数不同，钎焊时产生内应力而使刀片出现裂纹，影响刀具的使用寿命。

⑤ 刀杆不能重复使用，当刀片重磨到一定程度（主切削刃长度不够或焊接面缩小，焊接强度下降、刀片脱落）不能再用，刀杆也随之报废。

选用焊接车刀时主要根据被加工零件的材料和形状、加工性质、使用机床的型号和规格，同时应考虑车刀形式、刀片材料与型号、刀柄材料、外形尺寸及刀具几何参数等。对大刃倾角或特殊几何形状的车刀，在重磨时还需要计算刃磨工艺参数，以便刃磨时按其调整机床。

焊接车刀的质量和使用寿命与刀片选择、刀槽形式、刀片在刀槽中位置、刀具几何参数、焊接工艺和刃磨质量有密切关系。

3.3.1 硬质合金刀片的选择

合理地选择硬质合金刀片，除了选择材料牌号外，还应正确地选择刀片型号。常用硬质合金刀片的型号见表 3-2。

刀片型号用一个字母和三个数字表示，第一个字母和第一位数字表示刀片形状，后两位数字表示刀片的主要尺寸。若型号相同，个别结构尺寸不同时，在后两位数字后加一个字母，以示区别。如 A118、A118A 都是 A1 型刀片，长度均为 18mm，但厚度不同，前者为 7mm，后者为 6mm。若为左切刀片，则在型号末尾标以字母 Z。

刀片形状主要根据车刀用途和主、副偏角的大小来选择，刀片长度一般为切削工作长度的 1.6～2 倍。切槽刀的宽度应根据工件槽宽来决定。切断车刀的宽度可按下列经验公式估计：

$$B=0.6\sqrt{d} \tag{3-1}$$

式中 d——被切工件直径，mm。

表 3-2 常用硬质合金刀片型号

型号示例	刀片形状	主要尺寸/mm	主要用途
A108	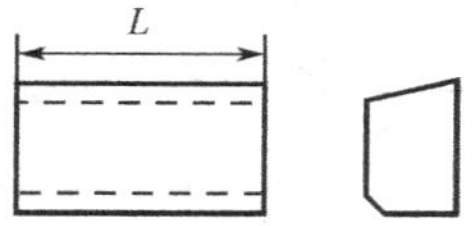	$L=8$	制造外圆车刀、镗刀和切槽刀
A116		$L=16$	
A208	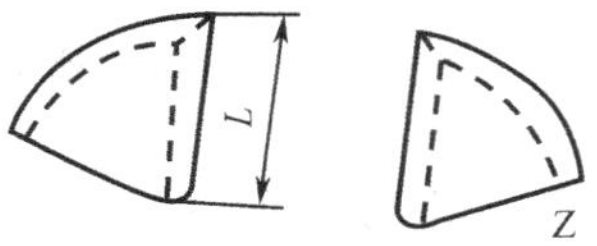	$L=8$	制造端面车刀、镗刀
A225Z		$L=25$（左）	
A312Z	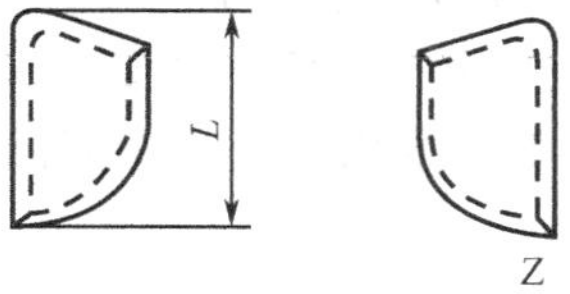	$L=12$	制造外圆车刀、端面车刀
A340		$L=40$（左）	
A406	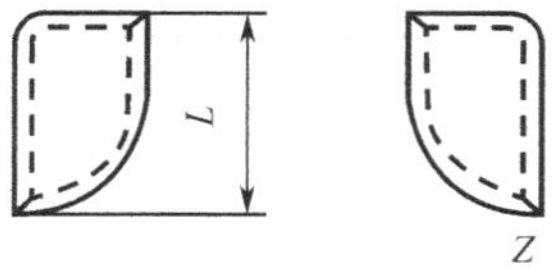	$L=6$	制造外圆车刀、镗刀和端面车刀
A430Z		$L=30$（左）	
C110	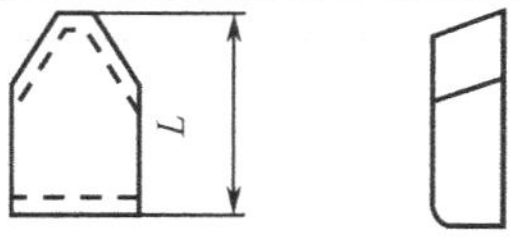	$L=10$	制造螺纹车刀
C122		$L=22$	
C304	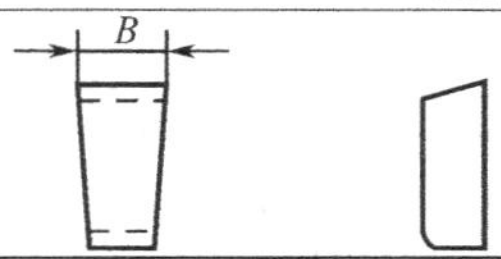	$B=4.5$	制造切断刀和切槽刀
C312		$B=12.5$	

3.3.2 焊接式车刀刀槽的选择

焊接式车刀的刀槽有开口槽、半封闭槽、封闭槽和坎入槽，如图 3-12 所示。开口槽[图 3-12(a)] 制造简单，常用于外圆车刀、弯头车刀和切槽车刀。其配用刀片为 A1、C3 型等。半封闭槽［图 3-12(b)］焊接面积较多，刀片焊接比较牢固，选用带圆弧的刀片，型号为 A2、A3 和 A4 等，常用于 90°外圆车刀、内孔车刀。封闭槽［图 3-12(c)］和坎入槽［图 3-12(d)］刀片焊接牢靠，主要用于刀片底面积较小的车刀，如螺纹车刀、切断车刀等，配用刀片分别为 C1 和 C3。

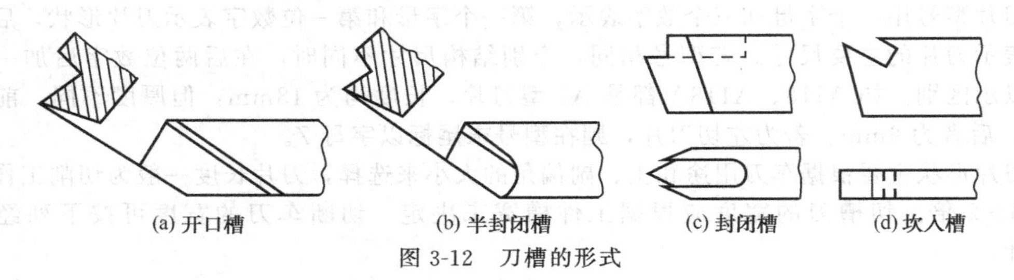

图 3-12　刀槽的形式

刀片在刀槽中的安放位置，应使刃磨面积减少和可重磨的次数增多。一般车刀同时刃磨前面和后面，因此刀片平放（图 3-13），并做出刀槽前角 γ_{0g}。一般取 $\gamma_{0g}=\gamma_0+$（5°～10°）。刀杆后角 α_{0g} 也较大，一般取 $\alpha_{0g}=\alpha_0+$（2°～4°）。其目的是为了提高刃磨效率和减少磨削硬质合金用的砂轮消耗。

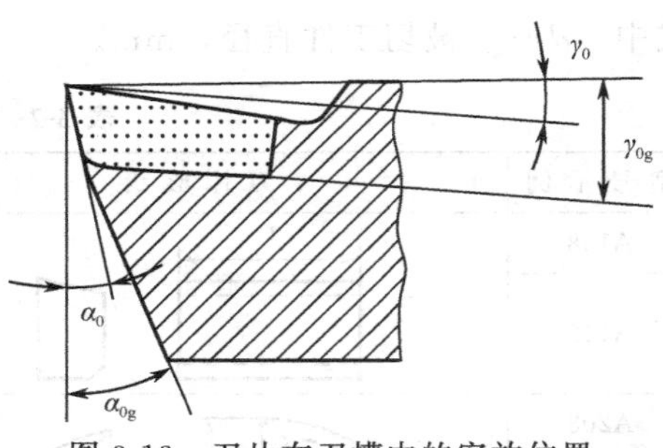

图 3-13　刀片在刀槽中的安放位置

3.3.3　车刀刀柄截面形状和尺寸的选择

普通车刀外形尺寸主要是高度、宽度和长度，刀柄截面形状有矩形、正方形和圆形。一般选用矩形，其高度 H 按机床中心高选择，如表 3-3所示。当刀柄高度尺寸受到限制时，可加宽为正方形，以提高其刚性。刀柄的长度一般为其高度的 6 倍。切断车刀工件部分的长度需大于工件的半径。刀头形状一般为直头和弯头两种。直头简单易制，弯头通用性好，能车外圆又能车端面。内孔车刀的刀柄，其工件部分截面一般做成圆形，长度大于工件孔深。

表 3-3　常用车刀刀柄截面尺寸

机床中心高/mm	150	180～200	260～300	350～400
正方形刀柄断面（H^2）/mm²	16^2	20^2	25^2	30^2
矩形刀柄断面（$B\times H$）/mm×mm	12×20	16×25	20×30	25×40

3.4 机夹车刀

目前常用的机夹车刀（也称机夹重磨车刀）是将硬质合金刀片用机械夹固的方法装夹在刀杆上。刀刃位置可以调整，用钝后可重复刃磨。机夹车刀刀杆可以重复使用，刀片避免了因焊接而可能产生裂纹、崩刃和硬度下降的弊病，提高了刀具耐用度。

机夹车刀的刀片夹固方式应满足刀片重磨后切削刃的位置能够调整的要求，同时要考虑能够断屑的要求。

机械夹固重磨车刀是用夹紧元件把刀片夹持在刀杆上使用的车刀。刀片磨损后可卸下经重磨后再装到刀杆上继续使用。刀片在刀杆上的安装位置可通过调整螺钉调整。刀片使用到不能再用时，可更换新刀片，刀杆可重复使用。

这类车刀的优点如下。

① 避免了因焊接而使硬质合金产生应力和裂纹，从而使刀具耐用度有所提高。

② 缩短了换刀时间，使生产效率得到提高。

③ 刀杆可重复多次使用，节约了制造刀杆的材料和工时。

但是，长期以来，它并未普遍地在各类车刀上采用，其主要原因在于：一方面结构比较复杂；另一方面刀片用钝后仍需刃磨，刃磨裂纹不能完全避免。

机械夹固重磨式车刀的结构形式很多，常用的有上压式、侧压式、弹性夹固式等。

(1) 上压式

上压式（图 3-14）是用螺钉和压板从刀片的上面来夹紧刀片，并用调整螺钉调整切削刃位置。需要时压板前端可镶焊硬质合金作断屑器。一般安装刀片可留有所需前角，重磨时仅刃磨后刀面即可。

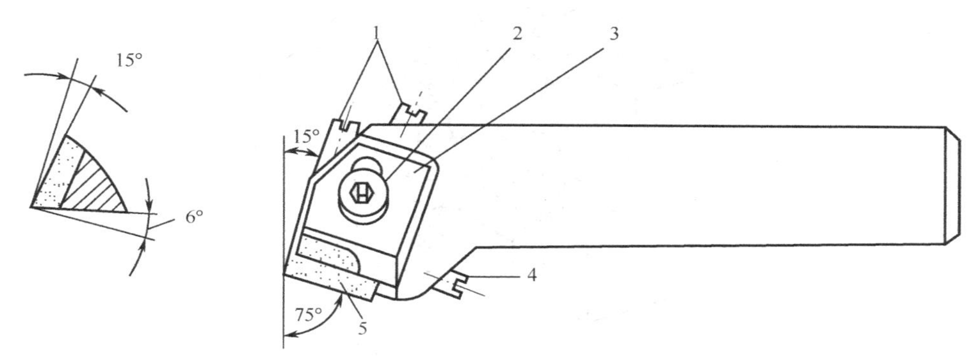

图 3-14 上压式机夹重磨车刀

1，4—调整螺钉；2—压紧螺钉；3—压板；5—刀片

(2) 侧压式

侧压式（图 3-15、图 3-16）多利用刀片本身的斜面，用楔块和螺钉从刀片的侧面夹紧刀片。侧压式机夹车刀一般刃磨前刀面。

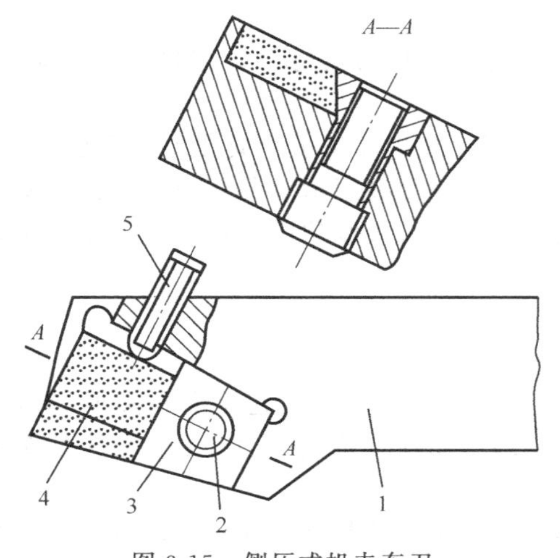

图 3-15 侧压式机夹车刀

1—刀杆；2—螺钉；3—楔块；4—刀片；5—调整螺钉

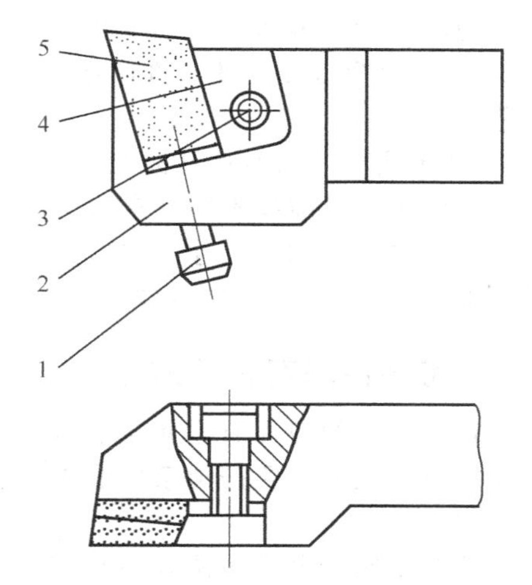

图 3-16 侧压式立装机夹车刀

1，3—螺钉；2—刀杆；4—楔块；5—刀片

3.5 可转位车刀

3.5.1 可转位车刀的组成及特点

可转位车刀是机夹重磨式车刀结构进一步改进的结果。

如图 3-17 所示，可转位车刀是用机械夹固方法，将可转位刀片夹紧在刀杆上的车刀。刀刃磨钝后可方便地转位或更换刀片后继续使用。

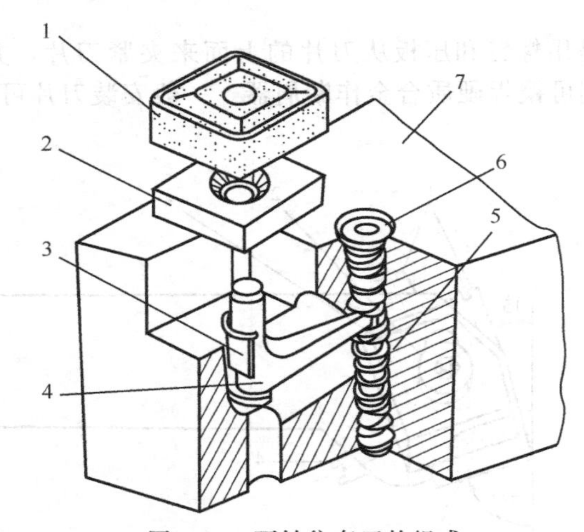

图 3-17　可转位车刀的组成

1—刀片；2—刀垫；3—卡簧；4—杠杆；5—弹簧；6—螺钉；7—刀柄

可转位车刀与焊接车刀相比，具有一系列的优点。

① 由于避免焊接、刃磨时高温所引起的缺陷，有合理槽形与几何参数，因而提高了刀具寿命。

② 刀刃磨钝后，可迅速更换新刀刃，大大减少停机换刀时间；可使用涂层刀片，能选用较高切削用量，因而提高了生产率。

③ 刀片更换方便，便于推广使用各种涂层、陶瓷等新型刀具材料，有利于推广新技术、新工艺。

④ 可转位车刀和刀片已标准化，能实现一刀多用，减少储备量，简化刀具管理。

可转位车刀目前尚不能完全取代焊接与机夹车刀，因为在刃形、几何参数方面还受刀具结构与工艺限制。例如尺寸小的刀具常用整体或焊接式；大刃倾角刨刀，可转位结构也难以满足要求，选用机夹式效果较好。

3.5.2 可转位车刀表示方法

可转位车刀的刀片有三角形、偏三角形、凸三角形、正方形、五角形和圆形等多种形状，使用时可根据需要按国家标准或制造厂家提供的产品样本选用。表 3-4 是可转位车刀刀片的结构标记方法。

国家对硬质合金可转位式刀片型号制定了专门的标准（GB/T 2076—2007），刀片型号由给定意义的字母和数字的代号按一定顺序位置排列所组成。共有 10 个号位，每个号位的代号所表达的含义如表 3-4 所示。刀片型号标准规定，任何一个刀片型号都必须用前 7 个号位的代号表示，第 10 个号位的代号必须用短横线“-”与前面号位的代号隔开。

表 3-4 可转位车刀刀片标记方法 单位：mm

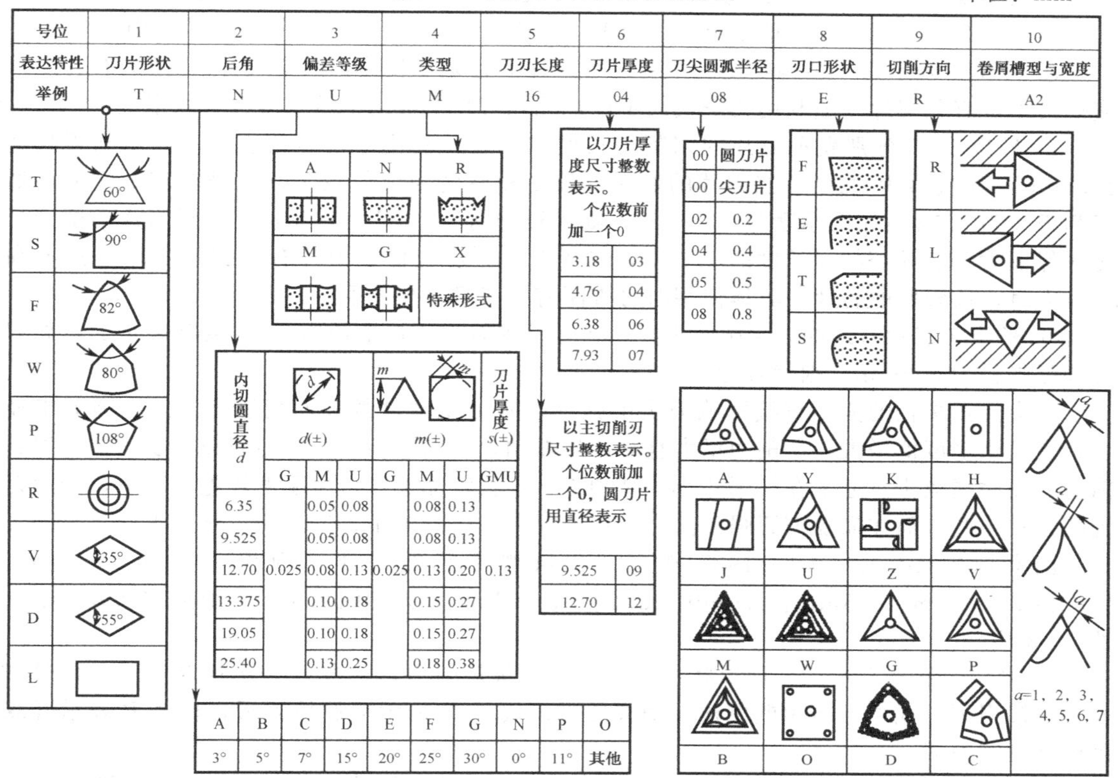

① 号位 1 表示刀片形状及其夹角，最常用的形状有如下几种。

正三边形（代号 T），用于主偏角为 60°、90°的外圆、端面、内孔车刀。

正四边形（代号 S），刀尖强度高，散热面积大，用于主偏角为 45°、60°、75°的外圆、端面、内孔、倒角车刀。

凸三边形（代号 W），用于主偏角为 80°的外圆车刀。

菱形（代号 V、D），主偏角为 35°的 V 型、主偏角为 55°的 D 型车刀用于仿形、数控车床。

圆形（代号 R），用于仿形、数控车床。

不同的刀片形状有不同的刀尖强度，一般刀尖角越大，刀尖强度越大，在切削中对工件的径向分力越大，越易引起切削振动，反之亦然。圆刀片（R 型）刀尖角最大，35°菱形刀片（V 型）刀尖角最小。

刀片形状主要依据被加工工件的表面形状、切削方法、刀具寿命和刀具的转位次数等因素来选择。一般在机床刚性、功率允许的条件下，大余量、粗加工应选用刀尖角较大的刀片，反之，机床刚性小、小余量、精加工时宜选用较小刀尖角的刀片。具体使用时可查阅有关刀具手册选取。

② 号位 2 表示刀片主切削刃后角，常用的刀片后角有 N（0°）、C（7°）、P（11°）、E（20°）等。一般粗加工、半精加工可用 N 型。半精加工、精加工可用 C 型、P 型，也可用带断屑槽形的 N 型刀片。较硬铸铁、硬钢可用 N 型。不锈钢可用 C 型、P 型。加工铝合金可用 P 型、E 型等。加工弹性恢复性好的材料可选用较大一些的后角。一般镗孔刀片，选用 C 型、P 型，大尺寸孔可选用 N 型。车刀的实际后角靠刀片安装倾斜形成。

③ 号位 3 表示刀片偏差等级，刀片的内切圆直径 d、刀尖位置 m 和刀片厚度 s 为基本

参数，其中 d 和 m 的偏差大小决定了刀片的转位精度。刀片精度共有 11 级，代号 A、F、C、H、E、G、J、K、L 为精密级；代号 U 为普通级；代号 M 为中等级，其应用较多。

④ 号位 4 表示刀片结构类型。主要说明刀片上有无安装孔，其中代号 M 型的有孔刀片应用最多。有孔刀片一般利用孔来夹固定位，无孔刀片一般用上压式方法夹固定位。

⑤ 号位 5、6 分别表示刀片的切削刃长度和厚度。其代号用整数表示。如切削刃长为 16.5mm，则代号为“16”。当刀片的切削刃长度和厚度为个位数时，代号前应加“0”，如切削刃长为 9.526mm，厚度为 4.76mm，则代号分别为“09”和“04”。选择刀片切削刃长度应保证大于实际切削刃长度的 1.5 倍，选择刀片厚度应保证刀片有足够强度，一般 f 和 a_p 较大时，选较厚的刀片。具体使用时可查阅有关刀具手册选取。

⑥ 号位 7 表示刀片的刀尖圆弧半径，代号是用刀尖圆弧半径的 10 倍数字表示的，如刀尖圆弧半径为 0.8mm，则代号为“08”。

刀尖圆弧半径的大小直接影响刀尖的强度及被加工零件的表面粗糙度。刀尖圆弧半径大，表面粗糙度值增大，切削力增大且易产生振动，切削性能变坏，但刀刃强度增加，刀具前后刀面磨损减少。通常在切深较小的精加工、细长轴加工、机床刚度较差情况下，选用刀尖圆弧较小些；而在需要刀刃强度高、工件直径大的粗加工中，选用刀尖圆弧大些。

国家标准 GB/T 2077—1987 规定刀尖圆弧半径的尺寸系列为 0.2mm、0.4mm、0.8mm、1.2mm、1.6mm、2.0mm、2.4mm、3.2mm。刀尖圆弧半径一般适宜选取进给量的 2～3 倍。

⑦ 号位 8 表示刀片刃截面形状：代号 F 表示尖锐刀刃；代号 E 表示倒圆刀刃；代号 T 表示倒棱刀刃；代号 S 表示既倒棱又倒圆刀刃；代号 Q 表示双倒棱刀刃；代号 P 表示既双倒棱又倒圆刀刃。

⑧ 号位 9 表示刀片切削方向：代号 R 表示右切刀片；代号 L 表示左切刀片；代号 N 表示既能右切也能左切的刀片。选择时主要考虑机床刀架是前置式还是后置式、前刀面是向上还是向下、主轴的旋转方向以及需要进给的方向等，左、右刀在不同的情况下会得到不同的结果，要引起注意。

⑨ 号位 10 表示刀片断屑槽槽型和槽宽。

国际推荐的刀片槽型主要有 16 种。其中常用的典型槽型 A、K、V、W、C、B、G 和 M 的特点及适用场合见表 3-5。

表 3-5 常用断屑槽型特点与适用场合

槽型代号	槽型特点及适用场合	切削用量	
		f/(mm/r)	a_p/mm
A	槽宽前、后相等，断屑范围比较窄，用于切削用量变化不大的外圆，端面车削与内孔车削	0.15～0.6	1.0～6.0
K	槽前窄后宽，断屑范围较宽，主要用于半精车和精车	0.1～0.6	0.5～0.6
V	槽前、后等宽，切削刃强度较好，断屑范围较宽，用于外圆、端面、内孔的精车、半精车和粗车	0.05～1.2	0.5～10.0
W	三级断屑槽型，断屑范围较宽，粗、精车都能断屑，但切削力较大，主要用于半精车和精车，要求系统刚性好	0.08～0.6	0.5～0.6
C	加大刃倾角，切削径向力小，用于系统刚性较差的情况	0.08～0.5	1.0～5.0
B	圆弧变截面全封闭式槽型，断屑范围广，用于硬材料，各种材料半精加工、精加工以及耐热钢的半精加工	0.1～0.6	1.0～6.0
G	无反屑面，前面呈内孔下凹的盆形，前角较小，用于车削铸铁等脆性材料	0.15～0.6	1.0～6.0

续表

槽型代号	槽型特点及适用场合	切削用量	
		f/(mm/r)	a_p/mm
M	为两级封闭式断屑槽，刀尖角为82°，用于背吃刀量变化较大的仿形车削	0.2～0.6	1.5～6.0
71	波状刀刃，刀屑流向好，易离开工件，正切削作用产生小的切削力，用于粗加工	—	
PF	切削力小，刀刃强度高，精加工时可获得小的表面粗糙度值	0.15～2.3	0.5～2.0
PM	具有宽的断屑范围。对于各种材料的加工，都具有优良性能，用于半精加工	0.2～0.6	1.0～7.0
PR	在功率不足时仍有较高生产率，有宽的应用范围，用于粗加工	0.4～1.5	3.0～12.0
UG	圆点凸台组合式断屑结构。大前角、曲线切削刃，是泛用型刀片切削力小，适用于中、小余量加工，通用性强，还可用来切削铝合金	—	
63	前面密布小凹坑，刀尖有一级断屑槽，直线切削刃，刀刃强度高。用于各种钢、铸件粗加工	(0.3～0.8) r_ε	1～2/3L
4	有11°刃倾角变槽宽，切削力小，三维槽型。正前角设计，切屑远离工件，断屑性能好。适用于钢材精加工	0.16～0.6	0.5L
6	多用途槽型设计，双正前角，切削力小，适用于 f、a_p 变化较大的轻、中、重型切削，用于加工合金钢、不锈钢、铸钢	0.2～1.0	1～3/4L

注：L 为切削刃长。

刀片标记方法举例：SNUM150612-V4 代表正方形、零后角、U级精度、带孔单面V型槽型刀片，刃长15.875mm，厚度6.35mm，刀尖圆弧半径1.2mm，断屑槽宽4mm。

3.5.3 可转位车刀几何角度的选择

如图3-18所示，可转位车刀的几何角度是由刀片角度与刀槽角度综合形成的。刀片角度是以刀片底面为基准度量的，安装到车刀上相当于法平面参考系角度。刀片的独立角度有刀片法前角 γ_{nt}、刀片法后角 α_{nt}、刀片刃倾角 λ_{st}、刀片刀尖角 ε_t。常用的刀片 $\alpha_{nt}=0°$、$\lambda_{st}=0°$。

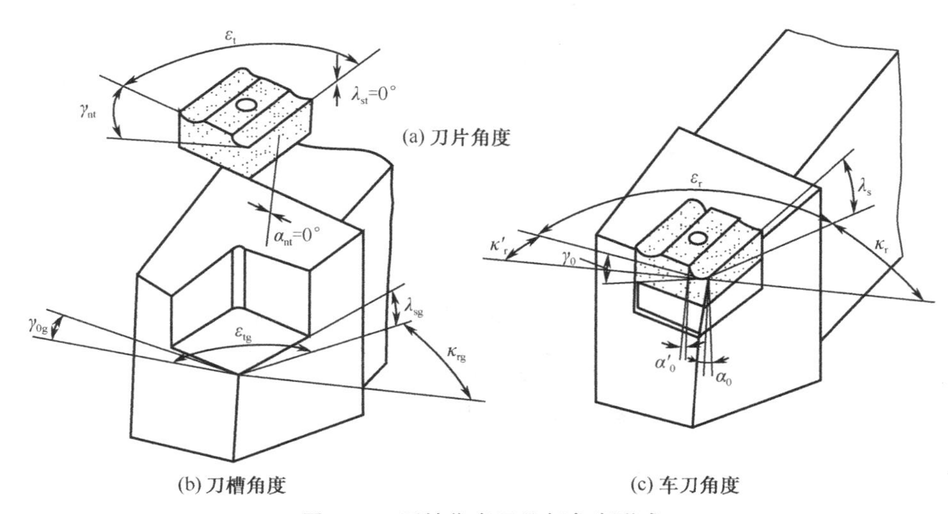

图3-18 可转位车刀几何角度形成

刀槽角度以刀柄底面为基面度量，相当于正交平面参考系角度。刀槽的独立角度有刀槽前角 γ_{0g}、刀槽刃倾角 λ_{sg}、刀槽主偏角 κ_{rg}，刀槽刀尖角 ε_{tg}。通常刀柄设计成 $\varepsilon_{tg}=\varepsilon_r$，$\kappa_{rg}=\kappa_r$。

选用可转位车刀时需按选定的刀片角度及刀槽角度来验算刀具几何参数的合理性。验算公式如下：

$$\gamma_0 \approx \gamma_{0g} + \gamma_{nt} \quad (3\text{-}2)$$

$$\alpha_0 \approx \gamma_{0g} + \alpha_{nt} \quad (3\text{-}3)$$

$$\kappa_r \approx \kappa_{rg} \quad (3\text{-}4)$$

$$\lambda_s \approx \lambda_{sg} \quad (3\text{-}5)$$

$$\kappa'_r \approx 180° - \kappa_r - \varepsilon_t \quad (3\text{-}6)$$

$$\tan\alpha'_0 \approx \tan\gamma_{0g}\cos\varepsilon_r - \tan\lambda_{sg}\sin\varepsilon_r \quad (3\text{-}7)$$

例如选用的刀片参数为：$\alpha_{nt}=0°$、$\lambda_{st}=0°$、$\gamma_{nt}=20°$、$\varepsilon_t=60°$。

选用的刀槽参数为：$\gamma_{0g}=-6°$、$\lambda_{sg}=0°$、$\kappa_{rg}=90°$、$\varepsilon_{tg}=60°$。

则刀具的几何角度为：$\kappa_r=90°$、$\lambda_s=0°$、$\gamma_0\approx-6°$、$\alpha_0\approx6°$、$\kappa'_r\approx30°$、$\alpha'_0\approx2°12'$。

3.5.4 可转位车刀类型与夹紧结构的选择

(1) 可转位车刀的类型

可转位车刀的类型有外圆车刀、端面车刀、内孔车刀、切断车刀和螺纹车刀等。

图 3-19 为外圆车刀；图 3-20 为内孔车刀；图 3-21 为三角螺纹刀；图 3-22 为切断切槽刀。

图 3-19 外圆车刀

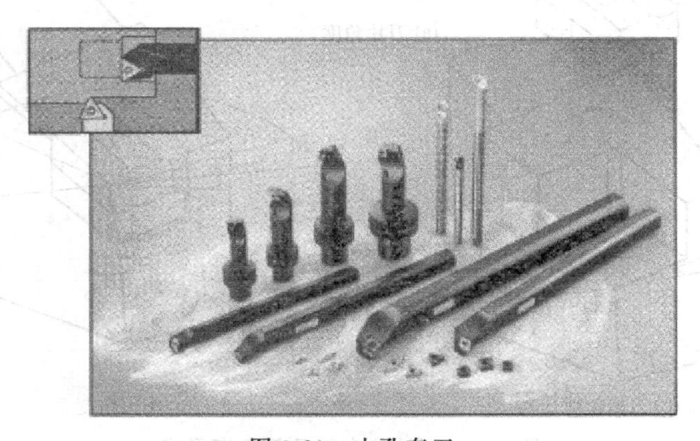

图 3-20 内孔车刀

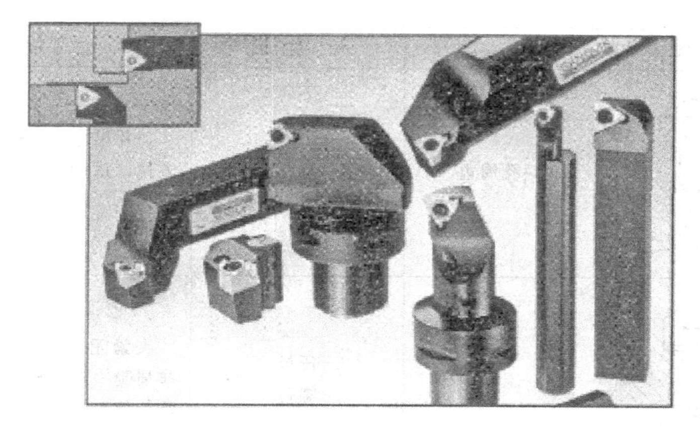

图 3-21　三角螺纹刀

图 3-22　切断切槽刀

(2) 可转位车刀夹紧结构的选择

刀片的夹紧结构很多，最常用的几种结构及其特点如表 3-6 所示。

表 3-6　可转位车刀类型与夹紧结构特点

名　称	结构示意图	定　位　面	夹　紧　件	主要特点及应用场合
杠杆式		底面周边	杠杆螺钉	定位精度高，调节余量大，夹紧可靠，拆卸方便。卧式车床、数控车床均能使用
楔钩式		底面周边	楔形压板 螺钉	是楔压和上压的组合式。夹紧可靠，装卸方便，重复定位精度低。适用于卧式车床断续切削车刀

续表

名称	结构示意图	定位面	夹紧件	主要特点及应用场合
楔销式	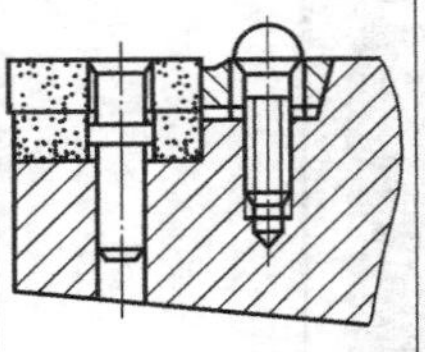	底面孔周边	楔块 螺钉	刀片尺寸变化较大时也可夹紧。装卸方便。适用于卧式车床进行连续切削车刀
上压式	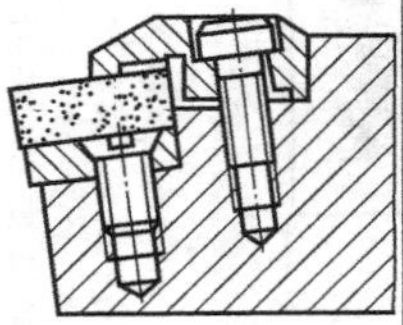	底面周边	压板 螺钉	夹紧元件小，夹紧可靠，装卸容易，排屑受一定影响。卧式车床、数控车床均能使用
偏心式	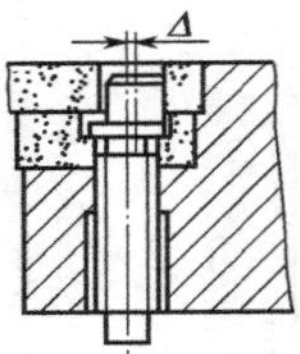		偏心螺钉	夹紧元件小，结构紧凑，刀片尺寸误差对夹紧影响较大，夹紧可靠性差。适用于轻中型连续切削车刀
螺销上压式	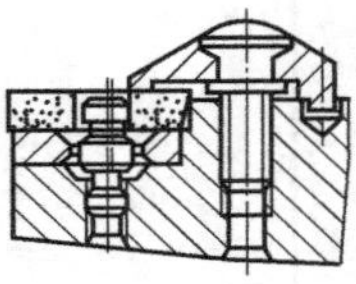		压板螺钉 偏心螺销	是偏心和上压式的组合式。螺销旋入时上端圆柱将刀片推向定位面，压板从上面压紧刀片。夹紧可靠，重复定位精度高。用于数控车床用的车刀
压孔式	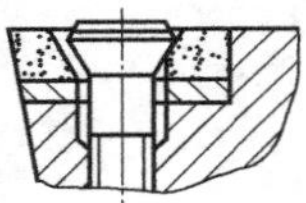		锥形螺钉	结构简单，零件少，定位精度高，容屑空间大，对螺钉质量要求高。适用于数控车床上使用的内孔车刀和仿形车刀

3.5.5 可转位车刀的选用

由于刀片的形式多种多样，并采用多种刀具结构和几何参数，因此可转位车刀的品种越来越多，使用范围很广，下面介绍与刀片选择有关的几个问题。

(1) 刀片夹紧系统的选用

杠杆式夹紧系统是最常用的刀片夹紧方式，其特点为：定位精度高，切屑流畅，操作简便，可与其他系列刀具产品通用。

(2) 刀片外形的选择

① 刀尖角的选择　刀片外形与加工的对象、刀具的主偏角、刀尖角和有效刃数等有关。一般外圆车削常用80°凸三边形（W）、四方形（S）和80°菱形（C）刀片。仿形加工常用55°（D）、35°（V）菱形和圆形（R）刀片，如图3-23所示。90°主偏角常用三角形（T）刀片。刀尖角的大小决定了刀片的强度。在工件结构形状和系统刚性允许的前提下，选择尽可能大的刀尖角，通常这个角度在35°～90°之间。例如R型圆刀片，在重切削时具有较好的稳定性，但易产生较大的径向力。

② 刀片形状的选择　不同的刀片形状有不同的刀尖强度，一般刀尖角越大，刀尖强度

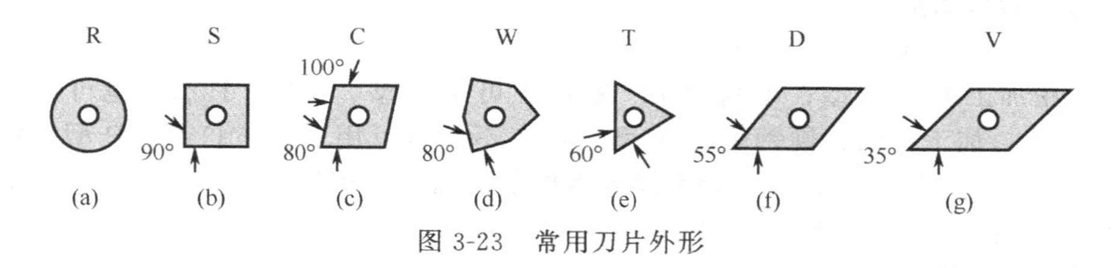

图 3-23 常用刀片外形

越大，反之亦然。圆刀片（R）刀尖角最大，35°菱形刀片（V）刀尖角最小。在选用时，应根据加工条件恶劣与否，按重、中、轻切削有针对性地选择。在机床刚性、功率允许的条件下，大余量、粗加工应选用刀尖角较大的刀片，反之，机床刚性和功率小、小余量、精加工时宜选用较小刀尖角的刀片。

刀片形状主要依据被加工工件的表面形状、切削方法、刀具寿命和刀片的转位次数等因素选择。正三角形刀片可用于主偏角为60°或90°的外圆车刀、端面车刀和内孔车刀，由于刀片刀尖角小、强度差、耐用度低，适用于较小切削用量的场合。正方形刀片的刀尖角为90°，比正三角形刀片的60°要大，因此其强度和散热性有所提高。这种刀片通用性较好，主要用于主偏角为45°、60°、75°等的外圆车刀、端面车刀和车孔刀。正五边形刀片的刀尖角为108°，其强度高，耐用性好，散热面积大；但切削时径向力大，只宜在加工系统刚性较好的情况下使用。

菱形刀片和圆形刀片主要用于加工成形表面和圆弧表面，其形状及尺寸可结合加工对象并参照国家标准来确定。

(3) 选择刀杆

机夹可转位（不重磨）车刀的刀杆如图 3-24 所示。

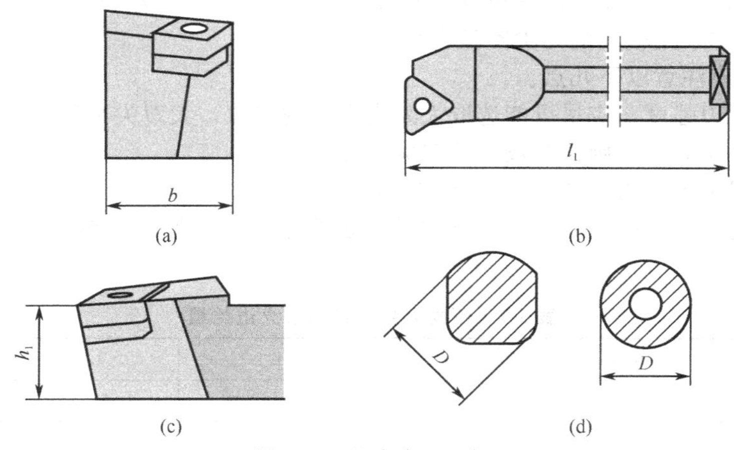

图 3-24 机夹车刀刀杆

选用刀杆时，首先应选用尺寸尽可能大的刀杆，同时要考虑刀具夹持方式、切削层截面形状（即背吃刀量和进给量）、刀柄的悬伸等因素。

刀杆头部形式按主偏角和直头、弯头分有15～18种，各形式可以根据实际情况选择。有直角台阶的工件，可选主偏角大于等于90°的刀杆。一般粗车可选主偏角45°～90°的刀杆；精车可选45°～75°的刀杆；中间切入、仿形车则选45°～107.5°的刀杆；工艺系统刚性好时可选较小值，工艺系统刚性差时，可选较大值。当刀杆为弯头结构时，则既可加工外圆，又可加工端面。

(4) 刀片后角的选择

常用的刀片后角有N(0°)、B(5°)、C(7°)、P(11°)、D(15°)、E(20°)等。一般粗加工、半精加工可用N型;半精加工、精加工可用B型、C型、P型,也可用带断屑槽型的N型刀片;加工铸铁、硬钢可用N型;加工不锈钢可用B型、C型、P型;加工铝合金可用P型、D型、E型等;加工弹性恢复性好的材料可选用较大一些的后角;一般孔加工刀片可选用C型、P型,大尺寸孔可选用N型。

(5) 刀片材质的选择

车刀刀片的材料主要有硬质合金、涂层硬质合金、陶瓷、立方氮化硼和金刚石等,应用最多的是硬质合金和涂层硬质合金刀片。应根据工件的材料、加工表面的精度、表面质量要求、切削载荷的大小以及切削过程中有无冲击和振动等因素,选择刀片材质。

(6) 刀片尺寸的选择

刀片尺寸的大小取决于有效切削刃长度。有效切削刃长度与背吃刀量及车刀的主偏角有关,使用时可查阅有关刀具手册。

(7) 左右手刀柄的选择

左右手刀柄有R(右手)、L(左手)、N(左右手)三种。要注意区分左、右刀的方向。选择时要考虑车床刀架是前置式还是后置式、前刀面是向上还是向下、主轴的旋转方向以及需要的进给方向等。

(8) 刀尖圆弧半径的选择

刀尖圆弧半径不仅影响切削效率,而且关系到被加工表面的粗糙度及加工精度。从刀尖圆弧半径与最大进给量关系来看,最大进给量不应超过刀尖圆弧半径尺寸的80%,否则将恶化切削条件,甚至出现螺纹状表面和打刀等问题。刀尖圆弧半径还与断屑的可靠性有关,为保证断屑,切削余量和进给量有一个最小值。当刀尖圆弧半径减小,所得到的这两个最小值也相应减小,因此,从断屑可靠出发,通常对于小余量、小进给车削加工应采用小的刀尖圆弧半径,反之宜采用较大的刀尖圆弧半径。

粗加工时,应注意以下几点。

① 为提高刀刃强度,应尽可能选取大刀尖半径的刀片,大刀尖半径可允许大进给。

② 在有振动倾向时,则选择较小的刀尖半径。

③ 常选用刀尖半径为1.2~1.6mm的刀片。

④ 粗车时进给量不能超表3-7给出的最大进给量,作为经验法则,一般进给量可取为刀尖圆弧半径的一半。

表3-7 不同刀尖半径时最大进给量

刀尖半径/mm	0.4	0.8	1.2	1.6	2.4
推荐进给量/(mm/r)	0.25~0.35	0.4~0.7	0.5~1.0	0.7~1.3	1.0~1.8

精加工时,应注意以下几点。

① 精加工的表面质量不仅受刀尖圆弧半径和进给量的影响,而且受工件装夹稳定性、夹具和机床的整体条件等因素的影响。

② 在有振动倾向时选较小的刀尖半径。

③ 非涂层刀片比涂层刀片加工的表面质量高。

(9) 断屑槽型的选择

断屑槽的参数直接影响着切屑的卷曲和折断,目前刀片的断屑槽形式较多,各种断屑槽刀片使用情况不尽相同。基本槽型按加工类型有精加工(代码F)、普通加工(代码M)和粗加工(代码R);加工材料按国际标准有加工钢的P类、不锈钢、合金钢的M类和铸铁的

K 类。这两种情况组合在一起就有了相应的槽型，比如 FP 是用于钢的精加工槽型，MK 是用于铸铁普通加工的槽型等。如果加工向两方向扩展，如超精加工和重型粗加工，以及材料也扩展，如耐热合金、铝合金、有色金属等，就有了超精加工、重型粗加工和加工耐热合金、铝合金等补充槽型。一般可根据工件材料和加工的条件选择合适的断屑槽型和参数，当断屑槽型和参数确定后，主要靠进给量的改变控制断屑。

3.5.6 可转位车刀的合理使用

① 使用前应检查刀片的牌号、型号以及车刀的型号是不是符合要求，刀片刃口或其他部分有无缺陷，刀杆上刀槽及夹紧元件有无损伤。

② 装夹刀片要注意使刀片与刀垫、刀槽之间紧密贴合，当刀片转位或更换时，注意保持接触面的清洁，夹紧力不要过大。

③ 刀片磨损到规定程度时，应及时转位或更换，否则会影响工件的加工质量。

④ 合理选择切削用量和刀片的断屑槽型，不同槽型及槽宽的刀片只有采用与之相配合的切削用量时，才能获得满意的断屑效果。当出现不断屑时，应调整切削用量或者重新选择刀片，如适当增大进给量或降低切削速度可实现断屑。又如，加工塑性材料时，选择断屑槽宽较小的刀片，可加大切屑的变形，使之易于折断。

3.6 成形车刀

对于精度要求较高、批量大、较短的内、外成形面零件，可用成形车刀进行车削。成形刀法是将车刀切削刃磨成工件成形面的形状，一般常用径向进给车削出成形表面。

成形车刀是加工回转成形表面的专用高效刀具。车刀刃形是根据工件轴向截面形状设计的。其刃形与工件轴向截面形状彼此对应，因此成形车刀又称为样板车刀。成形车刀刃形复杂，设计和制造比较困难，成本比较高，所以它主要用于大批量生产，在半自动车床或自动车床上加工内、外回转成形表面。当工件批量较小时，也可以在普通车床上加工。

成形车刀的特点如下。

① 加工质量稳定　设计和制造精确，调整正确的成形车刀能保证加工表面形状和尺寸的一致性和互换性。加工精度可达 IT8～IT10，粗糙度可达 $Ra=2.5\sim10\mu m$。

② 生产效率高　一般成形车刀一次切削便可以同时完成整个工件表面的加工，生产效率高。

③ 刀具寿命长　成形车刀的重磨次数较多，总的使用时间长。

3.6.1 成形刀的种类

成形刀按结构和形状分类可以分为普通成形刀、棱形成形刀和圆形成形刀。

(1) 普通成形刀

这种成形刀与普通车刀相似。形状简单的成形面，可用普通成形刀车削。如图 3-25 所示，这种车刀的刀体结构与装夹和普通车刀相同，制作方便。精度要求较低时，可用于手工刃磨。精度要求较高时，需在工具磨床上刃磨。

(2) 棱形成形刀

这种成形刀由刀头和刀杆两部分组成（图 3-26）。棱形成形刀的刀头切削刃，按工件形状在工具磨床上用成形砂轮磨出，可制造得很精确。刀头后部有燕尾块，装夹在弹性刀杆的燕尾槽内，并用螺钉紧固。刀杆上的燕尾槽做成向内下方倾斜，故当刀头插入刀杆燕尾槽内

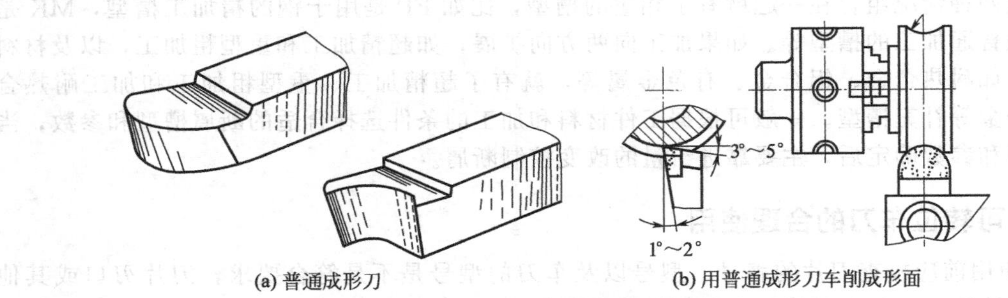

图 3-25　普通成形刀及其应用

时，就使成形刀产生了后角。切削刃磨损后，只需要刃磨刀头的前刀面。切削刃磨低后，可以把刀头向上拉起，直至刀头无法夹持为止。

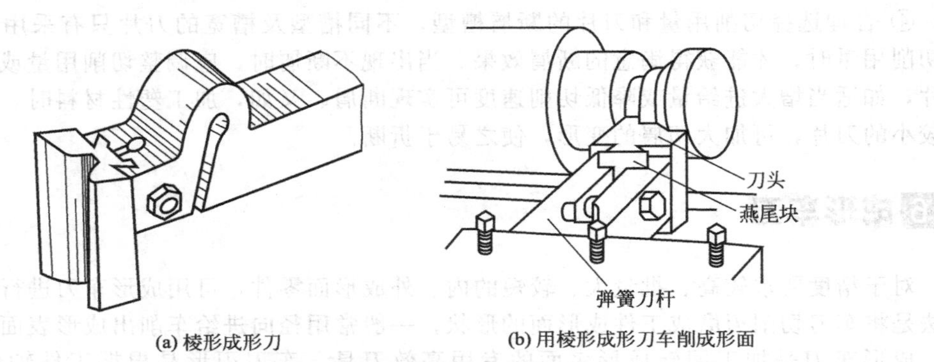

图 3-26　棱形成形刀及其应用

棱形成形刀加工精度稳定，重磨次数多，刀具寿命长。重磨的前面为平面，故刃磨简便。但这种刀具制造比较复杂，且不能加工内成形面。

(3) 圆形成形刀

圆形成形刀的刀体制成圆轮形，装夹在弹性刀杆上（图 3-27）。在圆轮上开有缺口，以形成前面和主切削刃。在侧面做出端面齿，安装时与刀杆上的端面齿相啮合，以防止切削时刀头转动。

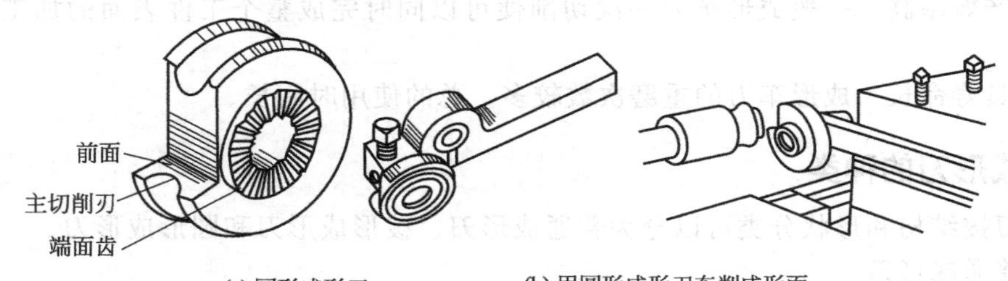

图 3-27　圆形成形刀及其应用

圆形成形刀的主切削刃必须低于圆轮中心，否则刀具切削时的后角为 0°［图 3-28(a)］。主切削刃低于圆轮中心的高度 H［图 3-28(b)］可用下式计算。

$$H=\frac{D}{2}\sin\alpha_f$$

式中　H——主切削刃低于圆轮中心的高度，mm；

D——圆形成形刀的直径，mm；

α_f——成形刀的后角（一般为 6°～12°）。

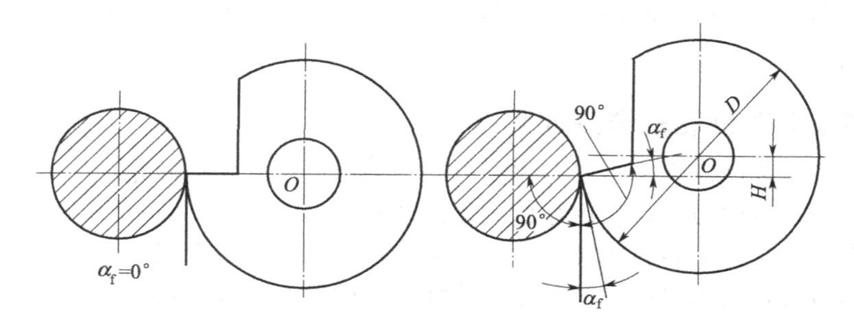

(a) 圆形成形刀的主切削刃　　(b) 主切削刃低于圆轮中心

图 3-28　圆形成形刀的后角

圆形成形刀刀体是圆轮形，制造比较容易，重磨时是磨前刀面，其重磨次数比棱形成形刀更多，且可以车削内、外成形表面，故在生产中得到更多的应用。

3.6.2　成形刀的选择原则

用成形刀车削成形面时，精度主要靠刀具保证。因此选择刀具材料和合理的几何形状是很重要的。

(1) 刀具材料的选择

刀具材料的合理选择对成形面的表面粗糙度和生产效率有直接影响，被加工材料是钢，形面变化范围小，而且比较简单，刀具材料可选用 YT15 硬质合金。对形面复杂的成形刀，为了制造方便，一般采用高速钢较为合适。

(2) 刀具角度的选择

由于成形刀的主切削刃是一条曲线，因此成形刀主要是前角和后角的选择。用成形刀粗车成形面工件时，由于车刀与工件的接触面大，前角应选得大些，一般选择 15°～20°；后角一般选择 6°～100°。精车成形面时，为减少截形误差，车刀应采用较小的前角或 0°前角。

(3) 成形刀车削时防止振动的方法

使用成形刀车削时，因为切削刃接触面积大，容易引起振动，防止振动的方法如下。

① 机床要有足够的刚度，必须把机床各部分间隙调整得较小。

② 成形刀尽可能装正中心，装高容易扎刀，装低会引起振动。必要时。可以把成形刀反装进行车削。这时车床主轴反转，使切削力与主轴、工件重力方向相同，可以减少振动。

③ 应采用较小的进给量和切削速度，车钢材料时必须加切削液，车铸铁时可以不加或加煤油作为切削液。

3.7 车刀的刃磨

3.7.1　车刀刃磨的原因和类型

(1) 车刀刃磨的原因

在切削过程中，车刀的前刀面和后刀面处于剧烈的摩擦和切削热的作用之中，使车刀的切削刃口变钝而失去切削能力，必须通过刃磨来恢复切削刃口的锋利和正确的车刀几何角度。

(2) 车刀刃磨的类型

车刀的刃磨方法有机械刃磨和手工刃磨两种。机械刃磨效率高、操作方便，几何角度准确，质量好。但在中、小型企业中目前仍普遍采用手工刃磨的方法，因此，车工必须掌握手工刃磨车刀的技术。

3.7.2 刃磨车刀时砂轮的选择原则

① 高速钢车刀及硬质合金车刀刀体的刃磨，采用白色氧化铝砂轮。

② 硬质合金车刀的刃磨，采用绿色碳化硅砂轮。

③ 粗磨车刀时，采用磨料颗粒尺寸大的粗粒度砂轮，一般选用36＃或60＃砂轮。

④ 精磨车刀时，采用磨料颗粒尺寸小的细粒度砂轮，一般选用80＃或120＃砂轮。

3.7.3 刃磨车刀的姿势和方法

① 磨车刀时，操作者应站立在砂轮机的侧面，以防止砂轮碎裂时，碎片飞出伤人。

② 两手握车刀的距离应放开，两肘应夹紧腰部，这样可以减小刃磨时的抖动。

③ 刃磨时，车刀应放在砂轮的水平中心，刀尖略微上翘3°～8°，车刀接触砂轮后应做左右水平移动，车刀离开砂轮时，刀尖需向上抬起，以免磨好的刀刃被碰伤。

④ 刃磨车刀时，不能用力过大，以防打滑伤手。

3.7.4 高速钢车刀刃磨的一般步骤和方法

① 刃磨主后刀面。目的是磨出车刀的主偏角和主后角。如图3-29(a) 所示，刃磨前，将车刀刀柄向左偏斜，使刀柄中心线与砂轮圆周面之间形成主偏角大小的角度，并把刀头抬起，使刀柄底线与水平面之间的夹角成主后角大小的角度。刃磨时，将车刀的主后刀面自下而上地慢慢接触砂轮，并左右轻轻移动，使砂轮在整个圆周面上与刀具接触。

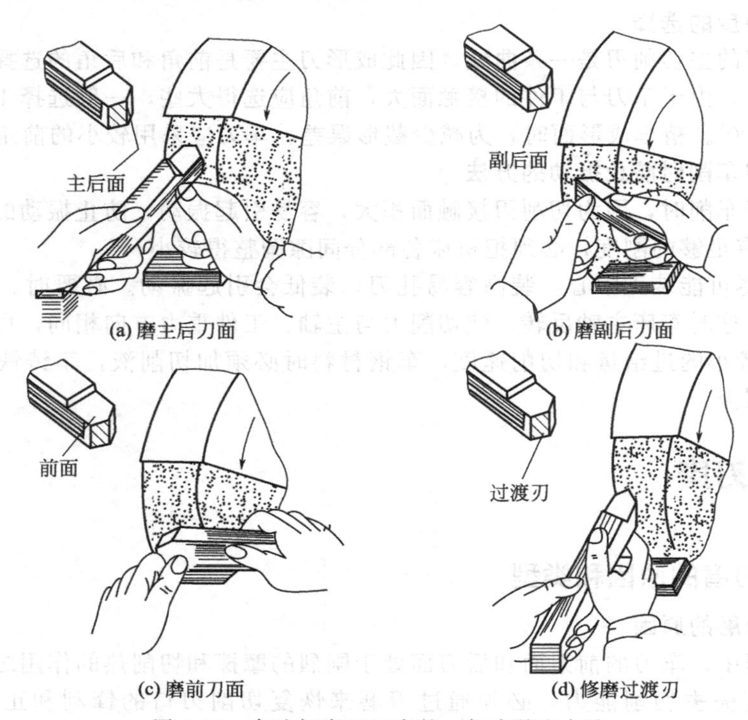

图3-29 高速钢车刀刃磨的一般步骤和方法

② 刃磨副后刀面。目的是磨出车刀的副偏角和副后角。刃磨副后刀面与刃磨主后刀面的方法基本相同，其不同点是要将车刀刀柄向右偏斜，如图 3-29(b) 所示。

③ 刃磨前刀面。目的是磨出车刀的前角和刃倾角。如图 3-29(c) 所示，将前刀面面对砂轮，刀柄尾部向下倾斜，使主切削刃与刀柄的底面平行（此时刃倾角为 0°），并将车刀沿主切削刃向下倾斜成前角大小的角度。这时，将车刀沿主切削刃方向左右倾斜，若使刀尖在主切削刃的最高点，则刃倾角为负值；若使刀尖在主切削刃的最低点，则刃倾角为正值。

④ 修磨过渡刃。如图 3-29(d) 所示，在主切削刃与副切削刃之间刃磨过渡刃（刀尖圆弧）。在刃磨时应注意车刀底平面与水平面之间的夹角（即过渡刃处的后角）与车刀的后角应协调一致。

⑤ 精磨。在较细硬的砂轮上将车刀各面进行仔细修磨，以修正车刀的几何形状和角度，使其符合要求，并减小车刀的表面粗糙度值。

⑥ 研磨。用平整的氧化铝油石，轻轻研磨车刀的后刀面和过渡刃，并研去切削刃在刃磨时留下的毛刺，以进一步降低各切削刃及各面的表面粗糙度值，从而提高车刀的耐用度。

3.7.5 硬质合金车刀刃磨的一般步骤和方法

以车削钢料的 90°主偏角车刀（刀片材料为 YT15）为例，介绍手工刃磨硬质合金车刀的步骤。

(1) 粗磨刀体

选用粒度号为 24～36 的氧化铝砂轮。

① 先把车刀前刀面、后刀面上的焊渣磨去，并磨平车刀的底平面。

② 在略高于砂轮中心水平位置处，将车刀翘起一个比后角大 2°～3°的角度，粗磨刀体的主后面和副后面，以形成后隙角，为刃磨车刀切削部分的主后面和副后面做准备，如图 3-30所示。

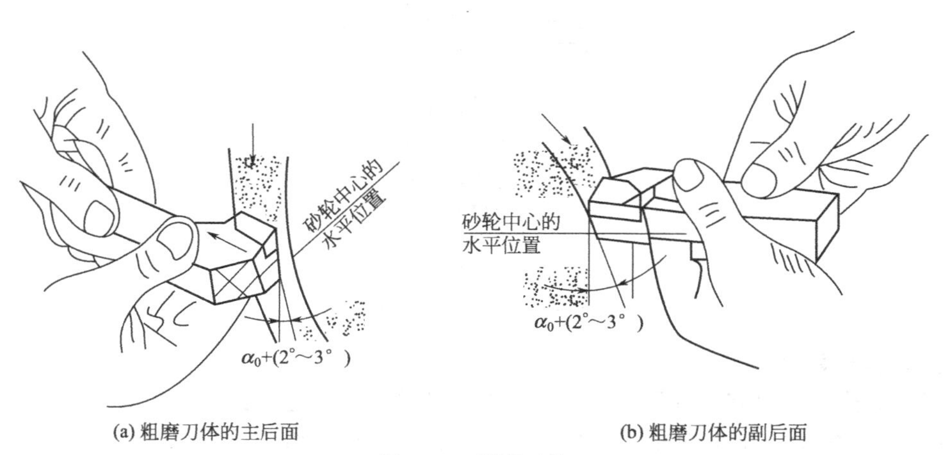

(a) 粗磨刀体的主后面　　(b) 粗磨刀体的副后面

图 3-30　粗磨刀体

(2) 粗磨切削部分主后面

选用粒度号为 36＃～60＃的碳化硅砂轮。刀体柄部与砂轮轴线保持平行，刀体底平面向砂轮方向倾斜一个比主后角大 2°～3°的角度。

刃磨时，将车刀刀体上已磨好的主后隙面靠在砂轮的外圆上，以接近砂轮中心的水平位置为刃磨的起始位置，然后使刃磨位置继续向砂轮靠近，并左右缓慢移动，一直磨至刀刃处为止。同时磨出主偏角 $\kappa_r=90°$ 和主后角 $\alpha_0=4°$，如图 3-31 所示。

(3) 粗磨切削部分副后面

刀体柄部尾端向右偏摆，转过副偏角 $\kappa_r'=8°$，刀体底平面向砂轮方向倾斜一个比副后角大 2°～3°的角度，如图 3-32 所示。

刃磨方法与刃磨主后面相同，但应磨至刀尖处为止。同时磨出副偏角 $\kappa_r'=8°$ 和副后角 $\alpha_0'=4°$。

(4) 粗磨前面

以砂轮的端面，粗磨出前面，同时磨出前角 $\gamma_0=12°\sim15°$，如图 3-33 所示。

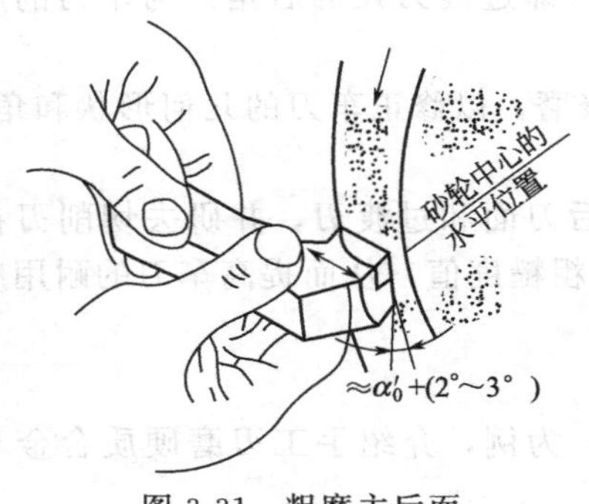

图 3-31　粗磨主后面

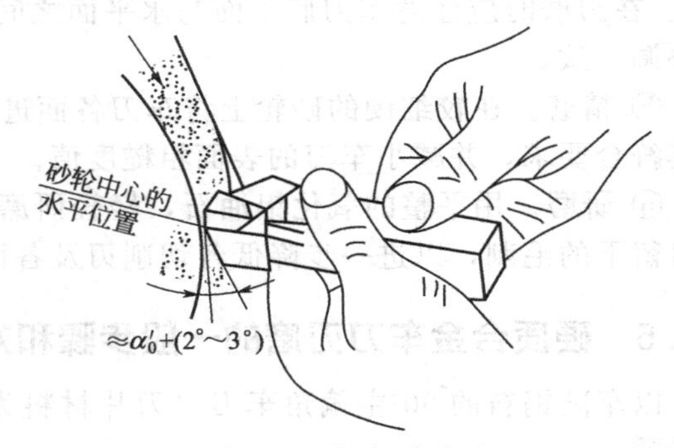

图 3-32　粗磨副后面

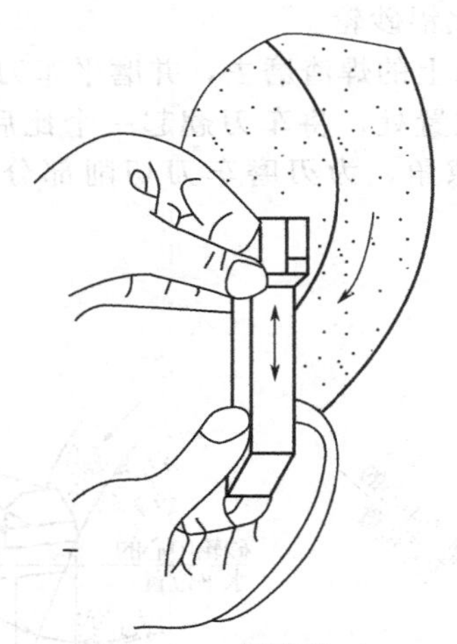

图 3-33　粗磨前面

(5) 刃磨断屑槽

断屑槽的槽形一般有 3 种形状：一种是全圆弧形，一种是直线圆弧形，一种是折线形。

如图 3-34 所示，槽的宽度 l_{Bn} 和反屑角 δ_{Bn} 是影响断屑的主要因素，宽度减小和反屑角增大，都会使切屑卷曲变形增大，切屑易折断。但 l_{Bn} 太小或 δ_{Bn} 太大，都会使排屑不畅。

不同槽形对砂轮的外形有不同的要求，如刃磨圆弧形断屑槽，必须先把砂轮的外圆跟平面的交角处用修砂轮的金刚石笔（或用硬砂条）修整成相应的圆弧。如刃磨折线形断屑槽，砂轮就必须修整出折线形状。刃磨时，刀尖可向下磨或向上磨，如图 3-35 所示。

刃磨断屑槽是刃磨车刀时最难掌握的，但只要注意以下几点，问题也是不难解决的。

① 磨断屑槽的砂轮交角处应经常保持尖锐或很小的圆角。当砂轮上出现较大的圆角时，应及时修整。

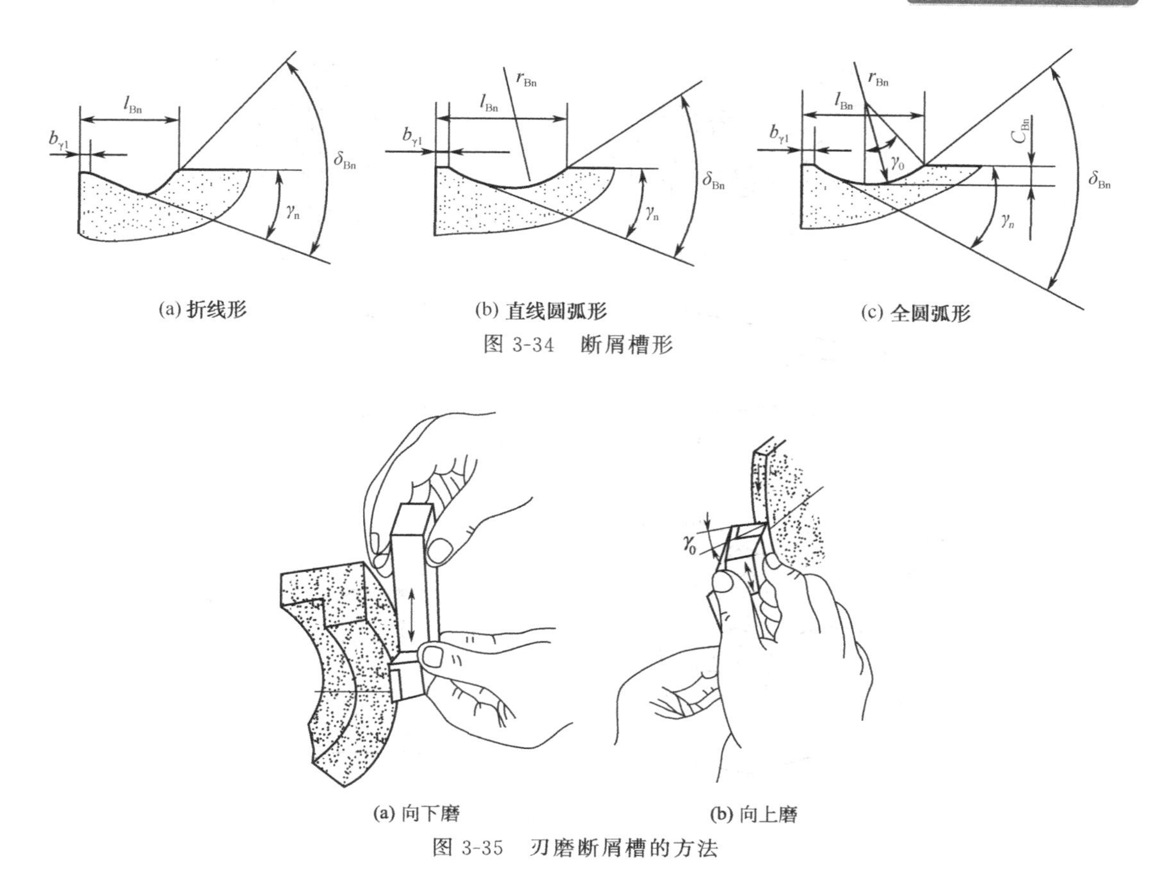

(a) 折线形 (b) 直线圆弧形 (c) 全圆弧形

图 3-34 断屑槽形

(a) 向下磨 (b) 向上磨

图 3-35 刃磨断屑槽的方法

② 刃磨时的起点位置应与刀尖、主切削刃离开一小段距离。决不能一开始直接刃磨到主切削刃和刀尖上，而使刀尖和刃口磨坍。

③ 刃磨时，不能用力过大。车刀应沿刀杆方向上下缓慢移动。对于尺寸较大的断屑槽可分粗磨和精磨两次磨，尺寸较小的断屑槽可以一次磨削成形。

(6) 精磨主、副后面

选用粒度号为 180 或 220 的绿色碳化硅杯形砂轮。精磨前，应先修整好砂轮，保证回转平稳。刃磨时，将车刀底平面靠在调整好角度的托架上，并使切削刃轻轻靠住砂轮端面，并沿着端面缓慢地左右移动，保证车刀刃口平直，如图 3-36 所示。

(7) 磨负倒棱

负倒棱如图 3-37 所示。刃磨有直磨法和横磨法两种方法，如图 3-38 所示。刃磨时，用力要轻，车刀要沿主切削刃的后端向刀尖方向摆动。为了保证切削刃的质量，最好采用直磨法。负倒棱的宽度一般为 0.5～0.8mm，也可以用修磨主后刀面来控制。

3.7.6 机夹可调位刀片的刃磨

机夹刀片的形状不同，用途也各不相同，不管是用在什么场合，都必须经过刃磨才能使用。

(1) 机夹可调位刀片刃磨的意义和刃磨部位

刀片与刀体连接前，要对刀片进行刃磨。当刀片夹固在刀体上以后就不能再调整和刃磨了，因此，刀片与刀体装配后所形成的几何角度，是靠刃磨实现的。硬质合金刀片出厂的角度，是按标准设计和制造的，它不可能适用于各种不同材料的加工，也不可能适用于各种刀

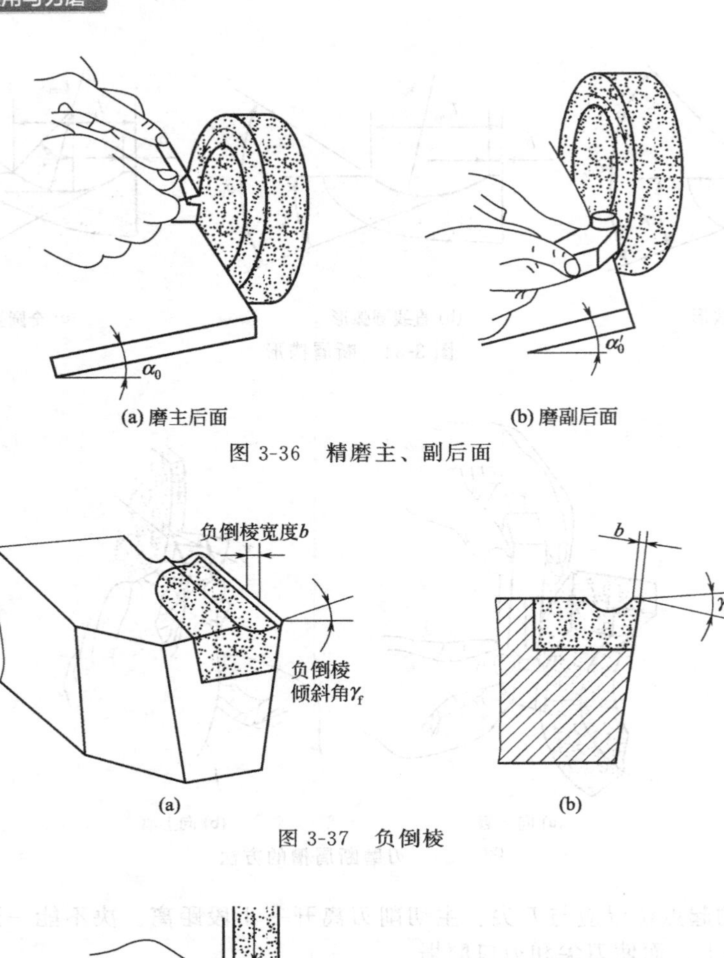

图 3-36 精磨主、副后面

图 3-37 负倒棱

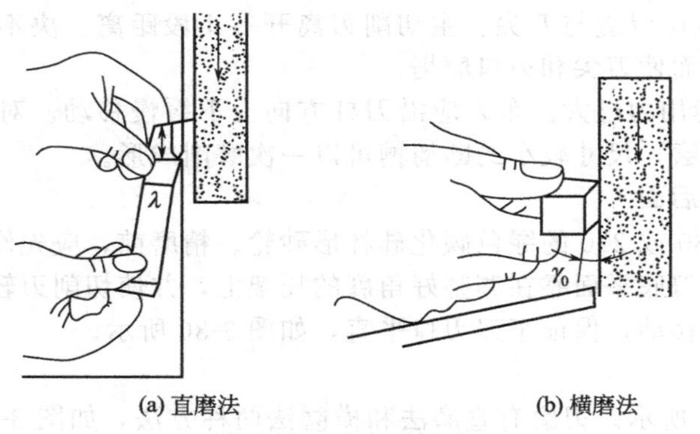

图 3-38 刃磨副倒棱

杆的结构。所以，用户必须按照具体加工条件，刃磨断屑槽的形状和前角。

刀片的底面是定位基面，是能否很好地夹紧的关键。如果刀片底面不平，它与刀体或刀垫的接触不良，就不可能稳定，则车刀进行切削加工时，刀片受力就可能活动，甚至打碎，使加工无法进行。所以，刀片的底面必须磨平才能使用。

刀片是压制成形的，表面光洁度较低，刃口有较大的圆角半径，不锋利。放大刃口观察时，不仅发现刃口呈锯齿形状，甚至刃口处还有崩裂现象。因此，不经过刃磨的刀片，是根本无法使用的。

机夹可调位刀片刃磨，还包括用钝后的重磨，一般刀片可以重磨 2～3 次。重磨的方法和刃磨新刀片一样。所以刀片刃磨工作量很大，在使用机夹可调位车刀之前，必须掌握刀片刃磨技术，否则得不到应有的效果。

(2) 机夹可调位刀片的刃磨

① 刀片底面的研磨　刃磨刀片底面的方法很多，多在结构很简单的单面研磨机床上进行，其结构原理如图 3-39 所示。

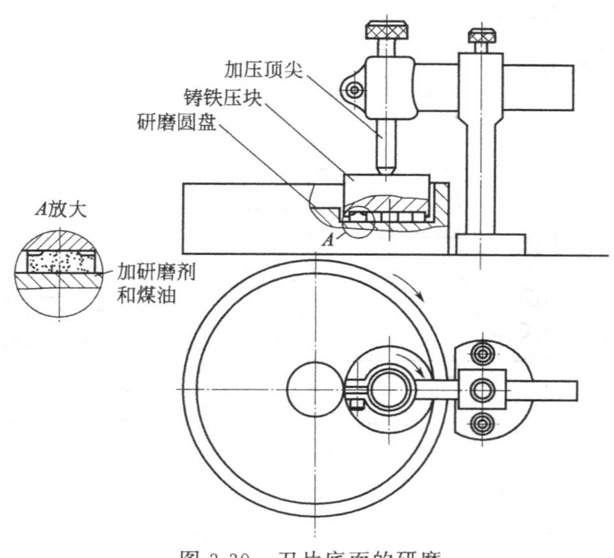

图 3-39　刀片底面的研磨

研磨圆盘（材料为铸铁）由电机和减速器装置带动，以低速旋转，在盘内放入碳化硼研磨粉和煤油。刀片放入铸铁压块内槽中，刀片底面与研磨圆盘接触，在加压顶尖的作用下，可使铸铁压块绕顶尖中心回转。这样，刀片经过一定的时间即可研平。一般来说，刀片底面需要有 70%的平面部分才可保证定位的稳定性。

根据研磨圆盘的直径大小不同，可以同时放入 3 个以上的铸铁压块。

如果被研磨的刀片数量很多，可以在研磨以前按尺寸分段，使同一个铸铁压块内的刀片厚度尺寸相近似。

② 刀片周边的刃磨　机夹可调位刀片的刃磨，可以在万能工具磨床上进行，也可以在专用的小磨床上进行。专用小磨床的结构很简单，体积小，工作灵活，但是刚性较万能工具磨床差。

刃磨周边用的砂轮，多为碗形金刚石砂轮，树脂结合剂，100# ～150# 粒度。

刃磨周边用冷却润滑液，必须流量充足而均匀，防止间歇流入。常用的冷却润滑液有：煤油冷却润滑液和亚硝酸钠、聚乙二醇，三乙醇酸和水的混合润滑液。

磨不带后角的三角形刀片其周边的刃磨夹具和刃磨方法如图 3-40 所示。

生产中经常使用的机夹可调位刀片，大部分中间有孔。孔的作用是辅助定位和夹紧。设计和制造刃磨刀片周边的夹具，以及刃磨刀片时，均以此孔作为设计基准和定位基准。

夹具的结构如图 3-40 所示。夹具座固定在工作台面上，其夹具体通过水平回转轴与夹具座相连，用螺母固紧。夹具体内有两个可换顶杆，通过拨叉和手柄相连。顶杆后有弹簧，它使顶杆有向前运动的趋势，弹簧压力可通过调压螺塞调节，顶杆前端有 V 形槽，用以夹紧刀片。支板固定在夹具体的前端，支板上有定位销，刀片就通过定位销放在支板上。

装夹刀片时，右手下压手柄，可换顶杆在拨叉作用下后退，左手将刀片孔套在定位销上，并轻轻地下压，使刀片底面与支板接触，然后右手松开手柄，顶杆在弹簧力的作用下，

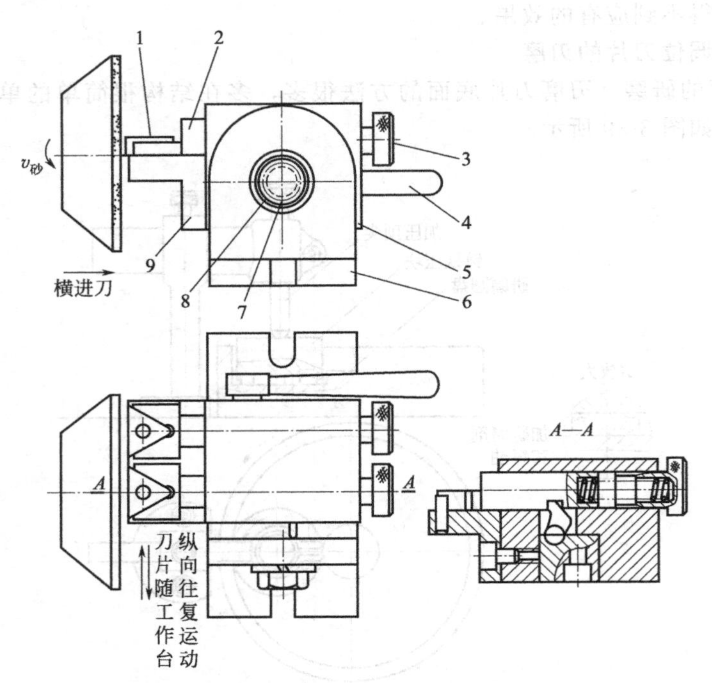

图 3-40　不带后角的三角形刀片的周边刃磨装置

1—定位销；2—可换顶杆；3—调压螺塞；4—手柄；5—夹具体；6—夹具座；7—水平轴；8—螺母；9—支板

自动向前运动，使用 V 形面将刀片夹紧。

刀片夹紧后启动砂轮，工作台带动夹具作纵向往复运动，砂轮横向进给，进给是在刀片退出砂轮的两端位置时进行，可以单向或双向进给，每次进给量为 0.02～0.05mm。一个边刃磨平以后，还要无横向进给光修 1～2 个纵向行程，速度也要相应减慢，将第一边刃磨好以后，将刀片转位，再磨第二边、第三边。

带后角的三角形刀片的刃磨在单件小批量生产时，可用图 3-40 的夹具。刃磨前先松开螺母，使夹具体绕水平轴旋转一个后角 $\alpha_刀$，然后再把螺母紧固，即可刃磨。此刀片的定位、夹紧和刃磨方法完全同上。

在大批量生产时，就用图 3-41 所示夹具，从结构上看，除夹具座下带有斜角外，其余与图 3-40 完全相同。这个斜角就是刀片的后角 $\alpha_刀$，这种夹具刚性较好，不需调节，能保证刀片后角的一致性。

不带后角的四边形刀片周边的刃磨和不带后角的三角形刀片刃磨夹具和方法相比，只是把可换顶杆换成图 3-42 所示形状。其余结构则与不带后角的三角形刀片刃磨夹具完全相同。

带后角的四边形刀片周边的刃磨是把图 3-41 夹具中的可换顶杆换成夹紧顶杆，即可刃磨带后角的四边形刀片的周边。

③ 刀片副偏角的刃磨　刀片副偏角的刃磨，同样是在图 3-40 或图 3-41 夹具的基础上，更换夹紧顶杆。

一般情况下，因为副切削刃很短，磨削余量也较小，刃磨时砂轮可以不用横向退刀，即可将刀片转位，并接着磨第二、第三副偏角。

④ 断屑槽的刃磨　机夹刃磨调位刀片的断屑槽，大致分为三种形式：即平行式、外斜式和内斜式，见图 3-43。

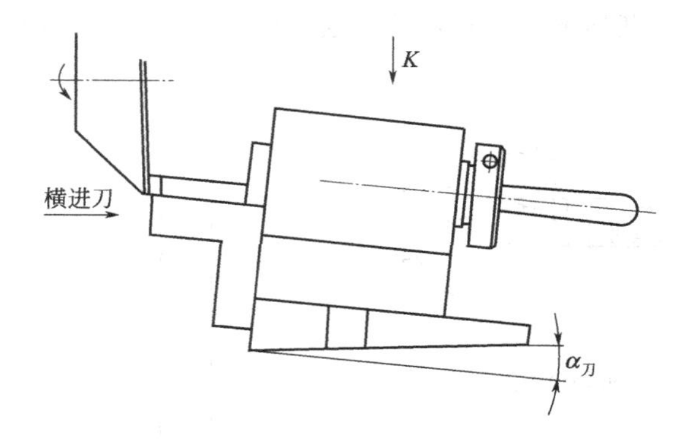

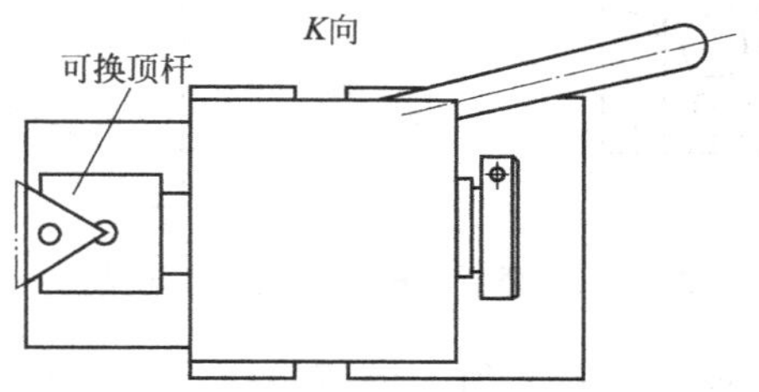

图 3-41 带后角的三角形刀片周边的刃磨

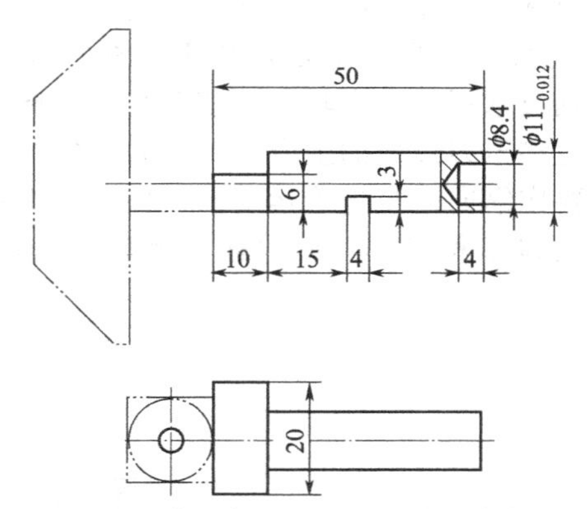

图 3-42 不带后角的四边形刀片的夹紧顶杆

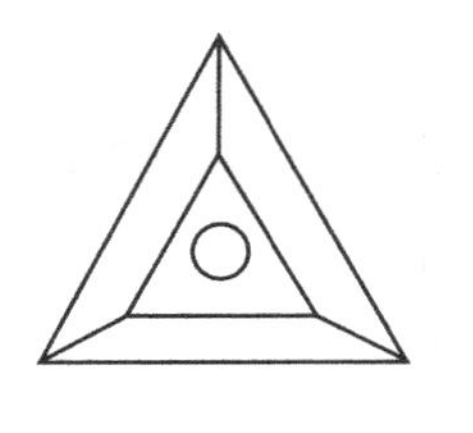

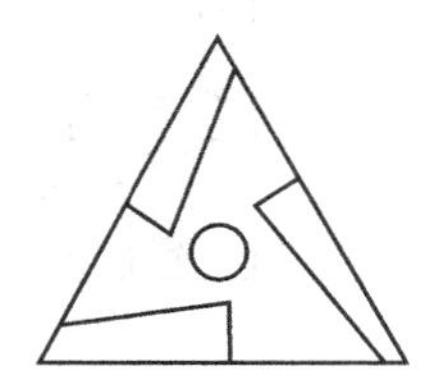

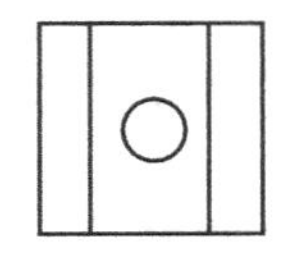
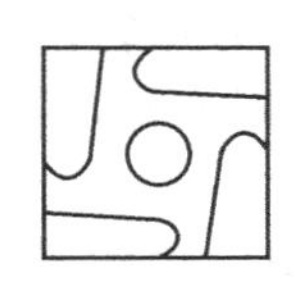

(a) 平行式　　(b) 外斜式　　(c) 内斜式

图 3-43 断屑槽的形式

根据具体情况，刃磨断屑槽的砂轮可选用通用的碗形砂轮或特制的成形砂轮。成形砂轮形状如图 3-44 所示。

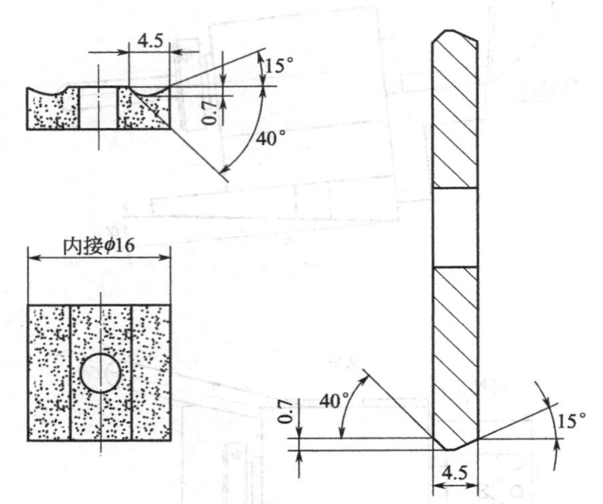

图 3-44　磨断屑槽用的成形砂轮基体

a. 通槽断屑槽的刃磨　图 3-43(a) 所示的四边形刀片就是通槽断屑槽，它只有两个刃边能做主切削刃。刃磨时砂轮可以从两边的任一方向退出。在机床允许的情况下，砂轮直径可选择得大一些，这样磨削速度高，光洁度高，效率也高。

图 3-45 是夹紧刀片的小刀杆。它是装在刃磨夹具（图 3-44）上的。用偏心夹紧螺钉把刀片平夹牢固，调整（绕立轴及水平轴）夹具，可使刀片的断屑槽平行于工作台的纵向运动方向。把成形电镀金刚石砂轮移至刀片槽的上方，并使砂轮的圆弧对准断屑槽，即可启动砂轮进行刃磨。此外，工作台要作纵向往复进给运动，而砂轮则作垂直进给运动。只要砂轮与断屑槽形状一致，两者对中性调节得又好，砂轮接触槽后，垂直进给 0.05mm 左右，就能够将断屑槽刃磨光洁。

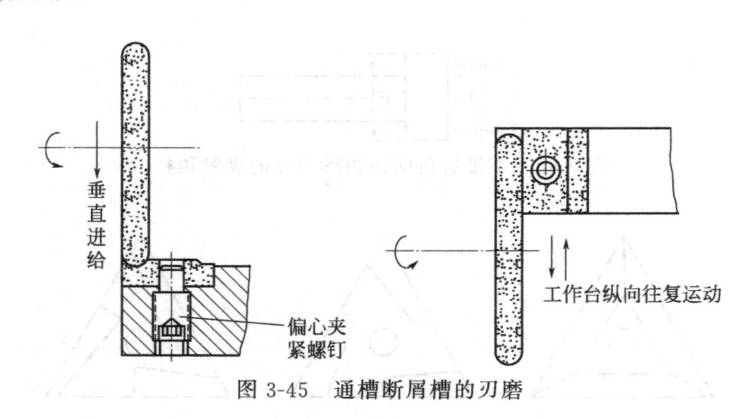

图 3-45　通槽断屑槽的刃磨

一个槽刃磨好以后，砂轮退出刀片，刀片转位 180°，再刃磨另一个槽。如果砂轮的垂直进给量很小（0.02mm 左右）就磨光了断屑槽，则磨第二个槽时砂轮不必垂直退刀，可以直接刃磨。

b. 半通断屑槽的刃磨　这种刀片每一个边都工作，刃磨时，砂轮只能从一个方向退出（如图 3-46）。图示位置中砂轮中心线以左的断屑槽底 $A'B'$ 是平的，切削刃是直线 AB，中心线以右的断屑槽底是圆弧 $B'C$，这部分切削刃是曲线 BC。为了磨出直线刃口，砂轮的直径不能太大，而且砂轮磨到封闭槽一边的位置必须固定。由于所选用的砂轮直径较小，因此磨削速度较低，效率低，光洁度也较差，因砂轮经常碰圆弧槽底，砂轮的磨损也比较快。

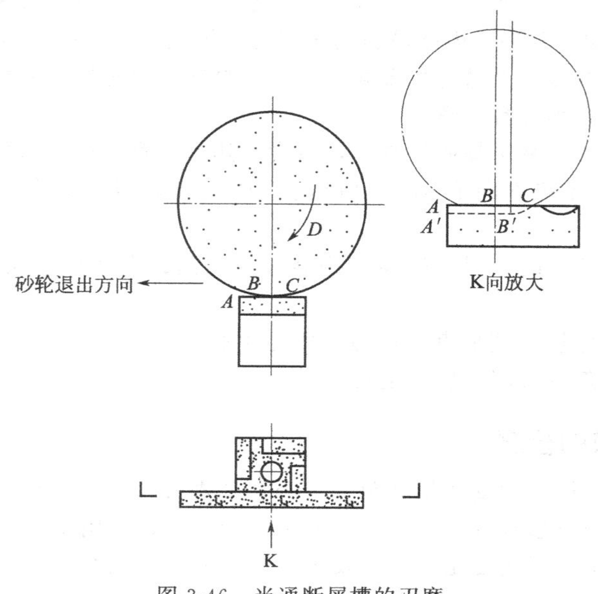

图 3-46 半通断屑槽的刃磨

c. 外斜式断屑槽的刃磨　外斜式断屑槽与平行式断屑槽的区别，在于槽外宽而深，槽内窄而浅。

装夹时，先使刀片刃边平行于砂轮端面，然后使槽宽的一边上翘，翘到槽底处在水平面为止。检查槽底是否水平，最好的办法是试磨，观察砂轮与刀片槽接触（磨削轨迹）情况，再调整小夹具。一个槽试磨合格了，就可以成批进行刃磨了。刃磨方法与半通断屑槽完全一样。

d. 内斜式断屑槽的刃磨　内斜式和外斜式断屑槽正好是相反的槽形，即内斜式断屑槽其槽外窄而浅，槽内宽而深。调整夹具的方法与外斜式相反，而刃磨方法相同。

3.7.7 注意事项

在高速旋转的砂轮前刃磨车刀时，注意力必须集中，不可疏忽大意，不然，很容易发生事故。同时还必须正确地使用砂轮，尽量减少砂轮的损耗。

刃磨车刀时需注意以下事项。

① 新安装的砂轮必须要经过严格的检查。新砂轮未装上前，先用硬木轻轻敲击，试听是否有碎裂声，保证没有裂纹并经过运转试验后方可使用。装夹时必须保证装夹牢靠，运转平稳，磨削表面不应有过大的跳动。砂轮旋转速度应选择砂轮允许的线速度，过高会爆裂伤人，过低又会影响刃磨质量。刃磨时，人应尽量避免正对砂轮，而应站在砂轮的侧面，这样可以防止沙粒飞入眼内或砂轮万一破碎飞出伤人。刃磨车刀时，必须戴好防护眼镜。

② 磨刀时双手应握稳车刀，车刀与砂轮接触时用力要均匀，压力不能太大，要不断做左右移动。这样做一方面使刀具受热均匀，防止硬质合金刀片产生裂纹和高速钢车刀退火；另一方面使砂轮不致因固定磨某一处，而使砂轮表面出现凹槽。不得用车

刀撞击砂轮。

③ 刃磨车刀应尽可能运用砂轮的圆周面，禁止在砂轮两侧面用力粗磨车刀，以免砂轮侧面受力而发生偏摆跳动。

④ 刃磨硬质合金刀时，允许把刀柄部分放入水中冷却，不可把刀头部分放入水中冷却，以防止刀片因突然冷却而碎裂。刃磨高速钢车刀时，不能过热，应随时用水冷却。

⑤ 不允许在磨刀机砂轮上磨有色金属或非金属材料，以免堵塞砂轮上的气孔。

⑥ 砂轮磨削表面必须经常修整。

⑦ 必须根据车刀材料来选择砂轮种类，否则将达不到良好的刃磨效果。

⑧ 刃磨时，砂轮旋转方向必须由刃口向刀体方向转动，以免造成切削刃出现锯齿形缺陷。

⑨ 在平形砂轮上磨刀时，尽量避免使用砂轮的侧面；在杯形砂轮上磨刀时，不要使用砂轮的外圆或内圆。

⑩ 砂轮机的角度导板必须平直，转动的角度要求正确。

⑪ 磨刀结束时应随手关闭砂轮机电源。

3.7.8 刃磨后车刀的检测

车刀磨好后，必须检查刃磨质量和角度是否合乎要求。检查刃磨质量时，主要是观察刀刃是否锋利、表面是否有裂纹等缺陷。对于要求高的车刀，可用10～20倍放大镜观察。

车刀刃磨后，必须测量角度是否合乎要求，测量方法一般有以下两种。

(1) 用样板测量

检查角度时，先用样板检查车刀主后角，然后检查楔角。如果这两个角度合格，前角也就合乎要求了。用样板测量车刀角度的方法如图3-47所示。先用样板测量车刀的后角（α_0），然后检验楔角（β_0），如果这两个角度已合乎要求，那么前角（γ_0）也就正确了，这是因为：$\gamma_0=90°-(\alpha_0+\beta_0)$。

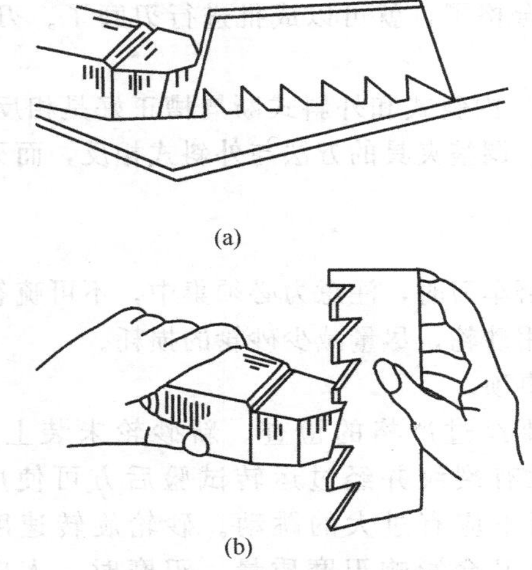

图3-47 用样板检测车刀角度

(2) 用车刀量角器测量

角度要求准确的车刀，车刀角度可以用专用量角台或万能游标量角器测量。其测量方法如图3-48～图3-51所示。其中图3-48为车刀前角测量，图3-49为车刀后角测量，图3-50为车刀刃倾角测量，图3-51为车刀主偏角和副偏角测量。

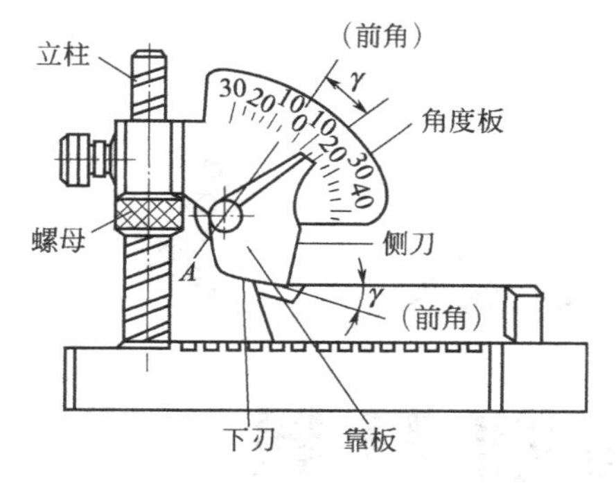

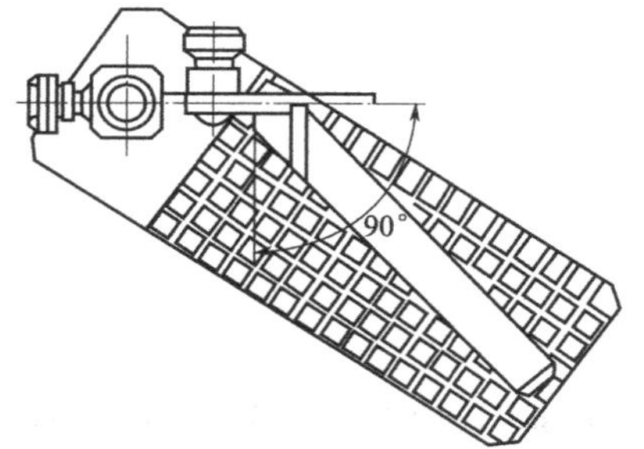

图 3-48 测量前角的方法

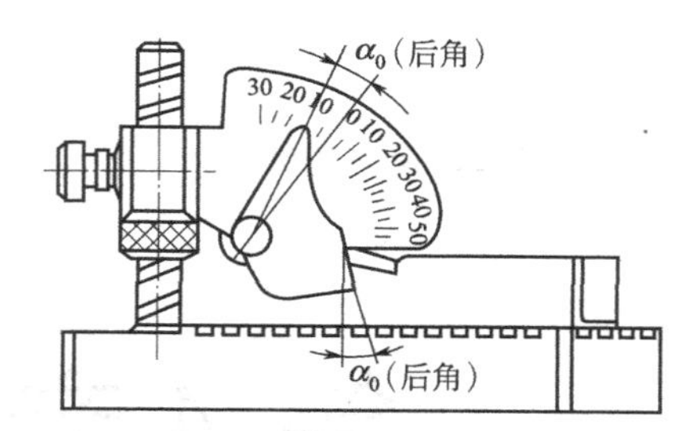

图 3-49 测量后角的方法

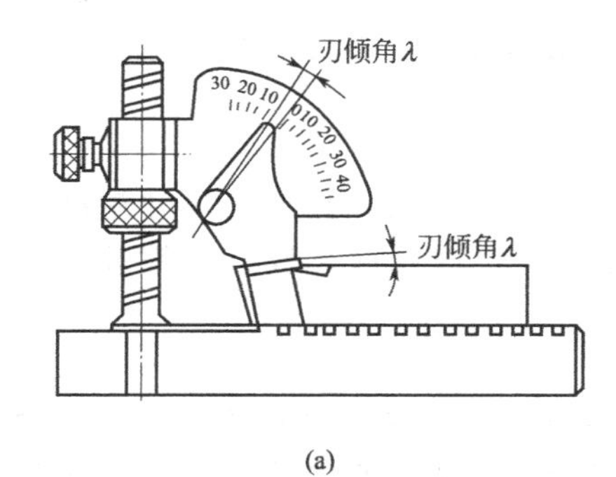

(a)

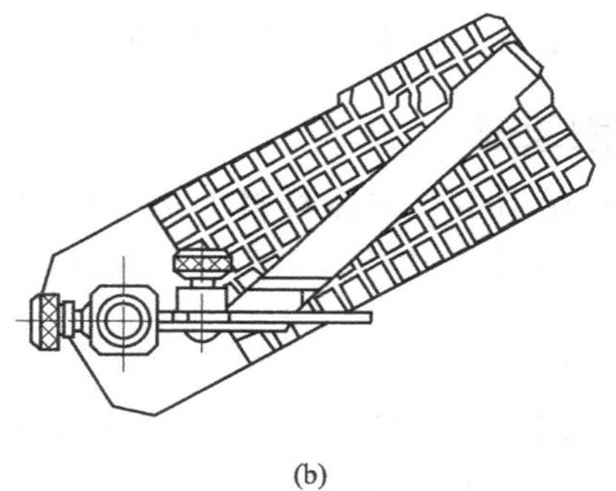

(b)

图 3-50 测量刃倾角的方法

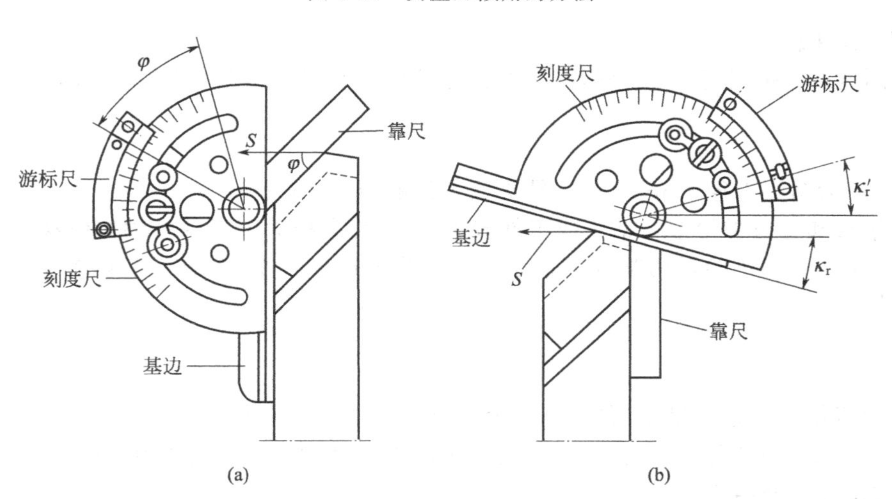

图 3-51 测量主偏角和副偏角

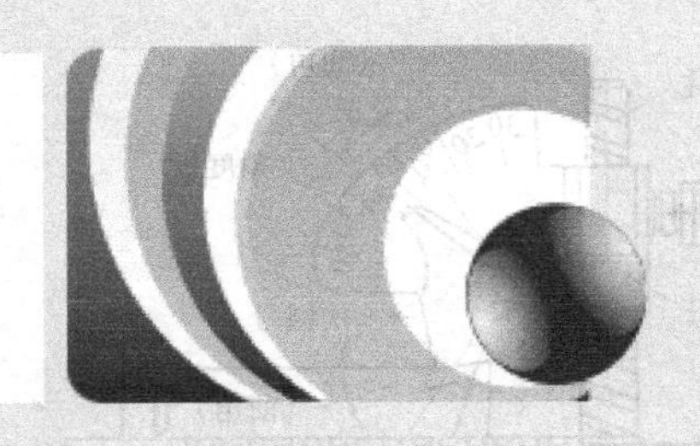

第4章 孔削刀具

4.1 概述

孔加工刀具是切削加工中使用得最早的刀具之一，也是目前应用得很广泛的一种刀具。孔加工的对象为机器或仪器上各种各样的孔，例如螺钉孔、销子孔、齿轮内孔、箱体上的轴孔、机床主轴锥孔等。根据用途及技术要求的不同，孔可以在车床、钻床、拉床、镗床和磨床上用镗刀、钻头、锪钻、铰刀、拉刀、内圆磨具等孔加工刀具来加工。

4.1.1 钻削原理

钻削是使用钻头在实体材料上加工孔的最常用的方法，其加工尺寸精度可达IT12～IT11，表面粗糙度可达Ra12.5～6.3μm，它可作为攻螺纹、铰孔、镗孔和扩孔等的预备加工。

(1) 钻削运动

钻削时的切削运动同车削一样，也是由主运动和进给运动所组成的。其中，钻头（在钻床上加工时）或工件（在车床上加工时）的旋转运动为主运动；钻头的轴向运动为进给运动。

(2) 钻削用量

① 钻削速度　钻削速度v_c是指切削刃上选定点m相对于工件的主运动的瞬时速度，即：

$$v_c=\frac{\pi dn}{1000} \tag{4-1}$$

式中，d为钻头直径，mm；n为钻头或工件的转速，r/min。

② 进给量和每齿进给量　钻头或工件转1r时，钻头相对于工件的轴向位移（或在进给方向的位移量）称为进给量用符号f表示，单位为mm/r。由于麻花钻有两个切削刃，故每齿进给量为：

$$f_z=\frac{f}{2} \tag{4-2}$$

③ 背吃刀量　背吃刀量a_p是在基面上垂直于进给运动方向度量的尺寸，它是钻头的半径，即$a_p=d/2$。当孔径较大时，可采用钻-扩加工，这时钻头直径约为孔径的70%。

(3) 钻削的工艺特点

钻削属于内表面加工，钻头的切削部分始终处于一种半封闭状态，切屑难以排出，而加工产生的热量又不能及时散发，导致切削区温度很高。浇注切削液虽然可以使切削条件有所改善，但由于切削区是在内部，切削液最先接触的是正在排出的热切屑，待其到达切削区时，温度已显著升高，冷却作用已不明显。钻头直径受被加工工件的孔径所限制，为了便于排屑，一般在其上面开出两条较宽的螺旋槽，因而导致钻头本身的强度及刚度均较差，而横刃的存在，使钻头定心性差，易引偏，使孔径容易扩大，且加工后的表面质量差，生产效率低。因此，在钻削加工中，冷却、排屑和导向定心是三大突出而又必须重视的问题。尤其在深孔加工中，这些问题更为突出。下面针对钻削加工中存在的问题，介绍其常采取的工艺措施。

① 导向定心问题

a. 预钻锥形定心孔，应先用小顶角、大直径麻花钻或中心钻钻出一个锥形坑，再用所需尺寸的钻头钻孔。

b. 对于大直径孔（直径大于30mm），常采用在钻床上分两次钻孔的方法，即第一次按小于工件孔径钻孔，第二次再按要求尺寸钻孔。第二次钻孔时由于横刃未参加工作，因而钻头不会出现由此引起的弯曲。对于小孔和深孔，为避免孔的轴线偏斜，应尽可能在车床上加工。而钻通孔时，当横刃切出瞬间轴向力突然下降，其结果犹如突然加大进给量一样，易引起振动，甚至导致钻头折断。所以在孔将钻通时，须减少进给量，非自动控制机床应改机动为手动缓慢进给。

c. 刃磨钻头时，尽可能使两切削刃对称，使径向力互相抵消，减少径向引偏。

② 冷却问题　在实际生产中，可根据具体的加工条件，采用大流量冷却或压力冷却的方法，保证冷却效果。在普通钻削加工中，常采用分段钻削、定时退出的方法对钻头和钻削区进行冷却。

③ 排屑问题　在普通钻削加工中，常采用定时退出的方法，把切屑排出；在深孔加工中，要将钻头结构和其冷却措施相结合，以便压力切削液把切屑强制排出。

4.1.2 孔加工刀具分类

孔加工刀具可分成两大类：一类是在实体材料上加工孔的刀具，如扁钻、麻花钻、中心钻及深孔钻等；另一类是对已有孔进行再加工的刀具，如扩孔钻、铰刀及镗刀等。

(1) 在实体工件上加工出孔的刀具

在实体工件上加工出孔的刀具一般包括麻花钻、扁钻、深孔钻和中心钻。

① 麻花钻　麻花钻是使用最广泛的一种孔加工刀具，不仅可以在一般材料上钻孔，经过修磨后还可在一些难加工材料上钻孔。

麻花钻呈细长状，属于粗加工刀具。两个对称的、较深的螺旋槽用来形成切削刃和前角，起着排屑和输送切削液的作用。沿螺旋槽边缘的两条棱边用于减小钻头与孔壁的摩擦面积。

麻花钻是一种形状复杂的孔加工刀具，它的应用较为广泛。常用来钻精度较低和表面较粗糙的孔。用高速钢麻花钻的孔加工精度可达IT13～IT11，表面粗糙度 Ra 可达25～6.3μm；用硬质合金麻花钻的孔加工精度可达IT11～IT10，表面粗糙度 Ra 可达12.5～3.2μm。

② 扁钻　扁钻是使用最早的孔加工刀具。它就是把切削部分磨成一个扁平体，将主切削刃磨出锋角与后角一同形成横刃；将副切削刃磨出后角与副偏角一同控制钻孔直径。

扁钻具有制造简单、成本低的特点，因此，在仪表和钟表工业中直径1mm以下的小孔加工中得到了广泛的应用。但由于其前角小，没有螺旋槽，因而排屑困难。近年来，扁钻由于结构上有较大改进，因此，在自动线和数控机床上加工直径35mm以上的孔时，也使用扁钻。

扁钻有整体式扁钻和装配式扁钻两种，如图4-1所示。整体式扁钻常用于在数控机床上对较小直径（ϕ<12mm）孔的进行加工；装配式扁钻常用于在数控机床和组合机床上钻、扩较大直径（ϕ=25～125mm）的孔。

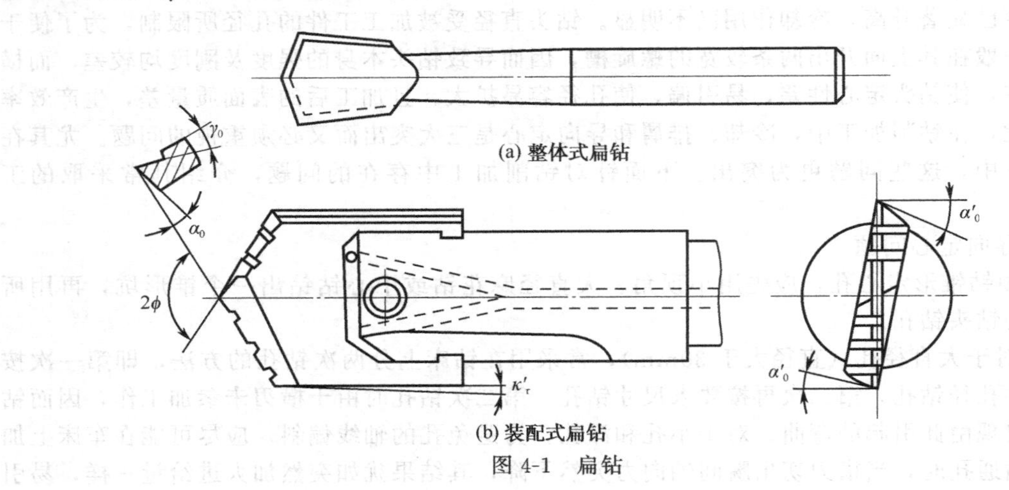

图 4-1　扁钻

③ 深孔钻　深孔钻是专门用于加工深孔的孔加工刀具。在机械加工中通常把孔深与孔径之比大于 6 的孔称为深孔。深孔钻削时，散热和排屑困难，且因钻杆细长而刚性差，易产生弯曲和振动。一般都要借助压力冷却系统解决冷却和排屑问题。深孔钻的结构及其工作原理将在后续内容中做详细介绍。

④ 中心钻　中心钻是用来加工轴类零件中心孔的孔加工刀具。钻孔前，应先打中心孔，以有利于钻头的导向，防止孔的偏斜。中心钻的结构主要有三种形式，即带护锥中心钻、无护锥中心钻和弧形中心钻，如图 4-2 所示。

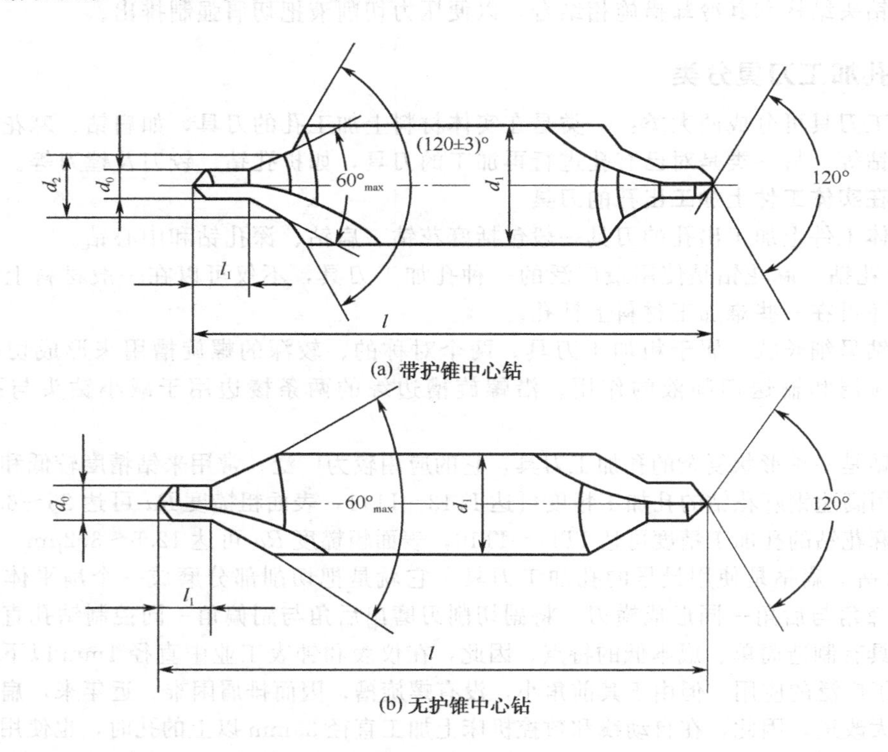

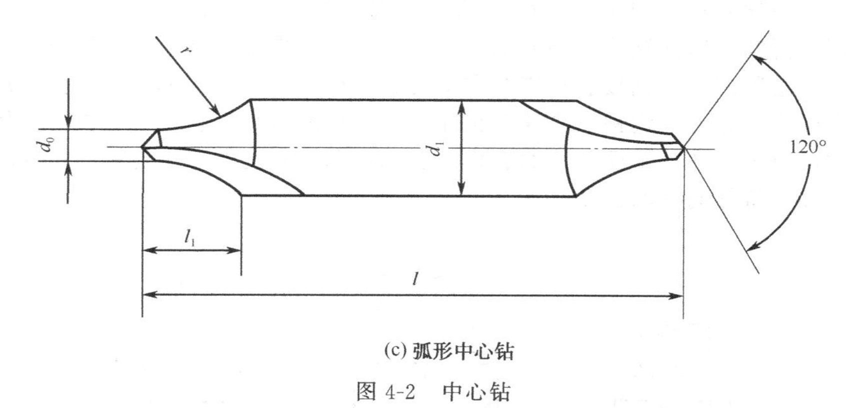

(c) 弧形中心钻

图 4-2 中心钻

(2) 对工件上已有孔进行再加工的刀具

① 铰刀 铰刀属于精加工刀具，也可用于高精度孔的半精加工。由于铰刀齿数多，槽底直径大，其导向性及刚性好，而且铰刀的加工余量小，制造精度高，结构完善，因而铰孔的加工精度较高，一般可达 IT8～IT6，表面粗糙度 Ra 可达 1.6～0.2μm。其加工范围一般为中小孔。铰孔操作方便，生产率高，且容易获得高质量的孔，因此，其在生产中应用极为广泛。

② 镗刀 镗刀是一种很常见的扩孔用刀具，在许多机床上都可以用镗刀镗孔（如车床、铣床、镗床及组合机床等）。镗孔的加工精度可达 IT8～IT6，表面粗糙度 Ra 可达 6.3～0.8μm。镗孔常用于较大直径孔的粗加工、半精加工和精加工。

③ 扩孔钻 扩孔钻通常用于铰或磨前的预加工或毛坯孔的扩大，其外形与麻花钻类似。扩孔钻通常有三个或四个刃带，没有横刃，前角和后角沿切削刃的变化小，故加工时导向效果好，轴向抗力小。此外，由于扩孔钻主切削刃较短，容屑槽浅；刀齿数目多，钻心粗壮，刚度强，切削过程平稳，再加上扩孔加工余量小，因而扩孔时应采用较大的切削用量。扩孔钻的加工质量比麻花钻好，一般扩孔钻的加工精度可达 IT11～IT10，表面粗糙度 Ra 可达 6.3～3.2μm。常见扩孔钻的结构形式包括高速钢整体式扩孔钻、镶齿套式扩孔钻和硬质合金可转位式扩孔钻，如图 4-3 所示。

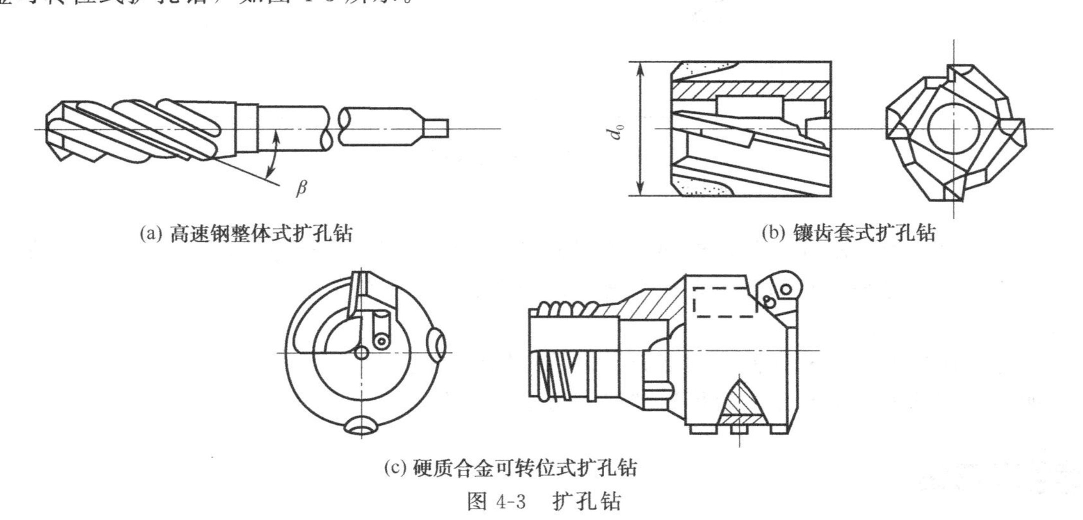

(a) 高速钢整体式扩孔钻

(b) 镶齿套式扩孔钻

(c) 硬质合金可转位式扩孔钻

图 4-3 扩孔钻

④ 锪钻 锪钻是用来加工圆柱形或圆锥形沉头座孔和锪平端面用的，如图 4-4 所示。

锪钻上有一个定位导向柱，用来保证被锪的孔或端面与原来的孔保持一定的同轴度或垂直度。导向柱可以拆卸，以便制造锪钻的端面齿。锪钻的夹持部分类根据锪钻直径的大小有制成锥柄、直柄或套装的。锪钻按装夹连接方式可分为锥柄锪钻和直柄锪钻；按材质及结构形式可分为焊接硬质合金刀片锪钻、高速钢整体锪钻、机夹刀片组合锪钻、复合专用锪钻；按加工型面类型可以分为加工锥面、平面、柱面、球面和中心孔的专用锪钻；按导向形式可分为带导向柱的和不带导向柱的锪钻。

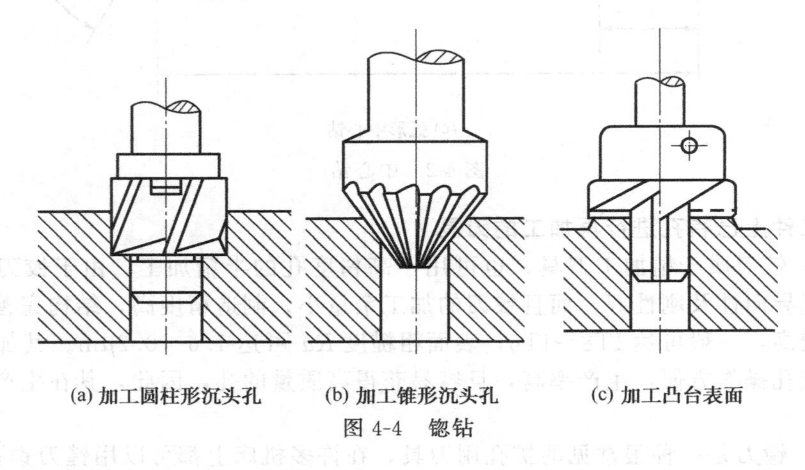

图 4-4　锪钻

标准锪钻的结构和几何参数如图 4-5 所示，它由三部分组成。

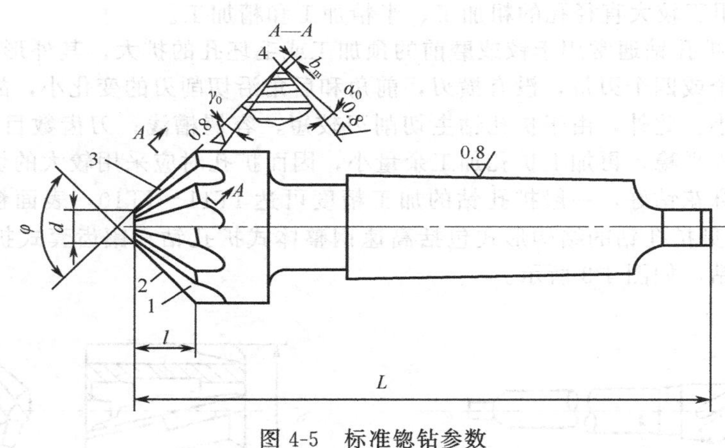

图 4-5　标准锪钻参数

1—前刀面；2—主切削刃；3—后刀面；4—刃带

刀体部分：由切削部分和定位导向柱部分组成。切削部分是指锪钻最前端的倒锥（加工锥面）或半面（锪平面）部分，它在切削时担任主要的切削任务，由前刀面 1、主切削刃 2、后刀面 3 和刃带 4 组成。

颈部：连接刀体部分和柄部的部分，也是打标记的地方。

柄部：锪钻的装夹部分，起传递轴向力与扭矩的作用。

4.2 麻花钻

麻花钻是最常用的钻孔刀具之一，它适合加工低精度的孔，也可用于扩孔。

4.2.1 麻花钻的结构

标准麻花钻由柄部、颈部和工作部分组成，其结构如图 4-6 所示。

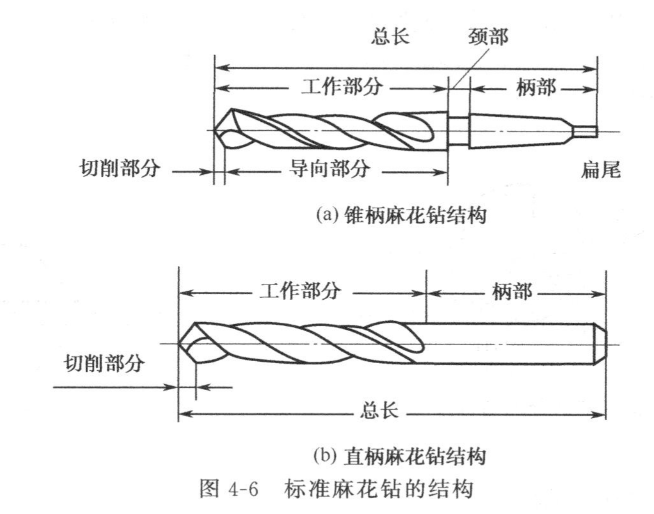

图 4-6 标准麻花钻的结构

(1) 柄部

柄部是钻头的夹持部分，用于与机床连接，并在钻孔时传递转矩和轴向力。麻花钻的柄部有锥柄和直柄两种。直径较大的麻花钻的柄部用锥柄。它能直接插入主轴锥孔或通过锥套插入主轴锥孔中，如图 4-6（a）所示，锥柄钻头的扁尾用于传递转矩，可通过它方便地拆卸钻头。直径小于 12mm 的小麻花钻的柄部用直柄，如图 4-6（b）所示。

(2) 颈部

麻花钻的颈部凹槽是磨削钻头柄部时的砂轮越程槽，槽底通常刻有钻头的规格及厂标。直柄钻头多无颈部。

(3) 工作部分

麻花钻的工作部分有两条螺旋槽，其外形很像麻花因此而得名。它是钻头的主要部分，由切削部分和导向部分组成。

① 切削部分　切削部分是指钻头前端有切削刃的区域，担负着切削工作。它由两个前面、主后刀面、副后刀面、主切削刃、副切削刃及一个横刃组成。横刃为两个主后刀面相交形成的刃，副后刀面是钻头的两条刃带，工作时与工件孔壁（即已加工表面）相对，如图 4-7所示。

前面是两条螺旋沟槽中以切削刃为母线形成的螺旋面。

后面的形状由刃磨方法与机床或夹具的运动决定，有以下几种。

a. 圆锥面，用锥磨法刃磨夹具回转磨出。

b. 螺旋面，用钻头磨床螺旋进给磨出。

c. 平面，用简单的夹具平移进给磨出。

d. 特殊曲面，用专用的数控工具磨床，形成复杂的运动磨出。

副后面就是刃带棱面。

主切削刃位于前面、后面交汇的区域；横刃位于两主后面交汇的区域；副切削刃是两条刃沟与刃带棱面交汇的两条螺旋线。

普通麻花钻有三条主刃、两条副刃，即左右切削刃、横刃和两条棱边。

② 导向部分　导向部分是当切削部分切入工件后起导向作用的部分，也是切削部

分的备磨部分。它包含刃沟、刃瓣和刃带。刃带是其外圆柱面上两条螺旋形的棱边，由它们控制孔的廓形和直径，保持钻头的进给方向。为减少导向部分与孔壁的摩擦，其外径（即两条刃带上）磨有（0.03～0.12)/100 的倒锥。钻心圆是一个假想的圆，它与钻头的两个主切削刃相切。钻心直径 d_0 约为钻头直径 d 的 0.15 倍，为了提高钻头的刚度，钻头的钻心由前端向后端逐渐加大（即正锥），递增量为（1.4～2.0)mm/100mm，如图 4-8 所示。

图 4-7　麻花钻切削部分的结构

图 4-8　麻花钻钻心结构

4.2.2　麻花钻的结构参数

麻花钻的结构参数是指钻头在制造中控制的尺寸或角度，它们都是确定钻头几何形状的独立参数。它包括以下几项。

① 直径 d　直径 d 是指切削部分测量的两刃带间距离，选用标准系列尺寸。

② 直接倒锥　倒锥是指远离切削部分的直径逐渐减小，以减少刃带与孔壁的摩擦，相当于副扁角。钻头倒锥量为（0.03～0.12)mm/100mm，直径大的倒锥量也大。

③ 钻心直径 d_0　d_0是两刃沟底相切圆的直径。它影响钻头的刚度与容屑截面。直径大于 13mm 的钻头，$d_0=$（0.125～0.15)d。钻心做成（1.4～2)mm/100mm 的正锥度，以提高钻头的刚度。

④ 螺旋角　钻头的外缘表面与螺旋槽的交线为螺旋线，该外缘螺旋线展开成直线后与钻头轴线的夹角称为钻头的螺旋角，用符号 ω 表示。如图 4-9 所示，主切削刃上 x 点（半径为 r_x）的螺旋角 ω_x可用下式计算：

$$\tan\omega_x=\frac{2\pi r_x}{L}=\tan\left[\omega\left(\frac{r_x}{r}\right)\right] \tag{4-3}$$

式中　r_x——钻头选定点半径，mm；

L——螺旋槽导程，mm。

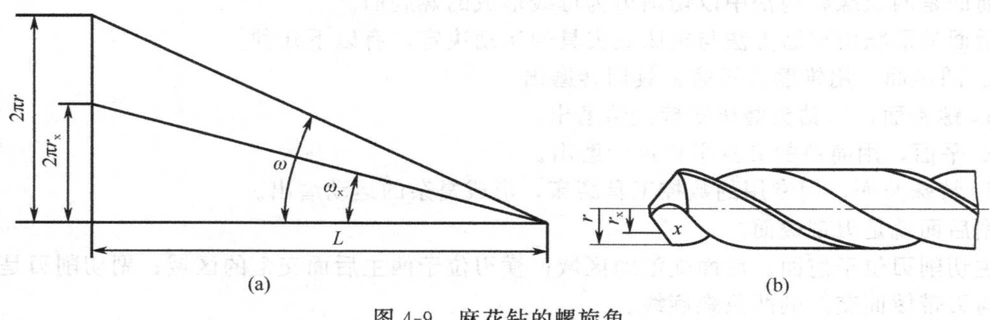

图 4-9　麻花钻的螺旋角

从式（4-3）可知，钻头外缘处的螺旋角最大，越靠近钻心的螺旋角越小。

钻头主切削刃上某一点的螺旋角实际上就是钻头该点的进给前角，因此螺旋角越大，切削刃越锋利，切削省力，排屑容易；但过大的螺旋角会削弱切削刃的强度，使散热条件变差。标准麻花钻的螺旋角在 18°～30°之间，大直径钻头取大值，这是因为大直径钻头的钻体强度较高的缘故。对某些特殊材料钻孔时，螺旋角的大小可根据加工材料确定，例如钻铝及其合金，螺旋角取 30°～40°；钻高强度钢取 10°～15°。

4.2.3 麻花钻的几何角度

麻花钻从结构上看比车刀复杂，但从切削刃来看，麻花钻只是有两个对称的切削刃、两个对称的副切削刃和一个横刃。因此，研究麻花钻的几何角度，同样可按确定车刀几何角度的方法，以切削刃为单元，一个切削刃一个切削刃地分别定出切削刃上选定点；判别出假定主运动方向和假定进给运动方向；作出基面 P_r、切削平面 P_s；给定测量平面，从而确定其相应的几何角度。

(1) 钻头角度的参考系

确定钻头角度需要建立参考系。钻头参考系平面及测量平面如图 4-10 所示。

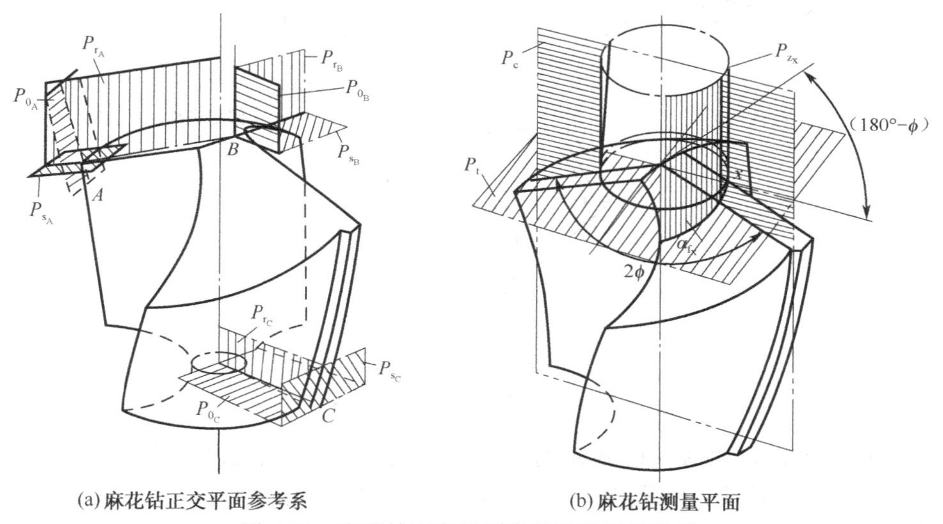

(a) 麻花钻正交平面参考系　　(b) 麻花钻测量平面

图 4-10 麻花钻正交平面参考系及测量平面

图 4-10 中标注的是基面 P_r、切削平面 P_s、正交平面 P_0，它们的定义与车削中的规定相同。由于钻头切削刃各点都是绕中心旋转的，与切削刃任一点切线速度垂直的平面均通过钻芯。所以，基面 P_r可理解为过切削刃某选定点包含钻头轴线的平面。由于钻头切削刃上各点直径不同，所以各点基面方位也均不同。

度量钻头几何角度还需以下几个测量平面。

端平面 P_t：与钻头轴线垂直的投影面。

中剖面 P_c：过钻头轴线与两主切削刃平行的平面。

柱剖面 P_z：过切削刃选定点作与钻头轴线平行的直线，该直线绕钻头轴线旋转形成的圆柱面。

(2) 切削刃的几何角度（图 4-11）

① 主偏角 κ_r　钻头切削刃上选定点 m 的主偏角是切削刃在基面 P_r上的投影与进给运动方向间的夹角。

② 刃倾角 λ_s　钻头切削刃上选定点 m 的刃倾角 λ_{sm}是在该点的切削平面 P_s内，切削刃

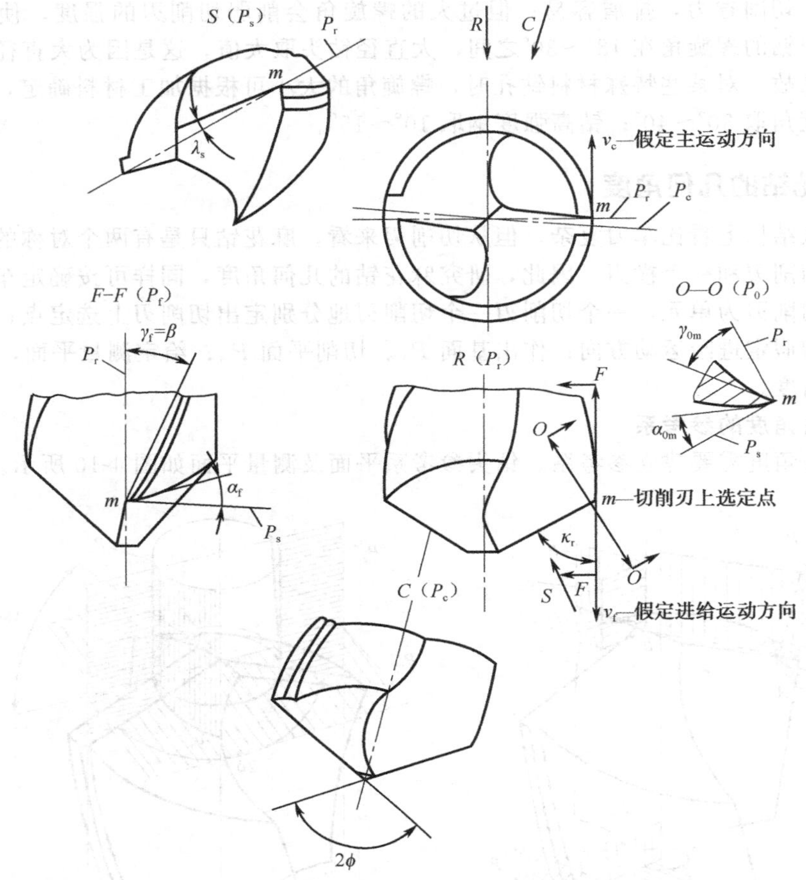

图 4-11　切削刃的几何角度

与基面 P_r之间的夹角，如图 4-11 所示的 S 向投影图所示。由于钻头切削刃的刀尖（钻头外径处的转折点）是切削刃上最低点，因而钻头切削刃的刃倾角为负值。

③ 前角 γ_0　钻头切削刃上选定点 m 的前角 γ_0是正交平面内前刀面（过 m 点的切线）与基面 P_r间的夹角。由图 4-11（F—F 剖面）可见，切削刃上 m 点的螺旋角 β 实际上就是该点的进给前角 γ_f。

标准麻花钻切削刃上各点的前角变化很大。从外径到钻心处，约由 30°减小到－30°。麻花钻切削刃的前角不是直接刃磨得到的，因而在钻头的工作图上不标注前角。

④ 后角 α_0　钻头切削刃上选定点 m 的后角 α_0，是正交剖面内后刀面与切削平面 P_s间的夹角。为了测量方便，麻花钻常采用在假定工作平面内的侧后角 α_f钻头，切削刃的后角是刃磨得到的。

(3) 副切削刃的几何角度（图 4-12）

① 副偏角 κ_r'　钻头副偏角是由钻头导向部分的直径向柄部方向倒锥而形成的，其值很小，约为 0.025～0.6mm/100mm。

② 副后角 α_0'　钻头副后角是钻头副后面与副切削平面间的夹角，由于刃带为圆柱面，因而 $\alpha_0'=0°$。

③ 副刃倾角 λ_s'　钻头副切削刃的刃倾角 $\lambda_s'=\beta$。

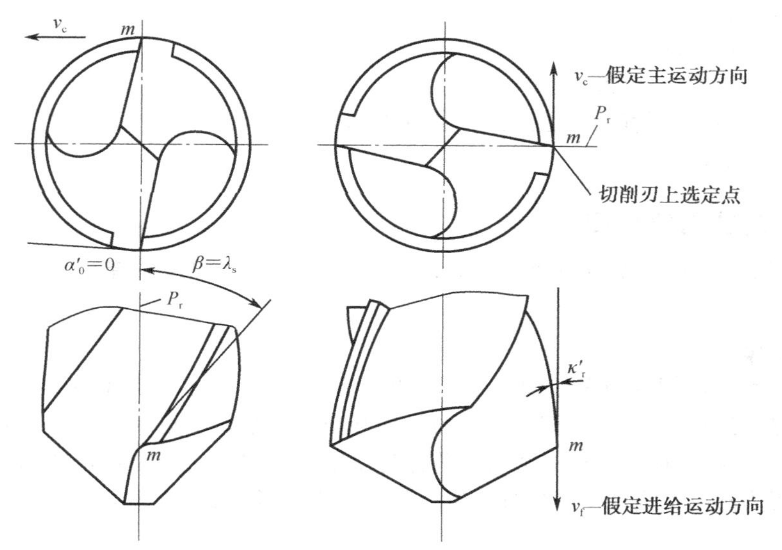

图 4-12 副切削刃的几何角度

(4) 横刃的几何角度（图 4-13）

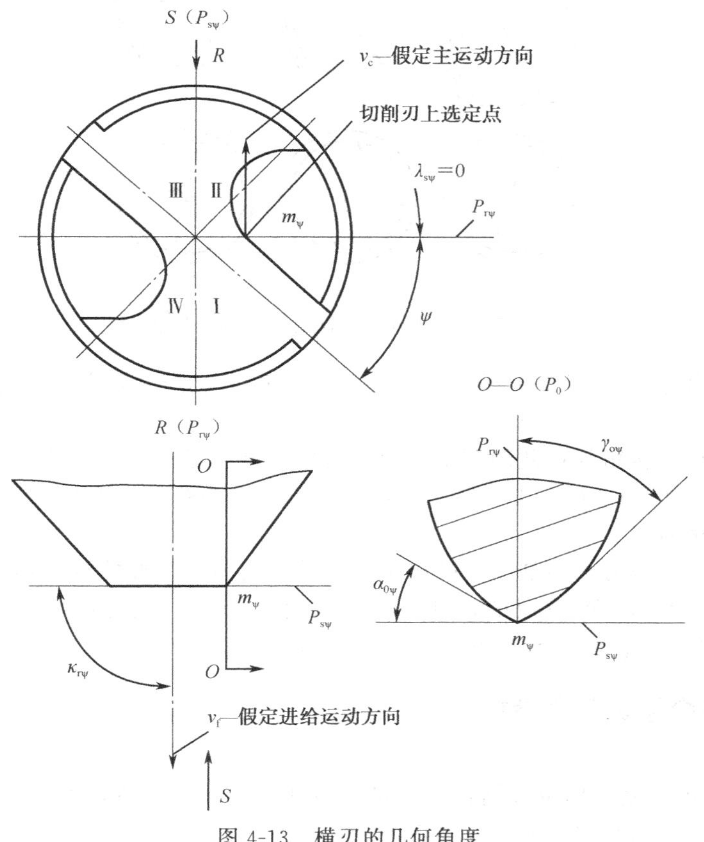

图 4-13 横刃的几何角度

Ⅱ，Ⅳ—前刀面；Ⅰ，Ⅲ—后刀面

① 主偏角 $\kappa_{r\psi}$　$\kappa_{r\psi}=90°$。

② 刃倾角 $\lambda_{s\psi}$　$\lambda_{s\psi}=0°$。

③ 前角 $\gamma_{0\psi}$　$\gamma_{0\psi}=-(90°-\alpha_{0\psi})$。

④ 后角 $\alpha_{0\psi}$　横刃后角 $\alpha_{0\psi}$是钻头刃磨后得到的，若 $\alpha_{0\psi}=30°\sim36°$，则 $\gamma_{0\psi}=-(90°-\alpha_{0\psi})=-60°\sim-54°$。

4.2.4 麻花钻的刃磨角度

普通麻花钻刃磨时只需刃磨两个后面，控制三个角度。即控制锋角 2ϕ、后角 α_f和横刃斜角 ψ 三个角度。

(1) 锋角 2ϕ

锋角 2ϕ 是钻头两切削刃在中剖面上的夹角，如图 4-14 所示。图中剖面 P_c是过钻头轴线并平行于两切削刃的平面。加工钢、铸铁的标准麻花钻的原始锋角（设计钻头时）$2\phi_0=118°$。麻花钻在使用时，根据加工条件刃磨的锋角称为使用锋角$2\phi_0$。当标准麻花钻的使用锋角 $2\phi<2\phi_0$时，切削刃为凸形；当 $2\phi=2\phi_0$时，切削刃为直线；当 $2\phi>2\phi_0$时，切削刃为凹形。

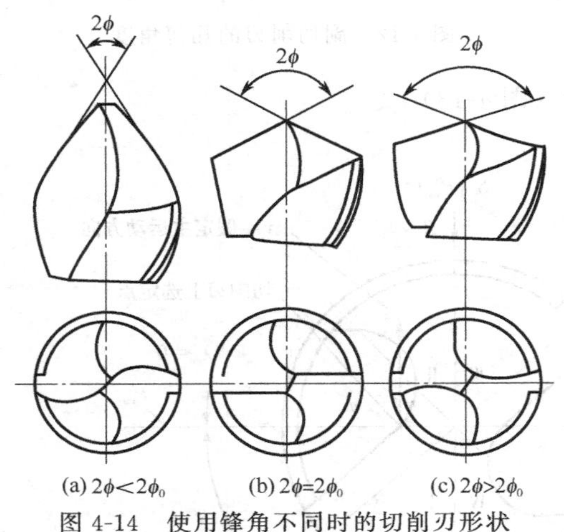

图 4-14　使用锋角不同时的切削刃形状

麻花钻在磨出锋角 2ϕ 后，切削刃上各点的主偏角 κ_r也随之确定，通常可认为 $\kappa_r\approx\phi$。

(2) 后角 (α_f)

主切削刃靠刃带转角处在柱剖面中表示的后角，可用工具显微镜投影的方法测量。中等直径钻头 $\alpha_f=8°\sim20°$。直径愈小，钻头后角愈大，以改善横刃的锋利程度。

(3) 横刃斜角 ψ

钻头在端视图中横刃与中剖面间的夹角称为横刃斜角 ψ，如图 4-13 所示。

横刃斜角是刃磨钻头时形成的，其大小与锋角 2ϕ 和横刃后角 $\alpha_{0\psi}$。$\alpha_{0\psi}$越大，ψ 越小。当 $2\phi=116°\sim118°$，$\alpha_{0\psi}=36°\sim39°$时，$\psi=47°\sim55°$。

4.2.5 钻削用量与切削层参数

(1) 钻削用量

如图 4-15 所示，钻削用量包括背吃刀量（钻削深度）a_p、进给量 f、切削速度 v_c三要素，由于钻头有两条切削刃，所以其参数计算如下。

① 钻削深度（mm）

$$a_p=d/2 \tag{4-4}$$

② 每刃进刀量（mm/z）

$$f_z = f/2 \tag{4-5}$$

③ 钻削速度（m/min）

$$v_c = \pi dn/1000 \tag{4-6}$$

(2) 切削层参数

① 钻削厚度（mm）

$$h_D \approx f\sin\phi/2 \tag{4-7}$$

② 钻削宽度（mm）

$$b_D \approx d/2\sin\phi \tag{4-8}$$

③ 每刃切削层公称横截面积（mm^2）

$$A_D = df/4 \tag{4-9}$$

④ 材料切除率（mm^3/min）

$$Q = \frac{f\pi d^2 n}{4} \approx 250 v_c df \tag{4-10}$$

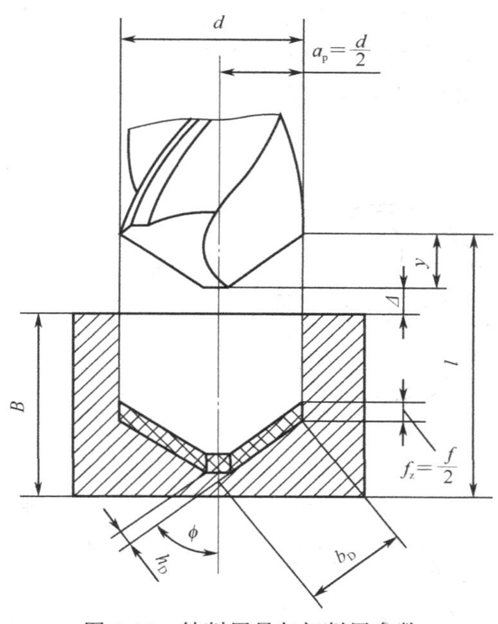

图 4-15 钻削用量与切削层参数

4.2.6 钻削用量选择

(1) 钻头直径

钻头直径应由工艺尺寸决定，尽可能一次钻出所要求的孔。当机床性能不能胜任时，才采用先钻孔再扩孔的工艺。需扩孔的工件，钻孔直径取孔径的 50%～70%。

合理刃磨与修磨，可有效地降低进给力，能扩大机床钻孔直径的范围。

(2) 进给量

一般进给量受钻头的刚性与强度限制，大直径钻头才受机床走刀机构动力与工艺系统刚性限制。

普通钻头进给量可按以下经验公式估算：

$$f = (0.01 \sim 0.02)\ d \tag{4-11}$$

合理修磨的钻头可选用 $f=0.03d$。直径小于 3～5mm 的钻头，常用手动进给。

(3) 钻削速度

高速钢钻头的切削速度推荐按表 4-1 数值选用，也可参考有关手册、资料选取。

表 4-1　高速钢钻头的切削速度

加工材料	低碳钢	中高碳钢	合金钢、不锈钢	铸铁	铝合金	铜合金
钻削速度 v_c/（m/min）	25～30	20～25	15～20	20～25	40～70	20～40

4.2.7　钻头磨损

(1) 钻头的磨损

钻头切削时处于半封闭状态，散热条件比车削时差，热量多集中在钻头上，故钻头磨损较严重。

由于钻头上各切削刃的负荷不均匀，因此各部分的磨损也很不均匀。一般来说，钻头的主切削刃、前刀面、后刀面、棱边、横刃都有磨损，如图 4-16 所示，但磨损量最大的是处于切削速度、切削温度较高，强度较弱的钻头外缘处。

钻削钢料时，常用外缘处后刀面磨损量 VB 值作为磨钝标准。钻削铸铁时，则以转角处转角磨损长度 Δ 为磨钝标准。

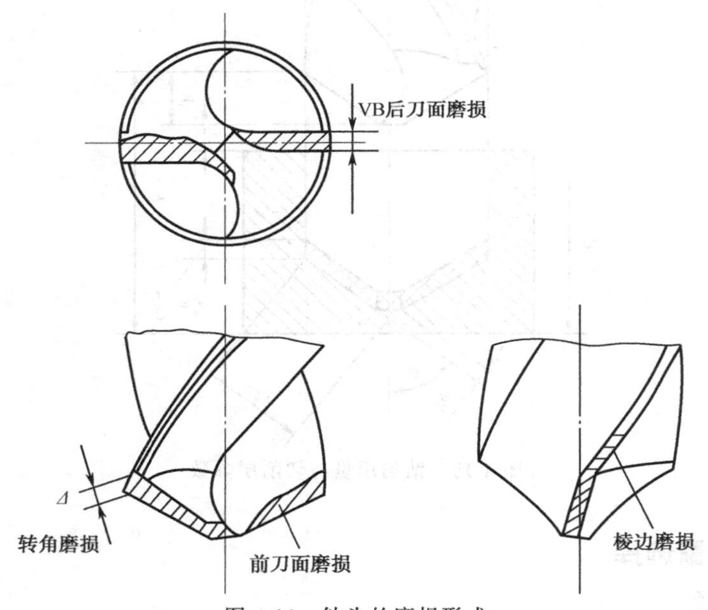

图 4-16　钻头的磨损形式

(2) 钻头耐用度

在一定磨钝标准下钻头的总切削时间称为钻头耐用度。

影响钻头耐用度的因素很复杂。除去钻头材料本身外，其他影响因素可分成钻头几何参数和切削条件两类。

① 几何参数对耐用度的影响

a. 顶角 2ϕ。钻削不同材料时，最高耐用度对应的顶角值不同，如以较高钻削速度和中等进给量钻削铸铁时，其最佳顶角 $2\phi\approx80°$；在钻削钢料时，顶角则应适当加大。

b. 减短钻头工作部分长度，能减小振动，可提高钻头耐用度。

c. 横刃斜角 $\psi=50°\sim55°$范围内，耐用度较高。

② 切削条件对耐用度的影响

a. 工件材料硬度的均匀性对耐用度影响较显著。

b. 钻通孔时，在钻头出口时，进给量瞬时急剧增大，易“扎刀”，使钻头磨损加剧，耐用度下降。

c. 钻孔深度越大，排屑、冷却状况变坏，切屑与孔壁间摩擦加剧，钻头耐用度下降。

4.2.8 硬质合金麻花钻

加工脆性材料如铸铁、绝缘材料、玻璃等，采用硬质合金钻头，如图 4-17 所示，可显著提高切削效率。ϕ5mm 以下的硬质合金麻花钻都做成整体的；ϕ6～12mm 的可做成直柄镶片硬质合金麻花钻；ϕ6～30mm 的可做成锥柄镶片硬质合金麻花钻。它与高速钢麻花钻相比，钻心直径较大，$d_c=(0.25\sim0.3)d$，螺旋角 β 较小（$\beta=20°$），工作部分长度较短。刀体常采用 9SiCr 合金钢，并淬火到 50～62HRC。这些措施都是为了提高钻头的刚性和强度，以减少钻削时因振动而引起刀片的碎裂现象。

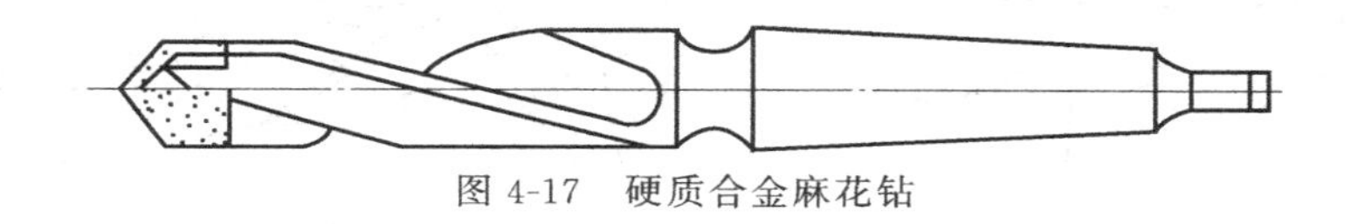

图 4-17 硬质合金麻花钻

4.2.9 可转位浅孔钻

浅孔钻是指钻的孔深度小于 3 倍孔径的硬质合金可转位钻头。图 4-18 为浅孔钻，它装有交错的两个可转位刀片，切屑排出通畅，切削背向力相互抵消，合力集中在轴向。

可转位浅孔钻适用于在车床上加工中等直径的浅孔，如齿轮坯孔等。也可用于镗孔及车端面。由于这种钻头刚性很好，可进行高速、大进给量的切削，其切削效率比高速钢钻头高约 10 倍。

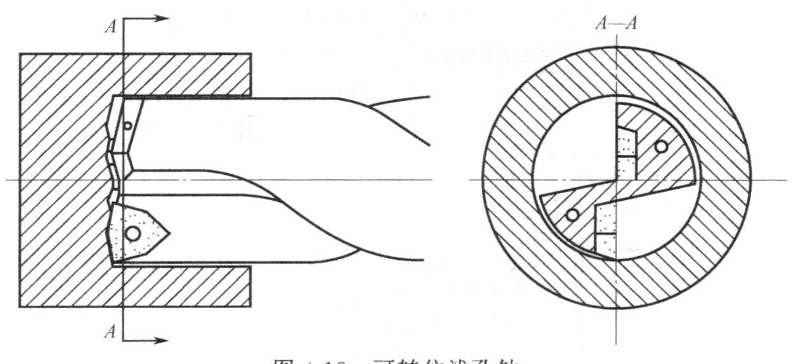

图 4-18 可转位浅孔钻

4.2.10 麻花钻的刃磨

(1) 刃磨步骤

钻头的刃磨质量直接关系到钻孔质量（精度和粗糙度）和钻削效率。刃磨高速钢钻头使用白刚玉砂轮。

① 刃磨时，钻头的主切削刃应大致摆平，磨削点要求在砂轮中心的水平位置附近。

② 钻头的轴线与砂轮外圆表面在水平面内的夹角等于钻头顶角的一半。

③ 右手握住钻头的头部，刃磨时使钻头绕其轴心线钻头。左手握住柄部做扇形上下摆动，如图 4-19 所示。同时向砂轮推近，磨出后面，得出后角值。钻尾摆动时，不能高出砂轮中心的水平位置，以防止磨出负后角。

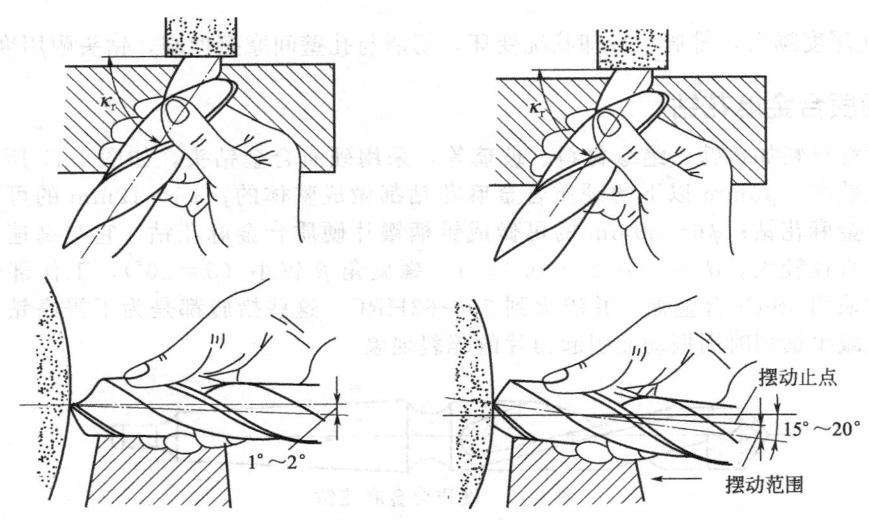

图 4-19　麻花钻的刃磨方法

④ 刃磨时将主切削刃在略高于砂轮水平中心平面处先接触砂轮，右手缓慢地使钻头绕自己的轴线由下向上转动，同时施压，左手配合右手做缓慢的同步下压运动，压力逐渐增大，其下压的速度及幅度随要求的后角大小而变。按此法不断反复，两后面轮换刃磨，直至达到刃磨要求，如图 4-20 所示。

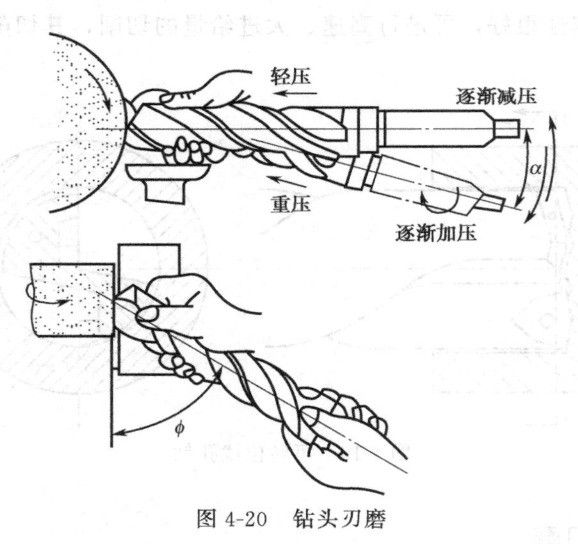

图 4-20　钻头刃磨

（2）注意事项

由于钻头是以两条螺旋形槽的钻尖作为切削刃旋转切削的刀具，所以两条切削刃必须对称于钻头的轴线。在刃磨中要注意以下几点。

① 钻尖的中心应该与钻头的轴线对中一致。

② 两条切削刃与钻头轴线的夹角应该相等。

③ 两条切削刃的长度（切削刃高度）应该相等。

④ 横刃不得有偏斜。

⑤ 后角应该左右相等，后刀面应该在同一曲面上。

⑥ 横刃相对于轴线应该左右对称。

⑦ 不要引起刃磨烧伤和钻尖缺损。

⑧ 刃磨时，不使磨削温度过高。特别是在即将磨好成形时，应由刃口磨向刃背，以免刀口退火，降低钻头的硬度，缩短钻头的使用寿命。

(3) 检查方法

检查方法有目测与使用万能角尺测量两种。

目测时通常是把钻头竖在眼前大约与水平垂直的位置，在清晰的背景下进行观测。由于钻头两刃一前一后，往往会产生视差，感到左刃（前刃）高、右刃（后刃）低，此时只要把钻头绕轴线转过180°再进行观测，这样反复几次，结果感到钻头两刃的高低差距相等，则说明钻头的刀已经对称。

使用万能角尺进行检查时，只需将角尺搁在钻头一边刃口上，测出角度和主切削刃的长度数值，如图4-21所示，然后转过180°，同样测量角度和主切削刃长度数值，如果两主切削刃数值相同，说明钻头两主切削刃已对称。

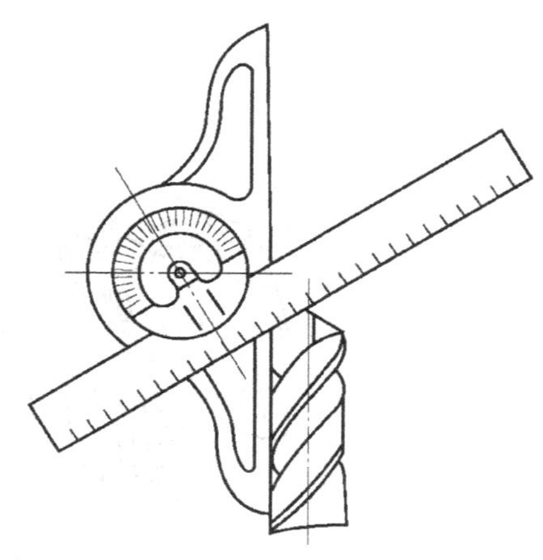

图4-21 用万能角尺检查麻花钻两刃对称性

4.3 群钻

4.3.1 群钻概述

群钻是对普通麻花钻的切削部分加以修磨而形成的。图4-22(a)是普通麻花钻，图4-22(b)是基本群钻。

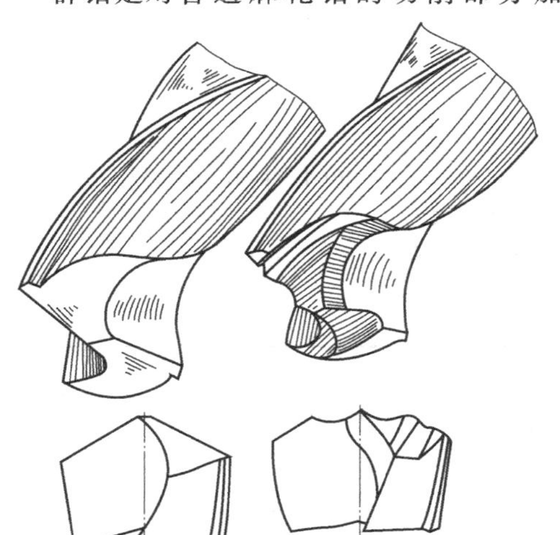

图4-22 普通麻花钻和基本群钻

基本群钻可用来加工各种钢料，用得很广，是变革其他群钻的基础。基本群钻切削部分的几何形状跟普通麻花钻相比（以中型基本群钻为例），具有下列特点。

① 由原来的一个尖修磨成了三个尖。

② 由原来的三条刃（即两条直刃和一条横刃），修磨成了七条刃。

③ 在原来两条平直的切削刃上，磨出了两个对称于钻芯的月牙槽。

④ 在一外直刃的后刀面上修磨出分屑槽。

⑤ 由原来的长横刃修磨成了短横刃。

出此可见，基本群钻由三个尖、七条刃、月牙槽、分屑槽和短横刃组成。

各类群钻中以加工钢材的基本型应用最广。

其刃形与几何参数如图 4-23 及表 4-2 所示。

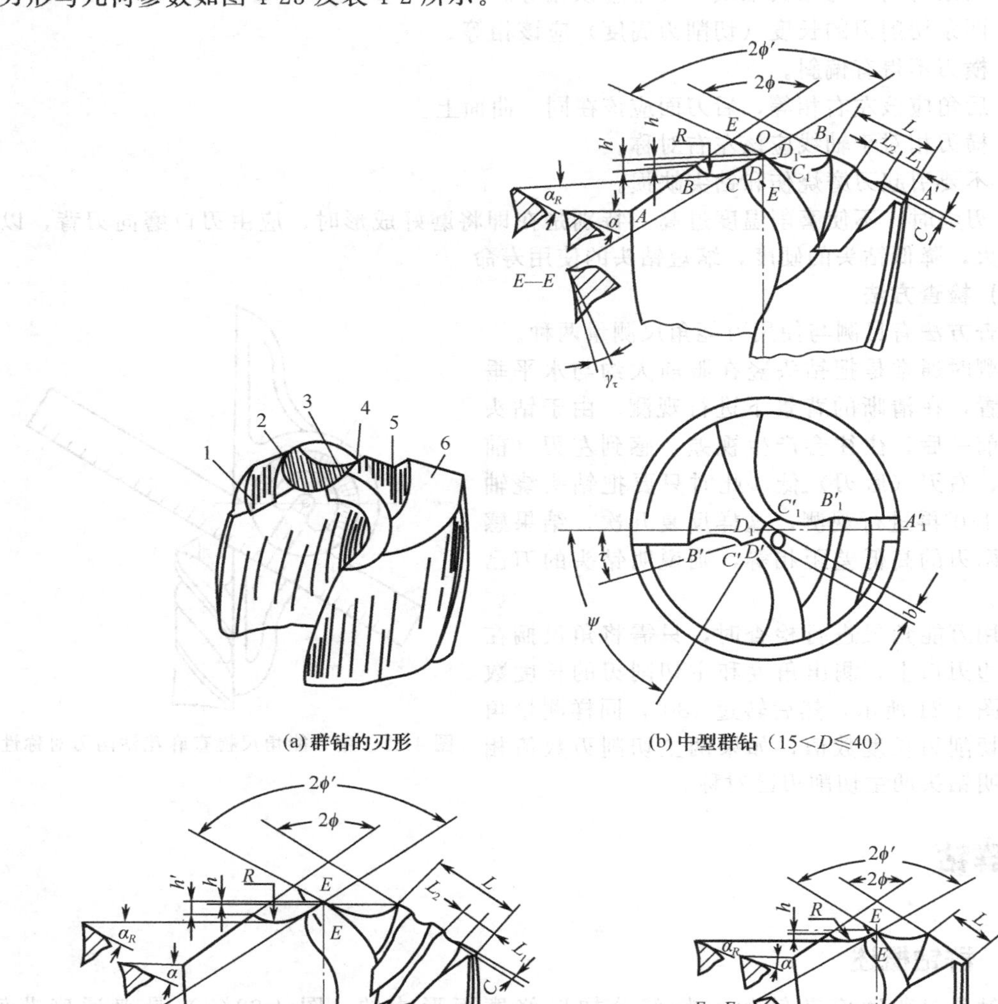

(a) 群钻的刃形

(b) 中型群钻（$15<D\leqslant 40$）

(c) 大型群钻（$D>40$）

(d) 小型群钻（$D\leqslant 15$）

图 4-23 基本型群钻的几何参数

1—分屑槽；2—月牙槽；3—横刃；4—内直刃；5—圆弧刃；6—外直刃

表 4-2 基本型群钻的几何参数

角度	尺寸
外刃锋角 2ϕ 钻一般钢料，$2\phi=125°$；钻深孔和钻不锈钢，$2\phi=135°\sim140°$	外刃长 $L\approx0.2D(D\leqslant15)$ $L\approx0.3D(15<D\leqslant40)$ $L\approx0.3D(D>40)$
内刃锋角 $2\phi'$是钻头两内直刃在与它们平行的平面上投影的夹角。内刃锋角大，钻心强度也大，但定心精度下降，一般 $2\phi'=135°$	槽距 $L_1\approx(1-2L_2)/3$

续表

<table>
<tr><th>角度</th><th>尺寸</th></tr>
<tr><td>圆弧刃尖角 $\varepsilon_c=135°$</td><td>槽宽 $L_2 \approx L/2(D \leqslant 40)$
槽宽 $L_2 \approx L/4(D>40)$</td></tr>
<tr><td>横刃斜角 ψ 比普通麻花钻增大 10°左右，钻钢 $\psi=65°$，钻硬材料 $\psi=60°$</td><td>尖高 $h=0.04D$</td></tr>
<tr><td>内直刃斜角：当 $D \leqslant 15$，$\tau=20°$；当 $15<D \leqslant 40$，$\tau=25°$；当 $D>40$，$\tau=30°$</td><td rowspan="2">横刃长 $b \approx 0.03D$</td></tr>
<tr><td>内刃前角 γ_τ 是指内直刃中点的前角，是在修磨钻心部分的前刀面后形成的</td></tr>
<tr><td>外刃后角 α 比普通麻花钻的后角增大 2°～3°，一般推荐 $\alpha=10°\sim15°$</td><td rowspan="5">圆弧半径 $R=0.1D$
钻心尖 O 和钻侧尖 B' 之间的轴向高度 $h \approx 0.03D$
钻心尖 O 和钻侧尖 B 之间的轴向高度 $h' \approx S/2+h$</td></tr>
<tr><td>外刃前角 γ，由于锋角增大，使外直刃的前角略微增大</td></tr>
<tr><td>圆弧刃主偏角 φ_R，圆弧刃主偏角 φ_x 是个变值，各点的值不等，弧底的 $\varphi_R=90°$。圆弧刃上的平均主偏角在 90°以上</td></tr>
<tr><td>圆弧刃前角 γ_R，圆弧刃部分的主偏角 φ_x 增大使 γ_R 增大，一般平均增大 10°左右</td></tr>
<tr><td>圆弧刃后角 α_R 是指圆弧刃最低点轴向剖面的后角。这部分的后角比外直刃的后角要大，一般 $\alpha_R=12°\sim18°$</td></tr>
</table>

群钻有 7 条主切削刃，外形上呈现三尖。外缘处磨出较大顶角形成外直刃，中段磨出内凹圆弧刃，钻心修磨横刃形成内直刃。直径较大的钻头在一侧外刃上再开出一条或两条分屑槽。因此，群钻的刃形特点是：三尖七刃锐当先，月牙弧槽分两边，一侧外刃开屑槽，横刃磨低窄又尖。

4.3.2 群钻的刃磨步骤

(1) 磨外直刃

刃磨外直刃及外直刃后刀面，并使外直刃顶角 $2\phi=125°$，外刃后角 $\alpha=12°$。

图 4-24(a) 为砂轮水平中心面的俯视图，它表示砂轮的圆周母线跟钻头轴心线之间的夹角，即钻头的半锋角。图 4-24(b) 表示砂轮水平中心面跟钻头轴心线间的夹角。这里必须指出，钻头轴心线跟砂轮水平面的夹角不是钻头的后角 α，钻头后角的大小由这夹角和进刀量的大小来确定。

按图 4-24(a) 所示的位置放置钻头。把钻头外刃置于水平，磨削点基本在水平中心面上；以右手作定位支点，左手使钻尾向下摆动，同时钻头作轴向送进；翻转 180°，磨另一外直刃。

磨外直刃应注意的事项如下。

① 钻尾的摆动不得高出水平面，即图 4-24(b) 中所示的摆回停止线，以防磨出的后角过小或成副后角。

② 当外直刃快磨好时，应注意不要由刃背磨向刃口，避免刃口退火。

③ 外直刃的对称性很重要（尤其是刃磨精孔群钻）。在刃磨外直刃之前，首先要对两外直刃进行观察、分析和目测。根据钻头在原来钻削中的磨损情况，应先把高出的一刃磨去，使两刃初步对称。然后正式刃磨两外直刃。注意两刃刃磨的次数要相同，每次轴向送进的量要基本相同（即轴向送进的劲一样大），这样磨出的外刃，一般来说基本上是对称的。反复观察几次，感觉对

称为止。外刃磨对称之后，磨月牙槽和横刃时，就有了基准，容易把各刃磨到要求。

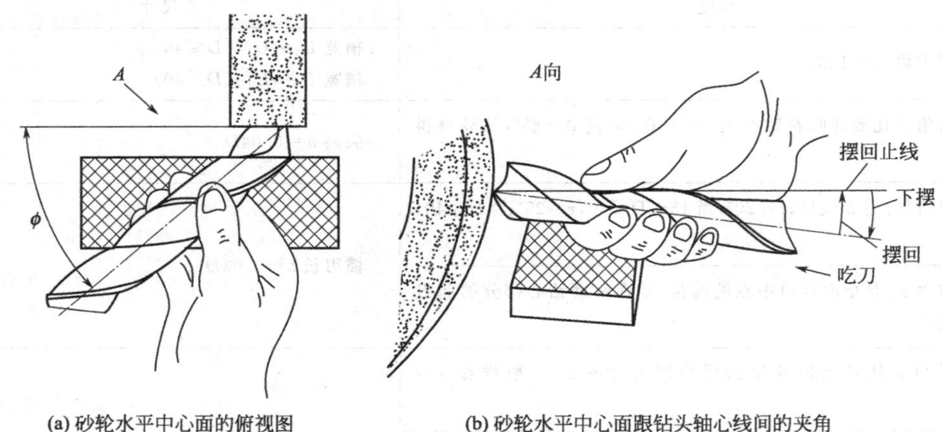

(a) 砂轮水平中心面的俯视图　(b) 砂轮水平中心面跟钻头轴心线间的夹角

图 4-24　磨外直刃

(2) 磨月牙槽

图 4-25(a) 表示钻头在砂轮右侧刃磨月牙槽，图 4-25(b) 表示钻头在砂轮左侧刃磨月牙槽。采用这两种方案都可以磨月牙槽，主要根据砂轮的测角和刃磨者的习惯而定。用砂轮的左侧刃磨月牙槽，可以合理使用砂轮。把砂轮左侧修成所需的圆弧用来修磨月牙槽；把砂轮右侧修成直角用来修磨横刃和内直刃，使左右侧砂轮都得到充分的利用和合理的分工，以减轻右侧砂轮的负担。但要注意，在左侧砂轮刃磨月牙槽时［图 4-25(b)］，砂轮侧面跟钻头轴心线的夹角不是 55°～60°，而是 30°～35°。

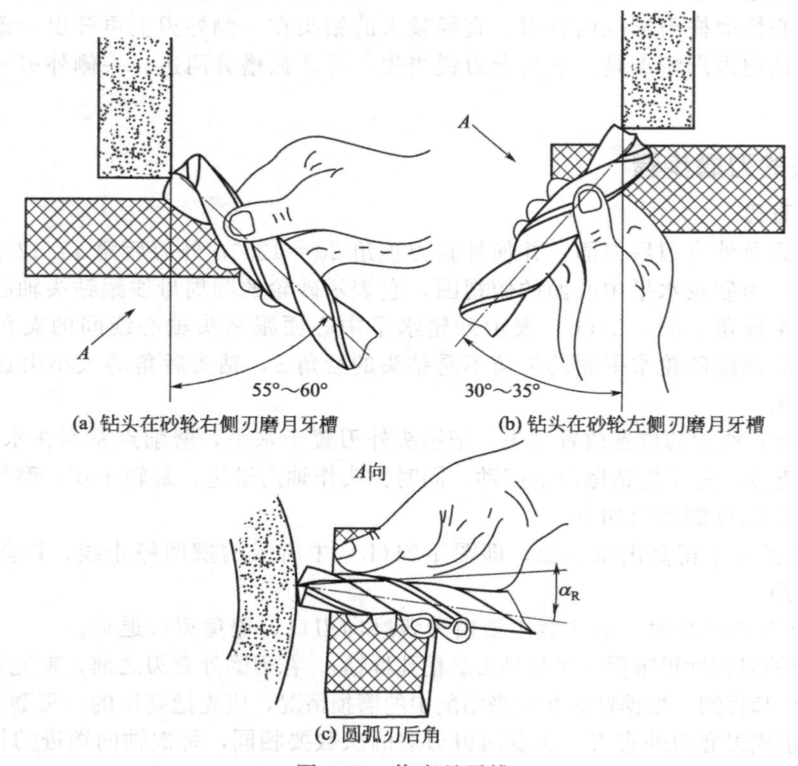

(a) 钻头在砂轮右侧刃磨月牙槽　(b) 钻头在砂轮左侧刃磨月牙槽

(c) 圆弧刃后角

图 4-25　修磨月牙槽

用砂轮右侧刃磨时，如加大砂轮右侧面与钻头轴心线的夹角，就会把钻尖磨低、内刃锋角磨大、钻心部分的前角增大并使定心精度下降等；如该夹角减小，则反之。

砂轮侧面跟钻头轴心线的夹角大小，对群钻的刃磨参数和钻削效果有直接影响。用砂轮左侧刃磨时，如减小砂轮左侧面与钻头轴线的夹角，就会把钻尖磨低、内刃锋角磨大、钻心部分的前角增大并使定心精度下降等；如该夹角加大，就会把钻尖磨高、内刃锋角磨小，钻心部分的前角减小并使定心精度提高等。

由此看来，砂轮侧面跟钻头轴心线的夹角，不能死板地看成固定的角度，它是随被加工材料的性能、对孔径的精度要求和钻头直径的变化而发生相应变化的。

钻头轴心线与水平中心面的夹角，就是圆弧刃后角 α_R，如图 4-25(c) 所示。钻头抬得越高，圆弧刃后角越大，横刃斜角就越小。

刃磨步骤如下。

① 按图 4-25 放置钻头。

② 把外直刃基本放平，磨削点大致在砂轮水平中心面上。图 4-26(a) 表示当外直刃基本置于水平位置时，能磨出要求的横刃斜角（$\psi=65°$）和钻侧尖 B 的端面后角 α_T。图 4-26(b) 表示外直刃高于水平位置时，即钻头绕钻轴沿 C 方向转动了一个角度，如图 4-26(a) 所示，使磨出的横刃斜角减小（$\psi<65°$），钻侧尖 B 的端面后角 α_{TB}减小（负值）。图 4-26(c) 表示外直刃低于水平位置时，即钻头绕钻轴沿 D 方向转动了一个角度［图 4-26(a)］，使磨出的横刃斜角增大（$\psi>65°$），钻侧尖 B 的端面后角 α_{rB}增大。

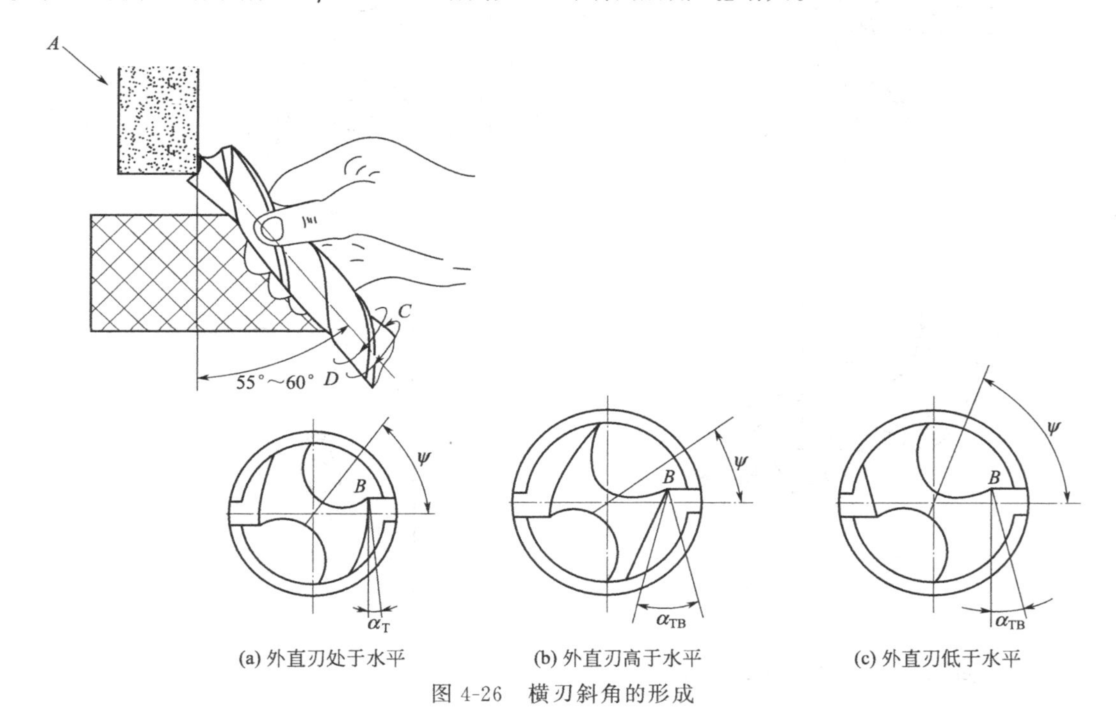

图 4-26 横刃斜角的形成

由此可见，磨月牙槽时，钻头不能绕钻轴转动或上下摆动。因为横刃斜角的大小与外直刃相对于水平位置有关，也与圆弧刃后角 α_R 有关。即 α_R 越大，ψ 就越小；α_R 越小，ψ 就越大。

③ 钻头做缓慢的轴向进给，即钻头在原来位置的基础上做与钻头轴心线平行的微小移动或摆动。如砂轮侧角的实际圆弧半径 R' 比要求的圆弧半径 R 值小，则钻头轴心线的平行移动或摆动量就大。

④ 翻转 180°，刃磨另外一月牙槽。

磨月牙槽时应注意的事项如下。

① 不能像磨外直刃那样［图 4-24(b)］，即钻头不能上下摆动，或绕钻轴转动，否则会使钻头横刃磨成 S 形，或使横刃斜角变小等。

② 外直刃要基本放平，才能保证横刃斜角适当和 B 点处的端面后角为正值。

③ 一定要注意保证两圆弧刃相对于钻心的对称性。目测时，注意两侧尖跟钻心尖的对称性，检查两外直刃的长度是否适、两月牙槽的深浅是否一致等，几个参数要同时检查。

(3) 磨横刃和内直刃

刃磨内直刃和内立刃前刀面保证横刃长 $b \approx 0.03D$ (mm)。

图 4-27(a) 是砂轮水平中心面的俯视图，砂轮的侧面跟钻头轴心线的夹角为 15°。这个夹角越大，内直刃越锋利，但钻尖强度减弱。

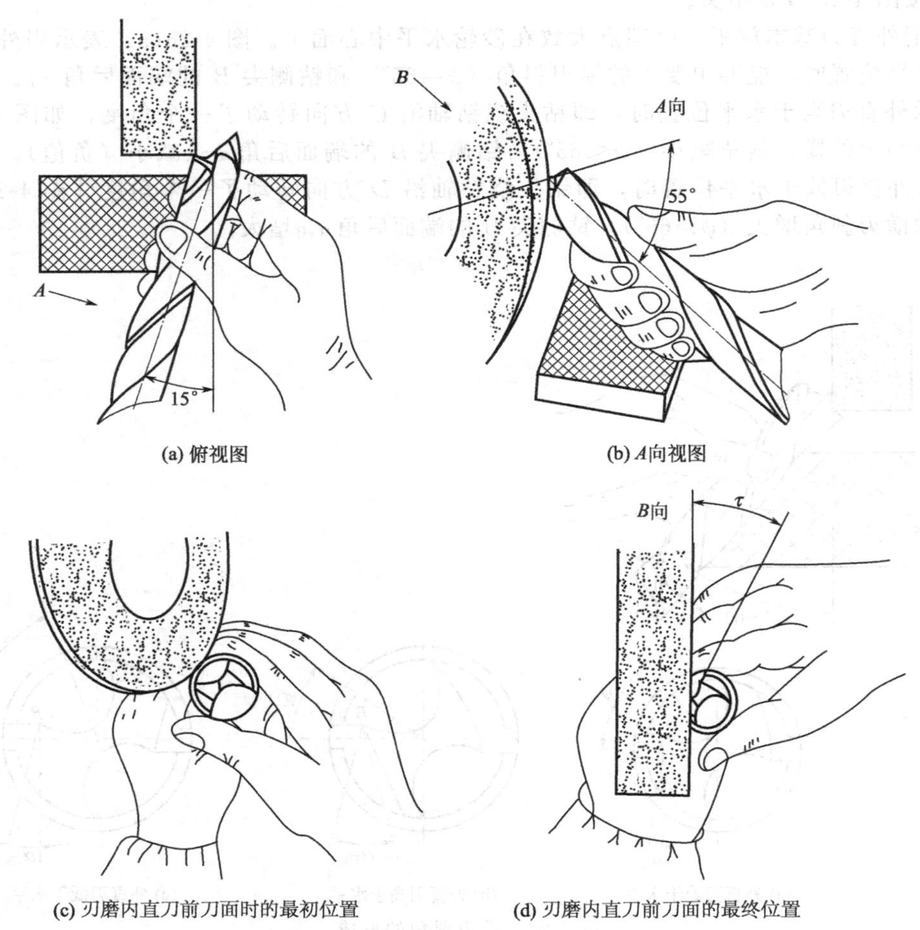

(a) 俯视图　(b) A向视图

(c) 刃磨内直刃前刀面时的最初位置　(d) 刃磨内直刃前刀面的最终位置

图 4-27　修磨横刃

刃磨步骤如下。

① 按图 4-27 的位置关系放置钻头。

② 使外刃靠近砂轮，逐渐由外刃背［图 4-27(c)］向钻心移动，磨量由大到小，最终位置要保证钻头外直刃与砂轮侧面夹角为内刃斜角 τ ［图 4-27(d)］。

③ 刃磨另一内直刃前刀面，方法同上，保证横刃长 b 达到要求长度。

磨横刃和内直刃应注意的事项如下。

① 刃磨时，操作员的头部要向砂轮后面伸，以便观察钻头端部的刃磨情况。避免把内刃斜角磨得太小，或者把圆弧刃磨伤一部分甚至磨伤外刃；同时也是为了把内刃斜角磨对称。

② 既不要使钻心磨得过薄，又要把内直刃前角磨大一些。当由外向内修磨到内直刃段（图 4-23 中标号 4）时，钻尖稍向左摆一点，钻尾向上再稍稍抬高一点。钻尖稍向左摆的目的，就是为了增大钻心部分的前角。刃磨时一定要注意，让砂轮的磨削点既要磨到钻头的轴心，但又不要超过钻头的轴心。钻尾向上稍稍抬高的目的，是使钻尖磨出短的横刃。

(4) 磨分屑槽

刃磨步骤如下。

① 磨削点必须高于砂轮水平中心面，以便磨出刃口窄后面宽的鱼肚形分屑槽［图 4-28(a)］。

② 选定两外直刃中较高的一条外直刃磨分屑槽。砂轮侧面与圆周母线之夹角的平分线应垂直于外直刃。根据砂轮侧角的圆角大小选择在砂轮左侧面或右侧面磨削。若在砂轮左侧磨分屑槽［图 4-28(b)］，砂轮左侧面与钻头轴心线的夹角大约为 73°；若在砂轮右侧磨分屑槽［图 4-28(c)］，砂轮右侧面与钻头轴心线的夹角大约为 17°。

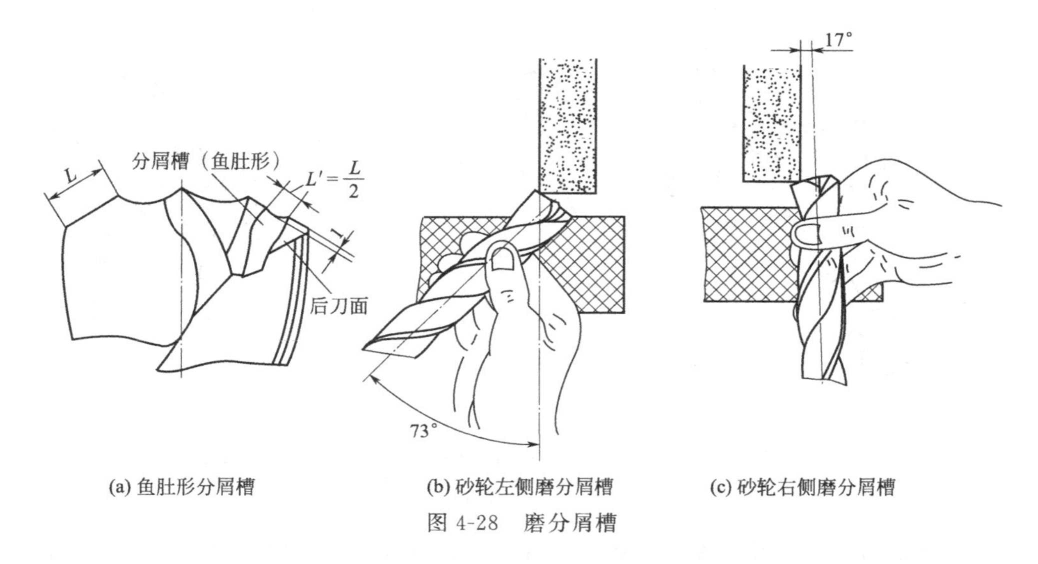

(a) 鱼肚形分屑槽　(b) 砂轮左侧磨分屑槽　(c) 砂轮右侧磨分屑槽

图 4-28　磨分屑槽

③ 磨削时，钻头主要做轴向送进，钻尾略向下摆动。

4.3.3 灵活掌握刃磨方法

以上所介绍的刃磨方法，可根据砂轮的具体情况、刃磨者的习惯和被加工材料的不同灵活掌握。下面介绍几种不同的刃磨方法。

(1) 不同的刃磨位置

如因砂轮的圆周上已磨成深槽，而影响磨出平直的外直刃时，可采用图 4-29 所示的方法在砂轮的侧面修磨外直刃。只要砂轮侧面跟钻头轴心线的夹角等于 ϕ 角就可以了。但进刀时仍要像图 4-24 (b) 那样做轴向送进和上下摆动。

(2) 不同的刃磨方式

只要刃磨方法正确，刃磨方式可以是多样的。图 4-30 就是在砂轮的圆周母线上刃磨外刃锋角的两种方式。

图 4-30(a) 和 (b) 是钻尾向下刃磨锋角的俯视图和 A 向视图。刃磨时钻头做轴向送

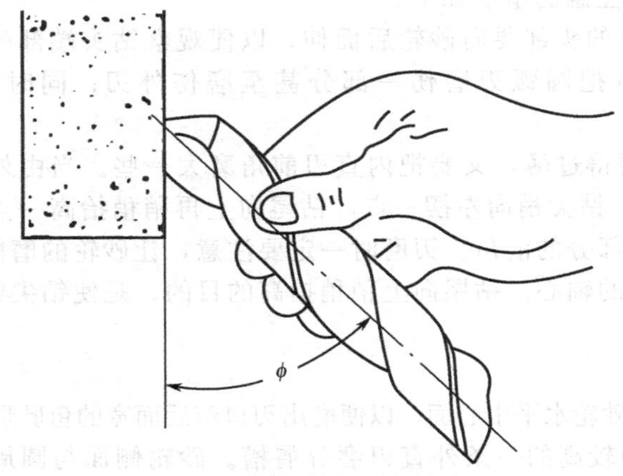

图 4-29　在砂轮侧面磨外直刃

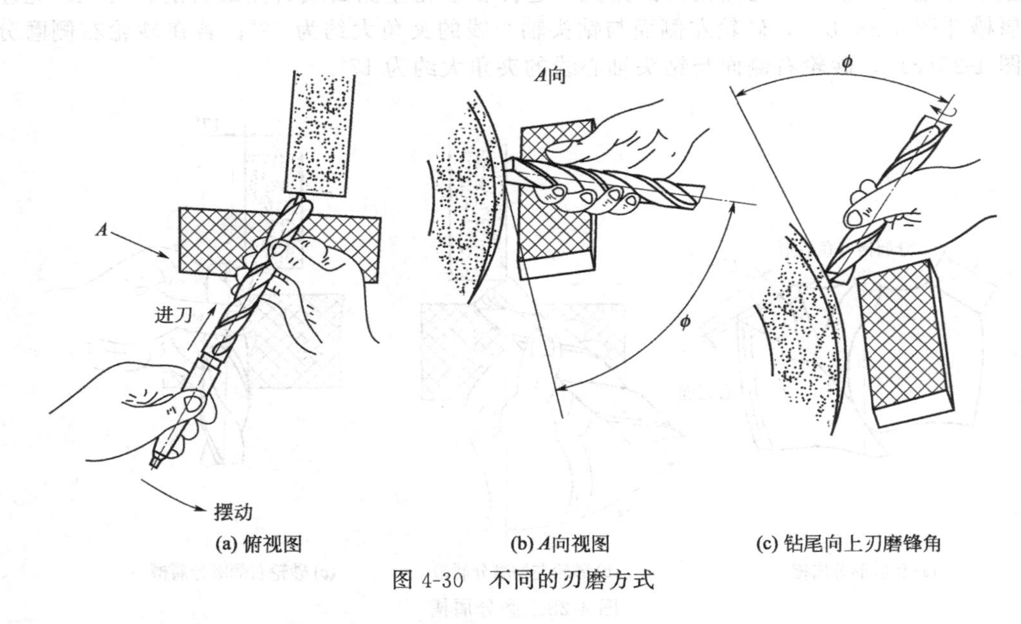

图 4-30　不同的刃磨方式

进，钻尾同时向右摆功，并要求钻头轴心线与砂轮磨削点的圆周切线间的夹角等于半锋角。同样道理，也可将钻尾向上刃磨锋角［图 4-30(c)］。

(3) 不同的刃磨角度

由于普通麻花钻的大钻头比小钻头的钻尖要高，钻尖的磨削余量较大。因此，为了把大钻头的钻尖磨低，开始刃磨月牙槽时，应该加大砂轮右侧面跟钻头轴心线的夹角，或减小砂轮左侧面跟钻头轴心线的夹角。磨外刃锋角时，钻头可以翘得稍高一些，也可以翘得稍低一些。但前者的刃磨进刀量应比后者要大些。

由此看来，群钻的刃磨角度，既有一定的范围，又有一定的灵活性，具体情况应具体分析，分别对待。

(4) 不同的刃磨步骤

根据不同的情况，采用不同的刃磨步骤。例如，在磨好两月牙槽后，可以先磨分屑槽，后磨横刃和内直刃，也可以先磨分屑槽，后磨月牙槽；还可以增加重复的刃磨步骤（如最先磨外直刃，在磨完月牙槽、内直刃和分屑槽后，再轻微地修磨外直刃）。

但是应该注意，刃磨步骤中有的是可以交换的，有的是不宜交换的。例如，不要先修磨横刃后修磨月牙槽，因为磨月牙槽时，会改变横刃和内直刃的尺寸。

4.3.4 刃磨后的检查

钻头刃磨后的检查，可以使用辅助量具来测量前角、后角、锋角、横刃斜角、外刃长及钻尖高等，也可用塑料模型对比检查。但最简便的办法还是目测。如果是最初学群钻，需要认真检查自己刃磨的钻头是否合乎标准。在实际生产中，对掌握了刃磨群钻技术的人来说，一般不用辅助量具，而是靠目测。

目测的重点是检查钻心尖是否在钻轴中心、各刃是否相对于钻心尖对称，也可以在钻床上让钻头旋转起来，观看其钻心尖和钻侧尖是否划出双重圆圈。如有双重圆圈就是对称性不好，应该进行修磨。另外还要检查钻头各刃口、刃面的光洁度以及是否有退火现象等。

群钻刃磨后，通常测量以下主要角度。

(1) 测量前角

如图 4-31 所示是用钢尺粗略测量前角，其办法是：把要测的 A 点的基面（AO）转到水平位置［图 4-31(a)］，再把钢尺的一直边放到过 A 点的基面内，同时使钢尺垂直于过该点的主刃，如图 4-31(b) 和 (c) 所示。钢尺的一直边跟螺旋面之间的夹角就是该点的前角 γ_A，如图 4-31(c) 所示。这种方法只能粗略测量钻头外缘处的正前角。至于钻心部分的负前角，就不能用此方法测量，因为基面已切到螺旋槽里面去了。

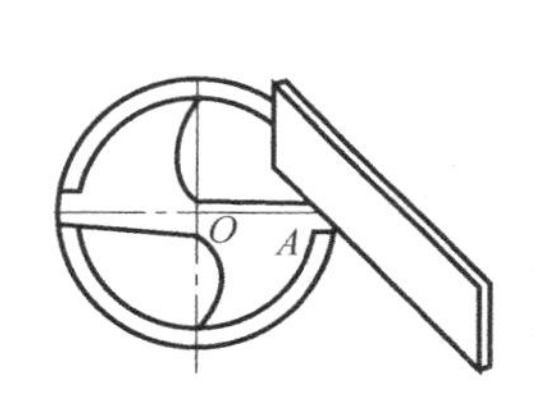

(a) AO转到水平位置

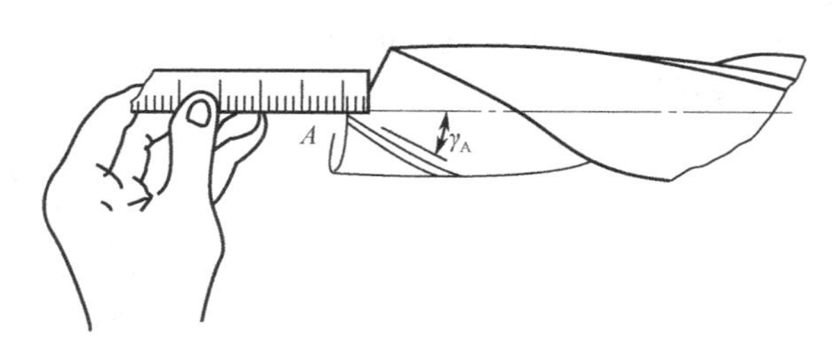

(b) 将钢尺的一直边放在过A点的基面上

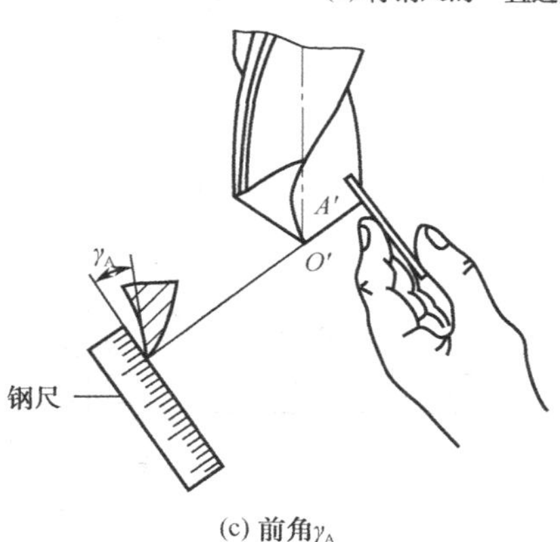

(c) 前角γ_A

图 4-31 粗略的测量前角

(2) 测量后角

钻头后角的测量，可以在轴向剖面内测量，也可以在圆柱剖切面内测量，如图 4-32 所示。测量时把表头针尖对准切削刃上要测的 X 点（所在半径为 R_X），然后使钻头转过一定角度 β，记下指示表读数（K），即可通过$\tan\alpha_X \approx \dfrac{K}{R_X\beta}$近似地计算出 X 点的后角 α_X。

钻头后角的测量也可如图 4-33 那样，用钢尺粗略测量。把要测的那一点的基面（AO）

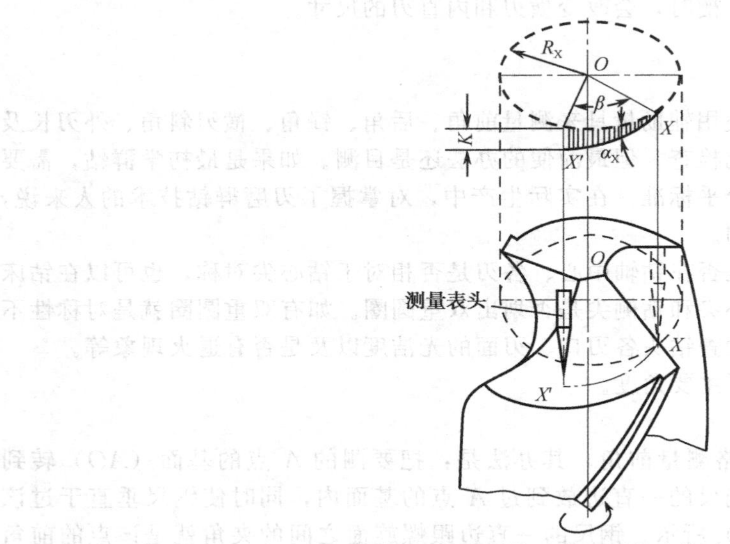

图 4-32　在圆柱面内测量钻头的后角

转到水平位置［图 4-33(a)］，使钢尺的宽面平行于钻头轴心线，且垂直于过该点的基面，如图 4-33(b) 和 (c) 所示。钢尺的直边跟后刀面的夹角 α_A，就是该点的后角。也可以用样板测量后角，如图 4-34 所示。

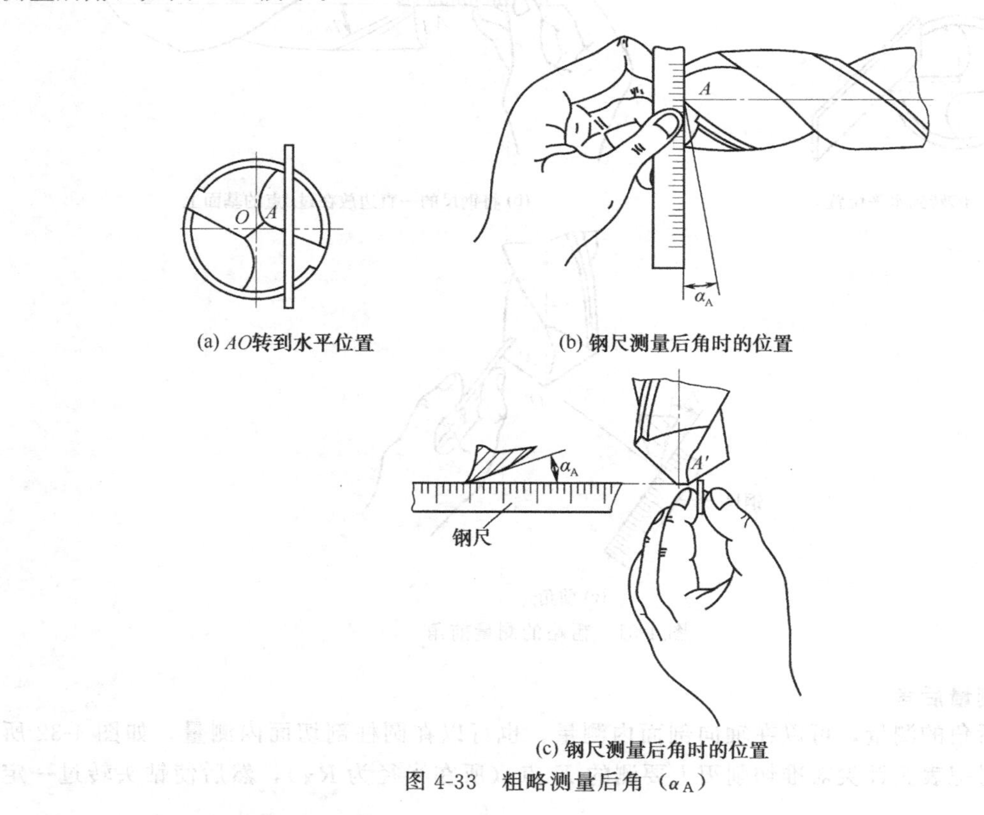

(a) AO转到水平位置　(b) 钢尺测量后角时的位置

(c) 钢尺测量后角时的位置

图 4-33　粗略测量后角（α_A）

(3) 测量横刃斜角和锋角

测量锋角、横刃斜角及后角的专用样板如图 4-35 所示。其中，117°30′用来测量基本群钻的锋角（$2\phi=125°$），即：

$$180°-\varphi-\varphi_1=180°-62°30'-1'30''=117°29'\quad 30''\approx117°30'$$

其中 $\varphi_1\approx1'30''$是根据钻头倒锥计算的近似值。109°58′用来测量锋角 $2\phi=140°$。

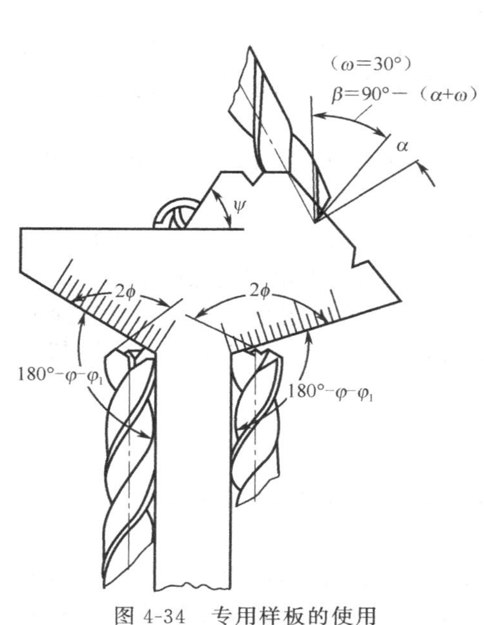

图 4-34 专用样板的使用

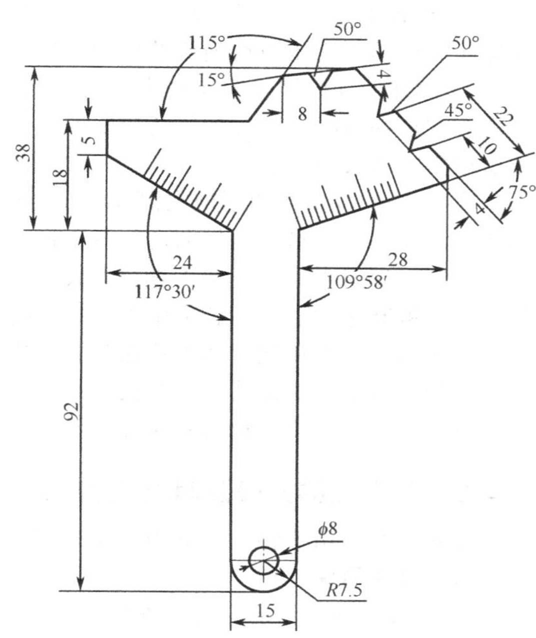

图 4-35 专用样板（单位：mm）

样板的长边长度必须大于钻头螺旋槽的导程。92mm 长度只适于测量 $\phi35$mm 以下的钻头。刃磨后的群钻除借助于辅助量具检查外，还可用塑料制作的群钻模型对照检查。

4.4 深孔钻

深孔指孔的深度与直径比 $L/D>5$ 的孔。一般 $L/D=5\sim10$ 深孔仍可用深孔麻花钻加工，但 $L/D>20$ 的深孔则必须用深孔刀具才能加工，包括深孔钻、镗、铰、套料、滚压工具等。

深孔加工有许多不利的条件，如不能观测到切削的情况，只能通过听声音、看切屑、观油压来判断排屑与刀具磨损的情况；切削热不易传散，须有效地冷却；孔易钻偏斜；刀柄细长，刚性差，易振动，影响孔的加工精度，排屑不良时易损坏刀具等。因此深孔刀具的关键技术是要有较好的冷却装置、合理的排屑结构以及合理的导向措施。下面介绍几种典型的深孔刀具。

4.4.1 深孔加工的特点

深孔加工是一种难度较大的技术，到目前为止，仍处于不断改进、提高的阶段，这是因为深孔加工有其特殊性。

① 孔的深度与直径之比较大（一般≥10），钻杆细长，刚性差，工作时容易产生偏斜和振动，因此，孔的精度及表面质量难以控制。

② 切屑多而排屑通道长，若断屑不好，排屑不畅，则可能由于切屑堵塞而导致钻头损坏，无法保证孔的加工质量。

③ 深孔钻是在近似封闭的状况下工作的，由于时间较长，热量大且不易散出，因而其钻头极易磨损。

深孔加工对深孔钻的要求如下。

① 断屑要好，排屑要通畅。除了断屑要好，排屑要通畅外，还要有平滑的排屑通道，这样才能借助一定压力切削液的作用促使切屑强制排出。

② 良好的导向性，防止钻头偏斜。为了防止钻头工作时产生偏斜和振动，除了钻头本身需要有良好的导向装置外，还应采取工件回转时，钻头只做直线进给运动的工艺方法，来减少钻削时钻头的偏斜。

③ 充分的冷却。切削液在深孔加工时同时起着冷却、润滑、排屑、减振与消声等作用，因此，深孔钻必须具有良好的切削液通道，以利于切削液快速流动和冲刷切屑。

在实际生产中，对于加工直径不大且孔深与孔径比在 5～20 内的普通深孔，可采用普通加长高速钢麻花钻加工，若采用带有冷却孔的麻花钻则更好。有时也使用大螺旋角加长的麻花钻，该钻头可在铸铁上加工孔深与孔径比不超过 30～40 的深孔，也可在钢上加工较深的孔。但是，真正按照深孔加工的技术特点和对深孔钻的要求，加长高速麻花钻、带有冷却孔的麻花钻及大螺旋角加长的麻花钻都不是理想的深孔钻。

4.4.2 深孔钻的分类及其结构特点

深孔钻按其结构特点可分为外排屑深孔钻、内排屑深孔钻、喷吸钻和套料钻。

(1) 外排屑深孔钻

① 外排屑深孔钻的结构　外排屑深孔钻以单面刃的应用较多。单面刃外排屑深孔钻最早用于加工枪管，故又称为枪钻。外排屑深孔钻的结构如图 4-36 所示。它由钻头、钻杆和钻柄三部分组成。整个外排屑深孔钻内部制有前后相通的孔，钻头部分由高速钢或硬质合金制成。其切削部分仅在钻头轴线的一侧制有切削刃，无横刃。钻尖相对钻头轴线偏移距离 e，并将切削刃分成外刃和内刃。外刃和内刃的偏角分别为 ψ_{r1}、ψ_{r2}。此外，切削刃的前面偏离钻头中心有一个距离 H。

通常取：

$$e=\frac{d}{4} \tag{4-12}$$

$$H=(0.01\sim0.025)d \tag{4-13}$$

钻杆直接用无缝钢管制成，在靠近钻头处滚压出 120°的排屑槽。钻杆直径比钻头直径小 0.5～1mm，用焊接方法将两者连接在一起，焊接时使排屑槽对齐。

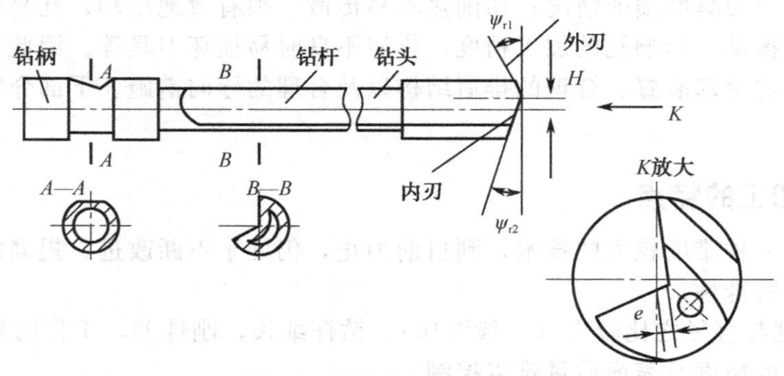

图 4-36　外排屑深孔钻的结构

② 外排屑深孔钻的工作原理　外排屑深孔钻的工作原理如图 4-37 所示，工作时高压切

削液（一般压力为3.5～10MPa）从钻柄后部注入，经过钻杆内腔由钻头前面的口喷向切削区。切削液对切削区实现冷却润滑作用，同时以高压力将切屑经钻头的V形槽强制排出。由于切屑是从钻头体外排出的，故称为外排屑。这种排屑方法无需专门辅具，且排屑空间较大，但由于钻头刚性和加工质量会受到一定的影响，因而适合于加工孔径为2～20mm，长径比大于100的深孔。其加工精度等级为IT10～IT8，表面粗糙度 Ra 为3.2～0.8μm。

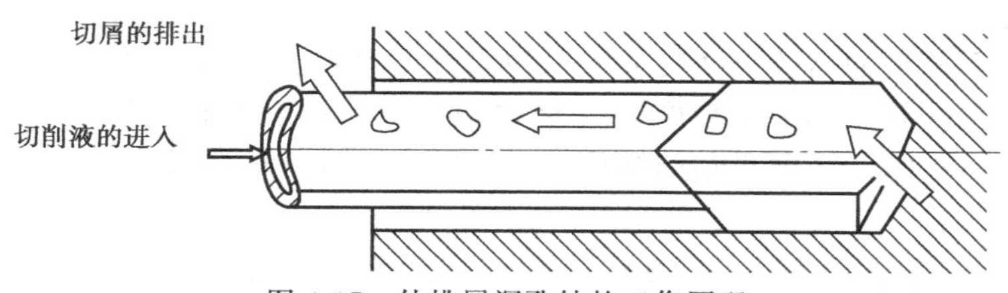

图4-37 外排屑深孔钻的工作原理

③ 外排屑深孔钻的特点 外排屑深孔钻的特点包括以下三点。

a. 由于外排屑深孔钻的外刃偏角略大于内刃偏角，因而使外刃所受的径向力略大于内刃所受的径向力，这样使钻头的支承面始终紧贴于孔壁。再加上钻头前面及切削刃不通过中心，避免了切削速度为零的不利情况。同时在孔底形成一直径为 $2H$ 的芯柱，此芯柱在切削过程中具有阻抗径向振动的作用，并使钻头有可靠的导向，有效地解决了深孔钻的导向问题，而且可以防止孔径扩大（在切削力的作用下，芯柱达到一定长度后会自行折断）。

b. 由于切削液进、出路分开，使切削液在高压下不受干扰，容易到达切削区，较好地解决了钻深孔时的冷却、润滑问题。

c. 刀尖具有偏心量 e，切削时可起分屑作用，使得切屑变窄，切削液将切屑冲出，便于排屑。

(2) 内排屑深孔钻

① 内排屑深孔钻的结构 内排屑深孔钻一般由钻头和钻杆采用螺纹连接而成，以错齿的结构较为典型。

② 内排屑深孔钻的工作原理 工作时，高压切削液（约2～6MPa）由钻杆外圆和工件孔壁间的空隙注入，切屑随同切削液由钻杆的中心孔排出，故称为内排屑，如图4-38所示。内排屑深孔钻一般用于加工孔径为5～120mm、长径比小于100的深孔。其加工精度等级为IT11～IT10，表面粗糙度 Ra 为3.2～1.6μm。由于其钻杆为圆形，刚性较好，且切屑不与工件孔壁产生摩擦，故生产率和加工质量均较外排屑深孔钻的有所提高。

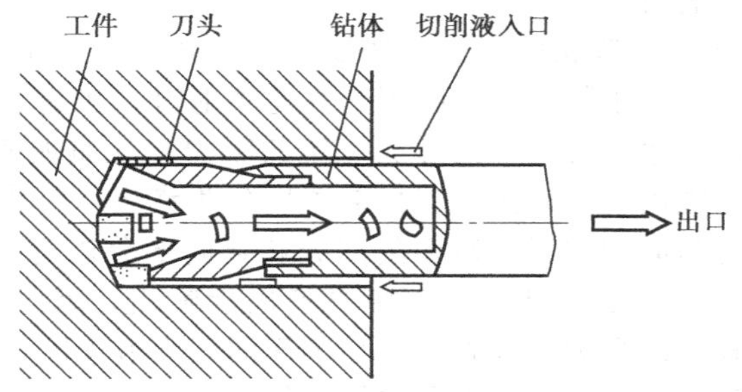

图4-38 内排屑深孔钻的工作原理

③ 内排屑深孔钻的特点 内排屑深孔钻共有3个刀齿，排列在不同的圆周上，因而没有横刃，降低了轴向力。不平衡的圆周力和径向力由圆周上的导向块承受。由于刀齿交错排列，可使切屑分段，因而排屑方便。不同位置的刀齿可根据切削条件的不同，选用不同牌号

的硬质合金，以适应对刀片强度和耐磨性等的要求。切削刃的切削角度可以通过刀齿在刀体上的适当安装而获得。钻杆外圆上的导向块可用耐磨性较好的 YW2 制造。为了提高钻杆的强度和刚度，以及尽可能增大钻杆的内孔直径以便于排屑，钻杆和钻头的连接一般采用细牙矩形螺纹连接。钻杆材料应选用强度较好的合金钢管或结构钢管，且要安排合适的热处理工艺。

(3) 喷吸钻

喷吸钻是一种新型的高效、高质量加工的内排屑深孔钻，用于加工孔径为 16～65mm、长径比小于 100 的深孔。其加工精度等级为 IT11～IT10，表面粗糙度 Ra 为 3.2～0.8μm，孔的直线度为 1 000：0.1。喷吸钻的结构与工作原理如图 4-39 所示。

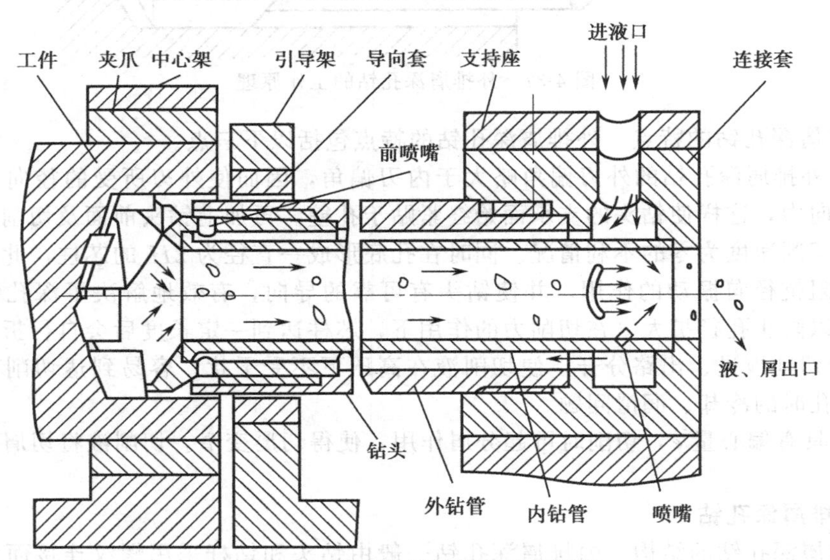

图 4-39 喷吸钻的结构与工作原理

① 喷吸钻的结构 喷吸钻的切削部分与错齿内排屑钻头基本相同。它的钻杆由内钻管及外钻管组成，内、外钻管之间留有环形空隙。外钻管前端有方牙螺纹及定位面与钻头连接。后端有较大的倒角，以顺利地装入连接器。内、外钻管之间的环形面积应大于钻头小孔的面积之和（一般小孔数目为 6 个），而钻头小孔的面积之和又大于反压缝隙的环形面积，这样切削区的切削液在流动的过程中，由于面积逐渐变小，使得流速加快，形成雾状喷出，因而有利于钻头的冷却和润滑。

② 喷吸钻的工作原理 喷吸钻的工作原理如图 4-39 所示。它利用了流体的喷吸效应原理，即当高压流体经过一个狭小的通道（喷嘴）高速喷射时，在这个射流的周围便形成低压区，使切削液排出的管道产生压力差，而形成一定的吸力，从而加速切削液和切屑的排出。喷吸钻工作时，压力切削液由进液口流入连接装置后分两路流动，其中 2/3 经过内、外钻管的间隙并通过钻头的小孔喷向切削区，对切削部分和导向部分进行冷却、润滑并冲刷切屑。另外 1/3 切削液则通过内钻管上月牙形的喷嘴高速向后喷出，因此，在喷嘴附近形成低压区，从而对切削区形成较强的吸力，并将喷入切削区的切削液连同切屑吸向内钻管的后部并排回集屑液箱。这种喷吸效应有效地改善了排屑条件。

(4) 套料钻

套料钻又称为环孔钻，可用来加工孔径大于 60mm 的深孔。采用套料钻加工时，只切出一个环形孔，在中心部位留下料芯。由于它切下的金属少，不但节省金属材料，还可节省刀具和动力的消耗，并且生产率高，加工精度高，因此，在重型机械的深孔加工中应用较多。套料钻的刀齿分布在圆形的刀体上，如图 4-40 所示，图中有四个刀齿，且在刀体上装有分布均匀的导向块。

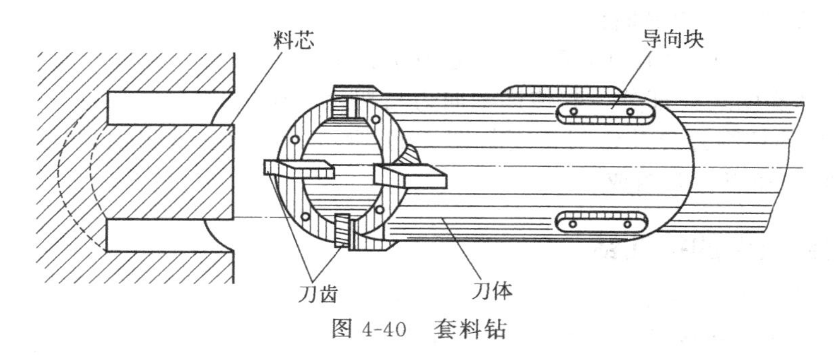

图 4-40 套料钻

4.5 扩孔钻

当孔径较大或者孔的精度要求较高时，不能一次钻孔完成，需要先预钻一个小孔，留有一定的余量，再扩大孔径到要求的尺寸，这时用的刀具就是扩孔钻。

单件小批生产时，一般就改磨相应的麻花钻头代替扩孔钻使用，而在成批大量生产时，就专门设计扩孔钻。为了提高扩孔钻的耐用度，目前不仅有高速钢制成的扩孔钻，还有硬质合金制成的扩孔钻。

4.5.1 扩孔钻的种类

扩孔钻的种类较多，按装夹连接方式可分为锥柄扩孔钻、直柄扩孔钻、套式扩孔钻；按材质及结构形式可分为高速钢整体扩孔钻、焊接硬质合金刀片扩孔钻、机夹刀片组合扩孔钻、复合扩孔钻；按刀刃数量可分为两刃、三刃、四刃和多刃扩孔钻。

与麻花钻相比，它没有横刃，加工余量小，刀体强度及刚性都比较好，齿数多，切削平稳，因此加工质量及生产率都比用麻花钻扩孔高。直径 10～32mm 的扩孔钻做成整体的；25～80mm 做成套装的，切削部分材料可以用高速钢，也可镶硬质合金钢。

4.5.2 标准扩孔钻

标准扩孔钻的结构类似麻花钻，如图 4-41 所示，它由以下三部分组成。

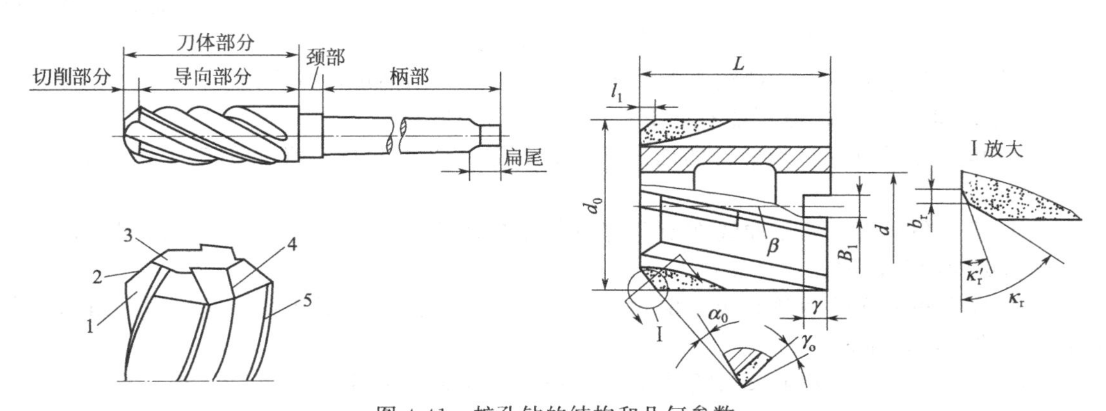

图 4-41 扩孔钻的结构和几何参数

1—前刀面；2—主切削刃；3—钻芯；4—后刀面；5—刃带

① 刀体部分：由切削部分和导向部分组成。切削部分是指扩孔钻最前端的倒锥部分，它在切削时担任主要的切削任务。导向部分是指切削部分以外的螺旋槽部分（包含两条棱边），它在扩孔时起导向作用。

② 颈部：连接刀体和柄部的部分，也是打标记的地方。

③ 柄部：钻头的装夹部分，起传递轴向力与扭矩的作用。

标准扩孔钻的切削部分及切削角度如图 4-41 所示，切削部分由前刀面 1、主切削刃 2、钻芯 3、后刀面 4 和刃带 5 组成。

4.5.3 用钻头改磨的扩孔钻

从图 4-42 中可以看出，扩孔时横刃不参加工作，只有两个主切削刃靠外缘的一小段担负切除余量的任务。从标准麻花钻的角度分析可知：在两个主切削刃上，前角的数值是变化的，外缘处前角最大，约为 30°。这么大的前角，容易引起扎刀。而且外缘处刀具强度太弱。为此，在转角处倒一个 $b\times$（45°～60°）角。b 相当于扩孔钻的主切削刃，它的长短取决于扩孔单边余量 a_p 的大小，使 cot（45°～60°）$>a_p$ 即可。

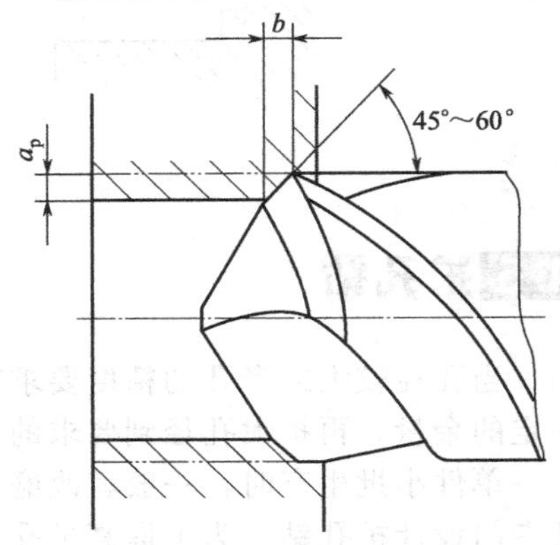

图 4-42　用钻头改磨扩孔钻

刃磨倒角是用手拿着钻头，在砂轮机上进行。刃磨后要保证两侧倒角大小相等、b 的长短一致，后角大小也应一致。

刃磨方法如下。

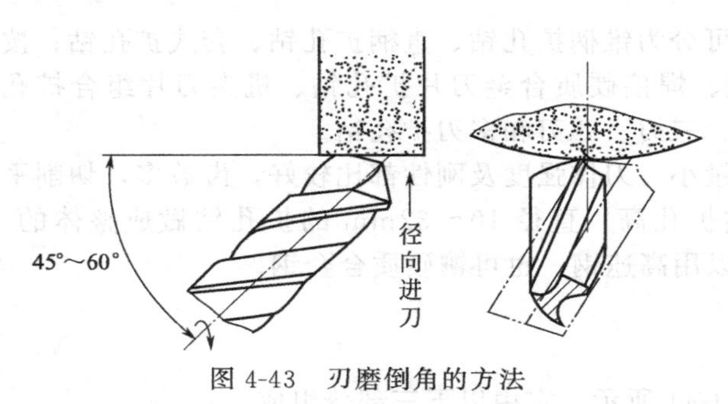

图 4-43　刃磨倒角的方法

① 先将钻头锋角及主后角刃磨好，在此基础上再磨倒角。刃磨时，让钻头轴线与砂轮外圆成 45°～60°，刀口高度置于砂轮中心线处，如图 4-43 所示。

② 第二步使钻头径向进刀接触砂轮外圆，在手的压力作用下刃磨倒角到尺寸。

③ 第三步是使钻头绕自身的轴线顺时针慢速旋转并径向进给，使砂轮沿着钻头的螺旋后面一直连续地磨到最低点为止（图 4-43 中点划线所表示的就是磨到终了的位置）。

④ 然后钻头退离砂轮。把钻头翻转 180°，刃磨另一侧倒角，方法同上。

刃磨倒角时，从顶部看可能有如下三种形状（见图 4-44）。

① 倒角后面近似由两条平行的曲线所构成，这表明倒角的后角近似等于钻头的后角，即 $\alpha_b=\alpha_o$。

② 形成倒角后面的两条曲线在倒角部分的距离较窄，向后逐渐变宽，这表明倒角的后角小于钻头的后角，即 $\alpha_b<\alpha_o$。

③ 形成倒角后面的两条曲线在倒角处的距离较窄，向后逐渐变宽，这表明倒角的后角大于钻头的后角，即 $\alpha_b>\alpha_o$。

可通过上面这三种情况来判断倒角刃磨得是否正确。若出现第二种情况，即 $\alpha_b<\alpha_o$，甚至 $\alpha_b<0$，那是不允许的。

为了保证倒角处有后角，而又兼顾倒角处不因后角过大而强度减弱，应根据扩孔时进刀

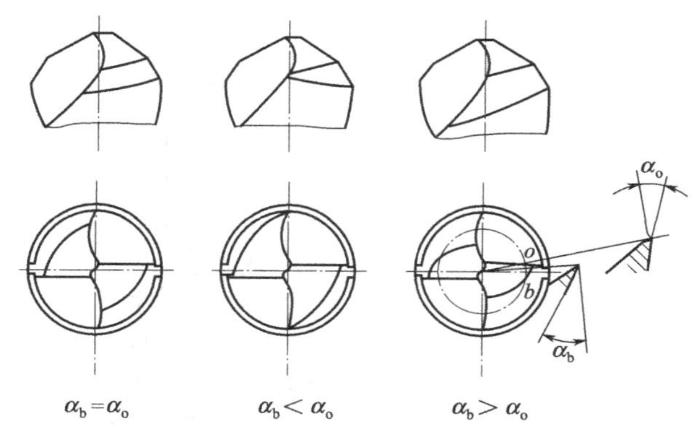

图 4-44 倒角后面的三种形状

的大小来确定合适的后角。

4.5.4 高速钢扩孔钻的刃磨方法

高速钢扩孔钻有带柄的（直径小于 25mm）和套装的（直径大于 25mm）两种。采用套装式的主要目的是为了节省钢材。

刃磨带柄的扩孔钻时，是用其两端的中心孔作定位基准；而刃磨套装扩孔钻时，则需要按其内孔的形状和尺寸配制心轴，再用心轴两端的中心孔作定位基准。带柄的扩孔钻结构见图 4-45，扩孔钻由工作部分、颈部和柄部组成。工作部分由切削锥部分和导向部分组成。

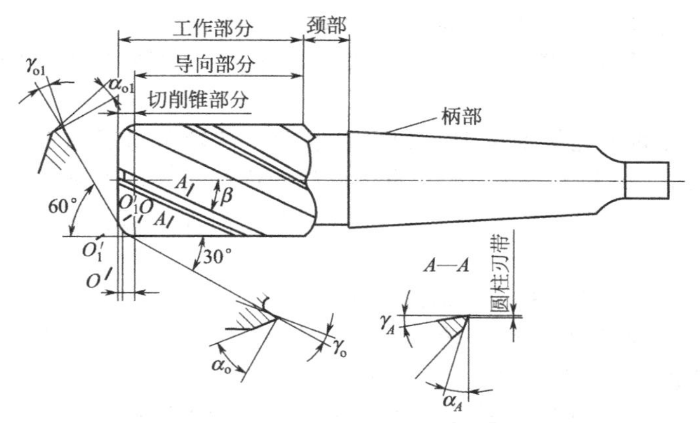

图 4-45 带柄扩孔钻结构

高速钢扩孔钻工作部分都是螺旋齿，容屑（螺旋槽）和排屑条件较好，导向性也好。螺旋槽的多少是根据扩孔钻的直径大小而定，最少的也有三个槽。切削部分的锥角一般由 30°和 60°两个角度组成，导向部分齿背刃带较宽。

(1) 扩孔钻前面的刃磨

① 砂轮锥面刃磨法　砂轮锥面刃磨法，是把扩孔钻前面刃磨成负前角时所采用的方法，具体作法如下。

a. 选好碟形砂轮，锥面朝外装到砂轮接轴上，把砂轮修整成锥面（见图 4-46）。

b. 根据扩孔钻螺旋槽方向转动磨头架，使砂轮轴垂直于螺旋槽的切线（在俯视图中）。

c. 将扩孔钻支承在前后顶尖上，调节好松紧。

d. 将砂轮引入到扩孔钻的螺旋槽内，调节砂轮与扩孔钻的相对位置，使砂轮锥母线与

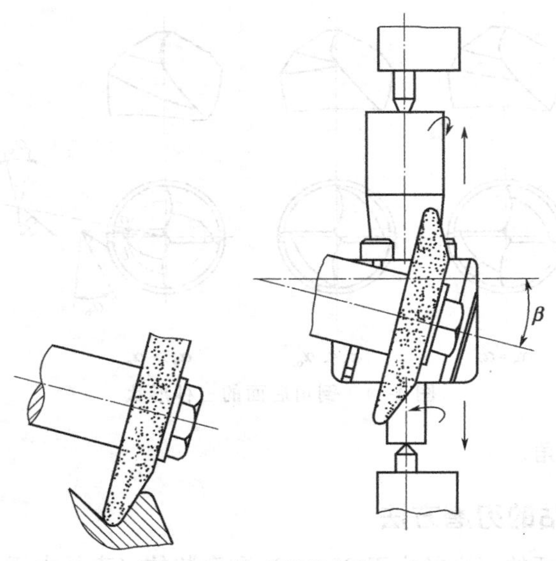

图 4-46 扩孔钻前角的刃磨

扩孔钻刀口（法向剖面）的前面相接触。

e. 手扶扩孔钻螺旋进给，使砂轮锥母线与前面保持接触，沿着扩孔钻螺旋槽纵向空行程往复一次，观察一下砂轮与前面接触情况，床面如有斜度，需进行粗调。

f. 启动砂轮开始刃磨，手扶扩孔钻，使前面紧靠砂轮的锥面，在工作台作纵向往复运动时，扩孔钻也同时作圆周螺旋进给运动。待砂轮沿螺旋刃磨过一个导程后，需仔细观察砂轮锥面与前面是否全接触。如果接触不好，仍需再调节砂轮的位置和磨头架的角度。

g. 用锥面砂轮刃磨扩孔钻前面时，如果是通槽，砂轮可从后面退出；如果是不通槽，砂轮只能从切削锥面前端退出，这时应注意当砂轮的锥母线（在俯视图中与砂轮的中心线重合）退出切削锥前端时，要立即停止圆周进给，以免前面多磨而造成外圆刃带的宽度不一致。

② 砂轮棱边刃磨正前角扩孔钻前面的方法

a. 选好砂轮，平面朝外装到砂轮轴上。旋转磨头，使砂轮端面与扩孔钻的螺旋槽的切线成一个 μ 角度（如图 4-47）。一般为 $\mu=1°\sim2°$，以不发生干涉为依据。根据扩孔钻的结构和刃磨习惯，确定砂轮退出的方向和 μ 角的方向。图 4-47(a) 是向后退出砂轮。图 4-47(b) 是向前退出砂轮。因为是用砂轮的棱边刃磨，所以没有必要用金刚刀修整砂轮，只需手拿超硬砂轮修整即可。根据棱边与扩孔钻前面的接触情况，及时修整（修圆）砂轮。

b. 将扩孔钻支承在前后顶尖上，调节好松紧。

c. 将砂轮引入扩孔钻的螺旋槽内，调节好砂轮与螺旋槽前面的相对位置，使砂轮的棱边与扩孔钻法向剖面的前面凹弧接触。

d. 手扶扩孔钻螺旋进给，使砂轮的棱边与前面靠紧，沿着扩孔钻的螺旋槽，纵向空行程往复一次，检查砂轮与前面的接触情况，如床面有斜度，即应进行调整。

e. 启动砂轮开始刃磨，手扶扩孔钻，使前面与砂轮棱边靠紧，在工作台作纵向往复运动时，扩孔钻也同时作圆周螺旋进给运动。当砂轮沿螺旋槽磨过后，再仔细检查砂轮与扩孔钻前面的接触情况，如有问题则应进一步作调整（床面斜度、磨头转动角度、砂轮的磨齿深

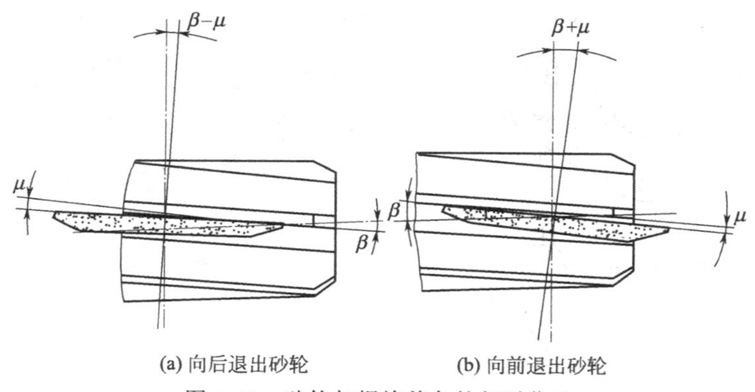

(a) 向后退出砂轮　　(b) 向前退出砂轮

图 4-47　砂轮与螺旋前角的相对位置

度等)。

(2) 导向部外圆后角的刃磨

用平型砂轮外圆磨后角的步骤与方法如下。

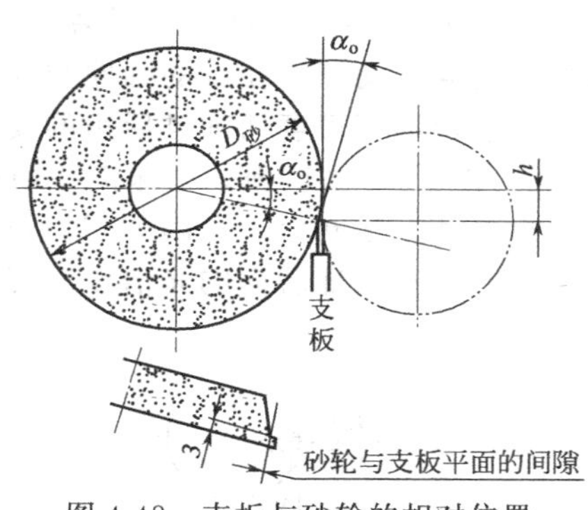

图 4-48　支板与砂轮的相对位置

① 将选好的砂轮装到磨头上，磨头转动 90°，使其轴线与工作台纵向导轨平行。用金刚刀修整砂轮外圆。为了防止因砂轮宽而在磨削时产生干涉，需手拿超硬砂轮，把砂轮修窄，使之成为 3mm 左右的圆环。

② 把不带弹簧的支板固定在磨头架上。使支板的最高点低于砂轮中心线 h (mm) (见图 4-48)。支板的平面应与砂轮外圆平行，且有一定的间隙。此间隙的大小，应以砂轮旋转时不碰支板为最佳值。

③ 把扩孔钻（带柄的）支承在前后顶尖上，(若为套装的扩孔钻，即先把套袋的扩孔钻套到心轴上，然后再支在顶尖上）调好松紧。

④ 调节横向丝杠，使扩孔钻接近砂轮，并使一个齿交承在支板上。手扶扩孔钻，除作纵向往复运动外还同时作螺旋进给运动，使扩孔钻前面永远和支板接触，空行程往复一次，检查床面是否有斜度、砂轮和扩孔钻是否有干涉、支板是否合适等，如有问题，还要进行相应的调整，调好后还要确定砂轮退出的方向。

⑤ 启动砂轮开始刃磨，注意螺旋进给运动要连续进行，不许间歇，以免磨窄刃带，或因间歇而产生的磨削热而使该处刃口退火。

(3) 切削锥后角的刃磨

刃磨扩孔钻后角时，其安装的相互位置如图 4-49 所示。

刃磨的步骤与方法如下。

① 修正砂轮（P 形修外圆，碗形修端面)。

② 把带弹性的活动支板固定在床面上，把床面旋转 60°后紧固。

③ 把扩孔钻支承在前后顶尖上，调节支板，使其最高点低于刀具中心，支板平面平行于 60°锥面。支点支承在 60°切削锥上最外缘刃口处。对于负前角扩孔钻来说，切削锥前面是凸的；而对于正前角扩孔钻来说，切削锥前面则是凹的。特别要注意支点的位置，不要受任何干涉，以免引起切削锥的径向跳动。

④ 对刀并引进砂轮，试磨一个齿锥后面，拿下放到偏摆仪上，用表侧一下轴向后角大

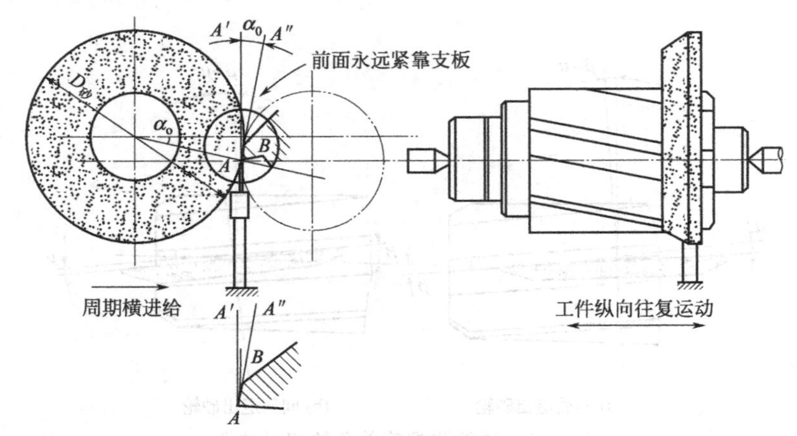

图 4-49 刃磨扩孔钻后角

小，根据测量再调节支板的高低。

⑤ 试磨合格后，就开始刃磨，每次横进刀约 0.05mm，逐齿刃磨一圈，其运动有床面的纵向往复运动和扩孔钻的圆周间歇分齿进给运动。

用砂轮端面刃磨切削锥后角的安装位置见图 4-50。

⑥ 磨完 60°锥后面，把床面往回搬 30°，把支板移到切削锥和外圆转角处，刃磨 30°过渡刃后角，其方法同上。只因 30°过渡刃很短，所以一次进刀即可磨好，再光修一圈以保证减小径向跳动和保证后面的光洁度。刃磨过渡刃后角的安装位置，如图 4-51 所示。

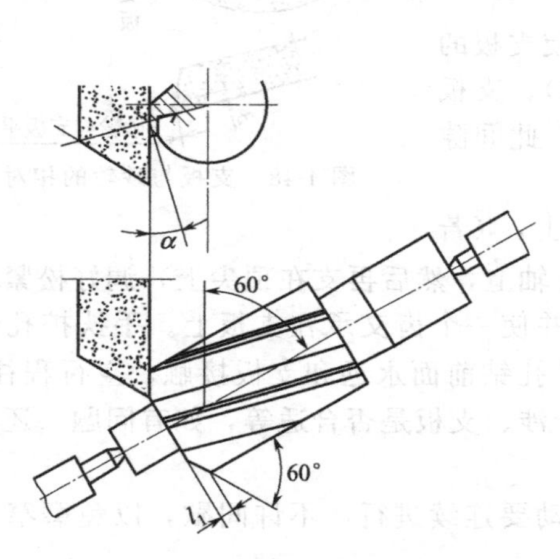

图 4-50 用砂轮端面刃磨切削锥后角

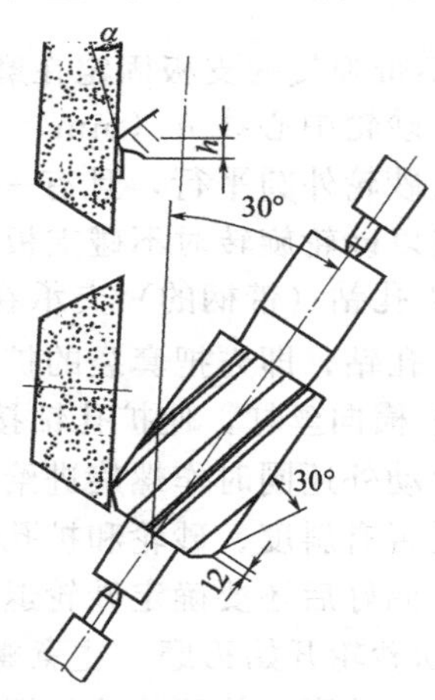

图 4-51 过渡刃后角的刃磨

4.6 锪钻

锪钻是用来加工圆柱形或圆锥形沉头座孔和锪平端面用的，如图 4-52 所示。锪钻上有一定位导向柱，用来保证被锪的孔或端面与原来的孔保持一定的同轴度或垂直度。导向柱可以拆卸，以便制造锪钻的端面齿。锪钻的夹持部分类似麻花钻，根据锪钻直径的大小可制成锥柄、直柄或套装的。锪钻按装夹连接方式可分为锥柄锪钻和直柄锪钻；按材质及结构形式可分为焊接硬质合金刀片锪钻、高速钢整体锪钻、机夹刀片组合锪钻、复合专用锪钻；按加工型面类型可以分为加工锥面、平面、柱面、球面和中心孔的专用锪钻；按导向形式可分为带导向柱的和不带导向柱的锪钻。

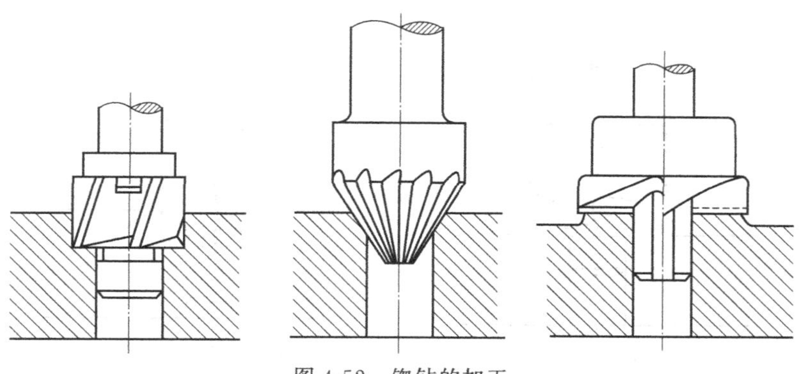
图 4-52 锪钻的加工

4.6.1 标准锪钻

标准锪钻的结构和几何参数如图 4-53 所示，它由三部分组成。

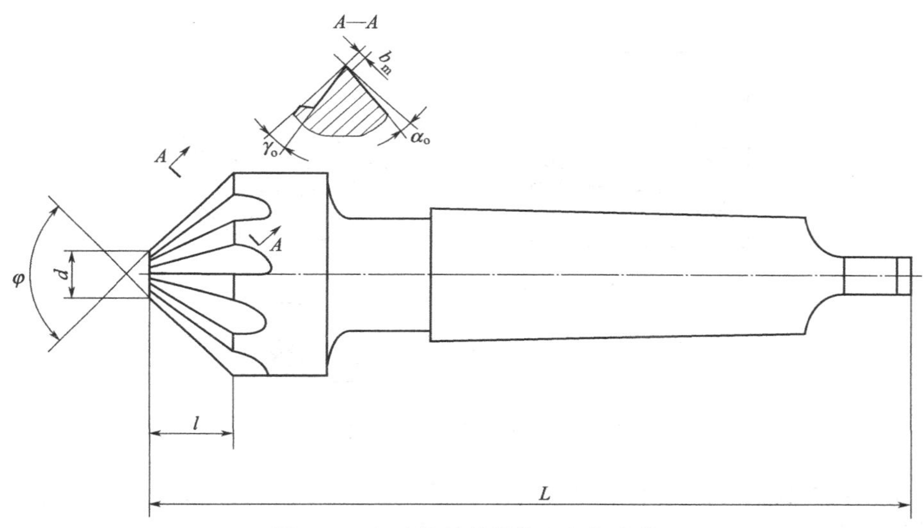

图 4-53 标准锪钻的结构和几何参数

(1) 刀体部分

由切削部分和定位导向件部分组成。切削部分是指锪钻最前端的倒锥（加工锥面）或平面（锪平面）部分，它在切削时担任主要的切削任务，由前刀面、主切削刃、后刀面和刃带组成。

(2) 颈部

连接刀体和柄部的部分，也是打标记的地方。

(3) 柄部

锪钻的装夹部分，起传递轴向力与扭矩的作用。

4.6.2 平面锪钻的刃磨

平面锪钻是加工凸台［图 4-54(a)］或孔内台阶面［图 4-54(b)］的刀具。大部分凸台或孔内台阶是螺母和螺钉的紧固面，其表面粗糙度要求不高，但为了夹紧可靠，不允许中间凸出，所以刃磨平面锪钻时，就不允许有凹心。

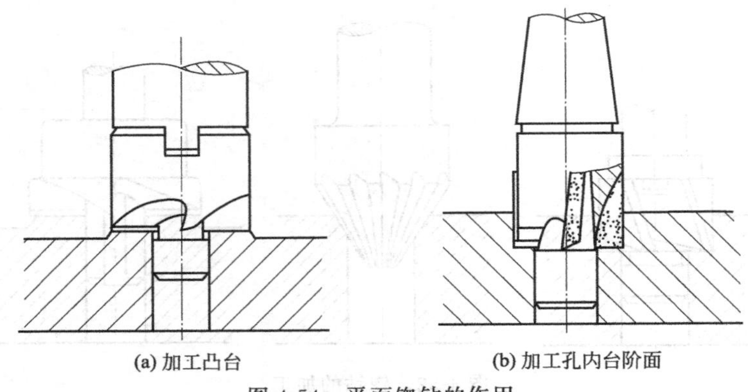

图 4-54 平面锪钻的作用

平面锪钻的结构（如图 4-55 所示）与扩孔钻近似，但没有切削锥角，主切削刃在端面上。它同样是由高速钢或硬质合金制成。

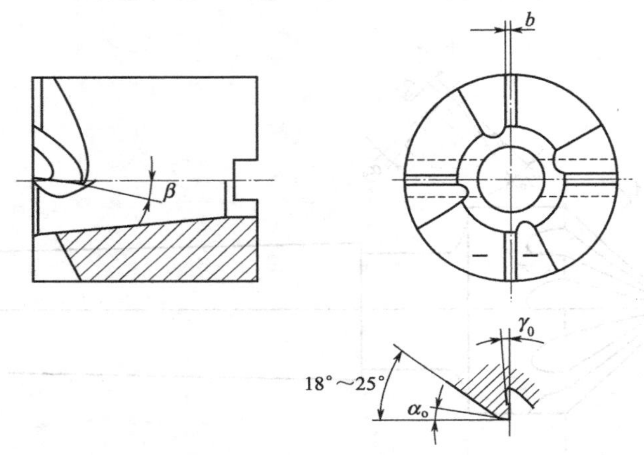

图 4-55 平面锪钻的结构特点

平面锪钻在外圆上的齿是不参加切削的，刃带很宽，不需要刃磨。在加工孔内台阶面时，其外圆的大小，决定了端面刃所锪平面的大小。这时，为了减小锪钻外圆与已加工孔壁的摩擦，需磨出 1°左右的倒锥。

(1) 平面锪钻主切削刃前角的刃磨方法

虽然平面锪钻的主切削刃在端面上的分布情况不同，刃磨时砂轮与刀刃前面的相对位置边不同，可是刃磨方法都相同。具体步骤如下。

① 选好砂轮并装到磨头上。刃磨高速钢平面锪钻时，用金刚刀修整砂轮凹心 5°左右；刃磨硬质合金的平面锪钻时，用手持超硬砂轮修整砂轮即可。然后按退砂轮的方向，把磨头搬 30′～1°的斜角。

② 把三向夹具固定在床面的合适位置（一般靠近工作者一边）上。

③ 根据平面锪钻的结构特点，选用心轴或带锥柄的三爪，把锪钻固定在三向夹具上。图 4-56是用心轴进行装夹的方法。心轴的锥柄装入三向夹具的锥孔内，前边的小轴部分应根据平面锪钻的内孔制作，为了装卸平面锪钻迅速方便，可将小轴制成小的锥度。

④ 调整三向夹具，先调 γ_p 使待磨齿的前面在铅垂面内，并且平行于纵向运动方向（图 4-57K 向），然后调仰角，使主切削刃的槽底处于水平位置，以便砂轮通过。

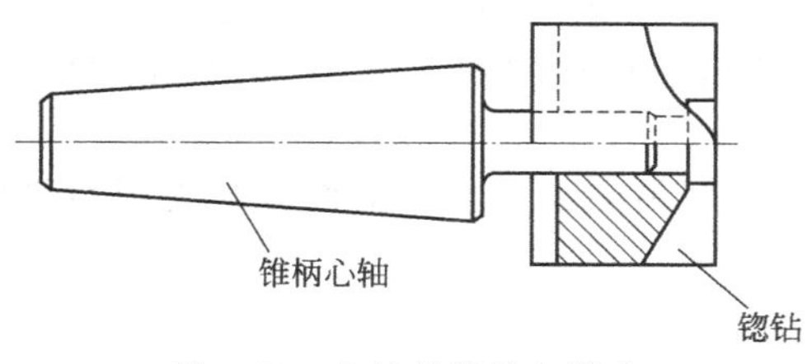

图 4-56 心轴的结构与装夹

⑤ 把砂轮引到前面齿槽内，先粗略地对一下砂轮的位置，然后启动砂轮试磨，其试磨和刃磨的方法，均与刃磨倒角锪钻前角的方法相同。

有时，为了提高主切削刃的强度，刃磨的前角比 γ_p 小，这时三向夹具的调整，就要根据具体要求而定，但其主切削刃的前面和外圆齿的前面就不在一个平面内。

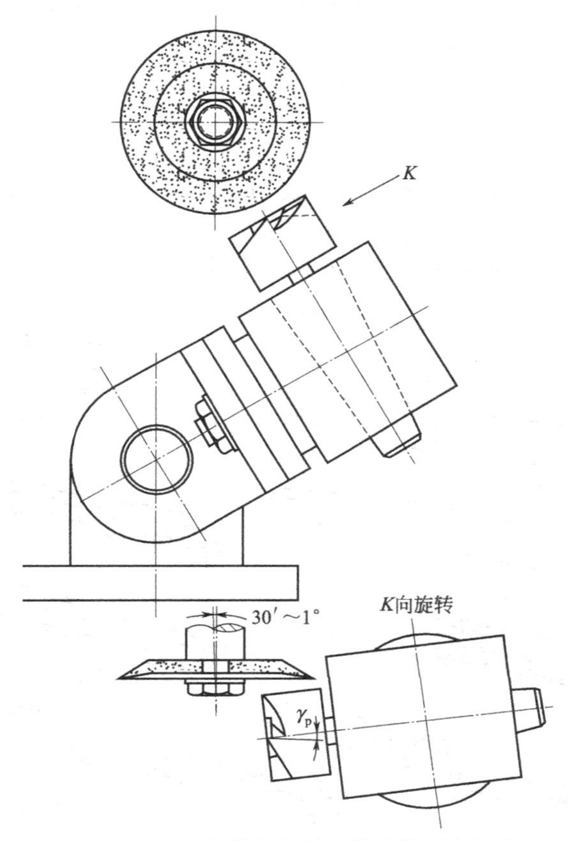

图 4-57 平面锪钻主切削刃前角的刃磨方法

(2) 平面锪钻主切削刃后角的刃磨方法

① 选好砂轮（一般用碗形砂轮），装到磨头上，根据砂轮的退出方向，将磨头搬 30′～1°斜角。用金刚刀或用手持超硬砂轮块修整砂轮端面。

② 仍然用刃磨前角的三向夹具心轴或三爪。调整夹具方向，使端面锪钻的主切削刃平行于纵向运动的方向，使主切削刃处在水平位置。根据后角的大小，使夹具以切削刃为基准线，旋转一个所要求的后角值。

③ 把活动支板固定在床面上，支板的最高点支承在主切削刃的最外端。同样不是靠支板保证后角大小，而是用支板作为磨齿换位时的基准。

④ 把砂轮列到锪钻的端面，开始刃磨，右手推动机床面作纵向运动，左手控制横向进给，使砂轮轻轻地磨着后面。然后退出砂轮，通过砂轮接触后面的情况，判断夹具、支板和

床面的位置是否正确。直至分别精调后，才能接着刃磨。一般来说，平面锪钻的主切削刃后角不大（6°～10°）。为了保证几个刃口的等高性，刃磨后面要保留不大于 0.05mm 的刀带（小平面）。

⑤ 一齿磨好后，松开三向夹具上的固定螺钉，换磨另一齿。当齿前面接触支板后再紧固螺钉。

4.7 铰刀

铰刀用于中小直径孔的半精加工和精加工。铰刀的加工余量小，齿数多，刚性和导向性好，铰孔的加工精度可达 IT7～IT6 级，甚至 IT5 级。表面粗糙度可达 $Ra0.4$～$1.6\mu m$，所以得到广泛使用。

4.7.1 铰刀的种类

铰刀的种类很多，如图 4-58 所示。铰刀使用方式可分为手用铰刀及机用铰刀两种。手用铰刀柄部为直柄，工作部分较长，导向作用较好。手用铰刀又分为整体式铰刀和可调式铰刀两种。机用铰刀又可分为带柄式铰刀和成套式铰刀。

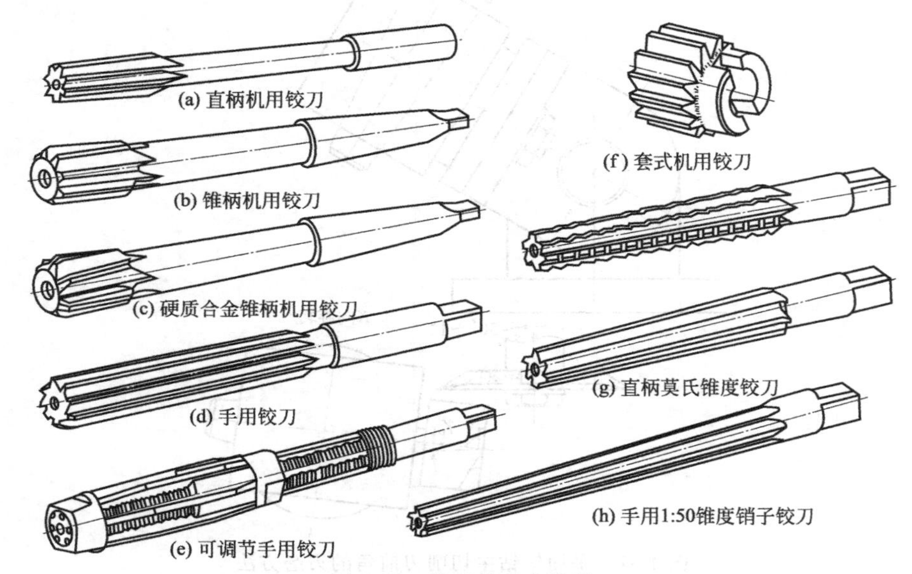

图 4-58 铰刀的基本类型

图 4-58(d) 为手用铰刀，其主偏角小，工作部分较长。常用直径为 ϕ1～71mm。适用于单件小批量生产或在装配中铰削圆柱孔。图 4-58(e) 为可调节手用铰刀。铰刀刀片装在刀体的斜槽内，并靠两端有内斜面的螺母来夹紧。旋转两端螺母，推动刀片在斜槽内移动，使其直径有微量伸缩。常用直径为 ϕ6.5～100mm，用于机器修配中。

机用铰刀可分为高速钢机用铰刀和硬质合金机用铰刀。

高速钢机用铰刀直径 d=1～20mm 时做成直柄［图 4-58(a)］，d=5.5～50mm 时做成锥柄［图 4-58(b)］，d=25～100mm 时做成套式［图 4-58(f)］。它们用于成批生产时在机床上低速铰削孔。

硬质合金机用铰刀直径 d=6～20mm 时做成直柄，d=8～40mm 时做成锥柄［图 4-58(c)］，它们用于成批生产时在机床上铰削普通材料、难加工材料的孔。图 4-58(g) 为莫氏锥度铰刀，它共有0～6号7种规格，分别用于铰削0～6号莫氏锥度孔。由于加工余量较大，一般由两把组成一套。其中有分屑槽的莫氏锥度铰刀为粗铰刀。图4-58(h)为1∶50锥度销子铰刀，常用直径为ϕ0.6～50mm，适用于铰削1∶50圆锥孔。

4.7.2 铰削的特点

铰削的加工余量一般小于0.1mm，铰刀的主偏角一般小于45°，因此，铰削时切削厚度很小，仅为0.01～0.03mm。铰削过程除主切削刃正常的切削作用外，还对工件产生挤刮作用，如图4-59所示。此时起切削作用的前角为负值，因而产生挤刮作用。经受挤刮作用的已加工表面弹性恢复，又受到校准部分后角为0°的刃带挤压与摩擦，所以铰削过程是个非常复杂的切削、挤压和摩擦过程。

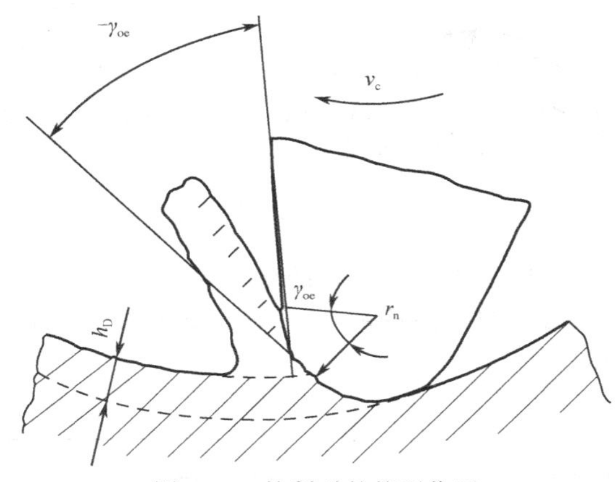

图4-59 铰削时的挤刮作用

(1) 铰削精度高

铰刀齿数较多，心部直径大，导向性及刚性好。铰削加工余量小，切削速度低，且综合了切削和修光的作用，能获得较高的加工精度和表面质量。

(2) 铰削效率高

铰刀属于多齿刀具，虽然切削速度低，但其进给量比较大，所以生产效率要高于其他精加工方法。

(3) 适应性差

铰刀是定直径的精加工刀具，一种铰刀只能用于加工一种尺寸的孔、台阶孔和盲孔。此外，铰削对孔径大小也有限制，一般应小于80mm。

4.7.3 铰刀的结构参数和几何参数

(1) 铰刀的结构

如图4-60所示，铰刀由工作部分、颈部和柄部组成。工作部分包括切削部分和校准部分，切削部分呈锥形，担负主要的切削工作；校准部分用于校准孔径、修光孔壁和导向。为减小校准部分与已加工孔壁的摩擦，并为防止孔径扩大，校准部分的后端应加工成倒锥形状，其倒锥量为(0.005～0.006)/100。铰刀的柄部为夹持和传递扭矩的部分，手用铰刀一般为直柄，机用铰刀多为锥柄。

(2) 铰刀的参数

① 铰刀直径及其公差　铰刀是定尺寸刀具，直径及其公差的选取主要取决于被加工孔的直径及其精度，同时，也要考虑铰刀的使用寿命和制造成本。铰刀的公称直径d是指校

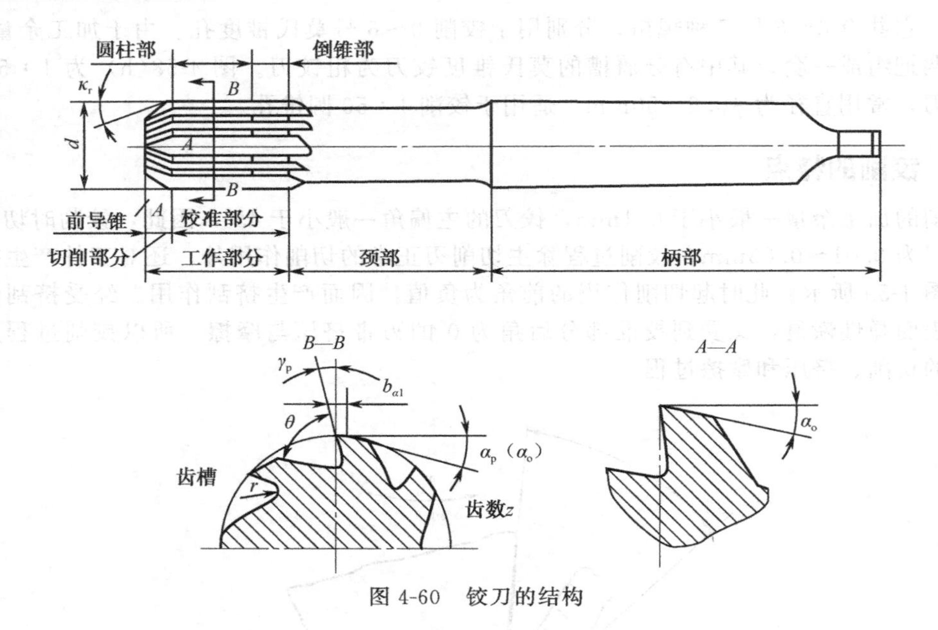

图 4-60　铰刀的结构

准部分中圆柱部分的直径，它应等于被加工孔的基本尺寸 d_w。铰刀的公差则与被铰削孔的公差、铰刀的制造公差、铰刀的磨损储备量 N 和铰削过程中孔径的变形性质有关。铰刀直径及其公差如图 4-61 所示。

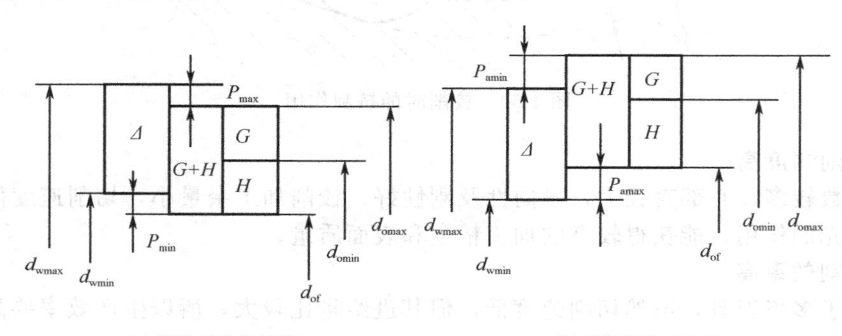

图 4-61　铰刀直径及其公差

d_w—孔的基本尺寸；d—铰刀公称直径；P—扩大量；P_a—缩小量；G—铰刀的制造公差；H—铰刀的磨损储备量

根据加工中孔径的变形性质不同，铰刀的直径确定方法如下。

a. 铰孔后孔径扩张，如图 4-61(a) 所示。铰孔时，由于机床主轴间隙产生的径向圆跳动、铰刀刀齿的径向圆跳动、铰孔余量的不均匀而引起的颤动，铰刀的安装偏差，切削液和积屑瘤等因素的影响，会使铰出的孔径大于铰刀校准部分的外径，即使孔径扩张。这时，铰刀直径的极限尺寸可按下式计算：

$$d_{max}=d_{wmax}-P_{max} \tag{4-14}$$

$$d_{min}=d_{wmax}-P_{max}-G \tag{4-15}$$

式中，d_{max} 为铰刀的最大极限尺寸，mm；d_{min} 为铰刀的最小极限尺寸，mm；P_{max} 为铰孔后孔径的最大扩张量，mm。

b. 铰孔后孔径收缩，如图 4-61(b) 所示。铰削力较大或工件孔壁较薄时，由于工件的弹性变形或热变形的恢复，铰孔后孔径常会缩小。这时，铰刀直径的极限尺寸可按下式计算：

$$d_{max}=d_{wmax}+P_{amin} \tag{4-16}$$

$$d_{min}=d_{wmax}+P_{amin}-G \tag{4-17}$$

式中，P_{amin}为铰孔后孔径的最小收缩量，mm。

通常规定，铰刀的制造公差$G=0.35IT$。根据一般经验数据，高速钢铰刀可取$P_{max}=0.15IT$；硬质合金铰刀铰孔后的收缩量往往因工件材料的不同而不同，故常取$P_{amin}=0$，或取$P_{amin}=0.1IT$。P_{max}及P_{amin}的可靠确定办法是由实验测定的。

铰刀刀齿在圆周上的分布有等圆周齿距分布和不等圆周齿距分布两种形式。等距分布［图4-62(a)］的铰刀制造方便，但在切削过程中，如遇到工件材料中的硬点或黏附于孔壁上的切屑碎粒，使铰刀发生退让时，就会在铰孔后的孔壁上产生纵向刀痕，影响铰孔的表面粗糙度。如采用不等距分布［图4-62(b)］则可避免这一现象，但制造比较麻烦。为便于测量，对不等距分布的铰刀，做成对顶齿间角相等的不等齿距分布。

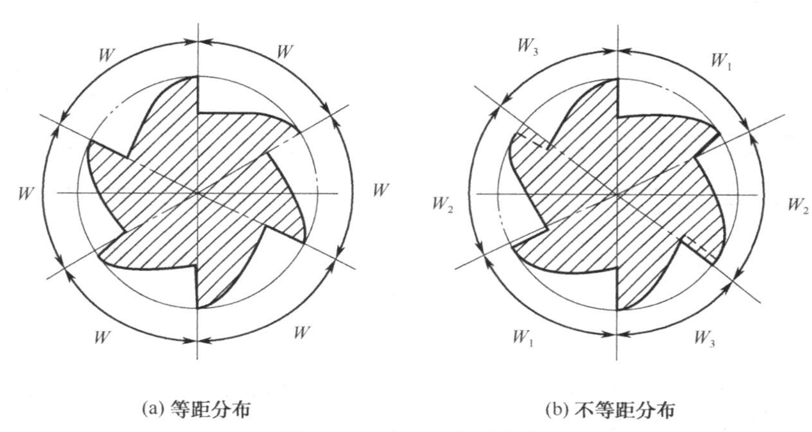

(a) 等距分布　　(b) 不等距分布

图4-62　铰刀刀齿的分布

② 齿数及齿槽形式

a. 齿数　铰刀齿数一般为4～12个。在铰削进给量一定时，若增加铰刀齿数，则每齿的切削厚度减小，导向性好，刀齿负荷轻，铰孔质量高。但铰刀齿数过多，也会使刀齿强度降低，容屑空间减小。通常是在保证刀齿强度和容屑空间的条件下，选取较多的铰刀齿数。铰刀齿数一般根据铰刀直径及加工材料的性质选取，加工韧性材料时选取较小的铰刀齿数，加工脆性材料时选取较多的铰刀齿数。为了便于测量直径，铰刀齿数一般取偶数。刀齿在圆周上一般为等齿距分布。在某些情况下，为避免周期性切削载荷对孔表面的影响，也可选用不等齿距结构。

b. 齿槽形式　铰刀的齿槽形式有直线形、圆弧形和折线形三种。

直线形齿槽如图4-63(a) 所示。它形状简单，齿槽可用单角铣刀一次铣出，制造容易，一般用于铰刀直径$d=1\sim20$mm 的铰刀。

圆弧形齿槽如图4-63(b) 所示。它具有较大的容屑空间和较好的刀齿强度，齿槽用成形铣刀铣出，一般用于铰刀直径$d>20$mm 的铰刀。

折线形齿槽如图4-63(c) 所示。它常用于硬质合金铰刀，以保证硬质合金刀片有足够的刚性支撑面和刀齿强度。

铰刀齿槽方向有直槽和螺旋槽两种，如图4-64所示。由于直槽铰刀切削刃磨、检验都比较方便，因而在生产中经常使用。螺旋槽铰刀切削过程较平稳。螺旋槽的旋向有左旋和右旋两种，右旋槽铰刀在切削时切屑向后排出，适用于加工盲孔；左旋槽铰刀在切削时切屑向

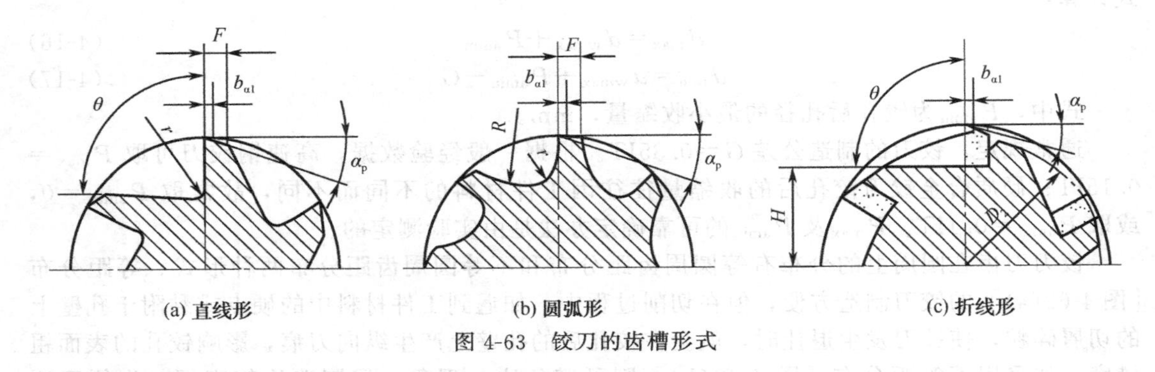

图 4-63 铰刀的齿槽形式

前排出，适用于加工通孔。螺旋槽铰刀的螺旋角根据被加工材料选取，加工铸铁时取 7°～8°，加工钢时取 12°～20°，加工铝等轻金属时取 35°～45°。

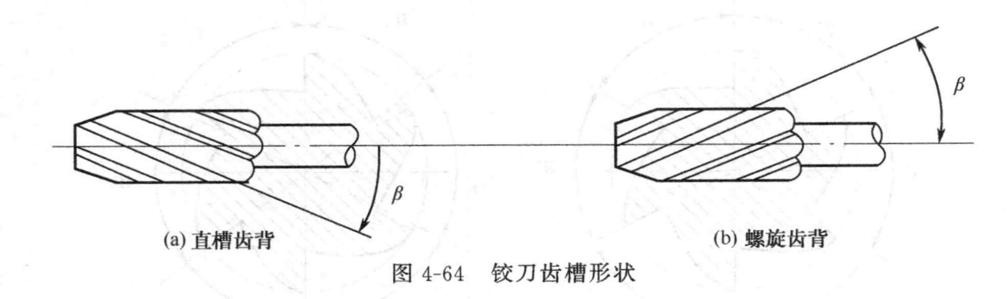

图 4-64 铰刀齿槽形状

③ 几何角度

a. 主偏角 κ_r　主偏角 κ_r 的大小决定了切削厚度 h_D 轴向力大小，也影响孔的表面粗糙度和铰刀耐用度。由图 4-65 可得：

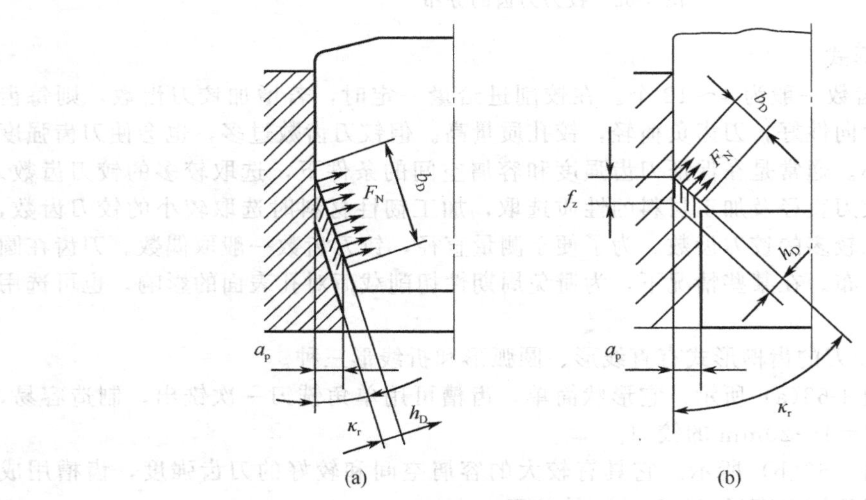

图 4-65 主偏角的切削层参数的影响

$$h_D = \frac{f}{Z}\sin\kappa_r \tag{4-18}$$

$$F = F_N \sin\kappa_r \tag{4-19}$$

主偏角 κ_r 的大小依铰刀类型而不同。对手用铰刀，为减小轴向力 F、减轻劳动强度并获得良好的导向，κ_r应选得小些，一般$\kappa_r=0°30'\sim1°30'$；对机用铰刀，为了缩短机动时间并减小挤压摩擦变形，提高铰刀耐用度，防止振动，κ_r可取大些，如加工钢料等韧性材料时，为增大h_D可选大的κ_r（表 4-3）。

表 4-3 主偏角 κ_r的选择

铰刀类型	孔的类型	主偏角 κ_r	
		刚类韧性金属	铸铁等脆性金属
手用铰刀	通孔	$0°30'\sim1°30'$	$0°30'\sim1°30'$
机用铰刀	通孔、盲孔	$12°\sim15°$	$3°\sim5°$
	盲孔	45°	45°

b. 前角 γ_0 由于铰孔加工余量很小，切屑很薄，切屑与前面接触长度很短，因此，前角对切削过程产生的作用不显著。为了便于制造，一般取 $\gamma_0=0°$。当粗铰塑性材料时，为了减少变形及抑制积屑瘤的产生，可取 $\gamma_0=5°\sim10°$；当采用硬质合金铰刀时，为了防止崩刃，可取 $\gamma_0=0°\sim5°$。

c. 后角 α_0 为使铰刀重磨后直径尺寸变化不致太大，应取较小的后角（一般取 $\alpha_0=6°\sim8°$）。高速钢铰刀切削部分的刀齿刃磨后应锋利不留刃带，校准部分刀齿则必须留有 0.05～0.3mm 宽的刃带，以起修光和导向作用，从而便于铰刀的制造和检验。

d. 切削锥角 切削锥角主要影响进给抗力的大小、孔的加工精度和表面粗糙度以及刀具耐用度。切削锥角取得小时，进给力小，切入时的导向性好；但由于切削厚度过小产生了较大的变形，同时由于切削宽度增大使卷屑、排屑产生困难，并且使切入切出时间变长。为了减轻劳动强度，减小进给力及改善切入时的导向性，手用铰刀应取较小的 2ϕ 值，通常 $2\phi=1°\sim3°$。对于机用铰刀，工作时的导向由机床及夹具来保证，故可选用较大的 2ϕ 值，以减小切削长度和机动时间。加工钢料时 $2\phi=30°$；加工脆性材料时 $2\phi=6°\sim10°$；加工盲孔时 $2\phi=90°$。

e. 刃倾角 λ_s 对于硬质合金铰刀，为便于制造一般取 $\lambda_s=0°$。但刃倾角 λ_s能使铰削过程平稳，提高铰削质量。在铰削韧性材料时，高速钢直槽铰刀切削部分的切削刃，沿轴线倾斜 15°～20°形成刃倾角 λ_s，如图 4-66 所示，它适用于加工较大的孔。但铰削盲孔时仍使用带刃倾角的铰刀，不过需要在铰刀端部开一沉头孔以容纳切屑。

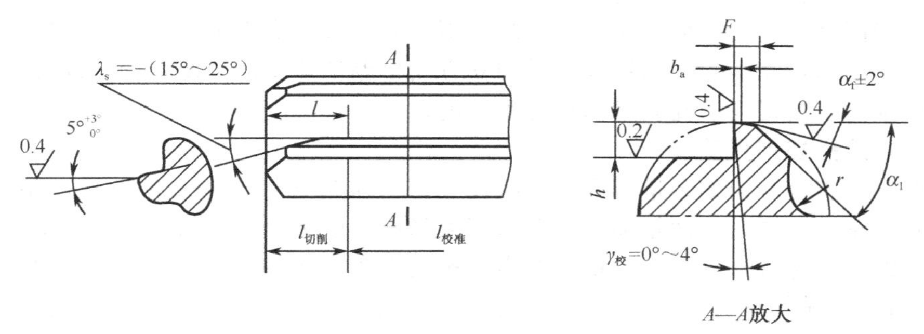

图 4-66 带刃倾角铰刀的结构

刃倾角可在高速钢铰刀切削部分刀齿上沿与轴线倾斜 15°～20°的方向磨去形成。有了刃倾角，可控制切屑的排出方向，如图 4-67(a) 所示。但 λ_s较大时，为避免削弱刀齿，刀齿数 Z 应适当减少。铰盲孔时，带 λ_s的铰刀应在前端挖出一沉头孔，以容纳切屑，如图 4-67(b) 所示。

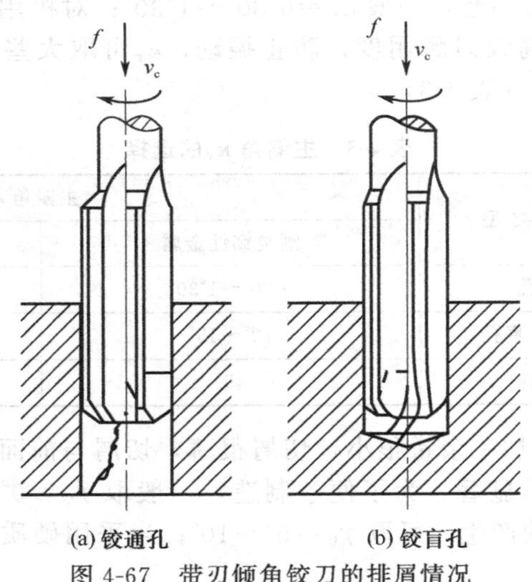

图 4-67　带刃倾角铰刀的排屑情况

4.7.4　铰刀的合理使用

铰刀是精加工刀具，使用合理与否将直接影响铰孔的质量。铰孔的质量除了与铰刀本身的结构参数和制造质量有关外，预制孔的质量、铰削用量、切削液、铰刀修磨以及铰刀与机床的连接形式等，都会影响孔的质量。

(1) 预制孔的质量

预制孔（前道工序加工的孔）的精度，对孔的质量影响很大。预制孔的精度低，铰出孔的质量就差。如预制孔轴线歪斜，铰孔时就难以修正。故精度要求高的孔，精铰前应先扩孔和镗孔或粗铰，尽量减小预制孔的误差。

(2) 铰刀修磨

铰刀磨损主要发生在切削部分与校准部分交接处的后刀面上。实践证明，经常用油石研磨该交接处，可提高铰刀耐用度。

(3) 铰刀的刃磨

铰刀刀齿必须锋利且具有好的表面质量，表面粗糙度 Ra 不能大于 0.4～0.2。铰刀用钝后，只重磨切削部分的后刀面，重磨后切削刃不得有缺口、崩刃现象。一般刃带应经过仔细研磨并适当控制刃带宽度。高速钢铰刀采用立方氮化硼砂轮磨削，硬质合金铰刀采用人造金刚石砂轮磨削后，能提高铰孔质量和铰刀耐用度。

(4) 合理选择切削用量

铰孔时，在直径方向的余量可取为：粗铰 0.15～0.5mm；精铰 0.05～0.2mm。余量太大时，则孔的精度不高，表面粗糙，铰刀耐用度降低；过小时，则切不掉上道工序的痕迹。

铰孔时的进给量应根据孔径、精度及表面粗糙度要求选择，一般粗铰可采用的进给量为 0.8～1.2mm/r；精铰时为 0.7～1.0mm/r；铰削铸铁时为 0.8～1.6mm/r。小直径铰刀应适当减小其进给量。

粗铰钢件孔时，切削速度为 6～14m/min；精铰时为 2～4m/min；加工铸铁时为（硬质合金铰刀）12～20m/min。用单刃硬质合金铰刀加工铸铁孔时，可适当提高切削速度和减小进给量，如切削速度为 60m/min，进给量为 0.05mm/r。

(5) 正确选择冷却润滑液

铰孔时正确选择和使用冷却润滑液特别重要，它不仅能提高表面质量和刀具耐用度，而且可抑制振动、消除噪声。使用煤油、机油及乳化液等都能起一定好效果，采用有添加剂的极压切削液效果更为显著。

(6) 加工高精度孔

为提高铰孔精度，机铰时常使铰刀与机床主轴孔浮动连接，从而避免铰刀与工件孔的轴线不重合引起的加工误差，但这样并不能消除已有孔中心线的歪斜，而只能提高孔本身的尺寸精度和减小表面粗糙度值。

(7) 加工回转体工件的孔

回转体工件的铰孔，最好让工件回转，铰刀只做轴向进给运动，以避免或减小由于铰刀与孔轴线不重合和铰刀刀齿径向跳动造成的误差。

4.7.5 铰刀的刃磨

(1) 前刀面的刃磨

一般是在 M6025 型万能工具磨床上用碟形砂轮的平面刃磨铰刀的前刀面，如图 4-68 所示。调整时可使用校正规，如图 4-69 所示。前刀面刃磨的步骤如下。

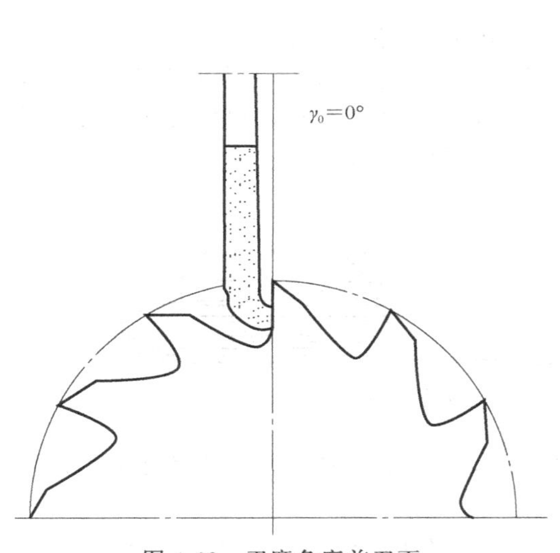

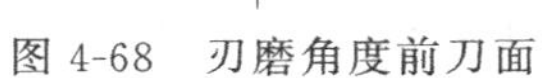
图 4-68 刃磨角度前刀面

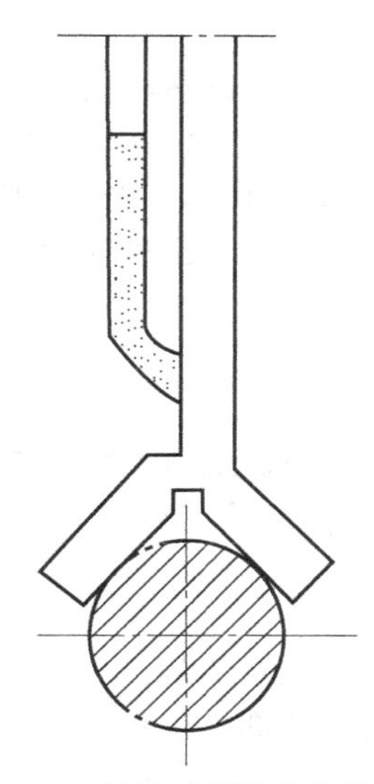

图 4-69 用校正规调整砂轮位置

① 修整砂轮，手握金刚钻将装在磨头上的砂轮修整成四周边缘高而中心低、向中心倾斜的内锥面。

② 将铰刀装夹在前、后顶尖之间，顶尖的顶紧力大小要适当。

③ 将磨头回转角度 1°～3°，使砂轮在齿槽间磨削时只有一个边缘与铰刀前刀面接触。

④ 调整铰刀与砂轮的相对位置，将砂轮引进铰刀齿槽内。

如图 4-68 所示，$\gamma_0=0°$时，碟形砂轮的平端面要通过铰刀中心。

如图 4-70 所示，$\gamma_0>0°$时，碟形砂轮的平端面需对铰刀中心偏移一个距离 H，H 值的大小计算式为：

$$H=\frac{D}{2}\sin \gamma_0 \tag{4-20}$$

式中 H——砂轮端面对铰刀中心的偏距离，mm；

D——铰刀直径，mm；

γ_0——铰刀的前角。

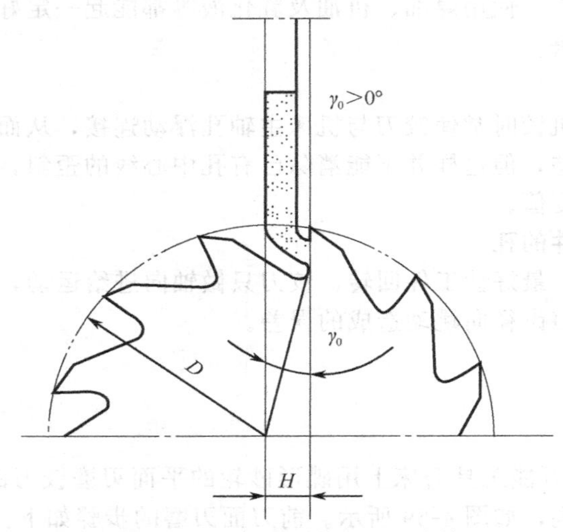

图 4-70　砂轮端面偏移量的计算

⑤ 调整铰刀与砂轮的相对位置，将砂轮引进铰刀齿槽内。

⑥ 检查各个部分后，即可启动砂轮进行刃磨。手扶铰刀使刀齿前刀面靠在砂轮端面上，工作台做纵向进给，手给铰刀的作用力要均匀，且大小要合适，以免烧伤刀齿。磨完一个齿再磨另一个齿，直至磨完全部刀齿为止，如图 4-71 所示。

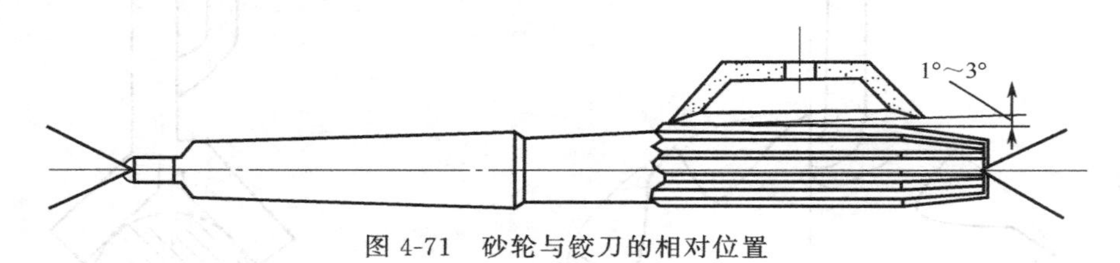

图 4-71　砂轮与铰刀的相对位置

刃磨应注意的是：当砂轮移至铰刀两端时，手给铰刀的作用力应随之减小；砂轮不要脱出铰刀两端端部，以免铰刀两端产生塌角。

精磨铰刀的前刀面，可选细粒度（180＃）、硬度中软（K、L）的刚玉类砂轮，采用碟形砂轮或用平形砂轮修整成内锥取代亦可。

(2) 后刀面的刃磨

铰刀校准部分和切削部分外围磨削好后，可刃磨后刀面，其刃磨步骤如下。

① 修磨砂轮，一般选用碗形（或杯形）砂轮，并将砂轮修整成向中心倾斜 15°～20°的内锥面。

② 将铰刀装夹在前、后顶尖之间，顶尖的夹紧力要合适。

③ 扳转磨头架，使砂轮端面与铰刀轴线成 1°～3°，使砂轮只有一边与刀齿接触，如图 4-71所示。

④ 用中心规调整齿托片高度，使待刃磨的切削刃比铰刀中心低一个 H 值来形成后角，如图 4-72 所示。H 值的大小计算式为：

$$H=\frac{D}{2}\sin\alpha_0 \tag{4-21}$$

式中　H——齿托片比铰刀中心下降的数值，mm；

　　　D——铰刀直径，mm；

α_0——铰刀后角，(°)。

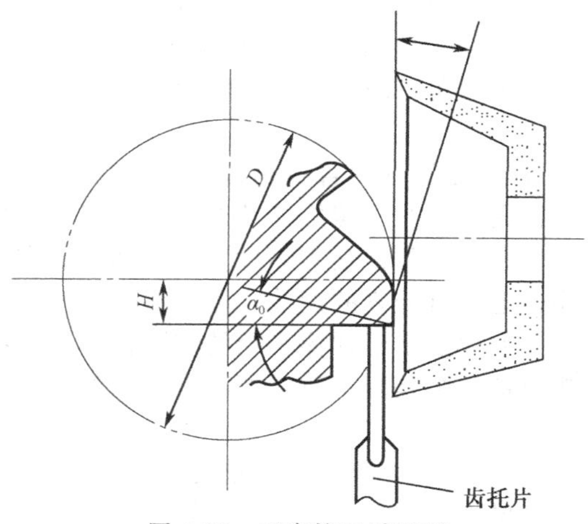

图 4-72 刃磨铰刀后刀面

⑤ 刃磨。先刃磨铰刀校准部分，刃磨时手扶铰刀，使铰刀刀齿的前刀面紧贴齿托片的顶端，一手推动工作台纵向进给，逐齿刃磨，磨完一齿后做一次横向进给，继续刃磨。刃磨时在校准部分的刀齿上应留有圆弧刃带 f，然后转动工作台，刃磨切削锥上的后刀面。因后角比校准部分后角稍大，故可将齿托片适当调低一些，再按上述方法刃磨。刃磨铰刀后刀面时，砂轮相对于铰刀的旋转方向有顺转和逆转两种情况。

a. 砂轮顺转磨削：砂轮的旋转方向使铰刀的前刀面紧贴齿托片，如图 4-73(a) 所示。这种磨削刃磨时比较安全，生产率高，但刃磨刀刃易产生卷刃和退火烧伤现象。

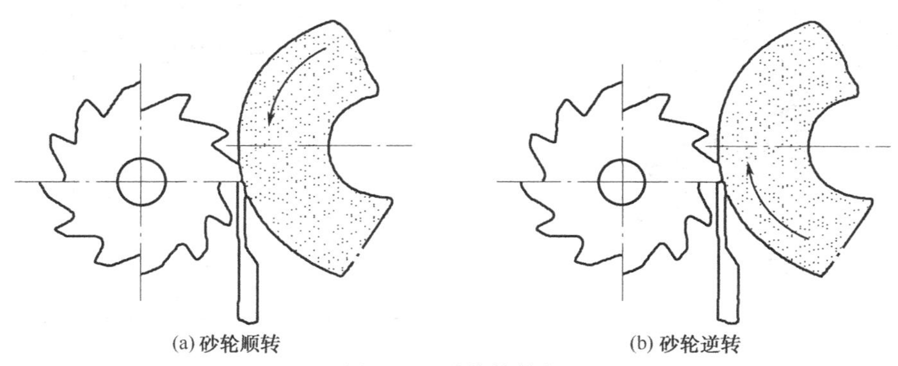

图 4-73 砂轮的转向

b. 砂轮逆转磨削：砂轮的旋转方向有使铰刀的前刀面脱离齿托片的趋势，如图 4-73 (b) 所示。这种磨削一旦手扶铰刀不牢，铰刀有可能自动转动而使工件报废，严重时会发生事故，但刃磨刀刃无卷刃且不易烧伤，刃磨质量好。铰刀刃磨后，为进一步提高铰孔质量，可将铰刀的后刀面、圆弧刃带进行研磨。

(3) 刃磨铰刀时的注意事项

① 铰刀装夹在前、后顶尖间的顶紧力大小要适当。顶得过紧，铰刀转动不灵活，小直径铰刀易弯曲变形；顶得太松，铰刀易轴向窜动，形状误差大。

② 刃磨少齿数铰刀，采用大直径砂轮，为避免磨伤邻齿，可将砂轮架转过 20°～30°。

③ 每磨完一齿的后刀面之后，应检查磨出的圆弧刃带宽窄是否一致，如不一致表明出现锥度，应及时调整工作台。

④ 齿托片要尽可能装在靠刀刃处，并使刀齿在刃磨时始终紧贴在齿托片的顶端。

⑤ 工作台纵向进给量要均匀，不能停留，以防止局部退火及停留处产生凹痕。

⑥ 刃磨螺旋槽铰刀时，用手扶持刀柄，使刀齿前刀面紧贴齿托片。在螺旋线刀刃的全长上应在手的一次转动下刃磨出后角，防止中途磨伤刀齿。

(4) 铰刀的质量检验

① 铰刀直径的检验　铰刀校准部分的直径是最重要的尺寸，在通常情况下，用千分尺在校准部位上直接测量其直径大小。对于螺旋槽及奇数齿铰刀，可用比较法测量，测量时用一个与铰刀直径相当的标准样棒，并测得其实际尺寸，将样棒顶在两顶尖间，用百分表测头与其圆柱面接触，转动样棒，记下百分表的读数，然后将被测铰刀按同样方法测量，比较百分表两次的读数差，即为铰刀上大于小于样棒半径的实际偏差。校准部分刀齿的刃带宽度可用目测法检查。先观察圆弧刃带宽窄是否一致，如不一致则调整工作台。

② 铰刀前角的检验

a. 用多刃角尺测量，如图 4-74(a) 所示，测量时把多刃角尺的量块 1 和靠尺 5 分别放在铰刀相邻的两个刀齿上，量尺 2 与铰刀轴线垂直，转动扇形刻度游标 3，使量块的测量面与铰刀刀齿的前刀面全部接触，这时按铰刀齿数读出半圆尺 4 上的齿数刻线所对准的游标 3 上的刻度值，此值即为铰刀前角的度数。多刃角尺用于 $Z>4$、齿槽能等分、刀齿前刀面直线部分>1mm、直径为 6～80mm 的铰刀检测。

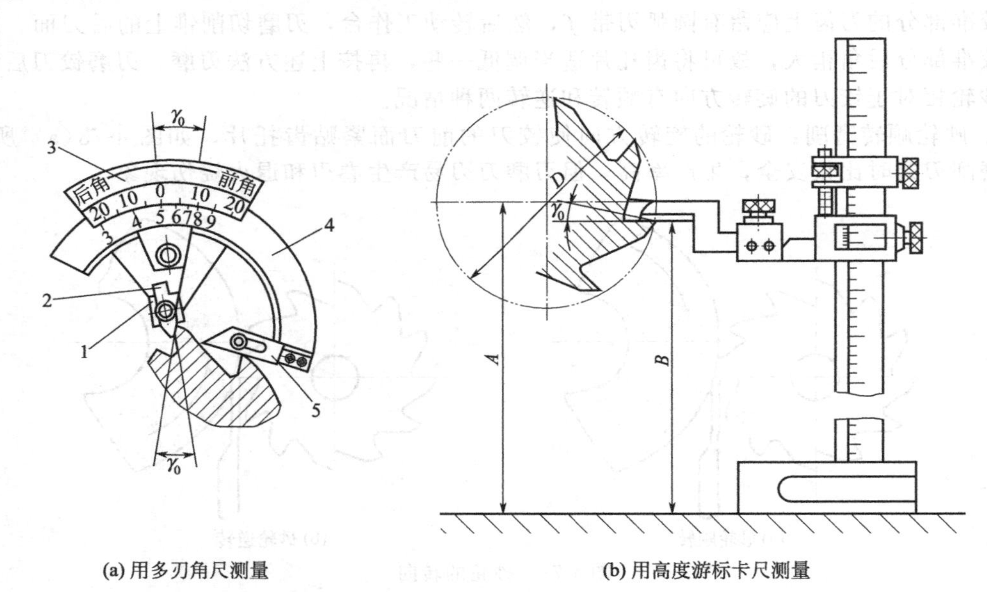

(a) 用多刃角尺测量　　(b) 用高度游标卡尺测量

图 4-74　铰刀前角的测量

1—量块；2—量尺；3—游标；4—半圆尺；5—靠尺

b. 用高度游标卡尺测量，如图 4-74(b) 所示，将高度游标卡尺的弯头测面与铰刀刀齿的前刀面吻合，测出高度尺寸 A 和 B 的数值，然后按下列计算式算出铰刀前角的度数：

$$\sin\gamma_0=\frac{2(A-B)}{D} \tag{4-22}$$

式中　A——铰刀中心距平板的高度，mm；

B——刀齿前刀面距平板的高度，mm；

D——铰刀直径，mm；

γ_0——铰刀前角，(°)。

③ 铰刀后角的检验

a. 用多刃角尺测量，如图 4-75(a) 所示，测量后角的方法与测量前角的方法基本相同。将量块 1 的测量面和铰刀的后刀面全部接触，即可从游标 3 上读出铰刀后角的度数。

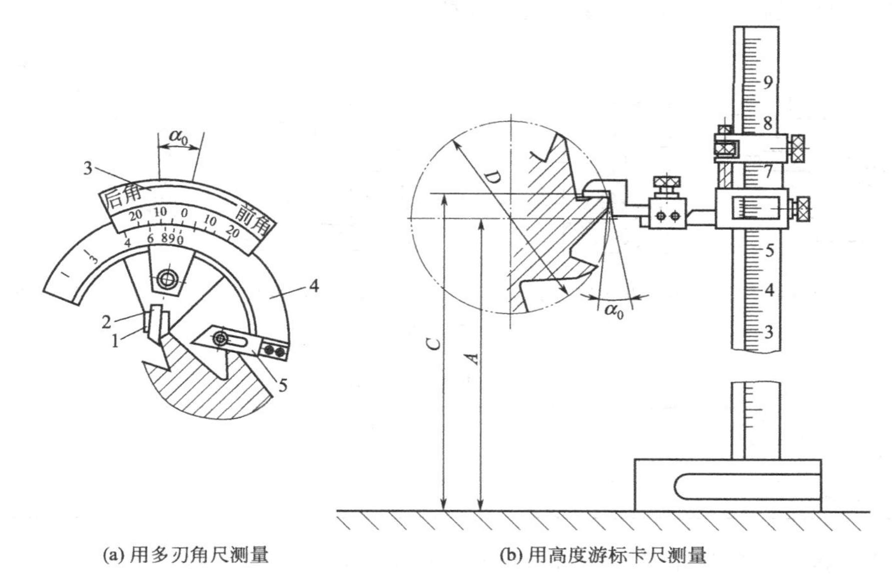

(a) 用多刃角尺测量　　(b) 用高度游标卡尺测量

图 4-75　铰刀后角的测量

1—量块；2—量尺；3—游标；4—半圆尺；5—靠尺

b. 用高度游标卡尺测量，如图 4-75(b) 所示。将高度游标卡尺的弯头测量面与铰刀刀齿的后刀面吻合，测出高度尺寸 A 和 C 的数值，然后按下列计算式算出铰刀后角的度数：

$$\sin\alpha_0=\frac{2(C-A)}{D} \tag{4-23}$$

式中　A——铰刀中心距平板的高度，mm；

C——刀齿端部距平板的高度，mm；

D——铰刀直径，mm。

④ 铰刀刀齿径向圆跳动及外观检查　将铰刀装夹在测量架的两顶尖之间，用百分表的测头接触铰刀校准部分刀齿的齿背，轻轻转动铰刀，使铰刀自齿背向刀刃方向转动，便可测出各刀齿在一周上的径向圆跳动值。铰刀外观检查内容包括刀刃上的缺陷，如毛刺、裂纹、烧伤、崩刃、卷刃等。前后刀面的表面粗糙度可用目测或用样板比较检测。

4.8 镗刀

镗刀是在车床、镗床、加工中心、自动机床以及组合机床上使用的孔加工刀具。镗刀种类很多，按切削刃数量可分为单刃镗刀、双刃镗刀和多刃镗刀，按刀具结构可分为整体式镗刀、装配式镗刀和可调试镗刀等。

4.8.1 单刃镗刀

普通单刃镗刀只有一条主切削刃在单方向参加切削，其结构简单、制造方便、通用性强，但刚性差，镗孔尺寸调节不方便，生产效率低，对工人的操作技术要求高。图 4-76 为不同结构的单刃镗刀。加工小直径孔的镗刀通常做成整体式，加工大直径孔的镗刀可做成机夹式或机夹可转位式。镗杆不宜太细太长，以免切削时产生振动。镗杆、镗刀头尺寸与镗孔直径的关系如表 4-4 所示。为了使镗刀头在镗杆内有较大的安装长度，并具有足够的位置压紧螺钉和调节螺钉，在镗盲孔或阶梯孔时，镗刀头在镗杆上的安装倾斜角 δ 一般取 10°～45°，镗通孔时取 $\delta=0°$，以便于镗杆的制造。通常压紧螺钉从镗杆端面或顶面来压紧镗刀头。

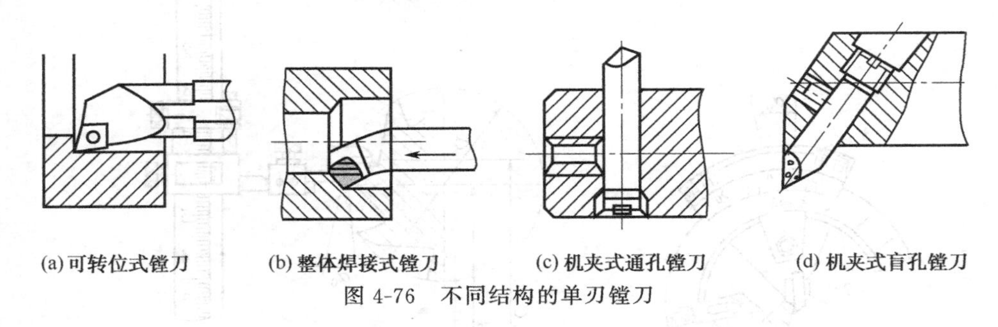

(a) 可转位式镗刀　(b) 整体焊接式镗刀　(c) 机夹式通孔镗刀　(d) 机夹式盲孔镗刀

图 4-76　不同结构的单刃镗刀

表 4-4　镗杆与镗刀头尺寸　　单位：mm

工件孔径	32～38	40～50	51～70	71～85	86～100	101～140	141～200
镗杆直径	24	32	40	50	60	80	100
镗刀头直径或长度	8	10	12	16	18	20	24

图 4-77 为新型的微调镗刀，它调节方便、调节精度高，其读数值可达 0.01mm。调整微调镗刀时，先松开拉紧螺钉 5，然后转动带刻度盘的调整螺母 3，待刀头调至所需尺寸，再拧紧拉紧螺钉 5。这种刀具适用于坐标镗床、自动线和数控机床。

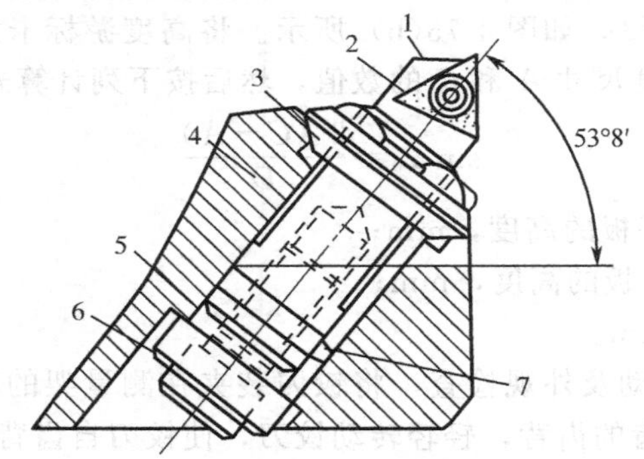

图 4-77　微调镗刀

1—镗刀头；2—刀片；3—调整螺母；4—镗刀；5—拉紧螺钉；6—垫圈；7—导向键

镗刀的刚性差，切削时易引起振动，所以镗刀的主偏角选得较大，以减小径向力 F_p。镗铸件孔或精镗时，一般取 $\kappa_r=90°$；粗镗钢件孔时，取 $\kappa_r=60°\sim75°$，以提高刀具的耐用度。镗杆上装刀孔通常对称于镗杆轴线，因而，镗刀头装入刀孔后，刀尖一定高于工件中心，使切削时工作前角减小，工作后角增大，所以在选择镗刀的前、后角时要相应地增大前角，减小后角。

4.8.2　双刃镗刀

双刃镗刀有两个切削刃参加切削，背向力互相抵消，不易引起振动。常用的双刃镗刀有固定式镗刀、滑槽式双刃镗刀和浮动式镗刀三种。

(1) 固定式双刃镗刀

固定式镗刀主要用于粗镗或半精镗直径大于 40mm 的孔，如图 4-78 所示。刀块由高速钢制成整体式，也可由硬质合金制成焊接式或可转位式。工作时，刀块通过斜楔或在两个方向上倾斜的螺钉夹紧在刀杆上。安装后，刀块相对刀杆的位置误差会造成孔径扩大，所以刀块与刀杆上的方孔的配合精度要求较高，且方孔对刀杆轴线的垂直度与对称度误差应小于0.01mm。

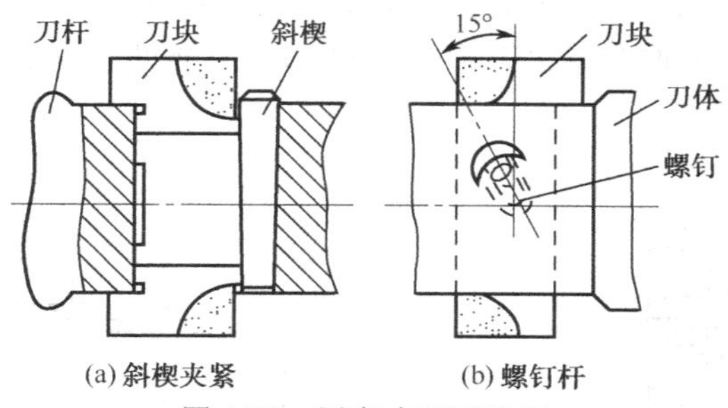

图 4-78 固定式双刃镗刀

(2) 滑槽式双刃镗刀

图4-79为滑槽式双刃镗刀。镗刀头3凸肩置于刀体4凹槽中，用螺钉1将它压紧在刀体上。调整尺寸时，稍微松开螺钉1，拧动调整螺钉5，推动镗刀头上销子6，使镗刀头3沿槽移动来调整尺寸。其镗孔范围为ϕ25～250mm，目前广泛用于数控机床。

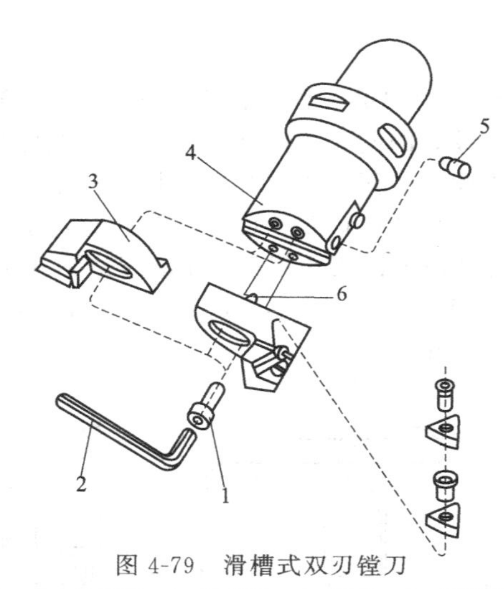

图 4-79 滑槽式双刃镗刀

1—螺钉；2—内六角扳手；3—镗刀头；4—刀体；5—调整螺钉；6—销子

(3) 浮动式镗刀

精镗大多采用浮动结构。图4-80为浮动式镗刀结构，通过调节两切削刃的径向位置来保证所需的孔径尺寸。该镗刀的刀块以间隙配合装入刀杆的方孔中，无需夹紧，靠切削时作用于两侧切削刃上的背向力来自动平衡其切削位置，因而能自动补偿由刀具安装误差和镗杆径向圆跳动所产生的加工误差。用该镗刀加工出的孔精度可达IT7～IT6，表面粗糙度Ra可达1.6～0.4μm。由于刀块在刀杆中浮动，所以无法纠正孔的直线度误差和相互位置误差。浮动式镗刀主要适用于单件小批生产直径较大的孔，特别适于精镗孔径大（$d>$200mm）而深（$L/d>5$）的筒件和管件孔。

浮动镗刀的主偏角κ_r通常取为1°30′～2°30′，κ_r角过大，会使轴向力增大，镗刀在刀孔中摩擦力过大，会失去浮动作用。由于镗杆上装浮动镗刀的方孔对称于镗杆中心线，所以在选择前角、后角时，必须考虑工作角度的变化值，以保证切削轻快和加工表面质量。浮动镗削的切削用量一般取为：$v_c=5\sim8\text{m/min}$，$f=0.5\sim1\text{mm/r}$，$a_p=0.03\sim0.06\text{mm}$。

4.8.3 多刃镗刀

多刃镗刀的加工效率比单刃镗刀高。在多刃镗刀中应用较多的是多刃复合镗刀，即在一个刀体或刀杆上设置两个或两个以上的刀头，每个刀头都可以单独调整。图 4-81为用于粗、精镗双孔的多刃复合镗刀。

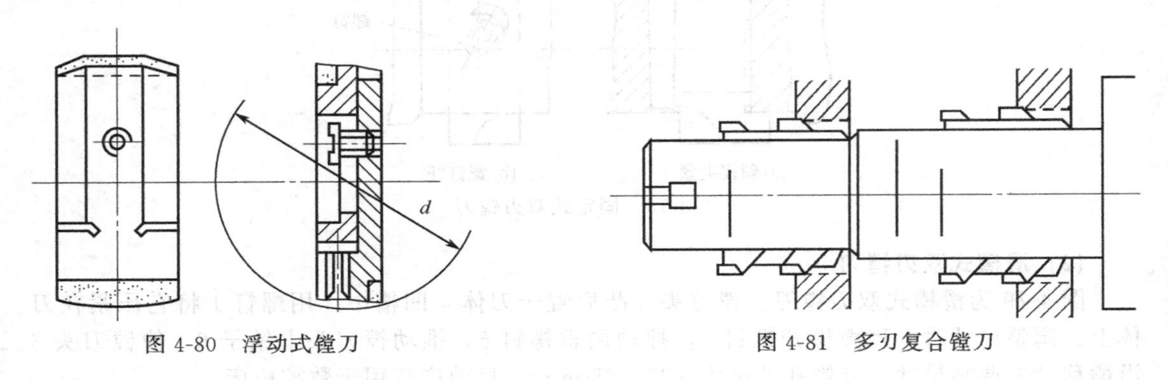

图 4-80 浮动式镗刀　　图 4-81 多刃复合镗刀

4.8.4 镗刀的刃磨

以浮动镗刀为例来说明镗刀的刃磨方法。浮动镗刀是一种精加工孔的刀具，如图 4-82所示，镗刀需与镗杆上的孔有较好的配合。因此，镗刀上与镗杆孔配合的部分有较高的尺寸精度和形状位置精度要求，为此，当两刀体装配后再精磨尺寸 P 和 H 达到要求，且要求尺寸 B 两侧面对支承面（即尺寸 H 的上下两平面）的垂直度公差为 0.02mm，上下两支承面的平行度公差为 0.01mm。刃磨前刀面表面粗糙度 Ra 应达到 0.1μm，两刀齿前刀面对镗刀中心应对称。校准修光刃的刃带粗糙度 Ra 应达到 0.1μm，两切削刃及倒锥应对称，后刀面刃磨表面粗糙度 Ra 应达到 0.1μm。

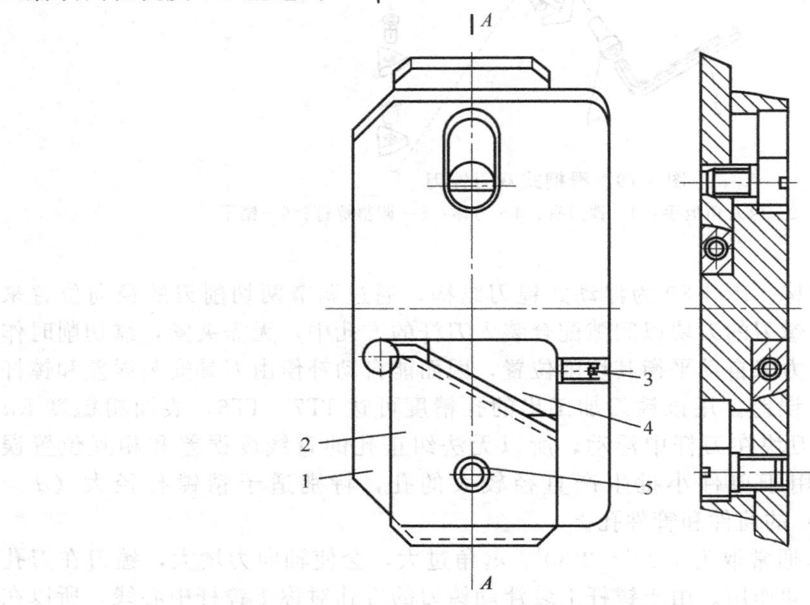

图 4-82 矩形硬质合金浮动镗刀

1—刀块；2—刀体；3—调节螺钉；4—斜面垫板；5—紧固螺钉

刃磨前必须把镶焊有硬质合金刀片的刀体进行加工，然后把两个刀体装配在一起，再精磨尺寸 B 和 H 至尺寸精度和形状、位置要求。

(1) 粗磨及精磨前角

在万能工具磨床上，将镗刀用万能虎钳夹牢，用粒度为46＃、硬度为J～K的绿碳化硅碗形砂轮粗磨刀具前角。粗磨前可在落地式大砂轮机上把刀具前刀面和后刀面黏附的焊料、焊剂等磨去。粗磨前角时，除把硬质合金黑皮磨去外，刃磨表面粗糙度应达到 Ra0.8～1.6μm，控制两刀齿前刀面大致等高。然后，用粒度为200/230＃～230/270＃、浓度为50％～75％的树脂结合剂金刚石碗形砂轮精磨前角，磨削用量与精磨硬质合金机铰刀前角相同。刃磨表面粗糙度应达到 Ra0.1μm，两刀齿前刀面不等高应控制在0.05～0.1mm之内。

(2) 精磨校准修光刃及后角

浮动镗刀的校准修光刃对被加工零件的孔壁起挤压修光的作用，对孔的表面粗糙度影响较大。因此，其刃磨表面粗糙度应达到 Ra0.1μm。两刀齿的校准修光刃应平行。

刃磨校准修光刃可在万能工具磨床上进行。将刀具夹持在图4-83所示的夹具中（去掉斜垫铁，刀具直接放在夹具体的定位平面上）。固定在夹具体上的两定位销外径 d 的尺寸应相同。刃磨前需用百分表校正两定位销中心连线与工作台纵向进给运动方向垂直，以保证校准修光刃与刀具侧面垂直。砂轮应选用粒度为200/230＃～230/270＃、浓度为50％～75％的树脂结合剂金刚石碗形砂轮。磨削用量与精磨前角相同。刃磨校准修光刃的宽度达到0.4～0.5mm即可。

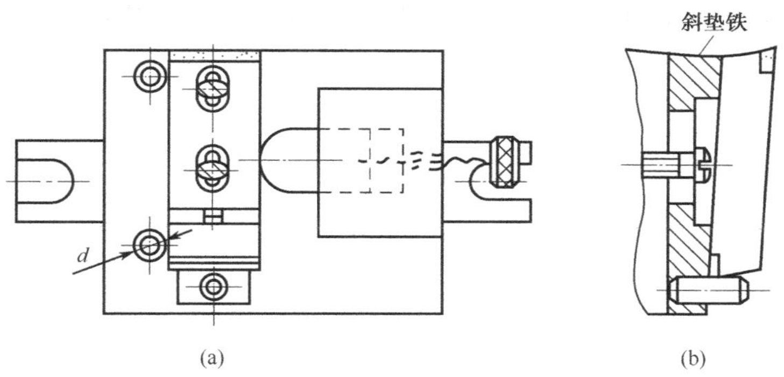

图4-83 刃磨浮动镗刀校准修光刃夹具示意图

刃磨校准修光刃的后角时，在刃磨校准修光刃的夹具定位平面上加一块斜垫铁（斜垫铁的角度与所要刃磨的后角大小相同），刀具放在斜垫铁上定位，夹紧后即可刃磨，如图4-83示。用粒度为60＃～80＃、硬度为J～K的绿碳化硅碗形砂轮。砂轮线速度取14～18m/s，横向磨削深度取0.01～0.02mm/双行程，纵向进给速度取1～1.5m/min，但在最后1～2次行程时，纵向进给速度应更慢（约为0.5m/min）。也可选用粒度为120/140＃～200/230＃、浓度为75％的树脂结合剂金刚石碗形砂轮。后刀面经刃磨粗糙度可达到 Ra0.4μm以下。刃磨后角时，应留0.05～0.1mm宽的刃带，两刀齿刃带宽度应保持一致。

(3) 精磨切削锥和倒锥及其后角

在万能工具磨床上，仍然使用精磨校准修光刃后角的夹具（刀具下面仍垫一块所要刃磨的后角大小相同的斜垫铁）。为了获得1°30′～2°的切削锥和倒锥，在夹具的一外径为 d 的定位销上加一外径为 D（内孔为 d）的套，就变成了如图4-84所示的情形。这样，就可刃磨1°30′～2°倒锥及其后角。当把套放在另一外径为 d 的定位销上时，即可刃磨 $\kappa_r=1°30′～2°$ 的切削锥及其后角。

上述硬质合金浮动镗刀的刃磨工艺和方法不是唯一的，还可以采用其他方法和工艺。例

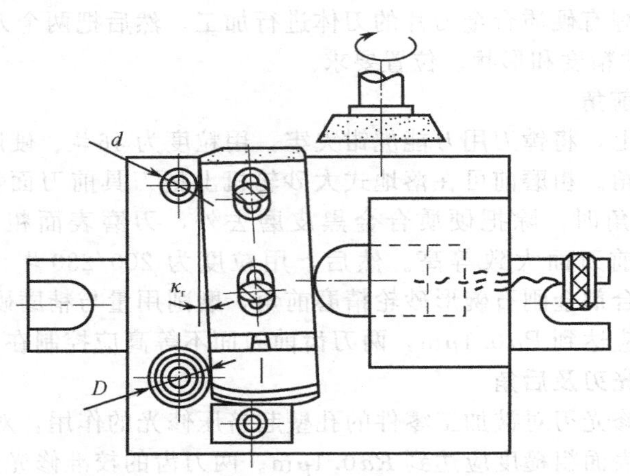

图 4-84 磨浮动镗刀倒锥及其后角示意图

如，利用刃磨镗杆作为夹具来刃磨浮动镗刀。该刃磨镗杆与使用浮动镗刀的镗杆结构相同。装镗刀的方孔尺寸精度和形状、位置精度与镗杆上的方孔要求相同，不同的是在方孔上方多个作固定镗刀用的螺纹孔。将待刃磨的浮动镗刀装入刃磨镗杆的方孔中，在万能工具磨床上，用顶尖将刃磨镗杆顶住，用百分表或划针校正，使浮动镗刀在方孔中相对于刃磨镗杆轴心线处于对称位置，用方孔上方的紧固螺钉将镗刀固定在方孔中。这样，在刃磨校准修光刃、切削锥和倒锥及其后角时，就可把浮动镗刀作为两个齿的铰刀来刃磨。刃磨完毕，涂油保存。

第5章 铣削刀具

5.1 概述

5.1.1 铣刀的种类

铣刀的种类繁多，其分类方法也较多。一般可按用途和结构形式分类，也可按齿背形式分类。

(1) 按用途和结构形式分类

铣刀按其用途和结构形式可分为圆柱形铣刀、端铣刀、盘形铣刀、锯片铣刀、立铣刀、键槽铣刀、角度铣刀和成形铣刀，如图5-1所示。

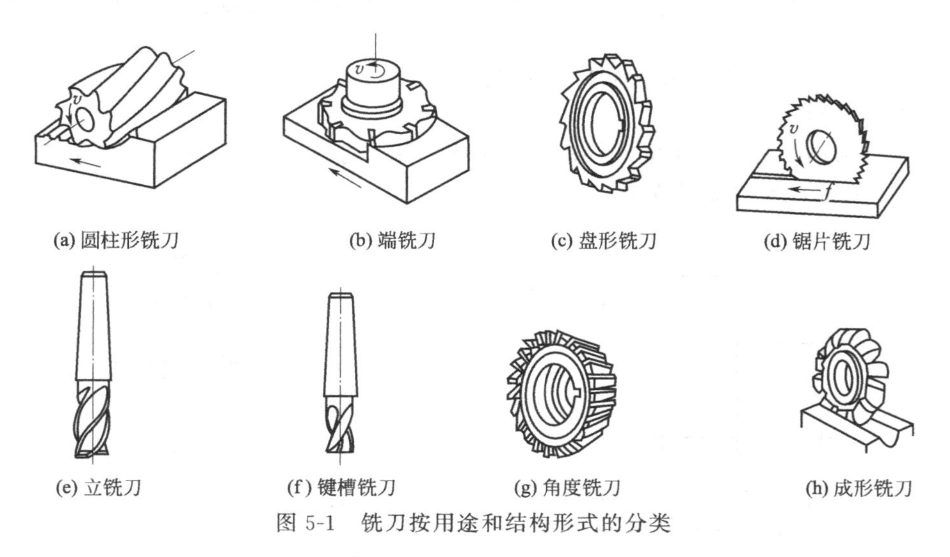

图5-1 铣刀按用途和结构形式的分类

① 圆柱形铣刀　圆柱形铣刀的切削刃呈螺旋状分布在圆柱表面上，其两端面无切削刃。它常用来在卧式铣床上加工平面。圆柱形铣刀多采用高速钢整体制造，也可以镶焊硬质合金刀条。

② 端铣刀　端铣刀的切削刃分布在其端面上。切削时，端铣刀轴线垂直于被加工表面。它常用来在立式铣床上加工平面。端铣刀多采用硬质合金刀齿，故生产效率较高。

③ 盘形铣刀　盘形铣刀包括槽铣刀、两面刃铣刀和三面刃铣刀，如图 5-2 所示。

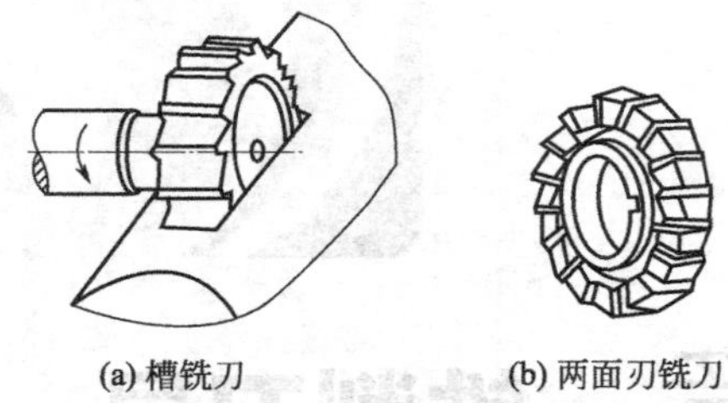

(a) 槽铣刀　(b) 两面刃铣刀　(c) 三面刃铣刀

图 5-2　盘形铣刀的种类

a. 槽铣刀。槽铣刀仅在圆柱表面上有刀齿。为了减少端面与沟槽侧面的摩擦，槽铣刀的两侧面常做成内凹锥面，使副切削刃有 $\kappa'_r=30'$ 的副偏角。槽铣刀只用于加工浅槽。

b. 两面刃铣刀。两面刃铣刀在圆柱表面和一个侧面上做有刀齿，用于加工台阶面。

c. 三面刃铣刀。三面刃铣刀在圆柱表面和两侧面上都有刀齿，用于加工沟槽。

④ 锯片铣刀　锯片铣刀实际上就是薄片槽铣刀，其作用与切断车刀类似，用于切断材料或铣削狭槽。

⑤ 立铣刀　立铣刀的圆柱面上的螺旋切削刃为主切削刃，端面上的切削刃为副切削刃。立铣刀可加工平面、台阶面和沟槽等，一般不能做轴向进给运动。用于加工三维成形表面的立铣刀，端部做成球形，称为球头立铣刀。其球面切削刃从轴心开始，也是主切削刃，可做多向进给运动。

⑥ 键槽铣刀　键槽铣刀是铣制键槽的专用刀具。它仅有两个刃瓣，其圆周和端面上的切削刃都可作为主切削刃，使用时先沿键槽铣刀轴向进给切入工件，然后沿键槽方向进给铣出全槽。为保证被加工键槽的尺寸，键槽铣刀只重磨端面刃，常用它来加工圆头封闭键槽。

⑦ 角度铣刀　角度铣刀可分单角度铣刀和双角度铣刀。角度铣刀可用于铣削沟槽和斜面。

⑧ 成形铣刀　成形铣刀用于加工成形表面。

⑨ 特殊专用铣刀

a. 转子梯形槽铣刀　加工如图 5-3 所示的转子槽，可设计一把专用的可转位盘式专用铣刀，如图 5-4 所示，最后加工成形。

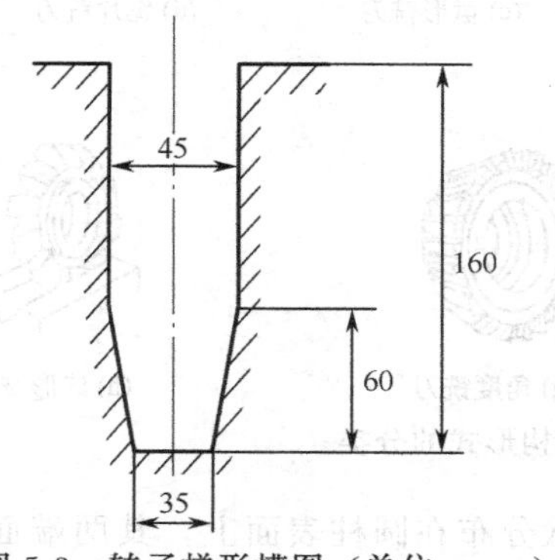

图 5-3　转子梯形槽图（单位：mm）

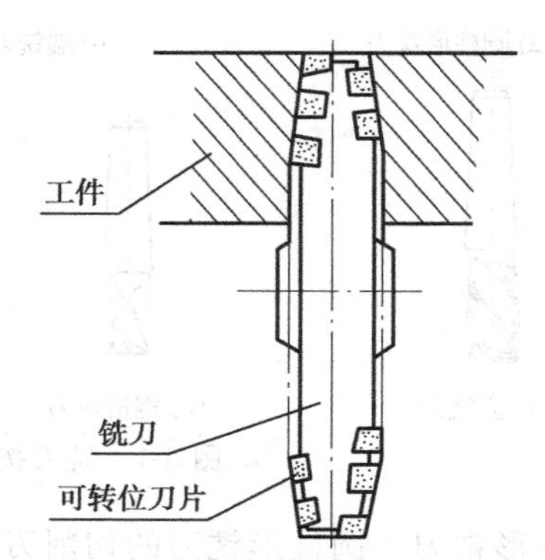

图 5-4　转子梯形槽铣刀

b. 转子燕尾槽铣刀　加工如图 5-5 所示的转子燕尾槽，由于金属切除量特别大，形状较复杂，可设计用三种刀分割加工。用 ϕ134mm 直径的玉米棒铣刀先铣出 122mm 深的槽，用一把带 R10mm 圆弧的盘式成形玉米铣刀分两刀，加工出左、右 R10mm 圆弧的 30°面的两大块，再用 60°锥形玉米铣刀（图 5-6）一刀铣出槽口 60°倒角。

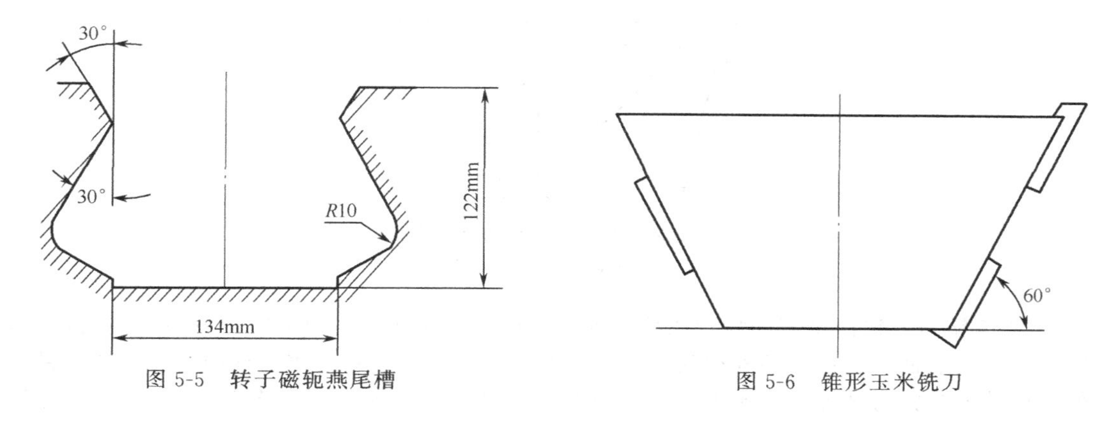

图 5-5 转子磁轭燕尾槽

图 5-6 锥形玉米铣刀

c. 异形燕尾槽铣刀 加工如图 5-7 所示的铁轨垫轨板上的异形燕尾槽，可先用玉米铣刀、高速钢波刃铣刀或三面刃铣刀，一刀铣出 28mm×25mm 深的槽，再用硬质合金异形燕尾槽铣刀（图 5-8），一刀成形。

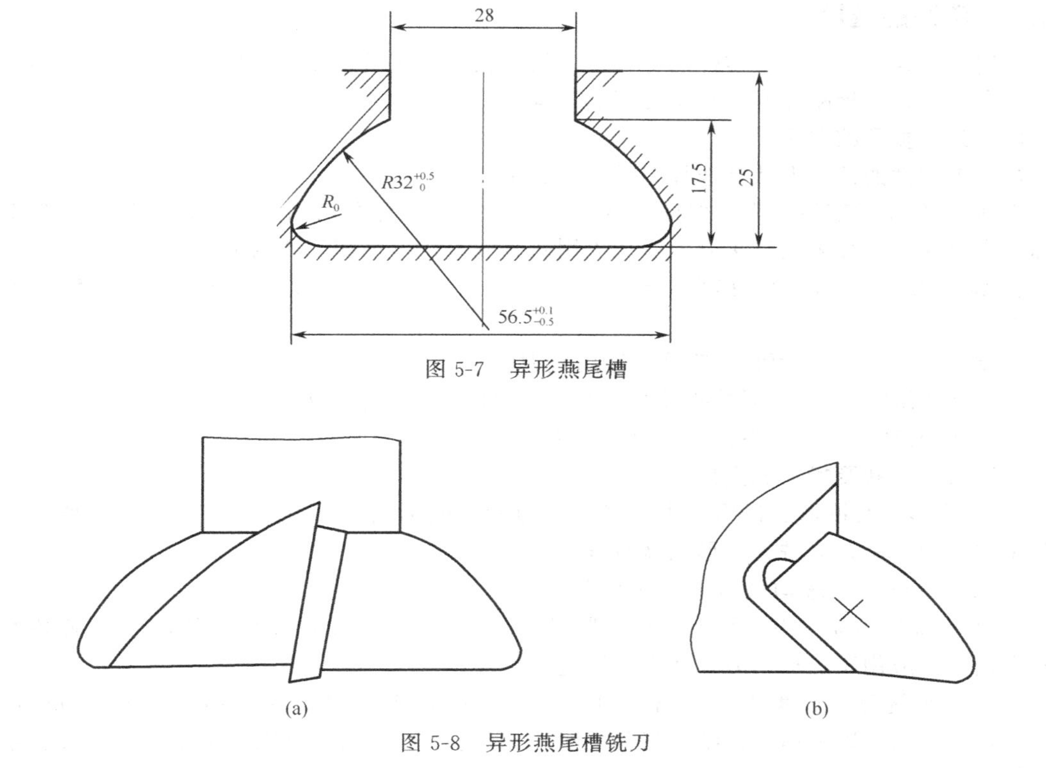

图 5-7 异形燕尾槽

图 5-8 异形燕尾槽铣刀

d. 锥形玉米铣刀 一些锥形孔，腔体锥形面的加工都要用锥形铣刀。硬质合金可转位的锥形玉米铣刀设计难度比较大，但国内已经生产了这种铣刀。

（2）按齿背形式分类

铣刀按其齿背形式可分为尖齿铣刀和铲齿铣刀，如图 5-9 所示。

① 尖齿铣刀 尖齿铣刀的齿背是铣制而成的，并在切削刃后磨出一条窄的后面，用钝后仅需重磨后面，如图 5-9(a) 所示。

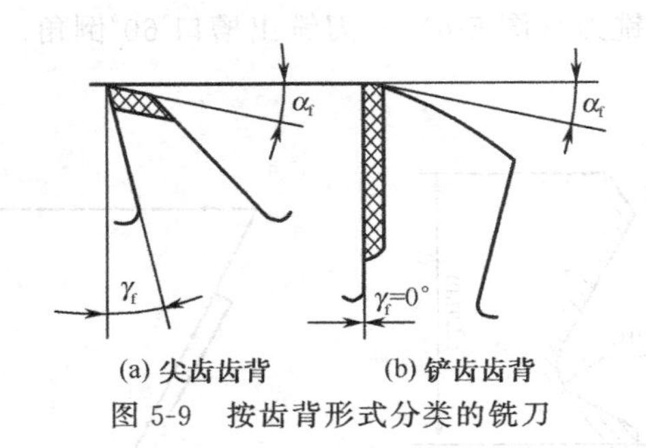

(a) 尖齿齿背　　(b) 铲齿齿背

图 5-9　按齿背形式分类的铣刀

② 铲齿铣刀　铲齿铣刀的齿背曲线是阿基米德螺旋曲线，是用专门铲齿刀铲制而成的，用钝后可重磨前面。当铣刀切削刃为复杂廓形时，可保证铣刀在使用过程中廓形不变。目前多数成形铣刀为铲齿铣刀，它比尖齿成形铣刀容易制造，重磨简单。铲齿铣刀的后面如经过铲磨加工，可保证较高的耐用度和被加工表面质量。

此外，铣刀还可按刀齿疏密程度分为粗齿铣刀和细齿铣刀。粗齿铣刀刀齿数少，刀齿强度高，容屑空间大，多用于粗加工。细齿铣刀刀齿数多，容屑空间小，多用于精加工。

5.1.2　铣刀的选用

选用铣刀要根据被加工零件的材料、几何形状、表面质量要求、热处理状态、切削性能及加工余量等，选择刚性好，耐用度高的刀具。

(1) 刀具类型的选用

被加工零件的几何形状是选择刀具类型的主要依据。

① 加工曲面类零件，为了保证刀具切削刃与加工轮廓在切削点相切，避免刀刃与工件轮廓发生干涉，一般采用球头刀，粗加工用双刃铣刀，半精加工和精加工用四刃铣刀。

② 铣较大平面时，为了提高生产效率和提高加工表面粗糙度，一般采用刀片镶嵌式盘形面铣刀。

③ 铣小平面或台阶面时一般采用通用铣刀。

④ 铣键槽时，为了保证槽的尺寸精度，一般用两刃键槽铣刀。

⑤ 孔加工时，采用钻头、镗刀等孔加工刀具。

(2) 刀片形状及槽形的选用

① 刀片形状及槽形的选用　由于各类铣刀的功能不相同，为满足各自的功能要求、成本及工艺上的因素，对铣刀片形状就有选择。

a. 普通面铣刀一般均采用正四方刀片。

b. 重型铣削用面铣刀，平装用长方形刀片，立装用长条形的非标刀片，90°主偏角面铣刀和立铣刀一般用正三边形刀片和平行四边形刀片。

c. 三面刃铣刀，宽度 2.5～4mm 的一般用上下面带凹“V”形、前刀面带断屑槽形的切刀片，用切削力以刀体弹性结构将其夹紧。宽度在 5～10mm 范围，采用刀片立装交错排列，用沉头螺钉压孔法夹紧。

d. 过中心刃立铣刀，中心刃刀片可选用凸三边刀片或 80°平行四边形刀片，外刀片选用 87°棱形刀片。

e. T 形槽铣刀一般选用 80°棱形刀片。长刃立铣刀，端齿刀片可选用 80°棱形、89°平行四边形（平装），周齿用正四边形刀片错齿搭接成长刃，立装设计的端齿刀片可用 80°平行四边形（长、短齿）。

f. 铣出 R 圆角的铣刀选用规定圆弧半径的圆刀片。球头立铣刀选用规定圆弧半径的带沉孔的球头立铣刀刀片。

② 带断屑槽的铣刀刀片 为了改善切削效果，提高加工效率，随着各种新材料的出现，刀具的切削参数有了更高的要求，而只在刀体上改变安装角度的设计方法已不能满足需要，于是就在刀片上加以发展，铣刀片也就出现了像车刀片一样有断屑槽，如图 5-10 所示。装这种刀片的铣刀，其前角较大，切削抗力小，铣刀切削轻快、平稳，刀具切削效率高，特别是小直径的铣刀，要设计成径向正前角或较大的正前角，就必须借助于带有较大前角断屑槽的刀片来实现。而大直径的铣刀在刀体设计上可以实现安装正前角，故一般选用不带槽形的平刀片。另一方面，这种刀片成本低，加工时尺寸精度容易控制。

(3) 刀片材质的选用

可转位铣刀刀片材料用得最广泛的是硬质合金，早期使用的牌号比较单一，铣削钢材用 YT14 合金，铣削铸铁用 YG8 合金。自 20 世纪 70 年代后期以来，涂层硬质合金的出现，使可转位铣刀的使用推向了一个新的阶段。因此近年来陶瓷、立方氮化硼、聚晶金刚石也逐渐用于铣削加工。

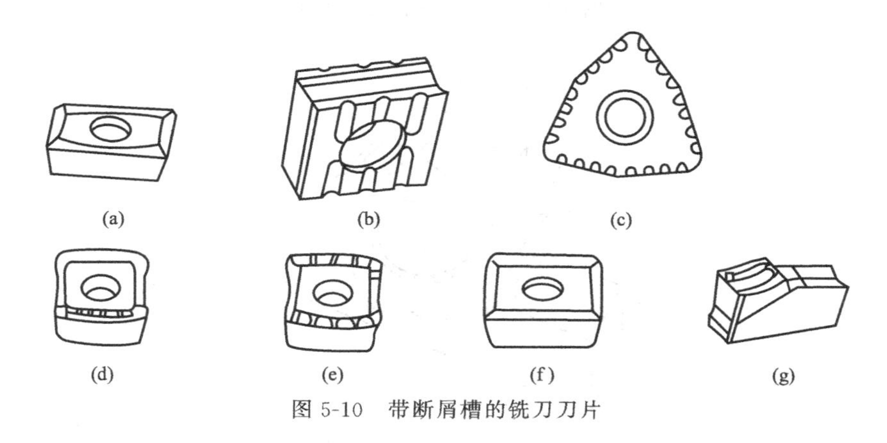

图 5-10 带断屑槽的铣刀刀片

5.2 铣刀的主要几何参数

5.2.1 铣刀各部分名称

铣刀标注参考系中的参考平面和角度的定义，同车刀基本相同。虽然由于铣刀种类很多，相互间在结构上各有其特点，从而产生了不同铣刀切削刃上选定点的同一名称的参考平面在空间位置的多样化。

圆柱铣刀和端铣刀的辅助参考平面，如图 5-11 所示。铣刀的主运动为铣刀的旋转运动，铣刀刀刃上任意一点的切削速度方向均垂直于铣刀的半径方向，而基面是过刀刃上一点并且垂直于该点切削速度方向的平面，所以铣刀刀刃上任意一点的基面是通过该点的轴向平面。铣刀刀刃上任意一点的切削平面是通过该点的切平面，它与基面相垂立。

由于设计、制造和测量的需要，铣刀几何角度测量剖面除主剖面、法剖面外，还规定了端剖面。端剖面是过刀刃上一点垂直于铣刀轴线所作的剖面。

5.2.2 铣刀的主要几何角度

(1) 铣刀切削部分的几何形状

① 前刀面如图 5-12 所示，刀具上切屑流过的表面，称前刀面。

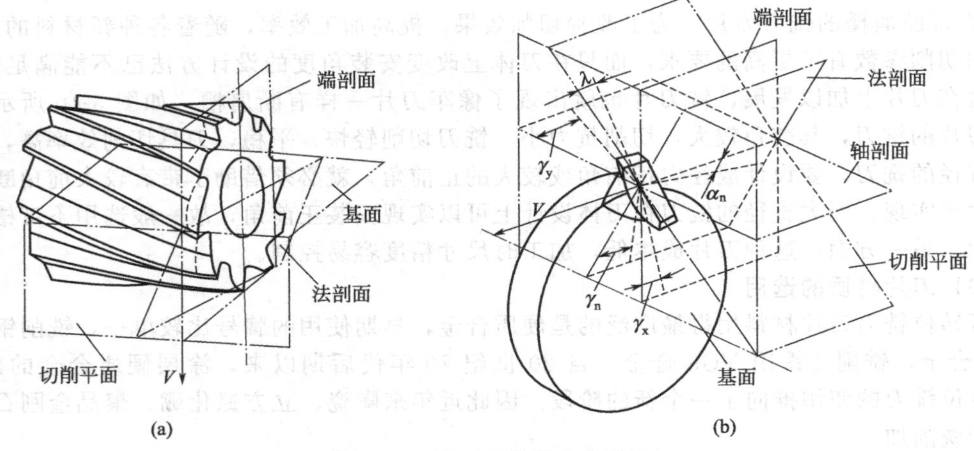

图 5-11　铣刀的辅助参考平面

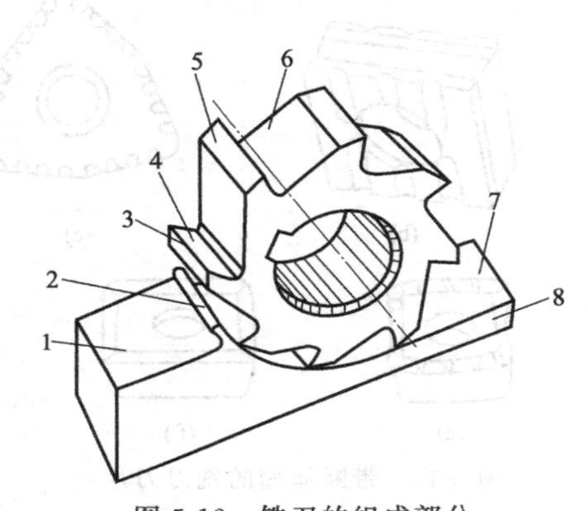

图 5-12　铣刀的组成部分

1—待加工表面；2—切屑；3—主切削刃；4—前刀面；5—主后刀面；6—铣刀棱；7—已加工表面；8—工件

② 后刀面　与工件上切削中产生的表面相对的表面，称后刀面。

③ 副后刀面　刀具上同前刀面相交形成副切削刃的后刀面。

④ 主切削刃　起始于切削刃上主偏角为零的点，并至少有一段切削刃被用来在工件上切出过渡表面的那个整段切削刃。

⑤ 副切削刃　切削刃上除主切削刃以外的刃，也起始于主偏角为零的点，但它向背离主削刃的方向延伸。

⑥ 刀尖　指主切削刃与副切削刃的连接处相当少的一部分切削刃。

(2) 铣刀的几何角度

要正确地确定和测量铣刀几何角度，需要两个角度测量基准的坐标平面，即基面和切削平面。铣刀的主要几何角度是各个刀面或切削刃与坐标平面之间的夹角。基面是过切削刃上选定点的平面，它平行或垂直于刀具在制造、刃磨及测量时适合于安装或定位的一个平面或轴线，其方位垂直于假定的主运动方向。铣刀上的基面一般是包含铣刀轴线的平面。切削平面是通过切削刃上选定点与切削刃相切并垂直于基面的平面。铣刀上的切削平面一般是与铣刀的外圆柱（圆锥）相切的平面。主切削刃上的为主切削平面，副切削刃上的为副切削平面。铣刀的主要几何角度如下。

① 前角 γ　前角是前面与基面之间的夹角，在垂直于基面和切削平面的正交平面内

测量。

② 后角 α　后角是后面与切削平面之间的夹角，在正交平面中测量。

③ 刃倾角 λ　是主切削刃与基面间的夹角，在主切削平面中测量。

④ 主偏角 κ_γ　主偏角是主切削平面与平行于进给方向的假定工作平面间的夹角，在基面中测量。

⑤ 副偏角 κ'　副偏角是副切削平面与假定工作平面之间的夹角，在基面中测量。

⑥ 楔角 β　前刀面与后面的夹角，由于前角和后角有法面和端面两种，所以楔角也有法面和端面两种。

⑦ 螺旋角 ω　螺旋角 ω 是螺旋刀刃展开成直线后与铣刀轴线（基面）间的夹角，相当于车刀的刃倾角 λ。

铣刀的主要几何角度如图 5-13 所示，铣刀主要几何角度的作用见表 5-1。

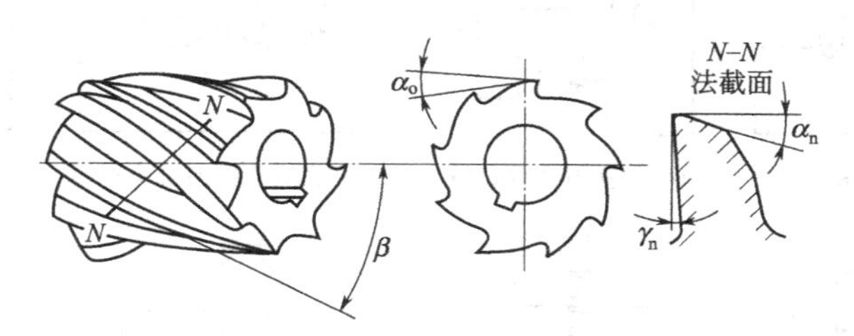

(a) 螺旋齿圆柱铣刀的主要几何角度

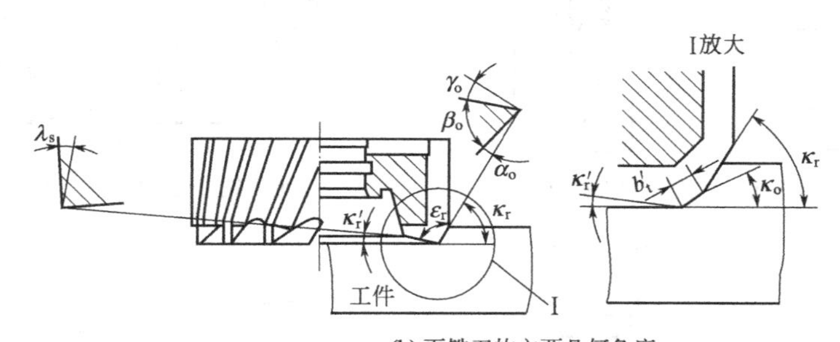

(b) 面铣刀的主要几何角度

图 5-13　铣刀的主要几何角度

表 5-1　铣刀主要几何角度的作用

名称	作用
前角 γ	影响切屑变形和切屑与前刀面的摩擦及刀具强度。增大前角，则切削刃锋利，从而使切削省力，但会使刀齿强度减弱；前角太小，会使切削费力
后角 α	增大后角，可减少刀具后刀面与切削平面之间摩擦，可得到光洁的加工表面，但会使刀尖强度减弱
楔角 β	楔角的大小决定了切削刃的强度。楔角越小，切入金属越容易，但切削刃强度较差；反之切削刃强度好，但较难切入金属
刃倾角 λ	刃倾角可以控制切屑流出方向，影响切削刃强度并能使切削力均匀
主偏角 κ_γ	影响切削刃参加铣削的长度，并影响刀具散热、铣削分力之间的比值
副偏角 κ'	影响副切削刃对已加工表面的修光作用。减小副偏角，可以使已加工表面的波纹高度减小，降低表面粗糙度值
螺旋角 ω	螺旋角使刀齿逐渐地切入和切离工件，提高铣削的平稳性。增大 ω 能使形成的螺旋形切屑沿着刀齿前刀面排出在容屑槽外，改善了切屑排出情况，同时能增加实际切削前角，使切削轻快

5.2.3 铣削方式

铣削加工主要用来加工平面（水平面、垂直面、斜面）、沟槽（包括直角槽、键槽、V形槽、燕尾槽、T形槽、圆弧槽、螺旋槽等）及成形面等。根据需要，铣削可进行粗铣、半精铣、精铣。

(1) 铣平面

铣平面的各种方法如图5-14所示。

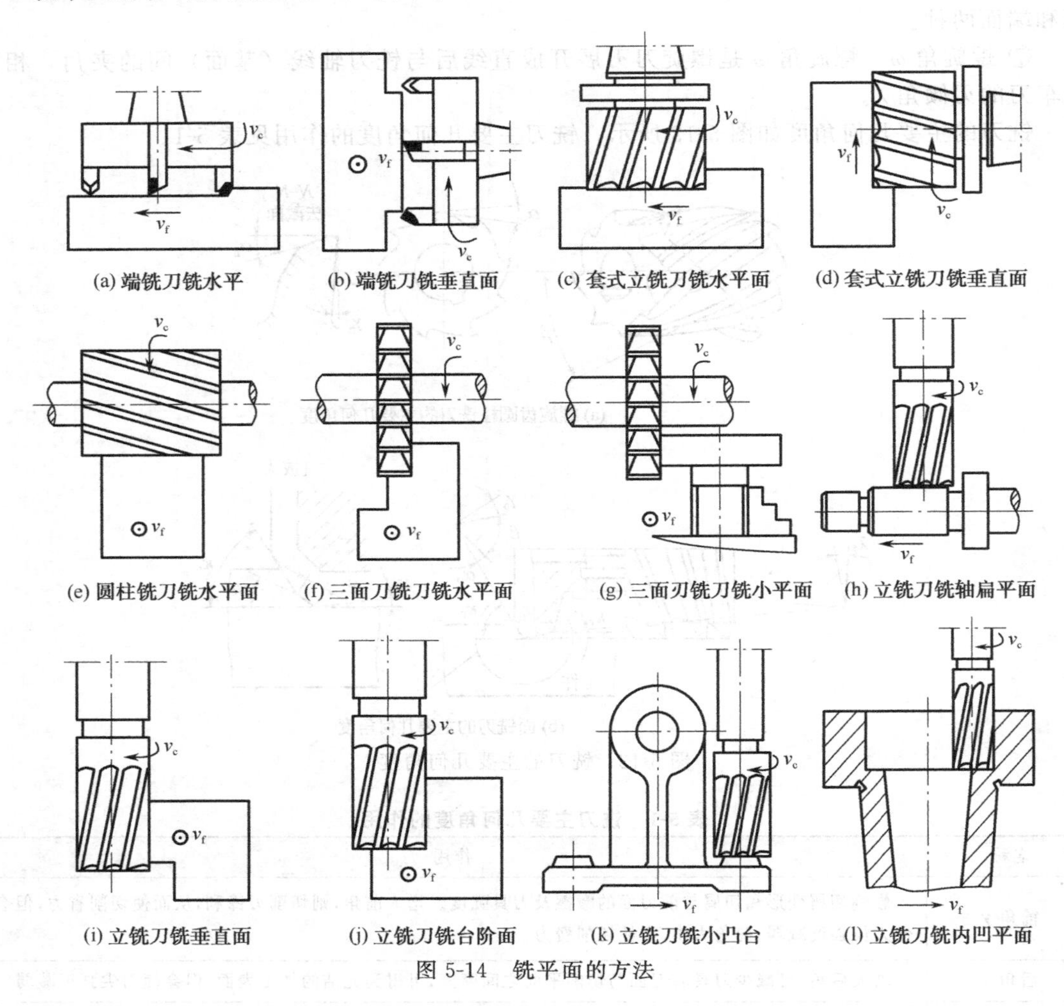

图5-14 铣平面的方法

由图5-14可知，各种平面的铣削，可以采用圆柱铣刀和端铣刀。通常用端铣刀铣削平面的方法称为端铣；用圆柱铣刀铣削平面的方法称为周铣。端铣时，铣刀轴线与加工平面垂直；周铣时，铣刀轴线与加工平面平行。

① 端铣的铣削方式 用端铣刀加工平面时，依据铣刀与工件加工面的相对位置（或称吃刀关系）不同分为三种铣削方式，见图5-15。

a. 对称铣 铣刀露出工件加工面两侧的距离相等，如图5-15(a)所示。

b. 不对称逆铣 切离一侧铣刀露出加工面的距离大于切入一侧露出距离，如图5-15(b)所示为不对称逆铣。

c. 不对称顺铣 切离一侧铣刀露出加工面的距离小于切入一侧露出距离，如图5-15(c)所示。

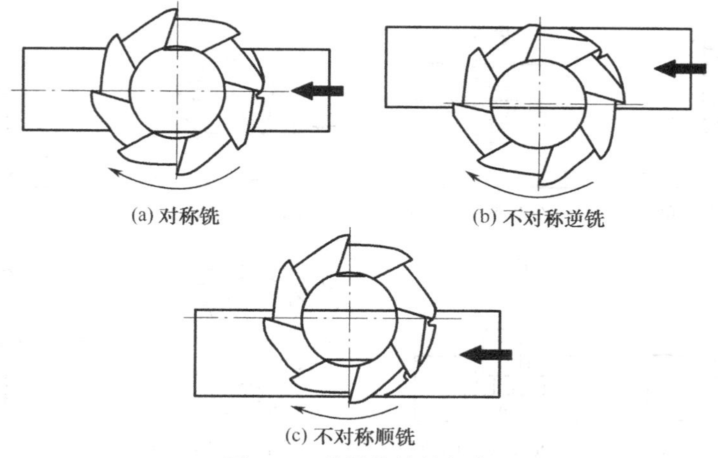

(a) 对称铣　　(b) 不对称逆铣

(c) 不对称顺铣

图 5-15 端铣的铣削方式

对称铣削与不对称铣削在切入和切离时的切削厚度不同。对称铣削刀齿切入时的切削厚度与切离时的切削厚度相同，铣刀露出工件加工面两侧的距离相等；不对称铣切削厚度小于切离时的切削厚度相同。在不对称顺铣中，切离一侧铣刀露出加工面的距离远远大于切入一侧露出距离时，铣刀作用于工件进给方向的分力与工件进给方向同向，会引起“自动进给”，实质为窜动、爬行现象。

② 周铣的铣削方式　周铣时，又可以分为顺铣和逆铣两种方法，如图 5-16 所示。

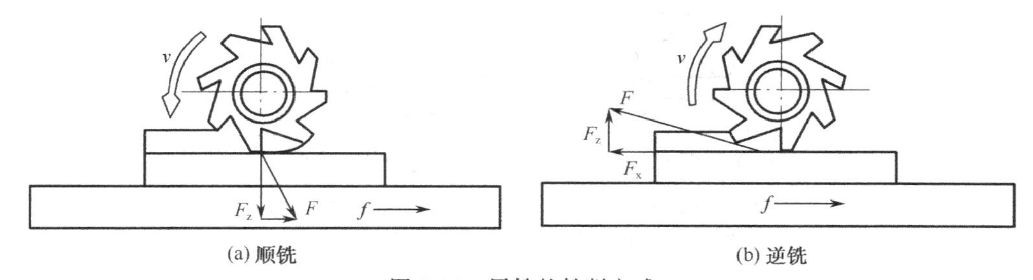

(a) 顺铣　　(b) 逆铣

图 5-16 周铣的铣削方式

a. 顺铣　如图 5-16(a) 所示，在旋转铣刀与工件的切点处，铣刀切削刃的运动方向与工件进给方向相同的铣削方法称为顺铣。顺铣时，铣刀齿容易切入工件，切屑由厚逐渐变薄。铣刀对工件切削力的垂直分力向下压紧工件，使得铣削过程平衡，不易产生振动。但是，铣刀对工件的水平分力与工作台的进给方向一致，会使工作台出现爬行现象。这是由于工作台的丝杠与螺母之间有间隙，在水平分力的作用下，丝杠与螺母之间的间隙会消除而使工作台出现突然窜动。使用顺铣时，铣床必须具备丝杠与螺母的间隙调整机构。

b. 逆铣　如图 5-16(b) 所示，在旋转铣刀与工件的切点处，铣刀切削刃的运动方向与工件进给方向相反的铣削方法称为逆铣。

逆铣时，刀刃在工件表面上先滑行一小段距离，并对工件表面进行挤压和摩擦，然后切入工件，切屑由薄逐渐变厚。铣刀对工件的垂直分力向上，使工件产生抬起趋势，易引起刀具径向振动，造成已加工表面产生波纹，影响刀具使用寿命。丝杠与螺母的间隙对铣削没有影响。在实际生产过程中，广泛采用顺铣。

(2) 铣沟槽

各种沟槽的铣削方法如图 5-17 所示。

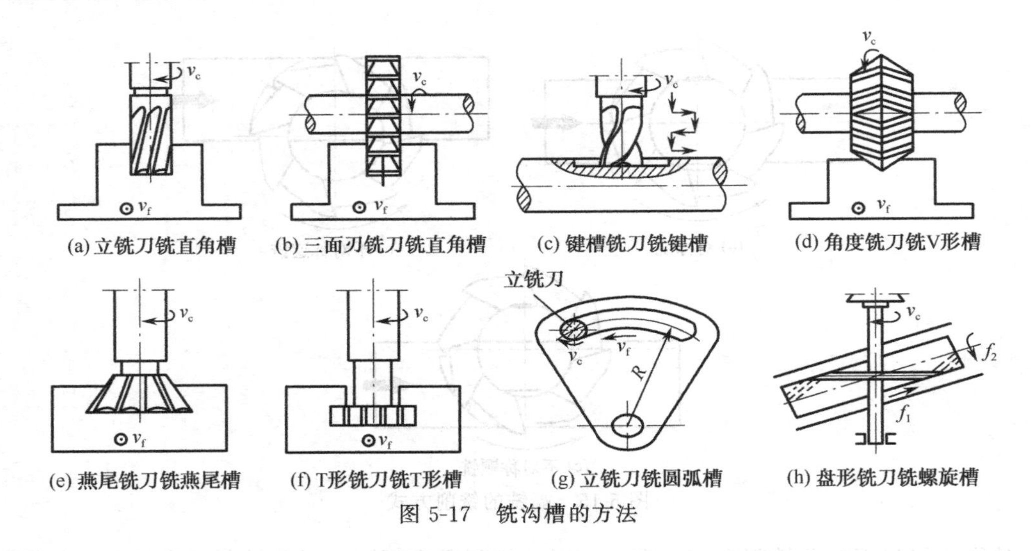

图 5-17 铣沟槽的方法

(3) 齿轮加工

齿轮加工机床的种类繁多，构造各异，加工方法也各不相同，按齿面加工原理来分，有成形法和展成法。

① 成形法　成形法是利用仿照与被切齿轮齿槽形状相符的盘状铣刀或指状铣刀切出齿形的方法，如图 5-18 所示。在铣床上加工齿形的方法属于成形法。

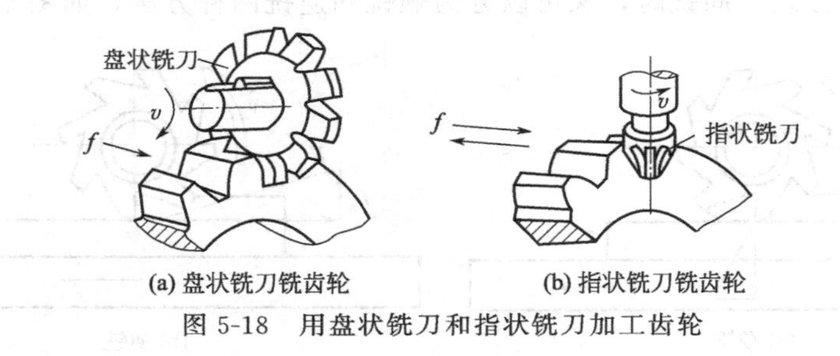

图 5-18 用盘状铣刀和指状铣刀加工齿轮

铣削时，常用分度头和尾架装夹工件，如图 5-19 所示。通常可用盘状模数铣刀在卧式铣床上铣齿，见图 5-18(a)，也可用指状模数铣刀在立式铣床上铣齿，见图 5-18(b)。

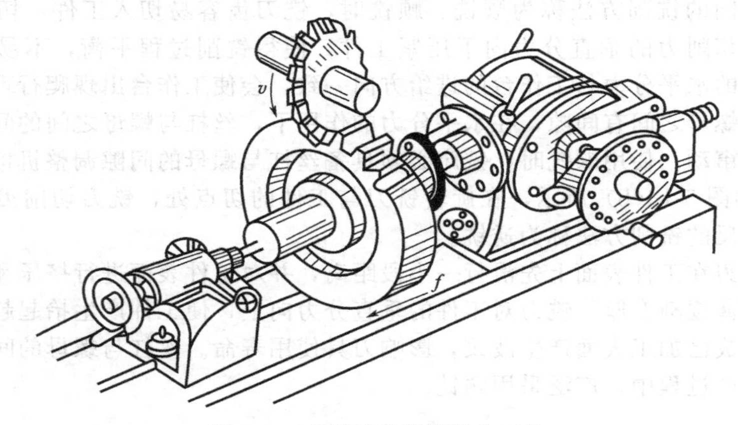

图 5-19 分度头和尾架装夹工件

成形法加工的特点如下。

a. 设备简单，只用普通铣床即可，刀具成本低。

b. 由于铣刀每切一齿槽都要重复消耗一段切入、退刀和分度的辅助时间，因此生产率较低。

c. 加工出的齿轮精度较低，只能达到9～11级。这是因为在实际生产中，不可能为每加工一种模数、一种齿数的齿轮就制造一把成形铣刀，而只能将模数相同且齿数不同的铣刀编成号数，每号铣刀有它规定的铣齿范围，每号铣刀的刀齿轮廓只与该号范围的最小齿数齿槽的理论轮廓相一致，对其他齿数的齿轮只能获得近似齿形。

根据同一模数而齿数在一定的范围内，可将铣刀分成8把一套和15把一套的两种规格。8把一套适用于铣削模数为0.3～8的齿轮；15把一套适用于铣削模数为1～16的齿轮，15把一套的铣刀加工精度较高。铣刀号数小，加工的齿轮齿数少，反之能加工的齿数就多。8把一套规格如表5-2所示。15把一套规格如表5-3所示。

表5-2 模数齿轮铣刀刀号选择表（8把一套）

铣刀号数	1	2	3	4	5	6	7	8
齿数范围	12～13	14～16	17～20	21～25	26～34	35～54	55～134	135以上

表5-3 模数齿轮铣刀刀号选择表（15把一套）

铣刀号数	1	1.5	2	2.5	3	3.5	4	4.5
齿数范围	12	13	14	15～16	17～18	19～20	21～22	23～25
铣刀号数	5	5.5	6	6.5	7	7.5	8	
齿数范围	26～29	30～34	35～41	42～54	55～79	80～134	135	

根据以上特点，成形法铣齿一般多用于修配或单件制造某些转速低、精度要求不高的齿轮。在大批量生产中或精度要求较高的齿轮，都在专门的齿轮加工机床加工。

② 展成法　用展成法加工齿轮时，刀具与工件模拟一对齿轮（或齿轮与齿条）作啮合运动（展成运动），在运动过程中，刀具齿形的运动轨迹逐步包络出工件的齿形。

展成法切齿刀具的齿形可以和工件齿形不同，且可以用一把刀具切出同一模数而齿数不同的齿轮，加工时连续分度，具有较高的加工精度和生产率。

滚齿机、插齿机、剃齿机和弧齿锥齿轮铣齿机均是利用展成法加工齿轮的齿轮加工机床。

③ 滚齿

a. 滚齿加工原理和工艺特点　滚齿是应用一对螺旋圆柱齿轮的啮合原理进行加工的，所用刀具称为齿轮滚刀。滚齿是齿形加工中生产率较高、应用最广的一种加工方法。滚齿加工通用性好，既可加工圆柱齿轮，又可加工蜗轮；既可加工渐开线齿形，又可加工圆弧、摆线等齿形；既可加工小模数、小直径齿轮，又可加工大模数、大直径齿轮。滚齿原理如图5-20所示。

滚齿的加工精度等级一般为6～9级，对于8、9级精度齿轮，可直接滚齿得到，对于7级精度以上的齿轮，通常滚齿可作为齿形的粗加工或半精加工。当采用AA级齿轮滚刀和高精度滚齿机时，可直接加工出7级精度以上的齿轮。

b. 齿轮滚刀　齿轮滚刀一般是指加工渐开线齿轮所用的滚刀。它是按螺旋齿轮啮合原理加工齿轮的。由于被加工齿轮是渐开线齿轮，所以它本身也应具有渐开线齿轮的几何特性。

齿轮滚刀从其外形看并不像齿轮，实际上它仅有一个齿（或两个、三个齿），齿很长而螺旋角又很大的斜齿圆柱齿轮，可以绕滚刀轴线转好几圈，因此，从外形上看，它很像一个蜗杆，如图5-21所示。

为了使这个斜齿圆柱齿轮能起切削作用，需沿其长度方向开出好多容屑槽，因此把斜齿圆

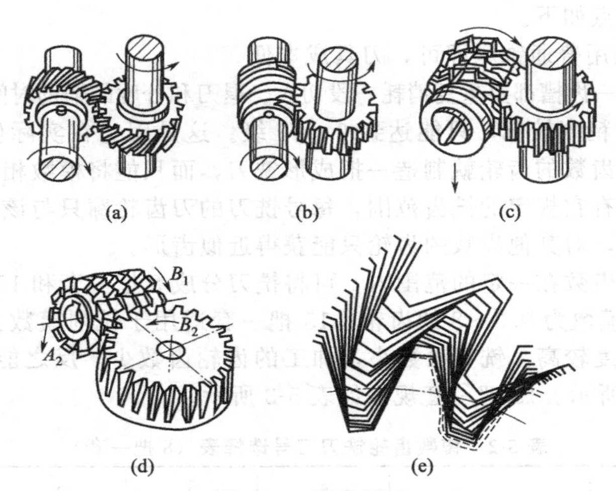

图 5-20　滚齿原理

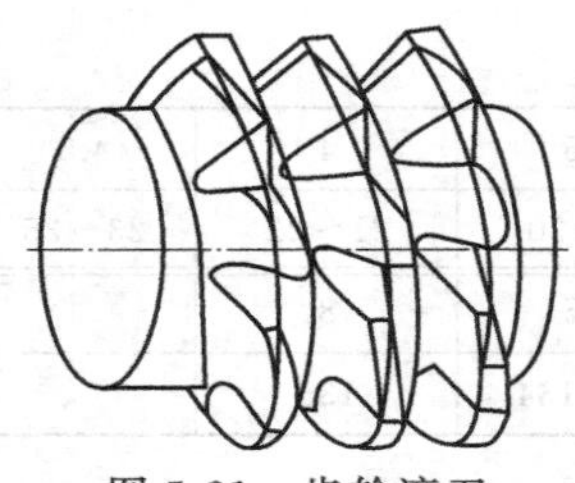
图 5-21　齿轮滚刀

柱齿轮上的螺纹割成许多较短的刀齿，并产生了前刀面和切削刃。每个刀齿有一个顶刃和两个侧刃。为了使刀齿有后角，还要用铲齿方法铲出侧后刀面和顶后刀面。

标准齿轮滚刀精度分为 4 级：AA 级、A 级、B 级、C 级。加工时按照齿轮精度的要求，选用相应的齿轮滚刀。AA 级齿轮滚刀可以加工 6～7 级齿轮；A 级齿轮滚刀可以加工 7～8 级齿轮；B 级齿轮滚刀可加工 8～9 级齿轮；C 级齿轮滚刀可加工 9～10 级齿轮。

④ 插齿

a. 插齿原理及运动

从插齿原理上分析，插齿刀与工件相当于一对平行轴的圆柱直齿轮啮合，如图 5-22 所示。

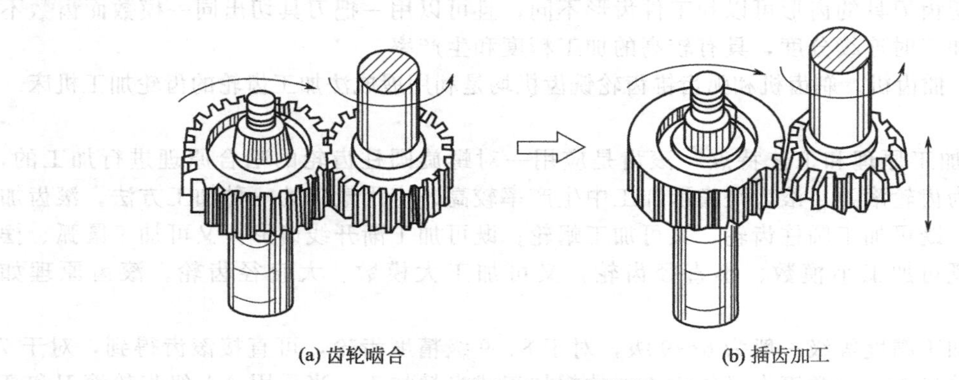

图 5-22　插齿原理

插齿的主要运动有以下几种：

切削运动　即插齿刀的上下往复运动。

展成运动　插齿刀与工件间应保证正确的啮合关系。插齿刀每往复一次，工件相对刀具在分度圆上转过的弧长为加工时的圆周进给运动。

径向进给运动　插齿时，为逐步切至全齿深，插齿刀应该有径向进给运动。

让刀运动　插齿刀作上下往复运动时，向下是工作行程。为了避免刀具擦伤已加工的齿面并减少刀齿的磨损，在插齿刀向上运动时，工作台带动工件退出切削区一段距离，插齿刀工作行程时，工件恢复原位。

b. 插齿刀　插齿刀的形状很像齿轮：直齿插齿刀像直齿齿轮，斜齿插齿刀像斜齿齿轮。直齿插齿刀分为 3 种结构形式，如图 5-23 所示为插齿刀的类型。

c. 插齿加工质量分析

传动准确性　齿坯安装时的几何偏心使工件产生径向位移使得齿圈径向跳动；工作台分度蜗轮的运动偏心使工件产生切向位移，造成公法线长度变动；插齿刀的制造齿距累积误差和安装误差，也会造成插齿的公法线变动。

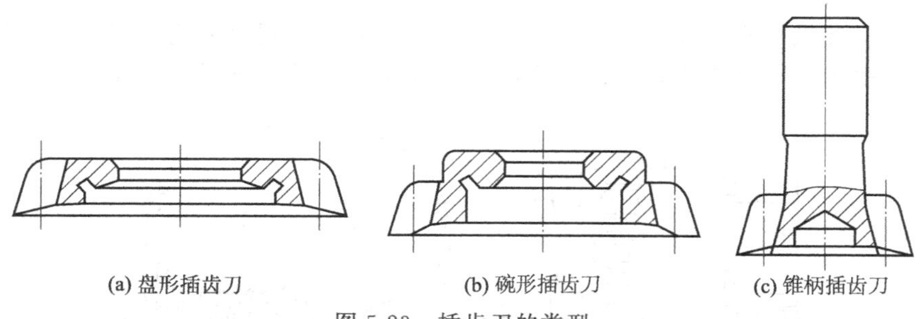

图 5-23　插齿刀的类型

传动平稳性　插齿刀设计时没有近似误差，所以插齿的齿形误差比滚齿小。

载荷均匀性　机床刀架刀轨对工作台回转中心的平行度造成工件产生齿向误差；插齿刀的上下往复频繁运动使刀轨磨损，加上刀具刚性差，因此插齿的齿向误差比滚齿大。

表面粗糙度　插齿后的表面粗糙度比滚齿小，这是因为插齿过程中包络齿面的切削刃数较多。

d. 插齿的应用范围　插齿的应用范围广泛，它能加工内外啮合齿轮、扇形齿轮齿条、斜齿轮等。但是加工齿条需要附加齿条夹具，并在插齿机上开洞；加工斜齿轮需要螺旋刀轨，所以插齿适合于加工模数较小、齿宽较小、工作平稳性要求较高、运动精度要求不高的齿轮。

⑤ 剃齿

a. 剃齿原理　剃齿是根据一对轴线交叉的斜齿轮啮合时，沿齿向有相对滑动而建立的一种加工方法，如图 5-24 所示。

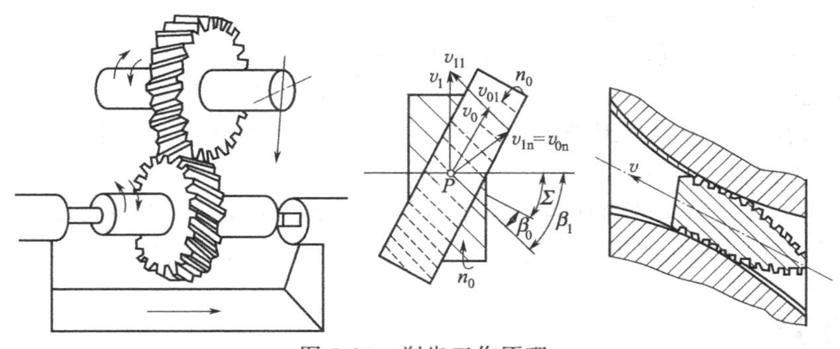

图 5-24　剃齿工作原理

剃齿时，剃齿刀和齿轮是无侧隙双面啮合，剃齿刀刀齿的两侧面都能进行切削。当工件旋向不同或剃齿刀正反转动时，刀齿两侧切削刃的切削速度是不同的。为了使齿轮的两侧都能获得较好的剃削质量，剃齿刀在剃齿过程中应交替地进行正反转动。

b. 剃齿质量分析　剃齿是一种利用剃齿刀与齿轮做自由啮合进行展成加工的方法，剃齿刀与齿轮间没有强制性的啮合运动，所以对齿轮的传递运动准确性精度提高不大，但对传动的平稳性和接触精度有较大的提高，齿轮表面粗糙度值明显减少。

剃齿是在滚齿之后，对未淬硬齿轮的齿形进行精加工的一种常用方法。由于剃齿的质量较好、生产率高、所用机床简单、调整方便、剃齿刀耐用度高，所以汽车、拖拉机和机床中的齿轮，多用这种加工方法来进行精加工。

⑥ 珩齿

a. 珩齿原理及特点　珩齿是热处理后的一种光整加工方法。珩齿的运动关系和所用机床与剃齿相似，珩轮与工件是一对斜齿轮副无侧隙地自由紧密啮合，所不同的是珩齿所用刀具是含有磨料、环氧树脂等原料混合后在铁芯上浇铸而成的塑料齿轮。切削是在珩轮与被加工齿轮的“自由啮合”过程中，靠齿面间的压力和相对滑动来进行的，如图 5-25 所示。

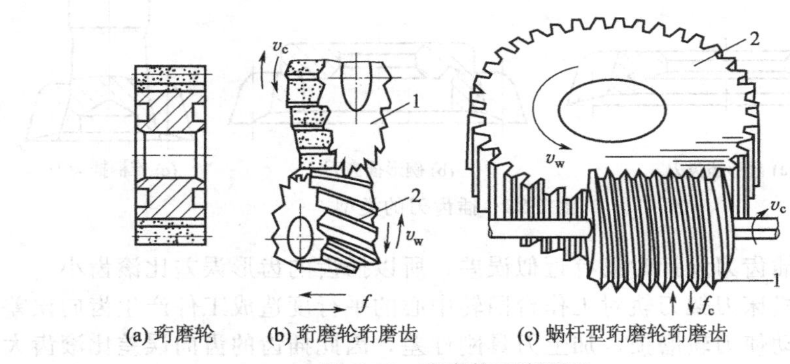

图 5-25　珩磨轮珩磨原理

1—珩磨轮；2—工件

珩齿的运动与剃齿基本相同，即珩轮带动工件高速正反转，工件沿轴向往复运动及工件的径向进给运动。所不同的是，其径向进给是在开车后一次进给到预定位置。因此，珩齿开始时，齿面压力较大，随后逐渐减少，直至压力消失时珩齿便结束。

珩齿的特点如下。

• 珩齿过程实际上是低速磨削、研磨和抛光的综合过程，齿面不会产生烧伤和裂纹，所以珩齿后齿的表面质量较好。

• 珩齿后的表面粗糙度值减小。

• 珩齿修正误差能力低，珩前齿轮的精度要求高。

b. 珩齿方法　珩齿方法有外啮合珩齿、内啮合珩齿和蜗杆状珩磨轮珩齿 3 种。

c. 珩齿的应用　珩齿主要用于去除热处理后齿面上的氧化皮及毛刺，可使表面粗糙度值从 1.6μm 左右降到 0.4μm 以下。

由于珩齿加工具有齿面的表面粗糙度值小、效率高、成本低、设备简单、操作方便等优点，故是一种很好的齿轮光整加工方法，一般可取加工 6～8 级精度的齿轮。

5.3 铣削用量

5.3.1 铣削用量的组成

(1) 铣削要素

铣削时，必须选择下列铣削用量要素，如图 5-26 所示。

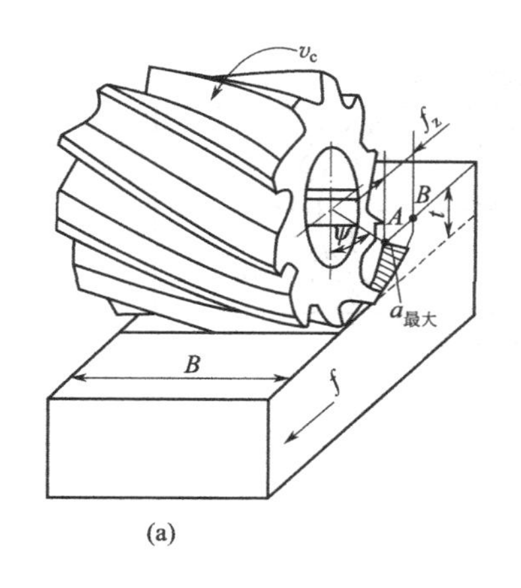

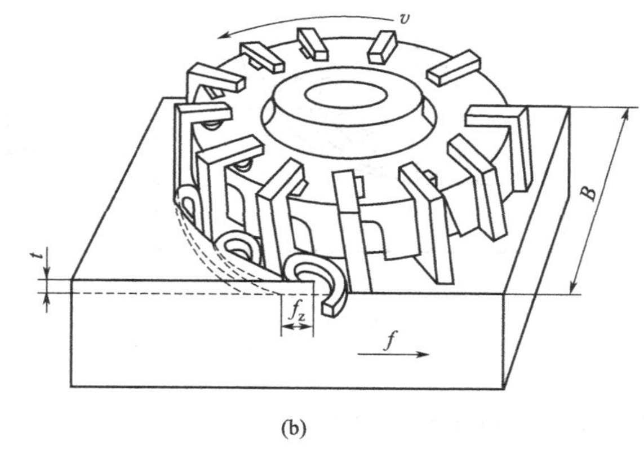

图 5-26 铣削要素

① 背吃刀量 背吃刀量是指待加工表面和已加工表面间的垂直距离，用符号 a_p 表示，单位为 mm。

② 铣削宽度 铣削宽度是指垂直于铣削深度和走刀方向测量的切削层尺寸，用符号 a_e 表示，单位为 mm。

③ 每齿进给量 每齿进给量是指铣刀每转过一个刀齿时，工件与铣刀沿走刀方向的相对位移，用符号 f_z 表示，单位为 mm/z。

④ 每转进给量 每转进给量是指铣刀每转一周时，工件与铣刀沿定刀方向的相对位移，用符号 f 表示，单位为 mm/r。

⑤ 进给速度 进给速度是指铣刀切削刃基点相对工件的进给运动的瞬时速度，单位为 mm/min。进给速度与每齿进给量、每转进给量三者之间的关系为：

$$v_f = fn = f_z nz \tag{5-1}$$

式中，n 为铣刀转速，r/s；z 为铣刀齿数。

⑥ 铣削速度 铣削速度是指铣刀旋转运动的线速度，用符号 v_c 表示，单位为 m/min。它和铣刀转速 n 之间的关系为：

$$v_c = \frac{\pi dn}{1000} \tag{5-2}$$

式中，d 为铣刀直径，mm。

(2) 铣削层参数

铣削时，铣刀同时有几个刀齿参加切削，每个刀齿所切下的切削层，是铣刀相邻两个刀齿在工件切削表面之间形成的一层金属。切削层剖面的形状与尺寸对铣削过程中的一些基本规律（切削力、铣刀磨损等）有着直接影响。

① 切削公称厚度 切削公称厚度是指铣刀上相邻两个刀齿所形成的切削表面间的垂直距离，简称为切削厚度，用符号 h_D 表示。无论是周铣还是端铣，铣削时的切削厚度都是变化的，如图 5-27 所示。

a. 在周铣时，如图 5-28 所示，当 $\theta=0°$时，$h_D=0$；当 $\theta=\psi_i$ 时，h_D 最大。因此，周铣时切削厚度的计算公式为：

$$h_D = f_z \sin\theta \tag{5-3}$$

$$h_{Dmax} = f_z \sin\psi_i \tag{5-4}$$

式中，θ 为铣刀刀齿瞬时转角，(°)；ψ_i 为铣刀接触角度，(°)。

b. 在端铣时，如图 5-29 所示，当 $\theta=0°$时，h_D 最大；当 $\theta=\psi_i$ 时，h_D 最小。因此，端

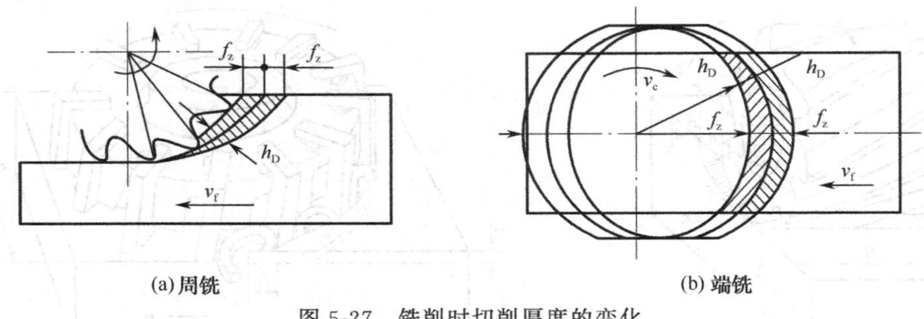

(a) 周铣　　(b) 端铣

图 5-27　铣削时切削厚度的变化

铣时切削厚度的计算公式为：

$$h_D = f_z\cos\theta\sin\kappa_r \tag{5-5}$$

$$h_{Dmin} = f_z\cos\psi_i\sin\kappa_r \tag{5-6}$$

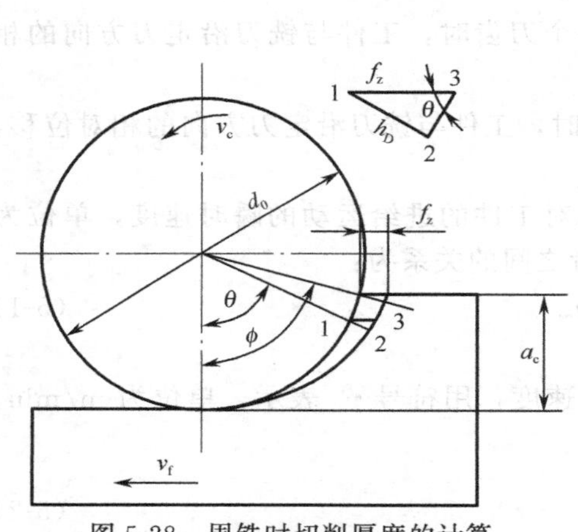

图 5-28　周铣时切削厚度的计算

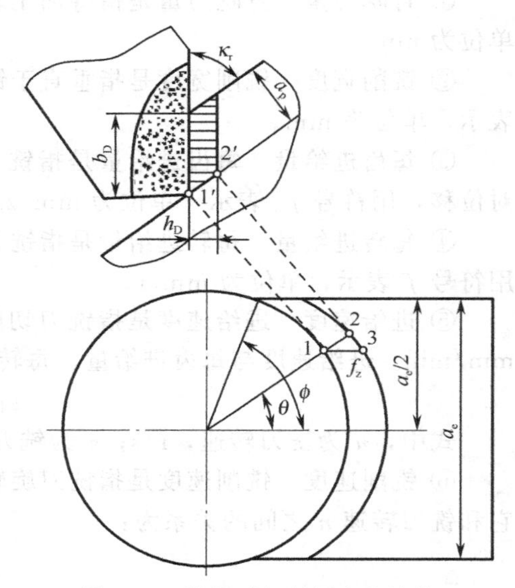

图 5-29　端铣时切削厚度的计算

② 切削宽度　切削宽度是切削层公称宽度的简称，其定义与车削相同，在基面中测量，用符号 b_D 表示。直齿圆柱形铣刀的切削宽度等于背吃刀量（铣削深度），即 $b_D = a_p$。面铣刀的单个刀齿类似于车刀，所以其切削宽度 $b_D = a_p/\sin\kappa_r$。

螺旋齿圆柱形铣刀的一个刀齿，不仅其切削厚度在不断变化，而且其切削宽度也随刀齿的不同位置而变化。如图 5-30所示，螺旋齿圆柱形铣刀同时切削的齿数有 3 个，h_{D1}、h_{D2}、h_{D3} 为三个刀齿同时切得的最大切削厚度；b_{D1}、b_{D2}、b_{D3} 表示三个刀齿不同的切削宽度。从图 5-30中可以得知，对一个刀齿而言，在刀齿切入工件后，切削宽度由零逐渐增大到最大值，然后又逐渐减小至零，即无论刀齿切入还是切离工件，都有一个平缓的量变过程，所以螺旋齿圆柱形铣刀比直齿圆柱形铣刀的铣削过程平稳。

③ 切削层横截面积　铣刀每个切削齿的切削层横截面积 $A_D = h_D b_D$。铣刀的总切削层横截面积应为同时参加切削的刀齿切削层横截面积之和。但是，由于铣削时切削厚度、切削宽度及同时工作的齿数 z_e 均随时间而变化，所以总切削面积 $\sum A_D$ 也随时间而变化，从而计算较为复杂。为了计算简便，常采用平均切削面积 A_{Dav} 这一参数，其计算公式为：

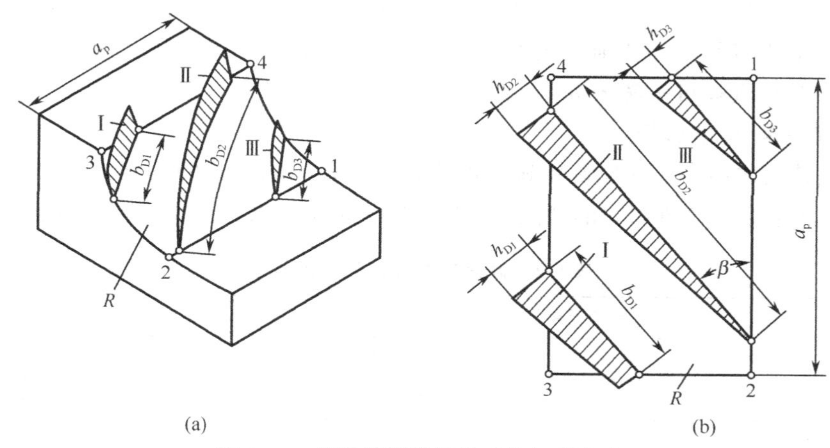

图 5-30 螺旋齿圆柱形铣刀的切削宽度

$$A_{\mathrm{Dav}}=\frac{Q}{v_c}=\frac{a_e a_p v_f}{\pi d_0 n}=\frac{a_e a_p f_z z}{\pi d_0} \tag{5-7}$$

式中，Q 为材料切除率，mm^3/min。

5.3.2 铣削用量的选择

铣削用量的选择原则与车刀类似。首先选取尽可能大的背吃刀量 a_p，然后选取尽可能大的进给量，最后选择切削速度。

(1) 背吃刀量 a_p 的选择

背吃刀量指的是一次进给切去金属层的深度。它的选取应视工艺系统的刚度和已加工表面的精度、表面粗糙度而定。铣削平面时下述内容可供参考。

已加工表面粗糙度 Ra 为 12.5μm 时，一般一次粗铣可达到要求。当工艺系统刚度差，机床动力不足或余量过大时，可分两次铣削。此时第一次铣削背吃刀量应取大些，其好处是可以避免刀具在表面缺陷层内切削（因余量大时往往余量不均匀），同时可减轻第二次铣削时的负荷，有利于获得较好的已加工表面质量。一般粗铣铸钢或铸铁时 a_p 选取 5～7mm，粗铣无硬皮的钢料时 a_p 选取 3～5mm。

已加工表面粗糙度 Ra 为 6.3～3.2μm 时，可分粗铣和半精铣两次铣削，粗铣时为半精铣留余量 0.5～1mm。

已加工表面粗糙度 Ra 为 1.6～0.8μm 时，可分三次铣削达到要求，半精铣时 a_p 选取 1.5～2.0mm，精铣时 a_p 选取 0.1mm 左右。

(2) 进给量的 f 的选择

粗铣时铣削力较大。对于高速钢刀具限制进给量取大值的主要因素是机床、刀具和夹具等工艺系统的刚度。而采用硬质合金刀具时，限制进给量的主要因素是刀齿的强度，硬质合金刀片材质的强度越低，刀片越弯，楔角越小所允许的每齿进给量（准确地说应是切削厚皮）越小。机床的刚度与其功率相适应，功率大的刚度好，小的刚度差。粗齿的高速钢刀具齿数少，刀齿强度好，容屑空间大，允许的每齿进给量大，适用于粗铣；细齿高速钢刀具适用于半精铣、精铣。当用一把铣刀分两次进给进行粗铣和半精铣时，若采用细齿铣刀应注意刀齿强度和容屑空间所允许的每齿进给量。

半精铣和精铣时应根据已加工表面粗糙度直接选择每转进给量 f。硬质合金端铣刀上带有刮光刀齿时进给量可以加大。以稍低的切削速度大进给铣削，对减轻刀具磨损、减少动力消耗发挥机床潜力有利，但切削速度不宜过低，因为在同样的条件下，速度高时已加工表面粗糙度较小。具体选择可参考表5-4、表5-5。

(3) 铣削速度 v_c 的选择

确定铣削速度之前，首先应确定铣刀的寿命。但是影响寿命的因素太多，诸如铣刀的类型、结构、几何参数、工件材料的性能、毛坯状态、加工要求、铣削方式，甚至机床状态等。

表 5-4 高速钢圆柱铣刀的进给量

性质	机床功率	工件夹具刚度	粗齿及镶齿铣刀		细齿铣刀	
			每齿进给量/mm			
			钢	铸铁、铜合金	钢	铸铁、铜合金
粗铣平面	>10	上等	0.4～0.6	0.6～0.8		
		中等	0.3～0.4	0.4～0.6		
		下等	0.2～0.3	0.25～0.4		
	5～10	上等	0.2～0.3	0.25～0.4	0.10～0.15	0.12～0.20
		中等	0.12～0.2	0.2～0.26	0.06～0.10	0.10～0.15
		下等	0.10～0.15	0.12～0.2	0.06～0.08	0.08～0.12
	≤5	中等	0.10～0.15	0.12～0.2	0.05～0.08	0.06～0.12
		下等	0.06～0.10	0.1～0.15	0.03～0.06	0.05～0.10

性质	表面粗糙度	工件材料	铣刀直径/mm							
			40	60	75	90	110	130	150	200
			铣刀每转进给量/mm							
精铣平面	5	钢	1.0～1.1	1.3～2.3	1.2～2.7	1.7～3.0	1.9～3.0	2.1～3.1	2.3～4.1	2.8～5.0
		铸铁铜合金	1.0～1.6	1.2～2.0	1.3～2.3	1.4～2.6	1.6～2.7	1.7～3.0	1.9～3.2	2.1～3.2
	2.5	钢	0.6～1.0	0.7～1.3	0.8～1.5	1.0～1.7	1.1～1.9	1.2～2.1	1.3～2.3	1.6～2.8
		铸铁铜合金	0.6～1.0	0.7～1.2	0.7～1.3	0.8～1.4	0.9～1.6	1.0～1.7	1.1～1.9	1.2～2.1

表 5-5 高速钢套式铣刀的进给量

性质	机床功率	工件夹具刚度	粗齿及镶齿铣刀		细齿铣刀	
			每齿进给量/mm			
			钢、合金耐热钢	铸铁、铜合金	钢、合金耐热钢	铸铁、铜合金
粗铣平面	>10	上等	0.2～0.3	0.4～0.6		
		中等	0.15～0.25	0.3～0.5		
		下等	0.10～0.15	0.2～0.3		
	5～10	上等	0.12～0.2	0.3～0.5	0.08～0.12	0.12～0.35
		中等	0.08～0.15	0.2～0.4	0.06～0.10	0.15～0.30
		下等	0.06～0.10	0.15～0.25	0.04～0.08	0.10～0.20
	≤5	中等	0.04～0.06	0.15～0.30	0.04～0.06	0.12～0.20
		下等	0.064～0.06	0.10～0.20	0.04～0.06	0.08～0.15

续表

性质	机床功率	工件夹具刚度	粗齿及镶齿铣刀		细齿铣刀	
			每齿进给量/mm			
			钢、合金耐热钢	铸铁、铜合金	钢、合金耐热钢	铸铁、铜合金
精铣平面	表面粗糙度		工件材料			
			45、40Cr	35	45(调制)	10、20、20Cr
			铣刀每转进给量/mm			
	10		1.2～2.7	1.4～3.1	2.6～5.6	1.8～3.9
	5		0.5～1.2	0.5～1.4	1.0～2.6	0.7～1.8
	2.5		0.2～40.5	0.3～0.5	0.4～1.6	0.3～1.7

当背吃刀量和进给速度确定后，应根据铣刀寿命和机床刚度，选取尽可能大的切削速度，表 5-6 中的数据可供参考。但是如前所述由于影响因素太多，所确定的切削速度 v_c 只能作为实用中的初值。操作者应在具体生产条件下，细心观察，分析、试验、找到切削用量的最佳组合数值。

表 5-6　常用工件材料的切削速度推荐值

工件材料	硬度/HBS	铣削速度/(m/min)	
		硬质合金刀	高速钢铣刀
低、中碳钢	<220	80～150	21～40
	225～290	60～115	15～36
	300～425	40～75	9～20
高碳钢	<220	60～130	18～36
	225～325	53～105	14～24
	325～375	36～48	9～12
	375～425	35～45	6～10
合金钢	<220	35～120	15～35
	225～325	40～80	10～24
	325～425	30～60	5～9
工具钢	200～250	45～83	12～23
灰铸铁	100～140	110～115	24～36
	150～225	60～110	15～21
	230～290	45～90	9～18
	300～320	100～200	5～10
可锻铸铁	110～160	100～200	42～50
	160～200	83～120	24～36
	200～240	72～110	15～24
	240～280	40～60	9～21
铝镁合金	95～100	360～600	180～300

5.4 可转位面铣刀

可转位面铣刀或称可转位端铣刀，这种铣刀主要是以端齿来加工平面（主偏角90°的铣刀是端铣刀的特例）。

可转位面铣刀，它的齿数多，与机床主轴连接刚性好，刀片用硬质合金或涂层刀片、陶瓷刀片以及其他超硬材料，因而切削速度高，进给量大，是一种高效的先进刀具。面铣刀的适应范围也很广泛，可应用于普通铣床、龙门铣床、镗铣床、专用铣床、各种数控铣床及加工中心，加工各种不同的黑色金属、有色金属及其他材质的工件。

(1) 可转位面铣刀的结构形式

按可转位面铣刀在机床主轴上定心夹紧形式分以下两种。

① 锥柄面铣刀　锥柄面铣刀是铣刀体与刀柄为一个整体，铣刀通过锥柄或削平型直柄装在7：24过渡柄上，然后将过渡柄拉紧在机床主轴上，用端键传递扭矩，进行切削加工。这类铣刀只用于直径100mm以下。

② 套式面铣刀　较小直径的套式面铣刀可直接安装在7：24过渡柄上，用拉杆拉紧在机床主轴孔中（图5-31）。

(2) 硬质合金可转位面铣刀

硬质合金可转位面铣刀适用于高速铣削平面，由于它刚性好、效率高、加工质量好、刀具寿命高，故得到广泛应用。

图5-30为典型的可转位面铣刀。它由刀体5、刀垫1、紧固螺钉3、刀片6、楔块2和偏心销4等组成。刀垫通过楔块和紧固螺钉夹紧在刀体上，在夹紧前旋转偏心销将刀垫轴向支承点的轴向跳动调整到一定数值范围内。刀片安放在刀垫上后，通过楔块夹紧。偏心销还能防止切削时刀垫受过大轴向力而产生的窜动。

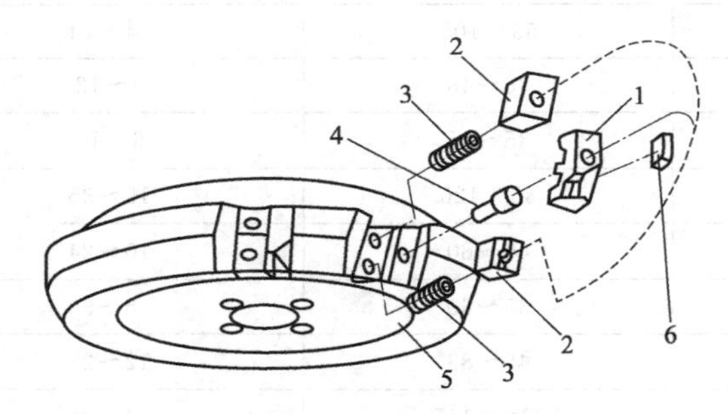

图5-30　硬质合金可转位面铣刀
1—刀垫；2—楔块；3—紧固螺钉；
4—偏心销；5—刀体；6—刀片

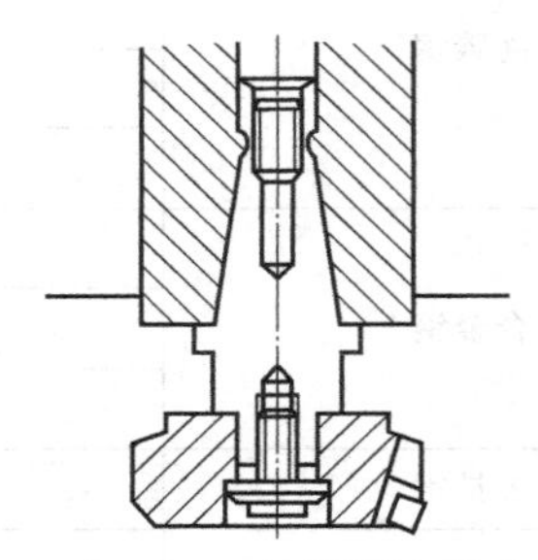

图5-31　在7：24过渡柄上定心夹紧图

切削刃磨损后，将刀片转位或更换刀片后即可继续使用。与可转位车刀一样，它具有加工质量好、加工效率高、加工成本低、使用方便等优点，因而得到广泛使用。

可转位面铣刀按刀片夹紧形式分有以下几种。

① 上压式　用蘑菇头螺钉、爪式压板或桥式压板直接压紧刀片，这种结构简单，夹紧也比较可靠，缺点是大用量切削时影响排屑。

② 楔块夹紧式　楔块夹紧刀片的方式是可转位铣刀中应用较广泛的一种，这种结构简单，夹紧牢固可靠。夹紧螺钉采用双头左右扣，夹紧速度快，同时当楔块自锁时，螺钉能将楔块顶出楔形槽（图5-32）。

楔块置于刀片前面的为前压式，如图 5-33 所示。这种形式由于刀片的厚度公差在理论上讲将使铣刀刀刃径向跳动增大，但实际上影响很小。

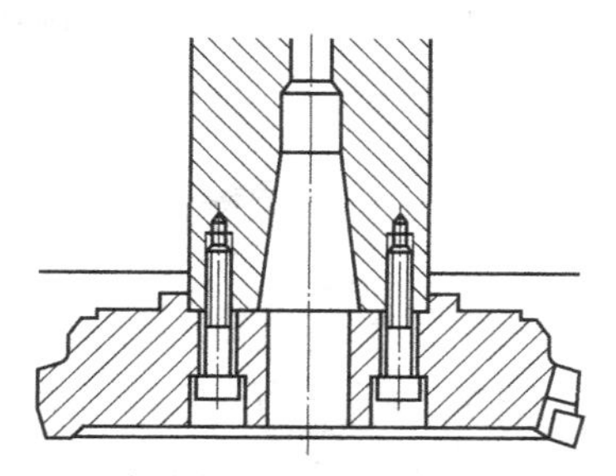

图 5-32 直接与机床主轴外圆定心夹紧图

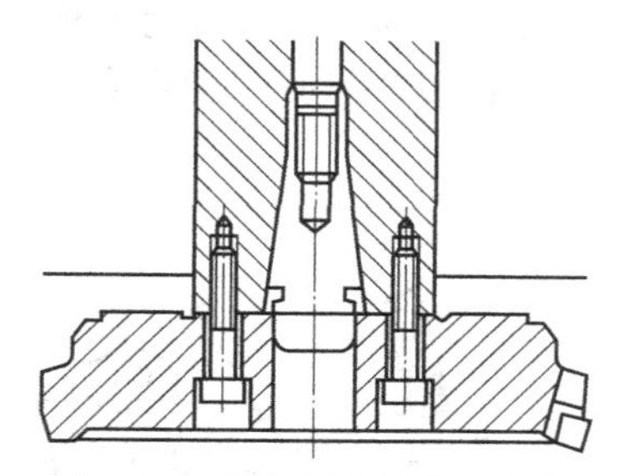

图 5-33 用定心芯轴定心夹紧

③ 弹簧夹紧式 弹簧夹紧式结构，如图 5-34 所示，由于弹簧夹紧结构占用的空间最小，允许设计更多的刀齿，成为“特密齿”铣刀。这种结构夹紧可靠，刀片转位方便。刀片转位时，用一个专用扳手，将弹簧压缩，刀片便会自动掉下，清理刀槽后，再压缩弹簧，装上刀片，松开弹簧即完成刀片转位。这种结构主要用于密齿铣刀，一般多用于铸件的精铣。缺点是，工艺复杂，成本高，清理刀槽不方便（最好采用压缩空气吹）。

④ 压孔式结构 压孔夹紧式结构，如图 5-35 所示，多用于小直径的铣刀和模块式铣刀，采用带沉孔刀片，夹紧螺钉直接穿过刀片孔，将刀片压紧在刀座（刀体）上。其压紧的方式可通过刀片孔与螺钉孔取一定的偏心量（0.15～0.2），或螺孔朝刀片定位侧面倾斜一角度，通过螺钉下压在锥面上产生一个下压分力和一个侧压推力，使刀片在压紧的同时又紧靠定位侧面以保证刀片的可靠定位。

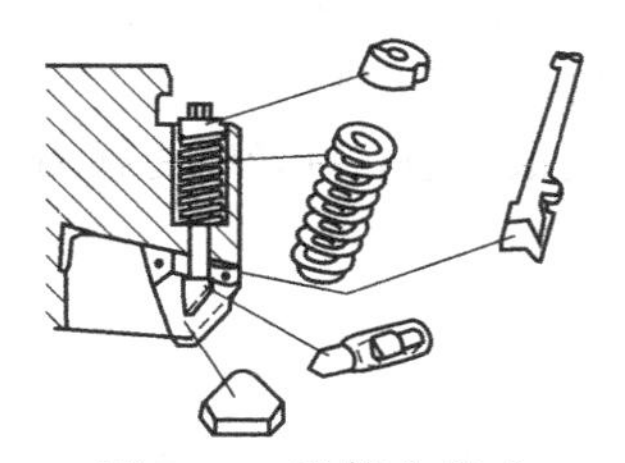

图 5-34 弹簧夹紧式

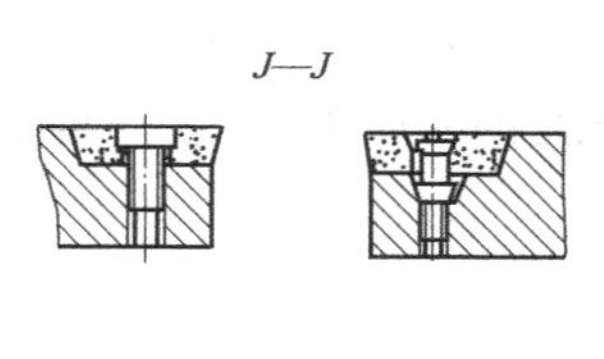

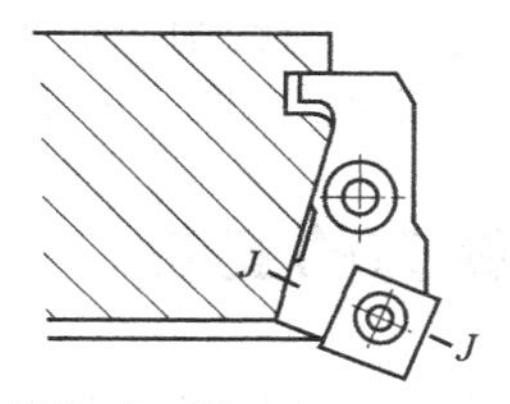

图 5-35 压孔夹紧式模块式面铣刀

(3) 立方氮化硼可转位面铣刀

立方氮化硼（CBN）可转位面铣刀用于精铣和半精铣高硬度（45～65HRC）的冷硬铸铁、淬火钢、镍基冷硬耐磨工件以及渗碳、渗氮和表面淬硬工件。也适用于硬度在 30HRC 以下磨蚀性很强、用其他材料无法铣削的珠光体灰铸铁。CBN 面铣刀的寿命比陶瓷或硬质合金面铣刀高十几倍。

CBN 面铣刀都采用双负前角，一般取 $-5° \sim -7°$。刀片的后角为 0°，刀片需磨出 0.2mm×20°负倒棱或倒 0.05～0.13mm 刃口圆角。刀片采用楔块式或上压式夹紧在刀体上。

铣削 50～60HRC 白口铁时，$v_c = 150 \sim 300$m/min，$f = 0.15 \sim 0.38$mm/z，$a_p = 3.8$mm。

(4) 聚晶金刚石可转位面铣刀

聚晶金刚石（PCD）面铣刀主要用于加工非铁金属及其合金和非金属材料，特别适用于加工高硅铝合金，但它不能用于加工钢、铁等黑色金属。

用聚晶金刚石铣刀加工工件，具有尺寸稳定、生产效率高、加工表面粗糙度小等优点。

在汽车工业中，广泛用于加工气缸体、气缸盖、变速箱壳体等。不仅用于连续切削，也可用于断续切削的铣削加工。

其刀片是以硬质合金刀片为基体，将一定形状的聚晶金刚石复合刀片毛坯焊接在硬质合金刀片上。这种刀片只有一个切削刃，不能转位使用，见图 5-36。

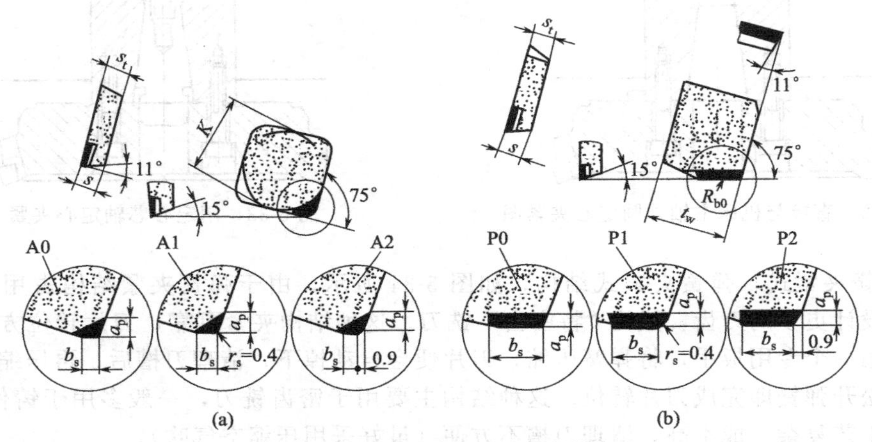

图 5-36 硬质合金刀片的焊接

实践证明，PCD 面铣刀铣削铝合金时，切削速度高于 1000m/min，采用正负前角效果较佳。因为此时，不仅加强了刀刃强度，不会像双正前角那样容易崩刃，又很少产生积屑瘤，既可获得很好的加工质量和很高的生产效率，又可大大延长刀具寿命。

PCD 面铣刀使用时，切削速度高，离心力大，要特别注意刀片夹紧可靠性。同时，应对面铣刀进行动平衡，确保铣削时不产生振动。刀片刀刃的跳动应严格控制在 0.005mm 以内，修光刃应与铣削平面平行，因此刀片在轴向和径向应都可以进行微调。

使用该面铣刀时，需使用充足的冷却液，切削用量逐步调整到最佳值，并及时更换刀片。

5.5 铣刀的安装

铣刀安装是铣削工作的一个重要组成部分，铣刀安装得是否正确，不仅影响到加工质量，而且也影响铣刀的使用寿命，所以必须按要求进行。

5.5.1 带孔铣刀的装卸

这类铣刀由于中心都有一个孔，所以须安装在铣刀心轴上，见图 5-37。心轴直径和铣刀孔径基本上做到了统一化、标准化；心轴装入铣床主轴孔内，靠锥柄定心，用端面键传递动力，心轴锥柄部的中心有一螺纹孔，将心轴装入主轴孔后，用拉紧螺杆从主轴后面拉紧，心轴杆部，经过了热处理和磨削加工，使其直径尺寸在规定的公差范围内，杆部有一键槽，并装有长键，安装铣刀时靠心轴外径与铣刀内孔定心，靠键传递扭矩，靠刀垫调整铣刀位置，靠压紧螺母压紧铣刀，铣刀心轴直径常用的有 ϕ13mm、ϕ16mm、ϕ22mm、ϕ27mm、ϕ30mm、ϕ40mm 等。

另有一类带孔的铣刀是靠专用的心轴安装的，如图 5-38 所示，如套式面铣刀（端铣刀）等。

5.5.2 套式端铣刀的安装

(1) 内孔带键槽的套式端铣刀的安装

内孔带键槽的套式端铣刀，用圆柱面上带键槽并安装有键的刀轴安装，如图 5-39、

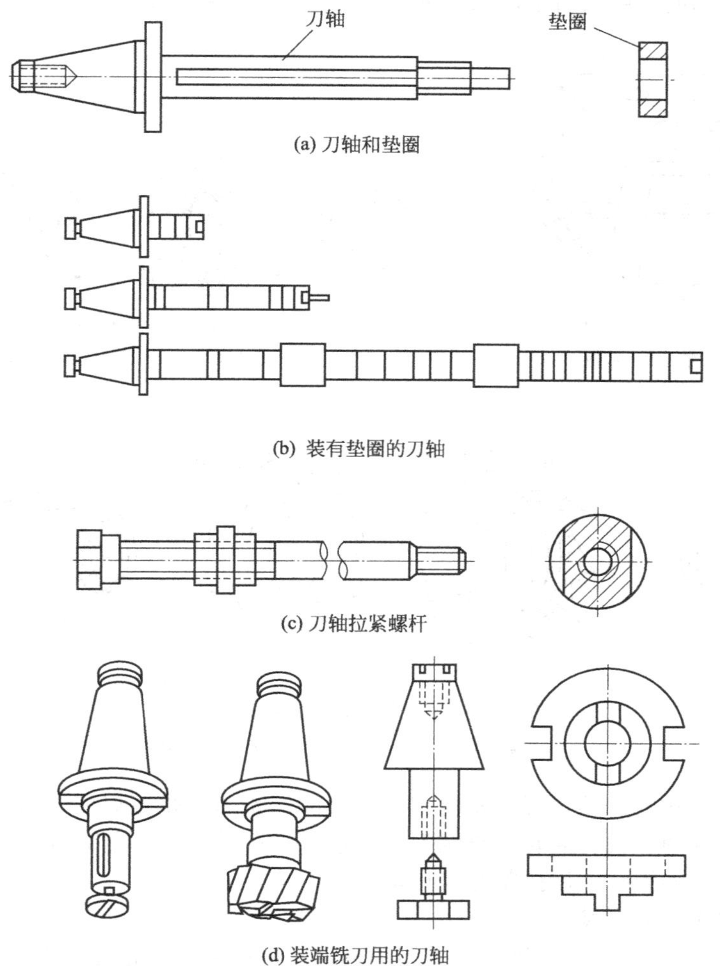

(a) 刀轴和垫圈

(b) 装有垫圈的刀轴

(c) 刀轴拉紧螺杆

(d) 装端铣刀用的刀轴

图 5-37 安装带孔铣刀的心轴

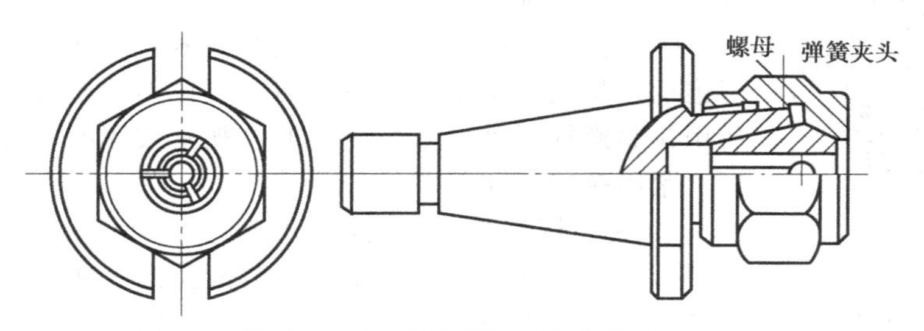

图 5-38 装夹直柄铣刀的弹簧夹头

图 5-40所示。安装时，先擦净刀轴锥柄和铣床主轴锥孔，将刀轴凸缘上的槽对准上轴端部的键，用拉紧螺杆拉紧刀轴，然后擦净铣刀内孔、端面和刀轴外圆，将铣刀上的键槽对准刀轴上的键，装入铣刀，用叉形扳手旋紧螺钉，紧固铣刀。

(2) 端面带槽套式端铣刀的安装

端面带槽套式端铣刀，用配有凸缘端面带键的刀轴安装，如图 5-41 所示。安装铣刀时，先将刀轴拉紧在铣床主轴锥孔内，将凸缘装入刀轴，并使凸缘上的槽对准主轴端部的键，装入铣刀，使铣刀端面上的槽对准凸缘端面上的凸键，旋入螺钉，用叉形扳手紧固铣刀。

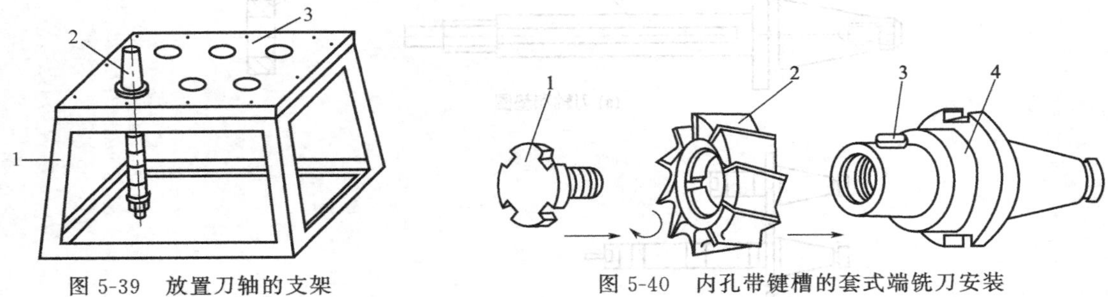

图 5-39 放置刀轴的支架

1—支架；2—刀轴；3—木板

图 5-40 内孔带键槽的套式端铣刀安装

1—紧刀螺钉；2—铣刀；3—键；4—刀轴

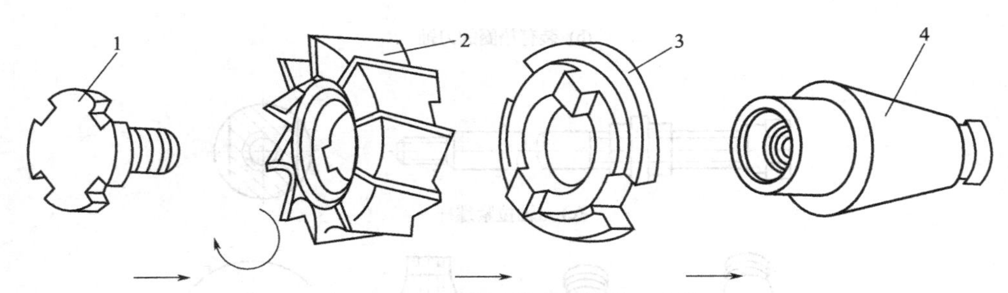

图 5-41 端面带键槽套式端铣刀安装

1—紧刀螺钉；2—铣刀；3—凸缘；4—刀轴

用以上结构形式的刀轴，可以安装直径较大的端铣刀，也可以安装直径 160mm 以下的盘铣刀，用以上两种刀轴安装套式端铣刀时，也可以在平口钳上夹紧刀轴，安装铣刀，再将刀轴和铣刀装入主轴锥孔，用拉紧螺杆拉紧。

(3) 锥柄立铣刀的安装

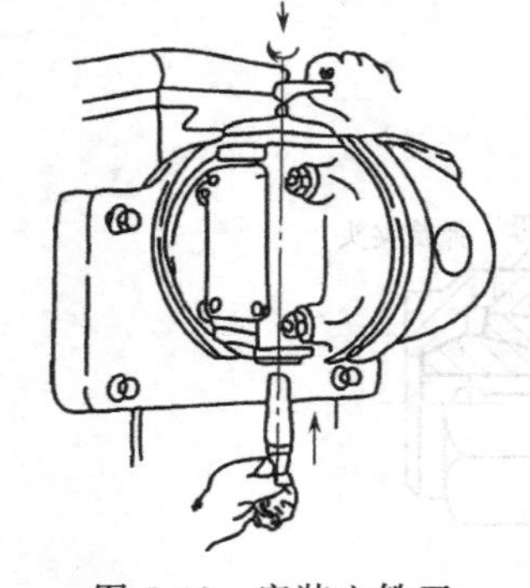

图 5-42 安装立铣刀

锥柄立铣刀的柄部一般采用莫氏锥度，有莫氏 1 号、2 号、3 号、4 号、5 号五种，按铣刀直径的大小不同，做成不同号数的锥柄。安装这种铣刀，有以下两种方法。

① 铣刀柄部锥度和主轴锥孔锥度相同 先擦净主轴锥孔和铣刀锥柄，垫棉纱用左手握住铣刀，将铣刀锥柄穿入主轴锥孔，然后用拉紧螺杆扳手，从立铣头上方观察按顺时针方向旋紧拉紧螺杆，紧固铣刀，如图 5-42 所示。

② 铣刀柄部锥度和主轴锥孔锥度不同 需通过中间锥套安装铣刀，中间锥套的外圆锥度和主轴锥孔锥度相同；中间锥套的内孔锥度和铣刀锥柄的锥度相同，如图 5-43 所示。

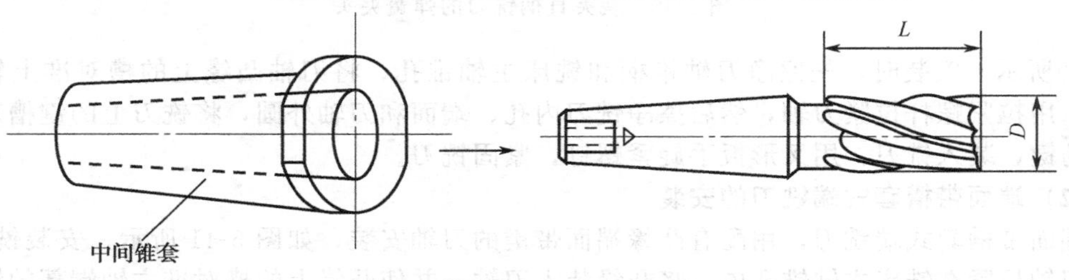

图 5-43 借助中间锥套安装立铣刀

5.5.3 带柄铣刀的装卸

这类铣刀有直柄（圆柱柄）和锥柄两种形式，是靠柄部定心来安装或夹持的。

(1) 直柄铣刀的安装

这种铣刀的直径尺寸较小，可以用通用夹头和弹簧夹头安装在铣床上。弹簧夹头夹紧力大，铣刀装卸方便，夹紧精度较高，使用起来很方便，如图 5-42 所示。

(2) 锥柄铣刀的安装

这类铣刀的柄部是带锥度的，随着铣刀切削部分直径的增大，柄部尺寸也增大，因此安装也相应地有所不同。

锥柄铣刀的安装步骤如下。

① 将铣刀直接装入主轴孔内。当铣刀的锥柄尺寸和锥度与铣床主轴孔相符时，可以直接装入铣床主轴孔内，用拉紧螺杆从主轴孔的后面拉紧铣刀即可。

② 用过渡套安装锥柄铣刀。当铣刀的锥柄尺寸和锥度与铣床主轴孔不符时，用一个内孔与铣刀锥柄相符而外锥与主轴孔相符的过渡套将铣刀装入主轴孔内，见图 5-44。

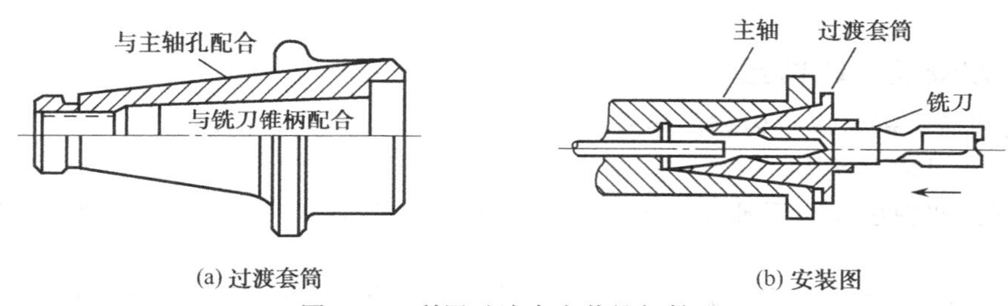

(a) 过渡套筒 (b) 安装图

图 5-44 利用过渡套安装锥柄铣刀

(3) 立铣刀的拆卸

拆卸立铣刀时，先将主轴转速调至最低（30r/min）或锁紧主轴，用拉紧螺杆扳手，从立铣头上方观察按逆时针方向旋松拉紧螺杆，当拉紧螺杆圆柱端面和背帽端贴平后，再继续用力，螺杆在背帽作用下将铣刀推出主轴锥孔，继续转动拉杆取下铣刀，如图 5-45所示。使用中间锥套安装铣刀，拆卸铣刀时，若锥套落在主轴锥孔内，可用扳手将锥套卸下。

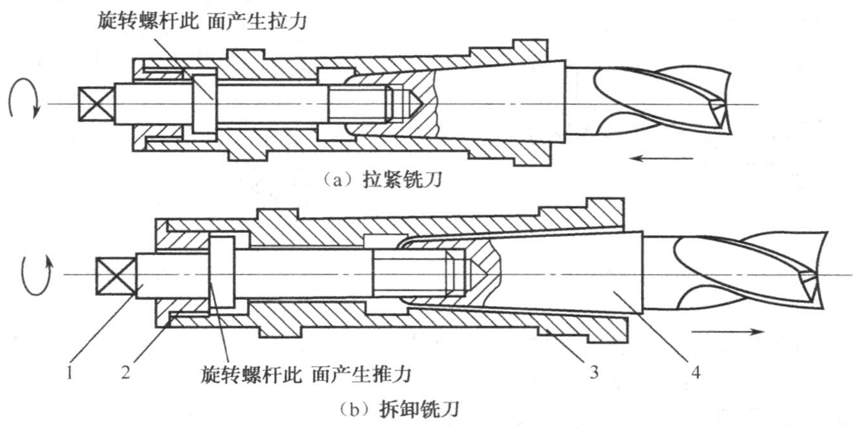

图 5-45 立铣刀装卸图

1—拉紧螺杆；2—背帽；3—主轴；4—铣刀

(4) 圆柱柄铣刀的安装

半圆键铣刀、较小直径的立铣刀和键槽铣刀，都做成圆柱柄。圆柱柄铣刀一般通过钻夹头或弹簧夹头安装在主轴锥孔内，如图 5-46、图 5-47 所示。

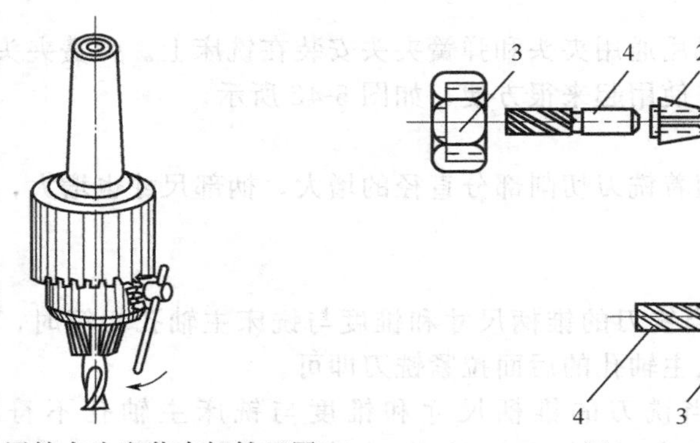

图 5-46 用钻夹头安装直柄铣刀图

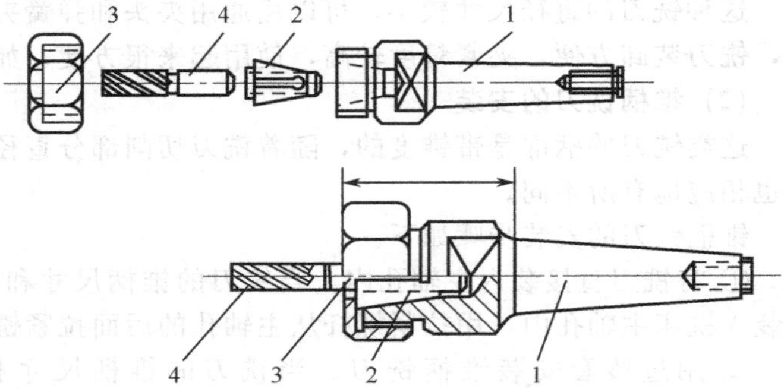

图 5-47 用弹簧夹头安装直柄铣刀

1—锥柄；2—卡簧；3—螺母；4—铣刀

5.5.4 铣刀安装后的检查

铣刀安装后，需做以下内容的检查。

① 检查铣刀是否紧固。

② 检查挂架轴承孔与刀轴配合轴颈的配合间隙是否适当。一般以切削时不振动、挂架轴承不发热为宜。

③ 检查刀齿的旋向是否正确。机床开动后，铣刀应向着前刀面的方向旋转，如图 5-48 所示。

④ 检查刀齿的圆跳动和端面跳动。用百分表进行检测，检测时，将磁性表座吸在工作台面上，使表的测量触头触到铣刀的刃口部位，用扳手向着铣刀后刀面的方向旋转铣刀，观察表的指针在旋转一周内的变化情况，如图 5-49 所示。一般要求不超过 0.05～0.08mm。

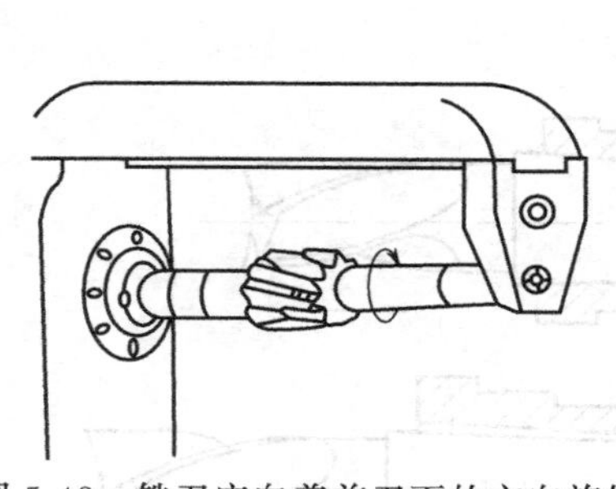

图 5-48 铣刀应向着前刀面的方向旋转

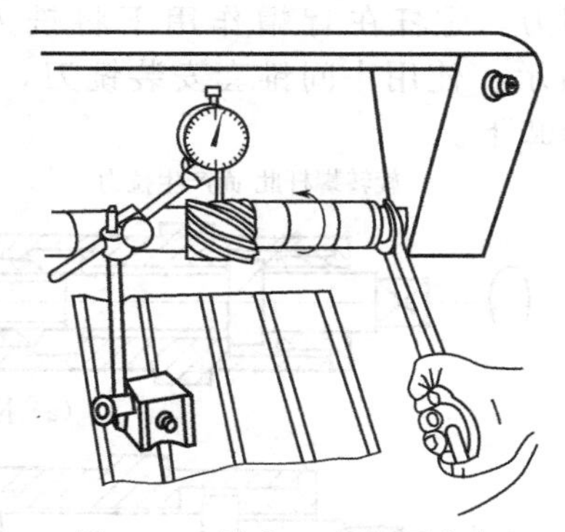

图 5-49 检查刀齿的圆跳动

进行一般的铣削加工时，大都用目测法或凭经验确定刀齿圆或端面跳动是否符合要求；加工精密零件时，需采用以上方法进行检测。

为了正确地使用铣切设备，使铣床和刀具的寿命延长，以及使加工工件的准确度能够得到保证，在装拆铣刀的时候，应该注意下列的事项。

① 应该注意铣切方向、铣刀旋转方向，以及铣刀柄、短轴或刀杆上所有的螺纹方向，

应该使铣切力对于螺钉的配合是往紧的方向作用而不是往松的方向作用。铣切时工件对铣刀的作用力最好是向铣床立柱的方向推，使主轴圆锥孔和刀柄或刀杆的接触更加紧密。

② 铣刀的孔和侧面，铣刀的柄或刀杆和短轴的圆锥体等，在装刀前须先检查各段表面是否光滑、沾脏屑、有毛刺。如果出现这些情况，应该把它揩擦清洁或刮光、磨光，不然也会使铣刀装拆不灵活，损害铣刀主轴，甚至使铣刀转动时出现偏心，刀杆的周围或间隔圈的接触面都应该光滑清洁。

③ 选用有柄铣刀时，套筒的直径和斜度都应与铣刀刀柄的直径、斜度相适合，以免不能得到平整的铣切面。直柄铣刀所用套筒的孔的直径应与铣刀柄的直径配合适宜，以免当旋转紧致头螺钉后，铣刀中心线与旋转中心线不一致。

④ 刀杆或刀柄的圆锥体几乎全部要插入锥形孔中，并且还要紧密接触，刀杆或短轴要用螺钉拉杆拉紧。

⑤ 铣床主轴端的传动键嵌入短轴或刀杆凸缘的缺口中不应太紧。短轴上嵌入壳形铣刀背后凹槽中的凸起块不应和凹槽配合很紧，以免在切割时铣床主轴和铣刀不能有正确的同心而产生偏心现象。

⑥ 刀杆长度要适当，太长的刀杆容易发生振动或弯曲，因而在使用时尽量地选用短刀杆，或者缩短长刀杆的使用段。

⑦ 一切铣切都需要在铣刀和刀杆间装上键，键要采用碳素钢淬硬，而且是磨平的，这样才不会由于变形而使铣刀不能取下。轴承套筒也应装有键，如果轴承套筒和刀杆间产生滑动磨耗则会使两者间的空隙扩大，刀杆得不到适当的支持，便容易摇动。这种空隙无法调整，所以轴承套筒和刀杆间一定要装上键，以使其不致互相滑动。薄的铣刀应该用比铣刀厚度更长的键，使它的作用面大些。

⑧ 安装铣刀时要尽量靠近铣床立柱面，这样不论刀杆上所受的扭变形和弯曲力都被缩小了，因而对铣刀和铣床以及工件都有益处。

⑨ 拿铣刀时，尤其是大的铣刀，应该用纱布头或破布垫着，以保护铣刀的切割边和工作者的手，免得发生割伤手的危险。

⑩ 铣刀、间隔圈、轴承套筒、短轴或刀杆等，都应放在木板上或木架上，不应随手放在铣床台面上或铁板上。刀杆下面应用木块垫平而保持水平位置，或者挂在架上使其保持垂直。如果未使用的刀杆斜置很久或在其上压上重物，刀杆易弯曲。

⑪ 安装刀杆或短轴时，应把铣床主轴端上两传动销和刀杆或短轴凸缘上的两缺口转到大约水平位置，装刀杆时可以先搁在传动销上，然后在它的背后旋紧拉杆，以支持刀杆的重量。

⑫ 拆卸刀杆时，先要把两个键槽转到水平位置，然后再把螺钉拉杆退出半转，在拉杆头轻轻一击，使刀杆的圆锥体从主轴中的圆锥孔脱出。由于传动销支持着刀杆，因而刀杆不会落下，这时再慢慢地退出螺钉拉杆，取下刀杆，这样就保证了刀杆不致有跌落碰弯等毛病。

⑬ 刀杆末端的压紧螺帽应在支撑轴承架安装后才可旋紧，因为此压紧螺帽一定要有支撑轴承的支持才可以用扳手大力旋动。如果刀杆太长，用悬空的刀杆大力扳动，也会使刀杆弯曲。

⑭ 组合铣切时各铣刀应用单独的方键，且方键的接长处不可恰在铣刀间的接触面上，以免使个别受力大的铣刀的力不均匀地分配给个别键而使各铣刀间不协调转动。

5.6 铣刀的刃磨

5.6.1 普通端铣刀的刃磨

切削钢用的端面铣刀刀具角度的例子如图 5-50 所示。磨床的砂轮轴能够倾斜，砂轮为金刚石碗形砂轮。下面按图中所示的刀尖角度来介绍刃磨步骤。

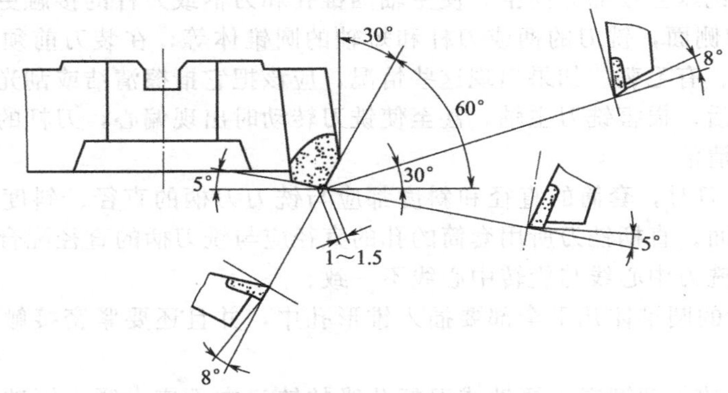

30°
8°
60°
30°
5°
5°
1～1.5
8°
铣刀直径：ϕ100～150；金刚石砂轮：D240N100E；
刀片材料：P25；工具磨床；砂轮轴可倾式；齿数：6

图 5-50　切削钢用端面铣刀的角度

(1) 副切削刃（端面切削刃）的刃磨

步骤如下。

① 铣刀的安装把分度头安装在工作台上，用附件或夹具将铣刀安装在主轴上（图 5-51）。

② 对刀。通过使将要刃磨的切削刃对准中心规来确定刀尖高度，将主轴用紧固螺钉轻轻地固定。这时刀尖便与铣刀中心一致（图 5-52）。

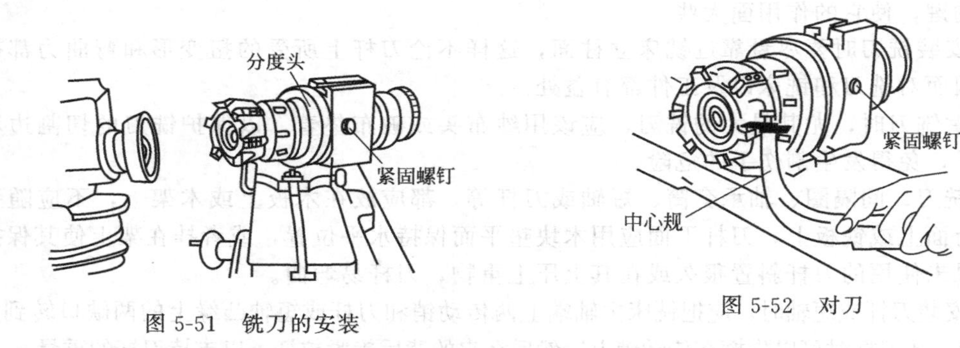

分度头
紧固螺钉

图 5-51　铣刀的安装

紧固螺钉
中心规

图 5-52　对刀

③ 托板的固定。将托板紧靠在已找正的刀尖上，然后固定（如图 5-53、图 5-54 所示）。

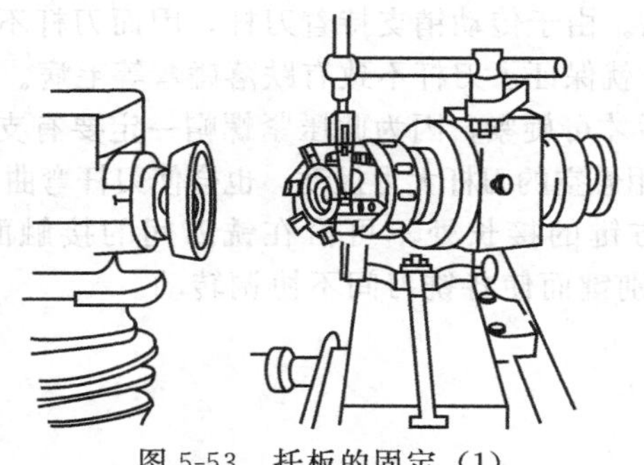

图 5-53　托板的固定（1）

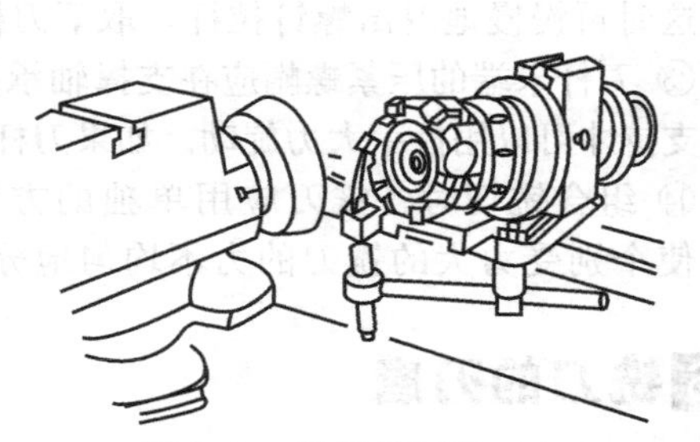

图 5-54　托板的固定（2）

托板安装在分度头上，调整托板方向，然后紧固，不要使托板和支承棒接触砂轮表面。

④ 刃磨角度的确定。水平回转分度头，端面切削角调为 5°（图 5-55）；倾斜砂轮轴，端

面后角调为5°。

⑤ 调整后的检验。将要刃磨的切削刃靠近砂轮表面，一面轻轻地用手转动砂轮，一面检查托板和支承部分是否接触砂轮；工作台进给，检查砂轮是否接触邻近的切削刃和刀体，并把限位装置安装在工作台的止端（图5-56）。

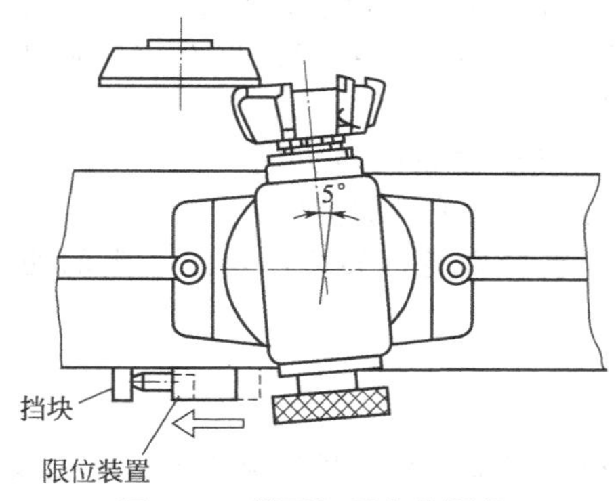

图5-55 端面切削角的调整

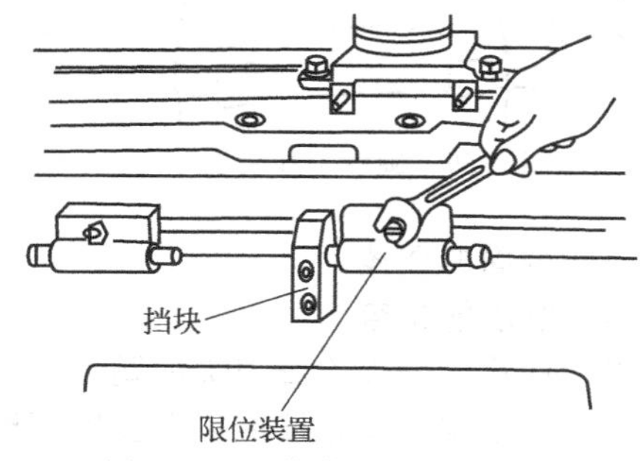

图5-56 限位装置位置的确定

⑥ 粗刃磨。弄清砂轮的回转方向后按动开关。粗刃磨的砂轮回转方向取朝向托板的方向；每次的切削深度为0.02mm，大拖板进给刃磨，直到消除切削刃上的磨损量为止，将此时最终切削深度的拖板进给刻度值做记号（图5-57）；按第一个刀刃的最终切削深度的刻度值，依次刃磨各切削刃。

⑦ 精刃磨。变换砂轮的回转方向。精刃磨砂轮回转：方向取朝向刀尖的方向。

从粗刃磨的最终切削深度的刻度再切入0.01～0.015mm的切削深度，精磨第一个刀刃。

当第一个刀刃刃磨完毕时，在切削深度保持不变的情况下，对全部切削刃进行精磨。

如果刃磨完一周后，再切入一个切削深度，则以同样的方法刃磨，使全部切削刃一致。

注：精刃磨时，在紧固主轴的同时，右手握住安装铣刀的拉杆螺钉的法兰盘，以防止刀尖上浮，左手操纵工作台进给。刃磨完毕，取下工作台限位装置（参照图5-58）。

(2) 主切削刃（圆周切削刃）**的刃磨**

① 刃磨角度的确定

a. 旋转分度头底座，圆周切削角调整到30°。

b. 倾斜砂轮轴，圆周后角调整到8°。

② 粗刃磨　确定砂轮回转方向，与刃磨端面切削刃情况相同，依次粗刃磨每个切削刃，直到消除磨损部分为止。

③ 精刃磨　粗刃磨完了之后，变换砂轮的回转方法，以一定的切削深度（0.01～0.015mm）精刃磨全周的切削刃（图5-58）。

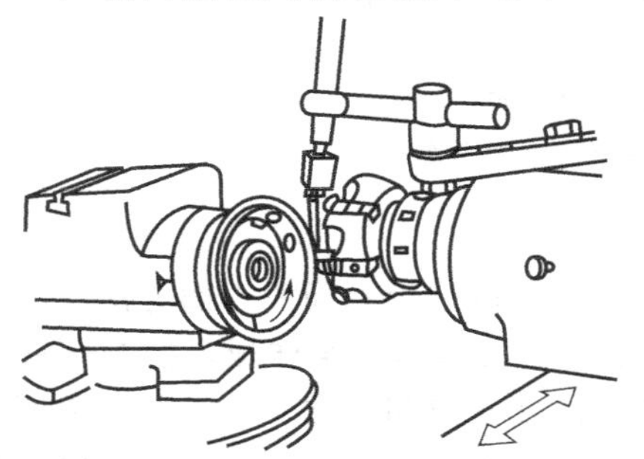
图5-57 端面切削刃的刃磨

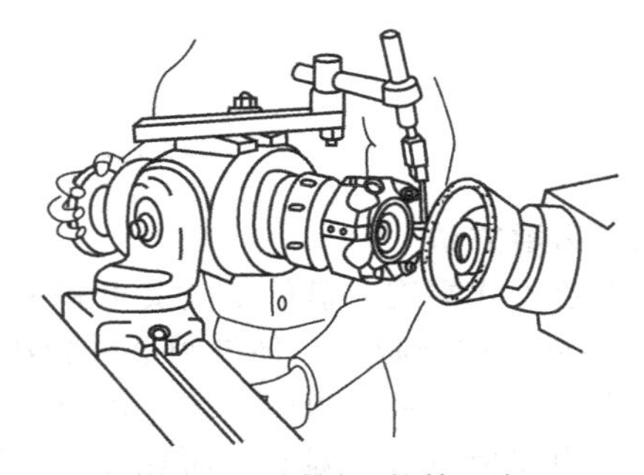
图5-58 圆周刃的精刃磨

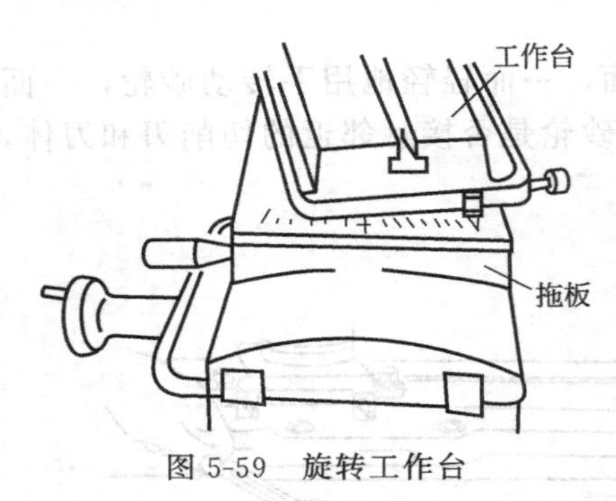

图 5-59 旋转工作台

(3) 倒棱的刃磨

① 刃磨角度的确定

a. 旋转分度头底座，将倒棱角调整到 30°。

在拖板摇到尽头，刀尖进入砂轮的内侧也不能刃磨的情况下，应使工作台水平旋转以扩大范围（图 5-59）。

b. 由于后角与圆周后角相同，都为 8°，所以砂轮轴的倾斜可以维持不动。

• 粗刃磨　确定砂轮回转方向，按 1.0～1.5mm 的倒棱宽度粗刃磨各切削刃的倒棱。

• 精刃磨　变换砂轮回转方向，以一定的切削深度精刃磨全周的倒棱。

(4) 跳动的检查

用杠杆式千分表检查刀尖的跳动。

注：用金刚石砂轮按照以上步骤刃磨时，端面和圆周跳动都容易控制在 0.02mm 以内。而用 GC 砂轮精刃磨时，即使切削深度都相同，由于砂轮消耗大（其消耗量造成误差），不可避免地使切削刃高低不一。所以，对于端铣刀的精刃磨，必须使用金刚石砂轮。

5.6.2 硬质合金装配式端铣刀盘刃磨

(1) 装配式端铣刀盘结构及要求

端面铣刀又称面铣刀或端铣刀，主要用于铣削平面等。装配式端铣刀盘是常用的一种端面铣刀。其直径范围较宽，中小工厂常用 ϕ125～315mm 的铣刀盘，一些重型工厂所用的铣刀盘可达 ϕ600～100mm 或更大。由于铣刀盘尺寸较大，刀齿较多，整体刃磨很困难，所以，这种端铣刀多设计成体外刃磨式，体外刃磨式端铣刀盘种类很多。图 5-60 为体外刃磨式端铣刀的一种形式。

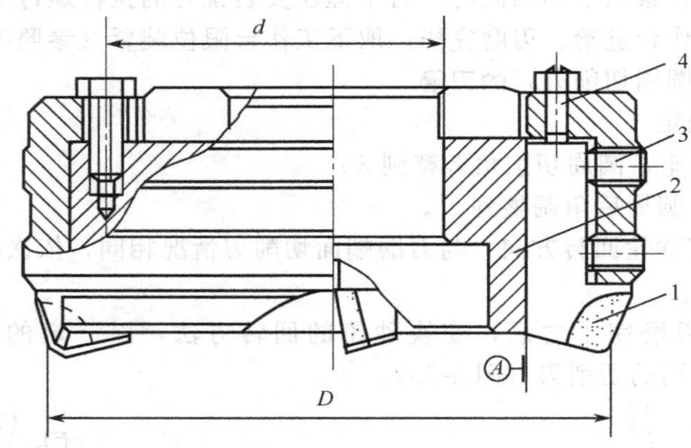

图 5-60　体外刃磨式端铣刀盘

1—刀头；2—刀体；3—夹紧螺钉；4—调整螺钉

(2) 刃磨方法

根据装配式端铣刀盘的精度要求和工厂生产条件，可以采用不同的刃磨方法。

① 体外刃磨样板法　体外刃磨样板法是利用图 5-61 所示的一块样板，控制端铣刀刀头主切削刃的尺寸一致和角度一致，控制端面修光刃的尺寸一致和角度一致，要求刃磨的刀头各切削刃用样板检查不漏光，而且刃磨的各切削刃后角应准确。这样，每个刀头就相当于一

把单刃刀具，刃磨方法可以与硬质合金普通单刃刀具相同。将磨好的刀头装入刀体，调整好刀头的位置夹紧后即可使用。这种刃磨方法简单，而且每个刀头能互换，装刀调整容易，但刃磨效率低，而且要求刃磨工技术较高。

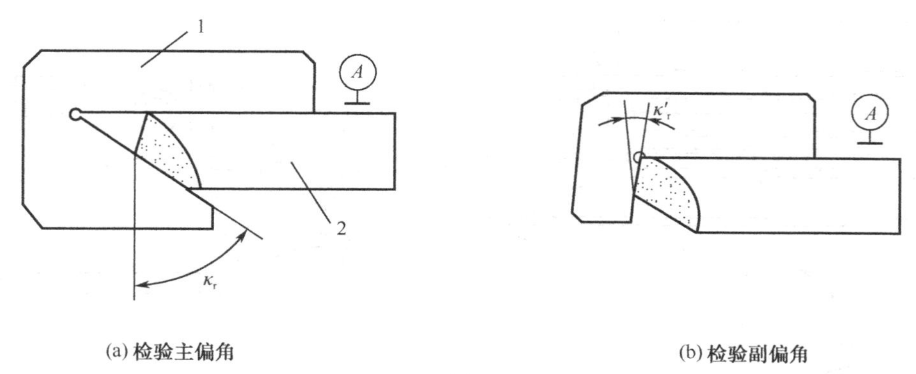

(a) 检验主偏角　　(b) 检验副偏角

图 5-61　端铣刀头样板

1—样板；2—刀头

② 刀盘夹具磨轮廓法　这种方法是利用与端铣刀盘结构完全相同，但装刀头数量较多的刀盘式夹具（刀盘夹具上的刀槽精度等有关制造精度应稍高于端铣刀盘的制造精度）来控制刀头轮廓尺寸一致。刃磨时，首先将刀头的前面粗、精磨好（刃磨方法与刃磨单刃刀具前角相同），然后将刀头装入刀盘夹具中，调整好刀头的位置，使磨削余量尽可能小，将刀头夹紧，在外圆磨床上磨出主切削刃和端面修光刃的轮廓尺寸（各刀头切削刃磨出即可）。值得注意的是：在刀盘夹具上一次刃磨的刀头数量，应能装配一把或几把端铣刀盘，并且，同一次磨出的刀头应打上相同的标记以免弄混。

刀头的轮廓尺寸磨好后，就可进行像刃磨单刃刀具后角那样刃磨刀头后角。只是在刃磨主切削刃后角和端面修光刃后角时，需留 0.05mm 的刃带，以保证各刀头切削刃尺寸的一致性。刃磨刀头副切削刃后角时，应使端面修光刃的长度一致。

③ 装刀调整方法　常用的装刀调整方法有以下两种。

a. 利用装在铣床工作台上的对刀块装刀　如图 5-62 所示，将端铣刀的锥柄装入铣床主轴，对刀块固定在铣床工作台上。调整工作台高度，使对刀块的对刀平面正好处在所装刀齿的端面修光刃的位置上。将刀头逐个装入刀体，要求刀头端面修光刃正好顶牢对刀块的对刀平面，将刀头夹紧在刀体中。刀头全面装好后，用手转动刀盘检查各刀头修光刃高度是否都与对刀块的对刀平面相切，如各刀头位置都正确，则在工件上试切一刀，以检查各刀齿是否都正常参加切削。如果仅个别刀齿参加切削或仅个别刀齿没参加切削时，可以适当进行调整。只要刀盘的制造精度和刀头的刃磨精度符合要求，装刀调整都能较顺利地满足要求。

b. 用对刀夹具装刀调整　端铣刀盘对刀夹具种类较多，但工作原理基本上是相同的。图 5-63 是一种端铣刀盘对刀夹具，图中对刀板 3 应能在横梁 4 上做径向和轴向调整，以适应不同规格刀盘的对刀要求。在对刀前，应先根据要求调整好对刀板 3 的位置和角度。然后，将铣刀 1 装入对刀夹具的定位心轴 5 中，再将刀头 2 装入刀体上的刀槽中，使刀头 2 主切削刃和端面修光刃顶住对刀板 3 上相应的对刀平面，使其不漏光并将刀头 2 压紧在刀体上。将刀头 2 依次装好后，应再复查一遍，检查是否有在夹紧刀头时引起刀头移动而破坏定性的现象。检查合格后，即可交付使用。

端铣刀盘采用体外刃磨法，体外刃磨法不需特殊设备，就能保证刃磨质量和装配精度，是一种简便易行的方法，但装刀调整时需仔细，且费时间。目前，装配式端铣刀盘已逐渐被可转位硬质合金端铣刀代替。

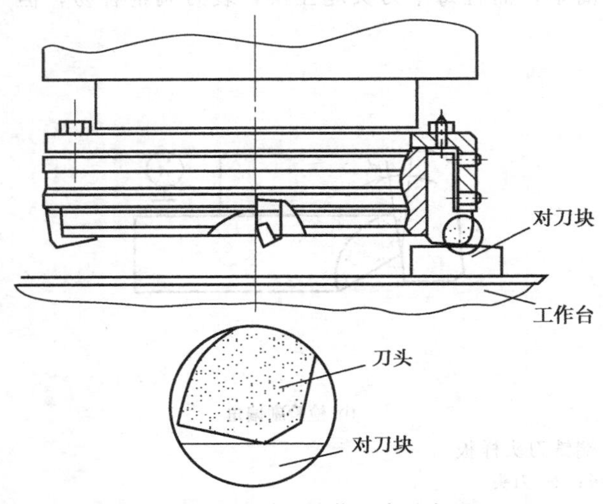

图 5-62　用对刀块装刀头示意图

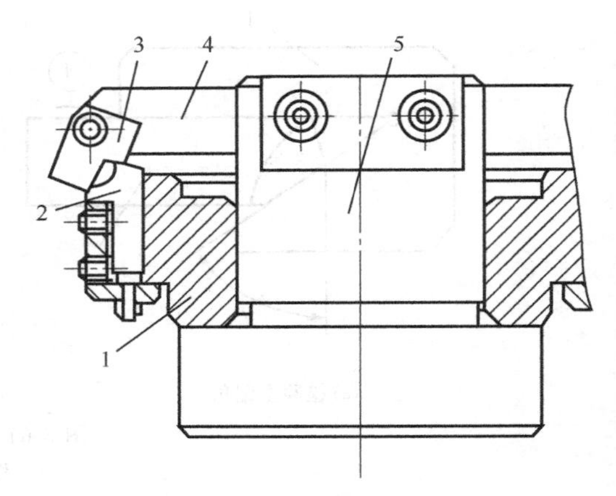

图 5-63　用对刀夹具装刀头示意图
1—铣刀；2—刀头；3—对刀板；
4—横梁；5—定位心轴

5.6.3　硬质合金立铣刀刃磨

刃磨前应先研磨刀具两端中心孔，并在外圆磨床上精磨莫氏锥柄至要求，用莫氏锥度套规检查。

(1) 磨去工艺壁

当硬质合金立铣刀用浸铜焊接或氧一乙炔焊接硬质合金刀片时，刀片前面常有 0.3～0.4mm 厚的工艺壁，其工作是在焊接时夹持刀片，不使其改变在刀体中的位置，如图 5-64 所示。

磨去刀具前刀面的工艺壁，可在 M6025 型等万能工具磨床上进行。将刀具用顶尖顶住，用粒度为 46＃白刚玉碟形砂轮磨削。把工艺壁及刀片前面黏附的铜焊料等全部磨去，使硬质合金全部露出，否则无法用金刚石砂轮刃磨刀具前角。

(2) 磨前角

在万能工具磨床上，将刀具用顶尖顶住，如图 5-65 所示。由于刀具有刃倾角 λ_s，所以工具磨床的工作台应转动相应的角度（等于 λ_s）。

(3) 磨外圆

立铣刀的圆柱刃外圆在外圆磨床上进行磨削。

(4) 磨各切削刃后角

立铣刀的圆柱刃后角是在万能工具磨床上磨出的。将刀具用顶尖顶住，如图 5-66 所示。图中：

$$h=\frac{D}{2}\sin\alpha \tag{5-8}$$

式中　h——支片顶端与顶尖中心的距离，mm；

D——铣刀外圆直径，mm；

α——铣刀圆柱刃后角，(°)。

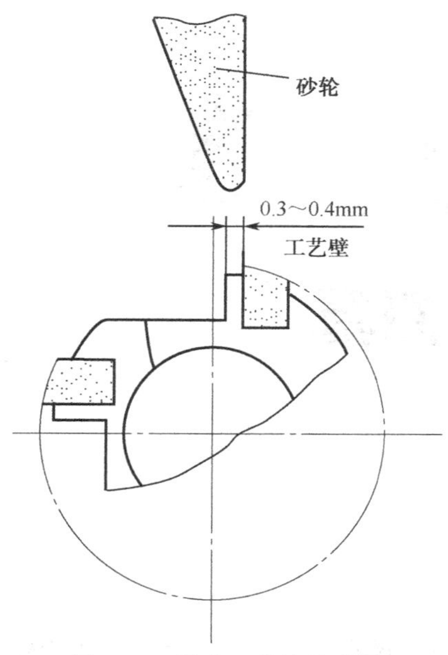

图 5-64 磨去工艺壁示意图

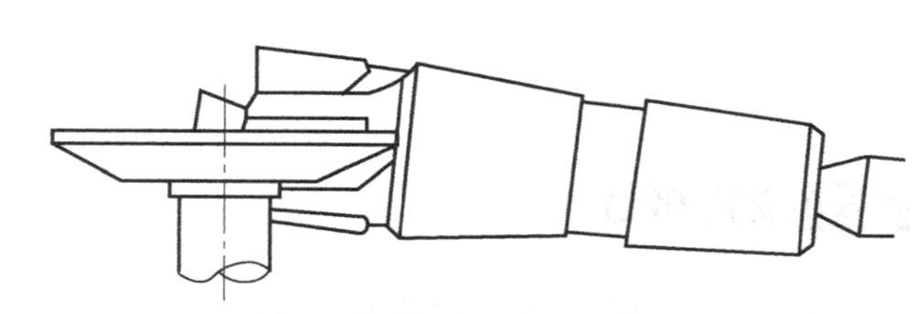

图 5-65 磨立铣刀前角示意图

支片离开砂轮端面的距离不要太大，控制在 1～1.5mm 较好，这样刃磨的后角较准确。由于砂轮磨损较快，支片与砂轮端面的距离应经常调整。

端刃后角等也是在万能工具磨床上刃磨的。将刀具用锥度套筒装入万能磨头，根据刀具的端刃后角和副偏角调整好磨头角度，用支片撑牢刀具前刀面靠近端刃的外缘处，这样控制刀具后角较准确，如图 5-67 所示。

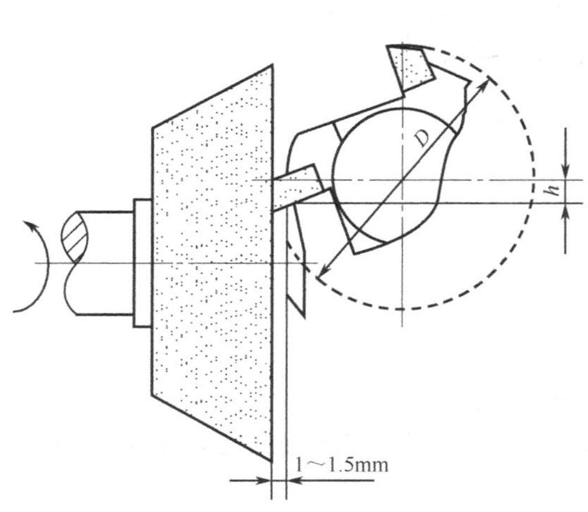

图 5-66 磨立铣刀圆柱刃后角示意图

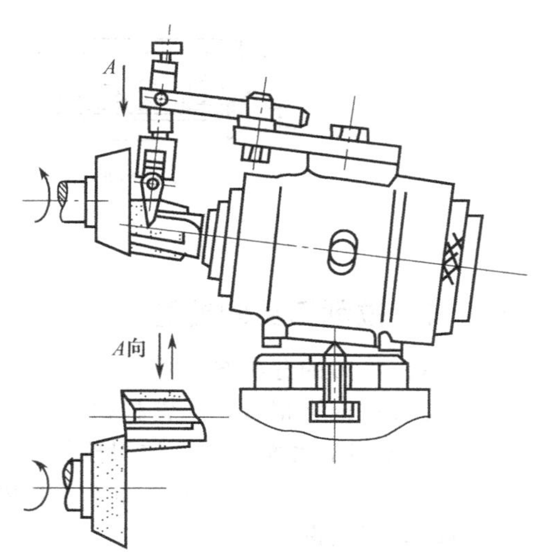

图 5-67 磨立铣刀端刃后角示意图

第6章 拉削刀具

6.1 拉刀概述

拉刀是一种高生产率的精加工刀具。在拉削时，一般拉刀做直线运动，有些拉刀做旋转运动。由于拉刀后一个（或一组）刀齿的齿高高于（或齿宽宽于）前一个（或一组）刀齿，因而其上各齿依次从工件上切下很薄的金属层，经一次行程后，切除全部余量。其拉削加工方式如图 6-1 所示。

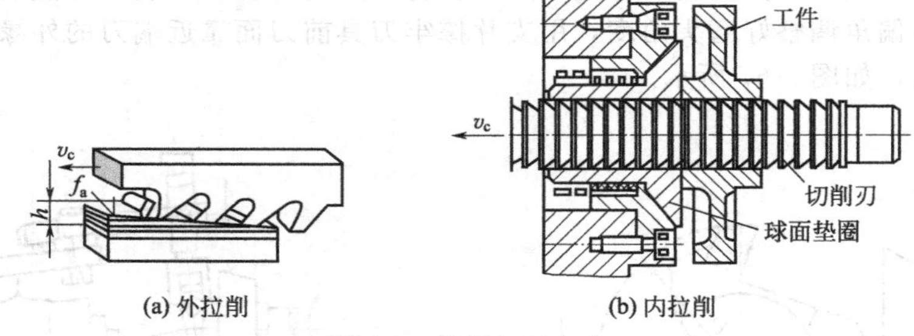

图 6-1 拉削加工方式

6.1.1 拉削刀具的性能

(1) 拉刀的分类与用途

拉刀的种类很多，通常根据以下几个方面进行分类。

① 按加工表面分类 拉刀按加工表面的不同可分为内拉刀和外拉刀。

a. 内拉刀。内拉刀用于加工各种内表面，如圆孔、方孔、花键孔和键槽等，图 6-2 为内拉刀的典型实例。

b. 外拉刀。外拉刀用于加工各种形状的外表面，图 6-3 为外拉刀的典型实例。

图 6-4 为拉削加工中典型工件的截面形状。

② 按结构分类 拉刀按结构可分为整体拉刀、焊齿拉刀、装配拉刀和镶齿拉刀。

a. 整体拉刀。整体拉刀是指各部分为一种材料并制成一体的拉刀，包括焊接柄拉刀（一般切削部分用高速钢，柄部用40Cr）。

b. 焊齿拉刀。焊齿拉刀是指焊接或黏结刀齿的拉刀，如图 6-5(a) 所示。

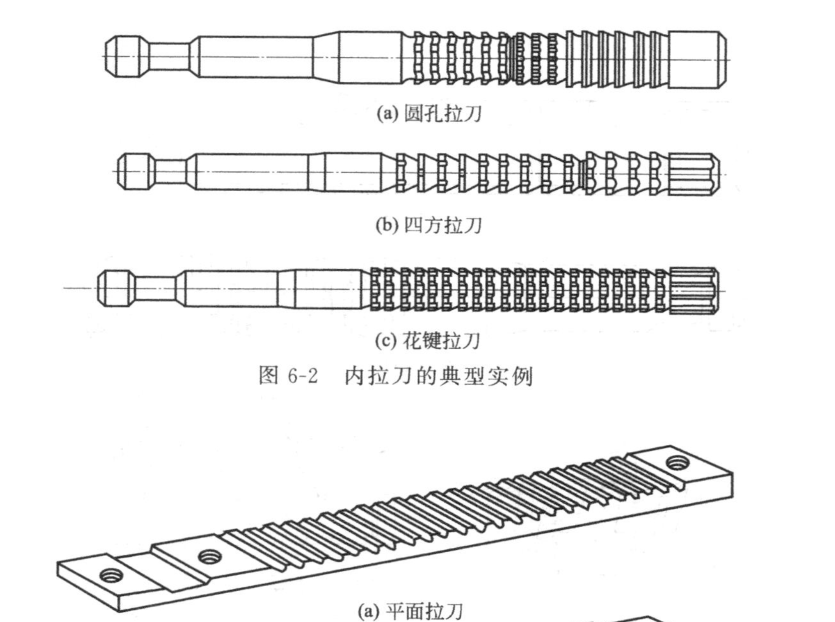

(a) 圆孔拉刀

(b) 四方拉刀

(c) 花键拉刀

图 6-2 内拉刀的典型实例

(a) 平面拉刀

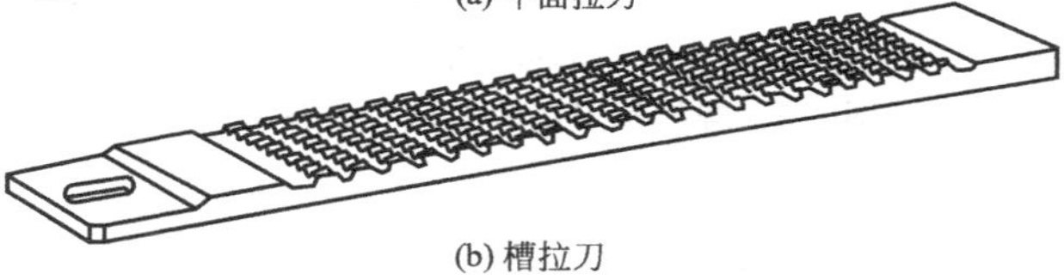

(b) 槽拉刀

图 6-3 外拉刀的典型实例

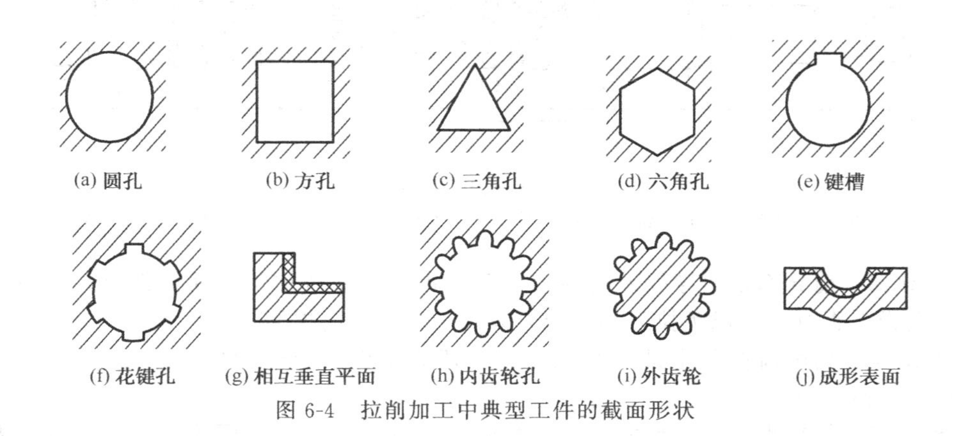

(a) 圆孔 (b) 方孔 (c) 三角孔 (d) 六角孔 (e) 键槽

(f) 花键孔 (g) 相互垂直平面 (h) 内齿轮孔 (i) 外齿轮 (j) 成形表面

图 6-4 拉削加工中典型工件的截面形状

c. 装配拉刀。装配拉刀是指用两个或两个以上零部件组装而成的拉刀，如图 6-5(b) 所示。

d. 镶齿拉刀。镶齿拉刀是指刀齿用机械连接方法直接装在刀体上的拉刀，如图 6-5(c) 所示。

(2) 拉刀的结构

拉刀种类很多，结构各有特点，但它们的基本结构是相同的。下面以图 6-6 所示的圆孔拉刀的结构为例来说明拉刀的各组成部分及其作用。

① 前柄　前柄是拉刀前端用于夹持和传递动力的柄部。

② 颈部　颈部是前柄与过渡锥之间的连接部分，也是打烙拉刀标记（拉刀材料、尺寸、规格等）的部位。

③ 过渡锥　过渡锥是引导拉刀前导部进入工件预加工孔的过渡部分。

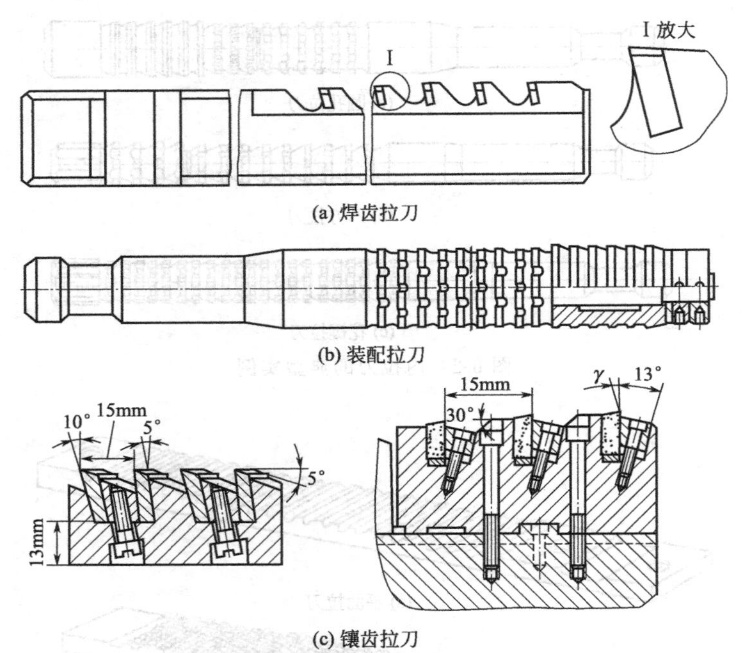

(a) 焊齿拉刀

(b) 装配拉刀

(c) 镶齿拉刀

图 6-5 焊齿拉刀、装配拉刀和镶齿拉刀

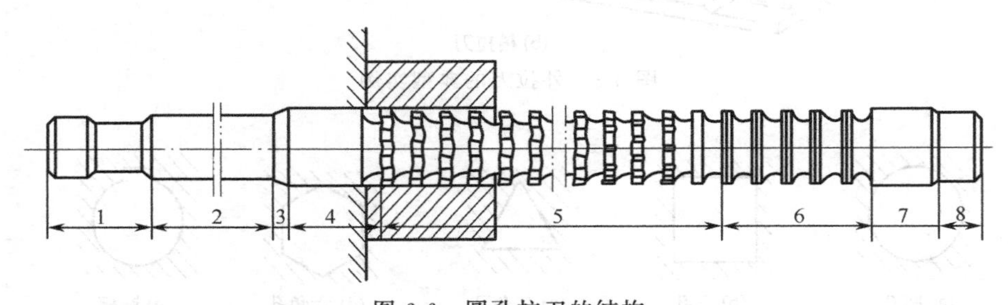

图 6-6 圆孔拉刀的结构

1—前柄；2—颈部；3—过渡锥；4—前导部；5——切削齿；6—校准齿；7—后导部；8—后柄

④ 前导部 前导部是引导拉刀切削齿正确地进入工件待加工表面的部分，并检查工件预加工的孔径是否过小，以免拉刀第一个刀齿因负荷太大而损坏。

⑤ 切削齿 切削齿担负全部切削工作，可切除工件上全部的加工余量。它由粗切齿、过渡齿和精切齿组成。

⑥ 校准齿 校准齿是几个尺寸、形状相同，起校准及储备作用的刀齿。它可以提高工件的加工精度和降低表面粗糙度，还可作为精切齿的后备齿。

⑦ 后导部 后导部是保证拉刀的最后刀齿正确切离工件的导向部分，可防止拉刀因工件下垂而损坏已加工表面或刀齿。

⑧ 后柄 后柄是拉刀后端用于夹持或支承的柄部。若在自动拉床上拉削，则起着退回拉刀时的夹持作用；若在非自动拉床上拉削，则起着支持拉刀尾部不致下垂的作用。

6.1.2 拉削加工的特点

拉床是用拉刀加工各种内外成形表面的机床。拉削时机床只有拉刀的直线运动，它是加工过程的主运动，进给运动则靠拉刀本身的结构来实现。

拉床一般都是液压传动，它只有主运动，结构简单。液压拉床的优点是运动平稳，无冲击振动，拉削速度可无级调节，拉力可通过压力来控制。拉床的生产效率高，加工质量好，精度一般为IT 9～IT7，表面粗糙度 Ra 值为1.6～0.8μm。

按工作性质的不同，拉床可分为内拉床和外拉床；按布局的不同，可分为卧式拉床、立式拉床和连续式拉床等。

(1) 卧式内拉床

卧式内拉床是拉床中最常用的机床，主要用于加工工件的内表面，如拉花键孔、键槽和加工孔。卧式内拉床的外形如图6-7所示。床身1内装有液压缸2，活塞杆在压力油的驱动下带动拉刀沿水平方向移动，对工件进行加工。加工时，将工件端面紧靠在支承座3的平面上，若工件端面未经加工，则应将其端面垫以球面垫圈，这样拉削时可以使工件上孔的轴线自动调整到和拉刀的轴线一致，滚柱4及护送夹头5用于支撑拉刀。开始拉削前，滚柱4及护送夹头5向左移动，将拉刀穿过工件的预制孔，并将拉刀左端柄部插入拉刀夹头。加工时，滚柱4的下降功能不起作用。

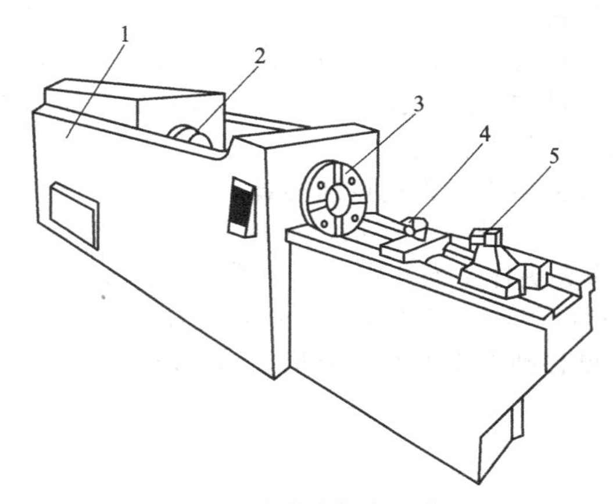

图6-7 卧式内拉床的外形

1—床身；2—液压缸；3—支承座；4—滚柱；5—护送夹头

(2) 立式拉床

立式拉床按用途又可分立式内拉床和立式外拉床，如图6-8所示。

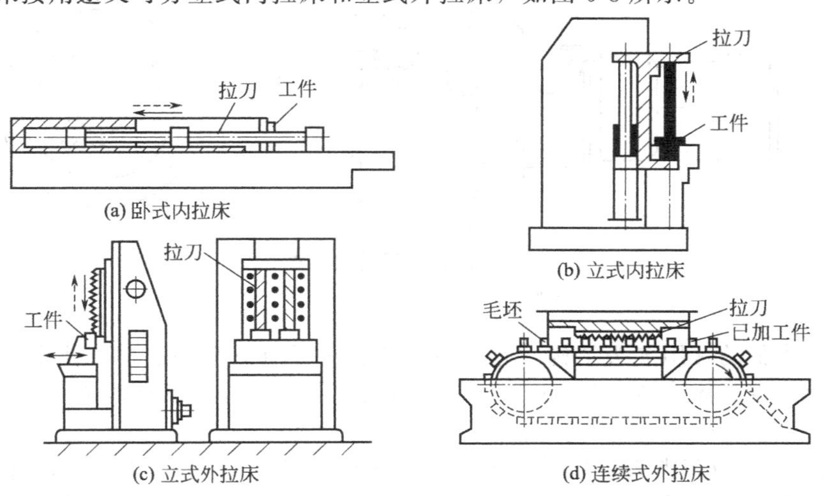

图6-8 拉床

① 立式内拉床　立式内拉床可用拉刀或推刀加工工件的内表面，如齿轮淬火后，用于校正花键孔的变形等。用拉刀加工时，拉刀由滑座的上支架支撑，自上而下地插入工件的预制孔及工作台的孔，拉刀下端柄部夹持在滑座的下支架上，工件的端面紧靠在工作台的上平面上。在液压缸的驱动下，滑座向下移动进行拉削加工。

② 立式外拉床　立式外拉床可用于加工工件的外表面，如汽车、拖拉机的气缸体等零件的平面。工件固定在工作台上的夹具内，拉刀固定在滑块上，滑块沿床身上的垂直导轨向下移动，带动拉刀完成工件外表面的拉削加工。工作台可作横向移动，以调整背吃刀量，并用于刀具空行程时退出工件。

6.2 拉刀的合理使用与刃磨

6.2.1 拉刀的合理使用

(1) 拉刀夹头和拉削夹具

拉刀一般为拉刀夹头夹持拉刀、传递拉力。设计拉刀夹头时必须满足以下几点：拉刀的装卸要方便迅速；拉刀夹持可靠，夹头强度足够；夹头和拉刀柄部的配合表面需要有比较高的精度，否则保证不了拉削工件的精度。

下面介绍几种常用的拉刀夹头和典型拉削夹具。

① 滑块式手动拉刀夹头　如图 6-9 所示，这种夹头由夹头体 1、卡爪 2、外套 3 和手柄 4 等构成。当拉刀柄部插入夹头体 1 的孔中时，用手将手柄 4 向右搬动，外套 3 就在夹头体 1 上向右滑动。其内面凹槽的斜面压下卡爪 2，夹紧拉刀。当向左搬动手柄时，外套 3 在夹头体 1 上向左滑动，当凹槽移到卡爪处时，卡爪在弹簧作用下，进入外套的凹槽中，松开拉刀，此时可以将拉刀退出。

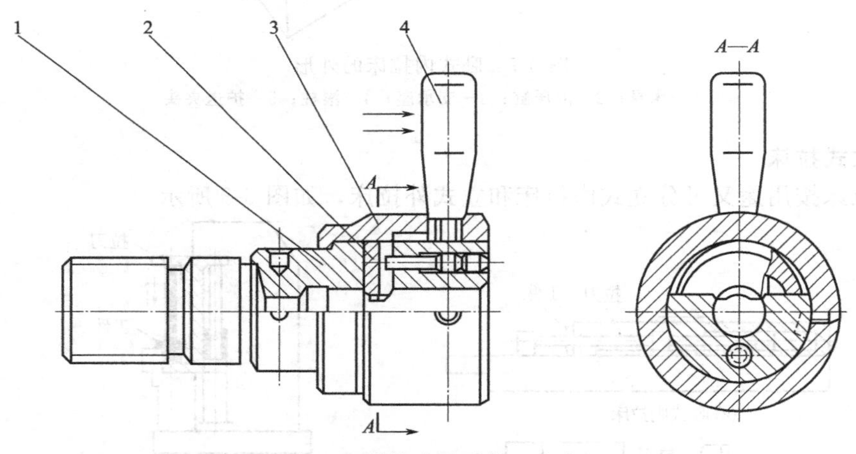

图 6-9　滑块式手动拉刀夹头

1—夹头体；2—卡爪；3—外套；4—手柄

还有一种类似的常用夹头结构。它是在外套孔中做有三个偏心槽，使用中只要搬动手柄，带着外套绕夹头体旋转一个角度，卡爪就在外套偏心槽作用下夹紧拉刀柄部，反转即可松开拉刀。

② 滑块式自动拉刀夹头　如图 6-10 所示，这种拉刀夹头与图 6-11 所示结构类似，但夹头的夹紧不靠人手搬动手柄，而是依靠行程挡铁挡住夹头端面，使外套 5 停止运动，夹头其

余部件继续向前移动，这时弹簧 3 被压缩。当卡爪 4 移动到外套 5 的凹槽处时，就在弹簧（图中未画出）弹力作用下，进入凹槽，拉刀被松开。反之，拉刀拉削时，除外套 5 被弹簧 3 推靠在行程挡铁上不动外，其余零件都向左运动，卡爪 4 被压入拉刀柄部环槽，将拉刀夹紧。

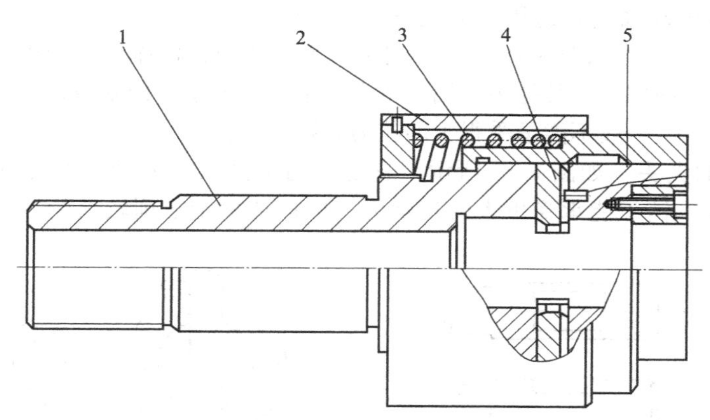

图 6-10 滑块式自动拉刀夹头

1—夹头体；2—护套；3—弹簧；4—卡爪；5—外套

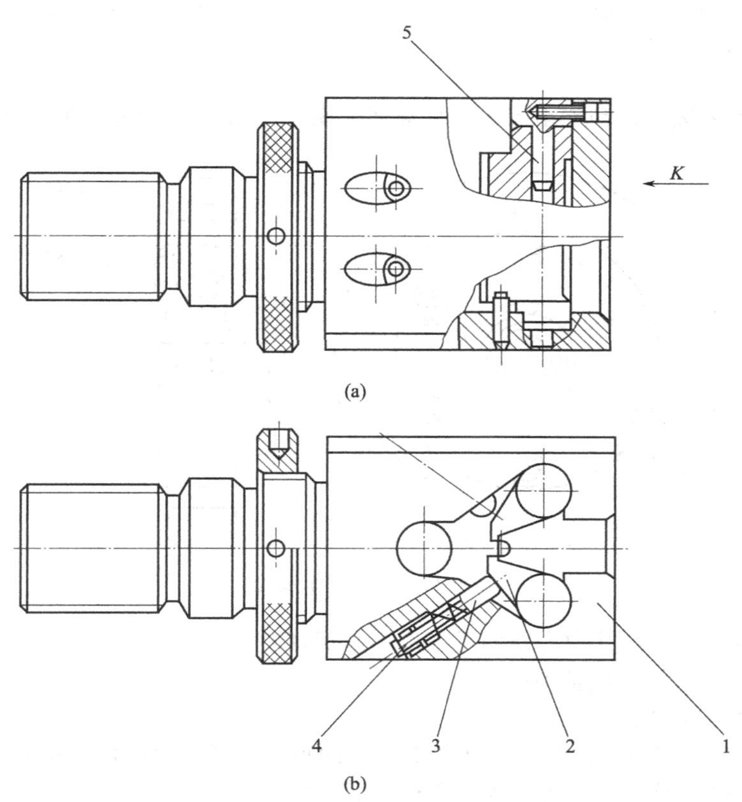

图 6-11 键槽拉刀夹头

1—夹头体；2—卡爪；3—柱销；4—弹簧；5—小轴

③ 键槽拉刀夹头 图 6-11 为键槽拉刀等平体拉刀所用夹头。拉刀由夹头前端面槽中插

入，卡爪 2 受弹簧 4 和柱销 3 推压力作用，始终靠向拉刀柄部两侧面，当卡爪 2 进入拉刀柄部夹槽时，即可开始拉削。拉削力使卡爪紧紧夹住拉刀柄部，保证工作可靠。

拉削结束时，只要用手稍许向夹头中推入拉刀，然后向上提起，即可将拉刀取下。

上述三种拉刀夹头均为快速夹头，可缩短辅助时间，使用方便。其中图 6-11 所示的夹头，可减轻工人的劳动强度，适用于大批量生产。

④ 卡爪装卡的夹头　如图 6-12 所示，它是一个带孔的圆柱体，一端用螺纹或其他方法与拉床溜板连接，将刀柄部插入其孔中，用叉形卡爪卡住拉刀柄部的扁方部分，如图 6-12(a) 所示，使用比较方便。但一般不能承受很大的拉力，适用于拉削小型零件。

⑤ 销子装卡的夹头　如图 6-13 所示，它是用销子插入拉刀柄部的椭圆形孔中来固定拉刀。与卡爪相比较，销子能承受更大的拉削力，因此适用于拉削较大的零件。

(a) 夹头装卡示意图　(b) 拉刀柄部形状

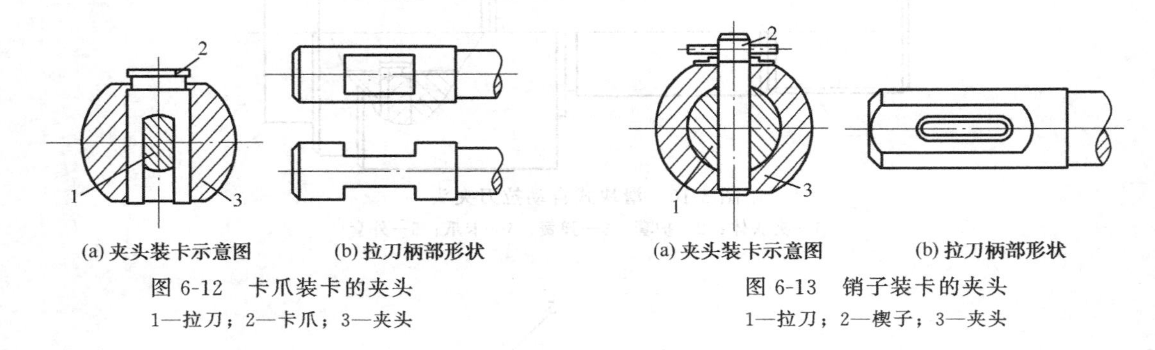

图 6-12　卡爪装卡的夹头

1—拉刀；2—卡爪；3—夹头

(a) 夹头装卡示意图　(b) 拉刀柄部形状

图 6-13　销子装卡的夹头

1—拉刀；2—楔子；3—夹头

⑥ 浮动支承装置　浮动支承装置也称球面支座，如图 6-14 所示，它用于下列情况。

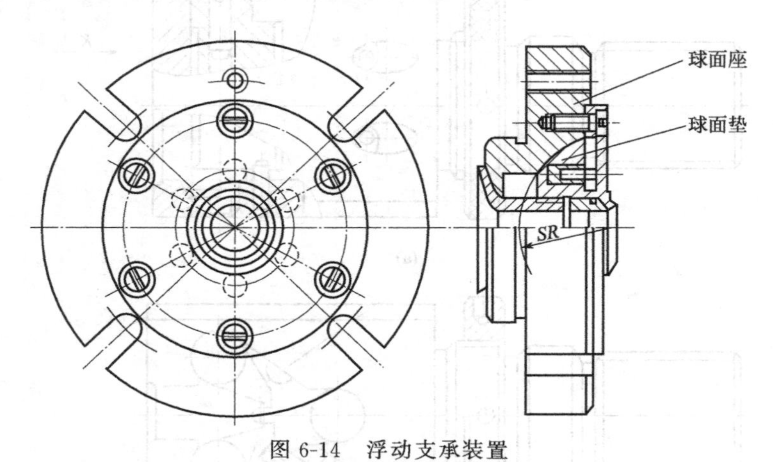

图 6-14　浮动支承装置

a. 当工件端面与拉削孔中心线的垂直度不易保证时。

b. 工件定位基面加工质量不高时。

c. 拉床精度不高时。

浮动支承装置能够在拉削时自动调整被拉孔的轴线位置，提高加工精变，也可改善拉刀分力状态，防止拉刀崩刃和折断。球面垫和球面座的配合面应淬硬到 40～45HRC，并经仔细研磨，务求运动灵活。

⑦ 螺旋拉削装置　拉削内螺纹、螺旋内花键和螺旋内齿轮等工件时，拉刀和工件之间应完成螺旋运动，即除直线的拉削运动外，还必须使工件或拉刀能够回转，因此必须使用螺旋拉削装置。

螺旋拉削装置分为自由回转式和强制回转式两种。当螺旋角小于15°，并且对螺旋线和螺距的精度要求不高时，可在拉刀夹头或卡具中放置止推轴承。采用螺旋齿拉刀，使拉刀或工件在切削分力作用下，产生回转运动，图6-15为自由回转式螺旋拉削装置。当螺旋角大于15°时，则必须使用强制回转式螺旋拉削装置，如图6-16所示。

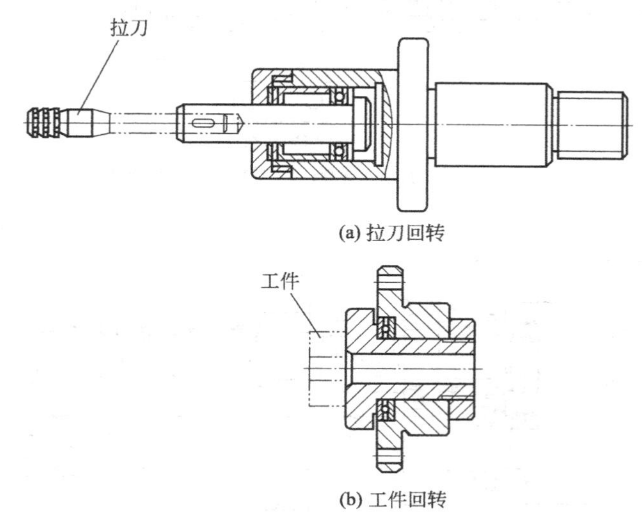

(a) 拉刀回转

(b) 工件回转

图6-15 自由回转式拉削装置

⑧ 可调中心接头 在生产中，被拉削工件不断变更，就需要相应地更换拉刀夹头，而经常拆卸拉刀夹头，会使拉床主轴与夹头的连接精度遭到破坏，所以一般使用中间接头。中间接头的一端有外螺纹与拉床相连接，另一端则有内螺纹或销孔，以便与拉刀夹头相接。中间接头的轴线位置可以调节尺寸，称为可调中心接头。

可调中心接头的常见结构如图6-17所示。

(2) 拉刀的使用

① 拉刀的正确操作规程

a. 装卡拉刀的位置必须正确，夹持必须牢固。不允许用敲击的办法将刀柄部装入拉刀夹头。

b. 工件基准端面上的毛刺、磕碰痕迹等应仔细去除，以防小工件在拉削时歪斜。每次切削后，应使用切削液将拉床上固定工件的法兰盘支承冲洗干净，以免在其上附着切屑碎末和污物，影响下一工件的定位。

c. 每一工件拉完后，必须彻底清除拉刀容屑枪内的切屑，然后才能继续拉削下一个工件。

d. 拉刀使用中应经常抽检工件拉削表面的质量，并观察拉刀刀刃的变化。拉削若干工件后，应用手摸一下切削刃，当感觉有积屑瘤产生时，用细油石沿刀齿后刀面向前将它轻轻抹去，否则会使拉削表面产生纵向划痕和沟纹，引起表面粗糙度数值增大。

e. 切削液应充足。

f. 拉削中，由于机床功率不足，以及刀齿磨钝或工件歪斜等原因，可能引起机床发出沉重的声音、拉床溜板停止运动而使拉刀卡在工件中不能进退的情况，称为“滞刀”，滞刀发生后，如果确认是由于拉床拉力不足造成的，则可设法增大拉力后将拉刀从工件中拉出；如果不是此原因，应将拉刀连同工件从拉床上取下，再设法将两者分开，通常是采取尽量保存拉刀的办法。

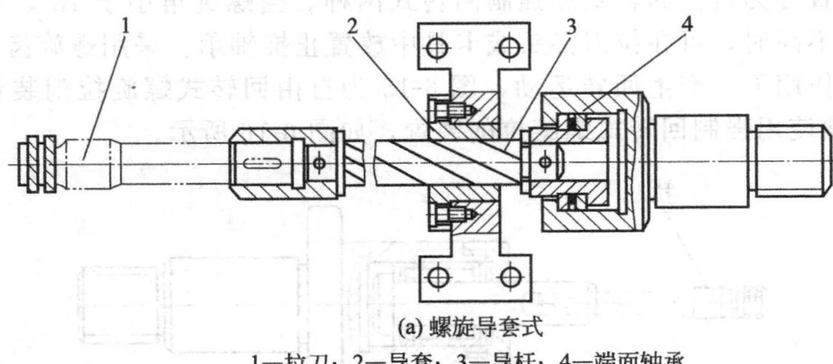

(a) 螺旋导套式

1—拉刀；2—导套；3—导杆；4—端面轴承

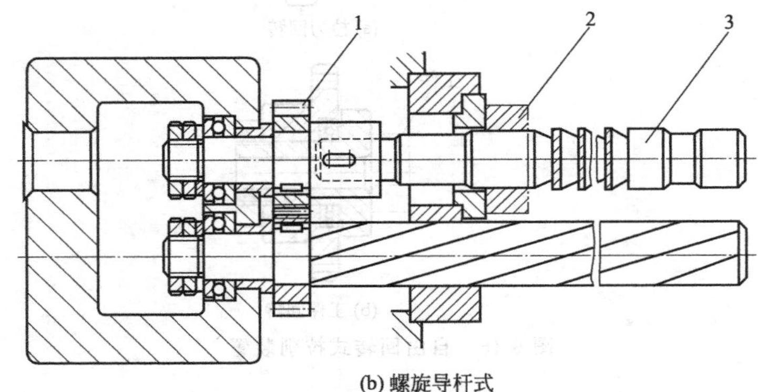

(b) 螺旋导杆式

1—齿轮；2—工件；3—拉刀

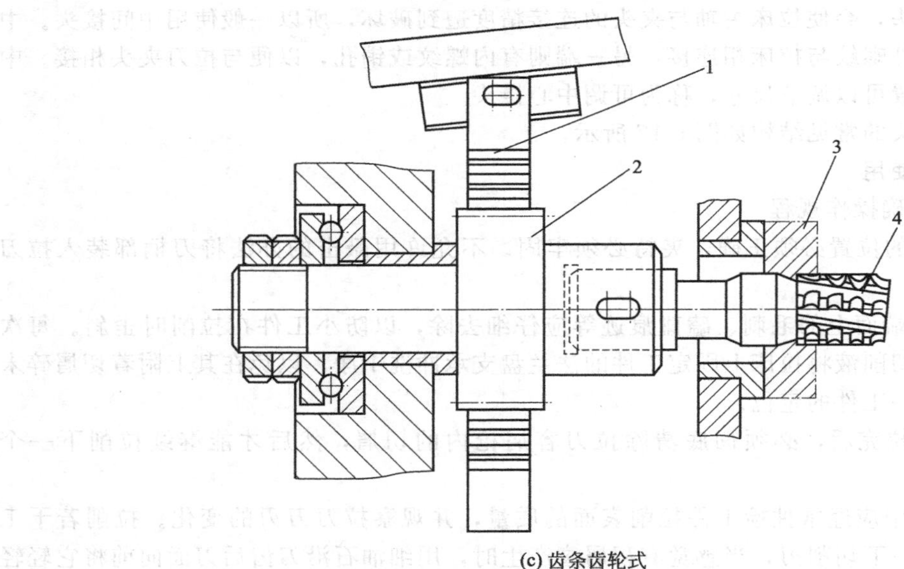

(c) 齿条齿轮式

1—齿条；2—齿轮；3—工件；4—拉刀

图 6-16　强制回转式拉削装置

g. 拉削速度应适宜。

② 拉刀的维护保养

a. 严禁把拉刀放在拉床床面或其他硬物上并应避免与任何硬物相碰撞，以免损伤刀齿。

b. 用后的拉刀应清洗干净，垂直吊挂在架子上，以免拉刀因自重而弯曲变形。吊挂时，各把拉刀之间应用木板隔开或保持足够的距离，以防碰撞。

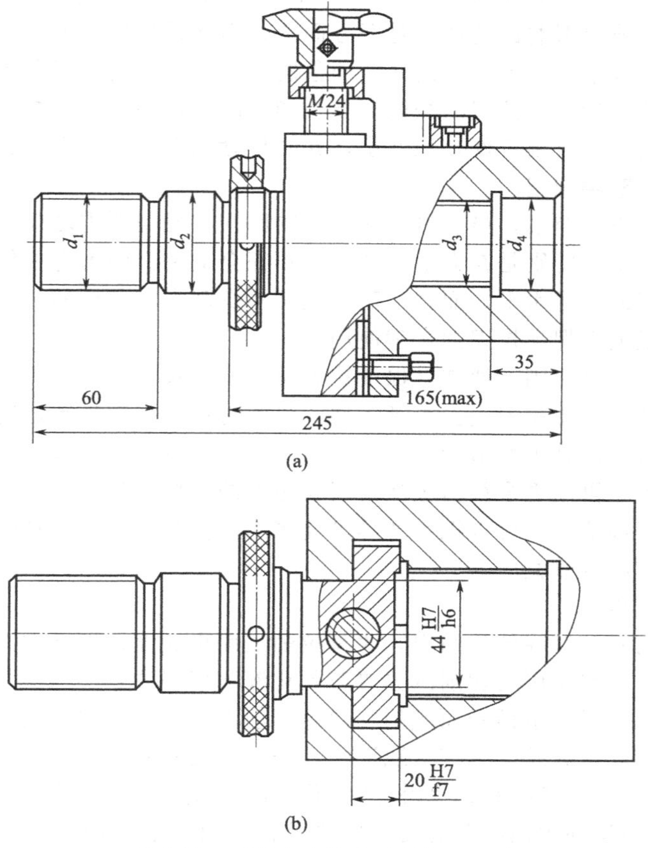

图 6-17 可调中心接头（单位：mm）

c. 运送拉刀时，如果有两把以上，则它们之间应用木板隔开或分别装在木盆中，以防止滚动碰伤。

d. 拉刀较长时间不用，应将拉刀清洗，涂好防锈油包装后，垂直吊挂存放，或用专用木盒存放。

③ 对拉削过程的监视　在操作中，及时发现拉刀的磨钝现象并予以修磨，是保证拉刀合理使用的重要环节。如果拉刀已经用钝还继续使用，不仅会使刀齿产生难以修复的损伤，而且会在拉削中引起较大的冲击和恶化加工表面质量。通常，拉削中标志拉刀磨钝的征象有如下几点。

a. 声音变化。拉刀锋利时，拉削的声音是轻轻的“沙沙”声；而拉刀磨钝后，则产生“吱吱”的叫声或“嘎嘎”的振动声。

b. 拉削力增加。拉削时，拉床压力表所示压力增高。偶然出现的压力峰值，通常是由于工件材料性质变化所致，而压力持续增高，则是拉刀变钝和磨损度增加的明显标志。

c. 切屑出现特征性的变化。使用锋利的拉刀拉削时，切屑的厚度均匀，边缘平整，切屑与前刀面的接触面光滑发亮，螺旋圈卷曲良好。当拉削中产生的是断裂和破碎的短切屑，其边缘又很不平整时，则表示拉刀已经变纯。这时切屑与前刀面的接触面已由光亮变得灰暗，并出现明显的纵向条纹。

d. 拉刀刀齿上出现一些明显的缺陷，如前刀面上黏附了较大的积屑瘤，切削刃上出现刻痕以及较宽的磨损带等。

e. 拉削工件的表面粗糙度数值变大，工件的拉出端还常常出现严重的毛刺和拉崩现象。

由上述可知，反映拉刀磨钝的现象是多方面的，因此只把切削刃的磨损量作为拉刀的磨钝标准并不恰当。一般来说，上述任何一个征象的出现，均表明拉刀需要进行刃磨。目前有些工厂以拉削表面的质量作为拉刀的磨钝标准，如拉圆孔，判断拉刀磨钝的根据往往是拉削表面粗糙满足不了要求和拉出工件孔径变小，此时尽管拉刀磨损不大，也必须修磨。

(3) 建立拉刀的重磨规范

经常对拉削过程进行监视，虽然可以使拉刀的磨损在变得严重之前被及时发现，但是这种方法对于提高生产率，特别是在大量生产中并不完全适用。因为它不仅需要每个操作者具有丰富的经验和较高的技术水平，而且还需要花费不少观察、分析的时间。为此，在大量生产中，应建立重磨规范来保证拉刀的合理使用。

拉刀重磨规范的制定原则，通常是保证拉刀总寿命最长。一支拉刀由投入使用到开始出现磨钝的迹象时，就将这支拉刀送去重磨，并记下此时拉刀拉削米数，这是一次寿命值，这样经过两三次使用后，取其平均值为一次寿命指标，以后没有意外情况，拉刀每加工到规定的米数就去重磨，不必再用更多精力去随时观察拉刀的磨损进程。

建立拉刀的重磨规范后，可以把生产尽可能多的工件与拉刀具有高的使用寿命二者统一起来，从而获得好的经济效益。

(4) 切削液的选用

正确地选用切削液，对降低拉削力，改善拉削表面粗糙度，提高拉刀耐用度等都有一定的影响。拉削钢件时，常采用的切削液主要有乳化液和切削油。

乳化液是将乳化油膏用水稀释而成的乳白色切削液。乳化液中乳化油膏的含量愈大，润滑效果愈好，而冷却效果愈差。生产实践证明，采用乳化液对降低拉削工件表面粗糙度数值较有利。当拉削表面的粗糙度数值要求较小而切削用量较大时，宜用乳化油膏含量较低(10%)的乳化液；当拉削表面的粗糙度数值要求较小而切削用量也较小时，乳化油量含量应增加到(20%～25%)，或在乳化液中加入一定量的极压添加剂。

切削油主要指矿物油和硫化油，也包括动植物油和复合油。采用硫化油对提高拉刀的耐用度有利，采用极压切削油可提高拉刀耐用度1倍左右。当拉削表面粗糙度数值要求较小时，可采用硫化油或在矿物油中加入极压添加剂的切削油；当拉削表面的粗糙度数值要求较大时，才用润滑性能并不很好的纯矿物油。此外，采用四氯化碳(CCl_4)对改善表面粗糙度的效果良好，但它对人体有刺激性，要注意劳动保护。动植物油润滑性能良好，但容易变质，因此仅在不用它们就保证不了表面粗糙度要求的场合下才采用。

拉削各种材料时，可参照表6-1来选择切削液。

表6-1 拉削时切削液的选择

工件材料	碳素钢、合金钢	不锈钢	高混合金	铸铁	铜及其合金	铝及其合金
切削液类型	乳化液或极压乳化液	极压乳化液	极压油	干切削	乳化液	干切削
	硫化油	硫化油	复合油	普通乳化液	矿物油	5%～10%
	复合油	复合油		煤油		乳化液轻质矿物油

切削液的使用方法和浇注位置，对冷却润滑效果有很大影响。拉削时，一般采用浇注法，切削液从上面直接浇注到拉刀上，使用方便。但是切削液较难直接进入切削区，故效果较差。采用浇注法时，切削液的供应量必须充足，如拉内孔时应不少于8～15L/min，浇注位置如图6-18所示。当采用一般的浇注法很难把切削液输送到所有的切削刀齿上时，就必须采用高压冷却法、喷雾冷却法等方法改善切削液的供应。如深孔拉削时，采用高压内冷式

拉刀，在每个刀齿的容屑槽中均设有输液孔。不仅能保证充分冷却，而且有助于排屑。

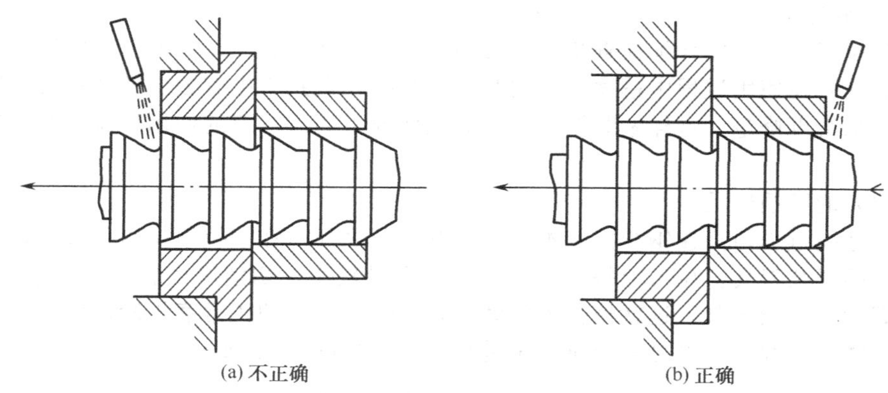

图 6-18 切削液的浇注位置

(5) 拉削速度的合理选择

在拉刀切削用量中，只有拉削速度是能进行调控的因素，拉削速度不仅直接影响生产率，而且对拉刀耐用度和工件表面质量也有相当影响。

在选择拉削速度时，应综合考虑拉刀、工件、机床各方面因素，对拉削质量、生产率、拉刀耐用度的影响，一般可按下述规律选取。

① 考虑拉削表面粗糙度的影响　根据生产经验，当生产批量大、拉削表面粗糙度数值允许较大时，拉削速度可以在 3～7m/min 范围内选取；当拉削表面粗糙度数值要求较小时，拉削速度应降到 3m/min 以下，一般取 1～2m/min 可以获得满意的效果。

② 考虑工件材料的影响　当被拉削工件材料过硬（280～320HBS）或过软（143～170HBS）时，应选较低的拉削速度，对于中等硬度的材料，拉削速度可以较高。加工青铜、有色金属及其合金时，可以采用较高的拉削速度，一般可取到 10～11m/min；加工各种特殊钢及合金，如不锈钢、耐火钢等，拉削速度应减少到 1～2m/min。

③ 考虑工件形状、尺寸方面的影响　拉削孔径不大、壁薄而形状复杂的零件时，应采取较低的拉削速度。

④ 考虑拉床的技术性能指标的影响　目前，普通拉床的工件行程速度一般不超过 11m/min，使用中很少用到这一速度。过低的拉削速度不仅影响生产率，而且易造成拉床爬行，所以 0.5m/min 左右的拉削速度一般不采用。

⑤ 考虑拉刀的影响　拉刀齿升量越大，拉削速度应取较小的值，而拉刀齿升量较小时，则拉削速度可取较大值。使用较长的拉刀，在有支承的情况下，可提高拉削速度。平面拉削的拉削速度可高于内孔拉削。

6.2.2 拉刀的磨损及其检查

拉刀是一种多刀齿的复杂刀具，结构比较复杂，制造精度要求高，制造与刃磨都比较困难。因此，拉刀一般由专业工具制造厂制造；拉刀的刃磨，由用户的工具车间或磨刀部来负责。

生产实践告诉我们，拉削质量的好坏和拉刀使用寿命的长短，不但取决于拉刀制造质量和设计的合理性，在很大程度上还取决于拉刀刃磨质量，以及使用和管理的科学性。

拉刀在切削过程中，由于切削力和机械摩擦的作用，使拉刀的切削刃、前刃面、后隙面以及刀尖处发生磨损；也有可能因拉削过程的振动和冲击负荷等因素，造成拉刀切削刃局部剥落和崩齿。当拉刀齿的磨损超过规定的磨损限度，或刀齿表面上附着被加工金属时，反映出拉削零件的质量已显著下降，这时拉刀必须经过刃磨或进行相应的修理后才能使用。

在刃磨拉刀之前，要仔细检查待磨拉刀的尺寸精度和形状，以及刀齿上的磨损状况。这样就可以对拉刀在使用过程中精度的变化及磨损状况，做到心中有数，就能在刃磨过程中采取相应措施来给以修整。这样做既能比较有效地保证刃磨后拉刀的使用质量，又能节约刃磨时间。

(1) 拉刀的磨损过程

拉刀的磨损过程与高速钢车刀基本相同。其不同之处，在于拉刀是由许多刀齿按一定规律排列组成的复杂刀具。拉刀上每一个刀齿的齿升量较小，切削厚度较小，切削速度较低，以及冷却润滑条件较充分，这就使拉刀的磨损较缓慢，经历的正常磨损阶段较长。

拉刀的磨损过程，也可分三个阶段来进行分析，如图 6-19 所示。

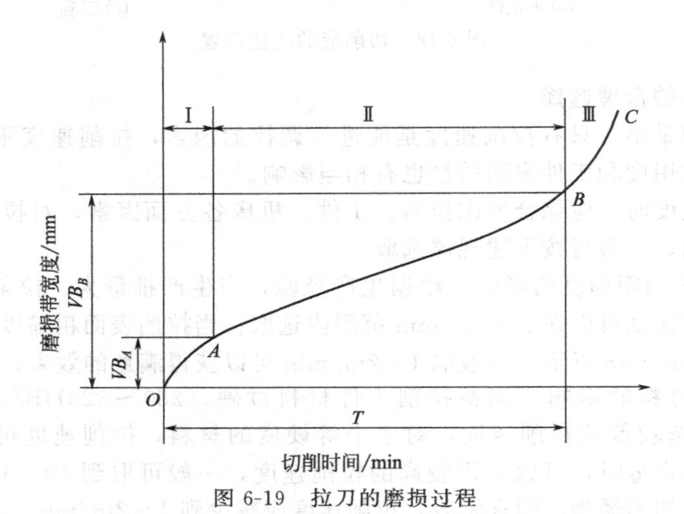

图 6-19　拉刀的磨损过程

① 初期磨损阶段：经刃磨后的拉刀，在开始切削的一个短时间内，刀刃及刀齿表面的磨损较快，即 OA 线段的斜率较大。这是由于刀刃不平度和表层组织不耐磨等原因造成的。这时，刀齿后隙面上的磨损带宽度 VB_A 的数值很小。

拉刀在切削过程中与零件材料摩擦，当刀刃上的凸起部分逐渐被磨平时，拉刀的磨损就缓慢下来，进入了正常的磨损阶段。

拉刀齿表面光洁度越高，刀刃不平度就越小，拉刀的初期磨损阶段也就越短。这样，就延长了拉刀的正常磨损阶段，使拉削质量和拉刀的耐用度都有所提高。

② 正常磨损阶段：在正常磨损阶段内，由于刀刃及刀齿表面的凹凸不平及不耐磨的表层组织已被磨去，使刀刃上及刀齿表面上的磨损趋于均匀，因此磨损速度要比初期磨损阶段缓慢得多。在这一阶段内，磨损量与切削时间基本上成正比，即 AB 线段基本上是一条直线，其斜率称为磨损强度。

我们研究拉刀磨损过程的目的，就是希望通过各种途径和采取各种措施，千方百计地缩短拉刀的初期磨损阶段，延长拉刀的正常磨损阶段，有效地控制拉刀的磨损限度，以避免拉刀急剧磨损阶段的出现。

③ 急剧磨损阶段：在正常磨损阶段的末期，随着磨损带宽度 VB 的不断增加，刀刃半径增大，刀齿上粘附的切屑不断增多，摩擦加剧，拉削力不断有所增加，切削温度不断上升，从而使刀齿上的磨损不断增加。当磨损带宽度 VB 达到一定数值时，上述情况迅速恶化，使拉刀由正常磨损转为急剧磨损。

拉刀进入急剧磨损阶段，即 BC 线段，便失去了正常的切削能力，这时零件加工表面的光洁度显著恶化，并伴随着出现相当强烈的振动。

(2) 拉刀的磨损限度

根据上述分析可知，拉刀在使用过程中，其刀齿会逐渐磨损，应对拉刀的磨损量规定一个合理的限度，这就是磨损限度（通常用刀齿后隙面上的磨损带宽度 VB 来度量）。当拉刀的磨损带宽度 VB 达到规定的数值时，就要换刀和进行刃磨了。

刀具的磨损限度一般有两种：一种是粗加工用的磨损限度（叫做经济磨损限度），它是以能充分发挥刀具的切削能力，使刀具使用寿命最长、生产效率最高为原则制定的；另一种是精加工用的磨损限度（叫做工艺磨损限度），它是以保证加工精度和表面粗糙度为前提制定的。

一把拉刀通常没有粗切齿、精切齿和校准齿等。它既有粗加工的刀齿，又有半精加工和精加工的刀齿。拉刀的磨损限度可以这样来制定：对于成套多次拉削成形的拉刀（即一个成形表面，是由一组几把拉刀分别切出的），制定粗切拉刀的磨损限度时，应侧重于获得最大的经济效果。精切拉刀和一次拉削成形的拉刀（即一个成形表面是由一把拉刀一次切出的），其磨损限度的制定，应首先保证获得规定的拉削精度和表面粗糙度，同时考虑到拉刀是一种价格昂贵的刀具，还必须尽可能提高拉刀的使用寿命，发挥它的最大经济效果。

如图 6-20 所示，矩形花键拉刀的花键齿部分，大部分是粗切齿。在粗切齿后面设有适当数量的半精切齿、精切齿和校准齿。花键拉刀粗切齿的齿升量一般取得较大。轮切式拉刀的粗切齿最大齿升量（单面）可达 0.2～0.3mm。尽管零件粗切表面的冷作硬化程度较弱，但由于刀刃上单位切削力较大（可达 40～60kg/mm）和刀齿强度较差，可能使粗切齿刀刃出现卷刃和缺口，磨损较为严重。尤其是在刀齿转角处（即主后隙面和副后隙面的交接处）的磨损更为明显。这是因为刀齿转角处受零件花键槽外表面和槽侧表面的同时挤压与摩擦（刀齿侧面一般留有 0.6～1.2mm 的棱面，在棱面处没有副后角），拉削条件恶化的缘故，如图 6-21 所示。

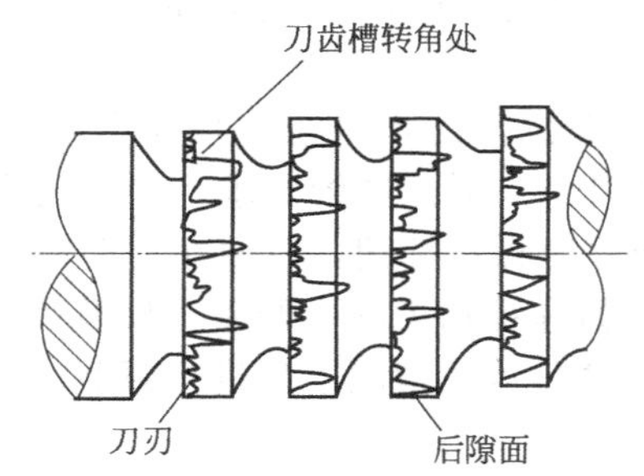

图 6-20 拉刀圆孔粗切齿上的磨损状况

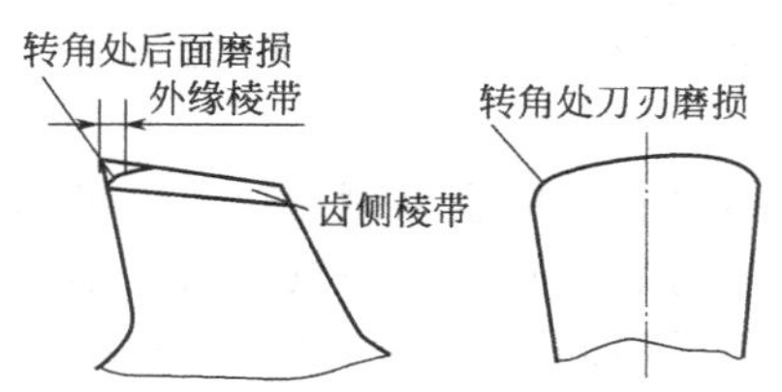

图 6-21 花键拉刀齿的磨损状况

精切齿和校准齿上的磨损一般表现得比较均匀，但其刀齿转角处的磨损仍然是比较明显的。

在拉刀精切齿和校准齿刀刃外缘上的一条没有后角的狭窄棱带（一般棱带宽取 0.2～0.5mm）上的磨损清晰可见。用放大镜观察，可以看到许多细小的不同深度和长度的划痕。这是由于刀齿的切削厚度逐渐减小，随着刀刃的磨损，刀刃半径的增大，由前面刀齿形成的零件切削表面的冷作硬化层，划伤了后面刀齿的刀刃及棱带表面的缘故。

综上所述，花键拉刀的拉削表面形状精度和粗糙度要求都较高，拉刀的价格又较昂贵。磨损限度的制备必须兼顾经济性和工艺性。从大量生产的情况来看精切花键拉刀和一次拉削成形的花键拉刀的最佳磨损限度，规定以半粗切齿和精切齿的后隙面上的磨损带宽度 VB 为标准较为合理。通常 VB 取 0.2mm 左右，超过这个标推磨损限度，拉刀就需要进行刃磨了。因为当 VB=0.2mm 时，刀刃半径约为 0.03～0.04mm。这时粗切齿上的磨损带宽度 $VB_{粗}$ 为 0.3～0.5mm，刀刃半径为 0.04～0.06mm。如果继续以这样的刀刃进行切削，那么刀齿的磨损将急剧增加，拉削零件表面粗糙度显著下降，这对拉刀是十分不利的。

(3) 拉刀形状及精度的检查

刃磨工应对需刃磨的拉刀，从形状到精度进行全面的检查。只有对拉刀的磨损状况和变形程度有所了解，才能运用相应的刃磨方法来保证拉刀的精度和恢复拉刀的锐利性。

① 拉刀形状和磨损状况的检查。

a. 综观拉刀外形，检查拉刀齿是否产生明显的崩齿和底面裂纹。

b. 用放大镜仔细观察各段刀齿上的磨损状况，检查刀刃的不平度，刀齿后隙面及刀尖转角处的磨损程度和粘屑情况。重点检查拉刀后半部分的半精切齿、精切齿以及校准齿上的磨损程度和粘屑情况。对于超过规定磨损限度的刀齿，用红丹粉或龙胆紫酒精溶液等涂色作出标区。

② 拉刀精度的检查。在刃磨拉刀以前，应该对拉刀的精度进行检查，着重检查拉刀齿的前角（或后角），齿升量以及拉刀的变形程度。还要检查拉刀齿外径表面与作为刃磨定位基准面的齿槽表面的同轴度。平面拉刀主要是检查其底面和刀齿表面的平行度，以及底面和一个侧面的弯曲变形的程度。如果发现超过图纸规定的精度要求，就要涂色做出标记，以待做相应的处理。

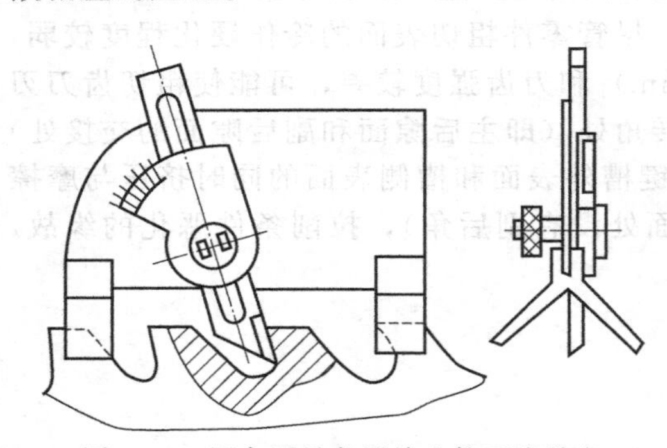

图 6-22 用专用量角器检查拉刀齿前角

a. 检查拉刀齿的前角 Y 值：可用专用量角器测量拉刀齿的前角，如图 6-22 所示，也可用万能量角器来测量。一般可采取分段选择测量的方法，即分别在粗切齿、半精切齿、精切齿和校准齿各段内取二至三个刀齿进行测量。如发现有不符合图纸要求的，就要对该段内的所有刀齿进行测量，并将前角 Y 值超差的刀齿涂色做出标记。

b. 检查拉刀的齿升量：用千分尺逐齿测量拉刀的齿升量，对照图纸要求，如发现有超差的刀齿，应涂色做出标记，以便在刃磨时采取相应的措施进行修整。应重点测量拉刀后半部分的半精切齿和精切齿的齿升量。校准齿也应进行测量，并应特别注意避免在校准齿已小于图纸规定尺寸公差的情况下仍进行刃磨或使用。这样既浪费刃磨时间，又很可能造成拉削零件的报废。

c. 检查拉刀的变形情况，用百分表检查圆形拉刀的弯曲变形程度。拉刀产生弯曲变形是难免的，细长拉刀的弯曲变形会大些。拉削过零件的拉刀的弯曲变形可能会更大。

在刃磨拉刀时一般只要检查拉刀上被选作定位基准的一个面或几个面与拉刀齿外径表面的弯曲变形程度是否相同。因为，在刃磨时是用中心支架来保证定位基准面与拉刀轴线的同轴度在规定范围内的，这时拉刀的弯曲变形也就被校准了。

拉刀在切削过程中，由于拉削力的作用，可使弯曲的拉刀得到校准。只要拉刀的弯曲变形在规定范围以内，那么，拉削零件的精度是可以保证的。

6.2.3 圆形拉刀的刃磨工艺和方法

拉刀的刃磨，一般是在专用机床上进行的，如国产 M6110 型拉床刃磨机床。较短小的拉刀，也可用万能工具磨床来进行刃磨，如国产 M6025 型万能工具磨床等。

(1) 调整机床

① 调整机床头架顶尖与尾架顶尖的轴线重合度。用百分表将头架顶尖与尾架顶尖的轴线重合度调整到0.02mm以内。

② 调整机床头架顶尖与尾架顶尖间的距离。根据待磨拉刀的长度和直径大小，调整两顶尖间的距离。顶紧力要适当，不宜太大或太小。顶紧力太大了会使拉刀顶弯，这对于细长拉刀尤为重要，太小了，不够安全。对于粗重的拉刀，就更应给予足够的顶紧力。

③ 调整磨头倾斜β。磨头倾斜角β的数值大小，根据待磨拉刀前角γ的要求，由选择砂轮直径的公式来决定。

(2) 装夹拉刀

① 把拉刀装夹在头架顶尖和尾架顶尖上。在装夹拉刀之前，先将拉刀前后两端的中心孔擦净，检查中心孔锥度表面是否有擦伤、缺口等缺陷。如发现有缺陷，应用研刮等措施来消除，并在中心孔中加入适当的机油或润滑脂，以防止拉刀在旋转中磨损顶尖。

② 安装并调整中心支架。a. 安装中心支架：根据拉刀的长度，选定一个或几个定位基准面的位置。短而粗的拉刀，一般不用中心支架支撑。较短而细的拉刀，可在拉刀的中段处选定一个定位基准面；较长的拉刀，一般可在拉刀上选定两个定位基准面，并使这两个定位点约三等分整个拉刀的长度比较适宜。

通常将拉刀前端导向部分的外圆表面和刀齿槽表面选作定位基准面。要求作为定位基准面的刀齿槽表面与刀齿外圆表面的同轴度在0.05mm以内。

根据选定的基准面，安装中心支架，并使中心支架上的调整触块支撑在拉刀的定位基准面上，并保持良好的接触状态，如图6-23所示。

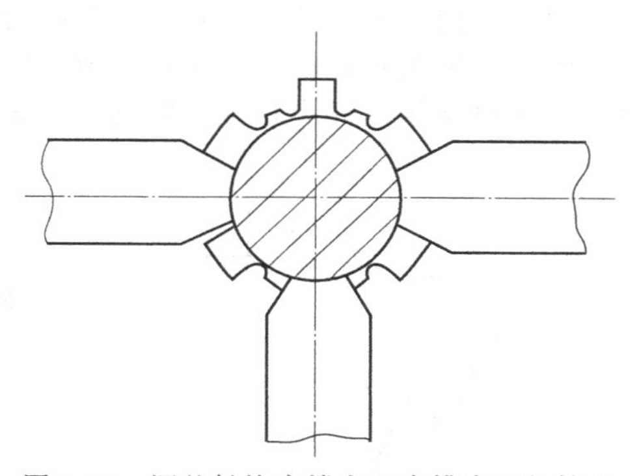

图6-23 调整触块支撑在刀齿槽表面的情况

b. 调整中心支架，调整中心支架的步骤，可以参照下面的方法进行。

如果待磨拉刀较细长，一般采用两个中心支架来支撑。可先调整靠近尾架的那一个中心支架，使其下、左、右三个方向上的调整触块（常用胶木或铸铁等材料制作），分别与拉刀的定位基准面接触。用松开和顶紧尾架顶尖的方法来检查拉刀后端顶尖孔是否与尾架顶尖的同轴度在规定范围内。也可用百分表头触在拉刀后端紧靠尾架尖孔的外圆表面上，在上母线与侧母线两个方向上检查拉刀与顶尖的同轴度（一般要求不超过0.05mm）。如有偏移，就继续调整中心支架上的三个调整触块，直至达到要求为止。然后，再按上述方法调整前面一个中心支架上的三个调整触块。

调整完毕，固定中心支架上的调整触块，并在定位基准面上加油润滑，以防在刃磨中由于拉刀旋转与触块摩擦而产生较高的温度。

(3) 刃磨步骤和要求

① 调整磨头主轴与拉刀轴线的重合度　调准磨头主轴水平方向的进出位置，位之与拉刀轴线在同一垂直平面内。可先刃磨一个刀齿前刃面，以是否呈网状磨纹来检查拉刀与磨头轴线的重合度，如图6-24所示。如果刀齿前刃面呈网状磨纹，而且精磨之后，仍呈网状磨纹，表明这时两者的重合度在0.01mm以内，是十分理想的一种情况。如果刀齿前刃面呈单向螺旋线磨纹，如图6-25所示，或粗磨时呈网状磨纹，精磨之后却出现单向螺旋线磨纹，这说明两者轴线还未重合。在这种情况下刃磨拉刀，其刀齿前刃面的粗糙度不会很小，而且刀齿的前角也会有所减小。

因此，必须经常注意调控磨头主轴与拉刀轴线的重合度，以保证精磨后刀齿前刃面仍获得网状磨纹。

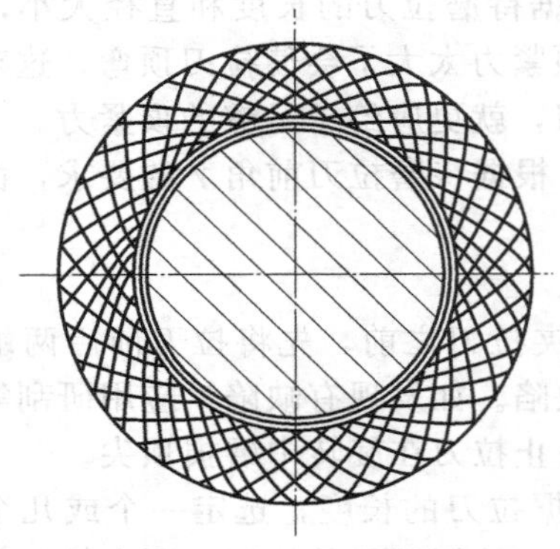
图 6-24 刀齿前刃面呈网状磨纹

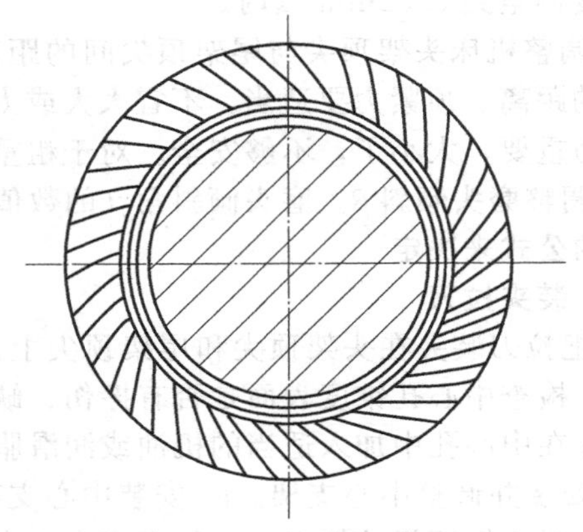
图 6-25 刀齿前刃面呈单向螺旋线磨纹

② 拉刀的刃磨顺序　一般由拉刀尾部的校准齿到切削齿，按顺序逐齿向前刃磨。因为，拉刀的直径校准齿为最大，并允许校准齿和精切齿的前角略小于粗切齿的前角。砂轮的直径在磨削过程中随着砂轮的磨损和拉刀齿值的减小而减小，采用这种顺序刃磨，仍能获得比较稳定的前角 γ 值，并有可能使粗切齿的角略大于精切齿和校准齿的前角。

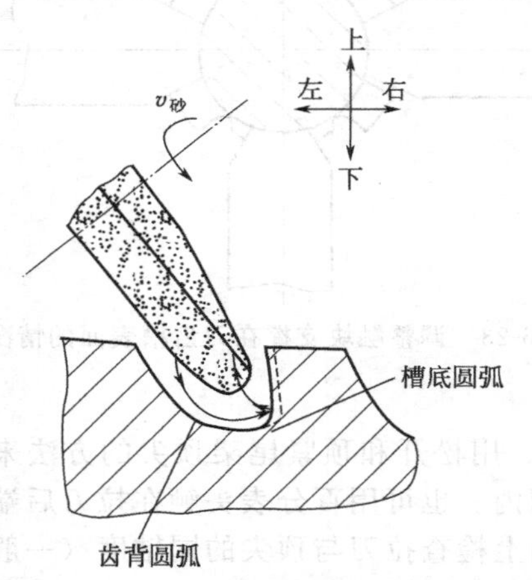

图 6-26 砂轮的进给和退出路线示意图

③ 刃磨时砂轮的进给和退出路线　如图 6-26 中的箭头表示砂轮进给和退出的路线。

砂轮的进给路线是由上至下，自左向右，直至将刀齿上的磨损部分全部磨去为止。在停止砂轮进给后，需要停留一个短时间（按刃磨表面的粗糙度要求而定，一般为几秒至十几秒），让砂轮精磨并抛光刀齿的前刃面，使之达到较小的粗糙度和较小的刀刃不平度。同时要求经刃磨后的拉刀齿槽底圆弧与前刃面及齿背圆弧光滑连接，这样有利于拉刀卷屑和排屑。

砂轮的退出路线，为了防止砂轮垂直上升时碰伤刀刃，一般自右向左平行退出一段短距离。随后，可将砂轮快速垂直上升，接着刃磨前面一个刀齿，这样可减少机动辅助时间。

④ 刃磨时要注意保证 h 值　h 值的大小会直接影响刀齿前角 γ 值的大小。同时，还会影响切屑在刀齿前刃面上的卷曲曲率的大小。为了使拉刀齿得到稳定的前角和良好的卷屑状况，在刃磨每一挡刀齿时，都要注意保证 h 值。在刃磨时，操作者常用目测的方法来控制 h 值。

⑤ 刃磨时要注意保持齿升量的均匀递增　拉刀的刃磨精度，主要是指对拉刀齿升量的影响。刃磨时要尽量注意保持和恢复拉刀原定的齿升量。这样做，可以使经过多次刃磨的拉刀，在拉削时仍保持每齿切削厚度的均匀和拉削状态的平稳。

对于在刃磨前，检查拉刀时已涂色做了记号的磨损程度较严重的那几个刀齿，需要多磨去一些，但必须同时将相邻的前后几个刀齿也分别适当多磨去一些，这样可使刀齿的齿升量仍保持比较均匀。

为了延长拉刀的使用寿命，使拉刀校准齿的直径减小缓慢些，在刃磨时，可采取逐齿向后推移的方法来刃磨校准齿。即第一次刃磨时，可只刃磨第一个校准齿；第二次刃磨时，可只刃磨第一和第二个校准齿。这样依次类推地刃磨，减少了校准齿的刃磨次数，也就减缓了校准齿直径减小的速度，延长了拉刀的使用寿命。

⑥ 刃磨时，要注意保持拉刀前刃面的较小粗糙度。拉刀齿前刃面的刃磨，采用弧线球面刃磨法。

⑦ 拉刀刃磨后刀刃毛齿的处理

拉刀经过刃磨以后，在刀齿刃边上会产生翻边和毛齿，影响拉削初期的零件表面粗糙度，也可能影响拉刀的耐用度。因为刀刃上的翻边和毛齿，在拉削过程中，会使刀刃表面被划伤并产生小缺口。

去除毛齿的方法是：在刃磨完一把圆形拉刀时，仍旋转拉刀，将铸铁板或400粒以上的细油石贴着拉刀齿外圆表面从校准齿到粗切齿，用手轻轻向前推，毛齿和翻边可大大减少。也可用铜丝刷子来去除刀齿上的翻边和毛齿。

6.2.4 平面拉刀的刃磨工艺和方法

(1) 调整机床

① 调整磨头滑台在水平位置上的旋转角　在M6110型拉刀刃磨机床上，刃磨平面拉刀时，砂轮的移动是由磨头滑台的移动来实现的。磨头滑台在水平位置上的旋转角等于平面拉刀齿的斜角。

② 调整磨头倾斜角 β　平面拉刀齿前刃面的刃磨，是由碟形砂轮的端面磨削来实现的。所以，磨头的倾斜角 β，就等于平面拉刀齿的前角 γ，如图6-27所示。

对于可调整高度的平面拉刀，采取刃磨后隙面的方法。这时，磨头倾斜角 β，就应等于平面拉刀齿的后角 α，如图6-28所示。

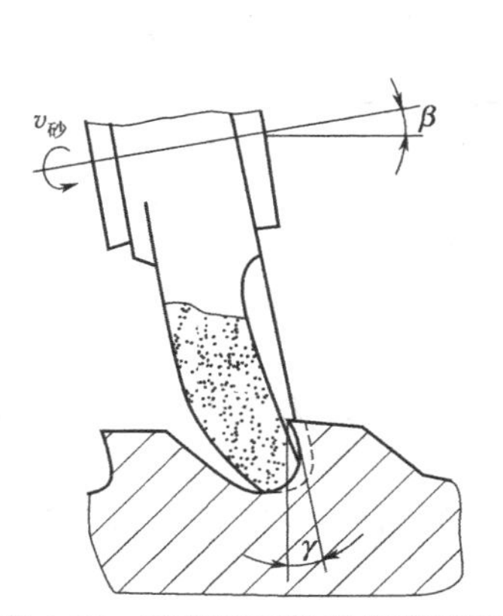

图6-27　刃磨平面拉刀齿前刃面

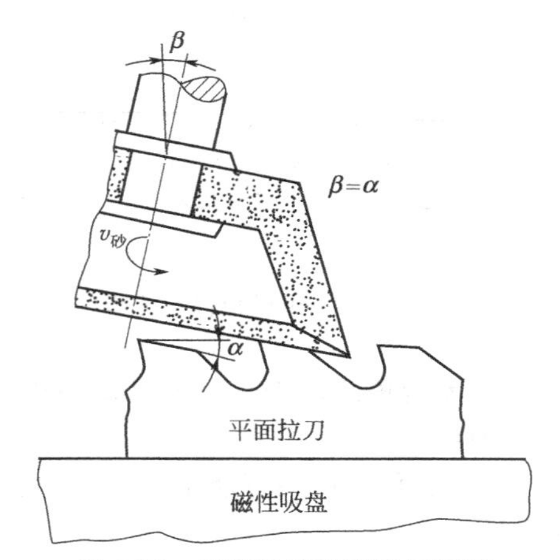

图6-28　刃磨平面拉刀齿后隙面

(2) 装夹拉刀

通常，将平面拉刀放在磁性吸盘上进行刃磨。刃磨时，将平面拉刀放在磁性吸盘上，用百分表（或用定位块定位）调整其与工作台纵向移动导轨的平行度，然后使磁性吸盘吸住平面拉刀。各种形状的平面拉刀也可采用其他的专用夹具来夹持。

(3) 刃磨步骤和要求

① 平面拉刀齿前刃面的刃磨　砂轮进退路线，可参照圆形拉刀的刃磨。同时，也应注

意保持 h 值和齿槽的形状。平面拉刀刃磨精度和粗糙度的要求，与圆形拉刀基本相同。

② 平面拉刀后隙面的刃磨　平面拉刀后隙面的刃磨，将直接影响拉刀的齿升量。所以，每刃磨一个刀齿都必须用千分尺认真测量。即使这样，也不一定能保证所有刀齿齿升量都正确。因为这种刃磨方法，需要较熟练和较高的操作技术。

平面拉刀可用分段斜面磨削的方法来刃磨，由斜面和刀齿间距来形成刀齿的齿升量（这斜角是按刀齿各段上的齿升量和刀齿间距计算得到的）。然后，刃磨刀齿的后隙面，使之形成后角，并在每个刀齿上留有一定宽度的棱边（粗切齿一般留棱边不大于 0.05mm）。

实践证明，经刃磨后的拉刀齿升量均匀递增（在刀齿间距较严格控制的情况下）。刃磨刀齿后隙面时，刀齿不需要逐个测量，只要在刀齿上留有一定宽度的棱边即可。采用分段斜面磨削法，可以提高生产效率和保证拉刀的刃磨质量。

6.2.5　拉刀刃磨后的检查

拉刀刃磨后，必须经刃磨工的仔细检查和专职检查员的复检后，才能使用。这样做能够保证稳定的拉削质量和有效地避免由于刃磨不当造成的拉刀崩齿和断裂事故。

对刃磨后的拉刀主要应进行以下几方面的检查。

（1）拉刀前角、后角及容屑槽形的检查

① 拉刀齿前角的检查　圆形拉刀齿前角 γ 可用专用量角器、样板，如图 6-29 所示，或万能量角器来进行检查和测量。

在拉刀上，可以有选择地分段进行检查。因为，如果刃磨工艺正确，在正常的情况下，拉刀齿前角 γ 值的变化是很小的。因此在一般情况下，尤其是较长的拉刀，拉刀齿前角 γ 值不一定要每个刀齿（或每一挡刀齿）都测量。

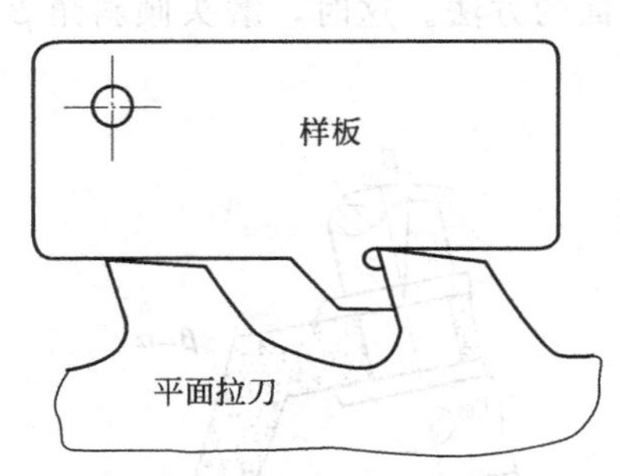

图 6-29　用样板检查刀齿前角

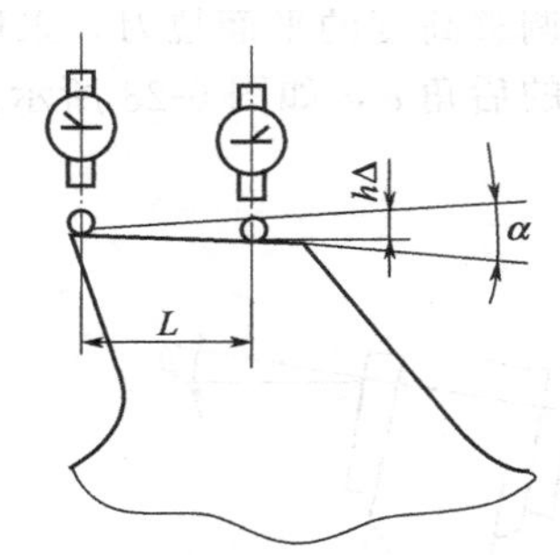

图 6-30　用百分表测量刀齿的后角

② 拉刀齿后角的检查　对于可调整齿高的平面拉刀，主要是以刃磨刀齿后隙面来恢复刀齿的锐利性。

拉力齿的后角，可用万能量角器或百分表来进行测量，如图 6-30 所示，也可用正弦规来进行测量。

用百分表测量刀齿后角的计算公式是：

$$\tan\alpha=\frac{\Delta h}{L}$$

式中　α——拉刀齿后角；

Δh——百分表读数（即测量值）；

L——测量距离。

用正弦规测量刀齿后角的计算公式是：

$$H=\sin\alpha\times L$$

式中 α——拉刀齿后角；

H——块规高度，mm；

L——正弦规标准长度（常用的有 $L=100$mm 和 $L=200$mm 两种）。

由于刃磨方法不同，被测齿数的选择也可以不同。用砂轮的圆周表面磨削拉刀齿后隙面时，砂轮圆周上参加磨削的那部分磨粒会被磨掉，造成刀齿后角 α 的减小。因此，被测齿数要适当多选一些。如果用砂轮的端面磨削拉刀的后隙面时，因为刀齿后角 α 的大小，是由磨头轴线的倾斜角 β 来决定的，所以，砂轮端面的磨损对刀齿后角 α 没有影响，被测刀齿数就可少一些。

③ 拉刀齿容屑槽形的检查　拉刀齿容屑槽形的正确与否，直接影响切屑的卷曲状况并影响容屑系数的大小。可见，容屑槽的形状，也是影响拉削质量的一个重要因素。

拉刀经过刃磨刀齿的前刃面，其容屑槽形状要发生一些变化，在一般情况下，容屑空间的增大，是与刃磨次数及磨削量成正比的。但是刃磨平面拉刀齿后隙面的情况则相反。刃磨次数越多，刀齿的高度越低，齿背越厚，容屑槽越浅，容屑空间越小。

仔细观察拉削过程，就可以知道，h 值的大小以及刀齿前刃面与槽底 r 的连接状况，对切屑的卷曲程度以及切屑间的松紧程度的影响甚大。

几种典型刀齿容屑槽形的卷屑状况如图 6-31 所示。

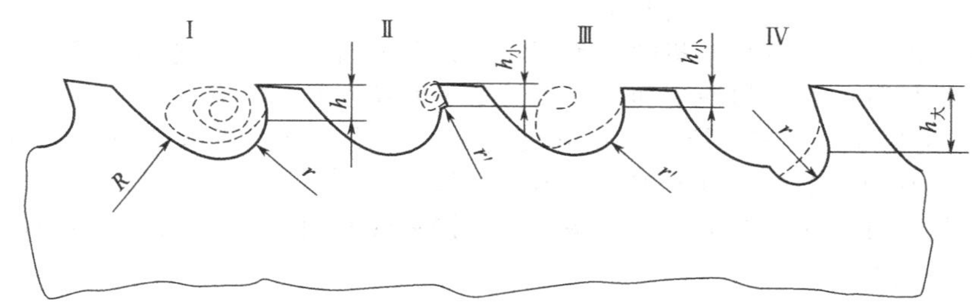

图 6-31　几种典型刀齿容屑槽形的卷屑状况

刀齿槽形（Ⅰ）：经刃磨后的刀齿，其 h 值和槽底 r 都符合图纸设计要求，刀齿前刃面与槽底 r 圆滑连接，切屑卷曲成较疏松的螺旋状，并占据了大部分容屑空间，这是比较理想的切屑卷曲状况。刃磨拉刀时，应该尽量保持拉刀正确的刀齿槽形。

刀齿槽形（Ⅱ）：经刃磨后的刀齿，其 h 值变小，与之连接的圆弧半径 r 也减小为 r'。在刀齿前刃面上形成台阶，迫使切屑沿刀前刃面与 r' 形成的台阶卷曲。这时，切屑卷曲的曲率很大，卷曲得十分紧密，切屑占据的容屑空间很小。这种槽形对精切齿的拉削质量影响不太明显（因为精切齿的齿升量很小，切屑厚度很薄），但对粗切齿的拉削质量影响很显著。因为这种切屑使切削力过分集中于刀刃，容易发生刀齿崩刃的现象。所以，粗切齿应防止这种刀齿槽形的出现。

刀齿槽形（Ⅲ）：经刃磨后的刀齿，其 h 值变小，但槽底 r 增大，使切屑卷曲曲率变小，切屑卷曲得过分疏松。如果粗切齿被磨成这种刀齿槽形，会使容屑空间显得不够。

刀齿槽形（Ⅳ）：经刃磨后的刀齿，其 h 值变大，但槽底 r 仍保持基本不变，使槽底 r 与齿背 R 的连接形成台阶状。如果这种刀齿槽形出现在粗切齿上，那么，弧形的切屑会撞在槽底的台阶上，影响切屑的顺利卷曲和排出。拉刀上，特别粗切齿上是绝对不允许这种刀齿槽形存在的。因为它会严重地影响拉削质量，并导致崩齿等损坏拉刀的事故发生。

由此可知，对拉刀齿槽形应进行严格的检查，才能确保拉削质量的稳定和拉刀的安全使用。

拉刀齿容屑槽形，可用专用样板来检查。如果只检查齿槽底 r，可用半径规或 R 样板，同时用放大镜观察槽底 r 与刀齿前刃面的连接状况。

(2) 拉刀齿升量及磨削表面粗糙度和锐利度的检查

① 拉刀齿升量的检查　经刃磨后的拉刀，由于每个刀齿上的磨削量不一致，会使齿升量发生变化。刃磨次数越多，齿升量的变化就越大。齿升量的变化，对拉削力和拉削质量的影响是极大的，所以必须对刃磨后的拉刀齿升量进行测量。

如果对圆形拉刀上所有刀齿的外径或平面拉刀的齿高都进行测量，那是很费时间的。精切齿的齿升量及校准齿的外径，对拉削零件质量的影响最大。所以，这部分刀齿的外径应逐齿进行测量。粗切齿的齿升量变化，对拉削零件质量的影响一般不太大，但会使拉削力发生变化，而不均匀的齿升量，还会引起拉削过程的激烈振动。因此，对这部分的刀齿外径，可以根据粗切齿的多少，有选择地进行测量。例如，每隔五至六个刀齿测量一次。

此外，对于设置有分屑槽或分屑倒角的定形花键检刀齿，其第一个修光齿（即不设置分屑槽或分屑倒角的第一个刀齿），一般不应该具有齿升量，最好比前后一个刀齿的直径小0.02～0.03mm，用以切去由前后刀齿分屑槽或分屑倒角留下的一部分切削余量。这样安排可以避免在第一个过渡齿上出现“¬”或“┬”状的具有加强筋的切屑。这种切屑卷曲困难，容易引起切削表面的条状划痕和啃痕。因此，对这些刀齿齿升量的检查尤其应该重视。

② 拉刀齿磨削表面粗糙度的检查　拉刀齿磨削表面（指刀齿前刃面或后隙面）粗糙度的检查，通常采用粗糙度样板比较鉴定法。

在刃磨拉刀时，我们总是希望磨削表面，特别是刀齿前刃面，能够呈网状磨纹，因为这种磨纹能够获得较好的表面粗糙度和平直度（对平面拉刀）。

③ 拉刀齿锐利度的检查　拉刀齿锐利度的检查，是指检查刀齿磨损表面是否已全部磨去，刀刃上有否翻边和毛刺，以及刀刃的不平度等。

这些项目的检查，在一般情况下，是用放大镜来观察的。对于要求很高的拉刀齿，也可用工具显微镜来检查。

第7章 螺纹刀具

7.1 螺纹刀具的种类及用途

在各种机器和仪器中，螺纹被广泛地用来作为紧固件或传动件，因此螺纹加工在机器制造中占有重要地位。

根据用途和螺纹本身性质，螺纹可以分为以下三大类。

① 紧固螺纹　用于零件的固定连接，又可分为普通螺纹（粗牙、细牙两种）、时制螺纹、圆柱管螺纹、圆锥管螺纹。紧固螺纹的牙形多为三角形的。

② 传动螺纹　用于传递运动，将旋转运动变为直线往复运动，例如各种丝杠。这种螺纹常用梯形和矩形的两种。

③ 特种螺纹　如用于承受轴向负荷的锯齿形螺纹等。

对紧固螺纹的要求是可旋入性、连接的可靠性和紧密性。

对传动螺纹的要求是传递运动及位移的准确性及传递动力的可靠性。

螺纹的加工方法很多，各具有不同的特点，必须根据零件的技术要求、产量、轮廓尺寸等因素来选择，以充分发挥各种方法的特点。

螺纹的加工方法分成以下两大类。

① 切削加工　应用切削刀具，使被切金属层变为切屑。切削螺纹的刀具有螺纹车刀、螺纹梳刀、丝锥、板牙、螺纹铣刀、螺纹切头（自开板牙）和砂轮等。

② 滚压加工　利用滚压的方法，使金属发生塑性变形而形成螺纹，不产生切屑，因而也可称为无屑加工。滚压工具有搓丝板和滚丝轮等。

7.1.1　切削加工法加工螺纹刀具

（1）螺纹车刀

螺纹车刀是一种具有螺纹廓形的成形车刀。结构简单、通用性好，可用来加工各种形状、尺寸和精度的内、外螺纹，多在普通车床上使用，生产效率低，加工质量主要取决于操作者的技术水平及机床、刀具本身的精度。

（2）螺纹梳刀

螺纹梳刀相当于一排多齿的螺纹车刀。刀齿由切削部分和校准部分组成。切削部分做成切削锥，刀齿高度依次增大，使切削负荷分配在几个刀齿上。校准部分齿形完整，起校准修光作用。

螺纹梳刀加工螺纹时，梳刀沿螺纹轴向进给，一次走刀就能切出全部螺纹，生产效率比螺纹车刀高。

螺纹梳刀的结构与成形车刀相同，也有平体、棱体、圆体三种。

(3) 丝锥

丝锥是加工中小尺寸内螺纹的标准刀具。在结构上可把它看作与轴向开槽的螺杆类似。其结构简单，使用方便，既可手用，又可在机床上使用。

(4) 板牙

板牙是加工中小尺寸外螺纹的标准刀具。它可看成是沿轴向等分开有排屑孔的螺母，但需在螺母的两端做有切削锥，以便于切入，结构见图 7-1。

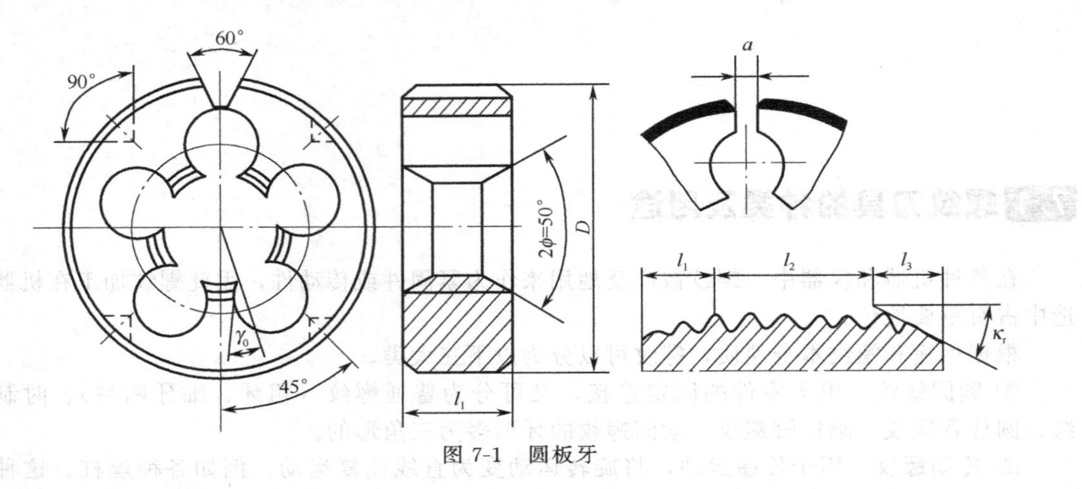

图 7-1 圆板牙

板牙的切削锥部担负主要切削工作，中间校准部有完整螺纹用于校准和导向。其前角 γ_o 由排屑孔的位置和形状决定；切削锥部后角 α_p 由铲磨得到，校形部的齿形是完整的，不磨出后角。外圆处的 60°缺口槽，是在板牙磨损后将其磨穿，以借助两侧的两个 90°沉头锥孔来调整板牙尺寸的。另两个小沉头锥孔是用来夹持板牙的。因热处理后板牙螺纹表面不再研磨，故其加工螺纹精度较低。

板牙可手用，也可在机床上使用，应用广泛。

(5) 螺纹切头

螺纹切头通常用于六角车床，自动和半自动车床。工作时，梳刀合拢，几把梳刀同时切削；切削完毕，梳刀自动张开，这时切头快速退回，梳刀又自动合拢，准备下一个工作循环，生产效率很高。

(6) 螺纹铣刀

螺纹铣刀是用铣削方法加工螺纹的刀具，有盘形螺纹铣刀和梳形螺纹铣刀两种，其结构和使用详见本章 7.4.3 节。

(7) 高速铣削螺纹刀盘

高速铣削刀盘加工螺纹的方法又称旋风铣，旋风铣螺纹是在改装的车床或专用机床上进行的，多用于成批生产中大螺距螺杆和丝杠加工。其特点是切削平稳、生产效率高、刀具耐用度高，但加工精度不高，故只用作螺纹的粗加工或半精加工。

7.1.2 滚压加工螺纹工具

滚压螺纹是在滚压工具的作用下，利用金属材料的塑性变形加工螺纹。滚压法加工螺纹的工具主要有滚丝轮和搓丝板。

(1) 滚丝轮

滚丝轮成对在滚丝机上使用。工作时，两滚丝轮同向等速旋转，工件放在两滚丝轮之间的支承板上，当一滚丝轮（动轮）向另一轮（定轮）径向进给时，工件逐渐被压出螺纹。

滚丝轮制造容易，加工的螺纹精度可达 4～5 级，表面粗糙度 Ra 可达 0.2μm，生产效率也比切削加工高，故适用于批量加工精度较高的螺纹标准件。

(2) 搓丝板

搓丝板成对使用。静板固定在机床工作台上，动板则与机床滑块一起沿工件切向运动。当工件进入两块搓丝板之间，立即被夹住，使之滚动，搓丝扳上凸起的螺纹逐渐压入工件而形成螺纹。

搓丝板生产效率比滚丝轮还高，但加工精度不如滚丝轮高。由于搓丝行程的限制，故只用于加工直径小于 24mm 的螺纹。

7.2 螺纹车刀

车削螺纹是应用最早、刀具较为简单而应用较为普遍的一种螺纹加工方法。用于车削螺纹的刀具称为螺纹车刀。

螺纹车刀是以其切削刃相对于工件做螺旋运动（即工件旋转一转，车刀沿工件轴线移动一个导程），其刀刃运动轨迹助形成工件螺纹表面的螺纹刀具。

车削螺纹的主要优点是：刀具结构简单、制造容易、通用性好；能在各类车床上加工各种尺寸，各种牙形和精度的内、外螺纹。但螺纹车刀属于单刀刀具，生产效率较低。

由于车削螺纹具有上述特点，因此在中、小批量（个别的大批量）螺纹生产中应用很广。

螺纹车刀的类型很多，结构各异。按加工的类型分，有普通螺纹车刀（加工普通联结螺纹）、梯形螺纹车刀、锯齿形螺纹车刀等；按刀具材料分，有高速钢螺纹车刀和硬质合金螺纹车刀；按刀具结构分，有平体螺纹车刀、棱体螺纹车刀、圆体螺纹车刀和展成螺纹车刀，平体、棱体、圆体车刀又分别有单头和梳形车刀两种，其中应用最普遍的是平体螺纹车刀。

7.2.1 平体螺纹车刀

(1) 种类和结构

平体螺纹车刀可分为高速钢平体螺纹车刀和硬质合金平体螺纹中刀两类，后者又可分为焊接式、机械夹固重磨式、机械夹固不重磨式（可转位式）三种，其刀杆截面均呈矩形或正方形。高速钢平体螺纹车刀的结构较简单。下面仅介绍硬质合金平体螺纹车刀的结构。

① 焊接式螺纹车刀　焊接式螺纹车刀由刀片和刀杆组成，其典型结构如图 7-2 所示。刀杆材料一般为 45 钢或 50 钢；刀片材料为硬质合金。常用的硬质合金牌号有 YT5、YT14、YT15、YG8、YG6、YG6x 等。

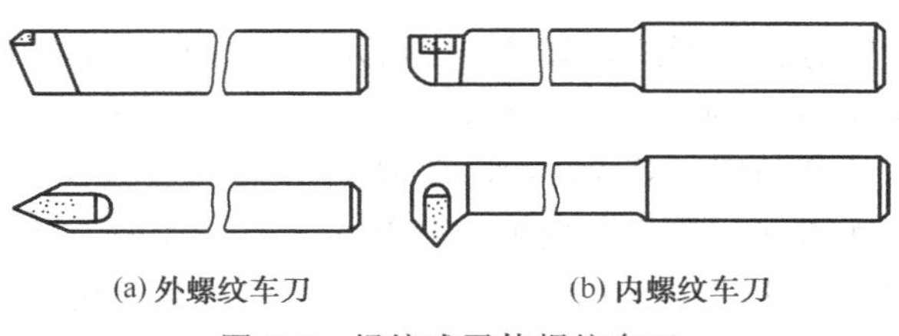

(a) 外螺纹车刀　(b) 内螺纹车刀

图 7-2　焊接式平体螺纹车刀

刀片的型号和尺寸见表 7-1。

a. 刀片槽的形状和尺寸　常用的刀片槽形状如图 7-3 所示，有开口槽、封闭槽、半封闭槽三种。封闭槽托持刀片可靠，但制造麻烦，且当刀片材料脆件较大时，复杂的焊接应力易使刀片产生裂纹，故一般应尽量采用容易制造的开口槽。只有当刀片尺寸较小或者在一些内螺纹车刀中，才采用封闭槽或半封闭槽。

表 7-1　螺纹车刀刀片的型号和尺寸　　单位：mm

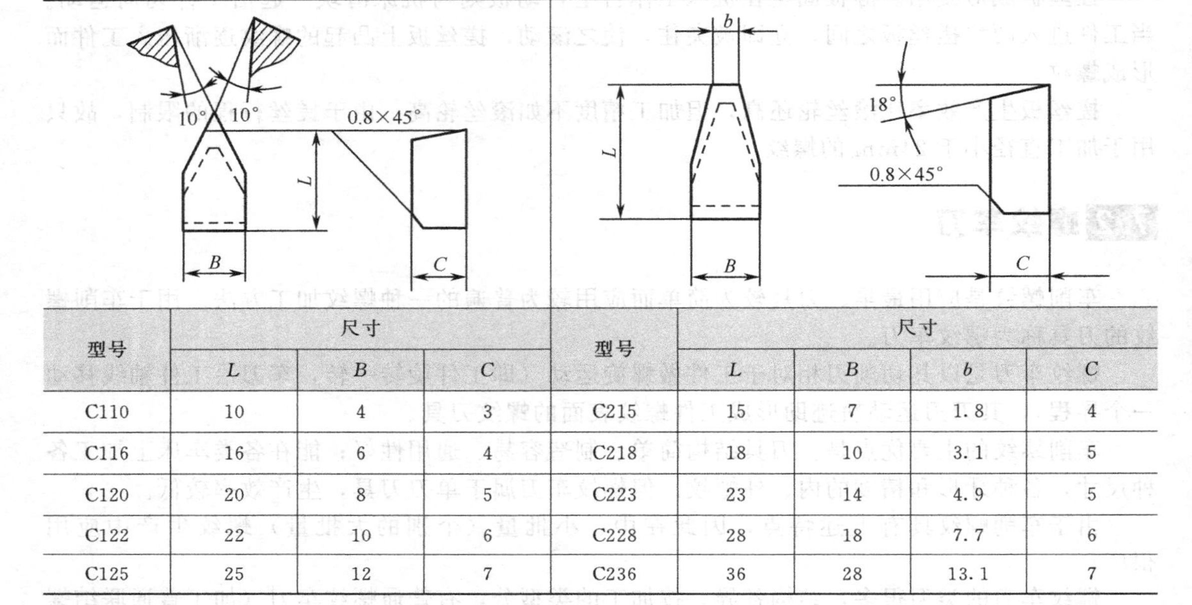

型号	尺寸			型号	尺寸			
	L	B	C		L	B	b	C
C110	10	4	3	C215	15	7	1.8	4
C116	16	6	4	C218	18	10	3.1	5
C120	20	8	5	C223	23	14	4.9	5
C122	22	10	6	C228	28	18	7.7	6
C125	25	12	7	C236	36	28	13.1	7

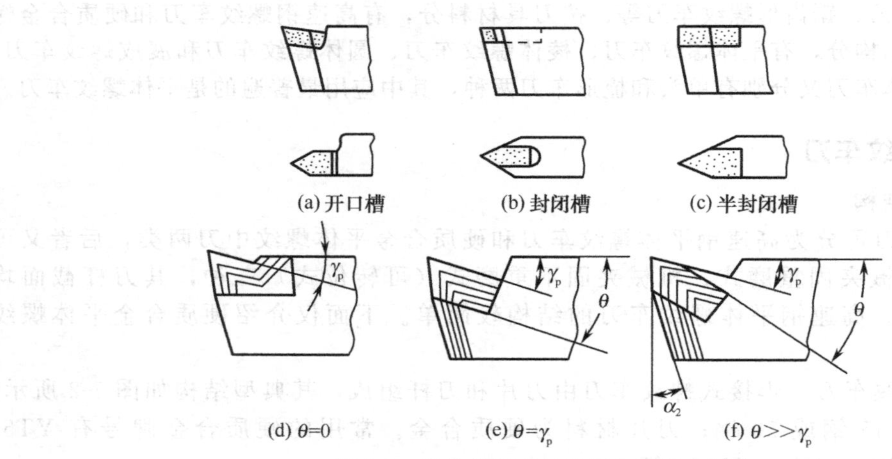

(a) 开口槽　(b) 封闭槽　(c) 半封闭槽

(d) $\theta=0$　(e) $\theta=\gamma_p$　(f) $\theta>>\gamma_p$

图 7-3　刀片槽的形状及刀片槽底的倾角

刀片槽底的倾角 θ 也有三种形式，如图 7-3 所示。刀片槽底平行于刀杆底面（即 $\theta=0$）的形式，只适用于前角 $\gamma_p=0$ 的车刀。若车刀有前角而采用这种形式时，不但增加了重磨时间，而且也降低了刀片利用率。若 $\gamma_p\neq0$，而取 $\theta=\gamma_p$，上述情况虽有所好转，但每次重磨时仍要沿整个刀片表面刃磨，故仍不理想。若取 $\theta>\gamma_p$，则既可减少每次重磨的时间，又增加了刀片重磨的次数。因此，当车刀前角 $\gamma_p>0$ 时，应尽且采用 $\theta>\gamma_p$ 的形式，通常 $\theta=\gamma_p+(4°\sim8°)$。此外，为了尽量减少刀杆后刀面被磨削的面积，刀杆的后角 α_2 也应大于车

刀的后角 α_p，一般取 $\alpha_2=\alpha_p+$（2°～4°）。

b. 刀杆的类型和尺寸　平体螺纹车刀的刀杆，在其截面积相同的条件下，矩形刀杆有较好的抗弯强度，故应用比较广泛。方形刀杆则主要用于车削内螺纹和在自动机上车削螺纹。此外，当刀杆高度受刀架尺寸限制时，也采用方形刀杆。常用的矩形刀杆截面尺寸有：6mm×10mm；12mm×20mm；16mm×15mm；20mm×30mm；25mm×40mm；30mm×45mm；40mm×60mm等。常用的方形刀杆截面尺寸有：6mm×6mm；8mm×8mm；10mm×10mm；12mm×12mm；16mm×16mm；20mm×20mm；25mm×25mm；30mm×30mm；40mm×40mm；50mm×50mm等。

为了减少切削振动、防止啃刀以及提高螺纹表面光洁度，可采用弹性刀杆。常用的几种弹性刀杆的形状及结构见图7-4，图中（b）、（c）所示的刀杆增加了弹簧圈，其目的是为提高刀杆抵抗弯曲变形的能力，使其获得适当的弹性。

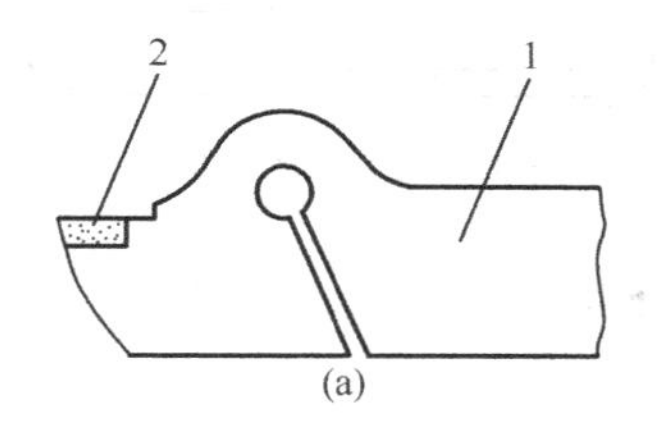

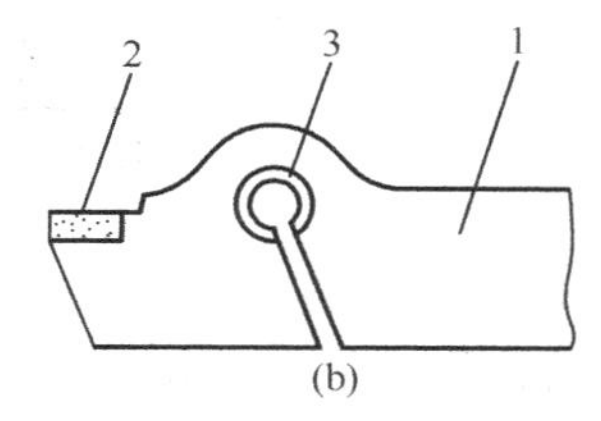

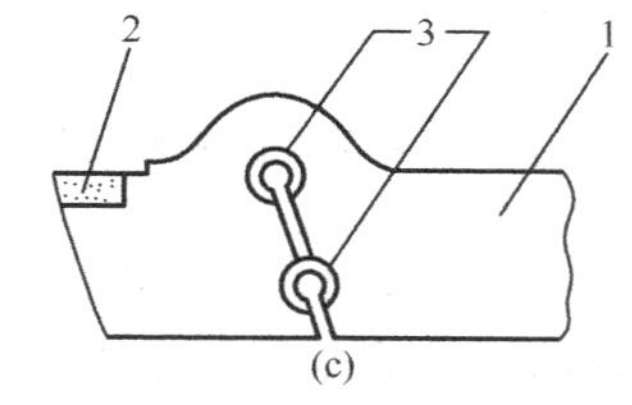

图7-4　弹性刀杆

1—弹性刀体；2—刀片；3—弹簧圈

螺纹车刀刀杆的长度约为刀杆高度的5～10倍，一般可取为90mm、100mm、110mm、125mm、140mm、170mm、200mm、240mm、280mm等。

② 机械夹固式螺纹车刀　机械夹固式螺纹车刀（简称机夹螺纹车刀）亦是使用比较广泛的螺纹刀具之一，它与焊接螺纹车刀的主要区别是：刀片（或小刀头）与刀杆为两个可拆开的独立元件，工作时用夹紧元件（螺钉、压板、楔块等）把它们紧固在一起。由于这种车刀在用钝后只需更换刀头而无需更换刀杆，且又可在同一刀杆上根据粗、精加工的不同需要安装不同的刀头，因而可以减少制造刀杆的费用。特别是当刀杆尺寸较大时，这种优点就更为显著。机夹螺纹车刀种类很多，下面仅介绍几种。

a. 上压式机夹螺纹车刀　这是一种借螺钉和压板等压紧元件，从刀片上面施以夹紧力，将刀片紧固在刀杆上的螺纹车刀。图7-5为其几种结构形式。上压式结构简单，夹紧可靠，且重磨后可以方便地调节刀头伸出长度，它的压板还往往兼有断屑台的作用。

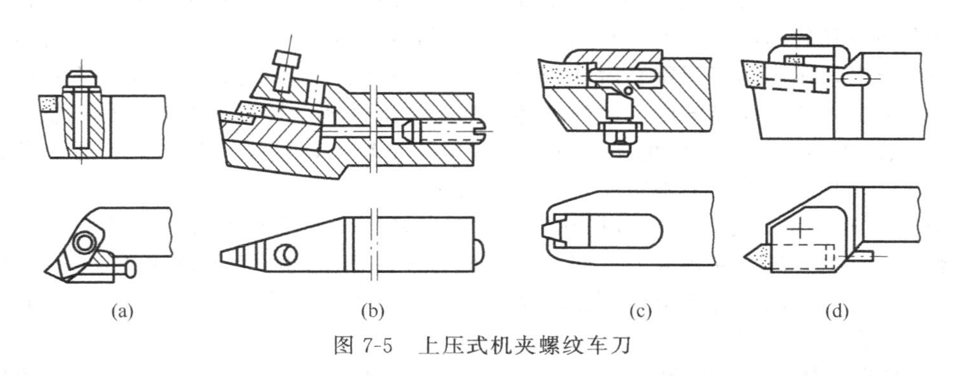

图7-5　上压式机夹螺纹车刀

b. 侧压式机夹螺纹车刀　这是一种借螺钉和楔块从侧面将刀片紧固在刀杆上的螺纹车刀。图7-6为其两种结构形式。侧压式省掉了压板，结构紧凑，常用于内螺纹车刀。

c. 弹性夹固式螺纹车刀　弹性夹固式螺纹车刀是依靠刀杆的弹性变形而夹紧刀头的。图 7-7 为一种比较实用的可回转弹性夹固式螺纹车刀。在弹簧刀杆的方孔中，可根据粗、精车的不同要求，分别装上粗、精刀头。刀杆的弹性可消除振动，防止啃刀。弹性刀杆的尾柄为圆形，在装入弹性方套后可以转动，这样既可轴向也可法向车削螺纹。

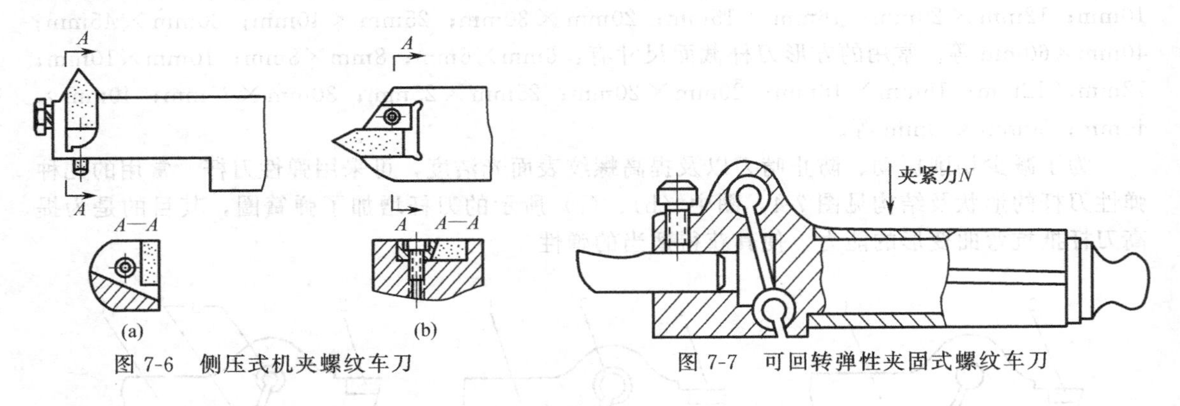

图 7-6　侧压式机夹螺纹车刀　　图 7-7　可回转弹性夹固式螺纹车刀

d. 机夹可转位式螺纹车刀　它也可用螺钉和压板杆将不重磨式刀片压紧在刀杆上，刀片侧面凸出的筋起定位作用。它的结构形式很多，如图 7-8 所示。

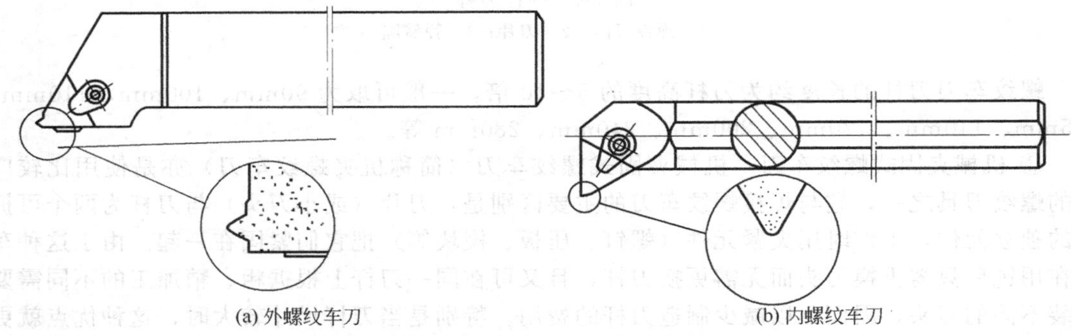

图 7-8　机夹可转位式螺纹车刀

图 7-8 所示的两种车刀都为上压式，一是车外螺纹的，一是车内螺纹的。

(2) 车刀的前、后角

螺纹车刀有一个顶刃、两个侧刃，它们的前、后角是相互关联的。这些前、后角的大小，不但影响刀具耐用度、切削力和切削效率，而且还影响车刀前刀面的截形。各刃前、后角配合是否恰当，还影响车刀重磨后能否保证被加工螺纹牙型不变；侧后角是否足够，还严重影响被加工螺纹的表面光洁度。此外，螺纹加工中工件转一转车刀的轴向移动量大（等于导程），因此侧刃的工作前、后角和静态前、后角相差较大，这样，工作前、后角尤其是工作后角的设计，是设计螺纹刀具时必须考虑的问题。

① 分析刀具几何角度　将与刀具几何角度有关的线段投影到基面上，用它们代表各个几何角度，把有关刀具几何角度的空间问题简化为在基面上的平面问题来求解的一种方法，既可用作图法，也可用计算法得到所需的结果。此法求解过程简单，适于对简单刀具几何角度的分析，特别适于对螺纹刀具几何角度的分析。

图 7-9 给出了螺纹车刀左侧刃 $A'B$ 上一点 A'（位于刀尖处）处表示该点几何角度的各个平面及相应的刀具几何角度：刃倾角 λ_s；前角 γ_0；法前角 γ_n；横向前角 $\gamma_f=0$；纵向前角 γ_p，它也是顶刃的前角。左侧后刀面各相应的后角 α_{0L}、α_{nL}、α_{fL}、α_p（也是顶后角）图

上未标出，但很容易看出，如$\angle EA'A=\alpha_{0L}$等。图 7-9 与一般表示刀具几何角度的图所不同的，仅仅是将基面P_r沿它的法线（切削速度v_0）方向下移了一个单位距离，这时切削刃$A'B$在基面上的投影为AB；各平面与基面的交线：对于前刀面为BF'；对于左侧后刀面为BC；对于主剖面为AE'；对于法剖面为GF'；对于横向剖面为AC：对于纵向剖面为AD'。由图可知：

$$AB=\cot\lambda_s;\ AE'=\cot\gamma_0;\ AD'=\cot\gamma_p;$$
$$AE=\tan\alpha_{0L};\ AC=\tan\alpha_{fL};\ AD=\tan\alpha_p。$$

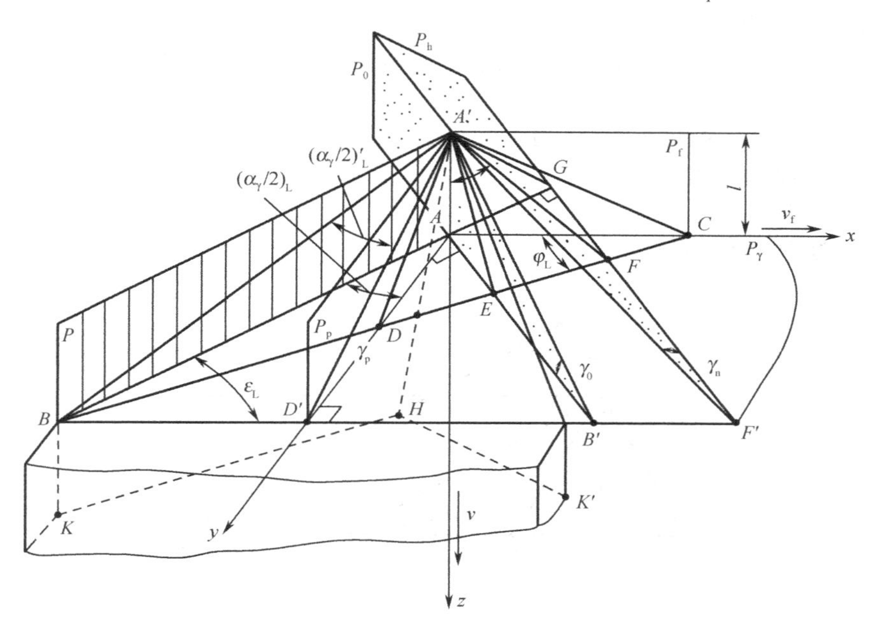

图 7-9　刀具几何角度的图解解析法

$A'BB'$—前刀面；$A'BKH$—左侧后刀面；$A'B'K'H$—右侧后刀面；

P_γ—基面；P—基切削平面；P_0—主剖面；P_h—法剖面；P_f—横向剖面；P_p—横向剖面

法剖面垂直于切削刃$A'B$，$A'B$就是法剖面的法线。基面的法线是$A'A$（即v）。法剖面与基面的交线$F'G$必既垂直于$A'B$，又垂直于$A'A$，因而$F'G$垂直于切削平面P。同样由该图有：

$AG=\tan\lambda_s$；$A'G=1/\cos\lambda_s$；$F'G=A'G\cot\gamma_n/\cos\lambda_s$；$FG=\tan\alpha_{0L}/\cos\lambda_s$。

这样就把刀具所有的几何角度及其关系表示在基面上了，在这个平面上就可求得它们之间的关系。

当切削速度用的是主切削速度v，则以上表示的刀具几何角度为标注几何角度或称静止几何角度；当切削速度用的是合成切削速度v_c，则以上表示的刀具几何角度就是工作角度或称运动几何角度。这时横坐标x取为进给速度v_f在基面上投影的方向。车刀刀尖对准工件中心以及刀刃上其他点的几何角度，所不同的也仅是切削速度v的方向不同而已。

另外，若已知前刀面上左侧刃的齿形半角$\alpha_{\gamma L}/2$，则由图 7-9 的几何关系便可得其在基面上的投影角$\alpha'_{\gamma L}/2$：

$$\cot(\alpha_{\gamma L}/2)'_L=\cot(\alpha_\gamma/2)_L\times\cos\gamma_p \quad (7\text{-}1)$$

② 平体螺纹车刀的标注前、后角　标注前角的关系见图 7-10，它就是图 7-9 中在基面上与前角有关的那一部分图形。螺纹车刀前刀面与基面的交线BF'平行于x轴。已知$(\alpha_\gamma/2)'_L$及γ_p，即可作出该图。从图中简单的几何关系可得：

$$\cot\lambda_s=\cot\gamma_p/\cos(\alpha_\gamma/2)'_L \text{ 或者 } \tan\lambda_s=\tan\gamma_p/\cos(\alpha_\gamma/2)'_L \quad (7\text{-}2)$$

$$\cot\gamma_0=\cot\gamma_p/\sin(\alpha_\gamma/2)'_L \text{ 或者 } \tan\gamma_0=\tan\gamma_p/\sin(\alpha_\gamma/2)'_L$$

$$\cot\gamma=\cot\gamma_p/\cos\theta \text{ 或者 } \tan\gamma=\tan\gamma_p/\cos\theta$$

式中 γ_p——顶刃前角或纵向前角，(°)；

λ_s——刀倾角，(°)；

γ_0——前角，又称主前角，(°)；

γ——沿任意方向 θ 的前角，(°)。

又由图 7-10 可得：

$$(\cot\gamma_n/\cos\lambda_s):\cot\gamma_0=(\cot\lambda_s+\tan\lambda_s):\cot\lambda_s$$

则：

$$\cot\gamma_n=\cot\gamma_0(1+\tan^2\lambda_s)/\cos\lambda_s=\cot\gamma_0\cos\lambda_s \quad (7\text{-}3)$$

式中 γ_n——法前角，(°)。

另外还有 $\gamma_f=0$

式中 γ_f——横向前角，(°)。

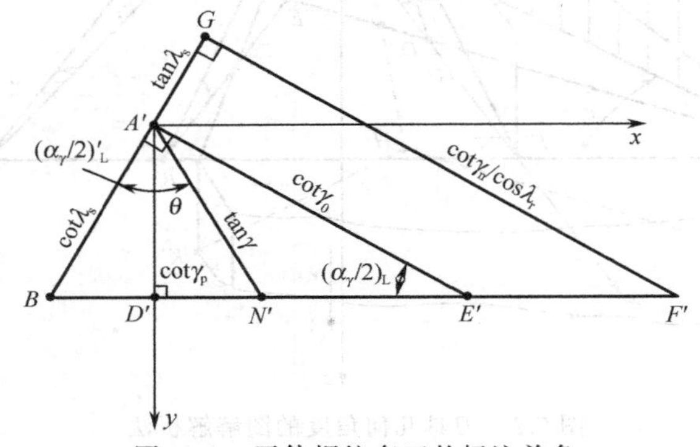

图 7-10 平体螺纹车刀的标注前角

标注后角的关系见图 7-11，它也是图 7-9 中在基面上与左侧后刀面的后角有关的那一部分图形。后刀面与基面的交线为 BC。令 BC 与 x 轴的夹角为 ε_L，与 $A'B$ 的夹角为 φ_L，则：

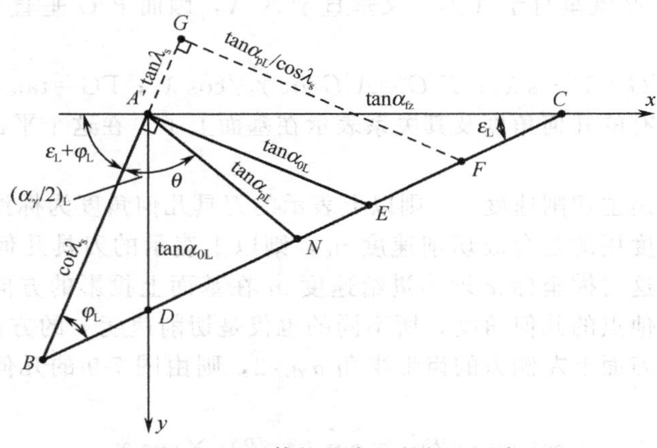

图 7-11 平体螺纹车刀的标注后角

$$\varphi_L=90°-[\varepsilon_L+(\alpha_\gamma/2)'_L] \text{ 或 } \varepsilon_L=90°-[\varphi_L+(\alpha_\gamma/2)'_L]$$

$(\alpha_\gamma/2)'_L$ 与 λ_s 已知，任给一后角（例如 α_0），则可作出该图。在△$A'BE$ 中

$$\tan\varphi_L=\tan\alpha_{0L}/\cot\lambda_s=\tan\alpha_{0L}\tan\lambda_s$$

若将公式（7-2）代入，还有：

$$\tan\varphi_L=\tan\alpha_{0L}\tan\gamma_p\cos(\alpha_\gamma/2)'_L \tag{7-4}$$

$$在\triangle A'BE中\ \tan\alpha_{fL}:\sin\varphi_L=\cot\lambda_s:\sin\varepsilon_L \tag{7-5}$$

$$得\ \tan\alpha_{fL}=\cot\lambda_s\sin\varphi_L/\sin\varepsilon_L \tag{7-6}$$

若将公式（7-2）、式（7-5）及 φ_L 值代入，可得：

$$\cot\alpha_{fL}=[\cot\alpha_0\tan\gamma_p\sin(\alpha_\gamma/2)'_L]\cos(\alpha_\gamma/2)'_L \tag{7-7}$$

式中 α_{0L}——左侧刃后角，又称主后角，(°)；

α_{fL}——左侧刃横向后角，(°)。

在$\triangle A'CD$中：

$$\tan\alpha_{pL}=\tan\alpha_{fL}\tan\varepsilon_L$$

若将公式（7-4）、式（7-7）代入，可得：

$$\cot\alpha_{pL}=\cot\alpha_0\sin(\alpha_\gamma/2)'_L+\tan\gamma_p\cos^2(\alpha_\gamma/2)'_L \tag{7-8}$$

式中 α_{pL}——左侧刃纵向后角，(°)。

$$在\triangle A'CN中\angle A'CN=\angle A'DN+\theta=\varphi_L+\cos(\alpha_\gamma/2)'_L+\theta \tag{7-9}$$

$$\tan\alpha_L:\sin\varepsilon_L=\tan\alpha_f:\sin[\varphi_L+\cos(\alpha_\gamma/2)'_L+\theta]$$

得 $\tan\alpha_L=\sin\varepsilon_L\sin[\varphi_L+\cos(\alpha_\gamma/2)'_L+\theta]/\tan\alpha_f$

若将公式（7-6）代入展开，并将公式（7-4）、式（7-7）代入，得：

$$\cot\alpha_L=\cot\alpha_0\sin[(\alpha_\gamma/2)'_L+\theta]+\tan\gamma_p\cos(\alpha_\gamma/2)'_L\cos[(\alpha_\gamma/2)'_L+\theta] \tag{7-10}$$

式中 α_L——左侧刃沿任意方向 θ 的后角，(°)。

$\triangle BGF\backsim\triangle BA'E$，有：

$$(\tan\alpha_{nL}/\cos\lambda_s):\tan\alpha_{0L}=(\cot\lambda_s+\tan\lambda_s):\cot\lambda_s$$

则：$\tan\alpha_{nL}=\tan\alpha_{0L}\cos\lambda_s$

若将公式（7-2）代入，可得：

$$\cot\alpha_{nL}=\sqrt{1+\tan^2\gamma_p\cos^2(\alpha_\gamma/2)'_L\cot\alpha_0} \tag{7-11}$$

式中 α_{nL}——左侧刃法后角，(°)。

右侧刃标注前、后角的公式与左侧刃相同，只要将上述公式代入右侧刃的参数即可。

另外，螺纹本刀侧刃上各点的几何角度是不同的，这是因为各点的切削速度 v 的方向不同所致，它直接影响纵向前、后角。

由图7-12有：

$$\sin\gamma_{\gamma p}=e/r=r_0\sin\gamma_p/r \tag{7-12}$$

式中 γ_p——顶刃前角，(°)；

r_0——刀切削的工件半径，一般为工件螺纹的小径半径，mm；

r——切削刃上某点切削的工件半径，mm；

$\gamma_{\gamma p}$——切削刃，L 某点的纵向前角，(°)。

若后刀面是平面，同样有：

$$\cos\alpha_{p\gamma}=r_0/r\cos\alpha_p \tag{7-13}$$

求出它们后，仍可用前面导出的公式求该点的其他几何角度。另外，安装（即刀尖与工件轴线是否在水平面上）对前、后角的影响与上面的讨论类似。

③ 前角和后角的选择　螺纹车刀前、后角的选择原则和普通外圆车刀基本相同而又略有区别，区别如下。

a. 为了减少加工螺纹的理论误差，一般前角不宜太大，有时甚至取 $\gamma_p=0$；若车精度较高的螺纹或蜗杆又要取较大的前角，则车刀齿形角要按后面推导的公式作修正或将切削刃做

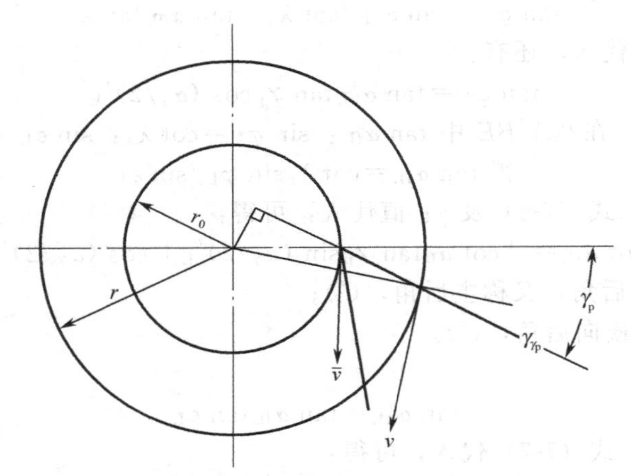

图 7-12 切削刃各点的前、后角

成曲线形。

b. 螺纹车刀刀头体积较小，顶刃后角又比顶刃后角大得多，为了增强刀尖的强度及改善散热条件，一般侧后角选得比车外圆要小一些；为了车刀能正常切削，其工作侧后角又必须保证有足够的大小。例如车削钢的三角螺纹时取 $\alpha_{0e}=3°\sim5°$，车削钢的梯形螺纹时取 $\alpha_{0e}=6°\sim8°$。

c. 车大螺距螺纹或多线螺纹时，工作角度与标注角度相差甚大，且一侧的前、后角增大另一侧减小。为了使两侧有相同的工作后角，一种办法是两侧的标注后角取不同值；另一种办法是采用法向安装，即将螺纹车刀绕 y 轴旋转一个中径上的螺纹升角，使车刀前刀面安装入螺纹槽的法向平面内。法向安装时，顶刃前角 γ_p 一般取为 0。

7.2.2 棱体螺纹车刀

棱体螺纹车刀的刀体呈棱形，有燕尾形的装夹部分。棱体螺纹车刀有单齿和梳形两种。

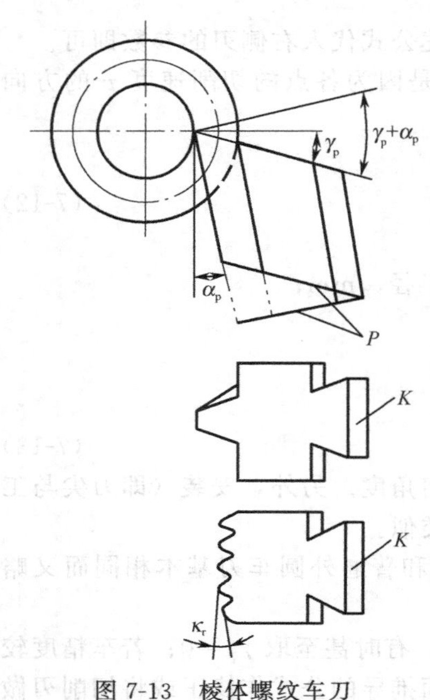

图 7-13 棱体螺纹车刀

(1) 棱体螺纹车刀的结构

棱体螺纹车刀的结构有如下特点，如图 7-13 所示。

① 刀体的侧面投影呈棱形，在平行的截面内具有相同的截形。重磨前刀面后能保持前刀面截形不变。

② 构成棱边之一的前刀面作成倾斜 $\gamma_p+\alpha_p$ 的斜面。γ_p 为顶刃前角，α_p 为顶刃后角。

③ 燕尾形装夹部分的基面 K 平行于顶刃后刀面。靠燕尾形部分装夹在刀夹上，然后再装在车床上。顶刃后角 α_p 由安装获得。有两种安装方式，一种是刀夹的燕尾槽倾斜 α_p 角；另一种是刀夹的燕尾槽不倾斜，靠装刀时将顶刃装得低于机床中心来获得后角 α_p。后者刀夹的通用性更好。

④ 车刀底面 P 可做成与前刀面平行，也可做成与燕尾槽的基面 K 垂直。前者 P 面可作为重磨与检查前刀面齿形的基准；后者则强度较好。

棱体螺纹车刀的结构尺寸见表 7-2。

装夹棱体螺纹车刀的专用刀夹，其结构形式很多。图 7-14是结构比较简单的一种。

表 7-2 棱体螺纹车刀的结构尺寸

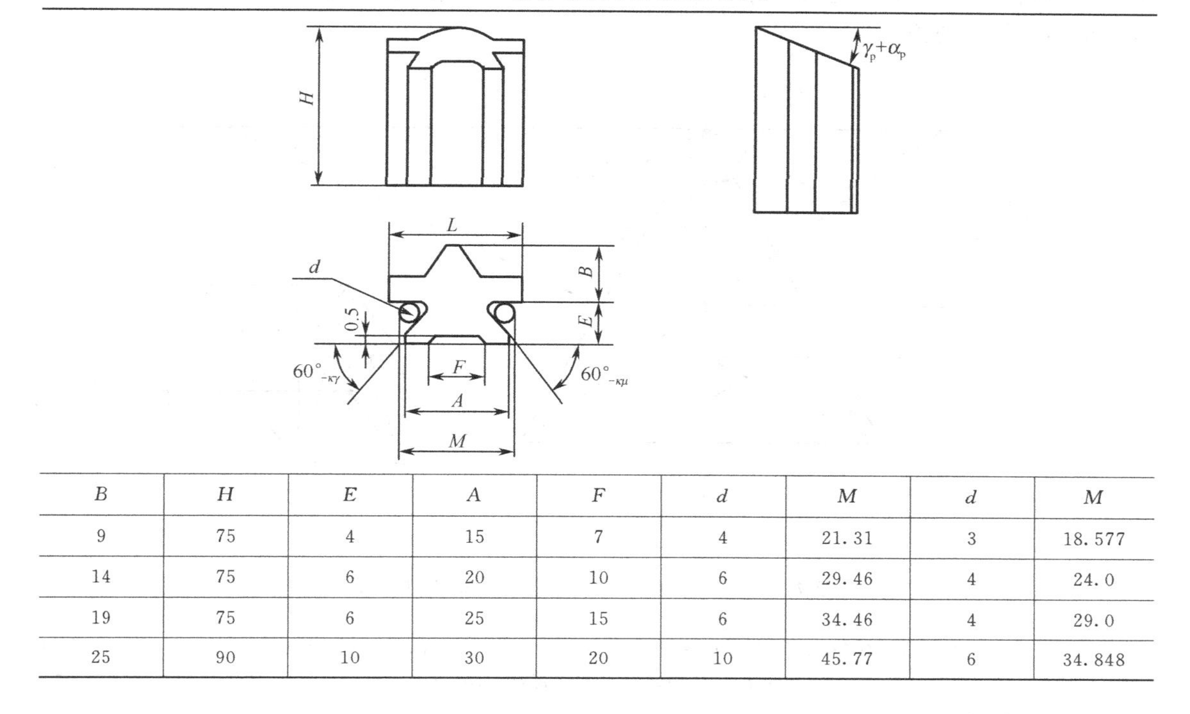

B	H	E	A	F	d	M	d	M
9	75	4	15	7	4	21.31	3	18.577
14	75	6	20	10	6	29.46	4	24.0
19	75	6	25	15	6	34.46	4	29.0
25	90	10	30	20	10	45.77	6	34.848

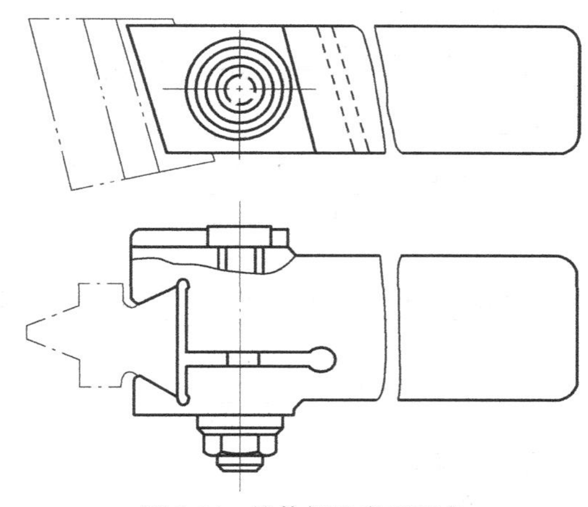

图 7-14 棱体螺纹车刀刀夹

(2) 前角和后角

棱体螺纹车刀的前、后角与平体螺纹车刀相同。但棱体螺纹车刀重磨时只磨前刀面。为保证重磨后齿形不变，必须使顶刃后角与两侧刃后角相协调。

为使棱体螺纹车刀两侧刃都有较适合的工作后角，则两侧刃的后角是不相同的。令左侧刃为 α_{0L}，右侧刃为 α_{0R}。这样，左侧后刀面与右侧后刀面的交线 AK 将不在 y 轴上，如图 7-15所示。必须平行于交线 AK 刃磨顶刃后刀面，才能保证重磨后其前刀面齿形不变。下面推导与交线 AK 有关的角度。

按图 7-11 的画法，将左、右侧后刀面各后角的关系同时画在图 7-15(a) 中。$\triangle A'BC$ 表示左侧后刀面，$\triangle A'B'C'$表示右侧后刀面，$A'K$ 就是两侧后刀面交线在基面上的投影。因此，图 7-15(a) 不仅表示了左、右侧后刀面各后角间的关系，而且表示了两侧面后角间的关系。两侧后刀面各自的后角关系在第一节中已经求得，把它们当成是已知的。由$\triangle D'KD$就可求得所要求的关系。

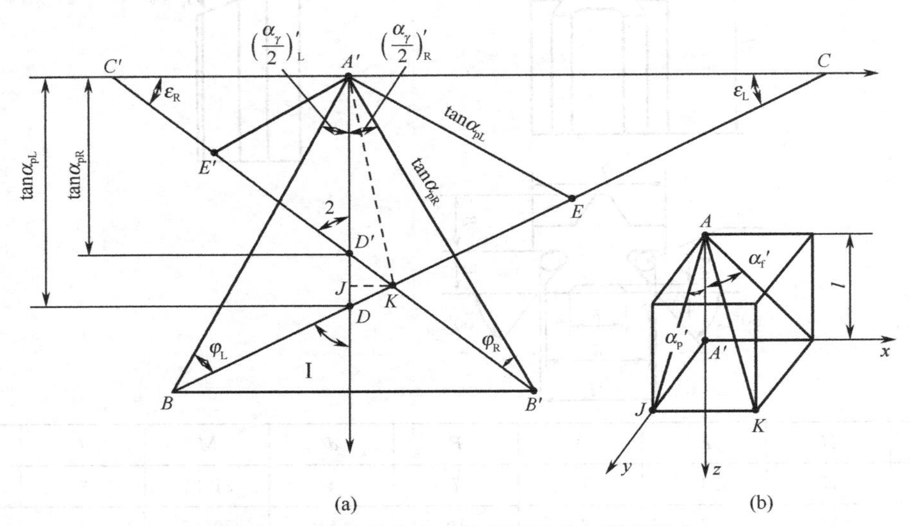

图 7-15　棱体螺纹车刀的侧刃后角与顶刃后角

$$\text{在}\triangle D'KD\text{中，}KD\cos\angle 1+KD'\cos\angle 2=\tan\alpha_{pL}-\tan\alpha_{pR} \tag{7-14}$$

$$KJ=KD\sin\angle 1=KD'\sin\angle 2 \tag{7-15}$$

将式（7-15）代入式（7-14）解得：

$$KJ=\frac{\tan\alpha_{pL}-\tan\alpha_{pR}}{\sin(\angle 1+\angle 2)}\sin\angle 1\ \sin\angle 2 \tag{7-16}$$

$$A'J=A'D'+D'J=\tan\alpha_{pR}+KJ\cot\angle 2 \tag{7-17}$$

即

$$A'J=\frac{\tan\alpha_{pL}\sin\angle 1\cos\angle 2-\tan\alpha_{pL}\sin\angle 2\cos\angle 1}{\sin(\angle 1+\angle 2)} \tag{7-18}$$

又由图 7-15（b）得：

$$\tan\alpha_p'=A'J=\frac{\tan\alpha_{pL}\sin\angle 1\cos\angle 2-\tan\alpha_{pL}\sin\angle 2\cos\angle 1}{\sin(\angle 1+\angle 2)} \tag{7-19}$$

$$\tan\alpha_f'=kJ=\frac{\tan\alpha_{pL}-\tan\alpha_{pR}}{\sin(\angle 1+\angle 2)}\sin\angle 1\ \sin\angle 2 \tag{7-20}$$

式中　α'_p——顶刃后角，(°)；

α'_f——转向角，(°)；

$\tan\alpha_{pL}$，$\tan\alpha_{pR}$——左、右侧刃的纵向后角，它们由公式（7-8）确定；

$$\angle 1=\varphi_L+\left(\frac{\alpha_\gamma}{2}\right)'_L；\angle 2=\varphi_R+\left(\frac{\alpha_\gamma}{2}\right)_R$$

其中$\varphi_L\varphi_R$由公式（7-4）确定。

计算出α'_p与α'_f后，棱体螺纹车刀的两侧后刀面就可按图 7-16(a）的调整来刃磨。其调整方法是先将车刀在夹具内绕x轴翘起δ角，然后刀具随夹具一起绕y轴旋转θ角，以使两侧后刀面的交线AK与磨削方向z平行。由图 7-16(b）可以看出：

$$\delta=\alpha'_p$$

$$\tan\theta=\frac{\tan\alpha'_f}{1/\cos\alpha'_p}=\tan\alpha'_f\cos\alpha'_p$$

这样一次调整就可同时刃磨左、右侧后刀面，并保证两侧后刀面的后角是所给定的后

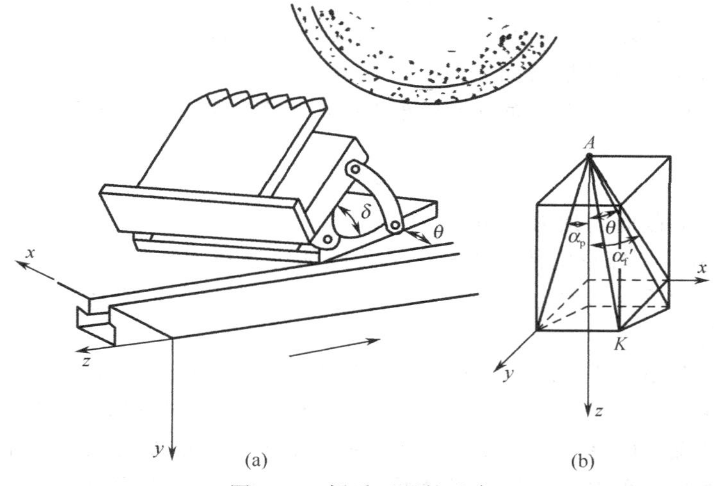

图 7-16 侧后刀面的刃磨

角。这种调整法特别适于刃磨棱体（或平体）梳形螺纹车刀，串一次砂轮就能同时磨出一个刀槽的左、右侧面。每次串刀的距离 P'为：

$$P' = P\cos\theta \tag{7-21}$$

式中 P——螺距，mm。

7.2.3 圆体螺纹车刀

圆体螺纹车刀的刀体是回转体，它有一个形成前刀面的缺口和一个装夹内孔。用圆体车刀加工螺纹时，所产生的理论误差虽比棱体螺纹车刀大，但因其制造容易，重磨次数多，故仍较广泛地用于加工各种外螺纹和尺寸较大的内螺纹。圆体螺纹车刀也有单齿和梳形两种，如图 7-17 所示。

① 单齿圆体螺纹车刀 单齿圆体螺纹车刀的刀体呈圆盘形，如图 7-17（a）所示，用螺钉紧固在刀夹中，靠车刀两端面的摩擦力承受切削力。这种车刀加工螺纹时是按法向安装的，即车刀轴线与工件螺纹轴线的夹角为被切螺纹中径处的螺纹升角 φ_2。

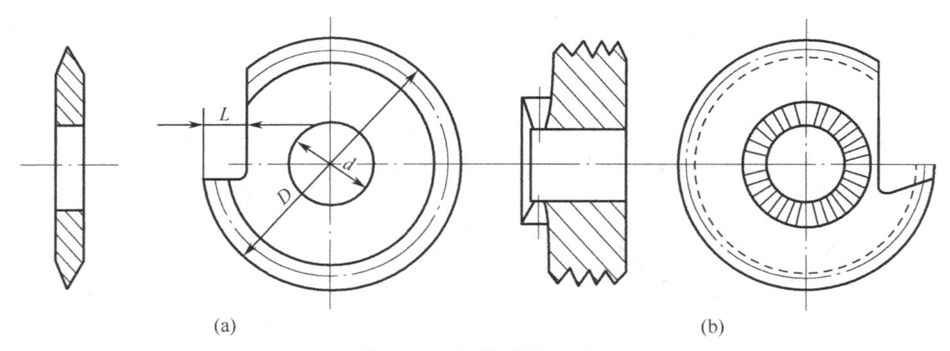

图 7-17 圆体螺纹车刀

为了夹紧可靠，车刀外径尽可能选小一些，以减小切削力矩为保证刀夹的心轴有足够的刚性，车刀内孔直径 d 应尽量选大一些。d 最小一般为 13mm，系列尺寸为 16mm、22mm、27mm、32mm 等刀具标准孔径。

车刀外径 D 可由下式选取：

$$D=d+2L+(6\sim10) \tag{7-22}$$

式中 L——前刀面的深度，一般不小于3倍螺纹的牙形高度 h。

这种螺纹车刀在使用时是法向安装的，前角一般选为0°，后角则是安装出来的。为使车刀获得所需的后角，车刀前刀面应低于车刀中心一个偏距 e。由图7-18可知：

$$e=\frac{D}{2}\sin\alpha_p \tag{7-23}$$

式中 α_p——车刀端截面的顶刃后角，(°)。

② 圆体螺纹梳刀　梳形圆体螺纹车刀又称圆体螺纹梳刀，如图7-19所示。用螺钉紧固在刀夹上，靠端面齿承受切削力。这种车刀加工螺纹时是按径向安装的，即车刀的轴线平行于工件螺纹的轴线。

当工件的螺纹升角小于30′时，圆体螺纹梳刀的刀齿作成环形齿；当工件螺纹开角大于30′时，圆体螺纹梳刀的刀齿一般作成螺旋齿。刀齿作成螺旋齿时，车刀在中径处的螺纹升角原则上等于工件螺纹的螺纹升角，且加工外螺纹时两者的螺旋方向必须相反，即工件为右螺纹时车刀为左螺纹。车刀和工件中径处螺纹升角的差异不允许超过30′。因此，若工件中径处的螺纹升角为 φ_2，则车刀的外径 D 按下式确定：

$$D=\frac{nP}{\pi\tan(\varphi_2\pm30')}+2h_2 \tag{7-24}$$

式中 n——车刀螺纹的头数；

h_2——工件螺纹的牙底高，mm。

上式表明，车刀的中径同螺纹的中径或者一致，或者成整倍数。取为整数时，车刀为多头螺纹。

圆体螺纹梳刀至少要有4～5个齿，前2～3个齿可做出切削锥角。

圆体螺纹梳刀的轴线平行于工作螺纹的轴线，车刀上作有前角，后角则仍由安装得出。为使车刀能得到所需的前、后角，车刀前刀面对中心的偏距 e，如图7-19所示，由下式计算：

$$e=\frac{D}{2}\sin(\gamma_p+\alpha_p) \tag{7-25}$$

式中 γ_p——车刀端截面的顶刃前角，(°)。

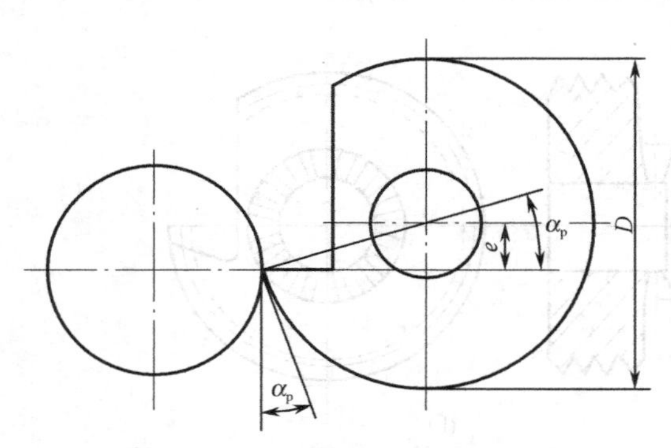

图7-18　单齿圆体螺纹车刀的后角

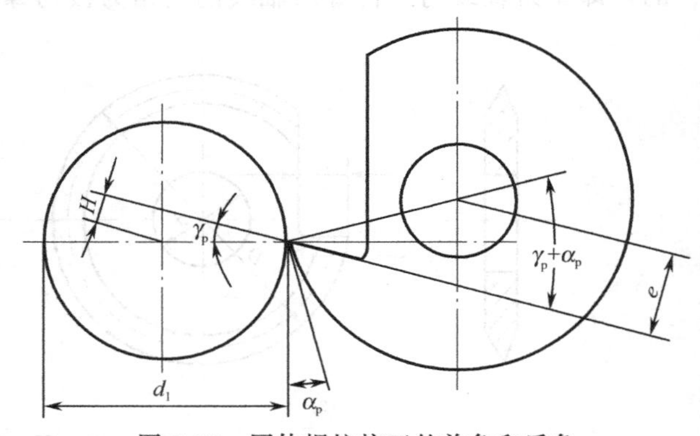

图7-19　圆体螺纹梳刀的前角和后角

加工螺纹时，将该车刀的刀尖安装得低于工件螺纹中心，即可获得所需的前角和后角。此时车刀前刀面对螺纹中心的偏距 H 由下式计算：

$$H=\frac{d_1}{2}\sin\gamma_p \tag{7-26}$$

式中 d_1——工件螺纹的小径，mm。

圆体螺纹梳刀的结构尺寸可参阅表 7-3～表 7-5。

表 7-3 加工内螺纹用带柄圆梳刀尺寸 单位：mm

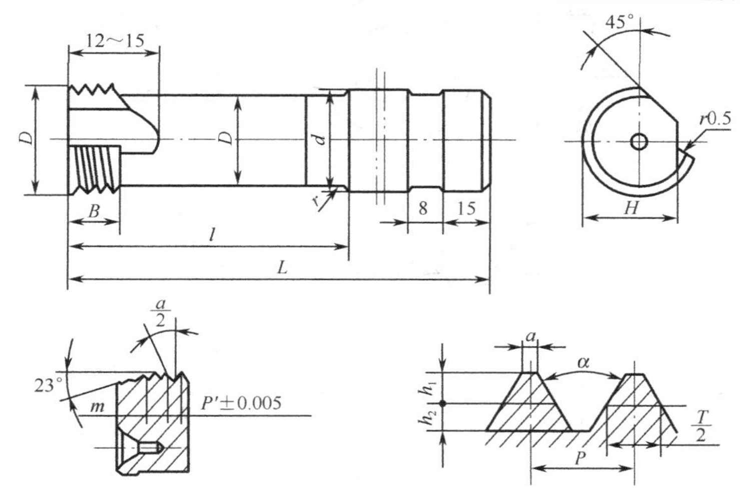

工件螺纹直径	D	不同齿距 P 的 B×m					L	d	l	H	不同前角		
		0.5	0.75	1.0	1.5	2.0					0°	10°	20°
14：16	10	3.0×0.75	4.0×1.2	6.0×1.5	10×2.2	12×3	80	15	35	8	0.868	1.71	2.5
18：20	12						85		40	9	1.04	2.05	3.0
22：24	14						90		45	10	1.22	2.39	3.5
27：30	16						100		55	11	1.39	2.74	4.0
33：36	20						120	20	65	14	1.74	3.42	5.0
39：42	27									20	2.35	4.62	6.75

注：10mm 长度上螺距偏差为±0.008mm，齿形半角偏差为±12′。

表 7-4 加工内螺纹用带柄圆梳刀螺纹尺寸 单位：mm

梳刀齿形尺寸		梳刀直径 D				
		10～12	10～14	10～27		
		梳刀齿距 P				
		0.5	0.75	1.0	1.5	2.0
$\gamma=0°$ $\alpha=60°46'$	h_1	0.173	0.260	0.347	0.520	0.693
	h_2	0.163	0.244	0.325	0.490	0.660
	a	0.05	0.07	0.094	0.141	0.188
$\gamma=10°$ $\alpha=62°30'$	h_1	0.167	0.251	0.336	0.502	0.670
	h_2	0.163	0.244	0.325	0.488	0.650
	a	0.05	0.07	0.094	0.141	0.188
$\gamma=20°$ $\alpha=64°30'$	h_1	0.161	0.242	0.323	0.483	0.644
	h_2	0.163	0.244	0.325	0.488	0.651
	a	0.05	0.07	0.094	0.141	0.188

注：h_2 表示最小尺寸。

表 7-5　套式圆梳刀尺寸　　　　单位：mm

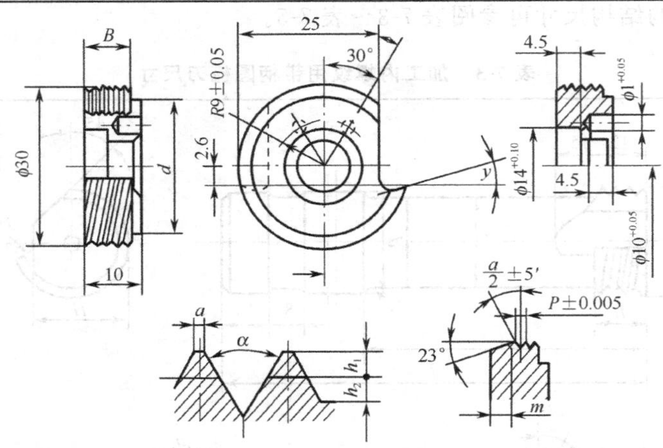

被加工螺纹			B	m	a	梳刀齿形			
类型	大径	螺距				h_1			h_2
						$\gamma=0°$ $\alpha=60°46'$	$\gamma=10°$ $\alpha=62°30'$	$\gamma=20°$ $\alpha=64°30'$	
外螺纹	3～10	0.5	2.6	0.75	0.050	0.173	0.167	0.161	0.163
	3.5	0.6	3.0	0.9	0.056	0.208	0.201	0.193	0.195
	4	0.7		1.0	0.066	0.243	0.234	0.226	0.228
	6～22	0.75		1.2	0.070	0.260	0.251	0.242	0.244
	5	0.8	4.0		0.075	0.277	0.268	0.258	0.260
	6～52	1.0		1.5	0.094	0.347	0.336	0.323	0.325
	8～12	1.25	6.0	1.9	0.117	0.431	0.416	0.400	0.406
	10～52	1.5		2.2	0.141	0.520	0.502	0.483	0.488
	12	1.75	8.0	2.6	0.164	0.606	0.586	0.563	0.569
	14～52	2.0		3.0	0.188	0.693	0.670	0.644	0.650
内螺纹	45～52	1.0	4.0	1.5	0.094	0.347	0.336	0.323	0.325
		1.5	6.0	2.2	0.141	0.520	0.502	0.483	0.488
		2.0	8.0	3.0	0.188	0.693	0.670	0.670	0.650

注：当 $P=0.5\sim0.8$mm 时，偏差为±0.008mm；当 $P=1\sim2$mm 时，偏差为±0.010mm。

7.2.4 普通螺纹车刀的刃磨及安装

(1) 普通螺纹车刀的种类与车刀几何角度

① 普通螺纹车刀的种类及其选用

a. 种类　普通螺纹车刀按用途分为普通内螺纹车刀和普通外螺纹车刀；按车刀材料分为高速钢螺纹车刀和硬质合金螺纹车刀。

b. 选用　低速车削螺纹时，应选用高速钢车刀如图 7-20 所示。因为高速钢螺纹车刀容易磨得锋利，而且韧性较好，刀尖不易崩裂，车出的螺纹表面粗糙度值较小。但高速钢的耐热性较差。高速车削螺纹时，用硬质合金车刀，如图 7-21 所示。因为硬质合金螺纹车刀的硬度高，耐热性好，但韧性较差。如果工件材料是有色金属、铸钢或橡胶，可选用高速钢或 K 类硬质合金（如 K30）；如果工件材料是钢料，则选用 P 类（如 P10）或 M 类硬质合金（如 M10）。

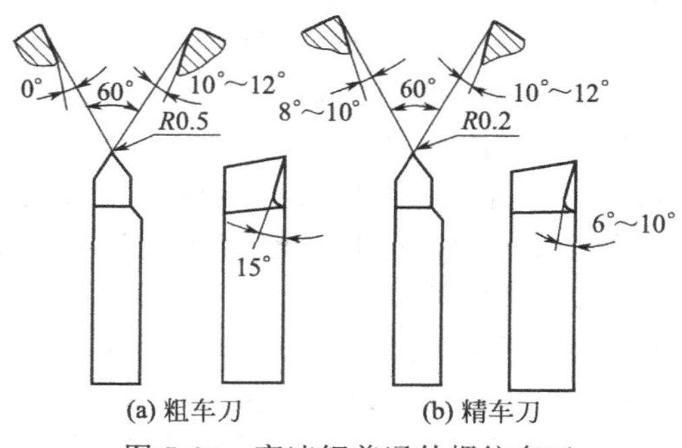

图 7-20 高速钢普通外螺纹车刀

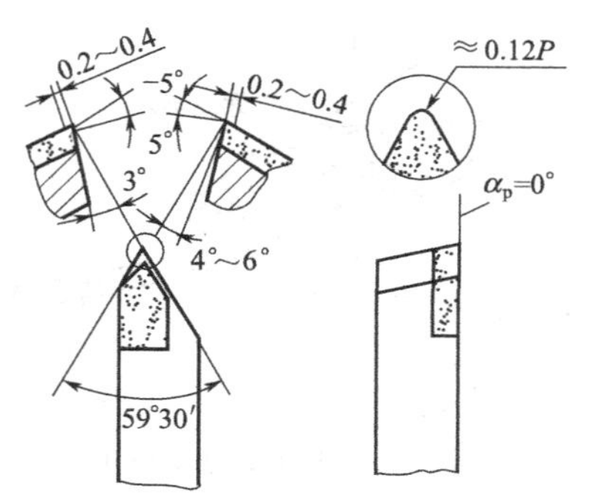

图 7-21 硬质合金普通外螺纹车刀

② 普通螺纹车刀的几何角度

a. 刀尖角　普通螺纹车刀的刀尖角为 60°。

b. 径向前角　普通螺纹车刀的径向前角一般为 0°～15°，这样可使切削顺利并减小加工后工件的表面粗糙度值。但普通螺纹车刀的径向前角会使加工出的螺纹的牙型角产生误差（＜60°），这种误差对一般要求不高的螺纹可以忽略不计，而对于精度要求高的螺纹，此误差的影响不能忽略，刃磨时需对刀尖角进行修正。所以精车时或车精度要求高的螺纹时，径向前角应取得小些，约 0°～50°时，才能达到较好的效果。

c. 后角　车刀两侧的工作后角一般为 3°～5°。因受螺纹升角的影响，进给方向一侧的刃磨后角应等于工作后角加上螺纹升角，另一侧的刃磨后角应等于工作后角减去螺纹升角。普通螺纹升角一般比较小，影响也较小。

(2) 普通螺纹车刀的刃磨

由于普通螺纹车刀的刀尖受刀尖角限制，刀体面积较小，因此刃磨时比一般车刀困难。

① 刃磨普通螺纹车刀的几点要求

a. 当普通螺纹车刀的径向前角 $y°=0°$时，刀尖角等于牙型角；当普通螺纹车刀径向前角 $y°>0°$时，刀尖角小于牙型角，必须修正。

b. 普通螺纹车刀两侧切削刃必须是直线，且刃口锋利、表面光洁。

c. 刃磨普通外螺纹车刀时，刀尖角平分线应平行于刀柄中线，使牙型半角相等；刃磨普通内螺纹车刀时，刀尖角平分线应垂直于刀柄中线，使牙型半角相等。

d. 对于加工大螺距螺纹的车刀，应考虑在进给方向的后角上加一个螺纹升角，另一侧减去一个螺纹升角。

e. 普通内螺纹车刀的后角应适当大些。

② 普通螺纹车刀的刃磨步骤

a. 粗磨前刀面。

b. 磨两侧后刀面，初步形成刀尖角。先磨进给方向侧刃，再磨背进给方向侧刃，需用样板检查牙型角。普通螺纹样板如图 7-22 所示。

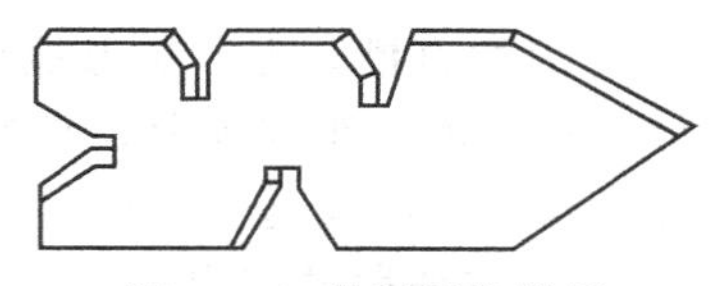
图 7-22 普通螺纹样板

c. 精磨前面，形成前角。

d. 精磨后刀面，刀尖角用普通螺纹样板来测量修正。对于具有纵向前角的普通螺纹车刀，刀尖角用较厚的普通螺纹样板来测量，能得到正确的角度。检查时样板应与车刀底面平行，否则是错误的检测方法，如图 7-23 所示。

e. 修磨刀尖。刀尖侧棱宽度为 0.1P。

f. 用磨石研磨切削刃处的前后刀面，注意应保持刃口锋利。

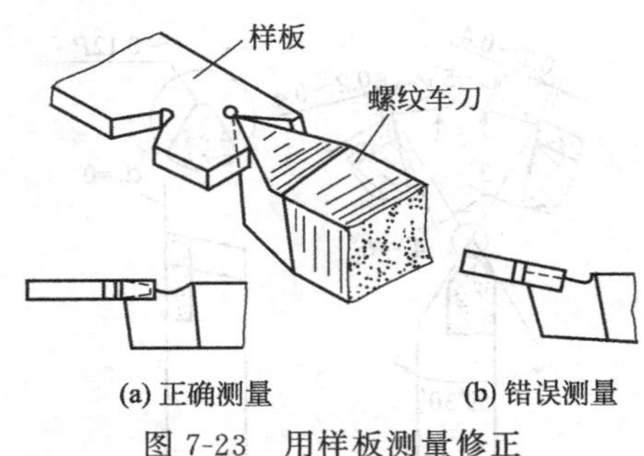

(a) 正确测量　　(b) 错误测量

图 7-23　用样板测量修正

在刃磨操作时需要注意：

a. 磨刀时，操作者的站立姿势要正确，应注意安全。在刃磨整体式普通内螺纹车刀的内侧时，易将车刀磨歪斜，应注意预防。

b. 粗磨时也需用普通螺纹样板检查，对径向前角 $\gamma°>0°$的螺纹车刀，前角应略大于牙型角，待磨好前角后再修磨刀尖角。

c. 刃磨高速钢螺纹车刀时压力应轻些，并应及时将车刀放入水中冷却，以免刀尖过热退火。

d. 刃磨切削刃时，应沿水平方向缓慢平行移动，这样容易使切削刃平直。

(3) 普通螺纹车刀的装夹

① 一般根据尾座顶尖高度进行检查和调整，使普通螺纹车刀刀尖与车床主轴轴线等高。

② 普通螺纹车刀伸出刀架部分不宜过长。一般伸出长度应为刀柄厚度的 1.5 倍，约 25～30mm。

③ 普通螺纹车刀的刀尖角平分线应与工件轴线垂直，装刀时可用对刀样板调整，如图 7-24所示，否则车出的螺纹两牙型半角不相等。

(4) 梯形螺纹车刀的刃磨要求和刃磨方法

① 梯形螺纹车刀刃磨要求　梯形螺纹车刀刃磨的主要参数是螺纹的牙型角和牙底槽宽度。

a. 刃磨两切削刃夹角时，应随时目测和用样板校对。

b. 磨有径向前角的两切削刃夹角时，应用特制厚样板进行修正，如图 7-25 所示。

c. 切削刃要光滑、平直、无裂口，两侧切削刃必须对称，刀体不歪斜。

d. 用磨石研去各切削刃的毛刺。

② 刃磨梯形螺纹车刀的步骤

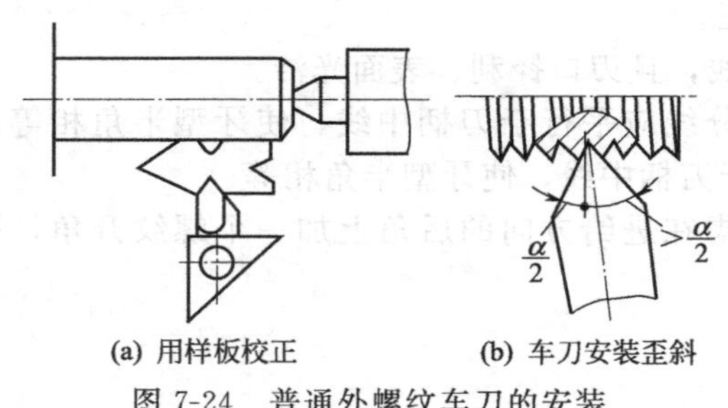

(a) 用样板校正　　(b) 车刀安装歪斜

图 7-24　普通外螺纹车刀的安装

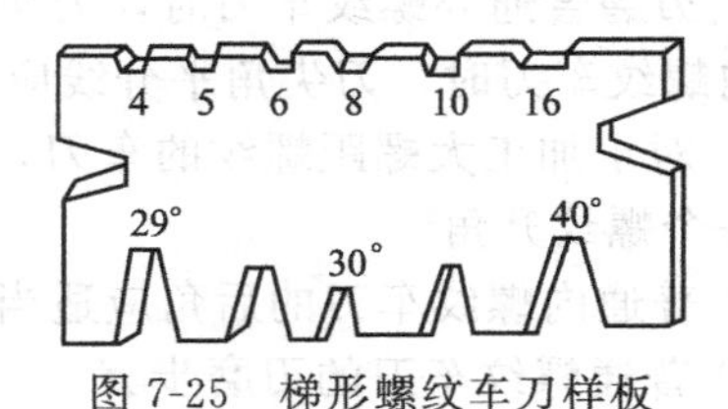

图 7-25　梯形螺纹车刀样板

a. 刃磨直槽车刀　梯形螺纹一般先用小于槽底宽的直槽刀将螺纹牙形车成矩形，再用梯形刀将两侧面车成梯形。直槽刀的刀头宽度与梯形刀刀头宽度相同，进刀方向一侧副后角受螺旋角的影响应适当大些。

b. 刃磨梯形螺纹粗车刀

• 磨左切削刃，并使侧后角为 8°～10°。

• 磨右切削刃，使侧后角为 3°～5°，刀尖角约 29°，用样板检查略有间隙。

• 刃磨梯形螺纹精车刀。刃磨的方法和步骤与刃磨粗车刀相同。要求刃磨表面达到光洁，两侧切削刃直线度好，刀尖角 30°用样板测量正确，刀头宽度符合要求，并与 30°刀尖角垂直。

在刃磨操作时需要注意：

a. 刃磨两后角时注意螺纹的左右旋向，然后根据螺纹升角的大小来决定两侧后角的数值。

b. 对于初学者来说，不可用磨石研磨刀面，以免磨出负后角。

c. 内梯形螺纹车刀的刀尖角的角平分线和刀柄垂直。

7.2.5 梯形螺纹车刀

梯形螺纹在车削时。径向切削力比较大。为了提高螺纹的质量，可分为粗车和精车来进行。车刀的材料有高速钢和硬质合金两类。

(1) 高速钢梯形螺纹粗车刀

高速钢梯形螺纹粗车刀的几何形状如图 7-26 所示。

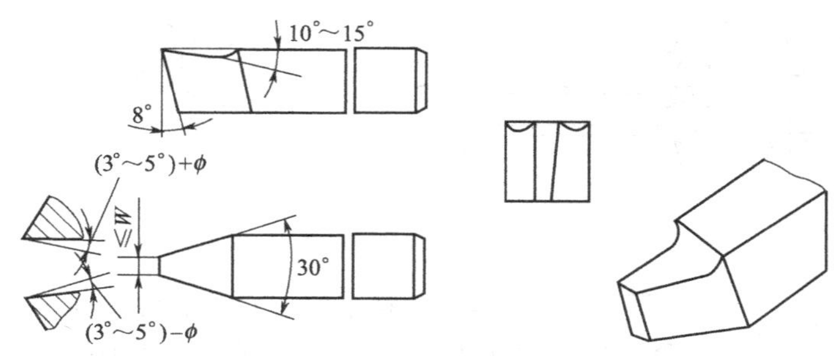

图 7-26 高速钢梯形螺纹粗车刀

为给精车时留有充分的加工余量，车刀的刀尖角应小于牙型角，一般取 29°。刀头宽度也要小于牙槽底宽 W，一般取为 $2/3W$。径向前角取 10°～15°，径向后角取 6°～8°，两侧后角进刀方向为（3°～5°）＋ϕ，背进刀方向为（3°～5°）－ϕ，刀尖处应适当倒圆。

高速钢梯形螺纹粗车刀具有较大的背前角，便于排屑，车刀两侧后角小，保证刀头具有足够的强度。

(2) 高速钢梯形螺纹精车刀

梯形螺纹精车刀要求刀尖角等于牙型角，刀刃平直，粗糙度值小。为了保证两侧刀刃切削顺利，应磨有卷屑槽，如图 7-27 所示。用这种车刀车削时，切屑排出顺利，可获得很小的牙侧粗糙度和很高的精度。但在车削时必须注意，车刀的前端刀刃不能参加切削，只能车削两侧。高速钢梯形螺纹精车刀，用于低速车削精度较高的螺纹，但生产效率低。

(3) 硬质合金梯形螺纹车刀

为了提高生产效率，在加工一般精度的梯形螺纹时，可采用硬质合金车刀进行高速切削。硬质合金梯形螺纹车刀如图 7-28 所示。

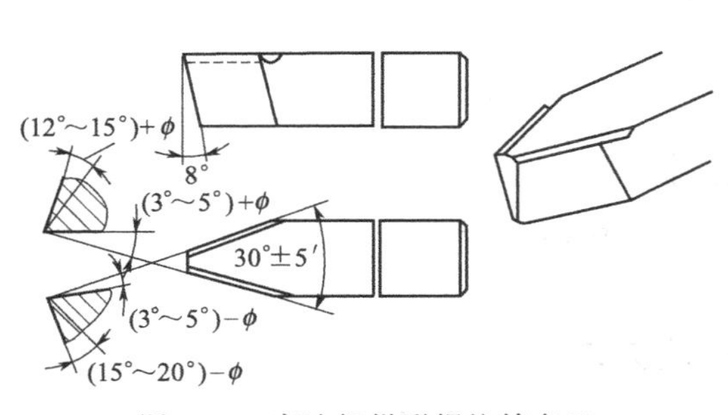

图 7-27 高速钢梯形螺纹精车刀

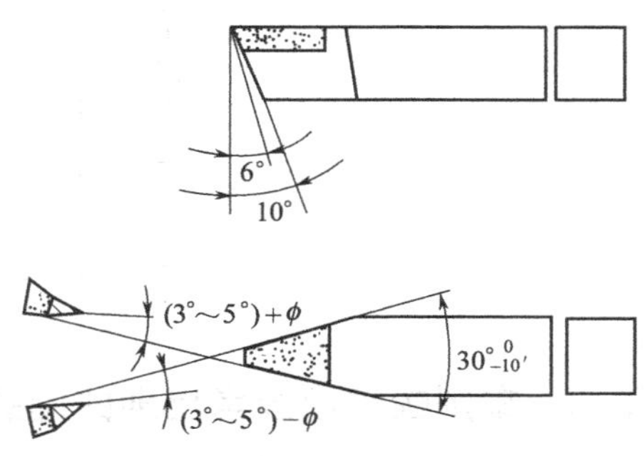

图 7-28 硬质合金梯形螺纹车刀

硬质合金车刀高速切削螺纹时，由于三个刀刃同时切削，切削力较大，容易引起振动。此外，如果刀具前刀面为平面，切屑呈带状流出，排屑较困难，操作很不安全。

为了解决以上矛盾，可在车刀前刀面磨出两个圆弧，它的主要优点是：因为磨出了两个 $R7$ 的圆弧，使径向前角增大，切削轻快，不易引起振动。切屑流出卷成一团（呈球状），保证了安全，清除切屑方便。

(4) 梯形内螺纹车刀

梯形内螺纹车刀的形状如图 7-29 所示。

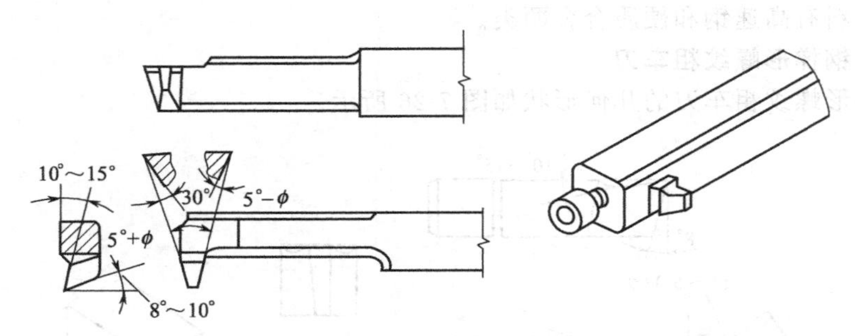

图 7-29　梯形内螺纹车刀

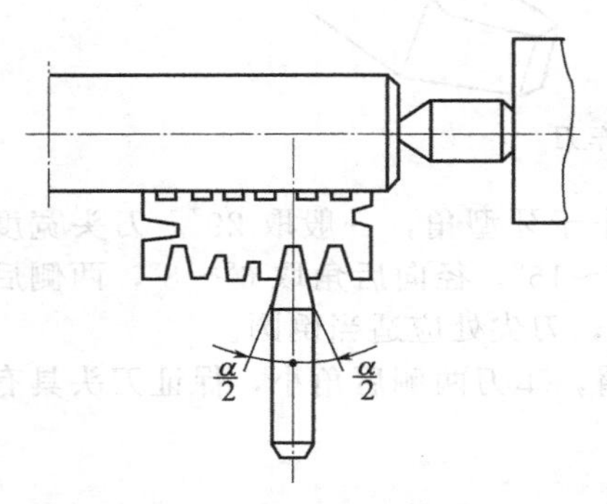

图 7-30　梯形螺纹车刀的安装

在安装梯形螺纹车刀时应保证车刀主切削刃必须与工件旋转中心等高，同时应和轴线平行。刀头的角平分线要垂直于工件的轴线，用对刀样板或游标万能角度尺校正，如图 7-30 所示。

(5) 双圆弧硬质合金梯形螺纹车刀

双圆弧硬质合金梯形螺纹车刀在前刀面上磨出两个圆弧。如图 7-31 所示。因为磨出了两个 $R7$ 的圆弧，使纵向前角增大，切削顺利，不易引起振动，并且切屑呈球状排出，能保证安全，并使清除切屑方便。但这种车刀车出的螺纹，牙型精度较差。

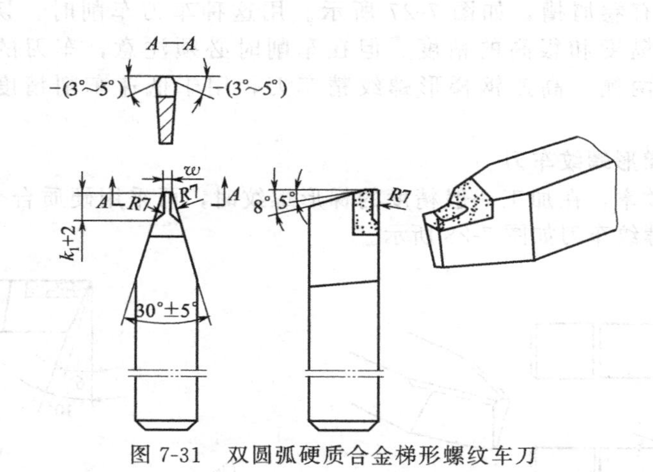

图 7-31　双圆弧硬质合金梯形螺纹车刀

7.2.6　车削螺纹中经常出现的问题及其解决办法

车削螺纹时经常出现的问题、产生的原因及其解决办法列于表 7-6 中。

表 7-6 车削螺纹经常出现的问题、产生原因及解决的办法

车削螺纹经常出现的问题	产生的原因	解决的办法
螺纹牙形不对	1. 刀具齿形角设计有误	逐项检查，将错误处纠正过来
	2. 刀具齿形角制造有误	
	3. 刀具安装调整有误	
刀具耐用度低	1. 刀具材料选用不合适	逐项检查，不合适处予以纠正
	2. 切削用量选用不合适	
	3. 切削液选用不合适	
螺纹表面光洁度低	1. 刀具过度磨损	逐项检查，不合适处予以纠正
	2. 刀具材料选用不合适	
	3. 切削用量选用不合适	
	4. 切削液选用不合适	
打刀	1. 在螺纹尾扣处退刀不及时	逐项检查，不合要求处予以纠正
	2. 刀具的切削角度不合适	
	3. 刀具材料选用不合适	
	4. 切削用量选择不合适	
	5. 刀具过度磨损	

7.3 丝锥与圆板牙

7.3.1 丝锥

丝锥用于加工内螺纹，按其功用可分为手用丝锥、机用丝锥、螺母丝锥、梯形螺纹丝锥、圆锥螺纹丝锥、短槽丝锥、挤压丝锥、拉削丝锥等。

(1) 丝锥的结构

丝锥的种类很多，各种丝锥主体结构是相同的，都是由工作部和柄部两部分组成。图 7-32 为常用普通螺纹丝锥结构。

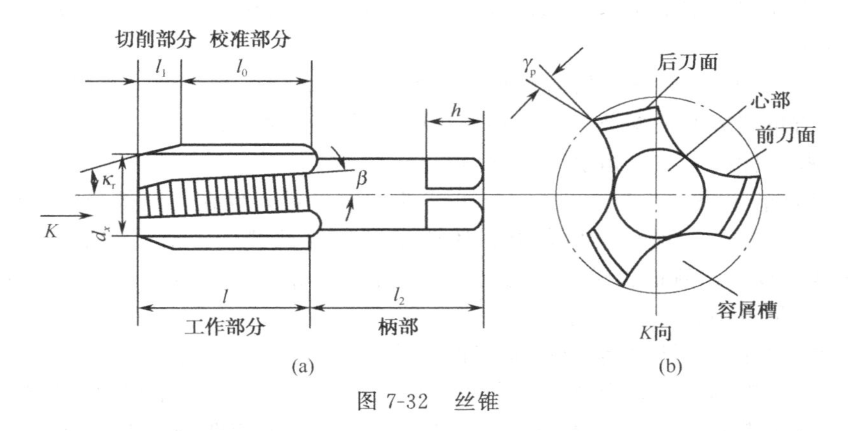

图 7-32 丝锥

工作部分由切削部分 l_1 和校准部分 l_0 组成。切削部分担负着螺纹的切削工作；校准部分用以校准螺纹廓形并在丝锥前进时起导向作用；柄部用来夹持丝锥并传递攻螺纹扭矩。

① 切削部分　丝锥切削部分是一个圆锥形的切削锥，切削锥上的刀齿齿形不完整，后一刀齿比前齿高、逐齿排列，使切削负荷分配在几个刀齿上。图 7-33 表示丝锥切削时的情况。

当螺纹高度 H 确定后，切削锥角 κ_r 与切削锥长度 l_1 的关系为：

$$\tan \kappa_r = \frac{H}{l_1} \tag{7-27}$$

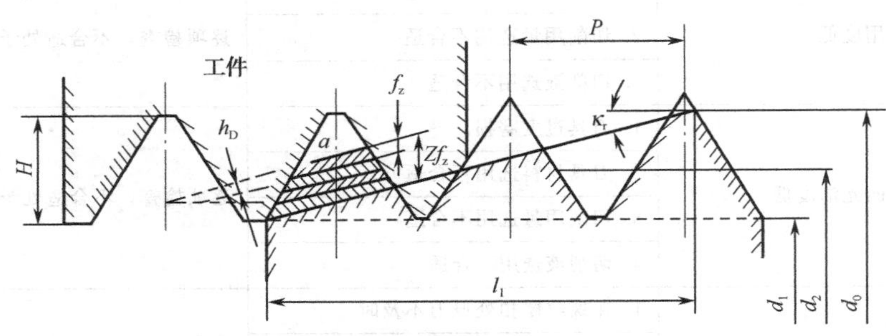

图 7-33　丝锥的切削部分及其切削情况

当丝锥转一转，切削部分前进了一个螺距后，每个刀齿从工件上切下一层金属，若丝锥有 Z 个容屑槽，则丝锥每齿的切削厚度 h_D 为：

$$h_D = \frac{f_z}{Z}\cos \kappa_r = \frac{P}{Z}\tan \kappa_r \cos \kappa_r = \frac{P}{Z}\sin \kappa_r \tag{7-28}$$

由式（7-28）可知，切削锥角 κ_r、容屑槽数 Z 和螺距 P 是确定丝锥每齿切削负荷的三要素。对于同一规格的丝锥，螺距 P 是常数，容屑槽数 Z 受丝锥结构尺寸限制，一般也是确定值。因此，丝锥每个刀齿的切削厚度 h_D 主要取决于切削锥角 κ_r 的大小。锥角 κ_r 小、切削锥长度 l_1 增加，切削时导向性好，而且切削厚度 h_D 减小，即刀齿的切削负荷减小；锥角 κ_r 大，切削锥长度 l_1 减小，切削厚度 h_D 增加，螺纹加工表面粗糙度值增加，但单位切削力可减小。

一般切削厚度 h_D 不小于丝锥切削刃钝圆半径 r_n。加工钢件时取 $h_D=0.02\sim0.05$mm，加工铸铁时取 $h_D=0.04\sim0.07$mm。

② 校准部分　校准部分有完整的齿形。为了减少切削时的摩擦，校准部分的外径和中径做出倒锥（直径向柄部缩小），铲磨丝锥的倒锥量在 100mm 长度上为 0.05～0.12mm，不铲磨丝锥为 0.12～0.20mm。

③ 前角 γ_p、后角 α_p　丝锥的前角和后角都在端平面标注和测量。切削部分与校准部分的前角相同。前角和数值根据被加工材料的性能选择；韧性大的材料，前角取大些；脆性材料，前角取小些，标准丝锥前角 $\gamma_p=8°\sim10°$。

后角 α_p 是铲磨出来的，常取 $\alpha_p=4°\sim6°$。不铲磨丝锥，仅在切削部分铲磨出齿顶后角；磨齿丝锥除在切削部分齿顶铲磨后角外，还要铲磨螺纹两侧面；对直径 $d_0>10$mm、$P>1.5$mm 的丝锥，校准齿侧面也铲磨。刀齿侧面铲磨时，沿切削刃保留一定宽度的螺纹棱面；螺纹两侧面铲磨量很小，一般不大于 0.04mm。

④ 容屑槽　丝锥容屑槽槽形应保证获得合适的前角，容屑空间大而且使切屑的卷曲排出顺利，还应在丝锥倒旋时，刃背不会刮伤已加工表面。图 7-34为常用丝锥的槽形。

容屑槽槽数 Z 根据丝锥直径大小选取，生产中常用三槽或四槽，大直径丝锥用六槽。

一般丝锥容屑槽均做成直槽。为了改善排屑，避免切屑堵塞造成崩刃和划伤加工表面，也可做成螺旋槽。加工通孔右旋螺纹时，采用左旋，以使切屑向下排出；加工盲孔时，采用右旋，使切屑向上排出，如图 7-35 所示。加工通孔时，为了改善排屑条件，还可以将直槽丝锥的切削部分磨出刃倾角 λ_s，如图 7-35(c) 所示。

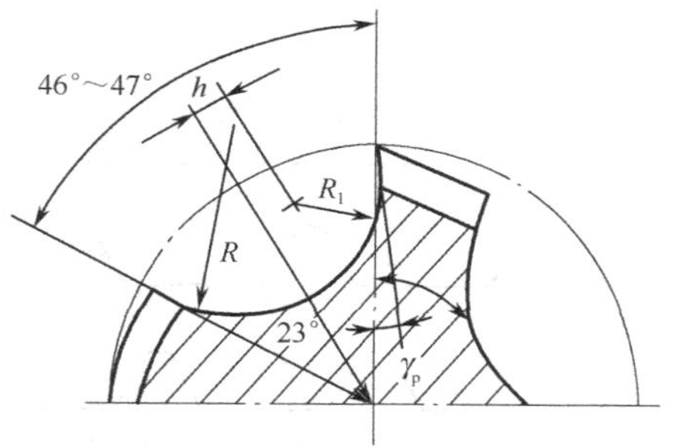

图 7-34 常用丝锥的槽形

(2) 攻螺纹扭矩及其减小措施

丝锥工作时主要承受扭矩，在正常情况下，攻螺纹扭矩由刀齿的切削扭矩和刀齿与已加工表面间的摩擦扭矩组成。攻螺纹扭矩超过丝锥强度时，丝锥就会折断。

如前述，增大切削锥角 κ_r，切削厚度 h_D 增加，可使单位切削力减小，在丝锥切削总面积不变的条件下，从而减小了切削扭矩。当工件厚度较小时，可采用 κ_r 值小的丝锥，工件厚度小于切削锥长度，则减少了切削总面积，从而减小了切削扭矩，如螺母丝锥、拉削丝锥。

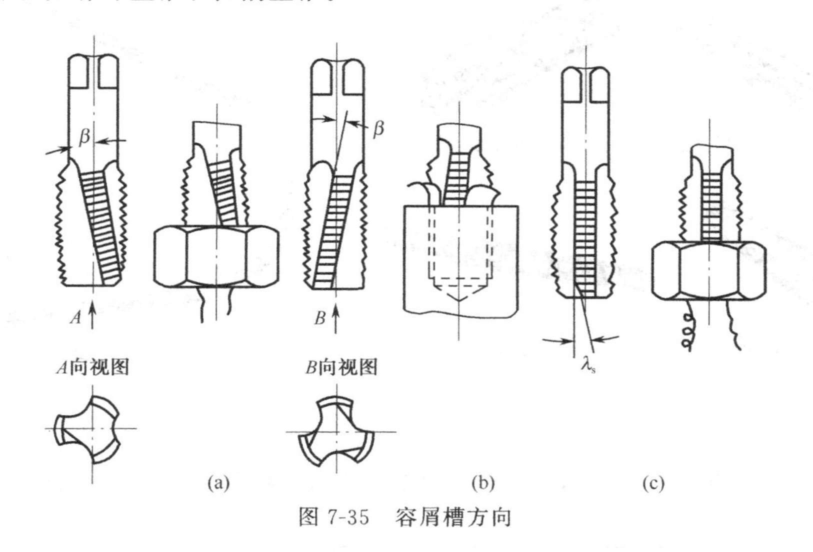

图 7-35 容屑槽方向

加工不锈钢等韧性材料时，摩擦扭矩比例增大，可采用跳齿丝锥（见图 7-36）。跳齿丝锥就是沿螺纹螺旋线有规律地去掉一部分刀齿，使切削刀齿效减少，每个切削刀齿所切的切削厚度增大，从而减小切削扭矩。图 7-36 是容屑槽数 $Z=3$ 的跳齿丝锥刀齿展开图。

加工钛合金、高温合金等难加工材料时，其摩擦扭矩所占比重比不锈钢还大。采用齿形角修正了的丝锥，即修正齿丝锥，效果十分明显。其特点是丝锥齿形角 α_0 要比加工螺纹的齿形角 α_1 要小 1°～5°，为能加工出正确的螺纹齿形，修正齿丝锥的倒锥角 δ 与切削锥角 κ_r、齿形角 α_1 及工件螺纹齿形角 α_0 有下列关系：

$$\tan\delta=\tan\kappa_r\left(\tan\frac{\alpha_1}{2}\cot\frac{\alpha_0}{2}-1\right) \tag{7-29}$$

从而使每个切削齿的切削轨迹都能落在所要求螺纹廓形的侧表面上，在齿侧则形成了侧隙偏角 κ_r' 大大减小了摩擦扭矩和切削扭矩。其切削图形如图 7-37 所示。

(3) 典型丝锥

丝锥是加工内螺纹的标准刀具，其结构简单，使用方便，故应用非常广泛。

按不同用途和结构，丝锥可分为手用丝锥、机用丝锥、螺母丝锥、锥形螺纹丝锥和梯形螺纹丝锥等几种，常用的丝锥形状如图 7-38 所示。

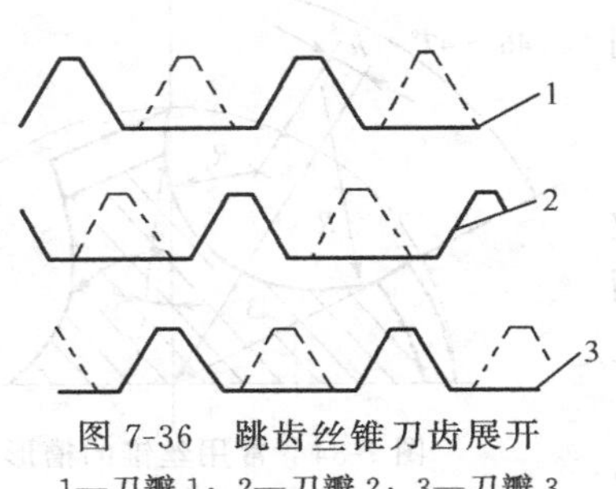

图 7-36 跳齿丝锥刀齿展开
1—刀瓣 1；2—刀瓣 2；3—刀瓣 3

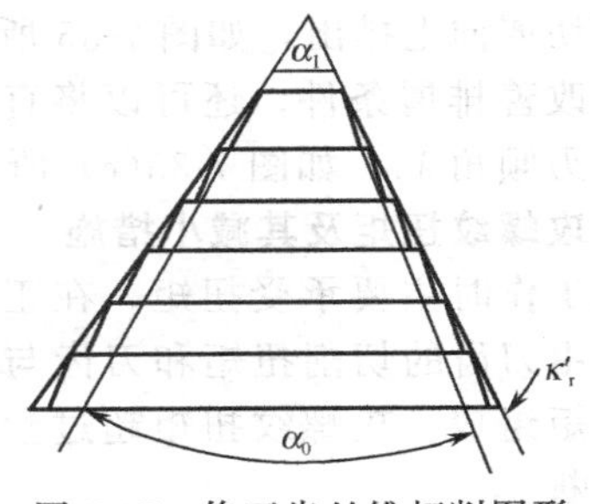

图 7-37 修正齿丝锥切削图形

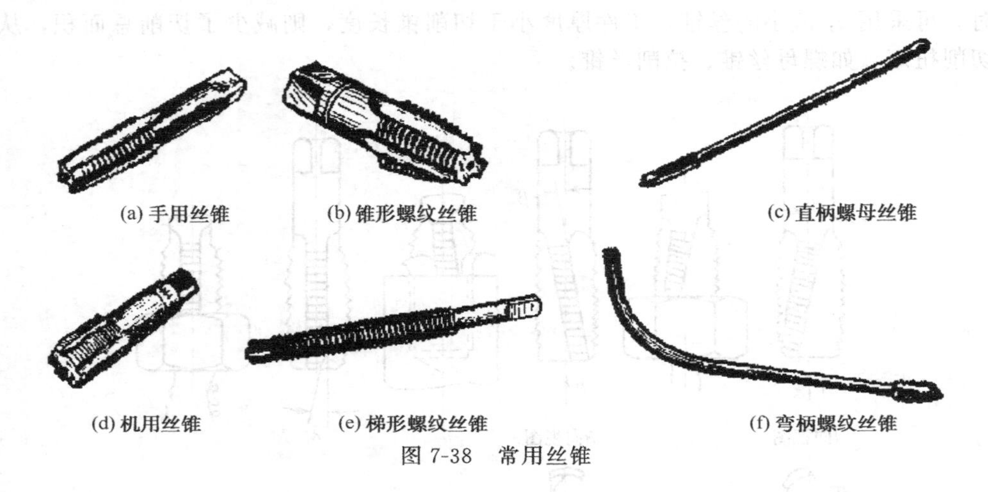

图 7-38 常用丝锥

① 手用丝锥与机用丝锥

a. 手用丝锥 如图 7-39 所示。其柄部为方头圆柄，常用于单件、小批量生产中。

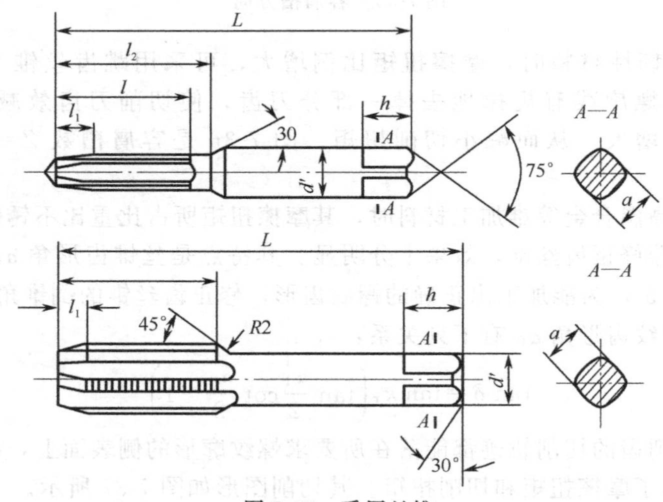

图 7-39 手用丝锥

手用丝锥一般由两支或三支组成一组。一般材料的通孔攻螺纹可用单锥，但工件材料强度较高或螺纹直径较大或螺纹精度要求较高时，常用成组丝锥。

由于手用丝锥使用切削速度很低，故常用优质碳素工具钢 T12A 或合金工具钢 9SiCr 制造。

b. 机用丝锥 机用丝锥是指用于机床上加工螺纹的丝锥。其柄部有一环形槽，以防止从夹头中脱落，如图 7-40 所示。

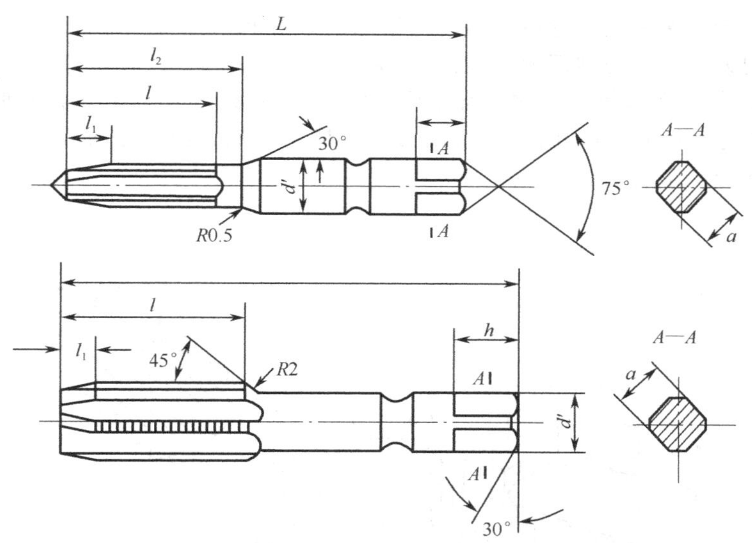

图 7-40 机用丝锥

机用丝锥的切削锥部较短，即 κ_r 较大；加工通孔螺纹时，$l_1=6P$；加工盲孔时，$l_1=2P$。其齿形均经铲磨，故精度较高。

机用丝锥常单支使用，当螺纹直径较大或工件材料加工性较差或为盲孔时，也采用成组丝锥。由于切削速度较高，故多用高速钢制造。

② 螺母丝锥 螺母丝锥是指专门用于机床上加工螺母的丝锥。它有直柄和弯柄之分，如图 7-41 所示。

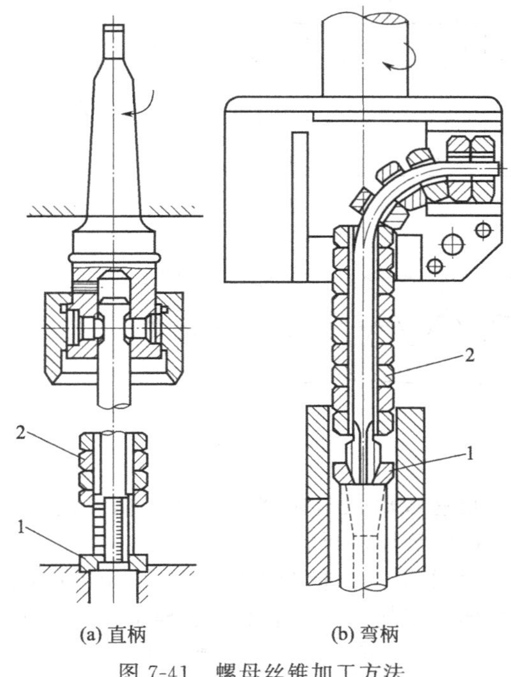

(a) 直柄 (b) 弯柄

图 7-41 螺母丝锥加工方法

1—螺母毛坯；2—已加工的螺母

长柄螺母丝锥加工完的螺母可套在柄上，待螺母穿满后，停机将螺母取下。弯柄螺母丝锥用于专用攻螺纹机上。工作时，由自动上料机构将螺母毛坯送到转动着的丝锥切削锥端部，加工好的螺母依次沿丝锥弯柄移动，最后从柄部落下。

螺母丝锥均为单锥，切削部分 l_1 较长，常取 $l_1=(10\sim16)P$。

③ 短槽丝锥与挤压丝锥　短槽丝锥结构如图 7-42 所示。其前端开有与轴线倾斜 8°～10° 的斜槽 β（与螺旋方向相反），以形成切削刃。因槽不开通，故丝锥强度高。其切削部分用来切削，校准部分用来挤压。

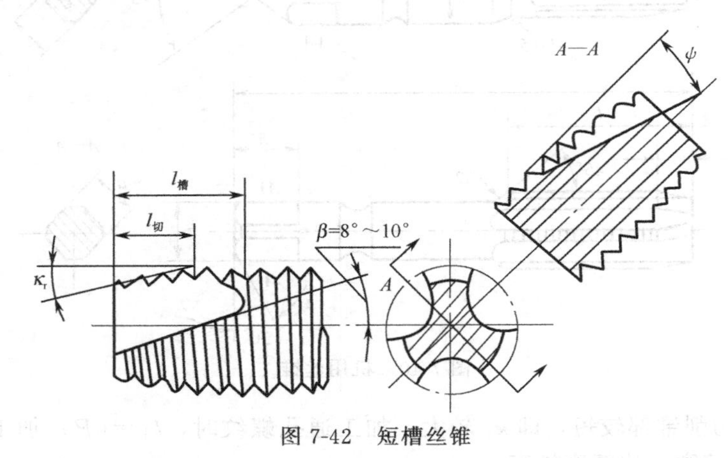

图 7-42　短槽丝锥

短槽丝锥适用于加工铜、铝、不锈钢等韧性材料。

挤压丝锥结构如图 7-43 所示。它靠材料的塑性变形加工螺纹。挤压丝锥锥部是具有完整齿形的锥形螺纹，工作部分横截面为曲边三棱形。

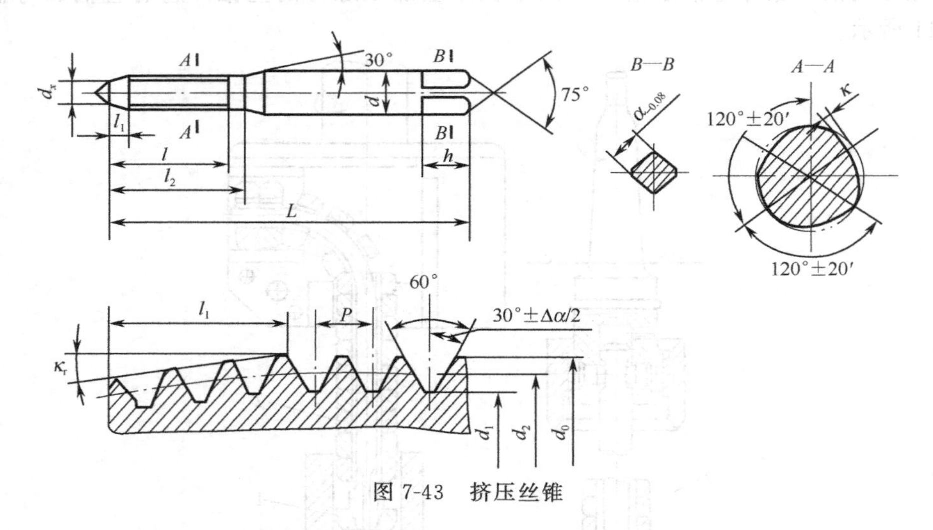

图 7-43　挤压丝锥

挤压丝锥的导向性好，攻螺纹时没有扩张量、加工精度高，可高速攻螺纹，生产效率高，适用于加工铜、铝、不锈钢等韧性材料。

④ 拉削丝锥　拉削丝锥用来加工余量较大的方形和梯形单头或多头内螺纹。与拉刀相似，其结构也有前导部、颈部、切削部、校准部和后导部。拉削丝维的工作部分就是一支丝维，切削锥角 κ_r 很小，切削部分 l_1 很长。轴向开螺槽以形成切刃，要磨出前角，铲磨出后角。每个刀齿都有 0.01～0.02mm 的齿升量。

图 7-44 为拉削丝锥结构和工作方法。一般在普通车床上使用。先将工件套入丝锥前导部，然后将工件夹紧在三爪卡盘中，再用插销把丝锥与刀架连接。

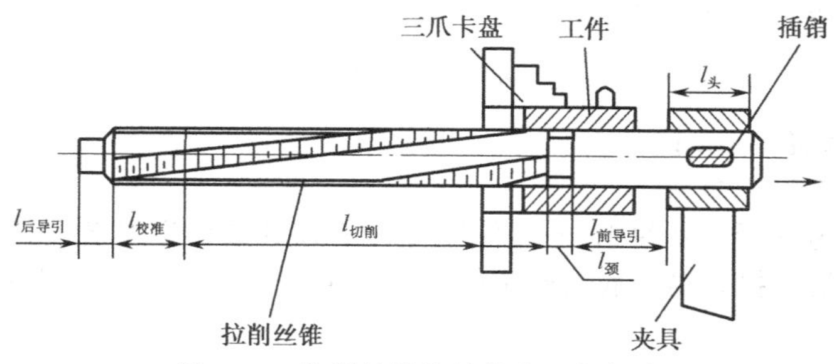

图 7-44 拉削丝锥的结构和工作方法

拉削右旋螺纹时，工件反转，丝锥向尾架方向移动。工件每转 1r，丝锥移动一个螺距（或导程），直到丝锥完全通过工件后，螺纹即加工完成。拉削丝锥生产效率比车螺纹可提高 10 倍左右，工件尺寸精度稳定，螺纹表面粗糙度值较小，刀具耐用度较高。

(5) 丝锥的磨损与重磨

丝锥工作时，切削速度较低，切削较薄。在这种情况下，被加工材料由于弹性变形会紧紧地挤压在刀齿后刀面上，与之发生剧烈摩擦。因此，丝锥的磨损主要发生在切削锥刀齿的后刀面上，而最大的磨损则往往发生在切削锥与校准部分的过渡区域内，如图 7-45(a) 所示。

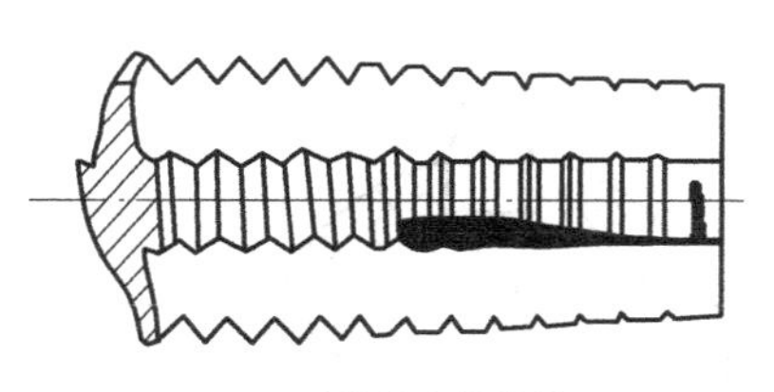

(a) 丝锥的磨损状况

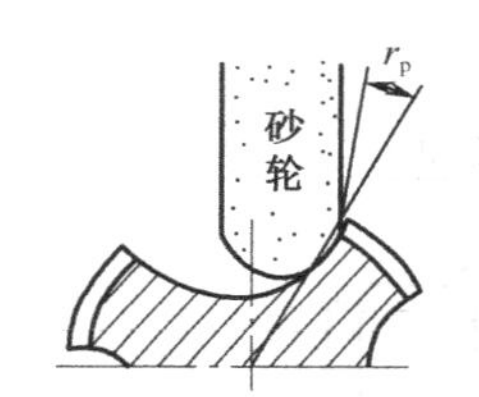

(b) 成型砂轮磨削曲面前角

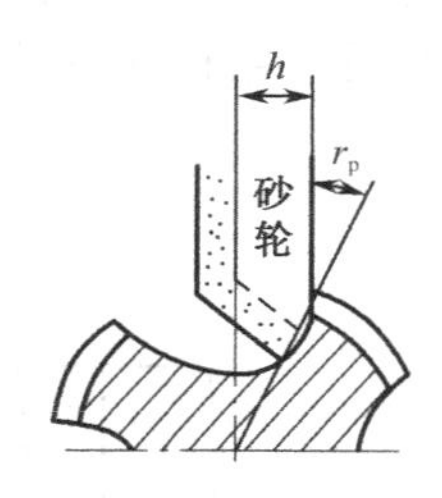

(c) 用碟形砂轮磨削平面前角

图 7-45 丝锥的磨损状况及前刀面的重磨

丝锥磨钝后，会恶化被加工螺纹的光洁度，造成尺寸超差，切削阻力增加，且易于引起崩刃和折断。丝锥的最大允许磨损量应有一个合理的标准。通常，这一标准是按丝锥刀齿后刀面的平均磨损宽度来规定的，其数值可按表 7-7 选取。

表 7-7 加工 6H 级精度螺纹时丝锥的磨钝标准 单位：mm

螺距	1	1.25	1.5	1.75	2	2.5
磨钝标准	0.25	0.35	0.5	0.6	0.6	0.6

加工铸铁时，为了防止螺纹尺寸减小，其磨钝标准数值应比表中规定值减小 30%。加工精度更高的螺纹时，磨钝标准值也应适当减小。

除以刀齿后刀面上的磨损值作为磨钝标准外，在实际生产中，当刀具出现损伤、被加工螺纹尺寸超差、光洁度下降、切削扭矩增大、切削中发生不正常声音、切屑形状发生变化等情况时，也表示丝锥已经变钝，需进行重磨。

丝锥重磨时，可磨削刀齿的前刀面或切削锥的后刀面，也可以两者同时磨削。但由于刃磨切削锥后刀面同制造时一样需要专用铲背机床，工艺也较为复杂，因此对一般丝锥来说，其重磨通常只刃磨丝锥前刀面。

重磨丝锥前刀面可在万能工具磨床上进行。如图 7-45(b)、(c) 所示，丝锥顶在万能工具磨床两顶针间，用盘形砂轮或碟形砂轮进行刃磨。为了得到所需的前角，砂轮磨削面对顶针中心线的距离 h 可按下式计算：

$$h=\frac{d}{2}\sin\gamma_{p} \tag{7-30}$$

式中　d——丝锥大径，mm；

　　γ_{p}——丝锥前角，(°)。

磨削高度通常为螺牙高度的 1.5～2 倍即可，不必对整个容屑槽进行磨削，但磨削出的前刀面应与槽底圆滑连接。当槽底对丝锥轴线有一定锥度时，重磨应保持这一锥度。

7.3.2 圆板牙

板牙是为加工和校准外螺纹而常用的标准螺纹刀具，其外形像圆螺母。不同之处是在端面上钻有几个容屑孔，以形成前刀面和切削刃，螺孔两端有切削锥，有切削锥角和后角。

板牙通常用于加工尺寸精度和表面质量要求不高的螺纹，一般不能用于切制成精度较高的螺纹，因为板牙上的螺纹在热处理以后不再进行磨制，因此螺距、齿形角和中径等重要的螺纹要素都会有畸变。若要在零件上获得精度较高的螺纹，所用板牙必须在热处理后用专门研磨棒校准过，以提高其螺纹精度。

板牙还用于校准外螺纹。如用其他方法加工的外螺纹，个别不合格零件，可用板牙进行修整。有些需在螺纹型面上钻孔或铣凹槽，如图 7-46 所示的零件，其螺纹型面被加工处有毛刺，此时常用板牙校准螺纹并去除毛刺。

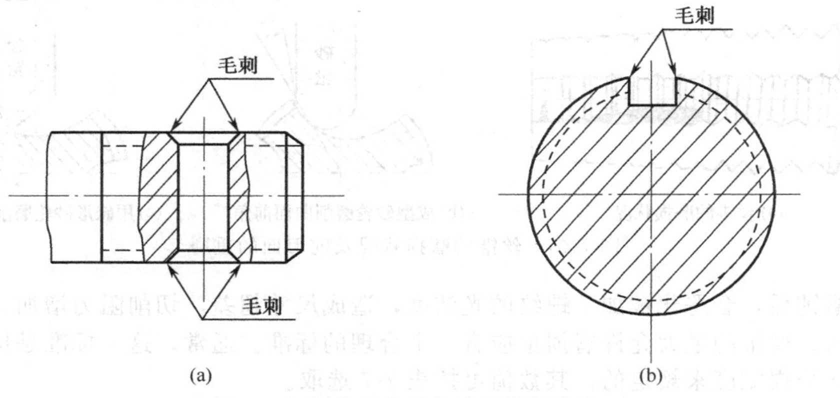

图 7-46　螺纹上有倒角或凹槽的零件

板牙按结构形状不同，可分为以下几种：圆板牙，见图 7-47(a)，用于加工普通螺纹和锥形螺纹；方板牙，见图 7-47(b)，六角板牙，见图 7-47(c)，它们由方扳手或六角扳手用手带动，用于工作位置较狭窄的现场修理；管形板牙，见图 7-47(d)，用于六角车床和自动车床；钳工板牙，见图 7-47(e)，由两次拼成。圆板牙又可分为固定式圆板牙［图 7-47(a)］和可调节式圆板牙［不带调节螺钉，见图 7-47(f)；带调节螺钉，见图 7-47(g)、(h)］两种形式。不带调节螺钉的可调节式圆板牙，其所加工的螺纹精度较低，有了开口槽会引起切削刃瓣的歪斜，且开口槽往往使板牙不能正确地安装在板牙夹头中。但是开口槽能够在不大的范围内调节板牙的螺纹尺寸。一般工具厂供应的都是不开口的板牙，使用一个时期，由于磨损而螺纹尺寸改变后，可以将 V 形槽切开，使它变成可调节式的圆板牙（可调节式带调节螺钉的圆板牙，工具厂已不生产）。

板牙使用寿命较低，但由于其结构简单，使用方便，一般适用于单件、小批生产，修配工作和个别无法用其他方法加工的特殊部位，所以板牙的应用仍很广泛。

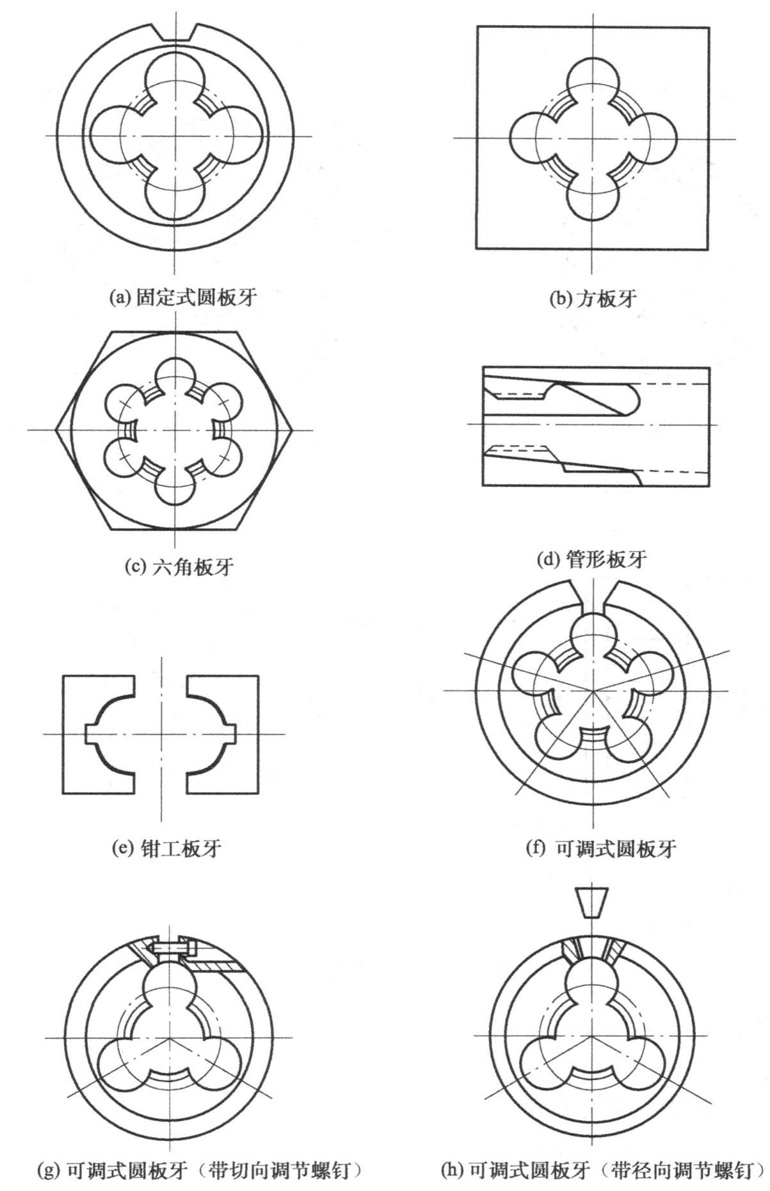

(a) 固定式圆板牙　(b) 方板牙　(c) 六角板牙　(d) 管形板牙　(e) 钳工板牙　(f) 可调式圆板牙　(g) 可调式圆板牙（带切向调节螺钉）　(h) 可调式圆板牙（带径向调节螺钉）

图 7-47　板牙类型

(1) 圆板牙的结构

加工普通螺纹用的四板牙，一般按 6g 公差带制造，在大多数情况下也可满足 6h 公差带的需要。

① 与切削过程有关的结构要素，如图 7-48 所示。

a. 刃瓣宽度 m 及槽宽 n。

b. 容屑孔数 N、直径 d'及中心圆 d_0。

c. 切削锥长度 l_0 及切削锥角 κ_r。

d. 板牙的厚度 E、切削锥部铲磨量 K。

② 与螺纹尺寸有关的构成要素

a. 螺纹的大径 D、中径 D_2 及小径 D_1。

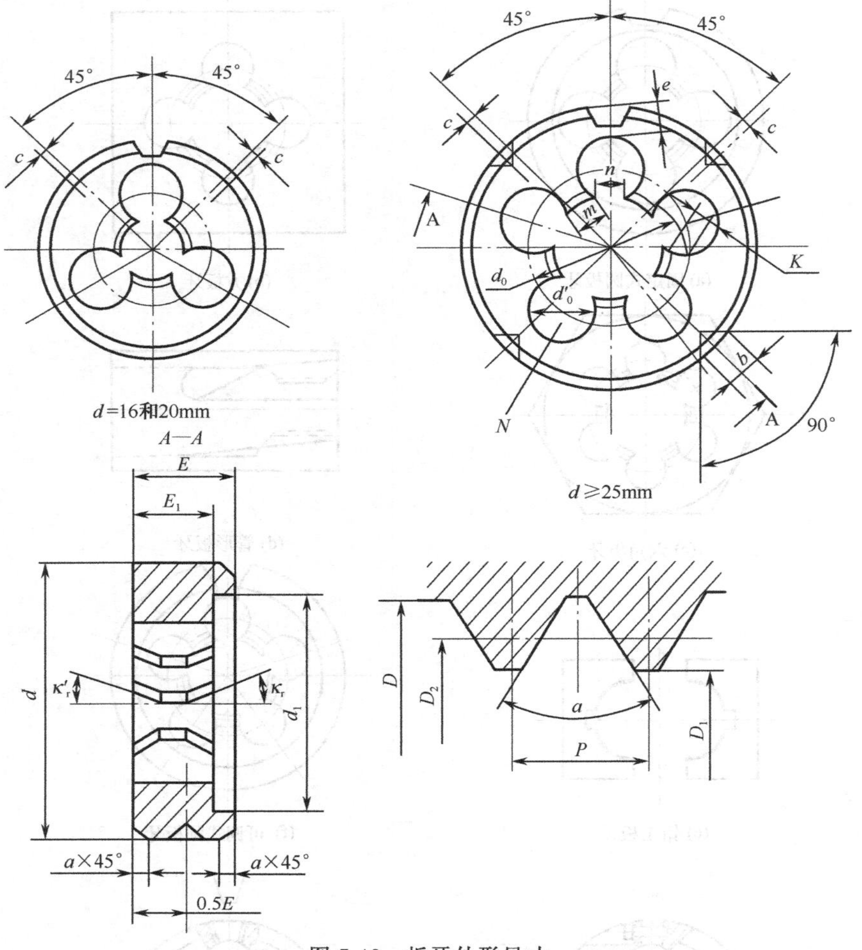

图 7-48　板牙外形尺寸

b. 螺纹齿形角 α。

c. 螺距 P。

③ 用于装夹、调节的结构要素

a. 板牙外圆直径 d 及孔壁厚度 e。

b. 紧固孔。

c. V 形槽，板牙切开口后作调整用。

(2) 圆板牙的几何参数

① 切削锥部　切削锥部担负着切制螺纹牙形的主要工作。为了充分地利用板牙，板牙两端都做有切削锥，这样，两面都可以用来切制螺纹。有时根据被切螺纹的需要，两端可以做出不同的切削锥角。

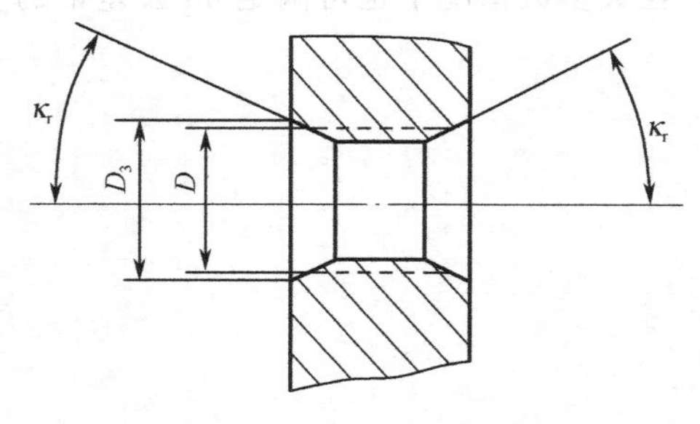

图 7-49　板牙切削锥部

切削锥角 κ_r 过小，将增加切削锥长度，切屑变薄，切削力和扭矩将增大。切削锥角 κ_r 过大，则板牙可能在坯件上打滑，使其不能稳定地导入坯件，且易于损坏螺纹。考虑到螺纹收尾的规定（GB/T3—1997）切削性能，κ_r 和 D_3（图 7-49）按

表 7-8 选取。

表 7-8 切削锥部尺寸 单位：mm

公称直径 D	D_3	κ_r
1～6	$D+0.1$	25°
6～16		
16～68	$D+0.2$	

注：公称直径 D 大于 6mm 的圆板牙允许制成 $\kappa_r=20°$。

从切削情况来看，若取 $\kappa_r=15°$能大大改善圆板牙的切削条件，提高工件螺纹表面的光洁度，但这将不符合螺纹收尾的要求。若将板牙一面做成 $\kappa_r=15°$的切锥角作切削用，而另一面做成符合螺纹收尾的切削锥角，再加工一次，这样也可以。

切削锥部后角 α_0 对板牙的工作有很大影响。α_0 角很小时，板牙与被加工材料之间会产生剧烈摩擦，加工出来的螺纹表面很粗糙。加工韧性大的材料时，α_0 还应增大。

α_0 一般取 5°～7°（螺纹直径 $D<6$mm 取 $\alpha_0=5°$；螺纹直径 $D\geqslant 6$mm 取 $\alpha_0=7°$）。

切削锥部的后角是在专用的铲背机床上按阿基米德螺旋线铲制出来的，在外径 D 的圆周上调算，每个刃瓣的铲磨量 K 为：

$$K=\frac{\pi D}{N}\tan\alpha \tag{7-31}$$

若用端面凸轮铲磨，端面凸轮上的 K_1、θ_1 及 θ_2 可按下式计算：

$$K_1=\frac{3K}{4\tan\kappa_r};\ \theta_1=\frac{3\times 360}{4N}=\frac{270}{N};\ \theta_2=\frac{360}{4N}=\frac{90}{N} \tag{7-32}$$

式中 K_1——凸轮升距，mm；

κ_r——圆板牙的切削锥角，(°)；

θ_1——凸轮升高曲线所占的圆周角度，(°)；

θ_2——凸轮下降曲线所占的圆周角度，(°)。

② 刃倾角 λ_s 刃倾角 λ_s 影响排屑方向。标准板牙 $\lambda_s=0$，切屑在容屑孔内卷曲成一团，甚至可堵塞容屑孔。为改变这种状况，可用 20°的沉头钻以其轴线与板牙的中心线成 15°倾斜角将板牙切削锥部分的前面加工成图 7-50 中 $A—A$ 剖面所示形状，使切削刃具有刃倾角，以改善排屑效果。

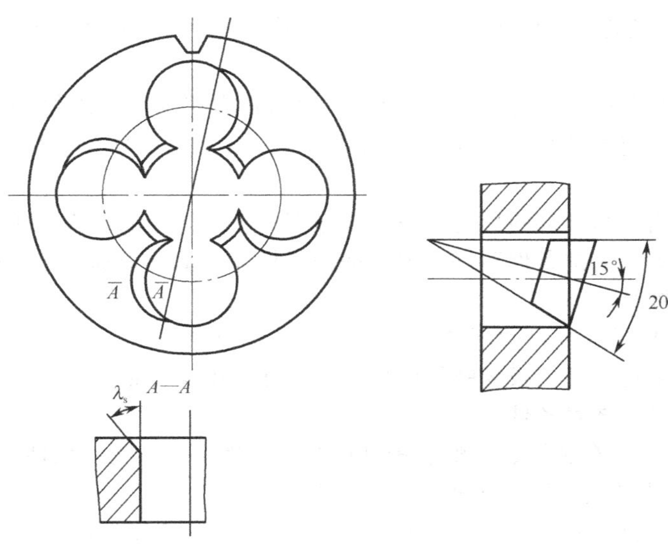

图 7-50 板牙的刃倾角

③ 前角 γ_0 和后角 α_0　前角 γ_0 可近似地规定在垂直于轴线的 $O—O$ 剖面内，如图 7-51、图 7-52 所示。前角 γ_0 对工件螺纹牙形没有影响。加工件材料时，通常取 $\gamma_0=10°\sim12°$；加工硬材料时取 $\gamma_0=15°\sim20°$；加工软材料时取 $\gamma_0=20°\sim25°$。板牙前角的存在不会引起板牙螺纹的畸变。前角对圆板牙的切削性能和齿尖强度有着十分重要的作用，前角太大会影响齿尖强度，太小则切削性能不佳。

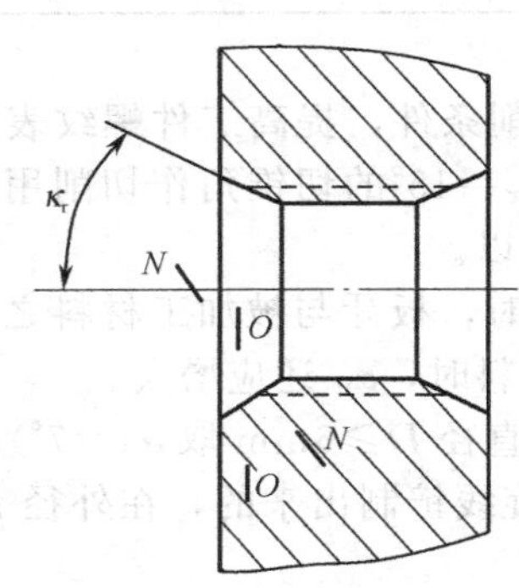

图 7-51　板牙切削部分

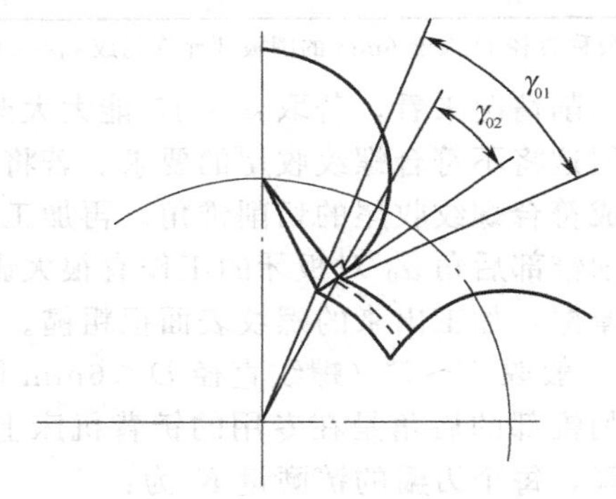

图 7-52　板牙螺纹小径和大径处的前角

板牙前刀面形状有曲线形和直线形两种。目前我国生产的板牙均为曲线形前刀面，前角值沿着切削刃是变化的，小径处前角 γ_{01} 最大，大径处前角 γ_{02} 最小，如图 7-52所示。加工相同螺纹大径的板牙，螺距越大，这种差别也越大。为了保持大径处所给定的前角值，设计时可加大计算前角 γ_0'，如图 7-53 所示，即取 $\gamma_0'=\gamma_0+(10°\sim15°)$，这样在刃磨及重磨后，$\gamma_0'$将减小而得到所需的前角 γ_0。直线形前刀面是在容屑孔钻出后用锉刀锉成的，在螺纹大径和小径处的前角变化，较曲线形前刀面的小。但锉削费力，只有当螺纹直径≥16mm 时才采用。

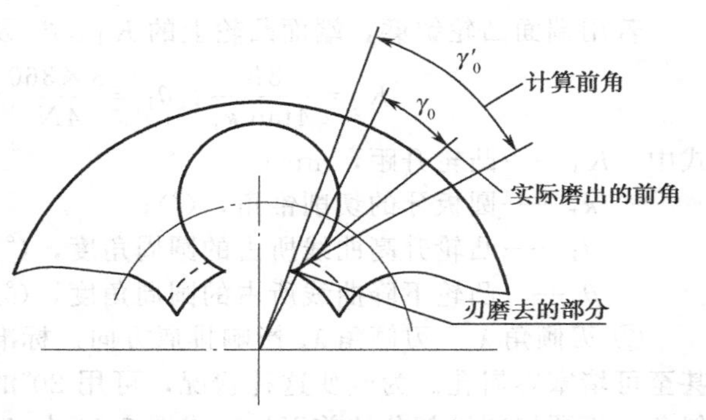

图 7-53　板牙的曲线形前刀面

板牙前角 γ_0 沿切削刃的各点是变化的，一般则是指切削刃在螺纹小径处的前角。实际上，板牙前角仅在确定容屑孔直径 d_0'、中心圆直径 d_0 和刃瓣宽 m 时用到，图纸上既不标注，也不进行检查。

板牙的后角是指切削锥部的后角。校准部分则由于工艺上的原因而不做后角。这样，切削时摩擦阻力虽较大，切削条件不好，但却增加了板牙自动向被加工工件引进的稳定性，且有助于获得较好的螺纹表面。

④ 螺纹尺寸　板牙螺纹尺寸不便测量，所以其螺纹制造得正确与否，是以检验它所切制工件螺纹的方法来检查的。板牙螺纹的尺寸由板牙丝锥来保证。

(3) 圆板牙的主要技术条件

① 圆板牙表面不得有裂纹、刻痕、锈迹以及磨削烧伤等影响使用性能的缺陷。

② 圆板牙表面光洁度应不低于表 7-9 的规定。

③ 外径 d 的公差按 GB/T 970.1—2008，厚度 E 公差按 GB/T 970.1—2008。

④ 圆板牙的位置公差按表 7-10 规定。

⑤ 圆板牙用 9SiCr 或其他牌号的合金工具钢制造。根据使用需要，也可用高速钢制造。

⑥ 用 9SiCr 合金工具钢制造的圆板牙，其工作部分的硬度应为 60～63HRC。

⑦ 圆板牙切出的外螺纹应符合 g6 公差带要求。螺距小于等于 2mm 时，螺纹表面光洁度不低于▽ 5，螺距大于 2mm 时，不低于▽ 4。

⑧ 圆板牙的性能试验，应符合 GB/T 970.1—2008 规定。

表 7-9 圆板牙表面光洁度

项 目	螺纹公称直径 D/mm	光洁度
外圆端面及螺纹表面	1～68	▽ 6
切削刃前面	≤4	▽ 6
	>4	▽ 7
切削刃后面	≤6	▽ 6
	>6	▽ 7

表 7-10 圆板牙的位置公差 单位：mm

螺纹公称直径 D	外圆对轴心线的径向圆跳动	端面对轴心线的圆跳动	切削刃对外圆的斜向圆跳动
≤6	0.12	0.15	—
6～22	0.15	0.18	0.12
>22		0.20	0.15

注：测量外圆及端面对轴心线的圆跳动时，应在锥形螺纹心棒上进行。

7.4 其他螺纹刀具

7.4.1 螺纹梳刀

螺纹梳刀就是多纹的螺纹车刀，它只要一次走刀就能切出全部螺纹，生产率较高。

螺纹梳刀按其外形可分为平体螺纹梳刀、棱体螺纹梳刀及圆体螺纹梳刀，如图 7-54 所示。

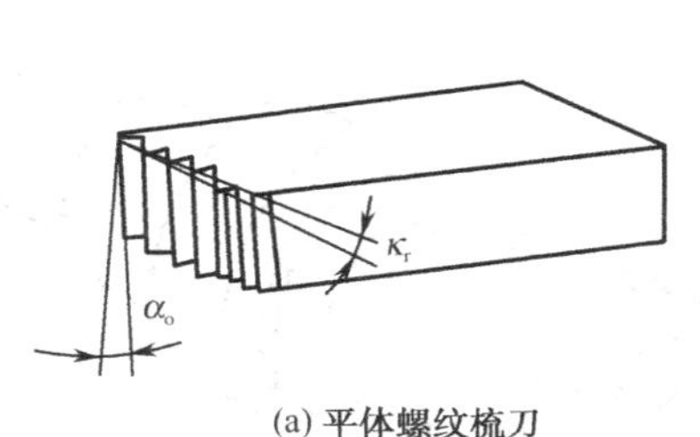

(a) 平体螺纹梳刀

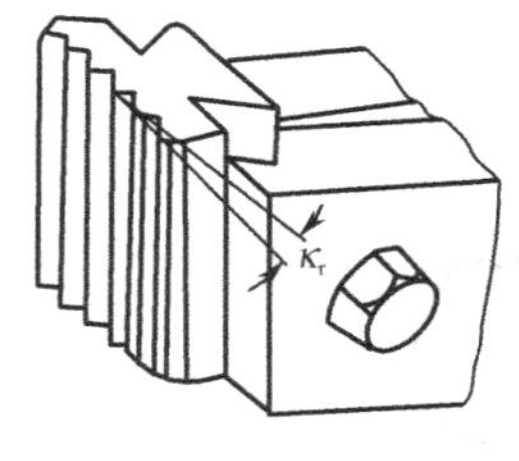
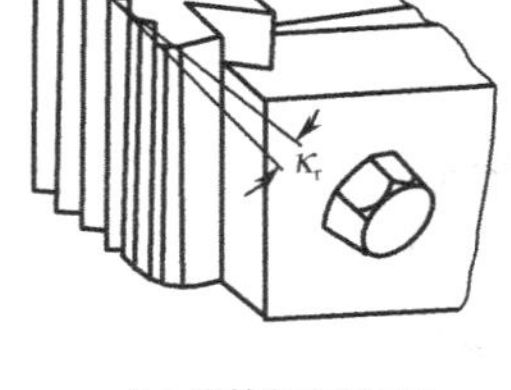

(b) 棱体螺纹梳刀

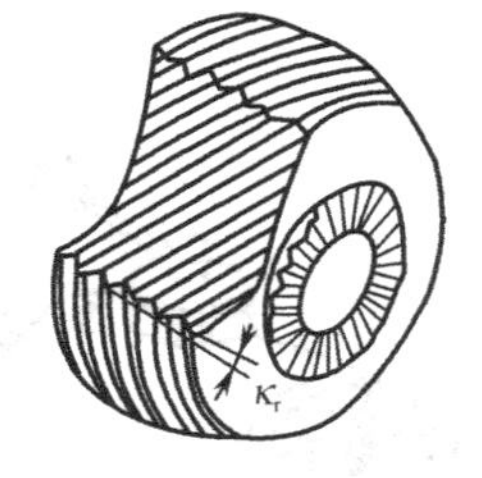

(c) 圆体螺纹梳刀

图 7-54 螺纹梳刀

螺纹梳刀的工作部分由切削部分和校准部分组成。切削部分的齿形不完整，它占有约 1.5～2.5 个齿，这样，每次走刀的切削工作就由两个或三个刀齿分担，使每齿负荷减轻。校准部分牙形完整，占有 4～8 个齿，用来修光和校准螺纹。

由于螺纹梳刀的工作部分较宽，因此，被加工零件应有足够的退刀地位，不然不能使用。此外，由于同时切削齿数多，切削力较大，故要求零件有足够的刚性。对不同的牙形角、螺距和头数的螺纹，均需专用的螺纹梳刀，因此它适用于成批生产中。

圆体螺纹梳刀上的刀齿有环形分布和螺旋分布两种。环形分布的只适用于加工螺纹升角较小的螺纹。螺旋分布的用得较广，因为刀齿两边切削刃的切削条件较好，并且制造比较方便。

在设计螺旋形梳刀时，应使梳刀的螺纹与工件螺纹相吻合，这就要满足两个条件。

① 加工外螺纹时，螺旋方向应当相反，即工件为右旋时，刀具应为左旋；加工内螺纹时，方向应相同。

② 刀具的螺纹升角应与工件相等，以保证两个侧刃的后角相同。这个条件在切内螺纹时不容易满足。因为梳刀外径只能小于孔径，但两者的螺距又应相等，因而梳刀上的螺纹升角必定大于工件升角。这时，升角误差不应大于 30′，所以内螺纹用梳刀加工是不方便的。

7.4.2 螺纹切头

螺纹切头分为自动开合板牙和自动开合丝锥两大类，常用于六角车床及自动、半自动车床上，是一种高生产率、高精度的螺纹刀具。

图 7-55、图 7-56 是一种自动开合板牙切头。工作时，装在切头上的 4 把圆体螺纹梳刀处于合拢状态，4 把梳刀同时切削。切削完毕时，梳刀自动张开，切头便退出，准备下一个工作循环。

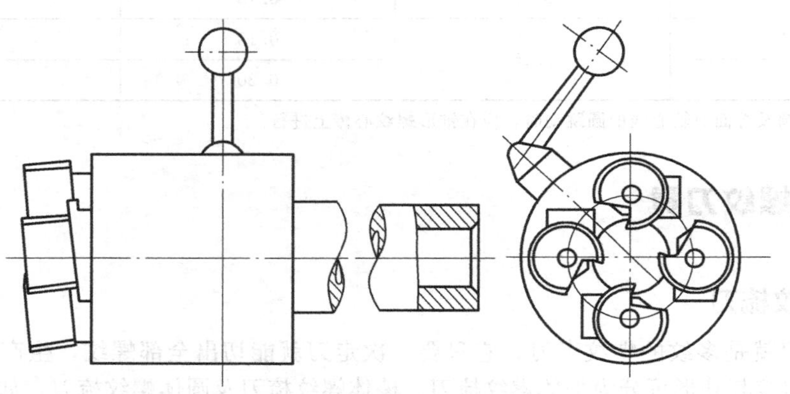

图 7-55 自动开合板牙切头

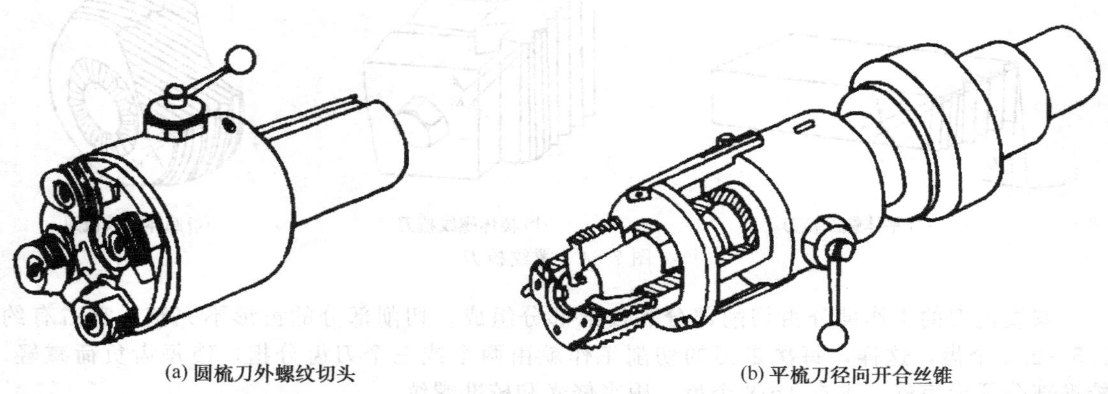

(a) 圆梳刀外螺纹切头　　(b) 平梳刀径向开合丝锥

图 7-56 螺纹切头

螺纹切头的优点是很明显的，但其结构复杂，成本高，只适用于大批生产中加工精度较高的螺纹。

7.4.3 螺纹铣刀

（1）盘形螺纹铣刀

盘形螺纹铣刀很像一把普通双角度铣刀（见图 7-57）。它主要用于铣削单线和多线梯形螺纹及蜗杆。铣削单线螺纹时，快速旋转的铣刀产生切削运动，在工件上铣出凹槽。与此同时，装置在两个顶尖（或卡盘与顶尖）之间的工件慢速旋转，工件每转一周，铣刀沿工作轴向移动一个螺距，以形成进给运动。由于工件的旋转和铣刀的纵向移动相互配合的结果，铣出的凹槽沿着螺旋线逐渐延伸形成螺纹。为了在工件要求的螺纹长度上铣出螺纹，工件的转数必须等于被加工螺纹的圈数。当铣削多线螺纹时，铣刀在工件旋转一周时纵向移动一个导程，每纵向走刀一次就铣出一条螺旋沟。所以，铣削多线螺纹时，铣刀的纵向走刀次数必须等于螺纹的线数。每铣完一条螺纹后，工件相对刀具回转 $1/n$ 转（n，工件螺纹线数）再铣第二条螺纹。依此类推，逐渐铣出所有螺纹。在铣切长螺纹的专用铣床上，一般装有分度机构。

为了减少被铣螺纹和铣刀齿形之间的差异，铣刀轴线要相对工作轴线交错一个角度安装（图 7-58）。此交错角等于被加工螺纹中径上的螺纹升角。

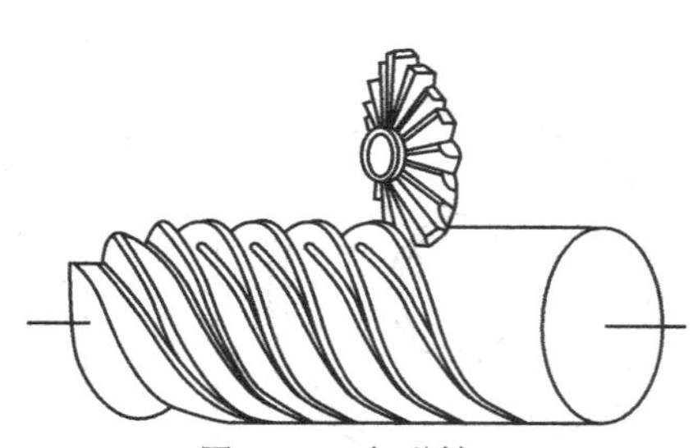

图 7-57 盘形铣刀

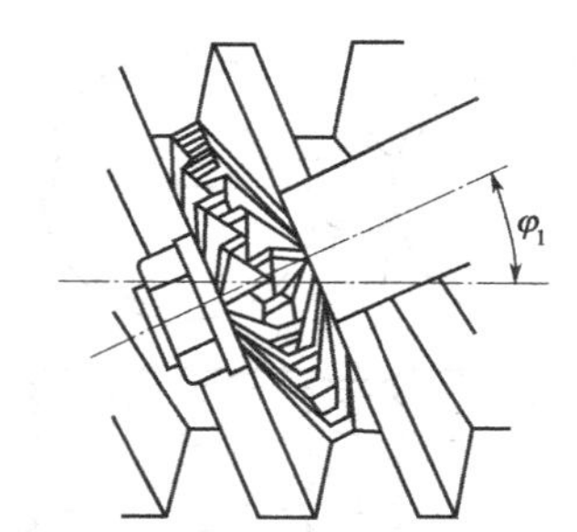

图 7-58 盘形螺纹铣刀的安装位置

（2）梳形螺纹铣刀

梳形螺纹铣刀可看成是很多盘形铣刀的组合，用在专用的螺纹铣床上加工短而螺距不大的三角形内外螺纹，其外形呈多环状，铣刀工作部分长度比工件螺纹长度稍长。加工时，铣刀轴线与工件轴线平行，铣刀快速回转做切削运动，工件缓慢转动的同时还沿轴向移动。铣刀切入工件后，工件回转一周，铣刀相对工件轴线移动一个导程。因为铣刀有径向切入、退出行程，所以工件要转动一转多一些，就可以铣出全部螺纹。梳形螺纹铣刀生产效率较高，用在螺纹铣床上加工一般精度、螺纹短而螺距不大的三角形内、外圆柱和圆锥螺纹。如图 7-59 是梳形螺纹铣刀加工外螺纹的情况。由此可见，这种刀具的生产率要比车削高。

用梳形螺纹铣刀铣削圆柱外螺纹的形式［见图 7-60(a)］和用梳形螺纹铣刀铣削圆柱内螺纹的形式［见图 7-60(b)］是最常见的加工形式。

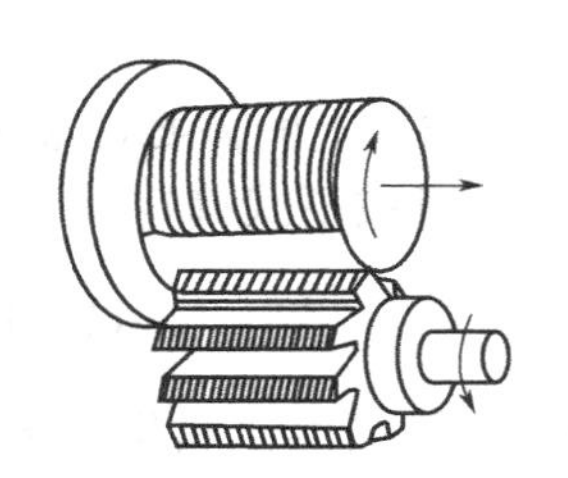

图 7-59 梳形螺纹铣刀铣螺纹

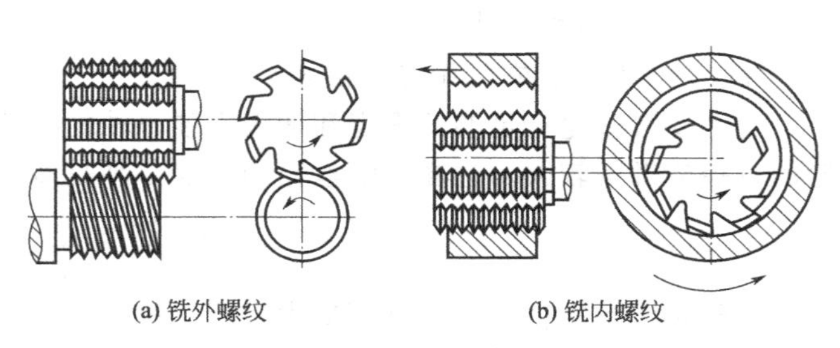

(a) 铣外螺纹　(b) 铣内螺纹

图 7-60 梳形螺纹铣刀铣削圆柱螺纹

7.4.4 螺纹滚压工具

滚压螺纹是一种无切屑螺纹加工工艺，螺纹是靠零件毛坯表层金属的塑性变形而形成的。塑性变形后的螺纹金属表层变得致密，金属纤维连续，由于金属表层的强化及滚压过程中的压光和碾平作用，故滚压螺纹的物理力学性能好，表面质量高。

螺纹的滚压加工生产率高，容易实现自动化，滚压工具寿命长工件材料利用率高。目前，这种加工方法不仅极其广泛地应用于各种螺纹零件的大批大量生产中，而且在成批生产和一些螺纹工具（丝锥、螺纹量规）的制造中，也得到普遍的采用。

但螺纹的滚压加工，对于硬度为37HRC以上、延伸率δ小于8%的材料，以及锯齿形螺纹、空心薄壁零件上的螺纹，将受到一定的限制。

滚丝轮和搓丝板是生产中使用较广的螺纹液压工具。

(1) 滚丝轮

滚丝轮由两个组成一对，安装在专门的滚丝机上使用。如图7-61所示，滚丝轮的螺纹与被加工的螺纹方向相反，安装时保证两轮轴线相互平行，且螺纹相互错开半个螺距。

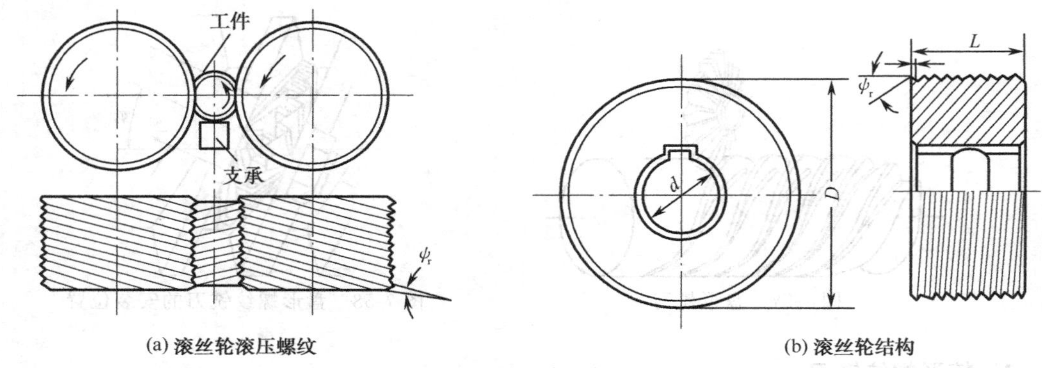

(a) 滚丝轮滚压螺纹　　(b) 滚丝轮结构

图 7-61　滚丝轮

工作时，两滚丝轮同向等速旋转，工件放置于两轮中间的支承板上，当一滚轮（动轮）向另一接丝轮做径向进给时，工件便逐渐受压形成螺纹。当工件达到预定的尺寸后，动轮停止进给并继续旋转，以修整和滚光螺纹廓形，一般螺纹零件的滚压时间在2.5～5s的范围内。滚丝时，必须使用切削液。

该丝轮中径上的螺纹升角ψ_r应等于工件的螺纹升角ψ，即

$$\tan\psi_r=\frac{p}{\pi d_2}=\frac{p_r}{\pi D_2} \tag{7-33}$$

式中 p——工件螺纹螺距，mm；

p_r——滚丝螺纹导程，mm；

d_2——工件螺纹中径，mm；

D_2——滚丝轮螺纹中径，mm。

为了使滚丝轮有足够的强度和增大安装心轴的刚性，并满足滚丝机结构上的需要，滚丝轮的直径应做得较大。这样，滚丝轮的螺纹必须是多头螺纹，其头数Z可按下式确定：

$$Z=\frac{D_2}{d_2}=\frac{p_r}{p} \tag{7-34}$$

滚丝轮已标准化，由工具厂集中生产。滚丝轮应用Cr12MoV或9SiCr合金工具钢制造，工作部分硬度为59～62HRC。

滚丝轮分三种精度等级：1 级、2 级和 3 级。1 级适用于加工公差等级为 4 级、5 级的外螺纹；2 级适用于加工公差等级为 5 级、6 级的外螺纹；3 级适用于加工公差等级为 6 级和 7 级的外螺纹。

(2) 搓丝板

搓丝板是滚丝轮的一种特殊形式，如果滚丝轮的直径无限增大，并取其一段，即成为搓丝板。

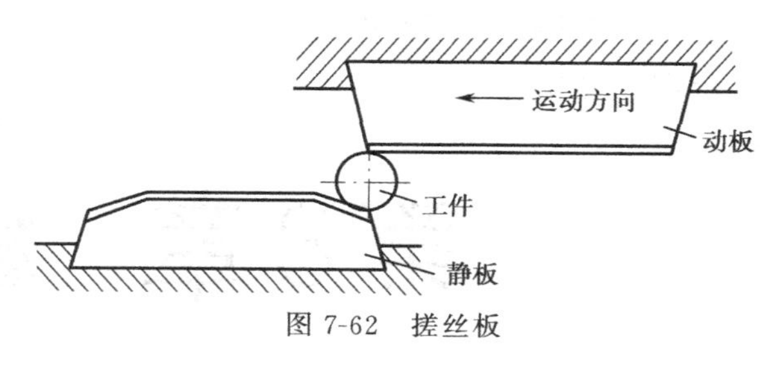

图 7-62 搓丝板

搓丝扳由两块组成一对进行工作，如图 7-62 所示，下板为静板，安装在机床的工作台上，静止不动；上板为动板，装在机床的滑块上。当工件进入两搓丝板之间，立即被上搓丝板带动进行滚压，上搓丝板每往复一次就滚压出一个工件来。

搓丝时，两块搓丝板的安装必须严格平行，上下板的螺纹应错开半个螺距。搓丝板螺纹的方向和工件螺纹的方向相反，但其斜角应和工件螺纹升角相等。

搓丝板的生产效率很高，广泛用于各种紧固螺纹零件的大量生产中，但由于受行程的限制，搓丝板一般只适于加工 $d_1=2.5\sim20$mm 范围内的螺纹。又因搓丝板不易制造得很精确，调整也较复杂，故加工螺纹的精度较滚丝轮低些。

标准规定加工普通螺纹的搓丝板分为 2 级和 3 级两种精度等级。2 级精度的搓丝板适用于加工公差等级为 5 级、6 级的外螺纹；3 级精度的搓丝板适用于加工公差等级为 6 级和 7 级的外螺纹。

第8章 磨削工具

8.1 概述

8.1.1 磨削技术概况

磨削加工是一种高精度的加工方法，也是一种作为应对高硬度材料的加工手段而发展起来的。同其他加工方法相比，它具有以下特点。

(1) 能获得很高的加工精度

现代机器制造中的许多机件，要求有较高的精度和表面粗糙度，采用一般的切削加工方法难以实现，这就需要磨削加工的方法来解决。磨削加工与其他机械加工所能得到的表面粗糙度见表8-1。

表8-1 机械加工方法与表面粗糙度

机械加工方法		能达到的粗糙度
刨削		$\sqrt{Ra1.6}$
车削		$\sqrt{Ra0.8}$
铣削		$\sqrt{Ra0.8}$
磨削	一般	$\sqrt{Ra1.6}\sim\sqrt{Ra0.2}$
	镜面磨削	$\sqrt{Ra0.1}\sim\sqrt{Ra0.012}$
	超精磨削	$\sqrt{Ra0.05\sim\sqrt{Ra0.025}}$
	精密磨削	$\sqrt{Ra0.2}\sim\sqrt{Ra0.1}$

磨削加工通常可以达到1～2级精度，表面粗糙度 Ra 可达到0.8～0.05μm。在一定条件下，超精磨削加工可达1级以上精度，镜面磨削表面粗糙度 Ra 可达到0.01μm。

(2) 能适应各种不同材质材料的加工

磨削加工不但能加工一般的钢、铸铁和有色金属及其合金，而且还能加工其他机械加工方法难以加工的高硬度、高强度、耐热、耐磨的材料，如硬质合金、高钒高速钢、耐热合金、钛合金等。

(3) 能获得较高的生产效率

近年来，以提高单位时间金属切除量为目标的高效率磨削方法（如高速磨削、强力磨削、重负荷磨削、宽砂轮磨削等）的相继发展和应用，磨削生产率已达到甚至超过其他机械加工方法。高效率磨削方法，是采用增加单位时间内参与磨削的磨粒数量，增加每颗磨粒的切除量，增大磨削压力等途径来提高生产效率的。强力磨削一次连续切深达 6mm 以上。最大金属切除率，钢达 180kg/h、铸铁达 270～320kg/h，可直接由精毛坯磨削成形，以磨代车，以磨代铣，生产率不因毛坯表面状态而降低。加工表面质量较高，缩短了加工周期。重负荷磨削进行钢锭修磨作业，磨削压力可达 250～1000kg，金属切除率达 1000kg/h。

(4) 适应性广

磨削不仅加工圆柱面、圆锥面、平面、内圆面等一般几何形状的工件表面，还能加工螺纹、齿轮、花键、钢球、样板等曲面、球面及不规则的复杂型面，不但进行外圆磨削、平面磨削、内圆磨削等一般的磨削作业，还能进行工具磨削、荒磨、切断、超精加工、珩磨等特殊作业。

随着机械工业向着高精度、高效率发展的趋势，新型材料广泛应用。随着磨床结构的更新，磨具制造技术水平的提高，新型磨削加工技术的开发和应用，磨削加工在各工业领域的应用范围日趋扩大，使磨削加工在机械加工中占有越来越重要的地位。它将在现代化工业各部门中得到更加广泛的应用。

8.1.2 磨料及其选择

(1) 磨料的主要成分

磨料是磨轮的主要成分，它直接担负着切削作用。在磨削时，它要经受高速的摩擦、剧烈的挤压，所以磨料必须具有很高的硬度、耐磨性、耐热性以及相当的韧性，还要具有比较锋利的形状，以便磨下金属。

磨料可分天然磨料和人造磨料两大类。一般天然磨料含杂质多，质地不均匀；天然金刚石虽好，但价格昂贵，故目前制造磨轮主要是用人造磨料。

制造磨轮的磨料有氧化铝（刚玉）、碳化硅、金刚石和立方氮化硼四大类。

① 刚玉类　刚玉类的主要成分是 Al_2O_3。它的硬度比碳化硅类低，但韧性较好，故适于磨削抗张强度较好的材料，如各种钢材。根据 Al_2O_3 所含的比例、结晶构造、渗入物的不同又可分为以下几种。

a. 棕刚玉（代号 GZ）　Al_2O_3 的纯度为 95%左右，呈棕褐色，韧性好，价格便宜，适宜磨削碳素钢、合金钢、可锻铸铁和硬青铜等。

b. 白刚玉（代号 GB）　Al_2O_3 的纯度大于 98.5%，呈白色。硬度比棕刚玉高，韧性比棕刚玉低，磨粒锋利，适宜磨削淬硬的高碳钢、高速钢、薄壁零件和成形零件，但价格比棕刚玉高，应节约使用。

c. 铬刚玉（代号 GG）　除了含有 97.5%以上的 Al_2O_3 外，还含有 1.15%以上的 Cr_2O_3，呈玫瑰红色。铬刚玉的硬度与白刚玉相近，而韧性比白刚玉好，适宜磨削韧性好的钢材，如不锈钢、高钒高速钢时比白刚玉效率高，表面光洁度好，砂轮的耐用度较高。目前在量具仪表零件磨削、成形磨削以及高速钢刀具刃磨中用得较多。

d. 单晶刚玉（代号 GD）　单晶刚玉每个颗粒基本上都是单晶体，棱角锋利，硬度和韧性都比白刚玉高，一般呈浅黄色或白色，适宜磨削韧性好的不锈钢、高钒高速钢和其他难加工材料，以及内圆磨削等散热不良的工序和高光洁度磨削等。

e. 微晶刚玉（代号 GW）　其化学成分、颜色与棕刚玉相似，但它的磨粒由许多微小尺寸的晶体组成，形成许许多多微刃。它韧性好，自锐性好，适宜磨削不锈钢、特种球墨铸铁，也适宜于高光洁度磨削。

f. 镨钕刚玉（代号 GP） 这是20世纪70年代我国独创的磨料，是在Al_2O_3中掺入少量稀土氧化物（如氧化镨Pr_6O_{11}、氧化钕Nd_2O_3等）制成的。它呈淡白色，硬度和韧性比白刚玉好，自锐性好，可以代替单晶刚玉（单晶刚玉水解过程中逸出硫化氢，有毒）。用它磨削稀土镁球墨铸铁、高磷铸铁、铜锰铸铁、不锈钢、铝高速钢、超硬高速钢、某些高温耐热合金，以及一般铸铁与钢材时，同白刚玉相比，生产率提高20%至3倍，光洁度提高1～3级，砂轮耐用度提高50%至4倍。镨钕刚玉磨削时锋利，出活快，不易粘金属屑，工件不易烧伤。

② 碳化硅类 碳化硅类的硬度比氧化铝高，磨粒锋利（刃口圆弧半径，比刚玉类小30%），导热性好，但韧性较差，不宜磨削钢料等韧性金属，适合于磨削脆性材料，如铸铁、硬质合金等。碳化硅类不宜磨削钢的另一个原因是：在高温下碳化硅中的碳原子会向钢的铁素体中扩散，造成磨粒的扩散磨损。

碳化硅类按 SiC 的纯度不同，可以分为以下两种。

a. 黑色碳化硅（TH） SiC 的纯度为98.5%左右，呈黑色，有光泽，适于磨削铸铁和黄铜等。

b. 绿色碳化硅（TL） SiC 的纯度大于99%，呈绿色，有光泽，硬度比黑色碳化硅高，但更脆，导热性更好。适于磨削硬质合金、宝石和光学玻璃等。它的价格比黑色碳化硅高。

c. 金刚石类 金刚石是目前已知物质中最硬的一种材料，其刃口非常锋利，导热性好，切削性能优良，但价格昂贵。它主要用于加工其他磨料难以加工的高硬度材料，以及高精度磨削，如精磨硬质合金和光学玻璃等，工业中用的大多是人造金刚石（JR）。

d. 立方氮化硼（CBN） 这是近几年来研制成功的磨削高硬度、高韧性、难加工钢材的一种新磨料。它呈棕黑色，硬度略低于金刚石，是与金刚石互为补充的优质磨料。金刚石磨轮在磨削硬质合金和非金属材料时，具有独特的效果。但在磨削钢料时，尤其是磨削特种钢时，效果不显著，因为金刚石中的碳元素要向钢中扩散。立方氮化硼磨轮磨削钢料的效率比刚玉砂轮要高近百倍，比金刚石高5倍，但磨削脆性材料不及金刚石。目前，立方氮化硼磨轮正在航空、机床、工具、轴承等行业中推广使用。

四类磨料的几项主要性能对比见表8-2。

表 8-2 四类磨料主要性能对比（所有指标都以金刚石为1）

项　目	刚　玉	碳　化　硅	金　刚　石	立方氮化硼
显微硬度	0.2～0.24	0.28～0.33	1	0.8～0.9
热导率	0.012	0.027	1	
磨削能力	0.1～0.3	0.25～0.28	1	磨韧性材料3～5，磨脆性材料<1

(2) 粒度及其选择

① 粒度 粒度是指磨料颗粒的大小，粒度号有以下两种表示方法。

a. 对用筛选法来区分的较大的颗粒（砂轮上用的都是这种），以每英寸[1]长度上筛孔的数目来表示。例如，46#粒度是指能通过每英寸长度上有46个孔眼的筛网，而不能通过下一挡每英寸长度上有60个筛孔的颗粒大小。颗粒粒度分号见表8-3。

[1] 1英寸（in）=0.0254m。

表 8-3 颗粒粒度号及对应的尺寸

粒 度	通过的网孔公称尺寸/μm	不通过的网孔公称尺寸/μm	粒 度	通过的网孔公称尺寸/μm	不通过的网孔公称尺寸/μm
8＃	3150	2500	60＃	315	250
10＃	2500	2000	70＃	250	200
12＃	2000	1600	80＃	200	160
14＃	1600	1250	100＃	160	120
16＃	1250	1000	120＃	120	100
20＃	1000	800	150＃	100	80
24＃	800	630	180＃	80	63
30＃	630	500	240＃	63	50
36＃	500	400	280＃	50＃	40
46＃	400	315			

b. 对于用沉淀法或显微测量法来区分的微小颗粒（常称为粉，作研磨用），就用颗粒的最大尺寸（以 μm 计）为粒度号。例如，W20 表示微粉的颗粒尺寸在 20～14μm 之间。微粉粒度号见表 8-4。

表 8-4 微粉粒度号

粒 度	尺寸范围/μm	粒 度	尺寸范围/μm	粒 度	尺寸范围/μm
W40	40～28	W10	10～7	W2.5	2.5～1.5
W28	28～20	W7	7～5	W1.5	1.5～1
W20	20～14	W5	5～3.5	W1	1～0.5
W14	14～10	W3.5	3.5～2.5	W0.5	0.5～更细

② 粒度选择原则　选择磨削粒度的一般原则如下。

a. 粗磨时，应选粒度号较小的磨轮，以保证较高的生产率；精磨时，应选粒度号较大的磨轮，以提高工件的表面光洁度。

b. 磨轮与工件的接触面积较大时，应选较小的粒度号，以免发热过多，使工件表面烧伤。

c. 磨削软而韧的金属时，应选粒度号较小的磨轮，以减少磨轮堵塞现象；磨削硬而脆的金属时，宜选择粒度号大的磨轮。

d. 磨削薄壁工件时，为了减少热变形，应选粒度号较小的磨轮。

e. 成形磨削时，要求磨轮外形保持的时间长，应选用粒度号较大的磨轮。

通常，磨毛坯时选用 12＃～24＃；外圆、内圆和平面磨削选用 36＃～70＃；刃磨刀具选用 46＃～100＃，螺纹磨削、成形磨削和高光洁度磨削选用 100＃～280＃。

(3) 结合剂及其选择

结合剂是将细小的磨粒黏结成磨轮的结合物质，磨轮的强度、耐冲击性、耐腐蚀性、耐热性主要取决于结合剂的性能。此外，结合剂对磨削温度、磨削表面光洁度等也有一定的影响。

常用的结合剂有以下几种。

① 陶瓷结合剂（代号 A）　它是一种无机结合剂，具有以下优点。

a. 性能稳定，不受空气干湿、气温变化以及储存时间长短的影响。

b. 耐热性和耐腐蚀性好，不耐水、油及普通酸、碱的侵蚀，因此可以用于干磨，可使用各种切削液。

c. 砂轮中气孔率大，还可以制造疏松的大气孔砂轮，砂轮不易堵塞，磨削效率高。

d. 磨损小，能较好地保持砂轮的几何形状。

e. 价格便宜。

它的缺点如下。

a. 质地较脆，不能承受大的冲击和振动，不能承受大的侧面推力，所以不能用来制造薄片砂轮。不适合切断和磨窄槽，磨削速度一般不能超过35m/s。

b. 弹性差，砂轮不能变形，磨粒退让性差，磨削时容易因切削量大而使工件表面烧伤，达到镜面光洁度较困难。

由于陶瓷结合剂的优点很多，除薄片砂轮外，它可以做成各种粒度、硬度、组织、形状和尺寸的砂轮，应用范围最广。目前工厂中80%的砂轮是用陶瓷作结合剂的。

② 树脂结合剂（代号5） 它是一种有机结合剂，具有以下优点。

a. 弹性好，强度高耐冲击，可以制造很薄的砂轮，可以用于50m/s的高速磨削。

b. 砂轮自锐性好，磨削效率高。

c. 由于砂轮弹性好，磨粒能退让，所以可避免因磨削量大，摩擦发热而使工件表面烧伤。同时，树脂结合剂还具有弹性抛光作用，工件可获得较高的表面光洁度。

它的缺点如下。

a. 耐热性较差（耐热温度为200℃左右），磨削温度高时，砂轮消耗快。由于自锐性好，砂轮容易失去正确的外形。

b. 耐腐蚀性较差，切削液中含碱量不能超过1.5%，否则结合强度将减弱。环境也会使砂轮强度降低，一般树脂砂轮的存放期不能超过半年到一年。

树脂砂轮的应用场合是：磨断钢锭，铸件去毛刺，粗磨；精磨、抛光；磨窄槽，切断工件。

③ 橡胶结合剂（代号x） 它是一种有机结合剂，其优点如下。

a. 强度和弹性比树脂结合剂还要好，可以做成更薄的砂轮。

b. 磨削时振动小，结合剂还能起到抛光作用，所以磨出的表面光洁度较高。

c. 砂轮退让性好，工件表面不易烧伤。

它的缺点如下。

a. 耐热性更差（耐热温度低于150℃），砂轮消耗快。

b. 橡胶结合剂的砂轮，磨粒间空隙小，不能磨去很多的加工余量，不宜用于粗加工，而且不能制造太硬和太软的砂轮。

c. 其耐油性差，因而磨削时不能用油作切削液。

橡胶结合剂的应用不如以上两种结合剂普遍，只用于切断、磨窄槽、磨滚动轴承滚道、做无心磨床导轮以及制成抛光砂轮抛光成形面等。

(4) 硬度及其选择

磨轮的硬度是指结合剂黏结磨粒的牢固程度，也是指磨粒在磨削力作用下，从磨轮表面上脱落下来的难易程度。磨轮硬，就是磨粒粘得牢，不易脱落；磨轮软，就是磨粒粘得不牢，容易脱落。所以磨轮硬度和磨料硬度完全是两回事。

磨轮的硬度对磨削生产率和加工表面质量都有很大的影响。如果选得太硬，磨粒磨钝后仍不能脱落，磨削效率很低，而磨削力和磨削热会显著增加，工件表面被烧伤，光洁度很低。

如果选得太软，磨粒还没有磨钝时已从磨轮上脱落，磨轮损耗快，形状也不易保持，工件精度难于控制，脱落的磨粒容易把工件表面划伤，而使光洁度降低。

磨轮的硬度选得合适，磨粒磨钝后因磨削力增大而自行脱落让新的锋利的磨粒露出继续担负切削工作（这就称为砂轮的自锐性），则磨削效率高，工件光洁度高砂轮损耗也小。所以选择合适的硬度很重要。

我国磨轮硬度等级见表 8-5，其选择原则如下。

表 8-5 磨轮硬度等级

硬度等级		代号	硬度等级		代号
大级	小级		大级	小级	
超级	超级 3	CR_3	中	中 1	Z_1
	超级 4	CR_4		中 2	Z_2
软	软 1	R_1	中硬	中硬 1	ZY_1
	软 2	R_2		中硬 2	ZY_2
	软 3	R_3		中硬 3	ZY_3
中软	中软 1	ZR_1	硬	硬 1	Y_1
				硬 2	Y_2
	中软 2	ZR_2	超硬		CY

注：1. 橡胶结合剂砂轮只分大级。
2. 表中硬度的 1、2、3、4，表示硬度增高的顺序。

① 磨削硬材料时，磨粒容易磨损，为使磨钝后的磨粒能及时脱落，应选较软的磨轮。磨削软材料时，磨粒不易磨损，应选较硬的砂轮，但磨削很软的材料（如有色金属）时，磨轮易被堵塞，故应选较软的硬度。

② 磨轮与工件接触面积愈大，磨粒参加切削的时间愈久，磨粒愈易磨损，故应选愈软的磨轮。如内圆磨削用的磨轮应比外圆磨削得软一些，而端磨平面的磨轮应更软。

③ 磨削导热性差的材料（如不锈钢、硬质合金等）和薄壁零件时，因不易散热，表面常会烧伤，故要选择较软的硬度。

④ 成形磨削时，应选较硬的磨轮，以使磨轮轮廓能维持较长的时间。

⑤ 清理铸件、锻件和粗磨时，为了使磨轮不致消耗过度，应选较硬的磨轮。

一般情况，铸、锻件选用 ZY_1～ZY_5。粗磨时，选用 ZY_1～ZY_5。半精密、精密采用 R_2～Z_2，其中磨淬硬钢选用 R_2～ZR_1，磨未淬硬钢选用 ZR_2～Z_2。端磨平面采用 R_2～ZR_2。刃磨高速钢刀具选刀 R_3～ZR_1，刃度硬质合金刀具选用 R_2～R_3。成形磨削选用 ZR_2～ Z。

(5) 组织及其选择

磨轮的组织是指磨轮的松紧程度，结构如图 8-1 所示，也就是磨粒在磨轮内所占的比例。磨轮的组织可分 12 号，详见表 8-6。

表 8-6 砂轮的组织分类

组织分类	紧密					中等				疏松			
组织代号	0	1	2	3	4	5	6	7	8	9	10	11	12
磨粒占砂轮体积/%	62	60	58	56	54	52	50	48	46	44	42	40	38

砂轮组织松，砂轮不易被磨屑堵塞，切削液和空气能带入磨削区域，可降低磨削区域的温度，减少工件发热变形和烧伤，也可以提高磨削效率。但表面光洁度下降，且不易保持砂轮的轮廓形状。

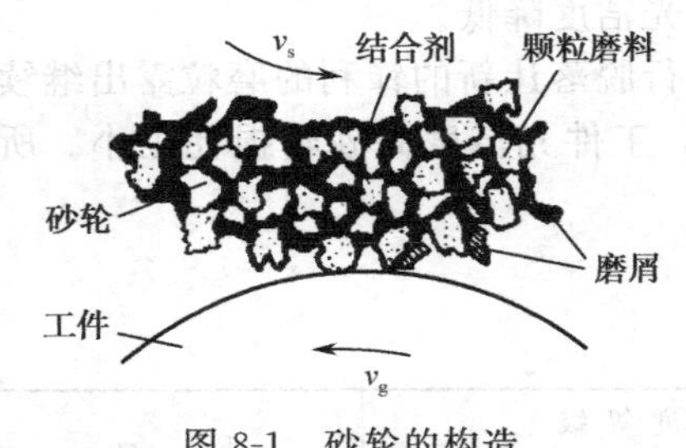

图 8-1　砂轮的构造

一般砂轮都制成中等松紧，采用组织代号 5 号。表面光洁度要求较高时，成形磨削时宜采用 3～4 号。端磨时，磨削韧性特别好的钢料和有色金属时，砂轮易堵塞，宜采用 7～9 号。

组织号一定，砂轮磨粒间空隙的大小取决于结合剂的多少。只要用较少的结合剂就能保证砂轮有足够的强度，它的气孔尺寸可以大到 0.7～1.4mm。这种砂轮不易堵塞，磨削效率高，而且发热少，散热快，工件不会烧伤。

(6) 磨轮的形状与尺寸

为了适应在不同类型的磨床上磨削各种不同形状和尺寸的工件需要，磨轮需制成不同的形状和尺寸。我国砂轮早已标准化，几种常用砂轮的形状、代号及其主要用途见表 8-7。

砂轮的各种特性以代号标注在砂轮的端面上，其次序是：磨料—粒度—硬度—结合剂—组织号—形状及尺寸。

例如：

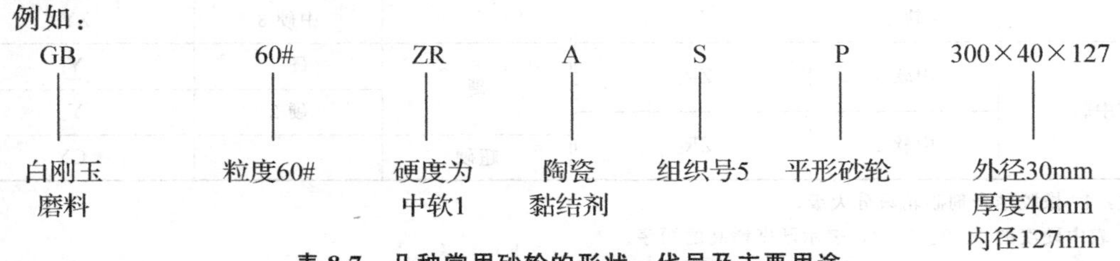

表 8-7　几种常用砂轮的形状、代号及主要用途

砂轮种类	砂轮形状	代　号	主要用途
平形砂轮		P	磨外圆、内孔、无心磨、滚磨平面及刃磨刀具
双斜面砂轮		PSX	磨齿轮及单头螺纹
双面凹砂轮		PSA	磨外圆和刃磨刀具，还用作无心磨的磨轮和导轮
双面凹带锥面砂轮		PSZA	磨外圆和兼磨两端相邻二肩部（如曲拐轴颈）
薄皮砂轮		PB	切断及磨槽
筒形砂轮		N	端磨平面及刃磨刀具
碗形砂轮		BH	刃磨刀具
碟形 1 号砂轮		D_1	刃磨刀具

续表

砂轮种类	砂轮形状	代号	主要用途
碟形2号砂轮		D_2	磨齿轮和插齿刀

(7) 人造金刚石磨轮

人造金刚石磨轮如图8-2所示，由三层构成。金刚石磨料和结合剂，是起磨削作用的部分。为了节约贵重的人造金刚石，这一层的厚度只有1.5～5mm。基体起支持磨料层进行磨削之用，通过法兰把它夹紧在磨轮主轴上。基体可用钢、铜、铝、胶木等制造，而以铝为最常用。过渡层不含磨料，单由结合剂组成，它的作用是使磨料层与基体牢固地结合在一起。

人造金刚石磨轮常用的结合剂有青铜（代号QT）和树脂（代号S）两类，青铜结合剂强度比较高，磨轮的消耗小，能比较长久地保持外形轮廓，可以承受较大的负荷，适用于粗磨、半精磨及成形磨削等工序。树脂结合剂具有较好的抛光性能，磨削时磨轮不易堵塞，磨削效率高，工件表面光洁度好，但耐热温度低，多用于半精磨和精磨。

金刚石磨轮中金刚石的含量用浓度来表示。常用的浓度有150%、100%、75%、50%、25%五种。所谓100%浓度，是指第一层每1cm^3体积中含有4.39克拉（1克拉=0.2g）金刚石。50%浓度是指每1cm^3中含有2.2克拉金刚石。其他依此类推。高浓度金刚石磨轮能较好地保持形状，适用于小面积磨削和成形磨削。低浓度磨轮能承受较高的压力，多用于间断性的、大面积的磨削以及高光洁度磨削。

(8) 立方氮化硼磨轮

由于立方氮化硼（CBN）价格很贵，所以立方氮化硼磨轮都是在普通白色氧化铝砂轮上加一圈用结合剂黏结的立方氮化硼组成，如图8-3所示。用它磨削高钒高速钢、又硬又黏的高级耐热合金时效果很显著。

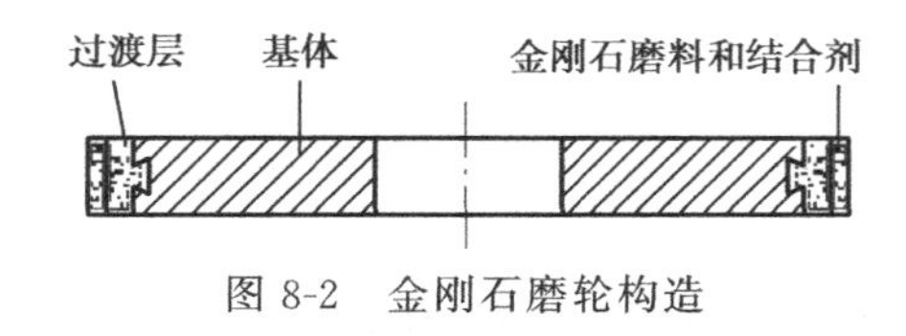

图8-2 金刚石磨轮构造

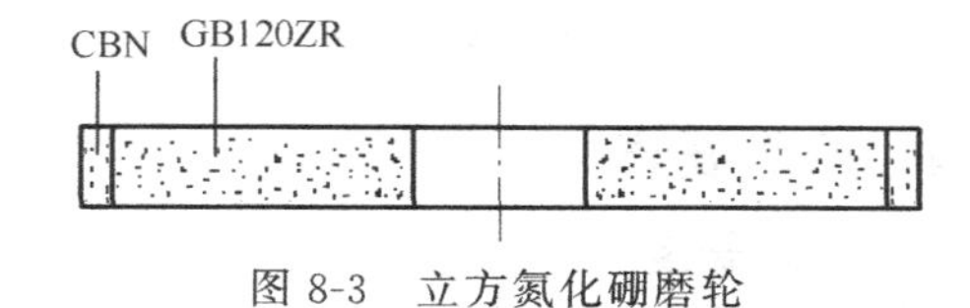

图8-3 立方氮化硼磨轮

8.1.3 磨削运动

磨削时，一般有四个运动，如图8-4所示。

(1) 主运动 v

主运动是砂轮的旋转运动，主运动速度是砂轮外圆的线速度。

$$v=\frac{\pi d_0 n_0}{1000} \tag{8-1}$$

式中 d_0——砂轮直径，mm；

n_0——砂轮转速，r/s；

v——砂轮线速度，即磨削速度，m/s。

(2) 径向进给量 f_r

工件相对砂轮在工作台每双（单）行程内径向移动的距离，mm/d·str，mm/str。

(3) 轴向进给量 f_a

工件相对砂轮沿轴向的进给运动。一般，$f_a=(0.2\sim0.8)B$，B为砂轮宽度。f_a的单位圆磨是 mm/r，平磨是 mm/d・str。

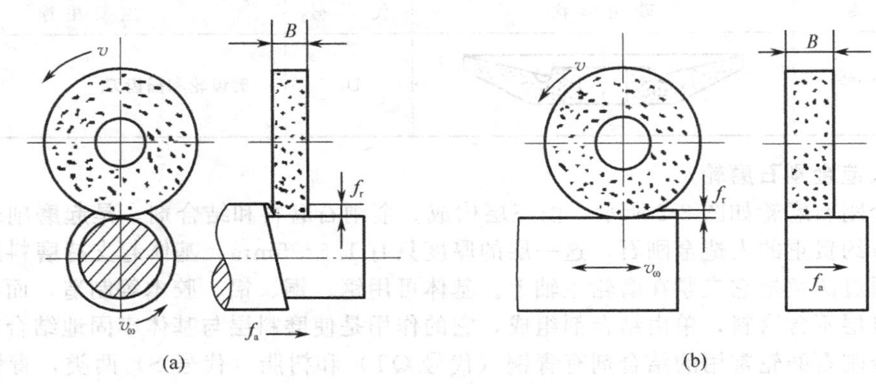

图 8-4 磨削时的运动

(4) 工件速度 v_ω

外圆磨削时：

$$v_\omega=\frac{\pi d_\omega n_\omega}{1000} \tag{8-2}$$

平面磨削时：

$$v_\omega=\frac{2Ln_{tab}}{1000} \tag{8-3}$$

式中 v_ω——工件速度，m/s；

L——工作台行程，mm；

d_ω——工件直径，mm；

n_ω——工件转速，r/s；

n_{tab}——工作台往复频率，s^{-1}。

8.1.4 磨削要素

(1) 接触长度

接触长度是指在磨削过程中，砂轮圆周表面的磨粒同工件之间的干涉长度。接触长度反映了磨削热源的大小，冷却排屑的难易及砂轮是否出现堵塞等问题，是磨削中的重要参数之一。

① 平面磨削的接触长度　如图 8-5(a) 所示，设径向进给量为 f_r，砂轮与工件的接触角为 θ，砂轮直径为 d_0，则接触长度 L_i 可近似按接触弧长计算：

$$L_i=\frac{d_0}{2}\theta,\ \theta\approx\sin\theta\approx2\sqrt{\frac{f_r}{d_0}}$$

故 $L_i\approx\sqrt{d_0f_r}$

如考虑砂轮速度 v 及工件速度 v_ω，砂轮表面磨粒相对于工件的运动轨迹为一条摆线。这时：

$$L_i\approx\left(1\pm\frac{v_\omega}{v}\right)\sqrt{d_0f_r} \tag{8-4}$$

式中，逆磨取正值，顺磨取负值。

② 等效砂轮直径　为简化起见，计算外圆或内圆磨削的接触长度问题可以转换为计算平面磨削的接触长度问题，为此提出了等效砂轮直径的概念。如图 8-6 所示，当砂轮径向进给量相同时，外圆磨削的接触长度较平面磨削时大。但是只要设想将平面磨削砂轮直径 d_0

增大到 d_{0e}，就有可能使二者的接触长度相等。设想中的平磨砂轮直径 d_{0e} 称为外圆磨削的等效砂轮直径。同理，对内圆磨削也有一个等效砂轮直径。

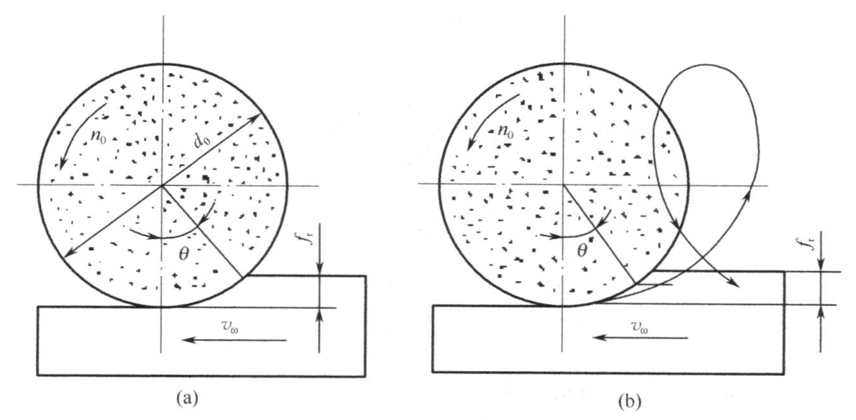

图 8-5　砂轮与工件的接触长度

等效砂轮直径可由下式求得。

外圆磨削时：

$$d_{0e}=\frac{d_\omega d_0}{d_\omega+d_0} \tag{8-5}$$

内圆磨削时：

$$d_{0e}=\frac{d_\omega d_0}{d_\omega-d_0} \tag{8-6}$$

求出等效砂轮直径后，就可求出内圆或外圆磨削的接触长度：

$$L_i\approx\sqrt{f_r d_0 e}=\sqrt{f_r\frac{d_\omega d_0}{d_\omega\pm d_0}} \tag{8-7}$$

$$\text{或 } L_i\approx\left(1\pm\frac{v_\omega}{v}\right)=\sqrt{f_r\frac{d_\omega d_0}{d_\omega\pm d_0}} \tag{8-8}$$

③ 实际接触长度　以上分析计算的接触长度，是在假定砂轮和工件都是绝对刚体的条件下得到的，实际上两者都会发生弹性变形，故实际接触长度比理论计算值大 1.3～2.3 倍。

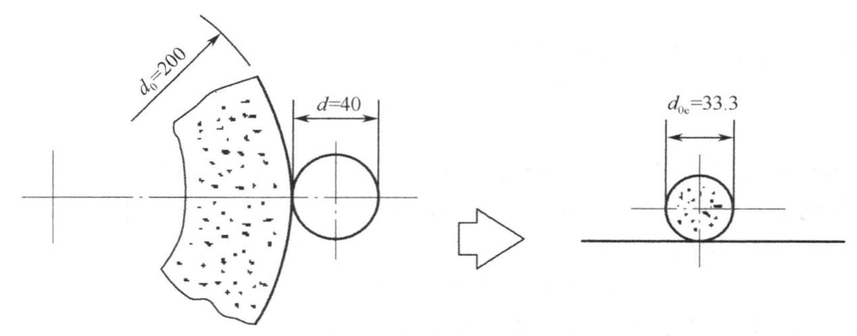

图 8-6　等效砂轮直径（单位：mm）

(2) 单粒切削厚度

为便于分析，可以将砂轮看成是一把多齿铣刀，这样，就可以按照铣削中确定切削厚度的原理，来确定磨削中单粒切削厚度。现以平面磨削为例说明之。

图 8-7 为平面磨削中垂直于砂轮轴线的横剖面。当砂轮上 A 点转到 B 点时，工件上 C

点就移动到B点，这时ABC这层材料就被磨掉了。此时磨去的最大厚度为BD。参加切削的磨粒数为$\overset{\frown}{AB}\times m$（$m$为砂轮每毫米圆周长上的磨粒数）。则单个磨粒的最大切削厚度为：

$$\alpha_{\text{cgmax}}=BD/(\overset{\frown}{AB}\times m)$$

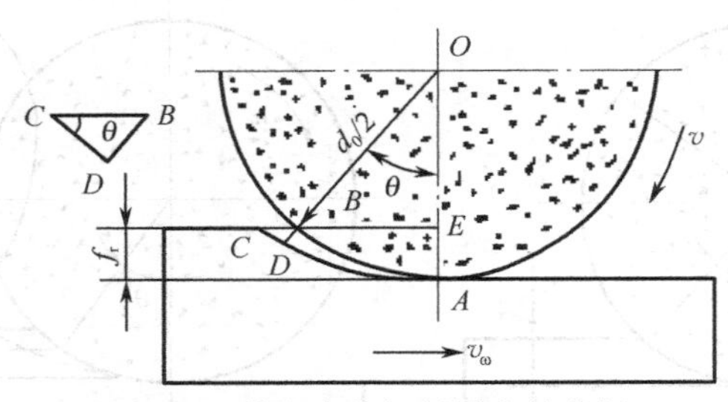

图 8-7 单个磨粒切削厚度的分析

将BCD近似看成一直角三角形，则

$$BD=BC\sin\theta$$

砂轮以v运动，当从A点转B点时所需时间为t_m，在同样时间内工件以v_ω移动了BC，则：

$$\overset{\frown}{AB}=v\,t_m\text{，}BC=v_\omega t_m\text{，}BC/\overset{\frown}{AB}=v_\omega/v$$

$$\cos\theta=OE/OB=(d_0/2-f_r)/(d_0/2)=(d_0/2-f_r)/d$$

$$\sin\theta=\sqrt{1-\cos^2\theta}=2\sqrt{f_r/d_0-(f_r^2/d_0^2)}$$

通常$d_0\gg f_r$，故忽略(f_r^2/d_0^2)得：$\sin\theta=2\sqrt{f_r/d_0}$

于是：

$$\alpha_{\text{cgmax}}=\frac{2v_m}{vm}\sqrt{f_r/d_0}\tag{8-9}$$

式中，α_{cgmax}为单个磨粒最大切削厚度，mm；v、v_ω为砂轮、工件速度，m/s；m为砂轮每毫米圆周上的磨粒数，mm^{-1}；d_0为砂轮直径，mm；f_r为径向进给量，mm。

如考虑砂轮宽度B和轴向进给量f_a的影响，由于有f_a运动，使投入磨削的金属量增加，故与α_{cgmax}成正比。B大时，同时参加工作的磨粒数增加，故与α_{cgmax}成反比，得：

$$\alpha_{\text{cgmax}}=\frac{2v_\omega f_a}{vmB}\sqrt{f_r/d_0}$$

同理外圆磨削时单粒最大切削厚度为：

$$\alpha_{\text{cgmax}}=\frac{2v_\omega f_a}{vmB}\sqrt{(f_r/d_0)+(f_r/d_\omega)}\tag{8-10}$$

上述公式是在假定磨粒均匀分布的前提下得到的。实际上因磨粒在砂轮表面上分布极不规则，每个磨粒的切削厚度相差很大。但从上式可以定性地分析各因素对磨粒切削厚度的影响。

① 工件速度v_ω、轴向进给量f_a和径向进给量f_r增加时，α_{cgmax}将增加。

② 砂轮速度v、砂轮直径d_0和砂轮宽度B增大时，α_{cgmax}将减小。

③ 细粒度砂轮的m大，故α_{cgmax}将减小。

单粒切削厚度加大时，作用在磨粒上的切削力也增大，将影响砂轮磨损、磨削温度及表面质量等。通过对α_{cgmax}的分析，有助于理解这些规律。

(3) 磨削循环的几个阶段

由于径向分力F_n比较大，所以在磨削过程中工艺系统会在工件的直径方向产生弹性变形（俗称"让刀"），使得预先选定的径向进给量成为变量。图 8-8 为径向进给量与磨削时间之间的关系。从图中可以看出，磨削循环分为如下几个阶段。

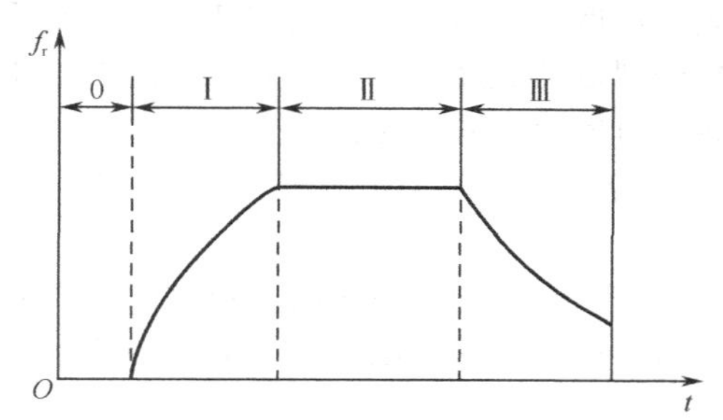

图 8-8 径向进给量与磨削时间之间的关系曲线

① 快速趋近阶段（0） 快速进给，使砂轮迅速趋近工件，不切除材料。

② 初磨阶段（Ⅰ） 又称过渡阶段。机床进给机构以选定的进给率做径向进给，砂轮逐渐切入工件，产生径向磨削力 F_n，从而引起工艺系统的弹性变形。实际的径向进给量和金属切除率均小于名义值，随着进给次数的增加，工艺系统弹性变形的抗力也逐渐增大，实际径向进给量才等于名义值。工艺系统刚性越好，初磨阶段就越短。

③ 稳定阶段（Ⅱ） 在此阶段中，实际径向进给量等于名义值，工艺系统的弹性变形量基本保持不变，径向磨削力 F_n 亦比较稳定，直至光磨阶段开始。

④ 光磨阶段（Ⅲ） 在此阶段中，机床的径向进给已经停止，所以此时的名义径向进给等于零。由于工艺系统的弹性恢复，实际进给量不会突然下降到零，而是逐步在减小。因此，在此阶段仍然可以看到磨削火花（由于火花较为稀疏，此阶段也被称为“无火花磨削阶段”）。随着工艺系统的弹性恢复逐渐减小，实际径向进给逐渐减小，而趋于某一非零的极限值。与此同时，工件的加工精度和表面粗糙度也分别在逐渐降低。

8.1.5 磨削温度

(1) 磨削温度的来源

在磨粒切除切屑的三个阶段，磨削时所消耗的能量也可分为滑擦能、刻划能和切屑形成能，切屑形成能又可分为剪切区的剪切能和切屑沿磨粒前刀面流出的摩擦能。剪切区的剪切能可认为接近于工件金属的熔化能，这部分剪切能是由于磨削中的强烈剪切应变所引起的。一般认为车削的剪切应变率可能在 $10^4 \sim 10^5$s 之间，面磨削的剪切应变率更大，比车削大 10 倍以上。铁的单位体积熔化能为 1.22×10^6N・cm/cm^3。由于剪切能约为切屑形成能的 75%（其余 25%为切屑摩擦能)，所以磨削钢时切屑形成能的极限值约为 $1.22\times10^6/0.75=1.6\times10^6$N・cm/cm^3。经研究分析后确认：切屑形成能约有 45%～55%传入工件，刻划能有 75%左右传入工件，滑擦能约有 69%传入工件，后两者的其余部分由热对流散失。

磨粒所消耗的大量能量迅速转变为热能，加热速度极快，磨削区形成的高温达 1000～1400℃，使被磨表面金属组织改变，产生内应力，甚至出现磨削烧伤、微细裂纹及扭曲变形，影响工件表面质量及加工精度。因此，控制与降低磨削温度是磨削加工中保证质量的重要环节。

磨削温度可分为以下三种。

① 磨粒磨削点温度 Q_g，是指磨粒切刃与切屑接触点的温度，它是磨削中温度最高的部位，影响磨粒磨损，且与切屑黏附现象有关。

② 砂轮磨削区温度 Q_A，是指砂轮与工件接触区的平均温度，与磨削烧伤、磨削裂纹等缺陷形成有关。

③ 工件平均温度 Q_ω，是指随着磨削行程的不断进行，工件表层温度上升，且由表及里温度渐低，形成了工件表层温度场，对工件精度与翘曲，表面质量及磨削裂纹等有影响。

一般所谓磨削温度是指磨削区的温度，可用埋入工件的热电偶来测量。以实验方法建立的砂轮磨削区温度 Q_A 与磨削用量的关系式为：

$$Q_A \quad 与\ v_s^{0.24} v_\omega^{0.26} a_p^{0.63}\ 成正比 \tag{8-11}$$

(2) 影响因素

① 砂轮速度 v_s［图 8-9(a)］　v_s 增加，单位时间通过工件表面的磨粒数增多，切削厚度减小，挤压摩擦严重，单位时间内产生的磨削热增加，磨削热传到工件表面层的比例加大，致使磨削温度增加。

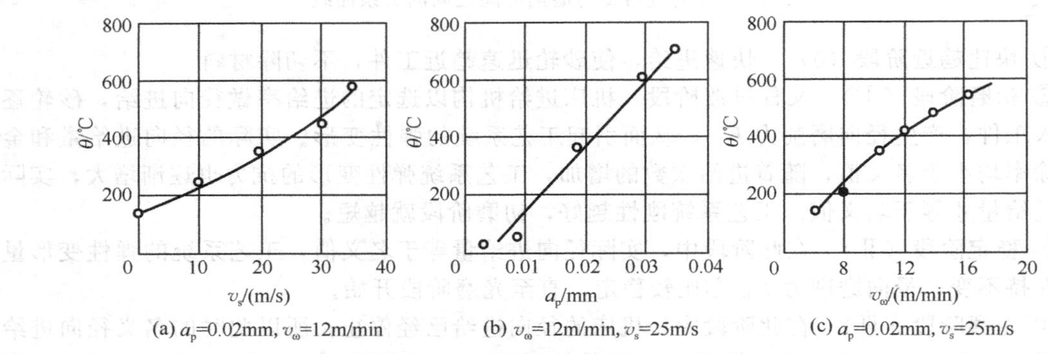

图 8-9　磨削温度与磨削用量的关系

砂轮：GB452R17A；工件：中碳钢；砂轮修整进给：f_d = 0.2mm；砂轮单位宽度磨除量：Z = 100 mm³/mm

② 径向进给量 a_p［图 8-9(b)］　a_p 增加，切削厚度增加，产生的热量多，使磨削温度升高较快。

③ 工件速度 v_ω［图 8-9(c)］　v_ω 增加，单位时间内进入磨削区的工件材料增加，每个磨粒的切削厚度增加，在磨削过程中的磨削力和能量的消耗增加，故磨削温度增加。

④ 砂轮特性　砂轮硬度软，磨料硬而脆，则磨粒耐磨，砂轮自锐性好，磨粒切刃锋利，因而磨削力和磨削温度较低，砂轮粒度大，组织疏松、容屑空间大，不易堵塞，磨削温度低；随着磨削时间的增长，磨料钝秃，切屑形成困难，挤压、滑擦、刻划严重，发热量增大，磨削温度将逐渐增高，直至出现烧伤。

⑤ 工件材料　磨削韧性大、强度高、热导率低的材料，因消耗于金属变形及摩擦的能量大，发热量多而又不易散热，磨削温度高；对于强度低、脆性大、热导率较高的材料，如磨削球墨铸铁时，因形成崩碎磨屑，金属变形摩擦小，磨削温度较低。

显然，为了降低磨削温度，应正确选择砂轮、v_s、a_p、v_ω 等；此外，特别重要的是要使用大量切削液，一般是乳化液，个别情况，对于不易散热的地方还可用苏打水，切削液的用量一般是 30～45L/min，高效磨削时要求更多，达 80～200L/min，用以冷却磨削区与冲洗砂轮。

8.1.6 磨削表面质量

(1) 粗糙度与波纹度

以统计学方法和实验分析证实，磨削表面粗糙度与磨削条件有关。要获得较小的粗糙度，砂轮等级要硬、磨粒尺寸要细、砂轮修整要细、砂轮速度要高、磨削深度要小，工件硬度要高、工件转速应低些，即磨粒的切削刃切削厚度应适当小些；在恒压力磨削时，压力要减小；用切削液可减少粗糙度 3.1%，特别在磨削深度和工件速度较小时，效果较为显著。

磨削表面波纹度来自磨削过程中的振动。磨削中有因磨床旋转部件不平衡而引起的强迫振动，有因强迫振动频率与系统固有频率相近而引起的低频共振，还有高频自激振动等，其中尤以高频自激振动为常见。为减小波纹度，必须减小或消除振动，主要措施有：严格控制磨床主轴的径向跳动；砂轮及其他高速旋转部件经过仔细平衡；保证磨床工作台慢进给时无爬行；提高磨床刚度，选择适宜的砂轮；磨削用量不过大等。

(2) 表面烧伤

磨削在滑擦、刻划、切削工件过程中产生大量的磨削热，使磨削表面的温度升得很高，金属表面层约 10μm 到千余微米处发生相变，其硬度与塑性均会发生变化。这种表层变质的现象称表面烧伤。高温磨削表面生成一种氧化膜，其颜色取决于磨削温度与表面变质层的深度。一般温度由低到高，烧伤颜色将依次为浅黄、黄、褐、紫、青等。

烧伤破坏了工件表面组织，影响使用性能和寿命。为减少烧伤，应采取减小热量产生和加速热量传出的措施。如选用较软、较疏松的砂轮，以便磨钝的磨粒脱落较快；减小 a_p；设法减小砂轮与工件的接触面积和接触时间，采用大气孔砂轮或表面开槽的砂轮；把切削液渗透进磨削区，生产中较多应用 5%的皂化油加 95%的乳化液。

(3) 残余应力

残余应力是指工件在去除外力、热源作用后，残存在工件内部的、保持工件内部各部分平衡的应力。磨削温度使金属表层组织中的残余奥氏体转变成回火马氏体，体积膨胀，里层产生残余拉应力，表层产生残余压应力；磨削导热性差的材料，表、里层温度相差较多，表层温度迅速升高又受切削液急速冷却，表层收缩受到里层牵制，结果里层产生残余压应力，表层产生残余拉应力；磨削时磨粒滑擦、刻划、切削磨削表面后，在磨削速度方向，工件表面上存在着残余拉应力；在垂直于磨削速度方向，由于磨粒挤压金属所引起的变形受两侧材料的约束，工件表面上存在着残余压应力。

磨削工件表层的残余应力就是这些应力所合成，其值有时最大可达 $1\times10^9\text{N/m}^2$，在离表面 125μm 深度减至为 0；通过精心细磨可减至 $(0.14\sim0.21)\times10^9\text{N/m}^2$，表面下 50μm 深处减至为 0；通过精磨还可降低。

残余应力的出现，将降低工件的疲劳强度，缩短使用寿命。

造成较高残余应力的因素是：较低的工件速度、硬而钝的砂轮、干磨或水溶性乳化液磨削、较高的切入进给率及较高的砂轮线速度。

有效的润滑能够减少工件与砂轮接触区的热输入，并减少对加工表面的热干扰，这是对残余应力控制的最主要方法。

(4) 磨削裂纹

在磨削中，当残余应力超过工件材料的强度极限时，工件表面就出现极浅裂纹，呈现网状或垂直于磨削方向；有时存于表层之下；有时在研磨或使用过程中，由于去除了表面极薄的金属层后，残余应力失去平衡，导致形成微细裂纹，裂纹在交变载荷的作用下，会迅速扩大，并造成工件的破坏。

8.1.7 质量与砂轮修整

(1) 磨损的基本形态及恶化形式

① 磨损的基本形态　有三种，参见图 8-10。

a. 磨耗磨损　因工件硬质点的机械摩擦、高温氧化及扩散等作用使磨粒切刃产生耗损钝化，形成磨损小棱面 A。

b. 破碎磨损　在磨削中，经受反复多次急热急冷，磨削表面形成极大热应力，使磨粒沿某面 B 出现局部破碎。

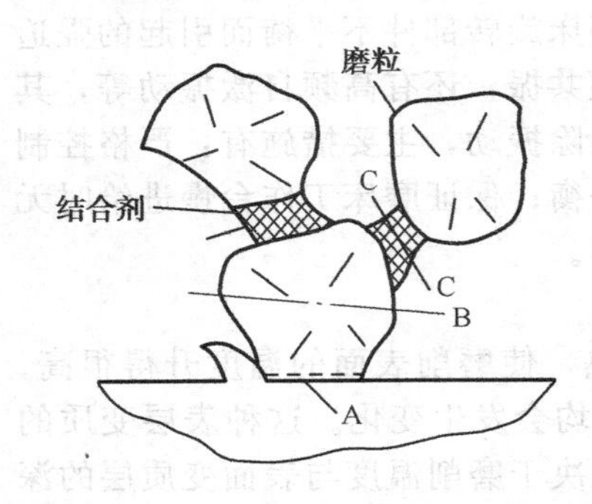

图 8-10 砂轮磨损的基本形态
A—磨料磨耗；B—磨粒破碎；
C—磨料脱落

c. 脱落磨损 磨削中，随磨削温度上升，结合剂强度相应下降。当磨削力超过结合剂强度时，即沿结合剂面C破碎，使磨粒从砂轮上脱落。

② 恶化形式 砂轮磨损的结果，导致磨削性能恶化，其主要形式有以下几种。

a. 钝化型 当砂轮硬度较高、修整较细、磨削载荷较轻时出现。这时，砂轮表面平整、光滑，工件表面粗糙度有好转的趋势，但金属切除率显著下降。

b. 脱落型 当砂轮硬度较低、修整较粗、磨削载荷较重时出现。它使砂轮廓形失真，严重影响磨削表面粗糙度及加工精度。

c. 堵塞型 磨削碳钢时，因切屑在高温下发生软化，嵌塞在砂轮空隙处。磨削钛合金时，由于切屑与磨粒的亲和力强，在高温下两者极易发生化学反应，使切屑熔结黏附于磨粒上，形成黏附式堵塞，并随即失去切削性能，使切削力与温度剧增，表面质量明显下降。

(2) 砂轮的修整

砂轮磨损后进行修整，以切除钝化磨粒和堵塞层，消除外形失真，恢复砂轮的切削性能及正确形状。

砂轮的修整方法和条件对砂轮表面的形貌和砂轮的切削性能有很大影响。改变砂轮的修整方法，可以改变磨削力的大小和砂轮磨损状态，也可改变砂轮的切削性能以适应粗磨或精磨。修整的方法如下。

① 金刚石笔修整（图 8-11） 修整工具本身不做旋转运动。对于粗磨的砂轮，修整深度较深（5～10μm），进给量较大（约为 0.4mm），获得的砂轮表面较粗，容屑空间较大，有利于提高金属磨除效率。对于精磨的砂轮，修整深度较浅（1～5μm），进给量较小，获得的砂轮表面光整，有效切削刃较多，有利于改善工件的表面粗糙度。

② 金刚石滚轮修整（图 8-12） 滚轮表面的金刚石颗粒是通过金屑烧结法或金属电镀法制成的。

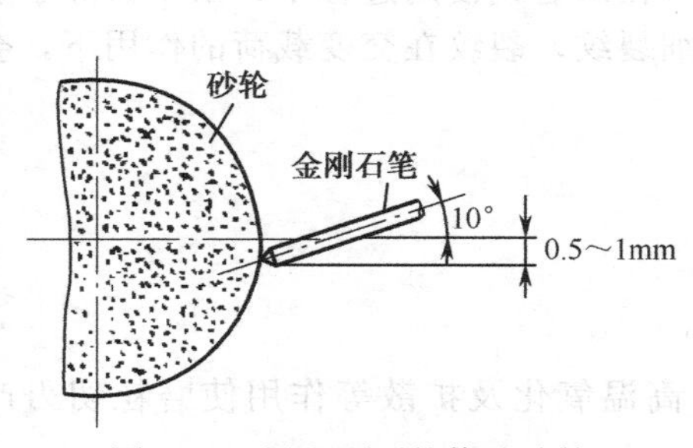

图 8-11 用金刚石笔修整砂轮

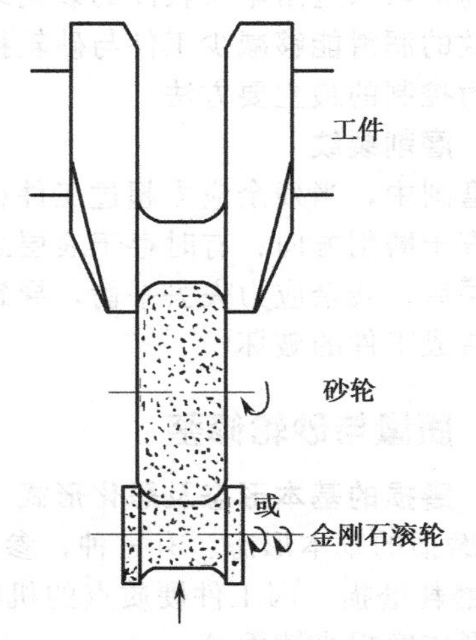

图 8-12 用金刚石滚轮修整成形砂轮

修整时，金刚石滚轮单独驱动，相对于砂轮做顺向或逆向旋转，同时做切入进给，切入量为 0.5～1μm 。修整结束后滚轮退出。

此法的优点是：滚轮寿命长，修整时间短，具有较高的尺寸精度和形状精度，但成本高，仅适于大批量生产或成形砂轮的修整。

(3) 成形砂轮修整工具

① 砂轮角度修整夹具 砂轮角度修整夹具结构如图 8-13 所示，该工具可修整 0°～100°范围内各种角度的砂轮。该夹具按正弦原理设计，当旋转手轮 10 时，通过齿轮 5 和齿条 4 的传动，使装有金刚石刀 2 的滑块 3 沿正弦规座 1 的导轨作直线移动。正弦规座可绕心轴 6 转动，转动角度是利用在圆柱 9 和平板 7 或侧面垫板 8 之间垫量块的方法控制的。当正弦规座转到所需角度时，拧紧螺母 11 将正弦规座压紧在支架 12 上。

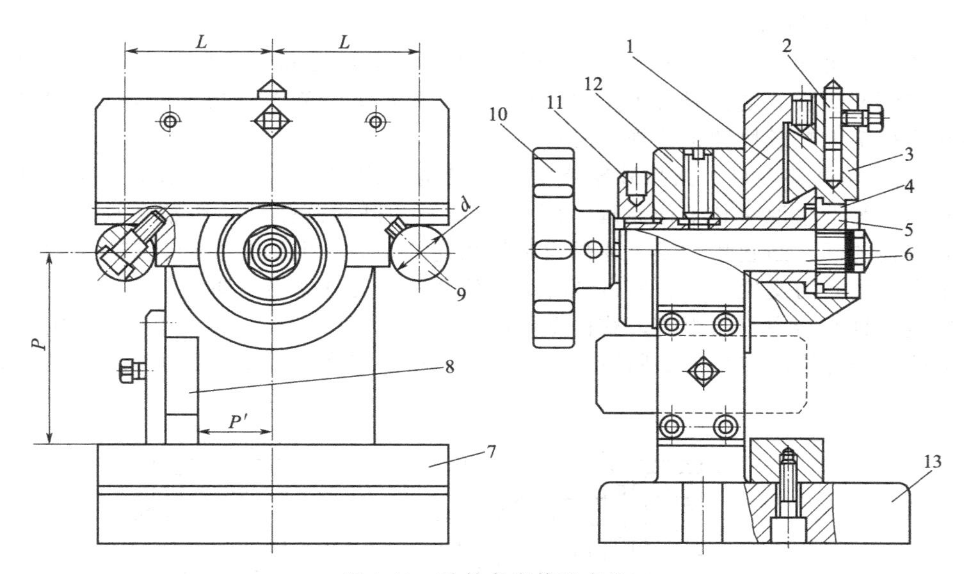

图 8-13 砂轮角度修整夹具

1—正弦规座；2—金刚石刀；3—滑块；4—齿条；5—齿轮；6—心轴；7—平板；8—侧面垫板
9—圆柱；10—手轮；11—螺母；12—支架；13—底座

使用该夹具时，先根据所要修正的砂轮角度 α，计算出应垫量块的厚度值 H，如图 8-14 所示。

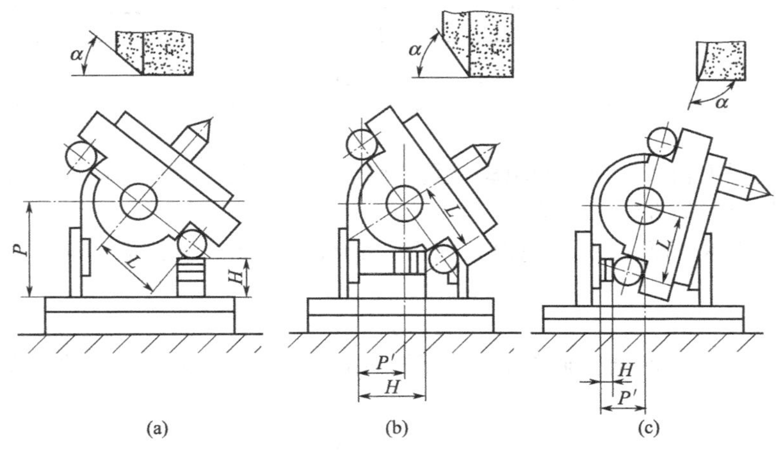

图 8-14 量块厚度计算简图

当 $0° \leqslant \alpha \leqslant 45°$ 时［图 8-14(a)］，$H = P - L\sin\alpha - d/2$；当修整砂轮外圆平面时，$\alpha = 0°$，则 $H = P - d/2$。

当 $45° \leqslant \alpha \leqslant 90°$ 时［图 8-14(b)］，$H = P' + L\cos\alpha - d/2$；当修整砂轮垂直侧面时，$\alpha = 90°$，$H = P' - d/2$。

当 $90° \leqslant \alpha \leqslant 100°$ 时［图 8-14（c)］，$H = P' - L\cos\alpha - d/2$。

式中 P——心轴回转中心至平板表面的距离，mm；

P'——心轴回转中心至侧面垫板表面的距离，mm；

L——圆柱中心至心轴回转中心的距离，mm；

d——圆柱直径，mm；

H——应垫量块值，mm。

由上述计算可知，当 $\alpha < 45°$ 时，适合在圆柱 9 与平板之间垫量块；当 $\alpha > 45°$ 时，适合在圆柱 9 与侧面垫板 8 之间垫量块；当 $\alpha < 450$，不需使用侧面垫板 8 时，可将其推进去，以方便在平板 7 上垫量块和正弦规座的转动。

② 圆弧砂轮修整夹具　圆弧砂轮修整工具结构形式较多，但原理基本相同，以卧式修圆弧砂轮工具为例来说明其工作原理。图 8-15 所示为卧式圆弧砂轮修整夹具，可用来修整各种不同半径的凹、凸圆弧，或由圆弧与圆弧相连的型面。主轴 7 左端装有滑座 4，金刚石刀 1 固定在金刚石刀支架 2 上。通过螺杆 3 可使金刚石刀支架沿滑座上、下移动，以调整金刚石刀尖至夹具回转中心的距离，获得不同的修整砂轮圆弧半径。转动手轮 8，主轴 7 及固定在其上的滑座等均绕主轴中心回转，回转角度可由固定在支架上的刻度盘 5、挡块 9 和角度标来控制。

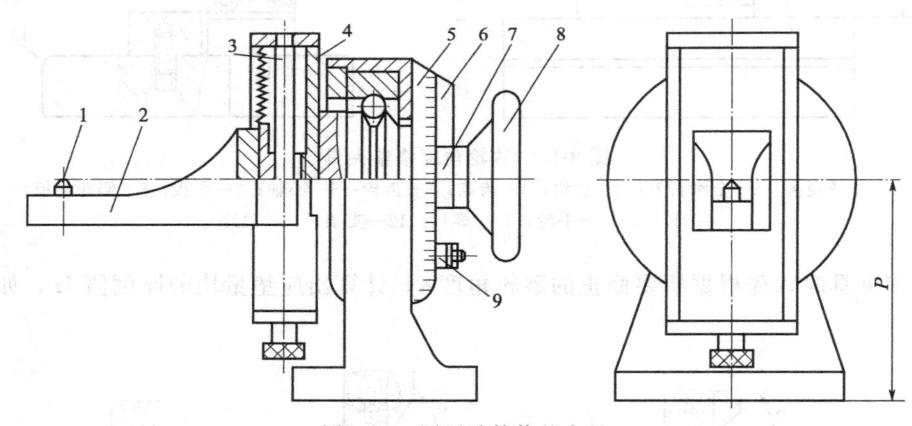

图 8-15　圆弧砂轮修整夹具

1—金刚石刀；2—金刚石刀支架；3—螺杆；4—滑座；5—刻度盘；6—角度标；7—主轴；8—手轮；9—挡块

金刚石刀尖到主轴回转中心的距离就是所修整圆弧半径的大小，此值通过在金刚石刀尖与基准面之间垫量块的方法来调整。

当修整半径为 R 的凸圆弧砂轮时，如图 8-16(a) 所示，金刚石刀尖应高于主轴中心，其垫量块值 H 为

$$H = P + R$$

当修整半径为 R 的凹圆弧砂轮时，如图 8-16(b) 所示，金刚石刀尖应低于主轴中心，其垫量块值 H 为

$$H = P - R$$

式中　P——主轴的中心高，mm。

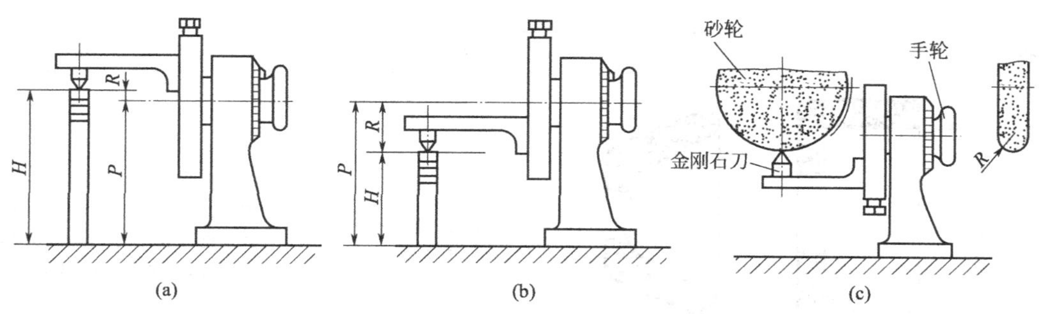

图 8-16 圆弧半径的控制及圆弧砂轮修整

圆弧半径的调整如图 8-16(c) 所示。砂轮修整时，应先根据所修砂轮情况（凸形或凹形）及半径大小计算量块值，调整金刚石刀尖的位置。转动手轮使刀尖处于砂轮下面，根据砂轮圆弧修整角度调好图 8-15 中挡块 9 的位置。在砂轮高速旋转的情况下，旋转手轮使金刚石刀绕主轴中心来回摆动，即可完成圆弧砂轮的修整，如图 8-16(c) 所示。

8.2 刀具刃磨与重磨

8.2.1 刃磨磨床

切削刀具种类较多，其几何形状和技术要求也各不相同，所以刀具刃磨机床也要求有不同的形式。目前使用最多的刀具磨床有如下几种。

(1) 万能工具磨床

万能工具磨床具有结构简单、操作灵活轻便、刃磨刀具范围较广的特点，并且操作位置可有正面、左面和右面三处，便于操作。

万能工具磨床（M6020、M6025）适用于刃磨各种铰刀、铣刀、丝锥、滚刀、插齿刀、齿轮铣刀等，还能磨削简单的机械零件。

(2) 专用工具磨床

专用工具磨床适用于刃磨各种特形刀具，如 M6110C 拉刀刃磨床、M6420 滚刀刃磨床、Y7125 磨齿机、M612K（M5M）工具磨床。以上各种专用工具磨床均刃磨相应的专用刃具。

8.2.2 砂轮的选用及修正

砂轮选用的是否合理，会影响到刀具的刃磨质量，一般可按表 8-8 选用。

表 8-8 砂轮的选用

刃磨工序	砂轮形状	刃磨范围	说明
刃磨前角	碟形砂轮	铲齿铣刀、滚刀、铰刀、立铣刀、面铣刀、角度铣刀、槽铣刀、圆柱形铣刀、拉刀、三面刃铣刀、丝锥等	(1)如果刃磨不到刀具槽根时，应选用外径 ϕ50～75mm 的小砂轮 (2)螺旋齿或斜齿刀具的前角应在砂轮斜面上磨削 (3)直齿刀具的前角，在砂轮的斜面或平面上磨削都可以

续表

刃磨工序	砂轮形状	刃磨范围	说明
刃磨后角	碗形砂轮，杯形砂轮	各种铰刀、立铣刀、面铣刀、T形槽铣刀、镶齿铣刀、圆柱形铣刀、三面刃铣刀等	齿数多的刀具磨削时，应选用外径小于 ϕ100mm 的砂轮，必须把砂轮中心调整到刀具的中心线，否则会磨到邻齿

砂轮的磨料、硬度、粒度、结合剂的选择可参照表 8-9。

表 8-9 砂轮的磨料、硬度、粒度、结合剂的选择

刃磨对象	磨料	粒度	硬度	结合剂
高速钢刀具 工具钢刀具	GB、GG、GW	46～60	R_2～ZR_2	A
硬质合金刀具	TL、JR、JT	60～120	R_1～ZR_2	A、S、Q

8.2.3 刃磨方法

刀具种类规格甚多，因此很难规定一种单一概括的刃磨方法，同时，正确的刃磨方法还必须结合加工条件和现有的设备情况。刀具刃口磨损后，有的只刃磨刃口后面，如尖齿铣刀、铰刀等。有的只刃磨刃口前面，如铲齿铣刀、拉刀、铰刀、丝锥以及形状复杂的成形刀具等。但也有既要刃磨后面又需刃磨前面的，如镶片圆锯等。这里仅介绍一些典型刀具的刃磨方法。

为了便于刃磨各类刀具，必须有一套简易的夹具附件，表 8-10 列出了常用附件的规格与用途。

表 8-10 刃磨刀具常用附件的规格与用途

工具名称	形状及其尺寸							用途
心轴	螺孔配心轴 60°　ϕ25　D　d_1　▽8　M　60°　D_1　ϕ6×5　30　20　l　L　L_1							适用于刃磨各种有孔刀具，如锯片铣刀、三面刃铣刀、槽铣刀、圆柱形铣刀、套式机用铰刀、面铣刀的后角等（薄形刀具心轴上加垫圈）
	心轴/mm					螺帽/mm		
	D	d_1	l	L	M	D_1	L_1	
	30	ϕ16	80	150	1M16	32	20	
	35	ϕ22	100	175	1M22	36	25	
	42	ϕ27	125	205	1M27	42	30	
	48	ϕ32	160	245	1M32	48	35	

续表

工具名称	形状及其尺寸	用途
半片长顶尖	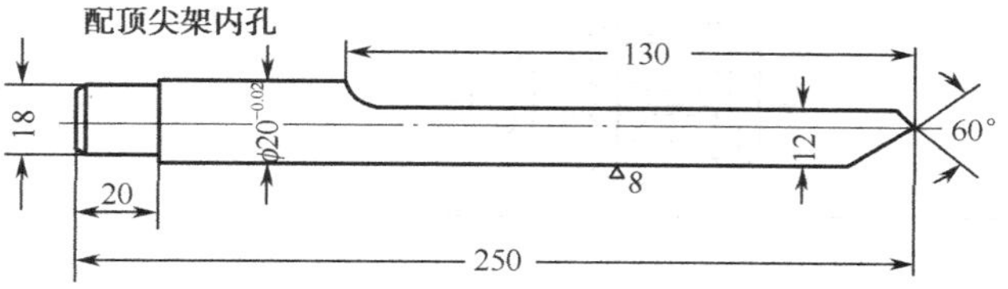 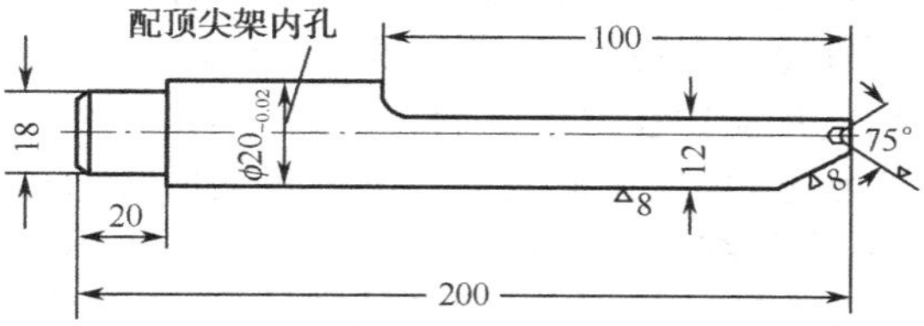 配顶尖架内孔 130 18 $\phi 20^{-0.02}$ 12 60° 8 20 250 配顶尖架内孔 100 18 $\phi 20_{-0.02}$ 12 75° 8 8 20 200	适用于刃磨小直径带柄刀具的后角及前角
阴顶尖	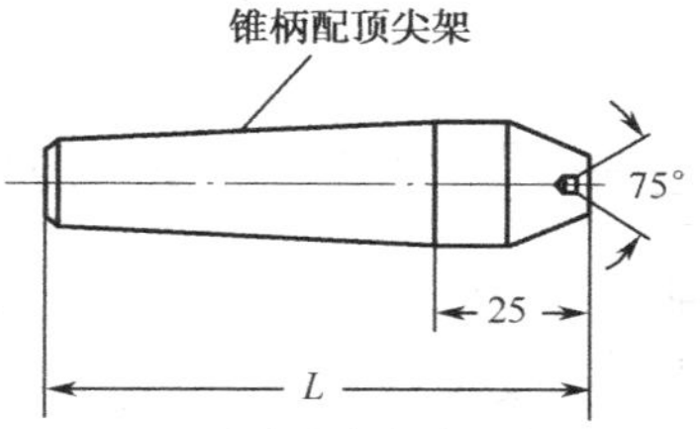 锥柄配顶尖架 75° 25 L L——根据锥柄长度而定	同半片长顶尖
大头顶尖	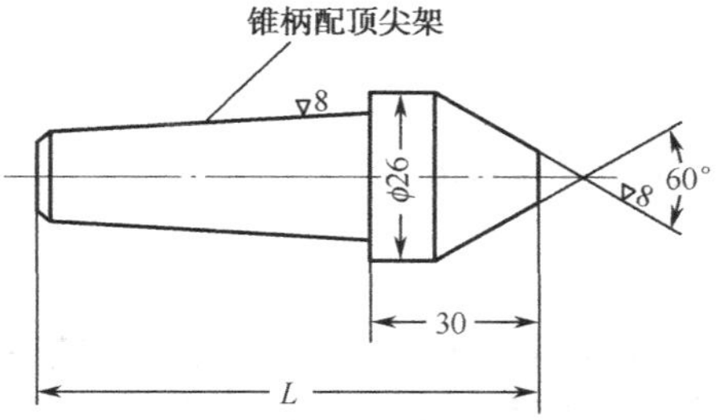 锥柄配顶尖架 8 $\phi 26$ 8 60° 30 L	适用于刃磨锥柄刀具的后角，如锥柄立铣刀、键槽铣刀等
万能夹头心轴	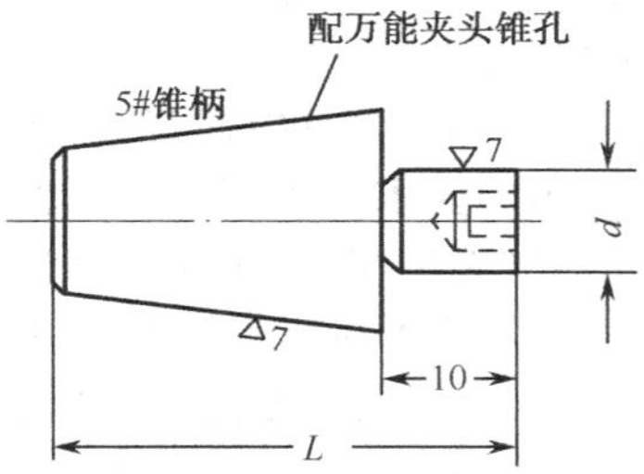 配万能夹头锥孔 5#锥柄 7 d 7 10 L	适用于刃磨有孔刀具的面齿（端齿），如面铣刀、角度铣刀、三面刃铣刀等
万能夹头套筒	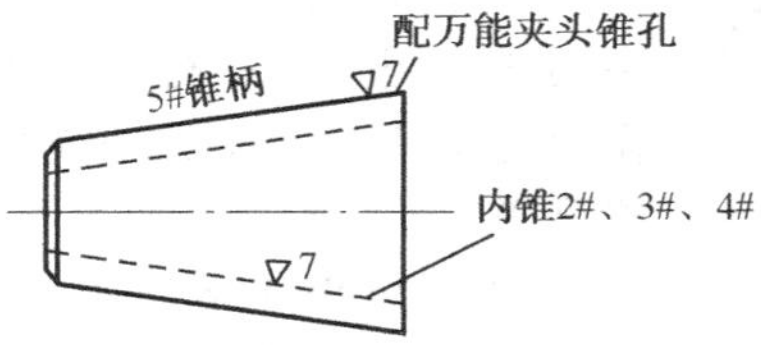 配万能夹头锥孔 5#锥柄 7 内锥2#、3#、4# 7	适用于刃磨锥柄刀具的端齿，如锥柄立铣刀、键槽铣刀等

续表

工具名称	形状及其尺寸	用途
钻夹头		适用于刃磨直柄刀具的端齿，如直柄立铣刀、键槽铣刀等

(1)直齿刀具的刃磨

刃口方向与轴线平行的刀具，是用得最为普遍的一种，常见的有直槽铰刀、直槽锥度铰刀、槽铣刀、T 形槽铣刀、角度铣刀、直槽三面刃铣刀、锯片铣刀和细齿角度铣刀等。刃磨这类刀具时，为了刃磨方便、正确，可以用支片支撑在刀齿上后再刃磨，具体方法如下：首先把它装在机床两个顶尖上，带孔刀具套在心轴上，再顶在顶尖上刃磨。顶尖的轴向压力不能太大，如果压力过大，易把刀具顶弯，尤其是对直径细小的刀具更为重要。但是也不能顶得太松，太松会增大刃磨时的偏摆。因此，顶尖的压力要注意适中。然后根据刀具所需的后角计算支片与刀具中心线相对距离 H。H 可通过下列计算方法求得，如图 8-17 所示。

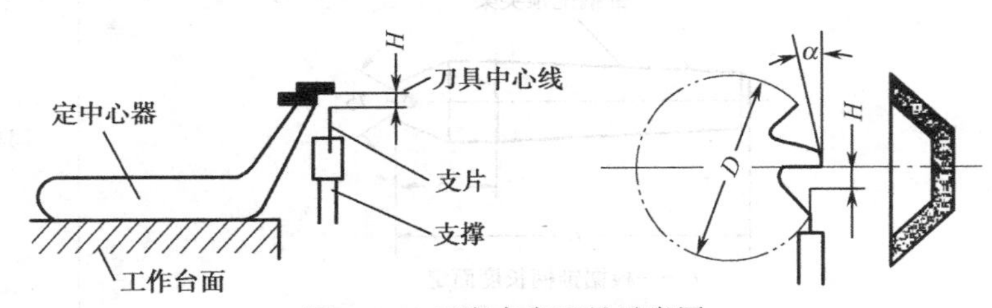

图 8-17 刃磨直齿刀具示意图

$$H=\frac{D}{2}\sin\alpha \tag{8-12}$$

式中 H——刀具中心与支片之间的距离，mm；

D——刀具直径，mm；

α——刀具后角，(°)。

H 值算出后，将支架固定在工作台上，再将支片初步装在支架的支杆上，把定中心器(测定被磨刀具中心线的机床附件)放在工作台面上，用钢皮尺测出刀具中心线与支片顶端的距离 H，然后将支片固定好，即可开始刃磨。刃磨时刀具刃口前面必须安在支片上，这样磨出的刀齿后角就是原来的后角值，如图 8-18 所示。

图 8-18 直齿细齿刀具的刃磨

1—细齿刀具；2—支片；3—砂轮

刃磨角度铣刀的锥齿后角，主要保证角度铣刀圆锥角的要求。刃磨时，先把心轴装在万能夹头上，再把刀具(大端在里，小端在外)套在心轴上。

刃磨前调整步骤如下。

① 先把万能夹头倾斜角、底盘转动角都调整到 0°(即刀具的中心线要与工作台面平行与砂轮轴线垂直)。

② 再转动夹头，使被刃磨的锥齿刀尖(大端)与夹头轴线在同一个平行于工作台的平面上(即该刀尖与工作台的距离等于夹头轴线与工作台的距离，可用定中心器测得)。

③ 然后根据表 8-11，将万能夹头的夹头旋转 α_1 角，将万能夹头本体向下(即向切削刃方向)转动 α_2 角，

α_1、α_2 的复合角即为角度铣刀的后角 α 。

④ 将万能夹具座盘再旋转 γ 角（γ 角值即为角度铣刀的单面角），调整即完成。

现以 45°单角铣刀为例（角度铣刀锥齿后角一级均为 12°）。先将万能夹头按前面所述的第①、②步调整好后，按表 8-11 所列，将夹头旋转 $\alpha_1=8°30'$，万能夹头本体向下旋转 $\alpha_2=8°30'$（此两角的复合角即为 12°），再将万能夹头座盘旋转 $\gamma=45°$，调整即完成（一般角度铣刀刀齿前面相对刀具中心有一个偏心，故调整 α_1 时，朝刀齿刃口方向应增加一相应的角度），然后将支片撑在锥齿前面上，即可刃磨。

表 8-11 给出锥齿后角（α）为 12°的 α_1、α_2、γ 角度值，调整时可按该表选用。

表 8-11 是按下面方法计算得出的：

$$\tan\alpha_2=\tan\alpha\times\cos\gamma \tag{8-13}$$

式中 α_2——倾斜角，(°)；

α——角度铣刀锥齿后角，一般均为 12°；

γ——铣刀单面角度，(°)。

支片的形式较多，选用时必须根据刃门齿槽方向选用，这点十分重要，它对刃磨质量的好坏起着直接作用。支片可用高速钢废锯条有小孔的一端加以改制而成。

刃磨直齿刀具的支片，适用于直槽铰刀、直槽锥度铰刀、槽铣刀、T 形槽铣刀、角度铣刀、直槽三面刃铣刀等直槽刀具各种铣刀面齿刃磨，可用图 8-19 的形式。

刃磨时，支架装在工作台一边，支片必须支撑在本齿，不得支撑在邻齿上或对面一个齿上。不然会影响到刀具刃口的几何形状，产生等分不均匀和偏摆等缺陷。

支片支撑时应尽量靠近齿尖，但也不要离齿根太远，否则磨出的刀口会不均匀。这是因为齿槽前面的根部有圆弧形，当砂轮接触刀齿尖端产生压力时，很容易使支片向后滑动。正确的位置如图 8-20 所示。

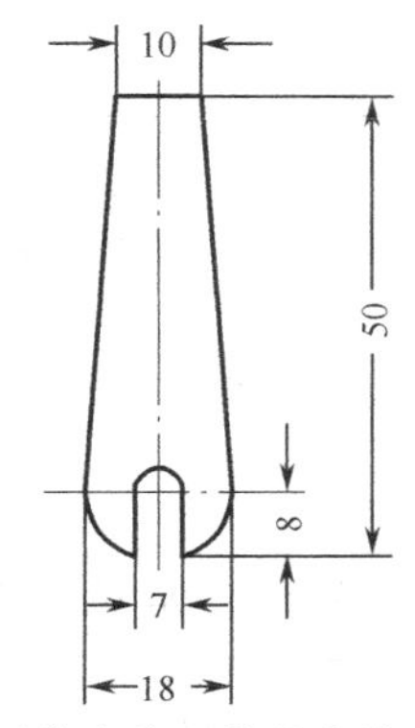

图 8-19 刃磨直齿刀具的支片（单位：mm）

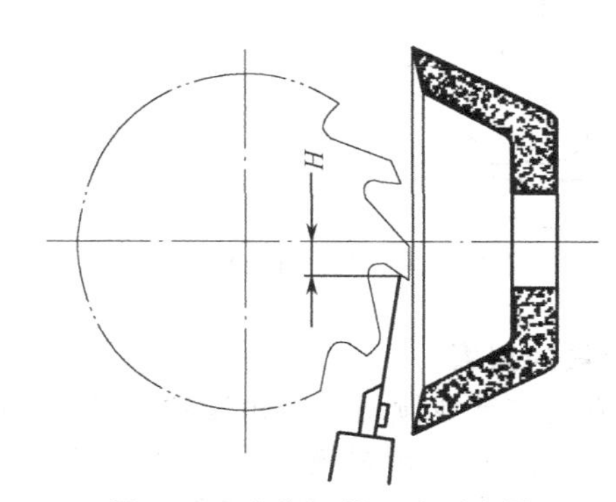

图 8-20 直齿刀具刃磨示意图

表 8-11 锥齿后角为 12°的 γ、α_2、α_1 的角度值

座盘转动角度 γ（其值即为铣刀单面角度）	旋转角 α_1	倾斜角 α_2
90°	12°	0°
85°	11°56′	1°02′
80°	11°48′	2°04′
75°	11°36′	3°06′
70°	11°16′	4°06′
65°	10°54′	5°04′

续表

座盘转动角度γ(其值即为铣刀单面角度)	旋转角 α_1	倾斜角 α_2
60°	10°24′	6°
55°	9°40′	6°54′
50°	9°12′	7°42′
45°	8°30′	8°30′
30°	6°	10°42′
$22^{1/2}$°	4°36′	11°10′
15°	3°06′	11°36′
12°	2°30′	11°46′
0°	0°	12°

注:铣刀的角度公差为±20′。

在刃磨过程中,刀齿要始终支持在支片的最高点上,否则会产生各处尺寸不一致的现象。

对齿数较多的细齿刀具,如锯片铣刀、角度铣刀等应选用图 8-21 所示形式的支片进行刃磨。

为了不使砂轮磨到邻齿上,砂轮位置必须降低到刀具中心线以下,正确的支撑位置如图 8-22所示。

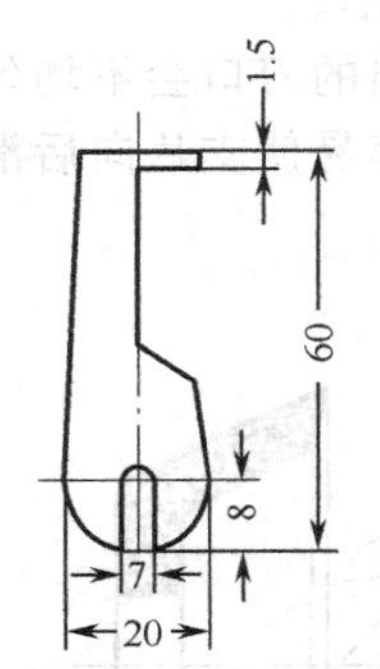

图 8-21 直齿细齿刀具支片(单位:mm)

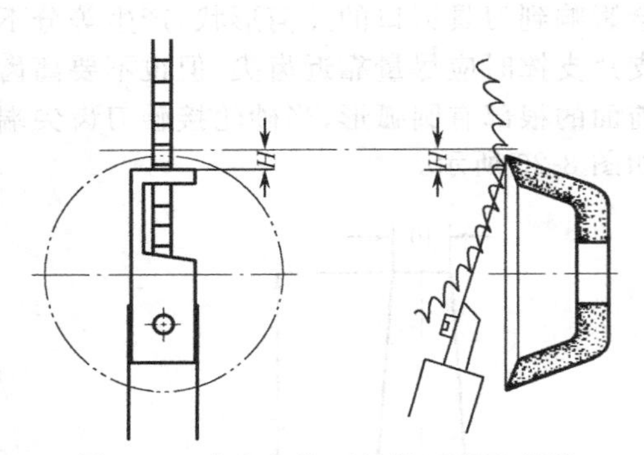

图 8-22 直齿细齿刀具的刃磨示意图

(2)斜齿刀具的刃磨

刀具刃口方向与轴线倾斜一个角度的刀具,也是较为广泛应用的。常见的有错齿三面刃铣刀、套式面铣刀、斜槽 T 形槽铣刀和斜槽铰刀等。这类刀具刃磨方法基本上与刃磨直齿刀具相似,这里不再重复。但支架都装在砂轮磨头一边,支片形式应选用图 8-23 的形式,不能用磨直齿刀具一样的支片,否则不易保证刃磨质量。同时,为了顺利进行刃磨,可自制固定支杆,如图 8-24 所示(以备装斜槽支片),使用时装在砂轮磨头架一边。如果发现支片的角度与刀槽斜度相差时,可转动支片位置直至与刀槽角度相符,但允许超过砂轮磨削点后有离缝。若支片角度不够大时,可磨支片的角度面。支片正确的支撑位置如图 8-25 所示。

如果遇到错齿刀具,如错齿三面刃铣刀,其刃磨方法与刃磨斜齿刀具相同。但必须先将同一倾斜方向刃口齿全部磨好。然后,将支片翻一面安装好,并支撑在另一倾斜方面的刃口上后刃磨即可。支架必须装在砂轮磨头一边。支片的支撑位置如图 8-26 所示。刃磨概况见图 8-27。

也可使刀具左右斜齿一次刃磨出,如图 8-28 所示。只要将支片顶高点与砂轮磨削点相符,即可一次刃磨出左右斜齿(相邻齿高不超过 0.03mm,圆周偏摆不超过 0.06mm)。在刃磨时，支片、砂轮位置计算安装好后不动。刀具可做左右移动来刃磨。

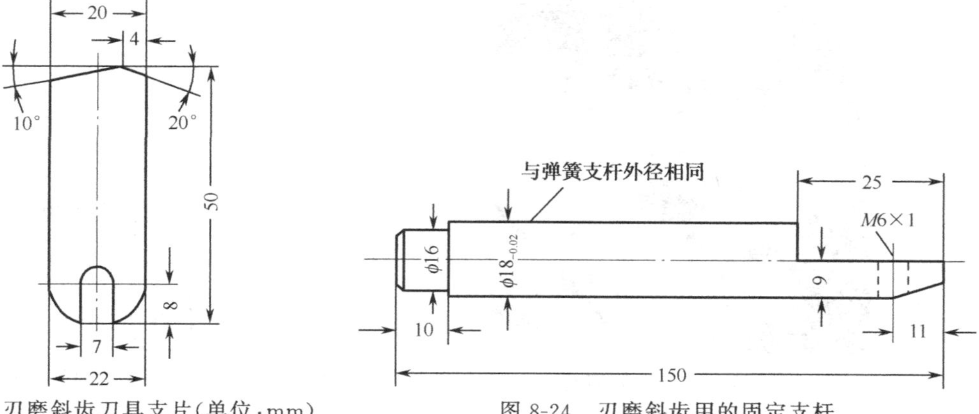

图 8-23 刃磨斜齿刀具支片(单位：mm)

图 8-24 刃磨斜齿用的固定支杆

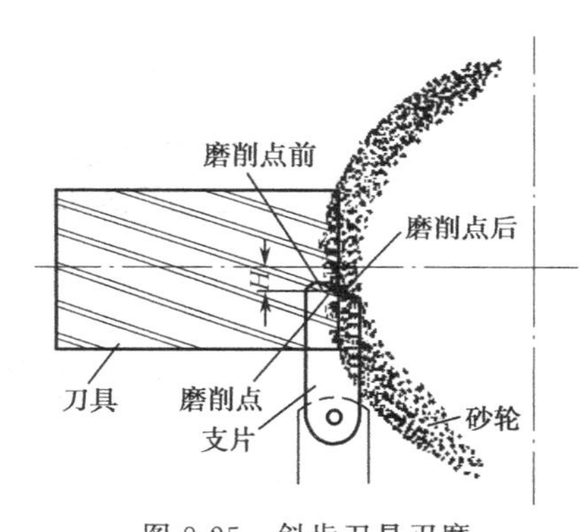

图 8-25 斜齿刀具刃磨

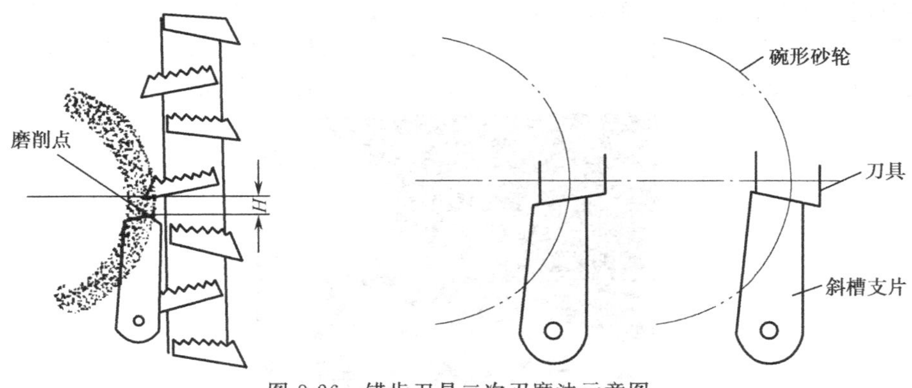

图 8-26 错齿刀具二次刃磨法示意图

(3)螺旋齿刀具的刃磨

螺旋齿刀具有很多特点，如切削性能好，工作平稳，加工后工件表面光洁度高，因此，是目前用得很广泛的一种刀具。常见的有圆柱形铣刀、立铣刀、键槽铣刀和螺旋槽铰刀等。刃磨时，将刀具装在两顶尖之间，支片应装在砂轮磨头一边，把刀具上的任一个齿的切削刃安在支片上。刃磨螺旋齿的支片，根据实际经验一般可用如图 8-29 所示的支片。

支片正确的安装位置如图 8-30 所示。H 值的计算与刃磨直齿刀具时相同。

图 8-27 错齿铣刀刃磨
1—刀具；2—支片；3—砂轮

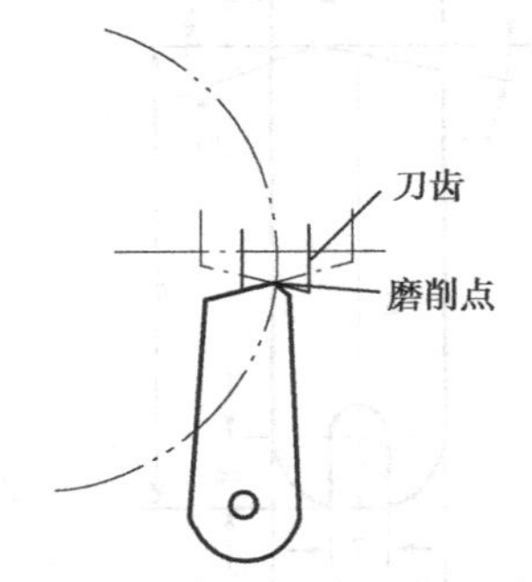

图 8-28 左右斜齿一次刃磨法示意图

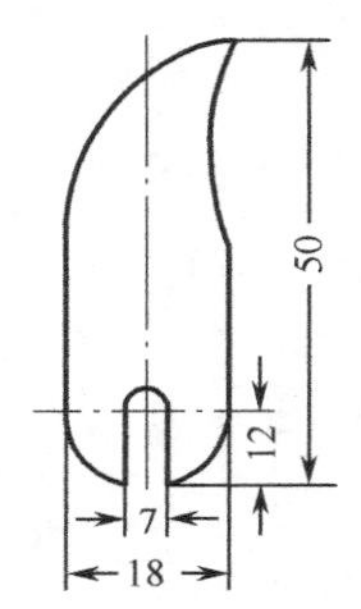

图 8-29 刃磨螺旋刀具用的支片
（单位：mm）

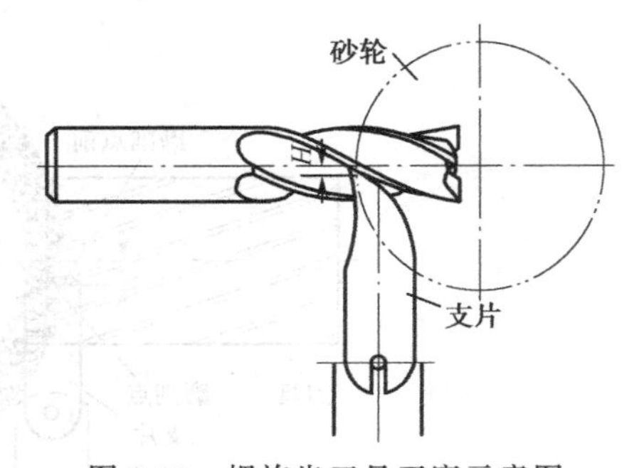

图 8-30 螺旋齿刀具刃磨示意图

刃磨时用左手握住刀具（带柄刀具可握住刀柄），使刀齿紧靠支片，并注意在刀具旋转时须保持刀齿贴紧支片，否则会产生各处尺寸不一致的现象。刃磨时，如图 8-31 所示，整个刀具长度上螺旋线应一次转动下磨出，中途不要停顿，否则，会影响刃磨质量。

图 8-31 螺旋齿刀具的刃磨
1—刀具；2—支片；3—砂轮

(4)端面的刃磨

刀具加工中需要刃磨端面的情况是很多的,如三面刃铣刀、锯片铣刀的两个端面,阶式扁钻的端面等都需要刃磨。刀具端面的磨削可在外圆磨床上,也可以在工具磨床上进行。

刀具端面的形状一般可分为两种,一种为平端面,如扁钻的平底端面;一种为锥形端面,如三面刃铣刀的端面,其副偏角一般为1°～2°。锯片铣刀和切口铣刀的端面,除装夹平面外均为圆锥面。

① 工件的装夹

a. 有中心孔的柄式刀具可安装于两顶尖之间。

b. 外径尺寸较大而厚度尺寸较小的三面刃铣刀等刀具,应采用台阶心轴装夹,如图8-32所示。台阶心轴的外圆和端面应在一次装夹中磨削完成,以使端面与外圆轴线相垂直,工件装夹时,以孔和端面定位,即可保证被刃磨端面与刀具轴线相垂直。

厚度尺寸很小的切口铣刀等刀具,采用上述装夹方法时,承受侧面压力的能力很差,刃磨很困难,也不安全。此时可采用如图8-33所示的装夹方法,工件以孔和整个端面定位,依靠工件端面与心轴端面之间的摩擦力带动工件旋转。

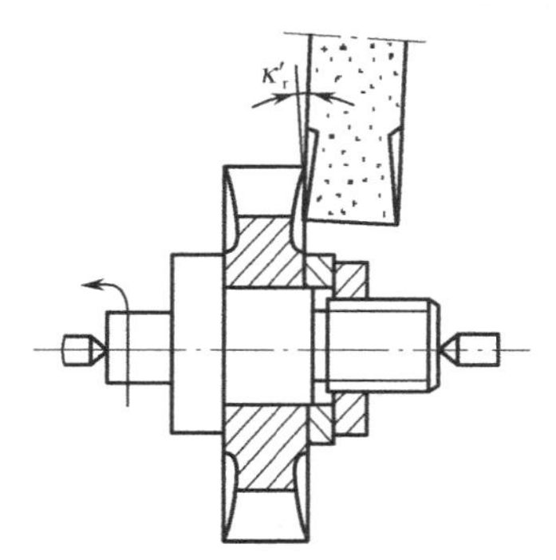

图8-32 刃磨端面时刀具的装夹

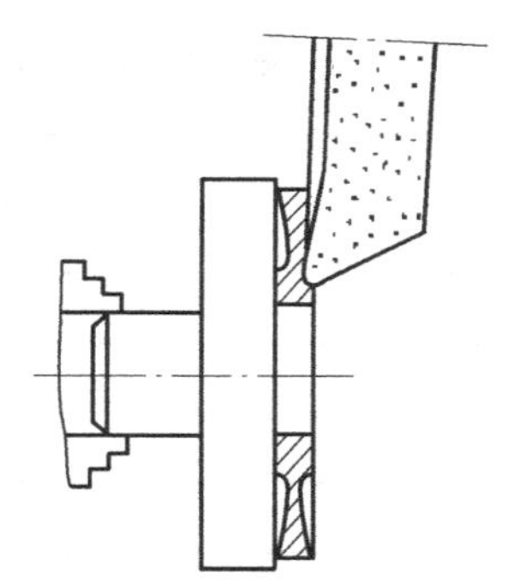

图8-33 刃磨切口铣刀端面的装夹

② 磨削方法

a. 磨削平端面时,砂轮架转角调整为零,用砂轮端面纵向切入磨削。工作台纵向进给量要小而均匀,防止进给量过大或突然加大,使砂轮侧向受力过大而出现意外。

b. 磨削锥形端面时,为了获得刀具所要求的副偏角,砂轮架必须偏转一个角度,使砂轮端面与工件被刃磨端面间行一个小角度,如图8-32所示。砂轮架转角的大小与砂轮直径、刀具直径和刀具副偏角κ_{γ}'有关。在砂轮架转角不变的条件下,砂轮直径越大,工件直径越小,磨削得到的副偏角κ_{γ}'也越小。在外圆磨床上磨削时,如果尾架底面磨损使顶尖中心降低,也会使端面磨削时锥面角度减小。在工具磨床上磨削时,由于可以使用直径较小的砂轮,因此可以获得较大的锥面角度。砂轮架的转角大小与磨削推面角间的关系,可以通过磨削试验确定。

生产中还可以使用砂轮圆周面磨削刀具副偏角。如图8-34所示,砂轮架转角为零,将磨床头架转过90°,使头架主轴中心与工作台纵向相垂直,然后将工作台偏转过一个小角度,大小等于刀具副偏角κ_{γ}'。这样,使砂轮轴线与刀具端面间的夹角等于κ_{γ}',即可进行磨削。采用这种方法磨削,工件需用心轴安装,因此要对心轴进行校正,使其径向跳动和端面跳动符合要求。砂轮可作横向微量进给,需要时还可使工作台纵向进给,使得磨削质量好,生产效率高。

例如,45°角度铣刀,后角为12°,可参照表8-12,在万能夹头上旋转8°30′,同时也要旋转倾斜角度8°30′,这两个角度合成后角为12°。铣刀的角度45°可旋转万能夹头上的座盘。

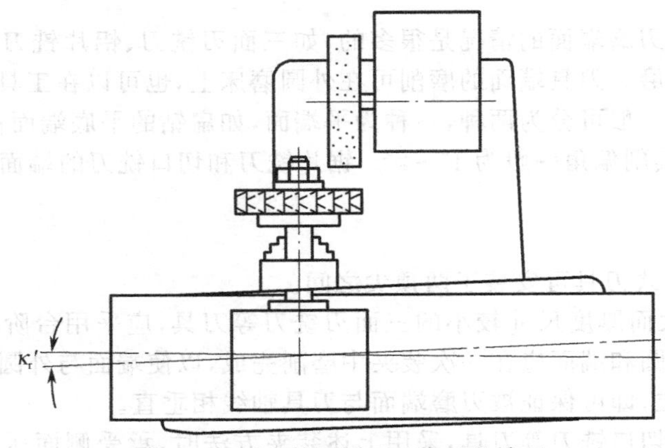

图 8-34 用砂轮圆周面刃磨刀具端面

表 8-12 刃磨角度铣刀后角 12°参考表

铣刀单面角度（座盘转动）	旋转角	倾斜角	铣刀单面角度（座盘转动）	旋转角	倾斜角
90°	12°	0°	50°	9°12′	7°42′
85°	11°56′	1°20′	45°	8°30′	8°30′
80°	11°48′	2°04′	30°	6°	10°24′
75°	11°36′	3°06′	22$^{1/2}$°	4°36′	11°10′
70°	11°16′	4°06′	15°	3°06′	11°36′
65°	10°54′	5°04′	12°	2°30′	11°46′
60°	10°24′	6°	0°	0°	12°
55°	9°40′	6°54′			

(5)外圆表面的刃磨

钻头、铰刀、丝锥及各种铣刀的外圆表面都需要进行磨削，以获得要求的外径尺寸。特别是经过刃磨以后保留有刃带的刀具，外圆表面的刃磨更为重要。

外圆表面的刃磨一般安排在前面刃磨以后、后面刃磨之前进行。对柄式刀具，也可以在磨削柄部外内圆表面的工序中完成，以缩短制造周期。对刀具外圆表面的刃磨有以下几项要求。

① 表面粗糙度 刀具工作部分的外圆表面粗糙度不但影响被加工零件的表面质量，而且影响刀具的使用寿命。对刀具外圆表面粗糙度的要求是很严的，多数刀具要求 Ra 达到 0.40μm。

② 外径尺寸 对于铰刀、拉刀等刀具，由于刀具尺寸决定工件尺寸精度，因此对其外径尺寸的要求是比较严格的，磨削时必须保证其符合设计要求。对于其他刀具，也应按照相应的精度要求进行加工。

③ 同轴度要求 刀具工作部分外圆轴线与装夹基面轴线间必须有很好的同轴度精度。过大的同轴度误差，不但会使加工精度下降，而且会使刀具寿命降低。

(6)成形表面的刃磨

生产中经常会遇到有各种成形刃齿表面的刃磨。一些刀具刃形亦为曲线形，如带有圆弧刃形的扁钻等。对这种曲线刃形的刃磨，当其精度要求不高时，可在外圆磨床上或万能工具磨床上用成形砂轮磨削完成。当精度要求较高时，则需要在光学曲线工具磨床上加工。

精加工台阶孔用的阶式扁钻等刀具，对其两端面刃之间的轴向长度尺寸精度要求比较高，因此在外圆磨床上加工是比较困难的。在生产中，一般可先在外圆磨床上先加工出其中一个端面，然后再在光学曲线工具磨床上以已磨削端面为基准，磨削另一端面。

(7)刀具刃磨后的检验

刀具刃磨后应对其几何形状和尺寸精度、几何角度等进行检验。检验的主要项目和方法介绍如下。

① 外观检验　刀具各刃口应锋利，刀齿无崩刃、裂纹和烧伤等现象，刀齿表面粗糙度应符合要求。

② 几何尺寸测量　对铰刀、拉刀等刀具工作部分的直径，可使用千分尺直接测量，其他非重要的几何尺寸可用游标卡尺测量。

对于螺旋槽刀具，在不能直接测显直径时，可采用比较测量法。选用一个与被测刀具直径相同或接近的测量芯棒，并测量出其实际尺寸。将测量芯棒和被测刀具分别安装在偏摆仪两顶尖之间，用百分表测量其外径，根据百分表两次测量读数之差，与测量芯棒实际尺寸相比较，即可得到被测刀具的直径尺寸。

③ 几何角度测量　铰刀、铣刀、拉刀等刀具的前角和后角可用巴布琴里泽尔量角器(以下简称巴氏量角器)进行测量。

巴氏量角器的构造如图 8-35 所示。其由半圆尺、扇形游标尺、量尺、靠尺和测块等组成。巴氏量角器主要用来测量齿距相等、前后面为平面的多刃刀具的前角和后角。

用巴氏量角器测量刀具前角时，将量角器的测块 5 和靠尺 3 放在刀具的相邻两个刃齿上，转动扇形游标尺 1，使量尺 4 的侧面与刀具前面接触并贴合严密，此时半圆尺 2 上的齿数刻线所对应的扇形游标尺 1 上的刻度值，即为该刀具的前角值，如图 8-35(a)所示。例如铣刀齿数为 18，半圆尺 2 上的齿数刻线 18 所对扇形游标尺 1 上的刻度值为 10，即该铣刀的前角为 10°。

用巴氏量角器测量刀具后角的方法与测量前角基本相同，此时将测块 5 的测量面与刀具的后面接触，并贴合紧密，齿数刻线所对应的扇形游标尺 1 上的刻度值，即为该刀具的后角值，如图 8-36(b)所示。

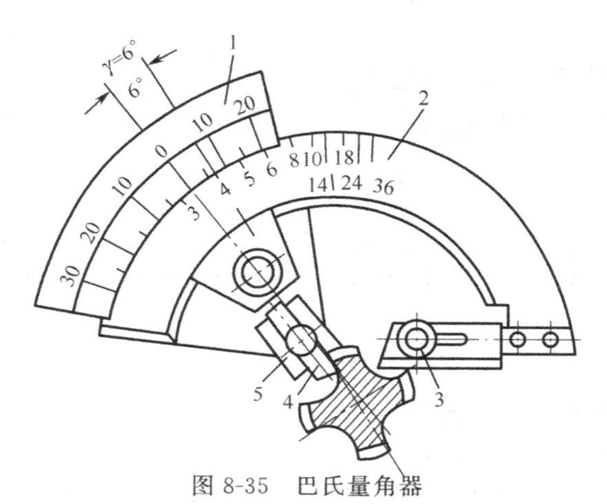

图 8-35　巴氏量角器

1—扇形游标尺；2—半圆尺；3—靠尺；4—量尺；5—测块

当没有巴氏量角器或用巴氏量角器无法测量时，可以采用下述方法进行测量。

可用游标高度尺测量刀具前角，其方法如图 8-37(a)所示。将刀具前面置于水平位置，可用游标高度尺卡脚测量面与刀具前面接触进行调整，也可用杠杆百分表测量前面，当杠杆百分表指针稳定不动时，前面即处于水平位置。测量出此时前面的高度尺寸 B，按下式计算刀具的

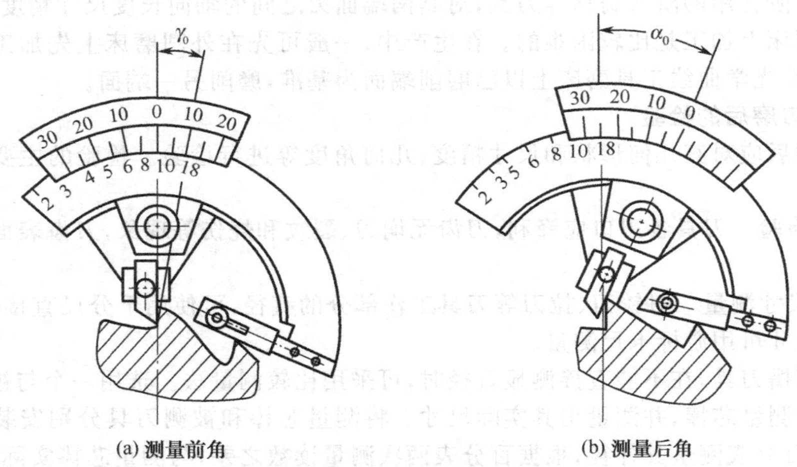

(a) 测量前角　　(b) 测量后角

图 8-36　用巴氏量角器测量刀具前角和后角

前角 γ_0 值：

$$\sin\gamma_0=\frac{2(A-B)}{D} \tag{8-14}$$

式中　A——刀具中心高度，mm；

B——刀具直径，mm。

用游标高度尺测量刀具后角的方法如图 8-37(b)所示。将刀具后面调整到垂直位置，并测量出刃口高度尺寸 C，按下式计算刀具的后角 α_0 值：

$$\sin\alpha_0=\frac{2(C-A)}{D} \tag{8-15}$$

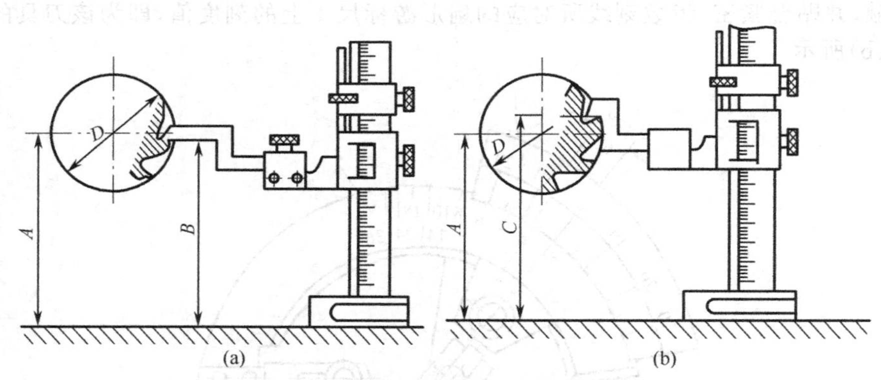

(a)　　(b)

图 8-37　用游标高度尺测量刀具的前角和后角

刀具的廓形角度，如角度铣刀廓形角、钻头锋角以及刀具的槽形角等可以用样板进得检查。图 8-38 为用样板测量的几个示例。

有些刀具的几何角度需要用专用检具进行测量。图 8-39 为插齿刀前角的测量方法，检量斜面与底平面间的夹角等于插齿刀的前角 γ_0，将插齿刀套在心轴上，用百分表测量头触压在插齿刀前面上，测量圆锥面母线的内外两端，比较百分表两次读数值，即可以计算出插齿刀前角的数值。可以用带有磁性工作台的正弦夹具代替专用检具进行测量，方法基本相同，测量后应及时去磁。

④ 形状和位置误差测量　不同刀具的形状和位置误差测量的项目和方法是不同的，下面

以几个示例加以说明。

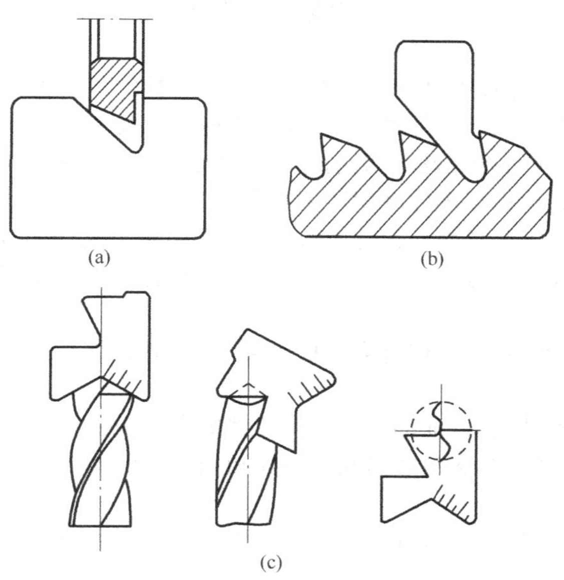

图 8-38 用样板测量刀具角度和槽形

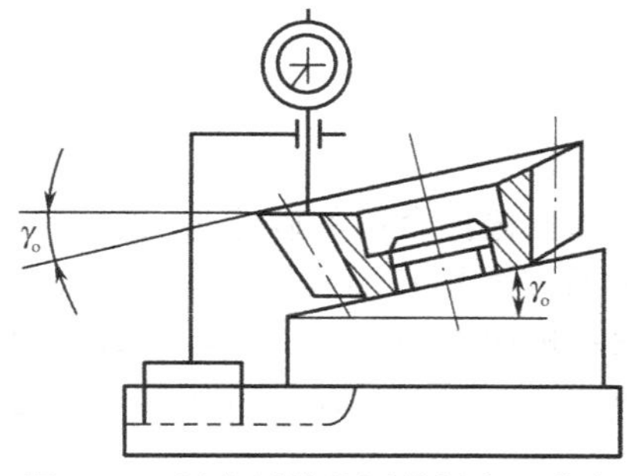

图 8-39 用专用检具测量插齿刀前角

铰刀、拉刀等刀具的轴线直线度可在偏摆仪上进行测量，将刀具安装在两顶尖之间，用百分表测量刀具的刃齿外圆面，转动刀具，测量几点，即可得到刀具轴线直线度误差(图 8-40)。

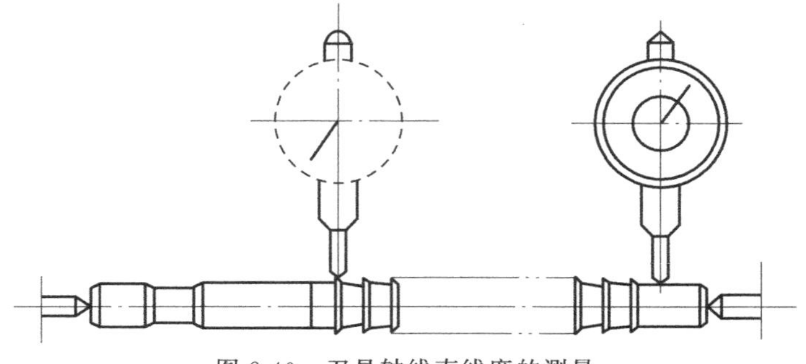
图 8-40 刀具轴线直线度的测量

用同样的方法，可以测得刀具的径向圆跳动和端面圆跳动。盘式铣刀和插齿刀等刀具，可以利用心轴安装，并将心轴安装在两顶尖之间进行测量。

⑤ 刃带的检验　刃带宽度应均匀一致，并符合图纸要求的宽度，可以通过目测检查，也可以用与刃带宽度接近的塞片比较的方法，判断刃带宽度是否符合要求。

(8)刃磨的注意事项

刃磨是刀具制造工艺过程中最重要的工序之一。刀具的刃磨质量除直接影响刀具的切削性能和使用寿命外，还对切削后工件的精度、表面粗糙度有较大影响。

由于刀具外圆是断续的刃齿表面，磨削是间断磨削，刀具材料又多为经过热处理淬硬后的高速钢，其加工条件比其他机械零件磨削要困难得多。因此，加工中要注意正确地选择砂轮和磨削用量，并进行正确的工艺操作。此外，对加工基准要给予充分的注意。例如，刀具采用心轴安装时，心轴外圆轴线与心轴中心孔要有较高的同轴度，同时心轴外圆与刀具孔间要配合良好。

为保证刀具外圆刃磨质量，并留有磨损储备量，刀具外径多按最大极限尺寸进行磨削，可分粗、精磨加工完成。

钻头、铰刀一类的刀具，其校准部分外圆一般都要求有倒锥。因此，在磨削校准齿外圆时，还要对机床进行调整。调整方法与磨削圆锥基面相同，只是刀具的倒锥量都很小，调整时要细心准确。

通常，铣刀、铰刀等各种多刃刀具在热处理淬硬后的磨削和刃磨次序如下。

① 磨削基准面。

② 粗磨切削部分外圆。

③ 刃磨刀齿前刀面。

④ 精磨切削部分外圆。

⑤ 刃磨刀齿后刀面。

刃磨时必须注意。

① 根据刀具的材料和刃磨部位选择合适的砂轮，并进行正确的修正。刃磨刀具的前刀面一般常用碟形砂轮，刃磨刀具的后刀面用碗形砂轮或平形砂轮。

② 正确调整好刀具和砂轮在机床上的相对位置，以保证刀具能获得正确的几何形状。

③ 刃磨过程中一般不加切削液，若需加切削液，其量必须充足，以避免刀具表面烧伤或产生裂纹。

第9章 齿轮加工刀具

9.1 概述

齿轮是各种机械产品中应用最为广泛的传动零件。齿轮加工又是机械制造的重要组成部分。尽管齿轮加工方法种类繁多,但绝大部分齿轮是用各种齿轮刀具在与其相适应的机床上切削出来的,其中又以滚齿应用最为广泛,其次为插齿。

9.1.1 齿轮刀具种类

(1)按成形法加工的刀具

成形法加工齿轮刀具的特点是刀具的齿形或齿形的投影与被切齿轮端面的齿槽形式相同。这类刀具主要有盘形齿轮铣刀、指形齿轮铣刀、齿轮拉刀和插齿刀等。前两种刀具结构简单,可在普通铣床上加工,而无需使用结构和调整较为复杂的专门齿轮机床,但它们加工出的齿轮精度一般较低,常用于修配和单件生产。后两种刀具加工精度和生产率都比较高,但刀具制造复杂,仅适用于大量生产。

① 盘形齿轮铣刀 盘形齿轮铣刀是一种廓形与齿槽形状相似的成形铣刀,如图 9-1 所示。

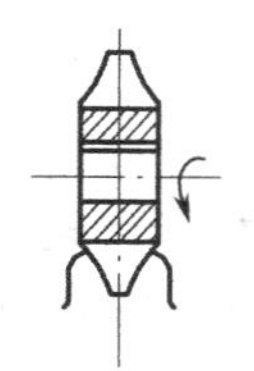

图 9-1 盘形齿轮铣刀

由机械原理可知,两个齿轮即使模数和压力角分别相等,如果齿数不同,则它们的基圆就不同,不同的基圆所形成的渐开线齿形也就不同。如图 9-2 所示,1、2 两条渐开线分别为基圆 O_1、O_2 所形成的渐开线,其形状不同。因此,用成形法切制齿轮要得到较高精度,就必须在切制不同模数、不同压力角以及不同齿数的齿轮时,设计与其齿形相同的专门铣刀。这样做不仅是不经济的,而且在技术和管理上也非常麻烦。为了减少铣刀的规格和数量,标准盘形齿轮铣刀都需成套制造和供应,即对同一模数的盘形齿轮铣刀,按被切盘形齿轮齿数间隔分为 8 个刀号或 15 个刀号,每个刀号表示一种切制一定齿数范围(间隔)盘形齿轮铣刀。

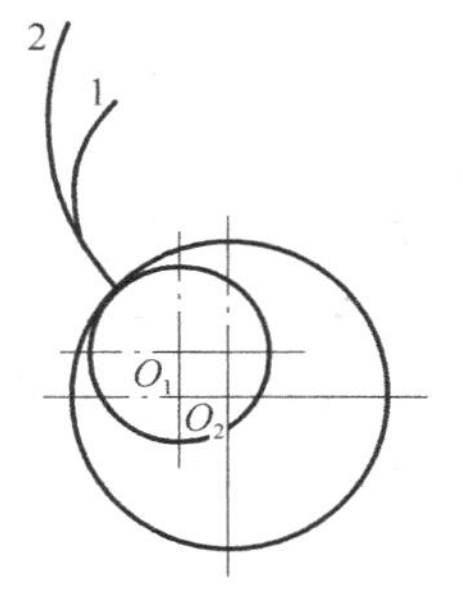

图 9-2 齿轮齿数与齿形的关系

当模数 $m \leqslant 8$mm 时,同一模数的盘形齿轮铣刀由 8 个刀号(8 把铣刀)组成一套;当模数 $m \geqslant 9$mm 时,同一模数的盘形齿轮铣刀由 15 个刀号(15 把铣刀)组成一套。盘形齿轮铣刀刀号和加工齿数的范围见表 9-1。

表 9-1 盘形齿轮铣刀刀号和加工齿数的范围

铣刀刀号	加工齿数范围		铣刀刀号	加工齿数范围	
	8 把一套	15 把一套		8 把一套	15 把一套
1	12～13	12	5	26～34	26～29
$1\frac{1}{2}$	—	13	$5\frac{1}{2}$	—	30～34
2	14～16	14	6	35～54	35～41
$2\frac{1}{2}$	—	15～16	$6\frac{1}{2}$	—	42～54
3	17～20	17～18	7	55～134	55～79
$3\frac{1}{2}$	—	19～20	$7\frac{1}{2}$	—	80～134
4	21～25	21～22	8	≥135	
$4\frac{1}{2}$	—	23～25	—	—	—

标准盘形齿轮铣刀每种刀号的铣刀齿形，都是按其加工齿轮齿数范围内的最小齿数设计的，其优点是使被切齿轮在啮合时不至于相互干涉。被切齿轮除分度圆齿厚外，其他各直径圆周上的齿厚部有所减薄，其中以齿顶部分的齿形误差为最大。标准盘形齿轮铣刀加工齿轮的精度较低，一般不超过 9 级。

在生产中常用加工直齿圆柱齿轮的盘形齿轮铣刀来加工斜齿圆柱齿轮。此时，铣刀的刃形在理论上既不同于被切齿轮的端平面截形，又不同于其法平面截形。用盘形齿轮铣刀加工斜齿轮时误差比加工直齿轮大，螺旋角越大，误差也越大。由于加工时铣刀的模数和齿形角要分别同被切齿轮的法向模数和法向压力角相等，故铣刀刀号应根据斜齿圆柱齿轮法平面的当量齿数 z_v 来选择，其计算公式为：

$$z_v=\frac{z}{\cos^3\beta} \tag{9-1}$$

式中 z ——斜齿圆柱齿轮的齿数；

β ——斜齿圆柱齿轮分度圆柱上的螺旋角，(°)。

② 指形齿轮铣刀　图 9-3 为指形齿轮铣刀。指形齿轮铣刀一般用于加工大模数（$m=8\sim40$mm）的直齿轮或斜齿圆柱齿轮。人字齿轮主要也是用指形齿轮铣刀来加工的，且对于两列以上的人字齿轮，指形齿轮铣刀目前是唯一的切削工具。但需指出，用指形齿轮铣刀加工斜齿圆柱齿轮和人字齿轮时的加工方法不属于成形法。

(2) 按展成法加工的刀具

这类刀具工作的基本原理是，除了主运动外，刀具与被加工齿轮模拟一对齿轮（或齿条与齿轮）的啮合，它们绕各自的中心线做相对的纯滚动。工件轮齿的齿形就是在纯滚动过程中，刀具在不同位置时的刃形在工件轴线的垂直平面内投影的一族曲线的包络线，如图 9-4 所示。反之也可以把刀具的刃形（或它在某一平面内的投影）看为是由工件齿形在纯滚动过程中一系列不同位置包络而成的。上述的纯滚动称为展成运动。这种加工齿形的方法称为展成法，又称范成法。插齿、滚齿和剃齿等都属于这种齿形加工方法。

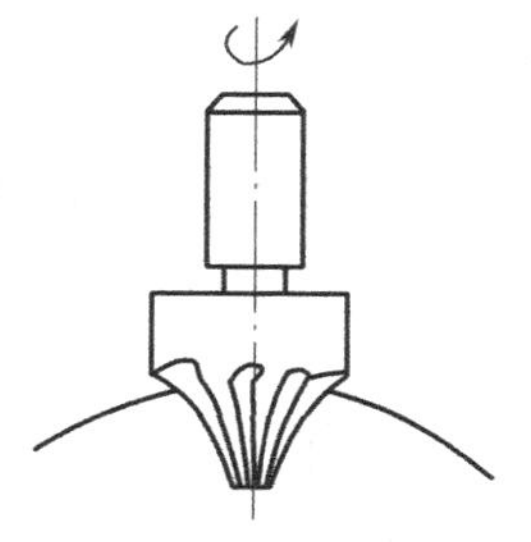

图 9-3 指形齿轮铣刀

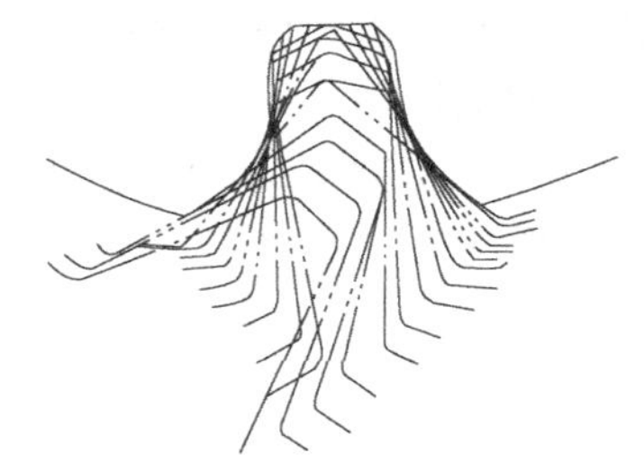

图 9-4 用展成法加工的刀具的齿廓表面

展成法切齿可以用一把刀具切出同一模数而齿数不同的齿轮，这是一个很大的优点。其次，根据展成法切齿，可以模拟齿条与齿轮啮合的基本原理，使用直线齿廓的齿条式工具来制造渐开线齿轮刀具，这就为提高齿轮刀具的制造精度提供了有利条件。由于加工时能进行连续分度，因而生产率和加工精度较高。展成法切齿要在专门的齿轮机床上进行，而且机床调整和刀具刃磨都较成形法复杂，故一般用于成批及大量生产中。

常用的展成法齿轮刀具有插齿刀、齿轮滚刀和剃齿刀。

① 插齿刀　插齿刀的外形呈齿轮状，是一种切制渐开线圆柱齿轮齿形的粗加工和半精加工刀具。加工的模数范围为 0.2～12mm，其中模数 $m=0.2\sim1$mm 为小模数段；模数 $m=1\sim8$mm 为中模数段；模数 $m>8$mm 为大模数段。

a. 插齿刀的工作原理　图 9-5 为插齿刀的工作情况。插齿刀本质上是一个具有切削角度和切削刃，且其硬度比被切工件高得多的渐开线圆柱变位齿轮。插齿刀的工作原理就是在切削过程中，插齿刀同被切工件作为一对渐开线圆柱齿轮做无间隙啮合的相对运动。在展成过程中工件的齿形逐渐被插齿刀切出，工件的齿形就是插齿刀切削刃在工件端平面内连续投影位置的包络线。

要在工件上切出所要求的渐开线齿形，插齿刀和工件之间必须要完成下列相对运动。

ⅰ. 插齿刀沿工件齿宽方向的上下往复运动。通常刀具向下为切削运动，即主运动；向上为退刀运动。

ⅱ. 刀具与工件以恒定的传动比做相对滚动，即圆周进给运动，又称为分齿运动或展成运动。

ⅲ. 为了在径向切出轮齿的全齿高，刀具还要有一个逐渐向工件切入的径向进给运动，直至全深，该运动才停止，而圆周进给运动一直到齿轮完全切好后才停止。

ⅳ. 为了避免插齿刀在退刀时擦伤已加工的齿面，在插齿刀每次向上退刀时，都要使工件有一个后退的让刀运动，以便在切削刃和工件被加工表面间形成一个间隙。

由于插齿刀的工作过程类似于刨削过程，是断续切削，不同于齿轮传动那样连续啮合，故切出的渐开线齿形不是一条光滑曲线，如图 9-6 所示。该被切齿轮的齿形，除渐开线 EB 部分外，BD 部分称为过渡曲线，这条过渡曲线是一条延长外摆线，它是由刀具齿尖角的运动轨迹所形成的。齿廓的 DK 部分为刀具顶刃切削出的工件根圆部分。

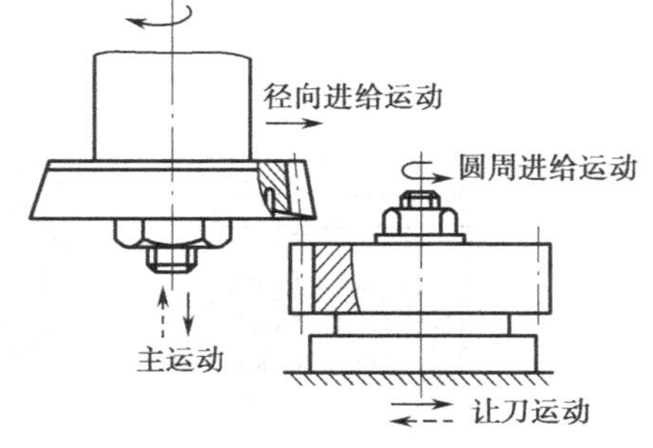

图 9-5 插齿刀的工作情况

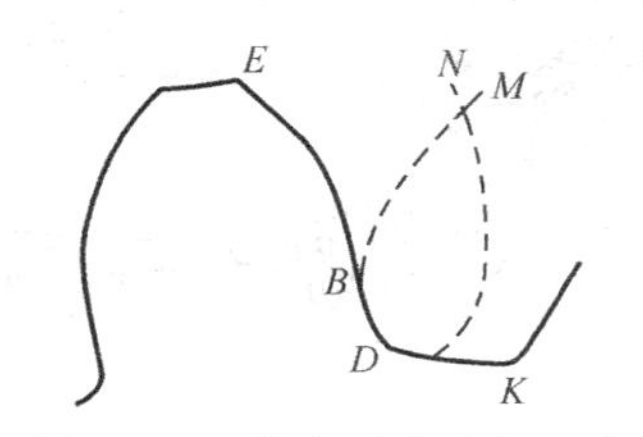

图 9-6 工件齿形曲线的组成

用斜齿插齿刀切制斜齿圆柱齿轮时，刀具除做相对展成运动外，在它做上下往复运动的同时，还要有一个附加转动。

b. 插齿刀的分类　标准直齿插齿刀主要有盘形插齿刀、碗形插齿刀和锥柄插齿刀三种形式，如图 9-7 所示。

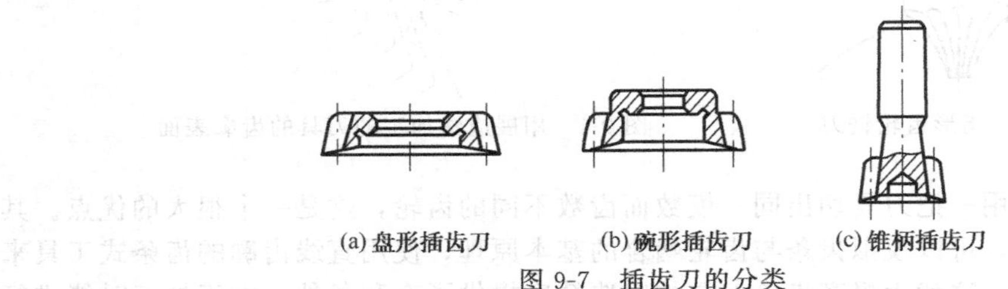

(a) 盘形插齿刀　(b) 碗形插齿刀　(c) 锥柄插齿刀

图 9-7　插齿刀的分类

ⅰ. 盘形插齿刀　盘形插齿刀主要用于加工外齿轮和大直径的内齿轮。这种插齿刀以内孔及内支承面定位，用螺母紧固在机床主轴上。它的公称分度圆直径有 4 种，即 75mm（$m=1\sim4$mm）、100mm（$m=1\sim6$mm）、160mm（$m=6\sim10$mm）和 200mm（$m=8\sim12$mm）。

ⅱ. 碗形插齿刀　碗形插齿刀主要用于加工多联齿轮和某些内齿轮。这种插齿刀以内孔定位，紧固螺母可容纳在刀体内。它的公称分度圆直径也有 4 种，即 50mm（$m=1\sim3.5$mm）、75mm（$m=1\sim4$mm）、100mm（$m=1\sim6$mm）和 125mm（$m=4\sim8$mm）。

ⅲ. 锥柄插齿刀　锥柄插齿刀主要用于加工内齿轮。这种插齿刀用带有内锥的专用接头与机床主轴连接。它的公称分度圆直径有两种，即 25mm（$m=1\sim2.75$mm）和 38mm（$m=1\sim3.75$mm）。

插齿刀一般制成 AA、A、B 三种精度等级。在合适的工艺条件下，AA 级用于加工 6 级精度的齿轮，A 级用于加工 7 级精度的齿轮，B 级用于加工 8 级精度的齿轮。除标准插齿刀外，还可根据生产需要制造专用插齿刀，如增大前角的粗插齿刀和剃前插齿刀等。

② 齿轮滚刀　齿轮滚刀外形呈蜗杆状。一般来说，它也是一种粗加工和半精加工的切齿刀具，生产率很高。

齿轮滚刀（简称为滚刀）用在滚齿机上，按展成原理加工齿轮。图 9-8 为用滚刀加工齿轮时的情况。图中滚刀的旋转为主运动，为了切出齿轮的全齿宽上的轮齿，滚刀要有沿齿轮轴线方向上的进给运动，此外，还要有展成运动。

齿轮滚刀从结构上分为整体和镶齿的两种。其中整体齿轮滚刀较为常见，而大模数齿轮滚刀则多采用镶齿结构。

图 9-9 为精加工用的整体式齿轮滚刀，和其他刀具一样，它主要由刀体部分和切削部分组成。

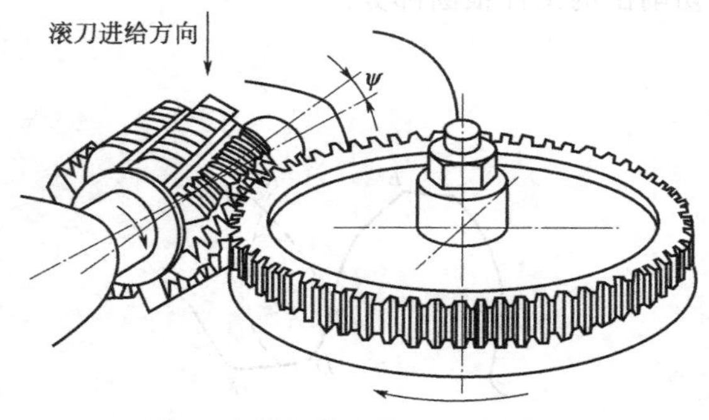

图 9-8　用滚刀加工齿轮时的情况

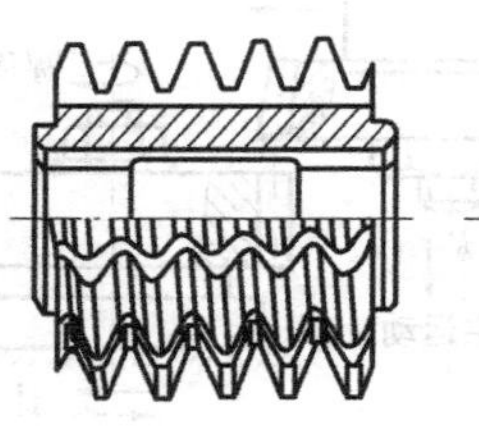
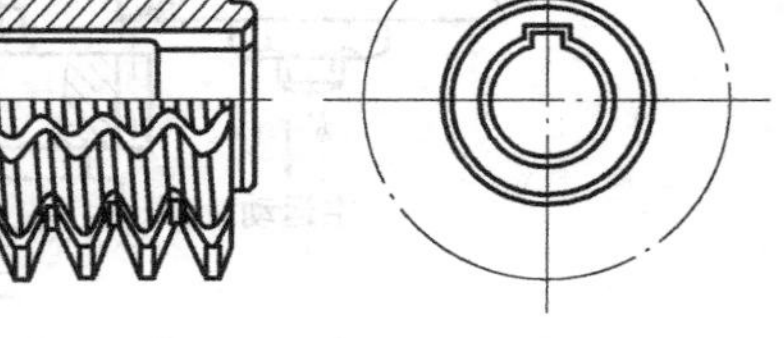

图 9-9　整体式齿轮滚刀的结构

a. 刀体部分　刀体部分用于定位、夹持和传递扭矩。切削齿轮时，滚刀以内孔定位装在滚齿机的心轴上，两端面用螺母压紧，通过键和键槽传递扭矩。在制造滚刀时，应保证滚刀的两端面与滚刀轴线相垂直，并保证两轴与基本蜗杆同心。

b. 切削部分　切削部分由为数较多的刀齿组成。刀齿的顶刃后面和两侧刃后面是经过铲齿形成后角的，两个侧后面是铲齿加工得到的螺旋面，且都缩在基本蜗杆的表面内，只有切削刃才正好在基本蜗杆的表面上。这样既能保证刀齿具有正确的刃形，又能使刀齿获得必要的侧后角。一般齿轮滚刀在热处理后，都要铲磨顶刃及两侧刃的后面，以提高刃形精度和降低刀面粗糙度。

③ 剃齿刀　剃齿刀是一种用于未淬硬齿轮的精加工刀具，一般用来改善直齿轮和斜齿渐开线圆柱齿轮的齿形、齿向和齿距（不包括齿距累积误差）的质量和齿面的粗糙度。图 9-10为一种盘齿剃齿刀。剃齿刀分为 A、B 两个精度等级，分别用来加工 6 级、7 级精度的齿轮，加工的表面粗糙度 Ra 可达 0.4～0.8μm 。剃齿刀剃削的模数 m =1～8mm。剃齿刀的公称分度圆直径有 85mm、180mm 和 240mm 三种，可根据剃削齿轮的模数和所使用的机床来选择。剃齿刀有很高的生产率，加工一个齿轮仅需 1～3min。

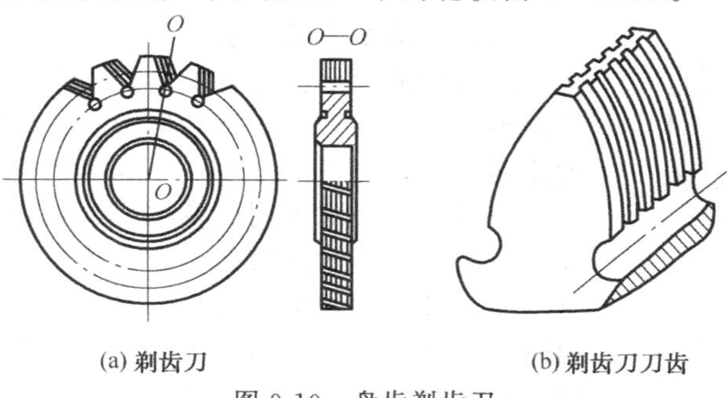

(a) 剃齿刀　　(b) 剃齿刀刀齿

图 9-10　盘齿剃齿刀

9.1.2　齿轮刀具的选用

成形齿轮刀具用得较多的有盘形齿轮铣刀和加工大模数齿轮用的指状齿轮铣刀等，如图 9-11所示。这种加工方法精度不高（9 级左右），生产率也较低，但刀具结构简单，制造方便，可在普通铣床上使用，而不需要专用齿轮加工设备。因此，适用于齿轮的单件、小批量生产，特别是在小型工厂的修配加工中使用更为方便易行。

展成法加工用齿轮刀具有插齿刀、齿轮滚刀、蜗轮滚刀、剃齿刀等，它们是利用啮合原理，假想刀具齿形为齿轮齿形，刀具与工件之间在做啮合运动的同时，刀具对工件作切削加工，被加工齿轮的齿形在展成运动中由刀具加工完成，如图 9-12 所示。这种加工方法，加工精度和生产效率都比较高，刀具通用性好，适用范围大，但需要有专用齿轮加工机床，因此多用于大批量生产中。

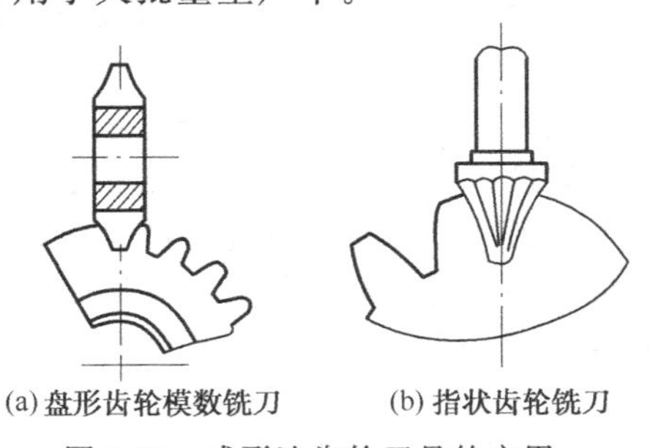
(a) 盘形齿轮模数铣刀　　(b) 指状齿轮铣刀

图 9-11　成形法齿轮刀具的应用

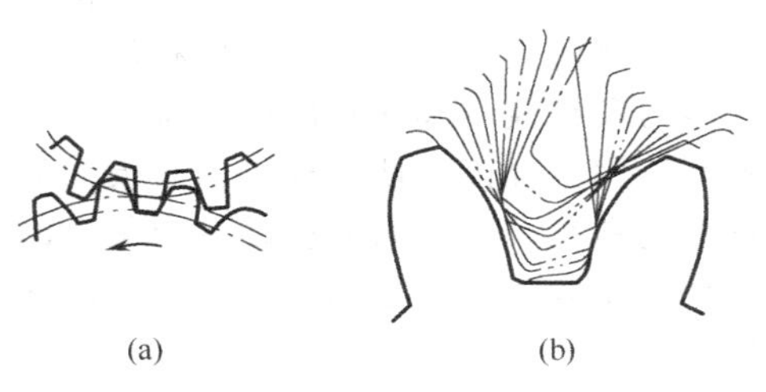
(a)　　(b)

图 9-12　展成法齿轮加工

按照被加工齿轮的齿形不同，齿轮刀具还可分为加工渐开线齿轮和加工非渐开线齿轮两大类。其中应用最为广泛的是渐开线齿轮刀具。常用的渐开线齿轮刀具有齿轮铣刀、齿轮滚刀、插齿刀、剃齿刀、梳齿刀等。非渐开线齿轮刀具种类也较多，如花键滚刀、摆线齿轮滚刀、链轮滚刀等。

9.2 齿轮滚刀的刃磨

(1) 滚刀的耐用度

在滚削过程中，滚刀磨损到一定程度时，工件表面上可能出现挤亮的斑点、毛刺、撕痕，或噪声、振动加剧等。这时，应立即停机检查。必要时，可提前磨刃。

滚刀的耐用度，一般定为400～600min。但是，目前各工厂根据各自具体情况，规定不一。如有的工厂规定，一个班磨一次刀。

滚刀用钝后，要沿前面刃磨。重磨余量视滚刀的最大磨损量确定，一般要比最大磨损量大0.05～0.1mm。

(2) 直槽滚刀的刃磨

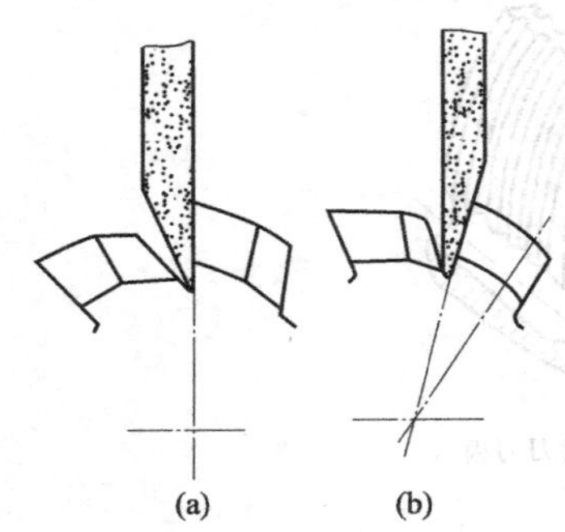

图9-13 刃磨直槽滚刀

滚刀的前面形状有直槽和螺旋槽两种。直槽滚刀既可以用蝶形砂轮的端平面刃磨，见图9-13(a)，也可以用蝶形砂轮的锥面刃磨，见图9-13(b)。但两者比较起来，前者刃磨的精度较后者差。因为用砂轮的端平面刃磨时，砂轮和滚刀之间的压力，随接触面的大小而增减。当砂轮磨至滚刀中间时，接触面积较大，切削力增加，变形加大；当砂轮在切入或切出时，接触面变小，切削力较小，变形减小，这就使得两端较中间多磨去一些。也就是说这样刃磨之后，滚刀的前面在轴向不是直线，而是一条中凸的曲线。吃刀量大时，此现象更加显著。所以，一般在刃磨接近终了时，不再进刀，往返多磨数次，直到无火花为止，这样可以减轻中凸程度，提高刃磨质量。

用砂轮锥面磨削，情况要好得多，因砂轮锥面和滚刀前面是线接触。在磨削中，虽然砂轮从一个刀齿到另一个刀齿，接触线的长度在时时变化，但在滚刀全长的刃磨过程中，接触线的波动是不大的，压力变化也小，误差就相应减小，所以应优先采用砂轮锥面磨削的方法。

(3) 螺旋槽滚刀的刃磨

螺旋槽滚刀只能用砂轮的锥面刃磨。这里主要介绍一种利用夹具在普通工具磨床上刃磨滚刀的方法—— 靠模法。

用靠模磨削螺旋槽滚刀是一种最简单的方法。滚刀和靠模装在同一根心轴上，固定在万能工具磨床上，见图9-14。靠模4的螺旋槽导程与滚刀2的螺旋槽导程相同；槽数与滚刀的槽数相等或为整倍数。支杆3固定在机床床身的T形槽内（图中未画出），其上端支在靠模槽的一个侧面上。刃磨时，一面移动工作台，一面用手或荷重使靠模一侧面始终压在支杆上端，滚刀和靠模一起作相同的螺旋运动。磨完一槽，将靠模摇出支杆，同时砂轮和滚刀也刚好脱开，用手分齿，使支杆进入靠模的另一个槽内，再磨另一个刀槽。磨完一圈之后，利用支杆上的螺纹，使它向下移动一个很小的距离。当靠模槽侧面再压向支杆时，则滚刀已经转过一个很小角度，也就是完成了一次进刀。继续重复上述过程，直到滚刀前面全部磨好为止。

这里所说的靠模实际上就是一个螺旋齿轮。它的分圆直径可以制造得与滚刀的不同，但

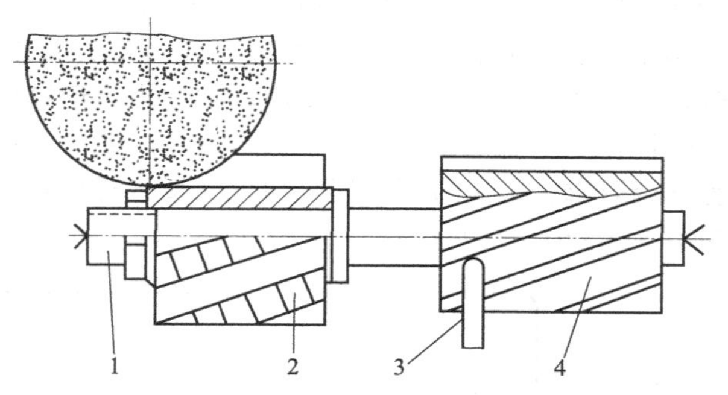

图 9-14 用靠模磨削螺旋槽滚刀
1—心轴；2—滚刀；3—支杆；4—靠模

螺旋槽导程必须和滚刀槽的导程一样。此外，靠模制造得应比滚刀长一些，以便在刃磨时砂轮可以退出滚刀螺旋槽，进行分齿。

在滚齿机上用普通滚刀加工的螺旋齿轮作为靠模，可以刃磨出 B 级精度的滚刀；有时还可以达到 A 级精度。在没有滚刀刃磨机床的情况下，用这种方法，尚可以解决一定问题。

用这种方法刃磨直槽滚刀时，靠模应该是直齿轮。直槽滚刀前面的径向性要求是容易达到的。因为锥面砂轮直母线与滚刀前面相切，理论上是没有误差的。

前角为零度的螺旋槽滚刀前面是阿基米德螺旋面，其母线是通过轴线并和轴线垂直的直线。用锥面砂轮刃磨这种滚刀时，前面的端面截形将出现中凸现象，如图 9-15 所示，造成非径向性误差，即所谓干涉现象（对干涉原理的分析在后面叙述）。对于螺旋角小于 5°的一般精度滚刀，其误差可能在容许范围内。否则，必须对砂轮锥面作成形修正（修正方法在后面叙述）。用平面砂轮刃磨，干涉更为严重。

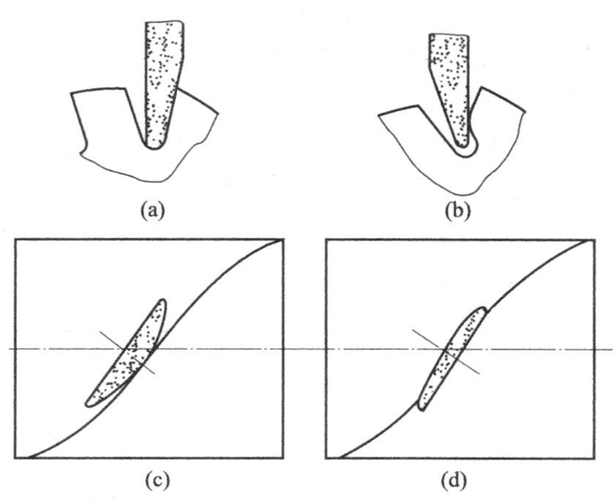

图 9-15 螺旋槽滚刀的刃磨

刃磨时，为了保证砂轮对滚刀的位置正确，可用样板校正砂轮的位置，见图 9-16 所示。

用靠模刃磨滚刀的缺点是需要较多的靠模，而且所磨精度也不太高。

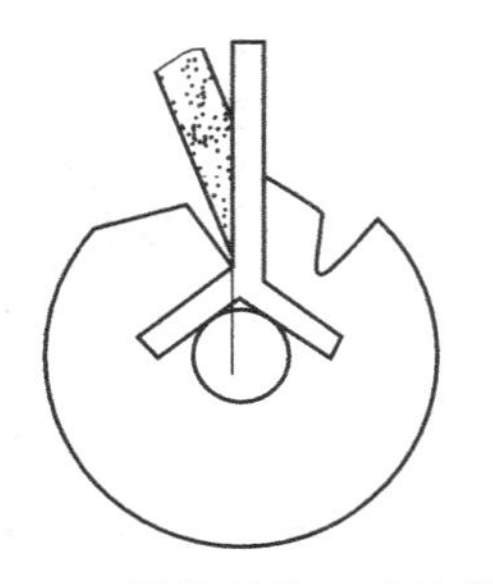

图 9-16 用样板校正砂轮位置

9.2.1 盘形齿轮铣刀的刃磨

盘形齿轮铣刀是一种铲齿成形铣刀，齿轮铣刀的齿形一般是在铲齿车床上加工完成的。齿顶和两侧齿形要分别铲制完成，铲齿步骤 1→2→3 如图 9-17(a) 所示。先使用平刃铲刀铲削齿顶，并使铣刀外径符合要求，然后分别铲两侧齿形。在先铲一侧齿形时，要以该侧端面作为测量基准，利用半齿形样板测量被铲齿形，目测透光度观察被铲齿形符合样板。铲完一侧再铲另一侧齿形时，要注意控制铲刀进给量使两侧齿形的尺寸和相互位置符合要求。铲后齿形可用全齿形样板进行检查，使目测透光度符合要求。齿形样板的使用如图 9-17(b)、(c) 所示。

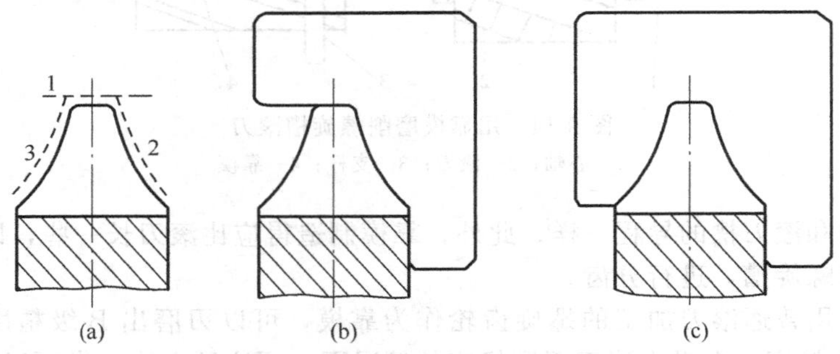

图 9-17 齿轮铣刀齿形加工步骤

为了提高齿轮铣刀制造精度，铲齿多分为粗铲和精铲两道工序。粗铲时要给精铲留有适当的齿形留量，留量大小一般为 0.3～0.5mm。齿形留量可用粗铲样板加以控制。当粗、精铲加工共用一副样板时，可以用全齿形样板以齿顶距离样板的缝隙进行观察判断，如图 9-18所示。缝隙的大小与齿形上齿侧形线斜角 φ 的大小有关，角度 φ 越小，齿顶缝隙 δ 就越大，生产中可根据经验加以判断。

在齿形铲削加工中，为了降低表面粗糙度和提高铲齿效率，应正确刃磨和使用铲刀。铲刀切削刃应锋利，没有毛刺和钝口。为了提高铲刀的切削性能，可以采用大前角，或在切削刃边磨出月牙槽。当齿形精度要求较高时，则应采用 0°前角的铲刀，铲刀刃形可由光学曲线工具磨床磨制完成。铲刀顶刃后角取 33°～38°。

在齿形尺寸较大时，为减小切削刃工作长度，防止啃刀，降低铲削表面粗糙度，也可以采用半成形铲刀，对齿形进行分段铲削。此时，两侧刃形可制在同一把铲刀上，切削刃衔接部分要互相重叠一段，使两侧刃形均比被铲铣刀的齿形要宽一些。如图 9-19 所示，铲刀两侧刃形间的余隙一般有 1～2mm 就可以了。

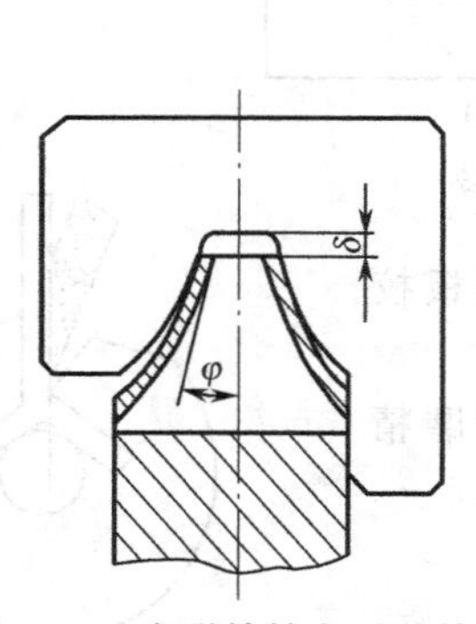

图 9-18 齿形精铲留量的检验

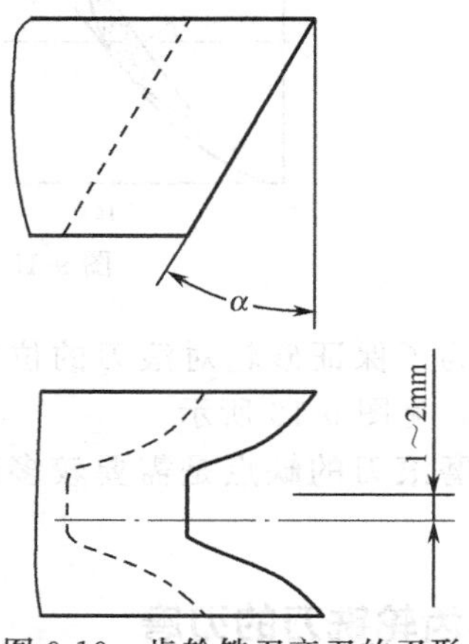

图 9-19 齿轮铣刀产刀的刃形

齿轮铣刀部是制成 0°的角、齿轮铣刀用钝后应重磨前面。为了保证铣刀齿形精度，在前面刃磨以后，应测量在切深范围内前面的径向性误差，测量方法如图 9-20 所示，先将杠杆千分表测量头调至铣刀中心位置，使千分表读数对零，可以采用调径向性心轴进行调整对零［图 9-20(b)］。然后测量铣刀前面，当铣刀顶刃处 a 点处于铣刀中心水平面，千分表读数为零时，测量得到的 b 点对 a 点的差值即为径向性误差［图 9-20(a)］。一般只允许 b 点低于 a 点，允许范围列于表 9-2。

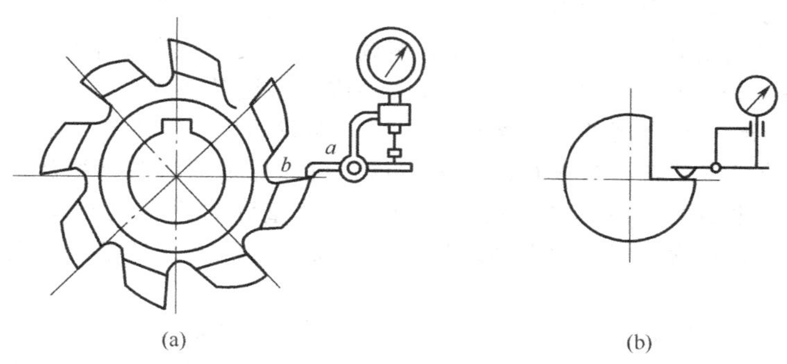

图 9-20 齿轮铣刀前面径向性误差测量

表 9-2 齿轮铣刀前面径向性公差 单位：mm

模数 m	0.3～0.5	0.5～1	1～2.5	2.5～6	2.5～6	10～16
公差	0.03	0.05	0.08	0.12	0.16	0.25

9.2.2 滚刀前面的刃磨

(1) 滚刀制造工艺流程

齿轮滚刀制造工艺流程如下。

下料—锻造—退火—车削（粗车和精车）—划线—插键槽—铣齿槽—铲齿（粗铲和精铲）—去扣头—热处理—磨孔—以孔磨两端面—磨齿槽和前面—铲磨工作刃形状—表面处理—检验—打标记

上述工艺流程适用于整体齿轮滚刀的制造。刀具材料选用高速钢，毛坯经过锻造，除符合刀具一般技术条件外，碳化物不均匀度应符合表 9-3 内的要求。

表 9-3 碳化物不均匀度

模数 m/mm	碳化物不均匀度/级
≤1	≤3
1～5	≤4
5～10	≤5

当模数较大时，车削工序应对齿形进行车削，留出适当的铲齿余量，以减小铲削工作量。

滚刀齿槽的铣削可在卧式铣床上用角度盘铣刀加工，方法与铣削铣刀齿槽时相同。由于齿槽的铣削对以后的齿槽和前面的刃磨影响很大，滚刀齿槽的等分度要求也很高，因此，铣齿槽时除应注意保证前角大小符合设计要求外，还应注意齿槽等分度要好，槽间距误差应控制在 0.2mm 范围之内。

滚刀在刃磨前面和铲磨齿形前的基面精加工对滚刀的制造精度影响很大。在磨削安装孔时应严格保证尺寸精度和表面粗糙度，必要时需经研磨加工。孔加工完成后，该刀用锥度心轴安装，在外圆磨床上用砂轮端面磨削两端平面，同时磨削两端轴台外圆。这样，可以保证两端平面与安装孔轴线的垂直度，两端轴台外圆与安装孔轴线的同轴度好。

滚刀前面刃磨的质量好坏直接影响滚刀的使用精度，这是滚刀制造的重要工序之一。刃磨时应注意保证以下几项要求。

① 前角大小符合设计要求。为使制造和测量方便，滚刀的前角一般都制成0°，即滚刀的前面通过滚刀的半径方向并成直线形。因此，刃磨前面时要保证其径向性。

② 圆周各齿的等分度要好，一般用容屑槽调节的最大累积误差来控制。

③ 对容屑槽为螺旋槽的滚刀，前面导程误差应符合设计要求。

滚刀前面的刃磨应在专用的滚刀磨床上进行，如我国生产的M6420B、M6425、M 6540等滚刀磨床。这种机床配备有精度很高的分度盘，可以保证刃磨各种槽数滚刀的圆周各齿的等分度。机床的砂轮轴可以沿其轴线前后移动，而修整砂轮用金刚石笔的位置是精确定位的，可使经过修整的砂轮工作表面准确地通过滚刀轴线，从而保证滚刀刃磨后的前面径向性精度。

在没有专用滚刀磨床时，也可以在工具磨床上刃磨，只是调整较困难，刃磨精度不易保证。刃磨时，砂轮和滚刀的相对位置可以利用对刀样板进行调整，使砂轮工作面母线通过滤刀的轴线，如图9-21所示。调整好后试磨一刀，然后进行测量，根据实际误差调整砂轮位置，调整后再试磨一刀，待检查合格后即可进行刃磨。

在生产中使用专用砂轮修整器修整砂轮，可以使刃磨调整简化方便。每次刃磨前先安装调整专用砂轮修整器，使金刚石笔的工作面运动轨迹通过滚刀轴线后予以固定。这样，每次修整后的砂轮工作面母线都通过滚刀轴线，如图9-22所示，从而保证了滚刀前面的径向性。这种方法刃磨质量较稳定，只是在开始调整时比较困难，调整好后刃磨就方便了。因此在小批量生产时比较适用。

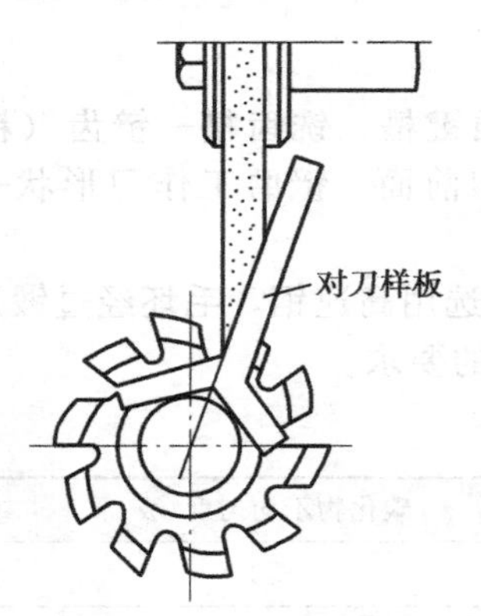

图9-21 刃磨时砂轮与滚刀相对位置的调整

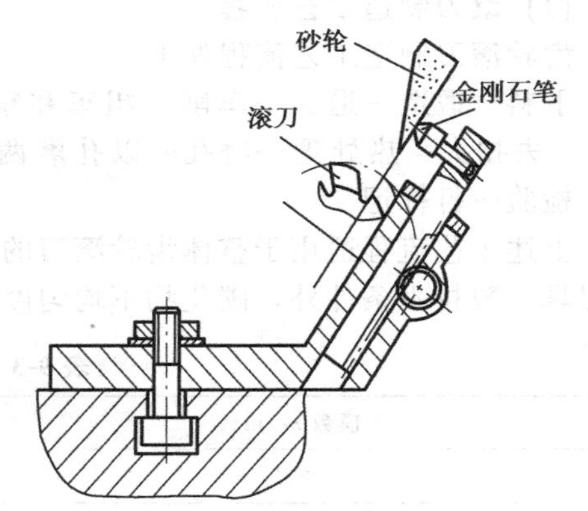

图9-22 专用砂轮修整器

在工具磨床上刃磨滚刀时，应注意使用精密分度盘，以保证圆周刀齿的等分度。

在工具磨床上刃磨螺旋槽滚刀时，可以使用螺旋磨削装量。在没有螺旋磨削装置时，可以使用专用靠模刃磨。如图9-23所示，靠模相当于一个螺旋齿轮，它的圆周槽数和螺旋槽导程与被刃磨滚刀完全一致。刃磨时，靠模和被刃磨滚刀装在同一心轴上，顶在两顶尖之间，并用支板插入靠模的槽内定位。当工作台往复运动时，用手操作由靠模带动滚刀做螺旋运动。磨完一个槽后，退出砂轮，转动靠模，使支板插入下一个槽内，即可继续刃磨。每次进刀时，可以调整支板，使其沿靠模轴向移动一个小距离，靠模便相应转过一个小角度，从而实现微量的进刀要求。这种方法简单易行，只要靠模制造精确，刃磨质量是较好的。

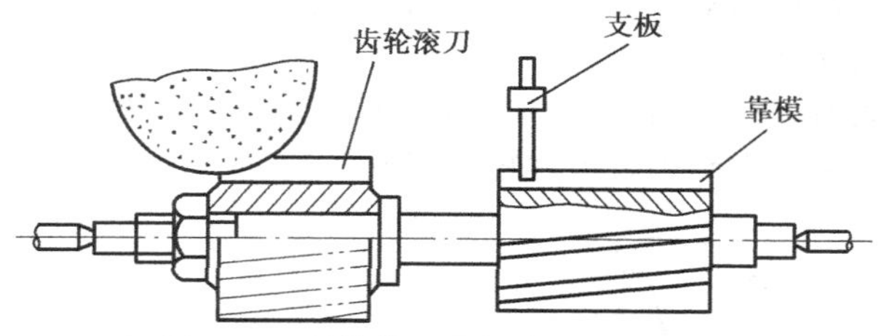

图 9-23 用靠模刃磨螺旋槽滚刀前面

滚刀前面的刃磨是十分重要的，应予充分重视。如果滚刀前面刃磨得不正确，将会使齿形产生误差，降低滚刀精度。图 9-24 示出了前面刃磨质量对滚刀齿形的影响，图 9-24(a) 为刃磨正确时，滚刀的齿形和被加工齿轮齿形的正确形状。图 9-24(b)、(c) 分别为刃磨前角不正确时，滚刀齿形的变化以及被加工齿轮齿形的误差。

刃磨滚刀前面时应正确地修整砂轮。砂轮一般可使用平形砂轮修整出锥面，用锥面进行刃磨。当滚刀为直槽时，砂轮锥面的母线为直线，可以刃磨得到平直的前面。当滚刀为螺旋槽时，砂轮锥面母线应修整成凸状的曲线形，才能得到平直的前面，如图 9-25(a) 所示。如果仍用直母线锥面砂轮刃磨，所得到的前面将会呈凸状的曲线形，如图 9-25(b) 所示，滚刀螺旋角越大，这种现象越明显。此时，砂轮工作面线应进行修正，通过试磨检查合格后进行刃磨。

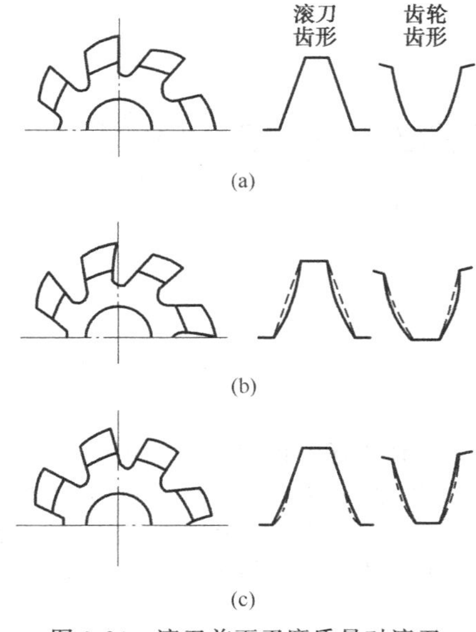

图 9-24 滚刀前面刃磨质量对滚刀齿形和被加工齿轮齿形的影响

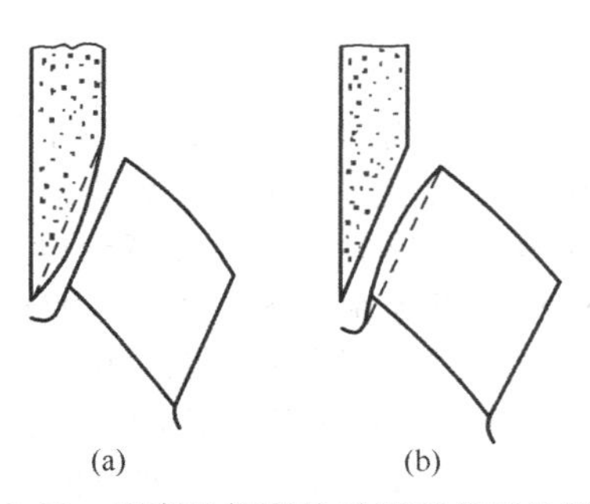

图 9-25 刃磨砂轮形状对滚刀前面的影响

(2) 滚刀的铲齿

滚刀的铲齿与齿轮铣刀的铲齿方法基本相同。所不同的是滚刀为螺旋刃齿，铲齿时需要进行螺距挂轮，在横向铲齿进给的同时，还要有纵向螺距走刀运动。在铲螺旋槽滚刀时，还应进行差动挂轮。

滚刀的铲齿步骤也是先铲齿顶，然后铲两侧齿形。齿顶的铲削多采用平刃铲刀，以滚刀毛坯外径对刀并夹紧后铲削滚刀齿顶。在滚刀模数较大时，为改善铲削条件、减少崩尾现象、提高铲削质量，也可使用双刃铲刀进行铲削，如图 9-26 所示。

齿形的铲削有下述几种。

对中、小模数的滚刀，一般用图 9-27 所示的铲刀对滚刀的两侧齿形同时进行径向铲削，粗精铲一次进行，铲削量由大到小，最后精铲完成。

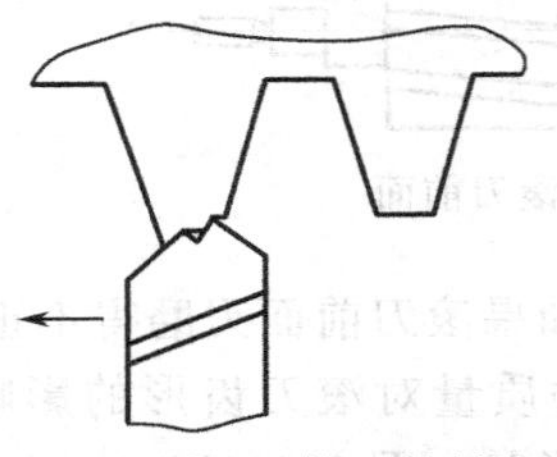

图 9-26 用双刃铲刀铲削齿顶

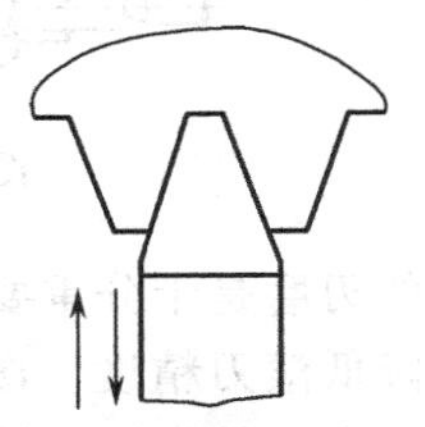

图 9-27 滚刀的全齿形铲削

当滚刀模数大于 4mm 时，由于齿形切削面较长，切削力很大，铲削时容易产生振动，出现啃刀和齿形崩尾等现象。此时可以采用分段铲削方法。如图 9-27 所示，将齿形分为几段，每次铲刀铲削一段并纵向走刀铲完各齿，下一次铲刀横向进给到较深一段，继续铲削，直至齿形全部铲好。使用梳齿刀铲削齿形是一种效果较好的铲削方法。这是分段铲削方法的一种应用，梳齿刀的各切削刃进行分段切削，在几次纵向走刀中将齿形铲削完成。所用梳齿刀，如图 9-28(a) 所示。加工直槽滚刀齿形时，当模数小于 4mm 时，可使用 3 个齿的梳齿刀，分几次铲削完成，如图 9-28(b) 所示，以获得完整的齿形深度；当模数大于等于 4mm 时，可使用双齿梳齿刀，如图 9-28(c) 所示。

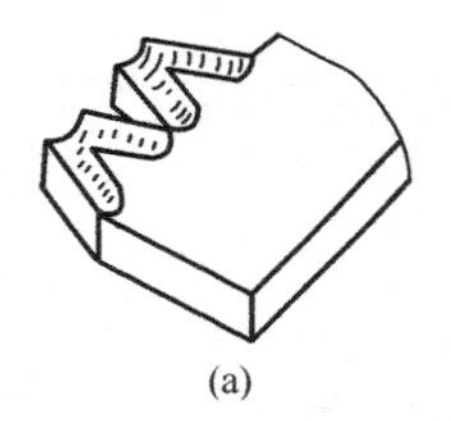

(a)

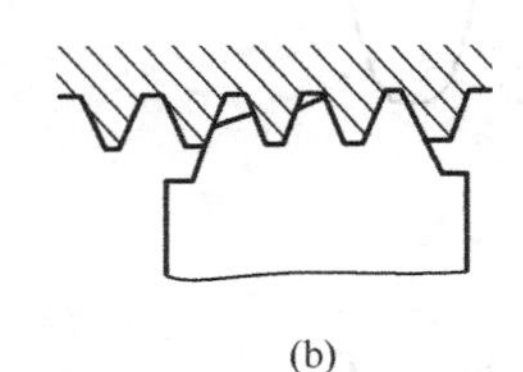

(b)

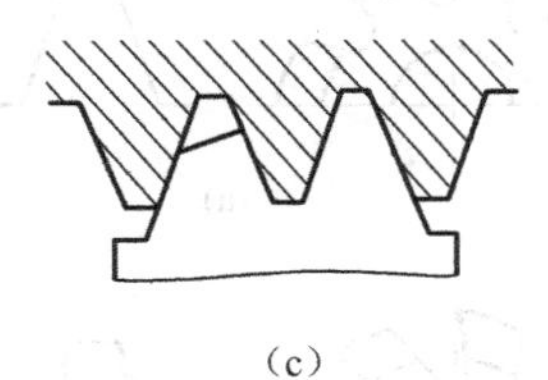

(c)

图 9-28 梳齿刀和齿形铲削

在生产中，我国工人创造应用了排式梳齿刀，各齿的切削量分配很小，切削效果提高，特别是在大模数滚刀的铲削中已得到广泛应用。

铲削滚刀齿形时，也要注意给以后的铲磨加工留有适宜的铲磨余量。铲磨余量的大小可用齿形样板加以控制。图 9-29 为用样板检查齿形铲磨余量示意图，图 (a) 为半齿形样板，用于检查左侧或后侧齿形；图 (b) 为全齿形样板，齿形顶刃与样板根部基面之间的间隙为 k ，齿形底部与样板齿顶面之间的间隙为 n 。滚刀在热处理前铲削齿形所留磨余量由间隙值 k 和 n 控制，可参考表 9-4 所列数值。

表 9-4 热处理前滚刀齿形铲磨余量的 k 和 n 单位：mm

模数 m	齿形顶刃的径向跳动公差	间隙值	
		k	n
≤1.5	0.08	0.3～0.5	0.2
1.5～2.75	0.08	0.3～0.6	0.3
2.75～5	0.08	0.4～0.8	0.3
>5	0.10	0.6～1.0	0.3

(3) 滚刀的铲磨

齿轮滚刀齿形的铲磨包括齿顶的铲磨和齿形两侧面的铲磨。铲磨也可分为粗铲磨和精铲磨两次完成，机床的调整和其他刀具的铲磨基本相同。需要注意的是对刀要尽量准确，使铲磨时工件刃齿的位置和砂轮的铲磨运动相一致，即砂轮从工件的齿顶处切入，在容屑槽处退出。

阿基米德滚刀的齿形，在轴截面中是直线形，齿形的铲磨可以采用径向铲磨的方法，调整和操作都是较方便的。

由于滚刀直径一般都较小，而砂轮直径较大，铲齿时砂轮可能会来不及退出碰到下一个齿，造成工件报废。因此，对刀时应仔细调整，保证砂轮在退出时要与下一个齿保持有一定的距离，一般有 0.3～0.5mm 就可以了，但这样调整以后，常会使齿形铲磨不到底，在齿背的后部出现反圆弧曲线，如图 9-30 所示。采用小直径砂轮可以减小反圆弧现象。也可以在铣齿槽时改变容屑槽角度形状，或将容屑槽加宽，使齿背曲面缩短（如图 9-30 中将虚线后部齿背部分去掉），以消除反圆弧。在铲削加工时也可以采用双 K 值凸轮，在后部铲出第二重齿背，铲磨时就不会出现这一现象了。这种工艺方法在滚刀制造中得到广泛使用。

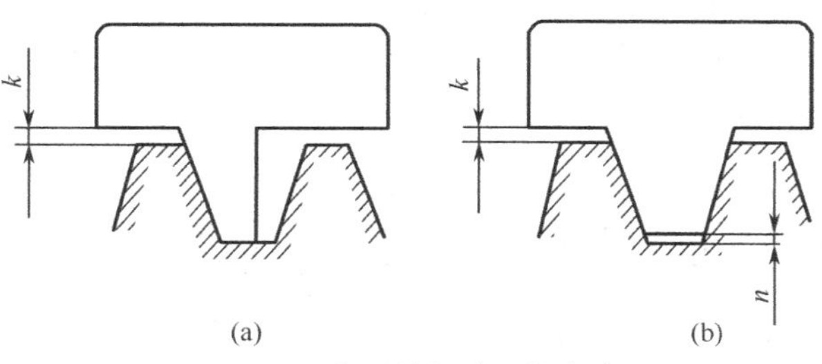

图 9-29 用齿形样板检查铲磨余量

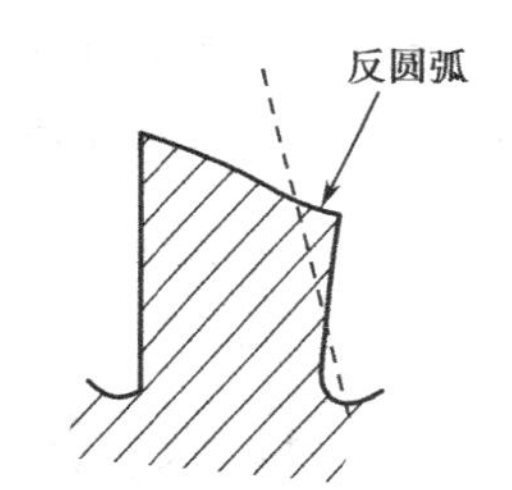

图 9-30 铲磨时的反圆弧现象

铲磨齿顶时，用平形砂轮的圆柱面磨削。为了保证铲磨后的滚刀外径锥度公差，砂轮工作表面要仔细修整。当滚刀为直槽时，砂轮轴线与滚刀轴线是互相平行的。当滚刀为螺旋槽时，砂轮轴线应按滚刀齿槽螺旋方向倾斜一个角度，角度大小等于螺旋槽升角。这样铲出的齿顶在轴截面内是斜的，这是正常的，不影响滚刀精度。

在铲磨螺旋槽滚刀齿形两侧面时，砂轮的工作面角度不等于被加工滚刀的齿形角，因此要加以修整。这是因为在铲磨运动中，圆片形砂轮和滚刀螺旋齿侧面位置的不同所造成的，一般被加工滚刀所得到的实际齿形角比砂轮的侧面角要小。砂轮侧面角大小的修正可按下式计算：

$$\tan \alpha_{砂} = \frac{\tan\alpha}{\tan\alpha_0} \tag{9-2}$$

式中 $\alpha_{砂}$——修整后的砂轮侧面角，(°)；

α——滚刀要求的齿形角，(°)；

α_0——滚刀的齿顶后角，(°)。

粗铲磨要给精铲磨留有铲磨余量，一般在直径方向留有 0.05～0.1mm 即可。精铲时，工件转速可慢一些。为防止刀具退火，要注意充分冷却。

铲磨滚刀的砂轮多采用白刚玉磨料的平形砂轮。砂轮直径应在允许的情况下尽量选择较大直径，这样磨削速度大，生产效率高，而且加工质量和精度也好。只有在工件很小，铲磨量大，容易出现干涉现象时，才选用小直径砂轮。表 9-5 列举了铲磨标准齿轮滚刀时的砂轮选择范围。

表 9-5 铲磨齿轮时砂轮的选用

滚刀模数 m/mm	砂轮粒度	硬　度	结合剂
<1	120#～150#	RZ_1～ZR_2	A
1～2.5	80#～100#	ZR_1～ZR_2	A
2.75～4	80#	ZR_1～ZR_2	A
4.25～5	60#～80#	ZR_1	A
>8	60#	ZR_1	A

(4) 滚刀重磨后的检验

滚刀用钝后要重磨前面，以恢复切削性能。重磨时应注意不能有烧伤退火现象，重磨后的切削刃应平直，没有锯齿形波纹，前面粗糙度应符合要求。滚刀重磨后要严格进行检验，检验内容主要有前面径向性、容屑槽的圆周齿距和前面粗糙度。对螺旋槽滚刀还要检验螺旋槽的导程。

① 前面径向性的测量　滚刀前面径向性的测量可在铣刀磨后检查仪上进行，也可在万能工具显微镜上用光学分度头和灵敏杠杆进行测量。在上述条件不具备时，采用图 9-31 所示的齿轮铣刀前面径向性误差的测量方法也是可以的。

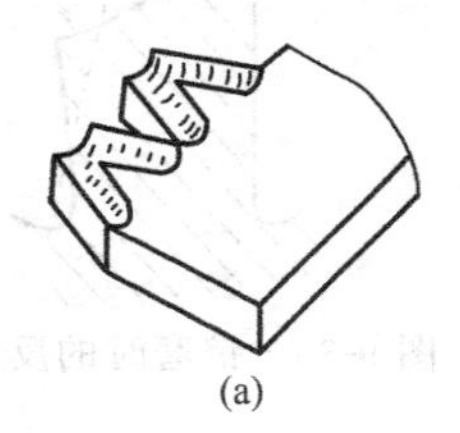

(a)

(b)

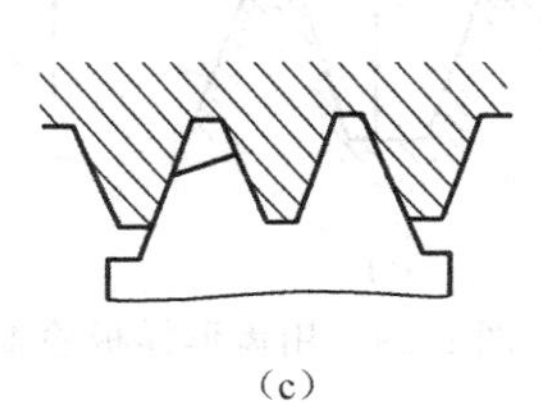

(c)

图 9-31　梳齿刀和齿形铲削

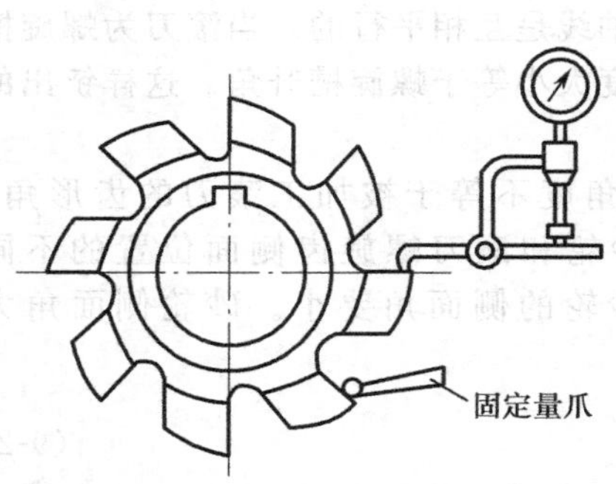

图 9-32　滚刀重磨后圆周齿距的测量

② 容屑槽圆周齿距的测量　容屑槽圆周齿距的测量一般是采用比较法，按测量滚刀圆周齿距的最大累积误差来进行的。测量可在铣刀磨后检查仪上进行。图 9-32 为一种简单测量法，用杠杆千分表分别测出各邻齿间的相对齿距误差。没有上述仪器时，也可以通过检查滚刀刀齿的径向跳动来代替齿距的最大累积误差。因为圆周齿距不等分时，刀齿顶刃的径向位置就会发生变化。一般要求刀齿顶刃的径向跳动应小于 0.03mm。

③ 容屑槽导程误差的测量　滚刀容屑槽导程误差的测量一般要在万能工具显微镜或滚刀检查仪上进行。生产中不具备这些仪器时，可以用测量滚刀的外径锥度误差来代替导程误差的测量。这是因为刀尖有顶后角，当导程有误差时，因滚刀两端的外径不同而出现锥度。滚刀重磨后，其外径锥度一般应小于 0.03mm。

9.2.3 插齿刀前面的刃磨

(1) 插齿刀制造过程

插齿刀制造过程中的前面刃磨一般分为粗磨和精磨两道工序。粗磨和精磨的要求虽不同，但刃磨方法是相同的。刃磨时，盘形和碗形插齿刀使用带锥柄的台阶心轴进行安装，如图 9-33 所示，心轴的外圆和定位端面相对于锥柄的同轴度和端面跳动量应大于 0.005mm，心轴与刀具孔的配合间隙也不能过大，以保证刀具刃磨精度。锥柄插齿刀则可利用锥柄或通过锥度套直接安装在机床上进行刃磨。

插齿刀的前面是一个较短的圆锥面，一般多采用平形砂轮的圆周工作面进行磨削。砂轮可采用普通白刚玉砂轮。刃磨机床可用万能外圆磨床，也可用万能工具磨床。如果使用专用夹具，在平面磨床上也可以进行刃磨。具体选择可根据现有的条件加以决定。

刃磨时，砂轮的圆周工作面母线应与插齿刀前面圆锥母线重合。砂轮和插齿刀的相对位置，如图 9-34 所示，插齿刀通过心轴安装在机床头架主轴锥孔中，调整机床头架，使插齿刀轴线与砂轮轴线的夹角为（$90°-\gamma_p$）。刃磨时，砂轮和插齿刀均做旋转运动，工作台带动插曲刀做纵向往复走刀，同时砂轮做横向进给。

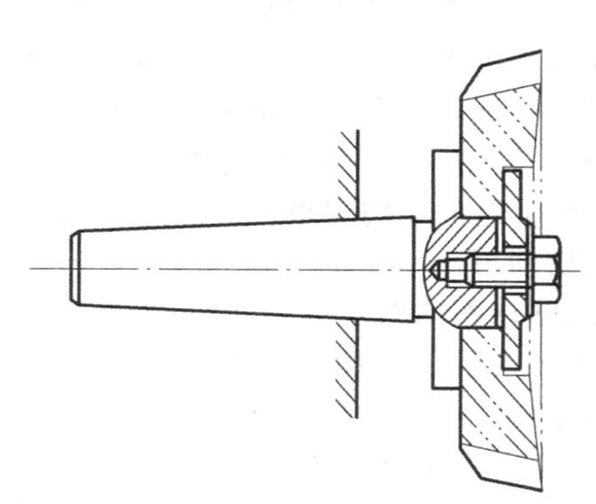

图 9-33 刃磨插齿刀前面的心轴

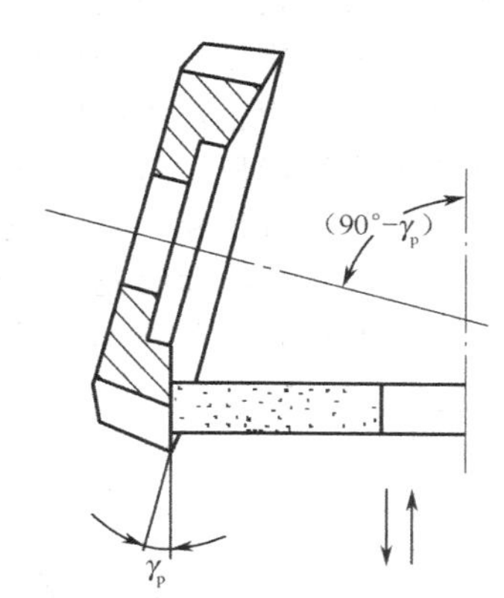

图 9-34 刃磨插齿刀前面时的安装角度

为防止干涉现象，避免插齿刀的齿形发生畸变，刃磨时所用砂轮的直径应根据插齿刀的外径和前角值加以选择，砂轮的半径应小于前面锥形的曲率半径 R_R，如图 9-35 所示。对于给定插齿刀的外径 d_0 和前角 γ_p 时，刃磨用砂轮允许的最大直径尺寸 $d_{砂}$ 应满足以下关系：

$$d_{砂} \leqslant \frac{d_0 - 2h}{\sin \gamma_p} \tag{9-3}$$

式中 h ——插齿刀的全齿高，mm。

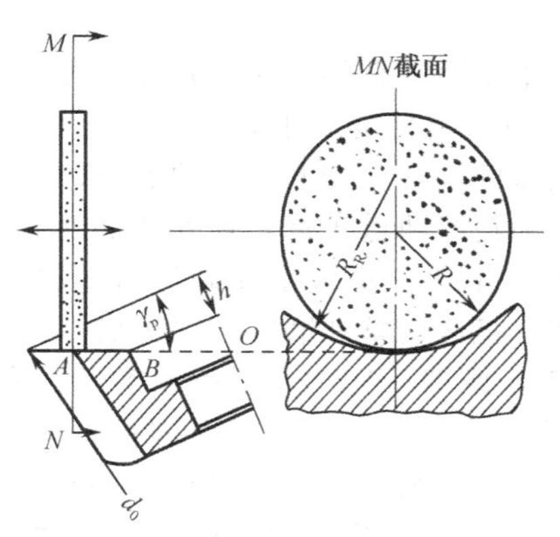

图 9-35 刃磨插齿刀前面时砂轮直径的选择

生产中，砂轮的直径也可参照表 9-6 选取。

表 9-6　刃磨插齿刀前面的砂轮最大允许直径

插齿刀分度圆直径/mm	25		50		75		100	
插齿刀前角 γ_0	5°	15°	5°	15°	5°	15°	5°	15°
砂轮最大允许直径/mm	216	72	470	158	754	253	968	325

在实际生产中，由于插齿刀的前角一般都较小，刃磨时允许的砂轮直径是比较大的。例如分度圆直径为 25mm、前角为 5°的插齿刀，刃磨前面时砂轮直径只要不大于 216mm 就可以了。对于分度圆直径更大的插齿刀，允许的砂轮直径就更大了。因此，在使用一般砂轮刃磨插齿刀前面时，砂轮的选择可以不用考虑砂轮直径的限制。刃磨质量的关键是严格保证前角的大小和要求的表面粗糙度。

为了保证刃磨质量，应精确地进行机床调整，刃磨过程中要及时进行前角值的检查。粗磨时只要磨去黑皮为止，不必磨削过多，但应保证前角准确，端面跳动量符合技术要求。否则，在下道工序磨齿形时将会因其前面齿形的齿厚不一致，使测量不准确，从而影响齿形精度。粗磨用砂轮可打得粗一些，进给量也不要太大，以每一往复行程的横间进给量不大于 0.02mm 为宜，并要连续而充分地进行冷却，防止产生退火烧伤现象。最后进行精磨时要精细，加工结果要符合有关技术要求，并具有锋利的切削刃口。

(2) 齿顶圆锥面的磨削

齿顶圆锥面的磨削一般也分为两道工序。在粗磨前面后要进行第一次磨削，同时将背锥面磨光。图 9-36为在万能外圆磨床上加工的示意图。

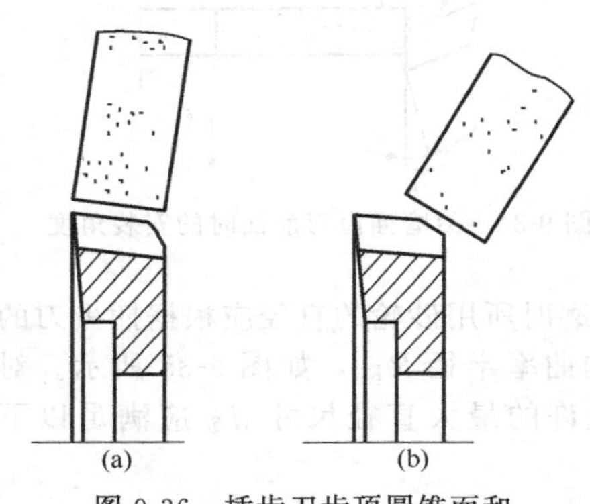

图 9-36　插齿刀齿顶圆锥面和背锥面的磨削

齿顶圆锥面的精磨是在磨齿形和精磨前面后进行的，也可在磨齿形以后精磨前面之前进行。加工的要求是要获得与已磨出齿形的齿厚相对应的齿顶高，同时保证插齿刀要求的齿顶后角值。精磨的方法与粗磨时相同，也在万能外圆磨床上加工。为了获得光洁表面，应精细修整砂轮，进给量不要太大，在磨削终了时，可光刀几次。磨削时，工作台要有纵向走刀，要始终有充足的冷却液。在磨削过程中，要及时进行检验，直至磨到齿顶高尺寸达到要求。

(3) 插齿刀齿形的磨削

插齿刀齿形的磨削是一项重要而复杂的工作，是插齿刀制造过程中的一个关键工序。特别是插齿刀齿形、齿距等项目的创造精度要求是十分严格的，磨齿所使用的设备也比较复杂，因此从插齿刀的安装、机床的调整，到磨齿时的操作，都要求十分精细。

齿形的磨削一般分为粗磨和精磨两道工序，所用设备为齿轮磨床。齿轮磨床种类很多，目前国内应用最为普遍的机床是 Y7125 型大平面砂轮齿轮磨床。下面就以这种机床磨削插齿刀齿形为例，对其工作原理、机床调整和磨削方法等做一介绍。

① Y7125 型齿轮磨床的工作原理　Y7125 型齿轮磨床是利用渐开线凸轮按展成法进行磨削的。如图 9-37 所示，砂轮高速旋转，使用端面进行磨削。渐开线凸轮与被加工插齿刀同轴安装在机床主轴上，凸轮的工作表面抵靠在可调整的机床挡板上，并依靠重锤的作用，使凸轮始终贴靠在挡板端面上。当机床的摆动机构往复摆动时，凸轮也随着一起摆动，同时，头架也沿着工作台导轨做往复运动，从而实现渐开线的展成运动，高速旋转而位置不变

的砂轮将出形磨削完成。

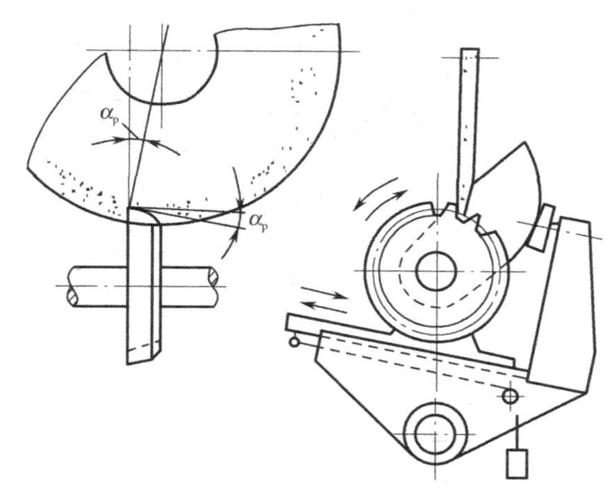

图 9-37　Y7125 型齿轮磨床的工作原理

Y7125 型齿轮磨床的传动系统主要由砂轮的旋转运动、头架的摆动和分度运动三部分组成。图 9-38 为头架的摆动运动和分度运动传动系统。

头架的摆动运动有四种不同的速度（13 往复/min，18 往复/min、24 往复/min、36 往复/min），可供生产中选择。

摆动运动由电机的旋转并变速后，通过蜗杆 1 带动蜗轮 2 旋转。安装在蜗轮上的主曲柄 3 同时旋转，并通过连杆 7、摇臂 8、9 和杠杆 10，使摆动主体摆动。通过丝杠 10 和螺母 5 可以调节曲柄销 6 做径向移动，改变曲柄长度，从而调控摆动主体的摆动范围。通过分级带

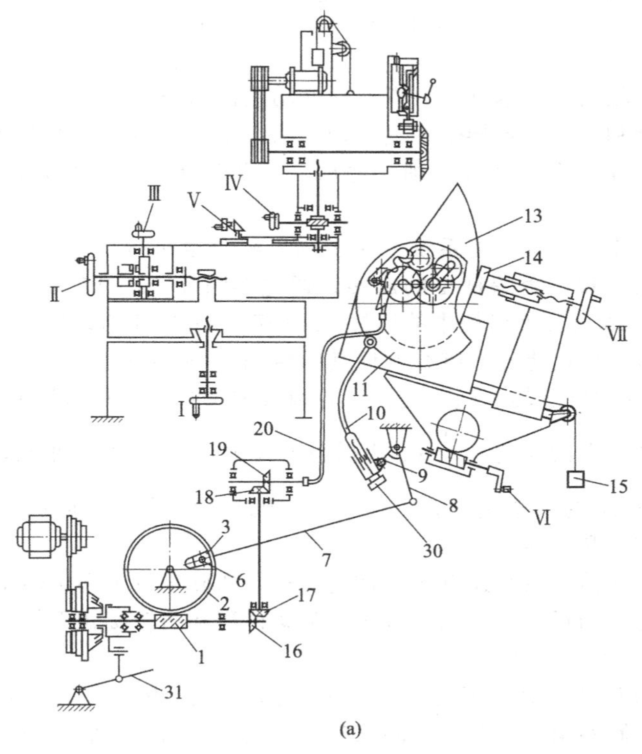

(a)

图 9-38

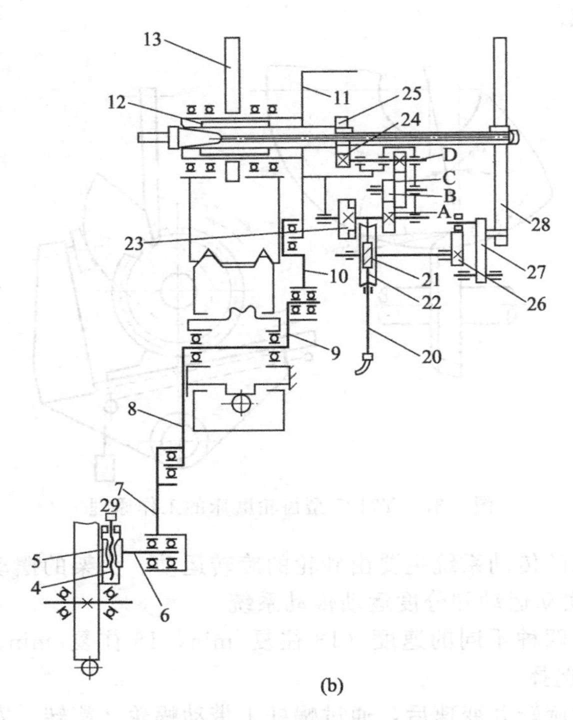

图 9-38　Y7125 型齿轮磨床传动机构

1、21—蜗杆；2、22—蜗轮；3—主曲柄；4—丝杠；5—螺母；6—曲柄销体；7—连杆；8、9—摇臂；10—杠杆；11—摆动主摇臂；12—主轴套筒；13—渐开线凸轮；14—挡板；15—重锤；16～19—锥齿轮；20—软轴；21—四槽马氏盘；23～25—齿轮；26—小凸轮；27—定位卡销；28—分度盘；29、30—螺帽；31—刹车板；A，B，C，D—交换齿轮；Ⅰ，Ⅱ，Ⅲ，Ⅳ—传动手轮；Ⅴ，Ⅵ—传动手柄

轮的调整，改变蜗杆轴的旋转速度，可以调整摆动主体的摆动速度。

头架每往复摆动和沿工作台导轨往复运动一次，插齿刀的一个齿侧面被展成磨削一遍。头架的分度运动要求在一个齿面被磨削一遍后，要及时转过一个齿，即头架往复运动一次后，分度运动也运动一次。

Y7125 型齿轮磨床的主轴分度系统采用了马里梯分度机构，如图 9-39 所示，使头架的间歇式分度运动得以实现。由蜗杆 1 的旋转，通过锥齿轮 16、17 和锥齿轮 18、19 使软轴 20 旋转。软轴的另一端与分度机构中的蜗杆 31 连接，蜗杆 31 带动蜗轮 30°旋转。蜗轮旋转时与马里梯十字机构（四齿齿轮）啮合并使其回转 90°，同时通过交换齿轮 A、B、C、D 和齿轮 24、齿轮 25，使主轴旋转。通过交换齿轮齿数的选择，使马里梯十字盘 26 转过 90°时，主轴带动插齿刀回转一个齿间角 $\frac{360°}{z}$（z 为插齿刀齿数）。分度时，小凸轮 29 将定位卡销 28 抬起，使它和分度盘 27 的齿槽脱开，分度盘 27 转过一槽后，立即又被定位卡销 28 锁住，以保证主轴转角的准确和可靠。

Y7125 型齿轮磨床传动系统还有各种辅助机构，如砂轮位置和旋转角的调整机构、工作台倾斜角的调整机构、挡板位置的调整机构、头架行程和凸轮接触面位置的调整机构等。

② Y7125 型齿轮磨床的调整

a. 砂轮的安装和调整　磨齿形时，为了得到插齿刀的齿侧后角，必须调整砂轮架，使砂轮倾斜一个角度，倾斜角大小等于齿侧螺旋面与基圆柱相交形成的倾斜角，即齿的侧面后角 α_R。磨齿时砂轮倾斜角 α_R 值按下式计算，如图 9-40(a) 所示：

$$\tan \alpha_R = \tan \alpha_p \sin \alpha_t$$

式中 α_p——齿顶后角，标准直齿插齿刀的齿顶后角等于 6°；

α_t——插齿刀原始齿条的齿形角，即插齿刀的制造齿形角，(°)。

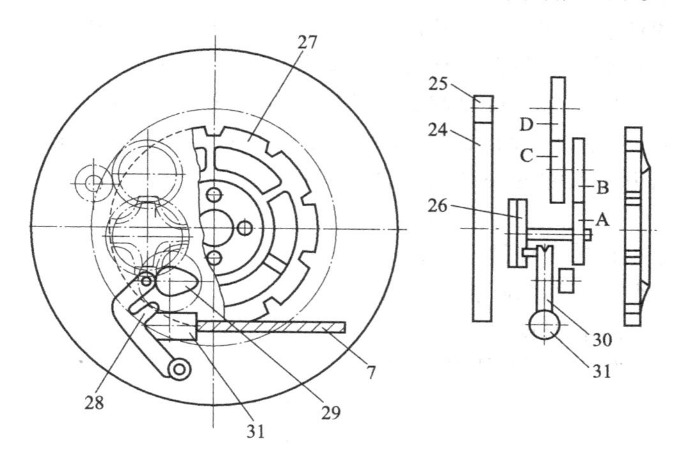

图 9-39 马里梯分度机构

7—软轴；24，25—齿轮；26—马里梯十字盘；27—分度盘；
28—定位卡销；29—小凸轮；30—蜗轮；31—蜗杆；A，B，C，D—交换齿轮
件号与图 9-34 相同

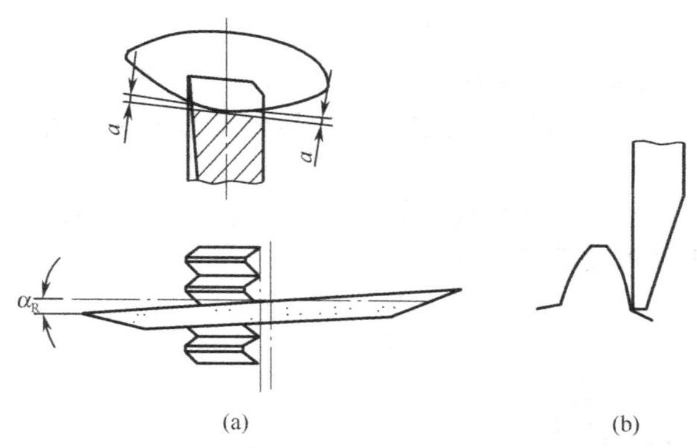

图 9-40 磨直齿插齿刀时砂轮的调整

对标准直齿插齿刀，当 $\alpha_p=6°$时，α_t 应为 20°10′15″，经计算可得 $\alpha_R=2°4'32''$。

在 Y7125 型齿轮磨床上磨齿形时，砂轮在插齿刀轴线方向没有走刀运动。因此，应仔细调整插齿刀与砂轮中心的相对位置，使被磨削齿侧面的两端没有被磨着的部分的高度对应相等［图 9-40(a)］。粗磨时，应根据实际检验结果进行调整。

调整砂轮轴的高度位置时，要先将工作台移动到最低的位置上，然后将砂轮沿轴向移动对准插齿刀齿槽，再使砂轮垂直下降，降落到齿槽内并刚好触及到齿槽底面为止［图 9-40(b)］。

在试磨时还要进行适当的调整，根据试磨检验结果，调整确定砂轮的最后位置。

砂轮安装在砂轮轴上应稳固可靠，不允许有轴向或径向摆动。安装时必须仔细检查砂轮完好无裂纹，砂轮孔与法兰盘轴之间的间隙均匀，在砂轮和法兰盘之间垫放纸板、皮革或耐油橡胶垫片，使两面接触紧贴，在螺母固紧时要使压力均匀分布。

为使砂轮能平稳地工作，确保齿形磨削质量，砂轮必须经过平衡。一般可先用碳化硅砂轮块对砂轮做粗修整，然后仔细进行平衡。经过平衡的砂轮在磨削前还要进行精修整。

在精磨时，最好再用细油石或木棒轻轻修整砂轮，去掉那些高出的将要脱落的磨粒，以降低齿形的磨削粗糙度。

b. 工作台倾斜角的调整　在利用渐开式凸轮做靠模展成加工插齿刀齿形时，要求渐开线凸轮的基圆直径和被磨削插齿刀的基圆直径相等，为了加工各种不同基圆直径的插齿刀，就要相应地准备很多种渐开线凸轮。这种做法显然是很不经济的。

Y7135 型齿轮磨床的工作台可以倾斜安装，从而解决了这一问题。只要改变工作台的倾斜角 $\alpha_{斜}$，即可使用一个渐开线凸轮加工基圆直径在一定范围内的多种插齿刀。渐开线凸轮基圆直径和被磨削插齿刀尺寸的关系应符合下式：

$$D_b < D_h \leqslant D \tag{9-4}$$

式中　D_b——插齿刀的基圆直径，mm；

D_h——渐开线凸轮的基圆直径，mm；

D——插齿刀的节圆直径，mm。

工作台倾斜角 $\alpha_{斜}$ 的大小可按下式确定：

$$\cos\alpha_{斜} = \frac{D_b}{D_h} \tag{9-5}$$

Y7125 型齿轮磨床工作台倾斜角 $\alpha_{斜}$ 的调整范围为 0°～30°，一般以选择在 12°～25°之间为宜。在选择渐开线凸轮时，应注意使工作台倾斜角不要小于 12°，最大不要超过插齿刀的压力角。如果计算后的 $\alpha_{斜}$ 过小而又没有合适的渐开线凸轮可供选择时，可以使用斜挡板来加大工作台倾斜角。使用斜挡板时工作台倾斜角的大小可按下式确定：

$$\cos\alpha_{斜} = \frac{D_b}{D_k}\cos\alpha_{板} \tag{9-6}$$

式中　$\alpha_{板}$——斜挡板的角度，一般为 6°、9°、12°或再大一些。

c. 分度机构的调整　分度机构的调整主要包括分度盘和分度齿轮齿数的选择及其正确的安装。

分度盘的槽数应等于插齿刀的齿数或等于插齿刀齿数的整倍数。

分度齿轮的齿数选择可按下式计算：

$$\frac{AC}{BD} = \frac{24}{z} \tag{9-7}$$

式中　A、C——主动齿轮齿数；

B、D——从动齿轮齿数；

z——插齿刀的齿数。

在生产中，分度盘槽数和分度齿轮的齿数可以由表 9-7 直接查取。

由于分度盘的精度是很高的，生产中要妥善保管，正确使用，以保证被磨削刀具的齿距精度。安装时，要防止磕碰，分度盘的面和分度盘座的安装基面要擦拭干净，并均匀地涂上一层润滑油。

安装分度齿轮时，主要应注意调整各齿轮间的啮合间隙要适当，既不要过紧，也不要过松，一般有 0.2～0.3mm 就可以了。间隙不合适，对加工时的齿距误差是有影响的，而且还会增加软轴的磨损。

d. 工件的安装　在加工盘形或碗形插齿刀时，多采用心轴进行走位安装。由于插齿刀的制造精度要求也较高，因此，心轴的制造精度要求比较高。生产中可根据插齿刀的精度等级、公称直径的不同分别确定心轴的制造精度。心轴直径和插齿刀孔径的配合间隙很小，为防止安装时划伤孔壁，心轴端部应倒光滑的圆弧。

在安装工件前先安装心轴，并检查心轴的径向跳动和台阶端面的端面跳动。安装工件时，应仔细擦净心轴和工件的安装基面，防止脏污影响插齿刀的制造精度。

除了上述各项调整外，还要调整分度机构的分度时刻、调整工作台的行程距离以及进行正确的对刀等。

③ 磨齿形时容易出现的问题和防止方法　图 9-41 为磨齿形时容易出现的一些问题。

图 9-41(a) 为齿顶逐渐增厚。这种齿形偏差主要是由于工作台倾斜角调整偏小，使磨出的渐开线齿形的基圆直径偏大而造成的。可以通过加大工作台倾斜角消除。

图 9-41(b) 为齿顶逐渐减薄。这种齿形偏差则是由于工作台倾斜角调整偏大，使磨出的渐开线齿形的基圆直径偏小而造成的。可以通过减小工作台倾斜角解决。

图 9-41(c) 为齿根处过厚。齿形出现齿根处过厚的缺陷是由于插齿刀运动到最低位置时，刀具轴线与砂轮工作面之间的距离偏大所造成的。说明工作台行程的调整不正确，插齿刀形成渐开线齿形的运动不完全。解决的方法是向后挪移挡板的位置，使插齿刀中心向砂轮工作面靠近。其他原因可能是齿根留磨量过大，使砂轮磨损严重，或由于砂轮过软所造成的。

图 9-41(d) 为齿根处产生根切。齿形出现这种缺陷的原因是由于插齿刀运动到最低位置时，刀具轴线与砂轮工作面之间的距离过近所造成的。此时，应将砂轮后移，或向前调整挡板的位置。当工作台倾斜角过大，插齿刀齿数较少时，也容易产生同样的缺陷。

图 9-41(e) 为齿顶处过低。造成齿顶处过低的原因较多，如砂轮轴精度低，有轴向窜动或径向跳动，工件安装精度差；软轴和渐开线凸轮磨损严重，软轴过软而导致分度时的微量振动；分度机构间隙调整不当等。生产中可根据实际。情况分析并采取相应措施。

表 9-7　分度齿轮齿数和分度盘槽数

工件齿数	分度齿轮				分度盘槽数	工件齿数	分度齿轮				分度盘槽数
	A	B	C	D			A	B	C	D	
8	64	60	90	32	48	26	54	81	90	65	52
9	64	60	90	36	45	27	48	81	90	60	54
10	64	60	81	36	50	28	48	80	90	63	56
11	64	60	90	44	44	29	48	87	90	60	58
12	64	60	90	48	48	30	64	60	54	72	60
13	60	60	72	39	52	31	48	93	90	60	62
14	63	60	80	49	42	32	48	90	90	64	64
15	64	60	90	60	45	33	48	90	90	66	66
16	60	60	48	48	48	34	36	90	90	51	68
17	54	60	80	51	51	35	48	90	81	63	35
18	64	72	90	60	54	36	48	90	80	64	36
19	64	60	80	57	57	37	54	90	80	74	37
20	64	80	90	60	60	38	48	80	60	67	38
21	64	80	90	63	42	39	48	72	60	66	78
22	64	80	90	66	44	40	48	90	81	72	80
23	64	80	90	69	48	41	48	82	72	72	41
24	64	80	90	72	48	42	36	90	90	63	42
25	64	80	72	60	50	43	48	86	72	72	43

续表

工件齿数	分度齿轮				分度盘槽数	工件齿数	分度齿轮				分度盘槽数
	A	B	C	D			A	B	C	D	
44	48	80	60	66	44	80	32	80	54	72	80
45	48	90	72	72	45	81	28	90	60	63	81
46	36	80	80	60	46	82	32	82	54	72	82
47	36	94	80	60	47	83	32	83	54	72	83
48	36	90	80	64	48	84	27	90	60	63	84
49	27	90	80	49	49	85	32	90	54	68	85
50	32	80	72	60	50	86	32	86	54	72	86
51	27	90	80	51	51	87	32	87	54	72	87
52	36	72	60	65	52	88	27	90	60	66	88
53	27	90	80	53	53	89	32	89	54	72	89
54	30	90	80	60	54	90	24	90	60	60	90
55	30	90	72	66	55	91	26	91	60	65	91
56	30	90	81	63	56	92	27	90	60	69	92
57	27	90	80	57	57	93	24	93	60	60	93
58	27	87	80	60	58	94	24	94	60	60	94
59	27	90	80	59	59	95	24	90	54	57	95
60	27	90	80	60	60	96	24	80	60	72	96
61	27	90	80	61	61	97	24	97	60	60	97
62	36	93	60	60	62	98	26	91	54	63	98
63	27	90	80	63	63	99	24	90	60	66	99
64	27	90	80	64	64	100	24	90	54	60	100
65	27	90	80	65	65	101	24	101	72	72	101
66	27	90	80	66	66	102	24	90	60	68	102
67	27	90	80	67	67	103	24	103	72	72	103
68	27	90	60	51	68	104	28	91	54	72	104
69	27	90	80	69	69	105	24	90	60	70	105
70	24	90	81	63	70	106	24	106	72	72	106
71	27	90	80	71	71	107	24	107	72	72	107
72	36	90	60	72	72	108	24	81	54	66	108
73	36	90	60	73	73	109	24	109	72	72	109
74	36	90	60	74	74	110	24	90	54	66	110
75	24	90	72	60	75	111	24	90	60	74	111
76	27	90	60	57	76	112	26	91	54	72	112
77	26	91	72	66	77	113	24	113	72	72	113
78	30	90	60	65	78	114	24	90	60	76	114
79	32	79	54	72	79	115	24	90	54	69	115

续表

工件齿数	分度齿轮				分度盘槽数	工件齿数	分度齿轮				分度盘槽数
	A	B	C	D			A	B	C	D	
116	24	87	54	72	116	119	24	119	72	72	119
117	24	117	72	72	117	120	24	90	54	72	120
118	24	118	72	72	118						

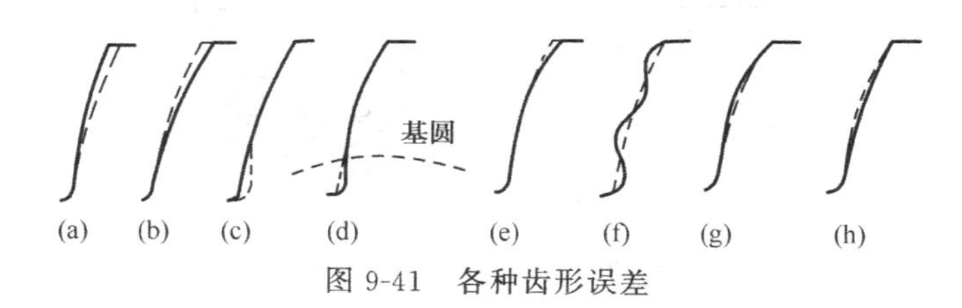

图 9-41 各种齿形误差

图 9-41(f) 为齿形表面质量差，成波浪形。砂轮轴和头架主轴调整不好或严重磨损，砂轮平衡不好和修整质量差，渐开线凸轮磨损严重导致精度过低，以及机床精度低，工作台导轨磨损严重等原因，均可使齿形表面质量差，成波浪形。砂轮的硬度和粒度选用不当，修整粗糙，也会出现这种缺陷。

图 9-41(g)、(h) 为齿形中部变厚或减薄。出现这种缺陷的原因大多是由于砂轮修整器精度差，修整后的砂轮工作面不平。当砂轮工作面向里凹进而成内锥面时，磨出的齿形中部会变厚；当砂轮向外凸出而成外锥面时，磨出的齿形中部会减薄。

在磨齿形时，除了容易出现上述齿形缺陷外，还会出现超过插齿刀技术要求的齿距误差和齿距累积误差。

当分度盘本身的齿距误差和齿距累积误差过大时，必然会导致被加工工件的超差。只要对分度盘加以检验，这种原因是不难发现的。

分度盘脏污、碰损、有毛刺，分度盘定位销磨损，与分度盘齿槽配合不好，分度齿轮安装时间隙过大或过小，软轴过软或失灵，使分度盘转动不均匀，以及头架主轴精度差时，也会产生齿距误差。插齿刀与心轴定位安装精度低，分度盘安装精度低，以及头架主轴精度低时，则会产生齿距累积误差。磨削时，可以及时进行检验，在超差的地方做出标记，针对可能产生的原因进行分析和排除。

a. 插齿刀的检验　插齿刀制造完成后，应按照上述各技术要求内容对插齿刀进行检验。其中部分项目（如内孔直径偏差、外圆的直径偏差和径向跳动、前后角偏差，以及安装基面的尺寸精度和形位误差的检验等）与其他刀具的检验方法是相同的，使用各种万能量具和通用量仪进行检验是很方便的。下面仅就插齿刀所特有的九个项目检验方法做出介绍。

ⅰ. 齿形的测量　插齿刀的齿形精度直接影响到被加工齿轮的齿形，其精度要求是很高的。测量渐开线齿形的方法很多，使用较为广泛的是使用渐开线检查仪进行测量。技术要求给出的有效部分的齿形误差是指插齿刀的实际齿形对理论正确渐开线的差值。使用渐开线检查仪测量齿形时，就是由测量仪产生一个理论正确渐开线，并用来与实际齿形进行比较，从而测量出插齿刀的齿形误差。

渐开线检查仪的种类较多，一般分为基圆不能调节的单盘式渐开线检查仪和基圆可以调节的万能渐开线检查仪两大类。

渐开线检查仪的基本原理如图 9-42 所示。

它是由基圆盘 2、直尺 4 和传感器 5（或记录器）等部分组成的。被测齿轮 1（或插齿

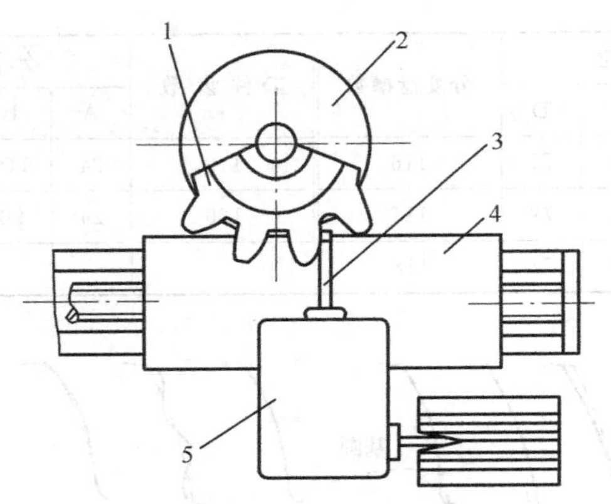

图 9-42　渐开线检查仪工作原理

1—被测齿轮；2—基圆盘；3—测头；4—直尺；5—传感器

刀）和与其基圆尺寸相同的基圆盘 2 装在同一轴上，基圆盘与直尺 4 的工作面相切。直尺 4 和传感器 5 连接在一起。传感器的测头 3 在一定压力下贴在被测量工件的齿形面上。当基圆盘 2 沿直尺做无滑动滚动时，测头 3 便相对于被测工件走出一条理论渐开线轨迹。如果齿形和理论渐开线一致，则仪器指示数值不变，如果实际齿形有误差，会使测头相对于直尺发生移动，其移动量即为该点的齿形误差，误差大小通过传感器表示出来。

上述为单盘式渐开线检查仪，被测插齿刀的基圆必须和仪器的基圆盘尺寸相同。测量不同规格的插齿刀时，必须更换相应的基圆盘。使用万能渐开线检查仪测量的原理基本相同，但不用更换基圆盘。

ⅱ. 齿距和齿距累积误差的测量　齿距和齿距累积误差的测量方法也较多，一般有绝对测量法和相对测量法两种。

绝对测量法是使用光学分度头、高精度经纬仪等分度装置对被测工件进行精密分度，用光学灵敏杠杆或电感比较仪等测微计测量插齿刀各齿的实际位置相对于理论位置的偏差值，经过数据处理后，即可得到插齿刀的齿距误差和齿距累积误差。

相对测量法是以被测插齿刀的某一齿距为基准，分别测量其他各齿距相对于该基准齿距的偏差值，将所得各组偏差值经过处理计算得到齿距误差和齿距累积误差。

采用绝对测量法需要有高精度的分度装置，测量精度是很高的。但这种方法的测量效率很低，一般工厂较少有高精度分度仪器，因此，这种方法应用较少。相对测量法简便易行，在生产中应用较多，但是这种方法测量精度不是很高，应用于一般齿轮测量是可以的。

b. 齿圈径向跳动的检验　齿圈的径向跳动（即基圆的径向跳动）是指从刀齿（或齿槽）的固定弦到其回转轴线间距离的变动量，可以使用齿圈径向跳动检查仪，也可以使用偏摆仪进行检验。

检验时，插齿刀通过配合良好的心轴装夹在顶尖中，测量用百分表的测头选用锥角等于 2α 的锥测头，使测头与被测插齿刀的固定弦处相接触。依次测量各齿，百分表的最大偏差值即为齿圈的径向跳动。

第10章 数控刀具的使用

10.1 数控刀具补偿原理

10.1.1 刀具半径补偿

(1) 刀具半径补偿的基本概念

在轮廓加工过程中，由于刀具总有一定的半径（如铣刀半径或线切割机的铂丝半径等），刀具中心的运动轨迹并不等于所需加工零件的实际轨迹，而是偏移轮廓一个刀具半径值，这种偏移习惯上称为刀具半径补偿。因此，数控机床在进行轮廓加工时必须考虑刀具的半径值。

现以数控铣床为例（图10-1），若要用刀具半径为r的刀具加工外轮廓为A的工件，那么刀具中心轨迹必须沿着与轮廓A偏离r距离的轨迹B移动，即铣削时刀具中心轨迹和工件的实际轮廓是不一致的。可以根据刀具半径r的值和轮廓A的坐标参数计算出轨迹B的坐标参数，再编制数控程序进行加工。这种方法很不方便，因为当材料、工艺变化或者刀具因磨损需要更换时，就必须重新制作程序。如果不考虑刀具半径，直接按照工件的轮廓编程，虽然很方便，但是这时刀具中心是按工件轮廓运动，加工出来的零件必然比图样要求的尺寸小。因此，为了既能使编程方便，又能使刀具中心沿轨迹B运动，加工出合格的零件来，就需要有刀具补偿功能。

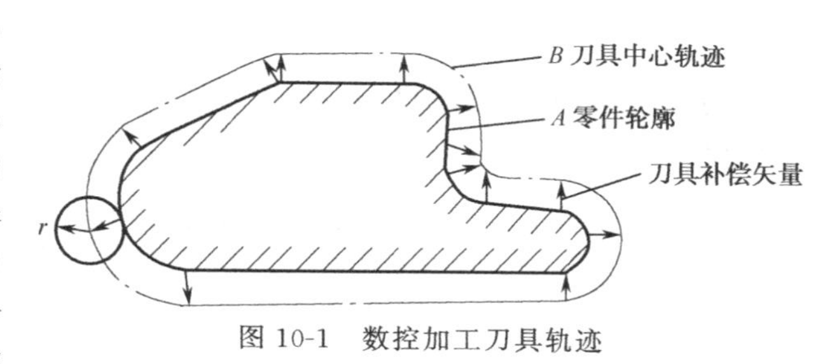

图10-1 数控加工刀具轨迹

刀具补偿功能并不是程序编制人员来完成的，程序编制人员只是按零件的加工轮廓编制程序，同时应用指令告诉CNC系统刀具是沿零件内轮廓运动还是沿外轮廓运动。实际的刀具补偿是在CNC系统内部由计算机自动完成的。CNC系统根据零件轮廓尺寸和刀具运动方向的指令，以及实际加工中所用的刀具半径值等自动完成刀具补偿计算。

由于数控系统控制的是刀具中心轨迹，因此数控系统要根据输入的零件轮廓尺寸及刀具半径补偿值计算出刀心轨迹。由此可见，刀具半径补偿在数控加工中有着非常重要的作用，根据刀具补偿指令，数控加工机床可自动进行刀具半径补偿。特别是在手工编程时，刀具半径补偿尤为重要。手工编程时，运用刀具半径补偿指令，就可以根据零件的轮廓值编程，不需计算刀心轨迹编程，这样就大大减少了计算量和出错率。虽然利用CAD/CAM自动编程，手工计算量小，生成程序的速度快，但当刀具有少量磨损或加工轮廓尺寸与设计尺寸稍有偏差时或者在粗铣、半精铣和精铣的各工步加工余量变化时，仍需做适当调整，而运用了刀具半径补偿后，不需修改刀具尺寸或建模尺寸而重新生成程序，只需要在数控机床上对刀具补偿参数做适当修改即可。既简化了编程计算，又增加了程序的可读性。

刀具半径补偿有B功能（Basic）和C功能（Complete）两种补偿形式。由于B功能刀具半径补偿只根据本段程序进行刀补计算，不能解决程序段之间的过渡问题，要求将工件轮廓处理成圆角过渡如图10-1所示，因此工件尖角处工艺性不好。而且编程人员必须事先估计出刀补后可能出现的间断点和交叉点，并进行人为处理，显然增加编程的难度；而C功能刀具半径补偿能自动处理两程序段刀具中心轨迹的转接，可完全按照工件轮廓来编程，因此现代CNC数控机床几乎都采用C功能刀具半径补偿。这时要求建立刀具半径补偿程序段的后续至少两个程序段必须有指定补偿平面的位移指令（G00、G01、G02、G03等），否则无法建立正确的刀具补偿。

（2）刀具半径补偿的计算

刀具半径补偿计算就是要根据零件尺寸和刀具半径值计算出刀具中心的运动轨迹。对于一般的CNC装置，所能实现的轮廓控制仅限于直线和圆弧。

B功能刀具半径补偿的计算如下。

① 直线刀具半径补偿计算　如图10-2所示，被加工直线段的起点在坐标原点，终点A的坐标为（X，Y）。假定上一程序段加工完后，刀具中心在O'点且其坐标已知。刀具半径为r，现在要计算的是刀具补偿后直线段$O'A'$的终点坐标（X'，Y'）。设直线段终点刀具补偿矢量AA'的投影坐标为（$\Delta X_{新}$，$\Delta Y_{新}$），则：

$$X' = X + \Delta X_{新} \tag{10-1}$$

$$Y' = Y + \Delta Y_{新} \tag{10-2}$$

因为　$\angle XOA = \angle A'AK = \alpha$

所以

$$\Delta X_{新} = r\sin\alpha = r\frac{Y}{\sqrt{X^2+Y^2}} \tag{10-3}$$

$$\Delta Y_{新} = -r\cos\alpha = -r\frac{X}{\sqrt{X^2+Y^2}} \tag{10-4}$$

经计算可得：

$$X' = X + r\frac{Y}{\sqrt{X^2+Y^2}} \tag{10-5}$$

$$Y' = Y + r\frac{X}{\sqrt{X^2+Y^2}} \tag{10-6}$$

式(10-5)、式(10-6)是直线刀具半径补计算公式，但是，该公式是在增量编程方式下推导出来的。事实上，如果应用绝对编程方式，仍然可以用式(10-5)和式(10-6)来计算直线刀具补偿，只是式(10-5)和式(10-6)中的坐标（X，Y）和（X'，Y'）都应该是绝对坐标值。

② 圆弧刀具半径补偿计算　对于圆弧而言，刀具补偿后的刀具中心轨迹是一个与圆弧同心的一段圆弧。只需计算刀补后圆弧的起点坐标和终点坐标值。如图10-3所示，被加工圆弧的圆心坐标在坐标原点O，圆弧半径为R，圆弧起点A，终点B，刀具半径为r。

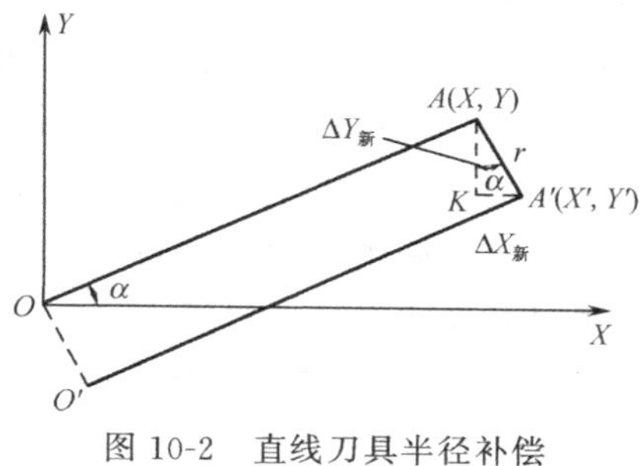

图 10-2 直线刀具半径补偿

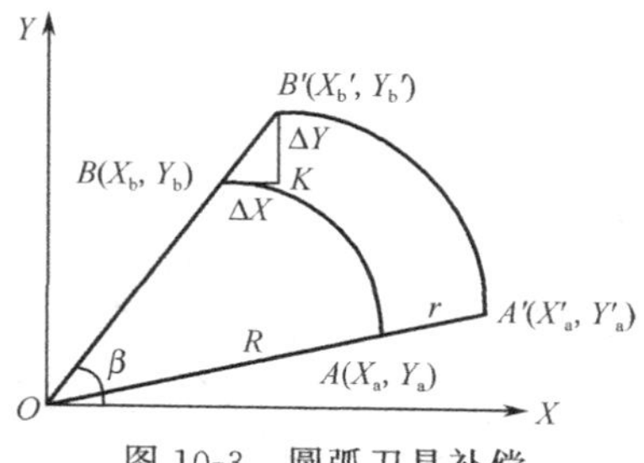

图 10-3 圆弧刀具补偿

假定上一个程序段加工结束后刀具中心为 A'，其坐标已知。那么圆弧刀具半径补偿计算的目的，就是计算出刀具中心轨迹的终点坐标 B'。设 BB'在两个坐标上的投影为 ΔX，ΔY，则：

$$X'_b = X_b + \Delta X \tag{10-7}$$

$$Y'_b = Y_b + \Delta Y \tag{10-8}$$

$$\angle BOX = \angle B'BK = \beta \tag{10-9}$$

$$\Delta X = r\cos\beta = r\frac{X_b}{R} \tag{10-10}$$

$$\Delta Y = r\sin\beta = r\frac{Y_b}{R} \tag{10-11}$$

$$X'_b = X_b + r\frac{X_b}{R} \tag{10-12}$$

$$Y'_b = Y_b + r\frac{Y_b}{R} \tag{10-13}$$

以图 10-4 的加工外轮廓为例，采用 B 功能刀具半径补偿方法，加工完第一个程序段，刀具中心落在 B'点上，而第二个程序段的起点为 A'，两个程序段之间出现了断点，只有刀具中心走一个从 B'至 A'的附加程序，即在两个间断点之间增加一个半径为刀具半径的过渡圆弧 $\overset{\frown}{B_1B_2}$，才能正确加工出整个零件轮廓。

可见，B 刀补采用了读一段、算一段、再走一段的控制方法，无法预计到由于刀具半径所造成的下一段加工轨迹对本程序段加工轨迹的影响，相邻两程序段的刀具中心轨迹之间可能出现间断点或交叉点。为解决下一段加工轨迹对本段加工轨迹的影响，在计算本程序段轨迹后，提前将下一段程序读入，然后根据它们之间转接的具体情况，再对本段的轨迹做适当修正，得到本段正确加工轨迹，这就是 C 功能刀具补偿。C 功能刀补更为完善，这种方法能根据相邻轮廓段的信息自动处理两个程序段刀具中心轨迹的转换，并自动在转接点处插入过渡圆弧或直线从而避免刀具干涉和断点情况。

(3) C 功能刀具半径补偿

① C 刀补的基本概念　通过以上介绍可以看出，一般的刀具半径补偿（也称为 B 刀具补偿）只能计算出直线或圆弧终点的刀具中心值。实际上，当程序编制人员编制零件轮廓的程序时，各个程序段之间是连续过渡的，并没有间断点，也没有重合段。但是当进行刀具半径补偿（B 刀具补偿）后，在两个程序段之间的刀具中心轨迹就有可能会出现间断点和交叉点。如图 10-4 所示，粗线为编程轮廓，当加工外轮廓时，会出现间断点 A'、B'；当加工内轮廓时，就会出现交叉点 C''。

对于只有 B 刀具补偿的 CNC 系统，编程人员必须事先估计出在进行刀具补偿后有可能

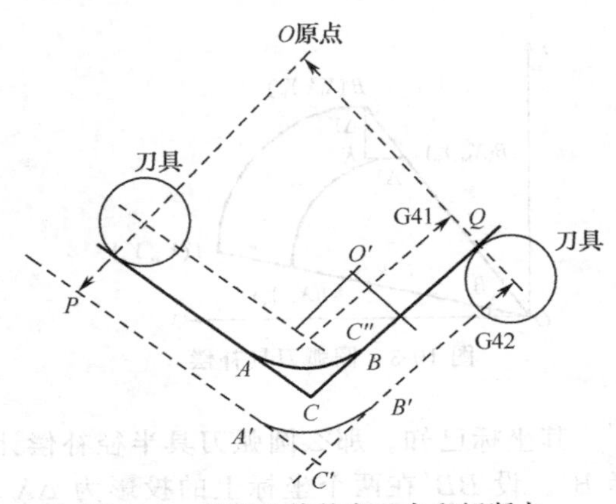

图 10-4　刀具补偿的交叉点和间断点

出现的间断点和交叉点的情况，并进行人为的处理。如果遇到间断点，可以在两个间断点之间增加一个半径为刀具半径的过渡圆弧段 $\overset{\frown}{A'B'}$。如果遇到交叉点，事先在两个程序段之间增加一个过渡圆弧段 $\overset{\frown}{AB}$，圆弧的半径必须大于所使用刀具的半径。显然，这种只有 B 刀具补偿功能的 CNC 系统对编程人员来说是很不方便的。

随着 CNC 技术的发展，系统工作方式、运算速度以及存储容量都有了很大的改进和增加，采用直线或圆弧过渡，直接求出刀具中心轨迹交点 C' 和 C''，然后再对原来程序轨迹做伸长或缩短修正的刀具半径补偿方法已经能够实现了，这种方法被称为 C 功能刀具半径补偿（简称 C 刀具补偿或 C 刀补）。

② 程序段间转接情况分析　在一般的 CNC 系统中，实际所能控制的轮廓只有直线段和圆弧。随着前后两段编程轨迹的连接方式不同，相应的有以下几种转接方式：直线与直线转接；直线与圆弧转接；圆弧与圆弧转接。

根据两段程序轨迹的夹角和刀补方向等，转接过渡方式可分为缩短型、伸长型和插入型三种。

a. 直线与直线转接　如图 10-5 所示为直线与直线的各种转接进行左刀补的情况，编程轨迹为 $OA \rightarrow AF$。

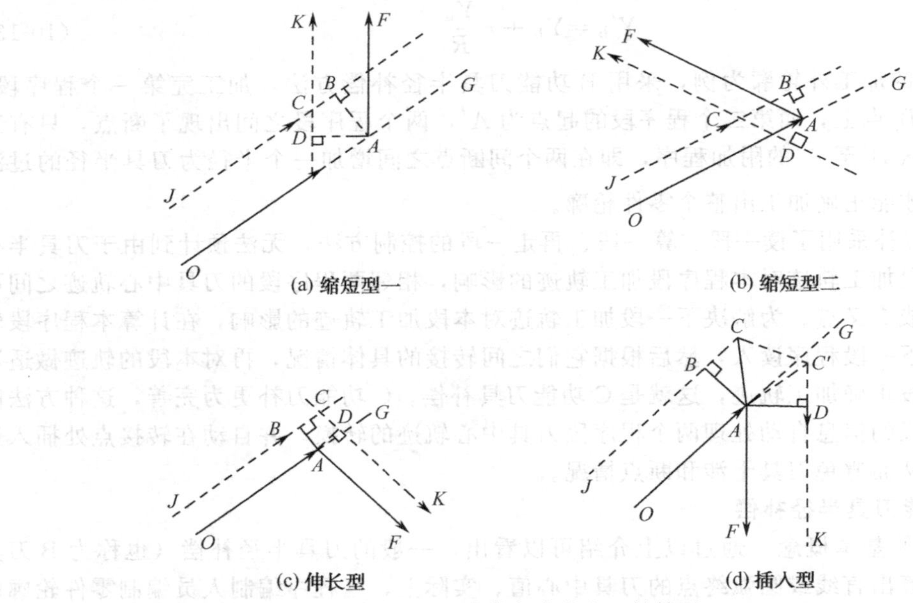

图 10-5　直线与直线左刀补情况

在图 10-5(a)、(b) 中，AB、AD 为刀具半径值，刀具中心轨迹 JB 与 DK 的交点为 C，由数控系统求出交点 C 的坐标值，实际刀具中心运动轨迹为 $JC \rightarrow CK$。采取求交点的方法，可从根本上解决内轮廓加工的刀具过切现象，由于 $JC \rightarrow CK$ 相对于 OA 与 AF 缩短 CB 与 DC 长度，因此，这种求交点的内轮廓过渡称为缩短型，求交点是其核心任务。

在图 10-5(c) 中，C 点为 JB 与 DK 延长线的交点，由数控系统求出交点 C 的坐标，实际刀具中心运动轨迹为 $JC \to CK$，因此，这种外轮廓过渡称为伸长型。

在图 10-5(d) 中，若仍采用求 JB 与 DK 交点的方法，必然过多地增加刀具的非切削空行程时间，是不合理的，因此 C 刀补算法在此采用插入型，即令 $BC = C'D = R$，数控系统求出 C 与 C' 点的坐标，刀具中心运动轨迹为 $J \to C \to C' \to K$，即在原轨迹中间再插入 CC' 直线段，故称其为插入型。

在图 10-5 中，OA 为第一段编程矢量，AF 为第二段编程矢量，α 为 OA 逆时针旋转到 AF 的角度，即 $\angle GAF$，其范围为 0°～360°，根据 α 角度的情况，容易判断以上四种情况，结论见表 10-1。图 10-6 为直线与直线右刀补的情况。

各种情况下的交点 C 和 C' 坐标的求解算法都可以用平面几何的方法推导出来。

表 10-1　直线与直线转接分类

轨迹转接	刀补指令	$\sin\alpha \geqslant 0$	$\cos\alpha \geqslant 0$	α 象限	类　型	对应图号
直线转直线	G41	1	1	Ⅰ	缩短	图 10-6(a)
		1	0	Ⅱ	缩短	图 10-6(b)
		0	0	Ⅲ	插入	图 10-6(d)
		0	1	Ⅳ	伸长	图 10-6(c)
	G42	1	1	Ⅰ	伸长	图 10-7(a)
		1	0	Ⅱ	插入	图 10-7(b)
		0	0	Ⅲ	缩短	图 10-7(c)
		0	1	Ⅳ	缩短	图 10-7(c)

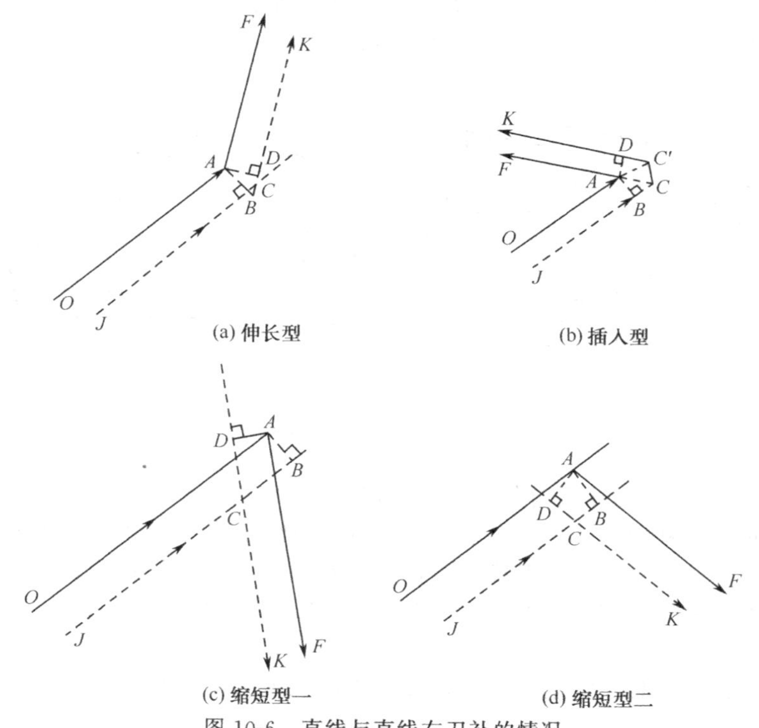

(a) 伸长型　　(b) 插入型

(c) 缩短型一　　(d) 缩短型二

图 10-6　直线与直线右刀补的情况

b. 直线与圆弧、圆弧与直线、圆弧与圆弧的转接 图 10-7 为这三种情况的转接情况，以∠*GAF* 作为判断角度，与直线转接直线类似，也可以分为缩短型、插入型和伸长型。

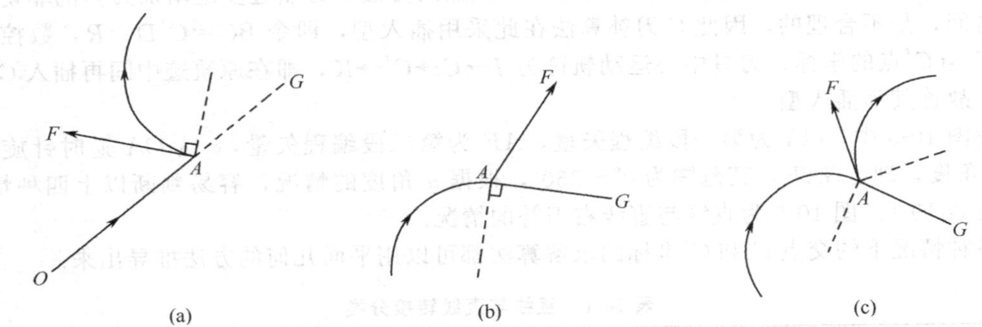

图 10-7 直线与圆弧（a）、圆弧与直线（b）、圆弧与圆弧（c）转接的判断角

有的数控系统对伸长型或插入型一律采用半径为刀具半径的圆弧过渡，这样处理较为简单。但是，当刀具进行尖角圆弧过渡时，轮廓过渡点始终处于切削状态，加工出现停顿，工艺性较差。

(4) 刀具半径补偿指令

根据 ISO 规定，当刀具中心轨迹在程序规定的前进方向的右边时称为右刀补，用 G42 表示；反之称为左刀补，用 G41 表示。

G41 是刀具左补偿指令（左刀补），即顺着刀具前进方向看（假定工件不动），刀具中心轨迹位于工件轮廓的左边，称左刀补，如图 10-8(a) 所示。

G42 是刀具右补偿指令（右刀补），即顺着刀具前进方向看（假定工件不动），刀具中心轨迹位于工件轮廓的右边，称右刀补，如图 10-8(b) 所示。

G40 是为取消刀具半径补偿指令。使用该指令后，G41、G42 指令无效。

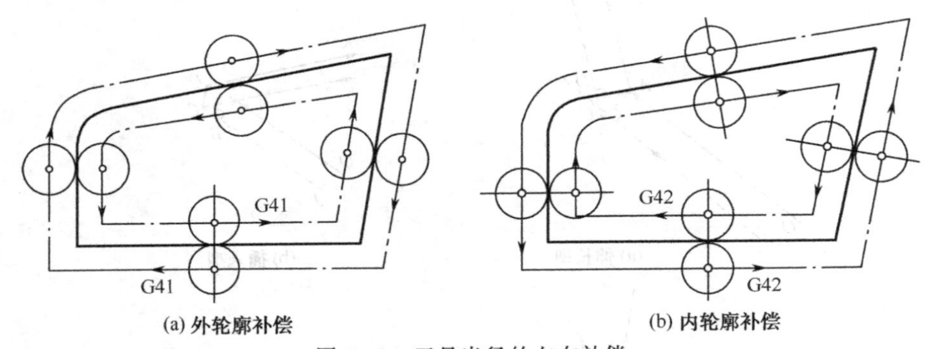

图 10-8 刀具半径的左右补偿

在使用 G41、G42 进行半径补偿时应采取以下步骤。

① 设置刀具半径补偿值：程序启动前，在刀具补偿参数区内设置补偿值。

② 刀补的建立：刀具从起刀点接近工件，刀具中心轨迹的终点不在下一个程序段指定的轮廓起点，而是在法线方向上偏移一个刀具补偿的距离。在该段程序中，动作指令只能用 G00 或 G01。

③ 刀补进行：在刀具补偿进行期间，刀具中心轨迹始终偏离编程轨迹一个刀具半径的偏移值。在此状态下，G00、G01、G02、G03 都可以使用。

④ 刀补的取消：在刀具撤离工件、返回原点的过程中取消刀补。此时只能用 G00、G01。

10.1.2 刀具长度补偿

(1) 刀具长度的概念

刀具长度是一个很重要的概念。在对一个零件编程的时候，首先要指定零件的编程中心，然后才能建立工件编程坐标系，而此坐标系只是一个工件坐标系，零点一般在工件上。长度补偿只是和 Z 坐标有关，它不像 X、Y 平面内的编程零点，因为刀具是由主轴锥孔定位而不改变，对于 Z 坐标的零点就不一样了。每一把刀的长度都是不同的，例如，我们要钻一个深为 50mm 的孔，然后攻螺纹深为 45mm，分别用一把长为 250mm 的钻头和一把长为 350mm 的丝锥。先用钻头钻孔深 50mm，此时机床已经设定工件零点，当换上丝锥攻螺纹时，如果两把刀都从设定零点开始加工，丝锥因为比钻头长而攻螺纹过长，损坏刀具和工件。此时如果设定刀具补偿，把丝锥和钻头的长度进行补偿，此时机床零点设定之后，即使丝锥和钻头长度不同，因补偿的存在，在调用丝锥工作时，零点 Z 坐标已经自动向 $Z+$（或 $Z-$）补偿了丝锥的长度，保证了加工零点的正确。

(2) 刀具长度补偿指令

通过执行含有 G43（G44）和 H 指令来实现刀具长度补偿，同时给出一个 Z 坐标值，这样刀具在补偿之后移动到离工件表面距离为 Z 的地方。另外一个指令 G49 是取消 G43（G44）指令的，其实不必使用这个指令，因为每把刀具都有自己的长度补偿，当换刀时，利用 G43（G44）H 指令赋予了自己的刀长补偿而自动取消了前一把刀具的长度补偿。

G43 表示存储器中补偿量与程序指令的终点坐标值相加，G44 表示相减，取消刀具长度偏置可用 G49 指令或 H00 指令。在程序段“N80 G43 Z56 H05”中，假如 05 存储器中的值为 16，则表示终点坐标值为 72mm。

(3) 刀具长度补偿的两种方式

① 用刀具的实际长度作为刀长的补偿（推荐使用这种方式） 使用刀长作为补偿就是使用对刀仪测量刀具的长度，然后把这个数值输入到刀具长度补偿寄存器中，作为刀长补偿。使用刀具长度作为刀长补偿的理由如下。

首先，使用刀具长度作为刀长补偿，可以避免在不同的工件加工中不断地修改刀长偏置。这样一把刀具用在不同的工件上也不用修改刀长偏置。在这种情况下，可以按照一定的刀具编号规则，给每一把刀具作档案，用一个小标牌写上每把刀具的相关参数，包括刀具的长度、半径等资料，事实上许多大型的机械加工型企业对数控加工设备的刀具管理都采用这种办法。这对于那些专门设有刀具管理部门的公司来说，就不用面对面地告诉操作工刀具的参数了，同时即使因刀库容量原因把刀具取下来等下次重新装上时，只需根据标牌上的刀长数值作为刀具长度补偿而不需再进行测量。

其次，使用刀具长度作为刀长补偿，可以让机床一边进行加工运行，一边在对刀仪上进行其他刀具的长度测量，不必因为在机床上对刀而占用机床运行时间，可以充分发挥加工中心的效率。这样主轴移动到编程 Z 坐标点时，就是主轴坐标加上（或减去）刀具长度补偿后的 Z 坐标数值。

② 利用刀尖在 Z 方向上与编程零点的距离值（有正负之分）作为补偿值 这种方法适用于机床只有一个人操作而没有足够的时间来利用对刀仪测量刀具的长度时使用。这样做当用一把刀加工另外的工件时就要重新进行刀长补偿的设置。使用这种方法进行刀长补偿时，补偿值就是主轴从机床 Z 坐标零点移动到工件编程零点时的刀尖移动距离，因此此补偿值总是负值而且很大。

10.1.3 夹具偏置补偿（坐标系偏置）

正如刀具长度补偿和半径补偿一样，让编程者可以不用考虑刀具的长短和大小，夹具偏置可以让编程者不考虑工件夹具的位置而使用夹具偏置。当一台加工中心在加工小的工件时，工装上一次可以装夹几个工件，编程者不用考虑每一个工件在编程时的坐标零点，而只需按照各自的编程零点进行编程，然后使用夹具偏置来移动机床在每一个工件上的编程零点。夹具偏置是使用夹具偏置指令 G54～G59 来执行的。还有一种方法就是使用 G92 指令设定坐标系。当一个工件加工完成之后，加工下一个工件时使用 G92 来重新设定新的工件坐标系。

10.1.4 夹角补偿

加工中两平面相交为夹角，可能产生超程过切现象，导致加工误差的产生，此时可采用夹角补偿（G39）来解决。使用夹角补偿（G39）指令时需注意，本指令为非模态指令，只在本程序段内有效，而且只能在 G41 或 G42 指令后才能使用，该指令主要用于加工中心和数控铣床。

以上是数控加工中的四种补偿方式，给编程和加工带来很大的方便，能大大地提高生产效率和产品合格率。

10.2 数控车削刀具

刀具的标准化和模块化不但提高了数控机床的工作效率，而且在使用中非常方便。数控车床的刀具分为刀杆与刀片两部分，在数控车床加工中如需更换磨损的刀片，只需松开螺钉，将刀片转位，将新的刀片放于切削位置即可，因此又称之为可转位刀片。由于可转位刀片的尺寸精度较高，所以刀片转位固定后一般不需要刀具尺寸补偿或仅需要少量刀具尺寸补偿就能正常使用。

数控车床刀具如图 10-9 所示，其加工形式按进刀方向不同可分为左进刀、右进刀和中间进刀三种形式；按刀具对工件的加工位置不同可分为内孔加工、外圆加工和端面加工三种形式；按加工工件形状不同可分为切槽加工、螺纹加工和成形加工三种形式。

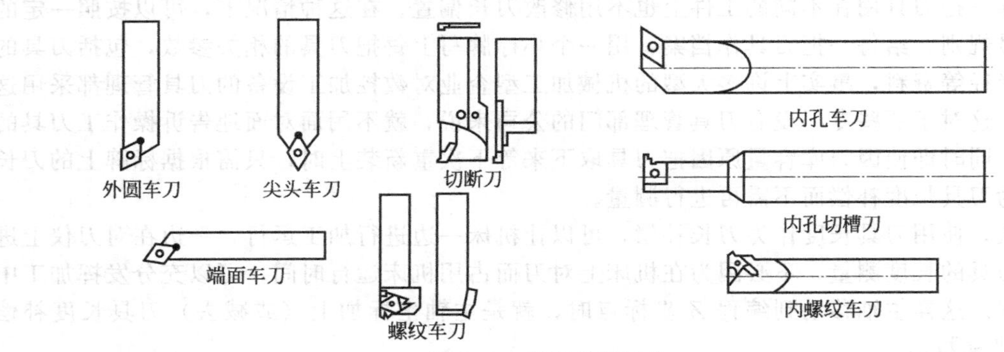

图 10-9 车床常用刀具

(1) 数控车削刀具材料

数控加工中常用的刀具材料有高速钢、硬质合金、陶瓷、金刚石、立方氮化硼等。目前广泛使用气相沉积技术来提高刀具的切削性能和刀具寿命。

① 高速钢 高速钢是由 W、Cr、Mo 等合金元素组成的合金工具钢，相对碳素工具钢，高速钢具有较高的强度和韧性，并有一定的硬度，因而适合于加工有色金属和各种金属材

料；又由于高速钢有很好的加工工艺性，所以适合制造成复杂的成形刀具。但是，高速钢耐磨性差、耐热性差，已难以满足现代切削加工对刀具材料越来越高的要求。

② 硬质合金　硬质合金是数控车削刀具最常用的材料，它由难熔金属碳化物（如 WC、TiC、TaC、NbC 等）和金属黏合剂（Co、Mo、Ni 等）经粉末冶金的方法烧结而成。硬质合金是一种混合物，具有很高的硬度、耐热性、耐磨性和热稳定性，但抗弯强度和耐冲击性较差。按 GB/T 2075—2007（参照采用 ISO513：1991）可分为 K、P、M 三类：

K 类（我国的 YG 类属于 K 类），用于加工短切屑的黑色金属（如铸铁类材料）、有色金属（如铜、铝等）和非金属材料。用红色作标志，常用的是 WC-Co 类硬质合金，常用牌号有 YG3X、YG6X、YG6、YG8、YG10H 等。

P 类（我国的 YT 类属于 P 类），用于加工长切屑的黑色金属（如钢类材料）。用蓝色作标志，常用的是 WC-TiC-Co 类硬质合金（在 YG 类中加入不同含量的 TiC），常用牌号有 YT14、YT15、YT30 等。

M 类（我国的 YW 类属于 M 类），通用于上述材料，用黄色作标志，又称通用硬质合金，常用的是 WC-TiC-TaC（NbC）-Co 类硬质合金（在 YT 类中加入不同含量的 TaC 或 NbC），常用牌号有 YW1、YW2 等。

③ 陶瓷　陶瓷刀具材料主要由硬度和熔点都很高的 Al_2O_3（氧化铝）或 Si_3N_4（氮化硅）等组成，另外还有少量的金属碳化物、氧化物等添加剂，通过粉末冶金工艺方法压制烧结而成，有很高的硬度、耐磨性、耐热性和耐氧化性。常用的陶瓷刀具材料有两种：Al_2O_3 基陶瓷和 Si_3N_4 基陶瓷。

但陶瓷刀具的强度、韧性和耐冲击性较差，一般用于高速精细加工。

④ 金刚石　金刚石分人造金刚石和天然金刚石两种，做切削刀具的材料大多数是人造金刚石，其硬度极高，可达 10000 HV（硬质合金仅为 1300～1800HV）。其耐磨性是硬质合金的 80～120 倍。但韧性差，对铁族材料亲和力大。因此一般不宜加工黑色金属，主要用于硬质合金、玻璃纤维塑料、硬橡胶、石墨、陶瓷、有色金属等材料的高速精加工。

⑤ 立方氮化硼（CBN）　立方氮化硼（CBN）是纯人工合成的超硬刀具材料，其硬度可达 7300～9000HV，仅次于金刚石的硬度。其热稳定性好，可耐 1300～1500℃ 高温，与铁族材料亲和力小。但强度低，焊接性差。目前主要用于加工淬火钢、冷硬铸铁、高温合金和一些难加工材料。

⑥ 涂层刀具　涂层刀具是近 20 年出现的一种新型刀具材料，是刀具发展中的一项重要突破，是解决刀具材料中硬度、耐磨与强度、韧性之间矛盾的一个有效措施。涂层刀具是在一些韧性较好的硬质合金或高速钢刀具基体上，涂覆一层耐磨性高的难熔金属化合物而获得的。目前涂层技术可分为两大类，即化学气相沉积技术（Chemical vapor deposition，CVD）和物理气相沉积技术（Physical vapor deposition，PVD）。常用的涂层材料有 TiC、TiN 和 Al_2O_3 等。

(2) 机夹可转位车刀

可转位刀具是将预先加工好的多边形刀片，用机械夹固的方法夹紧在刀体上的一种刀具。当使用过程中一个切削刃磨钝后，只要将刀片的夹紧装置松开，转位或更换刀片，使新的切削刃进入工作位置，再经夹紧就可以继续使用。刀片一般不需重磨，有利于涂层刀片的推广使用。

① 刀具组成　可转位刀具一般由刀片、刀垫、夹紧元件和刀体组成，如图 10-10 所示。刀片的夹紧形式及其夹紧力的作用原理如图 10-11 所示。

② 可转位刀片型号表示规则

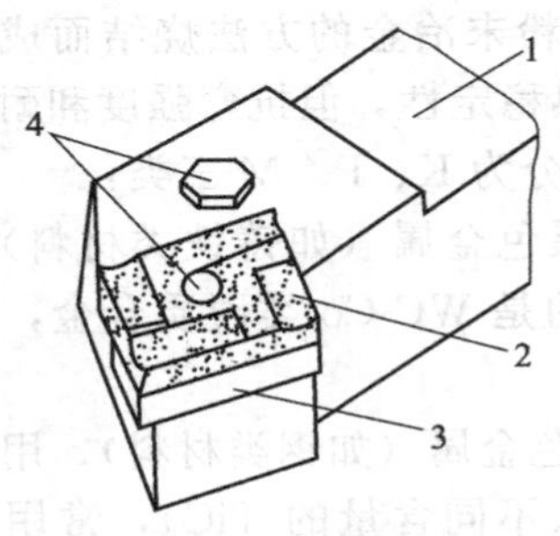

图 10-10 可转位车刀的结构组成图

1—刀杆；2—刀片；3—刀垫；4—夹紧元件

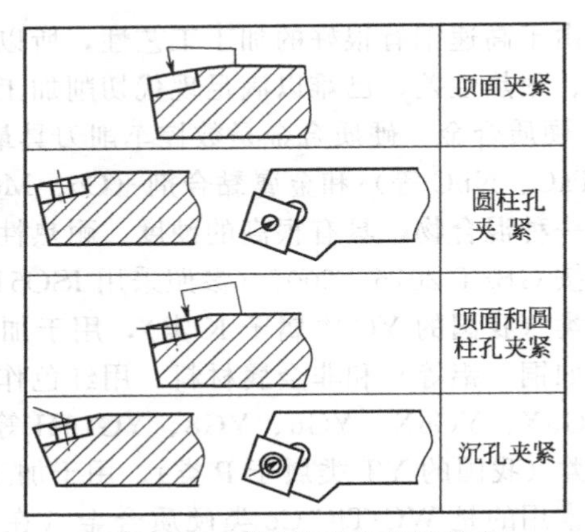

图 10-11 可转位车刀夹紧形式

根据国家标准 GB 2076—1987 规定，切削用可转位刀片的型号由给定意义的字母和数字代号，按一定顺序排列的十个号位组成。其排列顺序如下：

1	2	3	4	5	6	7	8	9	10

其中每一位字符代表刀片的某种参数，具体意义如下：

1——刀片的几何形状及夹角；

2——刀片主切削刃后角（法后角）；

3——刀片内接圆直径 d 与厚度 s 的精度级别；

4——刀片形式、紧固方法或断屑槽；

5——刀片边长、切削刃长；

6——刀片厚度；

7——刀尖圆角半径 r_ε 或主偏角 k_r 或修光刃后角 α_n；

8——切削刃状态，刀尖切削刃或倒棱切削刃；

9——进刀方向或倒刃角度；

10——厂商的补充代号或倒刃角度。

(3) 刀片的形状

刀片的形状及代号如图 10-12 所示。

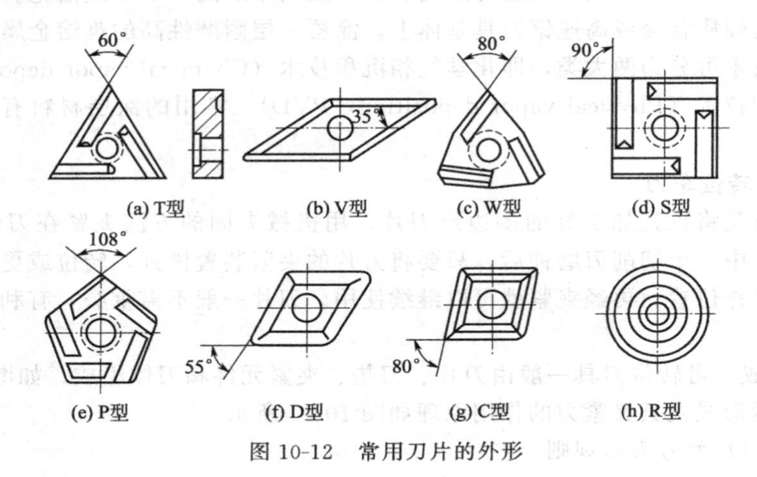

图 10-12 常用刀片的外形

刀片外形与加工的对象、刀具的主偏角、刀尖角和有效刃数等有关。一般外圆车削常用80°凸三边形（W 型）、四方形（S 型）和 80°棱形（C 型）刀片。成形加工常用 55°菱形（D 型）、35°菱形（V 型）和圆形（R 型）刀片。90°主偏角常用三角形（T 型）刀片。不同的刀片形状有不同的刀尖强度，一般刀尖角越大，刀尖强度越大，反之亦然。圆形（R 型）刀片刀尖角最大，35°菱形（V 型）刀片刀尖角最小。在选用时，应根据加工条件恶劣与否，按重、中、轻切削有针对性地选择。在机床刚性、功率允许的条件下，大余量、粗加工应选用刀尖角较大的刀片；反之，机床刚性和功率小、小余量、精加工时宜选用刀尖角较小的刀片。

10.3 数控车床刀具补偿的应用

10.3.1 刀具位置补偿

刀具位置补偿用来补偿实际刀具与编程中的假想刀具（基准刀具）的偏差。如图 10-13 所示的 X 轴偏置量和 Z 轴偏置量。

在 FANUC 0i 系统中，刀具偏移由 T 代码指定，程序格式为 T 加四位数字。其中前两位是刀具号，后两位是补偿号。刀具偏移可分为刀具几何偏移和刀具磨损偏移，后者用于补偿刀尖磨损，如图 10-14 所示。

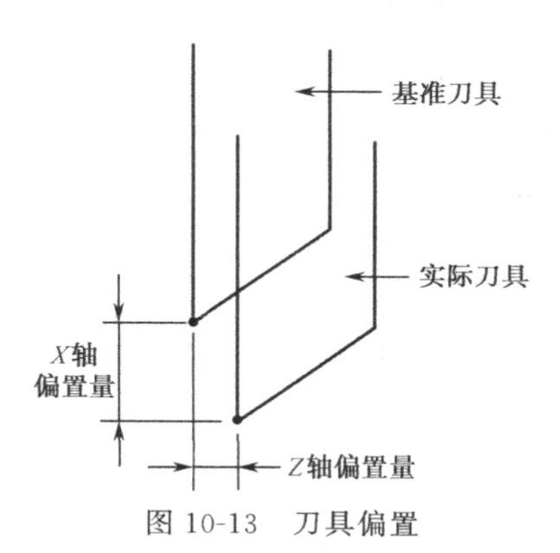

图 10-13 刀具偏置

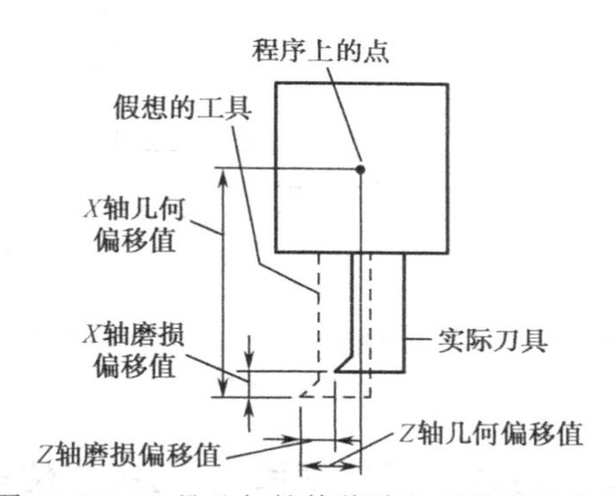

图 10-14 刀具几何补偿偏移和刀具磨损偏移

刀具补偿号由两位数字组成，用于存储刀具位置偏移补偿值，存储界面如图 10-15 所示，该界面上的 X、Z 地址用于存储刀具位置偏移补偿值。

10.3.2 刀尖圆弧半径补偿

编程时，常用车刀的刀尖代表刀具的位置，称刀尖为刀位点。实际上，刀尖不是一个点，而是由刀尖圆弧构成的，如图 10-16 中的刀尖圆弧半径为 r。车刀的刀尖点并不存在，称其为假想刀尖。为方便操作，采用假想刀尖对刀，用假想刀尖确定刀具位置，程序中的刀具轨迹就是假想刀尖的轨迹。

工具补正　　O　　N

番号	X	Z	R	T
01	0.000	0.000	0.000	0
02	0.000	0.000	0.000	0
03	0.000	0.000	0.000	0
04	0.000	0.000	0.000	0
05	0.000	0.000	0.000	0
06	0.000	0.000	0.000	0
07	0.000	0.000	0.000	0
08	0.000	0.000	0.000	0

现在位置(相对坐标)
U　-200.000　W　-100.000
〉　　S　0　　T
REF **** *** ***
[NO检索] [测量] [C.输入] [+输入] [输入]

图 10-15 数控车床的刀具补偿设置界面

如图 10-16 所示的假想刀尖的编程轨迹，在加工工件的圆锥面和圆弧面时，由于刀尖圆弧的影响，导致切削深度不够（见图中画剖面线部分），而程序中的刀具半径补偿指令可以改变刀尖圆弧中心的轨迹（见图中虚线部分），补偿相应误差。

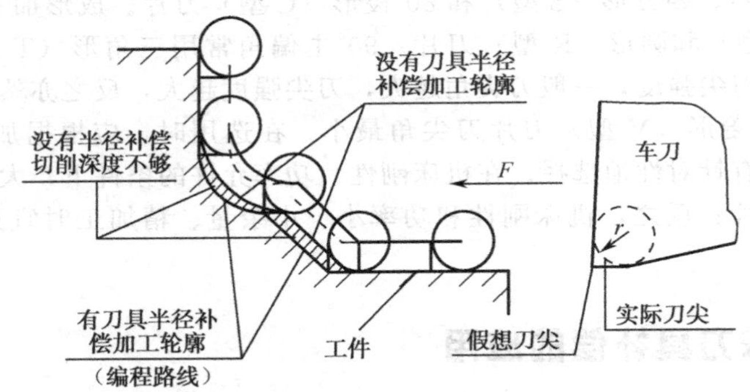

图 10-16 刀尖半径补偿的刀具轨迹

10.3.3 刀具半径补偿指令

G41——刀具半径左补偿，刀尖圆弧圆心偏在进给方向的左侧，如图 10-17(a) 所示。

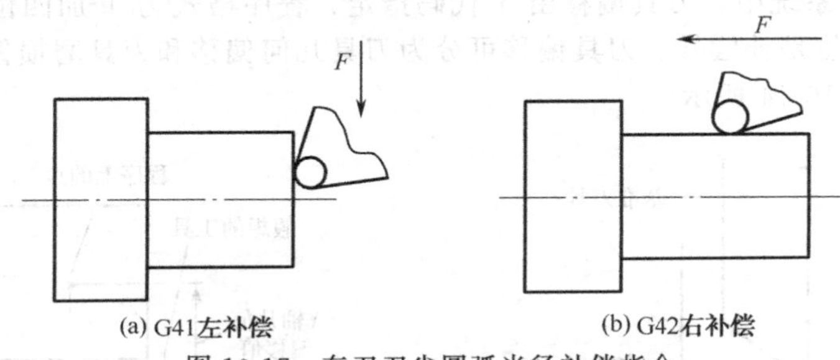

图 10-17 车刀刀尖圆弧半径补偿指令

G42——刀具半径右补偿，刀尖圆弧圆心偏在进给方向的右侧，如图 10-17(b) 所示。

G40——取消刀具半径补偿。

10.3.4 刀具半径补偿值、刀尖方位号

刀具半径补偿值也存储于刀具补偿号中，如图 10-15 所示。该界面上的 R 地址用于存储刀尖圆弧半径补偿值，界面上的 T 地址用于存储刀尖方位号。

车刀刀尖方位用 0～9 十个数字表示，如图 10-18 所示，其中 1～8 表示在 *XZ* 面上车刀刀尖的位置；0、9 表示在 *XY* 面上车刀刀尖的位置。

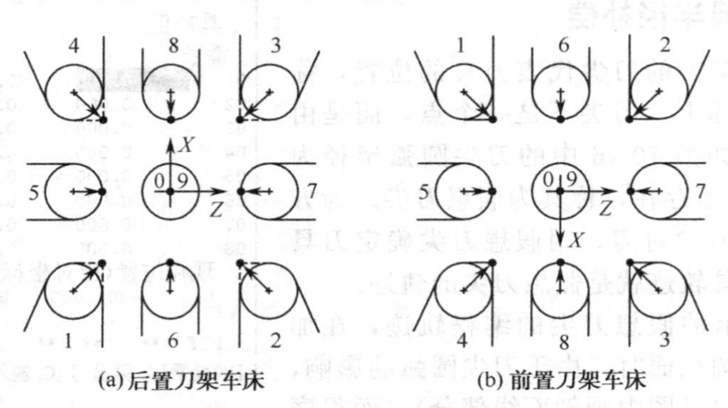

图 10-18 车刀刀尖方位号

10.3.5 刀具半径补偿指令的使用要求

用于建立刀具半径补偿的程序段，必须是使刀具直线运动的程序段，也就是说 G41、G42 指令必须与 G00 或 G01 直线运动指令组合，不允许在圆弧程序段中建立半径补偿。在程序中应用 G41、G42 补偿后，必须用 G40 取消补偿。

【例 10-1】 如图 10-19 所示的零件，已经粗车外圆，试应用刀尖半径补偿功能编写精车外圆程序。

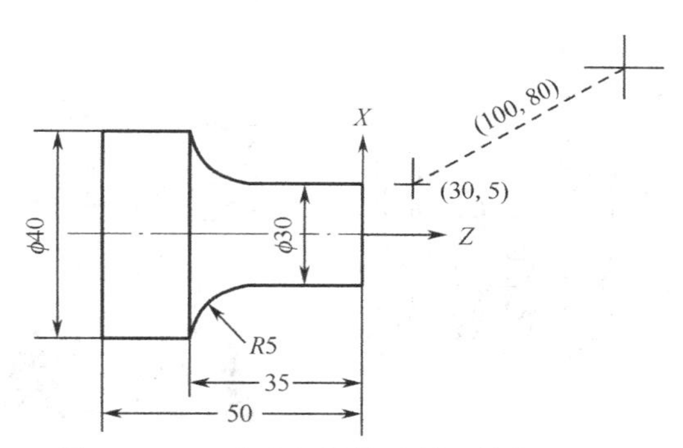

图 10-19 刀尖半径补偿示例（单位：mm）

```
O1234;
G50 X100.0 Z80.0;          设定工件坐标系
M03 S1000;
T0202;                     选 2 号精车刀，刀补表中设有刀尖圆弧半径
G00 G42 X30.0 Z5.0;        建立刀具半径右补偿
G01 Z—30.0 F0.15;          车 φ20 外圆
G02 X40.0 Z—35.0 R5.0;     车 R5 圆弧面
G01Z—50.0;                 车 φ40 外圆
G00 G40 X100.0 Z80.0;      取消刀尖半径补偿，退刀
M05;
M30;
```

10.4 数控铣床刀具

10.4.1 刀具的种类与选择

(1) 刀具的种类

在图 10-20 中介绍了几种常用的刀具类型，其中如图 10-20(a) 所示的端面铣刀主要用来铣削较大的平面；图 10-20(b) 所示的立铣刀类主要用于加工平面和沟槽的侧面；图 10-20(c)、(d) 所示的钻头和镗刀主要用于孔的加工；图 10-20(e) 所示的成形铣刀大多用来加工各种形状的内腔、沟槽；图 10-20(f) 所示的球头铣刀适用于加工空间曲面和平面间的转角圆弧。

(2) 刀具选择的注意事项

① 在平面铣削时，应选用不重磨硬质合金端铣刀或立铣刀。

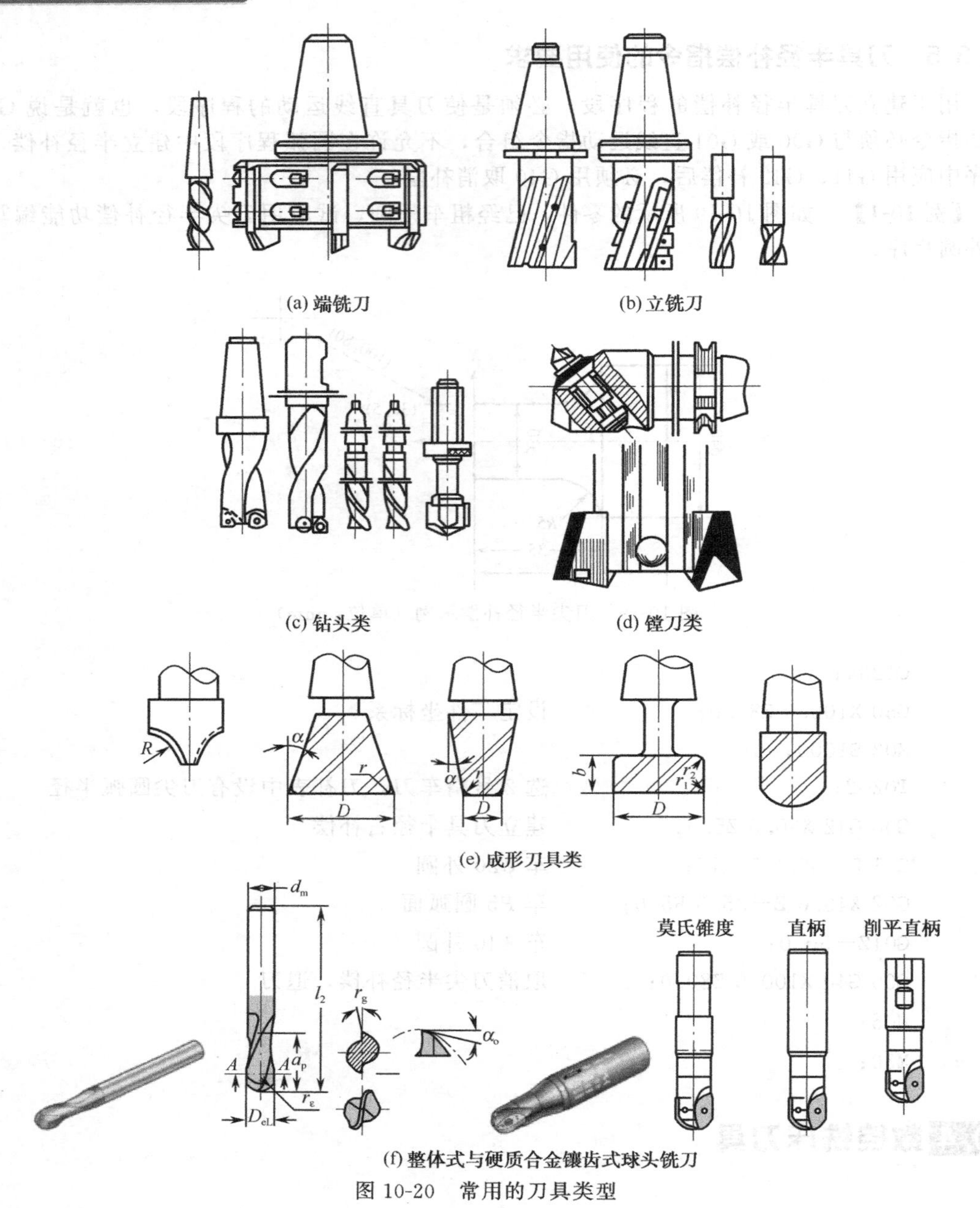

(a) 端铣刀　(b) 立铣刀

(c) 钻头类　(d) 镗刀类

(e) 成形刀具类

(f) 整体式与硬质合金镶齿式球头铣刀

图 10-20　常用的刀具类型

一般在铣削时，尽量采用二次走刀加工，第一次走刀最好用端铣刀粗铣，沿工件表面连续走刀，选好每次走刀宽度和铣刀直径，使按刀痕不影响精切走刀精度，在加工余量大又不均匀时，铣刀直径要选小些；反之，选大些，在精加工时铣刀直径要选大些，最好能包容整个加工面。

② 立铣刀和镶硬质合金刀片的端铣刀主要用于加工凸台、凹槽和箱口面。为了在轴向进给时易于吃刀，要采用端齿特殊刃磨的铣刀；为了减少振动，可采用非等距三齿或四齿铣刀；为了加强铣刀强度，应加大锥形刀心，变化槽深；为了提高槽宽的加工精度，减少铣刀的种类，在加工时可采用直径比槽宽小的铣刀先铣槽的中间部分，然后用刀具半径补偿功能铣槽的两边。

③ 加工曲面和变斜角轮廓外形时常用球头刀、环形刀、鼓形刀和锥形刀等在加工曲面时球头刀的应用最普遍，但是越接近球头刀的底部，切削条件就越差，因此近来有用环形刀（包括平底刀）代替球头刀的趋势。鼓形刀和锥形刀都是用来加工变斜角零件的，这是单件或小批量生产中取代四坐标或五坐标机床的一种变通措施。鼓形刀的缺点是刃磨困难，切削条件差，而且不适应于加工内腔表面；锥形刀则刃磨容易，切削条件好，加工效率高，工件表面质量也较好，但是加工变斜角零件的灵活性小；当工件的斜角变化范围较大时，这时需要中途分阶段换刀，这样留下的金属残痕多，增大了手工锉修量。

④ 孔加工刀具的选用

a. 数控机床孔加工一般不用钻头，因为钻头的刚度和切削条件差，选用钻头直径 D 应满足 $L/D\leqslant5$（L 为钻孔深度）的条件。

b. 钻孔前先用中心钻定位，保证孔加工的定位精度。

c. 精铰孔可选用浮动铰刀，铰孔前孔口要倒角。

d. 镗孔时应尽量选用对称的多刃镗刀头进行切削，以平衡径向力，减少镗削振动。

e. 尽量选择较粗和较短的刀杆，以减少切削振动。

10.4.2 夹具的选择

(1) 夹具的选择

根据数控机床的加工特点，协调夹具坐标系、机床坐标系和工件坐标系三者的关系，此外还要考虑以下几个方面。

① 在小批量加工零件时，尽量采用组合夹具、可调式夹具以及其他通用夹具。

② 成批生产考虑采用专用夹具，力求装卸方便。

③ 夹具的定位及夹紧机构元件不能影响刀具的走刀运动。

④ 装卸零件要方便可靠，成批生产可采用气动夹具、液压夹具和多工位夹具。

(2) 常用通用铣削夹具的种类

有通用螺钉压板、平口钳和三爪卡盘等。

① 螺钉压板　利用T形槽螺栓和压板将工件固定在机床工作台上即可。装夹工件时，需根据工件装夹精度要求，用百分表等找正工件。

② 机用平口钳（又称虎钳）　形状比较规则的零件铣削时常用平口钳装夹，方便灵活，适应性广。当加工一般精度零件和夹紧力较小时，常用机械式平口钳，如图10-21(a) 所示，靠丝杠和螺母的相对运动来夹紧工件；当加工精度要求较高或夹紧力较大时，可采用较高精度的液压式平口钳，如图10-21(b) 所示，压力油从油路6进入油缸后，推动活塞4移动，活塞拉动活动钳口向右移动夹紧工件。

平口钳在数控铣床工作台上安装时，要控制钳口与 X 轴或 Y 轴的平行度，零件夹紧时

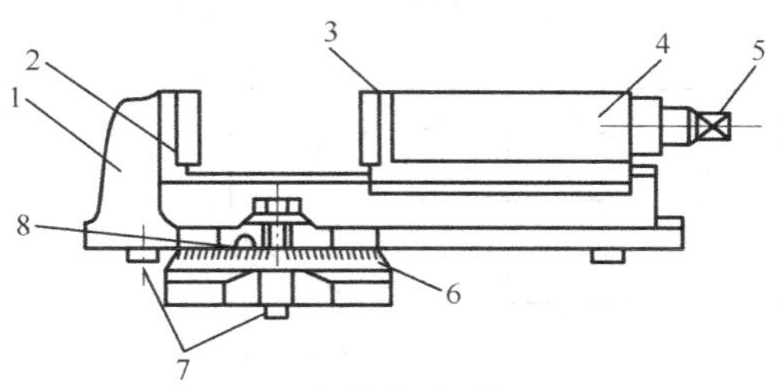

(a) 机械式平口钳

1—钳体；2—固定钳口；3—活动钳口；4—活动钳身；
5—丝杠方头；6—底座；7—定位键；8—钳体零线

图 10-21

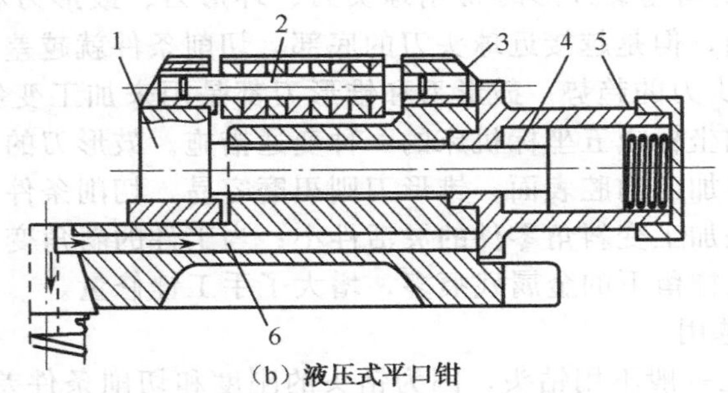

(b) 液压式平口钳

1—活动钳口；2—心轴；3—钳口；4—活塞；5—弹簧；6—油路

图 10-21 机用平口钳

要注意控制工件变形和一端钳口上翘。

③ 铣床用卡盘 当需要在数控铣床上加工回转体零件时，可以采用三爪卡盘装夹。对于非回转零件可采用四爪卡盘装夹。铣床用卡盘使用 T 形槽螺栓将卡盘固定在机床工作台上即可。

10.5 数控铣床刀具补偿的应用

10.5.1 数控铣床刀具半径补偿的目的

数控铣床上进行轮廓的铣削加工时，由于刀具半径的存在，刀具中心轨迹和工件轮廓不重合。如果系统没有半径补偿功能，则只能按刀心轨迹进行编程，即在编程时事先加上或减去刀具半径，其计算相当复杂，计算量大，尤其当刀具磨损、重磨或换新刀后，刀具半径发生变化时，必须重新计算刀心轨迹，修改程序，这样既繁琐，又不利于保证加工精度。当数控系统具备刀具半径补偿功能时，数控编程只需按工件轮廓进行，数控系统会自动计算刀心轨迹，使刀具偏离工件轮廓一个刀具半径值，即进行刀具半径补偿图 10-22。

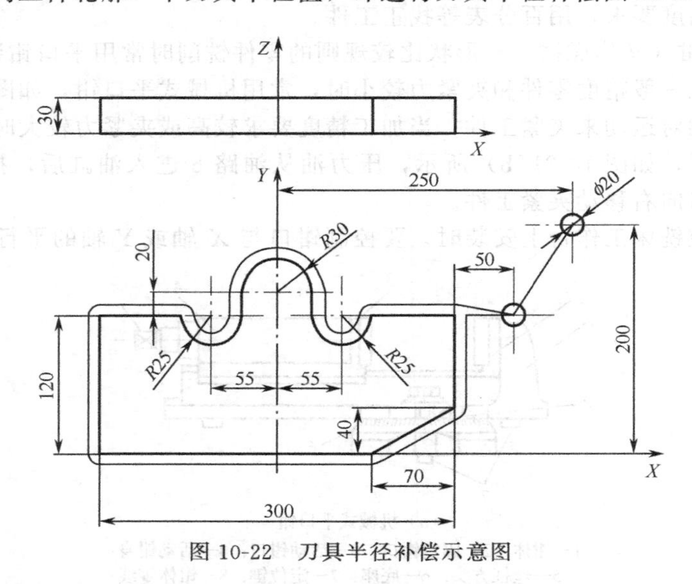

图 10-22 刀具半径补偿示意图

当数控系统具备刀具半径补偿功能时，数控编程只需按工件轮廓编程即可，如图 10-23

中的实线轨迹。此时，数控系统会自动计算刀心轨迹，使刀具偏离工件轮廓一个半径值10（补偿量，也称偏置量），如图10-23中的虚线轨迹，即进行刀具半径补偿。

刀具半径补偿功能的主要应用场合如下。

① 刀具因磨损、重磨、换新刀而引起刀具直径改变后，不必修改程序，只需在刀具参数设置中输入变化后的刀具直径。如图10-23所示，1为未磨损刀具，2为磨损后刀具，两者直径不同，只需将刀具参数表中的刀具半径 r_1 改为 r_2，即可适用同一程序。

② 通过有意识地改变刀具半径补偿量，便可用同一刀具、同一程序和不同的切削余量完成双、半精、精加工，如图10-24所示。从图中可以看出，当设定补偿量为 ac 时，刀具中心按 cc' 运动，当设定补偿量为 ab 时，刀具中心按 bb' 运动完成切削。

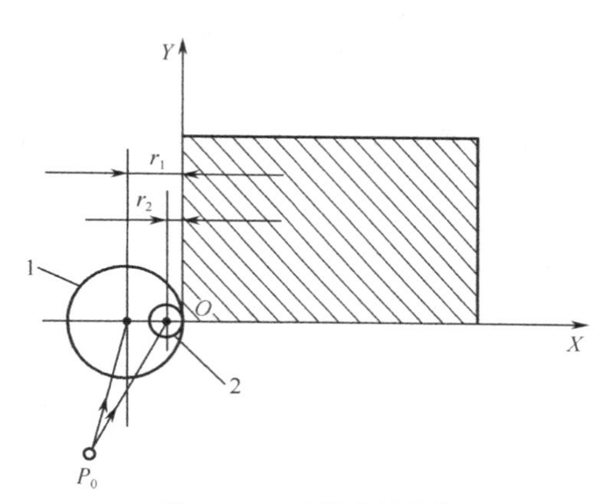

图10-23 刀具直径变化

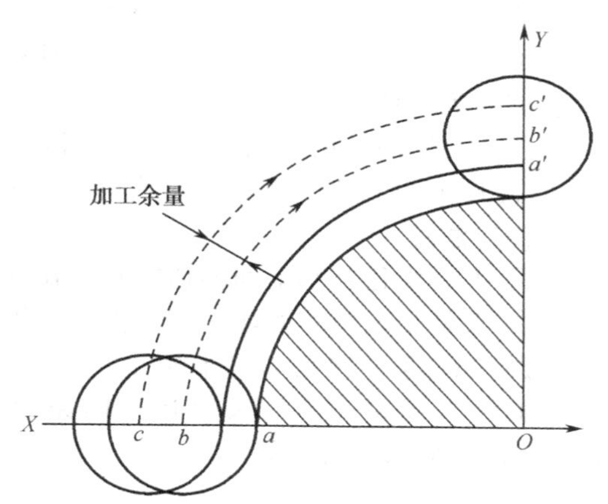

图10-24 利用刀具半径补偿进行粗、精加工

10.5.2 刀具半径补偿G40、G41、G42

铣削加工刀具半径补偿分为刀具半径左补偿（用G41定义）和刀具半径右补偿（用G42定义），使用非零的D代码选择正确的刀具半径偏置寄存器号。根据ISO标准，当刀具中心轨迹沿前进方向位于零件轮廓右边时称为刀具半径右补偿；反之称为刀具半径左补偿，如图10-25所示。当不需要进行刀具半径补偿时则用G40取消刀具半径补偿。

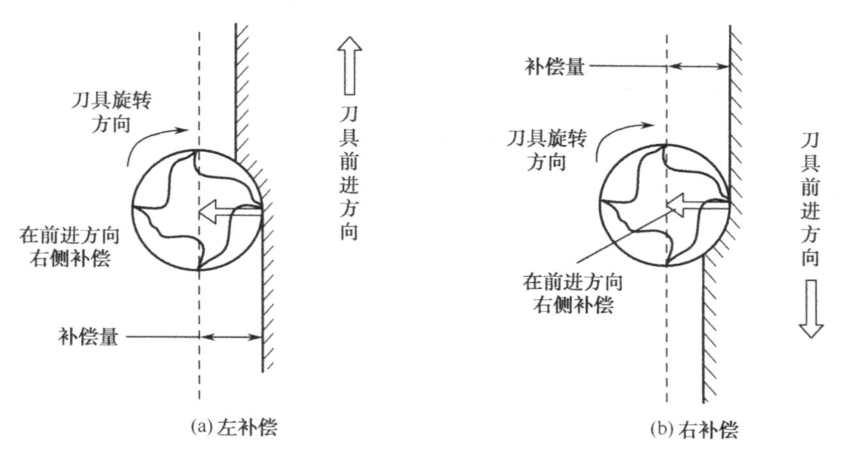

图10-25 刀具补偿的方向

(1) 格式

$$\begin{cases}G17\\G18\\G19\end{cases}\begin{cases}G40\\G41\\G42\end{cases}\begin{cases}G00\\G01\end{cases}\quad X\_\ Y\_\ Z\_\ D\_$$

(2) 说明

G40：取消刀具半径补偿。

G41：左刀补（在刀具前进方向左侧补偿），如图 10-25（a）所示。

G42：右刀补（在刀具前进方向右侧补偿），如图 10-25（b）所示。

G17：刀具半径补偿平面为 *XY* 平面。

G18：刀具半径补偿平面为 *ZX* 平面。

G19：刀具半径补偿平面为 *YZ* 平面。

X，Y，Z：G00/G01 的参数，即刀补建立或取消的终点（注：投影到补偿平面上的刀具轨迹受到补偿）。

D：G41/G42 的参数，即刀补号码（D00～D99），它代表了刀补表中对应的半径补偿值。G40、G41、G42 都是模态代码，可相互注销。

(3) 注意

① 刀具半径补偿平面的切换必须在补偿取消方式下进行。

② 刀具半径补偿的建立与取消只能用 G00 或 G01 指令，不得是 G02 或 G03。

【例 10-2】 考虑刀具半径补偿，编制图 10-26 所示零件的加工程序，要求建立如图所示的工件坐标系，按箭头所指示的路径进行加工，设加工开始时刀具距离工件上表面 50mm，切削深度为 10mm。

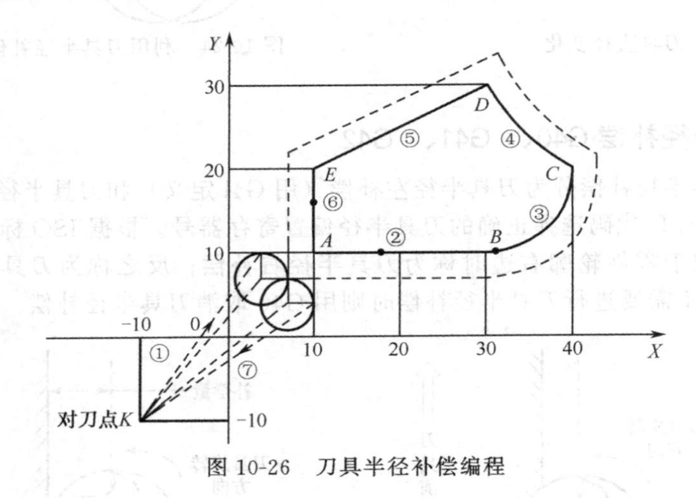

图 10-26 刀具半径补偿编程

零件程序如下。

```
%1008;
G92 X－10 Y－10 Z50;
G90 G17;
G42 G00 X4 Y10 D01;
Z2 M03 S900;
G01 Z－10 F800;
```

```
X30;
G03 X40 Y20 I0 J10;
G02 X30 Y30 I0 J10;
G01 X10 Y20;
Y5;
G00 Z50 M05;
G40 X—10 Y—10 M02;
```

10.5.3 刀具长度偏置指令 G43、G44、G49（模态）

通常，数控车床的刀具装在回转刀架上，加工中心、数控镗铣床、数控钻床等刀具装在主轴上，由于刀具长度不同，装刀后刀尖所在位置不同，即使是同一把刀具，由于磨损、重磨变短，重装后刀尖位置也会发生变化。如果要用不同的刀具加工同一工件，确定刀尖位置是十分重要的。为了解决这一问题，把刀尖位置都设在同一基准上，一般刀尖基准是刀柄测量线（或是装在主轴上的刀具使用主轴前端面，装在刀架上的刀具可以是刀架前端面）。编程时不用考虑实际刀具的长度偏差，只以这个基准进行编程，而刀尖的实际位置由 G43、G44 来修正。

(1) 格式

$$\begin{cases}G17\\G18\\G19\end{cases}\begin{cases}G43\\G44\\G49\end{cases}\begin{cases}G00\\G01\end{cases}\ X\_\ Y\_\ Z\_\ H\_$$

(2) 说明

G17：刀具长度补偿轴为 Z 轴。

G18：刀具长度补偿轴为 Y 轴。

G19：刀具长度补偿轴为 X 轴。

G49：取消刀具长度补偿。

G43：正向偏置（补偿轴终点加上偏置值）。

G44：负向偏置（补偿轴终点减去偏置值）。

X，Y，Z：G00/G01 的参数，即刀补建立或取消的终点。

H：G43/G44 的参数，即刀具长度补偿偏置号（H00～H99），它代表了刀具表中对应的长度补偿值。长度补偿值是编程时的刀具长度和实际使用的刀具长度之差。G43、G44、G49 都是模态代码，可相互注销。用 G43（正向偏置）、G44（负向偏置）指令设定偏置的方向。由输入的相应地址号 H 代码从刀具表（偏置存储器）中选择刀具长度偏置值。该功能补偿编程刀具长度和实际使用的刀具长度之差而不用修改程序。偏置号可用 H00～H99 来指定，偏置值与偏置号对应，可通过 MDI 功能先设置在偏置存储器中。

确定刀具长度偏移值有两种方法，介绍如下。

① 用刀具长度的差值设为长度偏移值　在实际操作中，可先将一把刀作为标准刀具，并以此为基础，将其他刀具的长度相对于标准刀具长度的增加或减少量作为刀具补偿值，把刀补值输入到长度偏置值存储地址（H××或 D××代码）。在刀具做 Z 方向运动时，数控系统将根据 G43 或 G44 指令对 Z 坐标值做相应的补偿修正。

【例 10-3】　用刀具长度差值设定偏移值。在一个加工程序中同时使用三把刀，它们的长度各不相同，如图 10-27 所示。现把第一把刀作为标准刀具，经对刀操作并测量，第二把刀（T02）较第一把刀短 15mm，而第三把刀（T03）较第一把刀长 17mm。这三把刀的长度补偿量分别为“0”、“15”、“17”，并将后两个数分别存入数控装置的内存表中代号为“H02”和“H03”的位置。

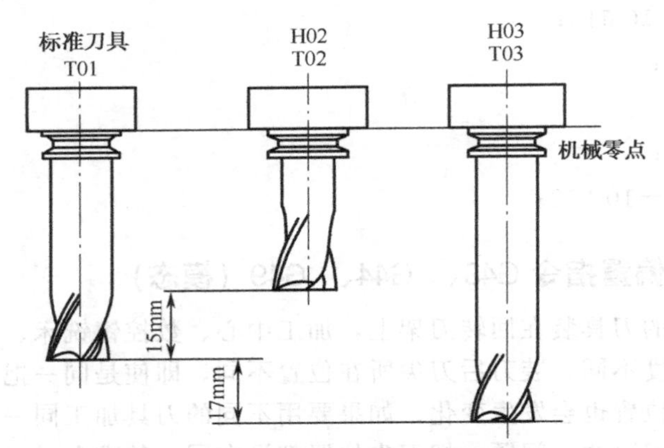

图 10-27 用刀具长度差值设定偏移值

无论是绝对指令还是增量指令，由H代码指定的已存入偏置存储器中的偏置值在G43时加上，在G44时则是从长度补偿轴运动指令的终点坐标值中减去，计算后的坐标值成为终点。

在程序中加入刀具长度补偿指令：

G90 G44 Z45 H02；（T02 刀具长度补偿的程序）

执行本段程序，从Z指令值中减去15mm（H02中的值），Z实际值为“30”，相当于T02刀具端面伸长至$Z=45$处。

G90 G43 Z45 H03；（T03 刀具长度补偿的程序）

执行本段程序，在Z指令值上加上17mm（H03中的值），Z实际值为“52”，相当于T03刀具端面缩短至$Z=45$。

经过刀具长度补偿，使三把长度不同的刀具处于同一个Z向高度（$Z=45$处），如图10-28所示。G43、G44是模态指令，只要不取消该指令，这三把刀具就处于相同Z值位置。

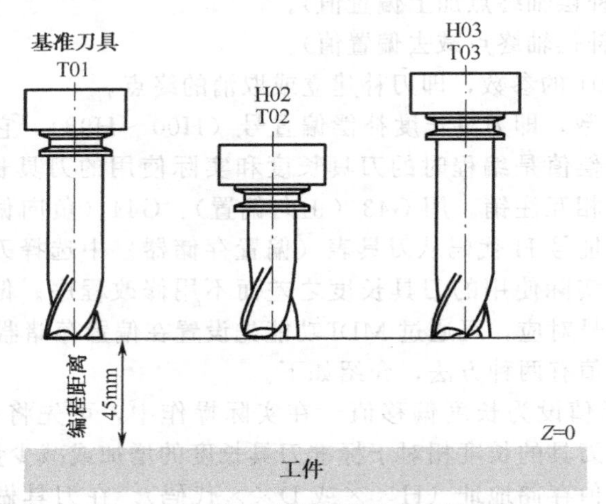

图 10-28 经过长度补偿后的刀具位置

② 每把刀具长度值设为长度偏移值　首先将刀具装入刀柄，然后在对刀仪上测出每个刀具前端到刀柄校准面（即刀具锥部的基准面）的距离，将此值作为刀具补偿值，最后把刀补值输入到刀具长度存储地址（H××）中，如图10-29所示。

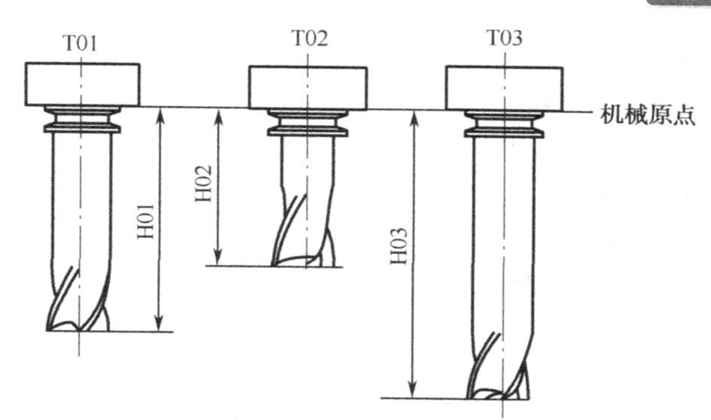

图 10-29 用刀具长度值设定偏移值

【例 10-4】 考虑刀具长度补偿，编制如图 10-30 所示零件的加工程序。要求建立如图所示的工件坐标系，按箭头所指示的路径进行加工。

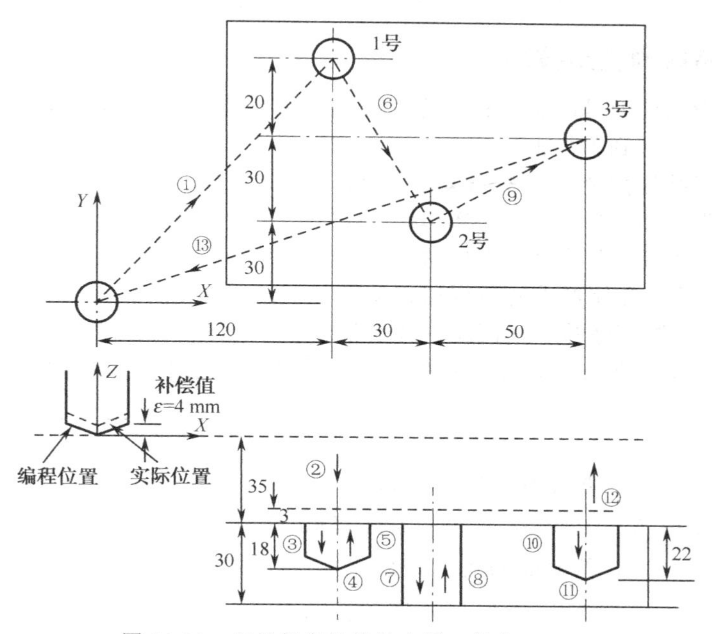

图 10-30 刀具长度补偿的应用（单位：mm）

H01＝ 4.0 预先在 MDI 功能中“刀具表”设置 01 号刀具长度值项。

零件程序如下。

```
%0001
N00G92 X0 Y0 Z0 ；建立工件坐标系，对刀点坐标（0，0，0）
N01 G91 G00 X120 Y80 M03 S600；相对坐标编程，快速移到孔 1 号上方
N02 G43 Z—32 H01；移近工件表面，建立刀具长度补偿
N03G01 Z—21 F100；加工 1 号孔
N04 G04 P2；孔底暂停
N05 G00 Z21 抬刀
N06 X30 Y—50 快移到 2 孔处
N07 G01 Z—41 加工 2 号孔
```

```
N08G00 Z41；快速退出 2 号孔
N09X50Y30；移动到 3 号点
N10G01 Z—25；加工 3 号孔
N12 G04 P2；孔底暂停
N13 G00 G49 Z57；抬刀
N14 X—200 Y—60；移动到起始点
N15 M05；
N16 M30；
```

改变刀具长度补偿量，需指定新的刀具号；刀具长度按新的偏置值进行补偿。

例如，设 H01 的偏置值为 5.0，H02 的偏置值为 10.0 时

```
G90 G43 Z100.0 H01；Z 将达到 105.0
G90 G43 Z100.0 H02；Z 将达到 110.0
```

10.5.4 刀具偏置的应用技巧

刀具偏置补偿是使刀具的编程移动距离增加或减少指定的刀具偏置值或 2 倍的偏置值。刀具偏置功能可以应用到附加轴。

(1) 刀具偏置补偿指令（G45～G48）说明

G45：按偏置存储器中的值增加移动量。

G46：按偏置存储器中的值减少移动量。

G47：按 2 倍偏置存储器中的值增加移动量。

G48：按 2 倍偏置存储器中的值减少移动量。

这些代码都是非模态的，只在指定的程序段有效。偏置值由 D 代码指定，D00 偏置值总是 0。

① G45 指令

a. 移动指令+12.5，偏置值 D01= +2.5

G45 G91 X12.5 D01　　实际移动 15

b. 移动指令+12.5，偏置值 D02= −2.5

G45 G91 X12.5 D02　　实际移动 10

② G46 指令

a. 移动指令+12.5，偏置值 D01= +2.5

G46 G91 X12.5 D01　　实际移动 10

b. 移动指令+12.5，偏置值 D02= −2.5

G46 G91 X12.5 D02　　实际移动 15

③ G47 指令

a. 移动指令+12.5，偏置值 D01= +2.5

G47 G91 X12.5 D01　　实际移动 17.5

b. 移动指令+12.5，偏置值 D02= −2.5

G47G91 X12.5 D02　　实际移动 7.5

④ G48 指令

a. 移动指令+12.5，偏置值 D01= +2.5

G48 G91 X12.5 D01 实际移动 7.5

b. 移动指令+12.5，偏置值 D02= -2.5

G48 G91 X12.5 D02 实际移动 17.5

(2) 注意

① 刀具按偏置运动时，在增量值（G91）方式下，如果坐标移动值为零，则移动值为 D01 的值；在绝对值（G90）方式下，如果坐标移动值为零，则不移动。

② 若在一个程序段中，G45～G48 同时指定几个轴，则几个轴都执行偏置，且偏置量相同。

③ 由于各轴都移动相同的量，对于斜线轮廓或非坐标点的圆弧轮廓将产生误差。因此，刀具偏置指令的使用仅限于平行于坐标的直线。若对圆弧插补，也仅限于用地址 I、J、K 指定的 1/4 或 3/4 的圆弧进行编程，并应进行参数设定。

④ 在固定循环方式下，G45～G48 无效。

⑤ 在矢量刀具半径补偿（G41、G42）方式下，不许使用 G45～G48。

(3) 编程举例

被加工零件图形如图 10-31 所示。刀具直径 ϕ20mm，偏置号 01，刀具偏置值 10。

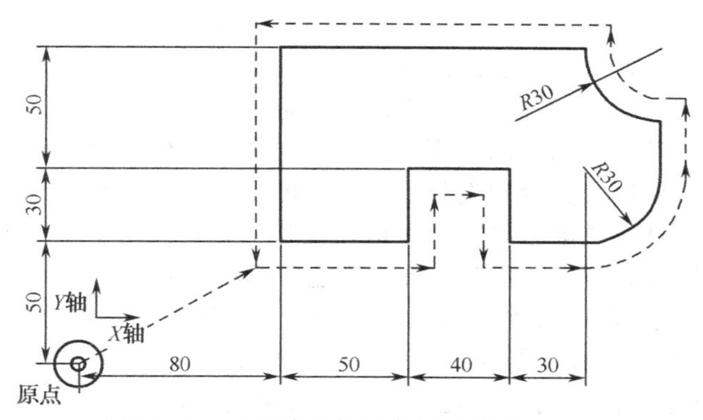

图 10-31 刀具偏置加工举例（单位：mm）

程序如下。

程序	说明
G91 G46 G00 X80.0 Y50.0 D01;	X 和 Y 缩短 D01
G47 G01 X50.0 F120.0;	X 增长 2 倍 D01
Y30.0;	不补偿
G48 X40.0;	X 缩短 2 倍 D01
Y-30.0;	不补偿
G45 X30.0;	X 增长 D01
G45 G03 X30.0 J30.0;	逆时针 1/4 圆弧，X 和 Y 增长 D01
G45 G01 Y20.0;	Y 增长 D01
G46 X0;	X 负方向移动 D01
G46 G02 X-30.0 Y30.0 J30.0;	X、Y 缩短 D01，顺时针 1/4 圆弧
G45 G01 Y0;	Y 正向移动 D01
G47 X-120.0;	X 增长 2 倍 D01
G47 Y-80.0;	Y 增长 2 倍 D01
G46 G00 X80.0 Y-50.0;	X 和 Y 缩短 D01，返回出发点

参考文献

[1] 刘占斌，黄东. 常用金属切削刀具的选用. 北京：化学工业出版社，2010.
[2] 陈云，杜齐明等. 现代金属切削刀具实用技术. 北京：化学工业出版社，2008.
[3] 李乡香. 看图学车刀刃磨. 北京：化学工业出版社，2011.
[4] 黄伟九. 刀具材料速查手册. 北京：机械工业出版社，2011.
[5] 武文革. 金属切削原理及刀具. 北京：国防工业出版社，2009.
[6] 陆剑中，周志明. 金属切削原理与刀具. 北京：机械工业出版社，2006.
[7] 肖诗纲. 刀具材料及其合理选择. 北京：机械工业出版社，1990.
[8] 倪为国，潘延华. 铣削刀具技术及应用实例. 北京：化学工业出版社，2008.
[9] 王世清. 群钻及其刃磨. 北京：机械工业出版社，1981.
[10] 李伯民，赵波. 现代磨削技术. 北京：机械工业出版社，2003.
[11] 何建民. 磨工操作技术与诀窍. 北京：机械工业出版社，2010.
[12] 彭林中，张宏. 机械切削刀具及应用速查手册. 北京：化学工业出版社，2010.
[13] 卡拉磊金·科尔勋诺夫. 刀具的刃磨与研磨. 王存鑫译. 北京：机械工业出版社，1984.
[14] 池震宇. 磨削加工与磨具选择. 北京：机械工业出版社，1985.